功能核酸生物传感器

——理论篇

许文涛　著

科学出版社

北　京

内 容 简 介

本书对各种类型的功能核酸及其裁剪艺术、自组装、复合纳米材料、功能核酸生物传感器关键工具以及功能核酸侧流层析传感器等进行详细的分类阐述，最后对实验室的微信公众号“阜呐核酸情报站”进行了介绍。本书旨在补充与完善构建功能核酸生物传感器的理论知识，填补相关知识的空白，为功能核酸自组装、纳米材料、生物传感器等研究领域的科学家以及所有对分子生物学技术的具体应用感兴趣者提供宝贵的资源。

本书可作为生物农学、医学专业研究生及本科生的入门工具书，核酸分子诊断及快检技术人员的研发工具书，功能核酸科研专业人员的理论指导书，同时也会是从事新型生物纳米材料、生物医药乃至整个广义生物圈爱好者的好助手、好朋友。

图书在版编目（CIP）数据

功能核酸生物传感器. 理论篇/许文涛著. —北京：科学出版社，2020.5

ISBN 978-7-03-063291-3

Ⅰ. ①功… Ⅱ. ①许… Ⅲ. ①核酸-生物传感器-研究 Ⅳ. ①TP212.3

中国版本图书馆 CIP 数据核字（2019）第 255550 号

责任编辑：贾　超　高　微 / 责任校对：杨　赛

责任印制：吴兆东 / 封面设计：东方人华

科学出版社 出版

北京东黄城根北街 16 号

邮政编码：100717

http://www.sciencep.com

北京虎彩文化传播有限公司 印刷

科学出版社发行　各地新华书店经销

*

2020 年 5 月第　一　版　开本：720×1000　B5

2020 年 5 月第一次印刷　印张：26 3/4

字数：520 000

定价：160.00 元

（如有印装质量问题，我社负责调换）

序

看《功能核酸生物传感器——理论篇》自序时，就被这一句“核酸的序列更易随心所欲地裁剪，……，也能充分展现科学本身就是一门艺术的精辟论断”引发了强烈的共鸣。

我从事核酸化学、DNA 纳米技术与 DNA 计算多年，充分体会到许文涛老师所说的核酸功能之强大，其魅力之无可阻挡。目前在纳米技术领域，核酸可谓是独树一帜的天然生物材料。随着功能核酸技术的不断发展，迫切需要有一本著作对核酸除储存遗传信息之外的千变万化的结构、性质和功能进行详细的归纳、总结与介绍。我很高兴看到许文涛老师的这本书——《功能核酸生物传感器——理论篇》，对各种类型的功能核酸进行了系统的分类、总结，对其各自的性质、特点和功能进行了阐述，对功能核酸的裁剪艺术、自组装、纳米材料，功能核酸生物传感器关键工具等进行了详细介绍；并且，在该书的最后一章，许文涛老师介绍了自己实验室创建的微信公众号“阜呐核酸情报站”，这是一个文献库，更是文献、风气、情怀的传承。

我虽与许文涛老师素未谋面，但从一年前拜读该书的初稿到现在的终稿，从邮件及微信的交流里，都能感受到许文涛老师对于功能核酸这门新学科领域的热情和耕耘，以及对于该书付出的心血。

该书内容全面、细致，归纳总结到位，于我本人与各位同行在今后从事功能核酸相关的研究中都会带来极大的帮助；另外，在书中的字里行间，处处都体现着许文涛老师的科研热情与科研情怀。特此推荐这部重要的核酸专业书。

樊春海

上海交通大学王宽诚讲席教授

2020 年 3 月 17 日

自　　序

核酸是组成生命体的最基本物质，具有重要的信息存储和传递遗传信息的功能。核酸由于生物化学中的“中心法则”而被大家广泛熟知，并被用于揭示生命的诸多现象和本质，其本来的意义已经足够重要了。

说起“功能核酸”一词，很多人感觉既熟悉又陌生，很多专家指出我是否说错了，只听说核酸有功能，却没听说过核酸有那么多奇特功能。从事核酸相关研究十余年，在科研路上边学习边总结，2016 年我出版了英文专著 *Functional Nucleic Acids Detection in Food Safety (Theories and Applications)*。这本书主要按关键节点和关键技术来写作；2018 年恩师罗云波教授又出版了英文专著 *Functional Nucleic Acids Biosensors for Food Safety Detection*，这本书主要针对食品安全各类风险因子及标志物靶标进行分类。随着对核酸千变万化的功能越发深入的了解，我越发感觉到功能核酸一词的强大魅力所在，对功能核酸也有了更加深刻的认识。功能核酸的功能很多，应用很广，是生物传感器领域中发展最为迅速的一个领域。每次和全国的同行交流时也发现越来越多的青年学者扩展到功能核酸的研究领域，感受到了大家浓郁的科研激情。为了对我近几年的学习及研究进行总结，也为对做功能核酸研究的同行做一点公益的事情，计划出版《功能核酸生物传感器——理论篇》及《功能核酸生物传感器——应用篇》两本专著。本次率先出版《功能核酸生物传感器——理论篇》，后续再出版《功能核酸生物传感器——应用篇》。

之前我也同时做过几年抗体制备及检测工作，现在大家的生活中已基本离不开抗体。相对于抗体而言，我个人感觉功能核酸的魅力更大，核酸的序列更易被随心所欲地裁剪，大家都理解从一块布变成各式各样的衣服全凭裁缝师的匠人精神；同时，将功能核酸比作一块布料足以承载科研工作者作为“裁缝师”的梦想，也能充分展现科学本身就是一门艺术的精辟论断。通过适当的裁剪和修饰，功能核酸就可能实现复杂的结构变化，激活各式各样的生物功能。

检测靶标种类繁多，性质各异。针对不同的靶标均开发了不同的检测方法，有不同的协会组织成立了，看似彼此隔着一座大山，从事多年第三方检测中心检测及管理工作的我，对此感受深刻。微生物检测采用培养法，元素检测采用原子吸收、原子荧光及电感耦合等离子体质谱法（ICP-MS），小分子农兽药及添加剂则采用色谱及质谱法，种源鉴定常用聚合酶链式反应（PCR）法，过敏原及蛋白质常用酶联免疫吸附测定（ELISA）法，DNA 甲基化采用测序法，miRNA 检测采用特殊 PCR 法，基因表达采用定量 PCR，细胞检测采用流式细胞仪，代谢组学常用核磁等。各个科室都非常繁忙，且岗位相对固定。于是我就想，要是有一天一个人能完成所有靶标的检测工作该多好啊。要实现这一美好的设想，就必须先开发出一种通用方法来有效检测这些靶标物质，而这一难题的关键在于不同靶标的信号识别和归一化转换。带着这一看似不可能的美好梦想我思考了好几年，慢慢地感悟到能够担此重任的非功能核酸莫属。金属核酶打开了核酸检测金属离子的一扇窗户；适配体打开了小分子物质向核酸信号转化的一道泄洪闸门，大分子蛋白和细胞相对简单些；所有核酸类靶标检测的金钥匙非核酸检测方法莫属。至此，“功能核酸归一化”生物传感的思路初步形成。在之后的这些年中我不断努力地探索、实践和完善，这一思想也是本书的主轴和初衷所在。

本书定义了功能核酸：一类可替代传统蛋白酶及抗体，具有独立的结构，执行特定生物功能的核酸分子的统称，包括适配体、切割核酶、错配核酶、三链核酸、人工核酸、四链核酸、发光功能核酸、探针、引物、核酸纳米材料、核酸金属复合物等。功能核酸同样遵守大家所熟知的“序列—结构—性质—用途”逐级决定的大自然规律。功能核酸已来，美好未来可期，我将继续努力探索，为功能核酸的美丽大厦“添砖加瓦”。

随着以功能核酸为主题的科学研究的深入开展，到目前为止，利用其特异性识别、信号转换、信号放大、材料组装等功能，功能核酸已被成功并广泛地应用于包括生物成像、生物传感、生物医学等在内的诸多领域，尤其在生物传感领域，包括可视化、荧光、电化学等类型在内的功能核酸生物传感器的构建为各种类型的靶物质（如 DNA、miRNA、重金属、细菌、农兽药残留等）的富集、定量检测及实时监测提供了强有力的保障。当前，许多国内外的研究团队已经对各种功能核酸的结构、性质及应用进行了深入而细致的研究，但在对功能核酸生物传感器这一领域工作的梳理与总结方面尚存在以下问题：对功能核酸这一概念的具体范畴、类别、特点缺少明确的界定和归纳性的概述；对功能核酸的裁剪（包括劈裂、剪短、增长、替换、融合）没有齐全的分类总结；对于功能核酸的自组装及功能核酸纳米材料的形成与应用，缺少从其基本特性出发的详细介绍与说明；尚未建立较完整的应用于功能核酸生物传感器化学反应工具等的工具库。因此，对各种类型的功能核酸进行概念的定义、发展历史的阐述、特点及应用价值的归纳总结，全面阐述功能核酸的裁剪艺术，从根本特性上阐述功能核酸的自组装行为及其形成纳米材料的独特优势，构建功能核酸生物传感器工具库等，对于完善功能核酸生物传感器领域的理论基础、促进该领域的发展具有十分重要的意义与价值。

本书第 1 章主要对各种类型的功能核酸进行系统的分类、总结，对其各自的性质、特点和功能进行阐述；第 2 章分类概述包括功能核酸劈裂、剪短、增长、替换和融合在内的核酸裁剪艺术；第 3 章以功能核酸自组装为主题，对目前较为先进的非酶核酸自组装技术进行详细的介绍；第 4 章主要针对功能核酸形成的纳米材料，包括对纯核酸纳米材料、核酸复合纳米材料等的基本性质、应用特点等进行详细的介绍；第 5 章为构建功能核酸生物传感器的“工具库”，包括各种类型的化学物质、反应技术和荧光及电化学活性物质等；第 6 章介绍代表性的功能核酸侧流层析传感器；第 7 章介绍我们实验室的微信公众号“阜呐核酸情报站”，它既是一个文献库，更是文献、风气、情怀的一种传承。

我从事核酸相关研究有 18 年了。从 PCR 克隆到核酸传感、从定性到定量、从单重到通用引物多重、从液相扩增到纸基快检、从电泳条带到现场显色、从 2 h 扩增到 2 min 超速扩增、从聚合酶扩增到链替代扩增、从有酶扩增到非酶扩增、从核酸检测到非核酸检测、从引物到适配体、从无形液体到有形核酸水凝胶、从荧光标记到发光核酸、从大样本到单细胞、从基因到表观遗传、从文献阅读到功能核酸公众号、从一个人前行到一群人互帮互助，一路风雨、一路感动地从核酸走到功能核酸这一站。感谢跟随我这么多年从事功能核酸方法学开发的数届已毕业或还在读的学生，感谢本书出版过程中学生们的帮助（解沛燕、朱龙佼、程楠、田晶晶、邵向丽、张洋子、杜再慧、王昕、贺万崇、张园、肖冰、谢银侠、李雪彤、李舒婷、王馨娴、肖星凝、丰敏、张倩、周子琦、刘星雨等），感谢对于本书初稿给予肯定的三位专家：庞国芳院士、樊春海院士和罗云波教授。

许文涛

中国农业大学食品科学与营养工程学院

2020 年 3 月

目　录

第 1 章　功 能 核 酸

核酸在生命遗传过程中起着非常重要的作用，核酸的二级结构不仅包含遗传信息，而且还由于其特殊的结构可以作为蛋白质的结合位点，发挥特定的生理功能。染色体末端复制问题和染色体的稳定性问题一直是生物学界的两大科学难题，直到染色体末端端粒的发现，这种现象才被解释。端粒末端的重复序列可以在适宜条件下折叠形成 G 四联体（G-quadruplex）或 C 四联体（i-motif）。特殊的 DNA 二级结构不只在体内形成，也涉及很多体外性质的研究。适配体是在体外基于指数富集的配基系统进化（systematic evolution of ligands by exponential enrichment，SELEX）技术，从单链寡核苷酸随机文库中筛选出的对靶标具有高亲和性、特异性的寡聚核苷酸（DNA 或 RNA）片段。

食品安全是如今大众关注的焦点，而食源性致病菌是导致食品安全问题频发的主要原因之一，因此需要开发一种快速、灵敏、便宜的检测方法，对食源性致病菌进行监督检测。相较于常规检测手段，适配体具备特异性强、稳定性高及易于修饰等优点，因此在该领域得到了关注和应用。但前人对适配体与靶标物质结合的原理认识尚不够深入，对食源性致病菌的适配体筛选及应用总结还存在许多不足。小分子物质在生物医学、食品安全、环境检测等多个领域都具有重要的研究及应用价值。基于核酸适配体的靶向识别技术是小分子分析方法发展的重要支撑力量之一，但小分子靶标适配体筛选相比于蛋白质、细胞等面临着严峻的理论和技术挑战。此外，功能核酸是具有特定结构和功能的天然或人工合成序列，具有易于修饰、价格低廉、稳定性高、特异性强等优点，而一些金属离子是人体必需的微量元素，但过量的金属离子会对人体健康造成危害。因此，功能核酸被广泛应用于金属离子的检测。核酸切割酶（cleaving DNAzyme）通过体外筛选技术获得，具有与靶标物质（小分子、蛋白质、甚至整个细胞）特异性结合，识别特定 DNA 双链并能够切割其中某条单链的性质。可将这种特异性识别过程转化为荧光、比色信号而搭建传感器，并且能很好地和扩增反应结合实现信号放大。核酸切割酶具有制备简单、易于修饰和良好稳定性的优点，被用于构建生物传感器以检测病原微生物及重金属离子。三螺旋核酸是在经典的沃森-克里克（Watson-Crick）氢键形成的双链核酸基础上，第三条寡核苷酸链以非经典的胡斯坦（Hoogsteen）氢键嵌入双链大沟中形成的超分子核酸组装体。在近年来发展的众多生物传感方法中，基于三螺旋核酸的生物传感平台凭借其快速、灵敏、简单、可逆等特点而备受瞩目。发光功能核酸是指具有自身发光特性或者可以促进其他物质发光的一类功能核酸。发光特性主要是由其特殊的结构决定的。发光功能核酸生物传感器是利用发光功能核酸体系作为光信号探针，以光信号为输出信号实现对靶标物质的检测。目前，发光功能核酸的研究刚刚起步。

1.1 引　言

核酸是生命语言的“字母”，它的碱基序列、拓扑结构对于生命遗传和生理功能都起着至关重要的作用。天然存在的核酸包括脱氧核糖核酸和核糖核酸。核酸是由核苷酸通过磷酸二酯键组成，而核苷酸是由含氮碱基、戊糖和磷酸构成，其中碱基又区分为嘧啶和嘌呤，构成 RNA 的戊糖是 D-核糖，构成 DNA 的戊糖是 D-2-脱氧核糖，某些 RNA 中戊糖还有 D-2-*O*-甲基核糖，因此核酸的排列顺序和结构是多种多样的，构成了丰富多彩的生物世界。1953 年 Watson 和 Crick 首次提出了 DNA 双螺旋结构模型[1]，标志着分子生物学时代的到来，引起人们对核酸的研究热潮。对核酸结构狭义上的分类：DNA 的一级结构是指分子中脱氧核糖核苷酸的排列顺序，即单个核苷酸通过磷酸二酯键连接起来；DNA 的二级结构是指脱氧核糖核苷酸链通过氢键与其他核苷酸链配对或分子内周期性折叠形成螺旋结构，即双螺旋结构和本章将介绍的特殊 DNA 二级结构；DNA 的三级结构是指双螺旋的扭曲。

最为常见的 DNA 二级结构为平行双螺旋，它是由两条反向平行的 DNA 链构成，中间由 A-T、C-G 碱基通过氢键进行互补配对，并形成两个沟槽，一个是宽且深的大沟，另一个是窄的小沟。上面介绍的是 B 型双螺旋的典型结构，DNA 还具有 A 型和 Z 型双螺旋。A 型双螺旋只是比 B 型双螺旋拧得更紧一些，发生了一些倾斜，大沟变得窄而深，小沟变得宽而浅。Z 型双螺旋必须是在高盐浓度下，固定碱基排列（嘌呤-嘧啶）才可以形成的二级结构，并且证明 Z 型双螺旋与某些疾病有密切关系。

最近几年发现，通过 Watson-Crick 氢键形成的多种多样的核酸二级结构在细胞进化过程中起着重要的作用，如发夹、十字形、双螺旋、三链、G 四联体、G 三联体和 C 四联体结构等。这些结构分布在人类基因组的各个位置，它们的位置是随机的，时常与细胞的生长周期、细胞的功能和人类疾病等相关。1998 年，Mergny 和 Hélène[2]提出“与 G 四联体作用的小分子化合物具有抑制端粒酶的活性”以后，越来越多的人开始关注这些 DNA 特殊二级结构及功能，研究其机理并将其应用到疾病的诊断和治疗、纳米智能材料、纳米分子机器等领域。

食源性疾病是全球食品安全问题之首[3]。自 1993 年至今，食源性疾病的发病率呈现上升态势，每年约数十亿例发生，每天有数百万人感染，仅食物引起的腹泻性疾病每年就导致 220 万人死亡，世界卫生组织（WHO）将控制食品污染和食源性疾病列为优先重点战略工作领域[4]。一向以食品安全监管严格著称的美国每年发生的食源性疾病人数达 7600 万人次，住院 32.5 万人次，约 5000 人死亡，年均发生食品安全事件 350 起，经济损失达 1520 亿美元[5]。其中，由食源性致病菌导致的食源性疾病占 44%。

食源性致病菌是指能够污染食品并通过饮食传播，引起人类疾病的病原菌，通常指细菌。它们在食品中生长代谢会引起食品的腐败和变质，有些病原菌会产生特定的有毒物质，直接或间接地导致人患病。常见的细菌类食源性致病菌包括金黄色葡萄球菌、沙门氏菌属、志贺氏菌、致病性大肠杆菌（特别是出血性大肠杆菌 O157：H7）、致病性弧菌（包括霍乱弧菌、副溶血性弧菌）等[6]。

全球每年食源性致病菌（如沙门氏菌、李斯特菌、大肠杆菌 O157：H7 和弧菌等）的检测量约 2.24 亿个，花费约 14 亿美元[5]。由卫生部、工业和信息化部、商务部、国家工商行政管理总局、国家质量监督检验检疫总局、国家粮食局和国家食品药品监督管理总局联合制订的《2015 年国家食品安全风险监测计划》中，对食源性疾病监测以及致病菌的检测制定了全面而详细的监控计划[7]。传统微生物方法需要包含分离、培养、显微镜检测等步骤，虽然操作简单且结果稳定性高，但有两个局限：①此方法至少需要 24 h 培养；②后续鉴定检测烦琐，无法满足对食源性致病菌快速检测的需求。

此外，以聚合酶链式反应（polymerase chain reaction，PCR）为代表的核酸分子检测技术可以实现对微生物的基因组 DNA 或 RNA 片段进行高效识别，该法灵敏准确，广泛用于病原体的检测。但 PCR 检测需要完好无损伤的微生物 DNA 或 RNA，且无法区分活菌和死菌。此外，PCR 检测方法需要合适的仪器、专业试剂，由有经验的人员完成。

以抗原抗体为基础的免疫学方法也发展迅速，这些特异性抗体以病原体特有的蛋白质或碳水化合物为靶标，此方法包括凝集试验、酶联免疫吸附测定（enzyme-linked immunosorbent assay，ELISA）、蛋白质印迹（Western Blot）分析等。免疫学方法灵敏度高，但保存和处理抗体需要特定条件，以防止其变性。因此，发展快速、成本效益好、可靠性高的微生物检测方法是十分必要的。如今，功能特点可与抗体媲美的“核酸抗体”逐渐成为研究热点，我们称这种核酸抗体为“适配体”。

适配体（aptamer）是运用 SELEX 技术从体外人工合成的随机寡核苷酸库中筛选得到的，能高亲和、特异性识别靶标物质的一段寡核苷酸序列（DNA/RNA）。适配体的特异性和亲和性与单克隆抗体类似；但与抗体相比，适配体具有其他大量优点：几乎任何靶标（甚至是有毒的或无致免疫原性的）都有相应的适配体；适配体体积比较小（是单克隆抗体全尺寸 1/20～1/25），可提高组织渗透性；适配体是一种相对稳定的化合物，可以通过标准寡核苷酸化学合成方法合成，必要时可以进行不同的化学修饰，而修饰可以进一步提高其稳定性、生物利用度和药物动力学性能，或使适配体在使用过程中易于被固定或被标记；与微生物表面的决定因素特异性结合的 DNA 或 RNA 适配体，可以作为新型检测系统的识别元件；热稳定、化学稳定、低成本、批次偏差小等这些特点，使得基于适配体的方法有望代替免疫学方法。此外，高亲和性和选择性使适配体可以区分高相关性的靶标，如蛋白质不同亚型[8]。

适配体生物传感器是利用适配体独特的立体结构可与靶标微生物特异性结合的原理，以适配体作为识别元件，与适当的信号转换器相结合，转变为电、光、声等可识别的信号，实现对食源性致病菌检测的生物传感器。

适配体筛选可以在实际检测模拟条件下进行，这对环境和食品样品中微生物的检测极其有利。在不影响其亲和力的情况下，可以改造适配体以便固定化和标记报告分子。与抗体相比，适配体更容易被化学修饰和标记，并且作为核酸序列，可进行变性和复性的重复循环，这使得固定化生物组件功能可以再生利用[9]。

小分子物质一般指简单的、分子量小于 500 的单体物质。无论是农产品及食品质量安全领域、生物医学领域，还是环境监测领域，分析对象越来越微观化，越来越朝着分子方向深入，如食品安全风险因子中真菌毒素、农兽药残留、抗生素、违禁添加物大多属于小分子物质；随着精准医疗的逐步推进，许多新发展的疾病诊断、监测的生物标志物也是小分子；造成环境污染的大部分物质也源自重金属、人工合成的有机或无机小分子物质。但是，目前筛选出的小分子靶标核酸适配体数量却不到核酸适配体总数的 25% [10]，其困难既有理论上的，也有技术上的。有研究表明靶标物质的分子量与核酸适配体亲和力呈正相关[11]。相较于具有较多的功能基团和结构单元的蛋白质、细胞等靶标，特定的核酸序列与小分子靶标之间的氢键、静电及疏水相互作用不及大分子靶标，相应的筛选成功概率较小。再者，SELEX 筛选技术本身十分费时费力，成功率不足 30%[12]，在筛选过程中，小分子靶标还要面临固定分离的技术瓶颈和其对适配体特异性的消极影响，并且筛选所得的适配体亲和性的有效测定也还有极大的技术进步空间。

在基因合成、蛋白质表达、免疫调节等生命过程中，金属离子是必不可少的微量元素。随着人类工业化进程的不断加速，越来越多的金属离子被排放到环境中，而金属离子一般不能降解，随着食物链不断被逐级富集，环境中金属离子污染越来越严重[13, 14]。因此，对金属离子快速、高效的定性、定量的检测成为目前关注的热点。目前金属离子检测的方法主要包括大型仪器法[15]、比色法[16]、电化学方法[17]以及功能核酸检测技术[18]。大型仪器法主要包括高效液相色谱法、原子吸收光谱法、原子发射光谱法等，这些方法能够准确地测定金属的含量以及不同价态，但也具有一定的局限性，如前处理过程烦琐、仪器设备复杂且需专业人员操作、检测时间长、实时原位检测困难等。比色法操作简单，可基本满足实时原位检测的要求，但一般需要采用有机溶剂进行预处理，灵敏度较低，对于痕量金属离子的检测存在一定不足。电化学方法仪器简单、操作方便、灵敏度高、易于微型化、适于在线分析和实时环境检测，但是某些贵金属电极昂贵，修饰过程较烦琐。金属离子具有聚阴离子性质，并且功能核酸具有易于修饰、价格低、稳定性高、特异性强等优点，所以金属离子与核酸之间的作用引起了研究者的广泛关注。

核酸切割酶是一类具有酶活性的功能核酸[19]，可通过 SELEX 技术（体外筛选技术）得到，与靶标物质有很高的特异性响应[20]。相对于蛋白酶，核酸切割酶不仅具有很高的催化活性，而且稳定性高、易于修饰、合成价格便宜、对环境影响小。核酸切割酶在靶标物质存在的情况下可以水解 RNA 底物的磷酸二酯键，以适当的理化换能器进行信号输出，如荧光法[21, 22]、比色法、电化学法[23]等。然而，这些方法大部分需要对核酸切割酶或底物链进行标记或修饰，检测成本与操作复杂程度增加；此外，实际样品中的复杂基质容易引起较高的背景信号而影响检测的灵敏度。所以，将核酸切割酶介导的生物传感体系与相对成熟的恒温信号放大技术结合，建立简便、高灵敏度的检测新方法无疑成为一种趋势。

近年来，DNA 纳米技术迅猛发展。核酸的碱基序列不仅能够携带生物遗传信息，而且能够被编辑、设计成一维、二维、三维的功能核酸纳米器件进行开关调控[24]、逻辑门操作[25]、电路计算[26]与纳米机器运转[27]，在生物成像、体内调控、传感与检测领域发挥着重要作用。1957 年，Felsenfeld 等发现了多聚嘌呤链通过 Hoogsteen 氢键嵌入双链脱氧核糖核酸（deoxyribonucleic acid，DNA）的大沟中形成三螺旋核酸[28]。近十年来，基于三螺旋核酸的生物传感技术日新月异，作为 DNA 纳米技术工具箱的重要组成部分，三螺旋核酸传感平台在分子成像[29]、配体的携带与释放[30, 31]、细胞内表达调控[32]与分析化学[33]领域的应用不断突破，取得了令人瞩目的研究成果。

功能核酸搭载不同的系统能发挥不同作用,其中具有发光特性的功能核酸能搭载荧光系统将多种信号统一转化成核酸荧光信号并实现检测信号的放大。这类发光功能核酸具有自身发光特性或者能促进其他物质发光,是功能核酸的“明珠”。发光功能核酸的发光特性主要由其特殊的结构决定，目前功能核酸的发展才刚刚起步，研究主要集中于适配体发光功能核酸、金属纳米粒子发光功能核酸、核酶发光功能核酸、钌联吡啶配合物发光功能核酸、三价铽离子配位发光功能核酸、碱基类似物发光功能核酸及标记型发光功能核酸等领域。发光功能核酸生物传感器是利用发光功能核酸体系作为光信号探针，以光信号为输出信号实现对靶标物质的检测。

纳米机器是天然或人为设计的蛋白质或核酸组件，它们因环境变化所产生的物理或化学刺激而使结构或构象发生变化。纳米机器可以用作传感器、马达或用于体外基因表达的逻辑分析[34, 35]。最初的纳米机器是天然的内源蛋白质，如驱动蛋白、动力蛋白、肌球蛋白、旋转分子马达、DNA 解旋酶、RNA 聚合酶等[36]，它们通过构象的变化将腺苷三磷酸（ATP）水解产生的化学能转化成机械能，从而实现各种功能。受蛋白质马达的启发，研究者利用 Watson-Crick 氢键的特异性和可预测性，构建了核酸纳米机器。核酸分子除了能够携带遗传信息以外，单链 DNA 能够自我折叠成复杂的三级结构，成为具有特异性识别能力以及催化活性的功能核酸。功能核酸的特性由其碱基序列中的编码信息决定，这些碱基可依照 Watson-Crick 碱基互补配对原则形成不同的结构，如双联体、超分子交叉砖、G 四联体、C 四联体、碱基-金属-离子复合物等（图 1.1）[37]。功能核酸纳米机器是天然或人工设计的通过核酸碱基序列特异性相互作用而自组装形成的核酸组件。功能核酸纳米机器的运转可通过两种方式使其结构或构象发生转化而被激活，一种方式是功能核酸与特定信号分子相互作用使其结构发生变化，另一种方式是在外界环境的刺激下（如改变 pH、加入离子、用不同的光照射等）使功能核酸构象发生变化。

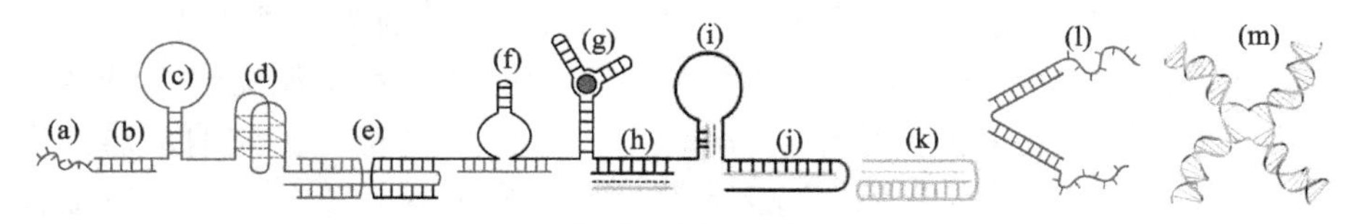

图 1.1　核酸不同的结构示意图

（a）单链黏性末端；（b）双链；（c）发夹；（d）四联体；（e）交叉；（f）DNA 核酶；（g）适配体-底物复合物；（h）三链 DNA 三核酸；（i）三螺旋茎环结构；（j）夹钳状三螺旋 DNA；（k）单链三螺旋 DNA；（l）镊子；（m）霍利迪结[38]

本章主要介绍 G 四联体、G 三联体和 C 四联体结构三种特殊的二级结构功能及应用。详细说明了适配体的基本特点和筛选技术，适配体与致病菌和小分子物质的亲和力表征方法以及适配体在电化学、光学等功能核酸生物传感器中的应用。介绍了功能核酸与金属之间的相互作用，主要包括 DNA/RNA 切割型、连接型、错配型、点击化学型、构象改变型和其他类型及其介导的功能核酸生物传感器。从生物传感器的角度，根据组成三螺旋生物传感器的核酸类别，论述了三螺旋 DNA 生物传感器、三螺旋 RNA 生物传感器、三螺旋 DNA/RNA 生物传感器与三螺旋 PNA/DNA 生物传感器；然后归纳总结了常见的三螺旋核酸（TNAs）生物传感器，如可视化 TNAs 生物传感器、荧光 TNAs

生物传感器、表面增强拉曼光谱-TNAs生物传感器、电化学TNAs生物传感器、pH响应的TNAs生物传感器、TNAs介导的扩增传感器与纳米材料-TNAs生物传感器；并论述了TNAs生物传感器在分子成像、配体的携带与释放、细胞内表达调控与分析化学领域的应用；总结了经典的功能核酸纳米机器，如G四联体功能核酸介导的、适配体功能核酸介导的、DNA核酶介导的、霍利迪结功能核酸介导的、基于非金属和金属材料的、链置换的、点击化学反应的、三螺旋核酸的、pH响应的、光诱导的功能核酸纳米机器；另外还简要介绍了功能核酸纳米机器在药物靶向递送、生物成像的应用；讨论和展望了这些功能核酸介导的生物传感器未来的发展方向和应用前景。

1.2 DNA二级结构

1.2.1 G四联体

1. G四联体的发展史

G四联体的发现与端粒是密不可分的。20世纪30年代，Muller和Meclintock等分别在玉米和果蝇中发现了端粒的存在[39]。端粒是真核细胞中线性染色体末端的一小段DNA重复序列与蛋白质复合体，它为非转录DNA提供缓冲物，并保护染色体免于融合和退化。1910年，Bang发现了高浓度的鸟嘌呤可以形成胶束，这是人们最早研究鸟嘌呤发现的特殊性质。接下来，Gellert等在1962年通过X射线衍射证明了四个鸟嘌呤G可以形成一个共平面的四聚体（G-quarter）[40][图1.2（a）]，鸟嘌呤之间通过Hoogsteen氢键相互作用，这也为形成胶束现象做出了解释。1975年Zimmerman利用X射线衍射证明了富G序列形成G四聚体[41]。G四聚体中每个鸟嘌呤与其相邻鸟嘌呤之间是通过两个Hoogsteen氢键结合的，作用位点分别在碱基的O6和N7之间。环状平面G四聚体之间通过π-π堆积可以形成G四联体结构。人们还主要停留在G四联体的结构研究，直到1987年，Henderson等发现G四联体存在于端粒末端，因此证明G四联体在生物体中起着重要的作用[42]。随后又发现了G四联体存在于免疫蛋白的开关区域以及基因的启动子等区域。2009年，Cheng等[43]发现了G四联体与氯化血红素（hemin）结合具有类过氧化物酶活性，可以催化H_2O_2参与反应，又扩展了G四联体的应用。2017年，鞠熀先等发现了一种G四联体结构，它可以与氯化血红素结合，具有耐高温、高类过氧化物酶活性的性质[44]。

2. G 四联体的结构

G 四联体核酸序列的排列多种多样，即便相同的核酸序列在不同的条件下也可以形成不同的拓扑结构，这决定了 G 四联体结构的多态性和特异性。G 四联体的折叠方式有分子内折叠和分子间折叠[图 1.2（b）～（d）]，分子内折叠是由一条链形成的四重折叠，分子间折叠是由两条链或四条链聚合形成的四重折叠。当 G 四联体可以形成分子内折叠时，它可以在分子间折叠和分子内折叠之间转换，这主要取决于 G 四联体的浓度。根据 G 四联体中四条链的走向可以将其分成平行的 G 四联体、反平行的 G 四联体。圆二色谱显示平行的 G 四联体核苷键都是反式的，265 nm 处出现阳性峰，而 240 nm 处出现阴性峰；反平行的 G 四联体核苷键既有顺式又有反式，295 nm 处出现阳性峰，260 nm 处出现阴性峰。

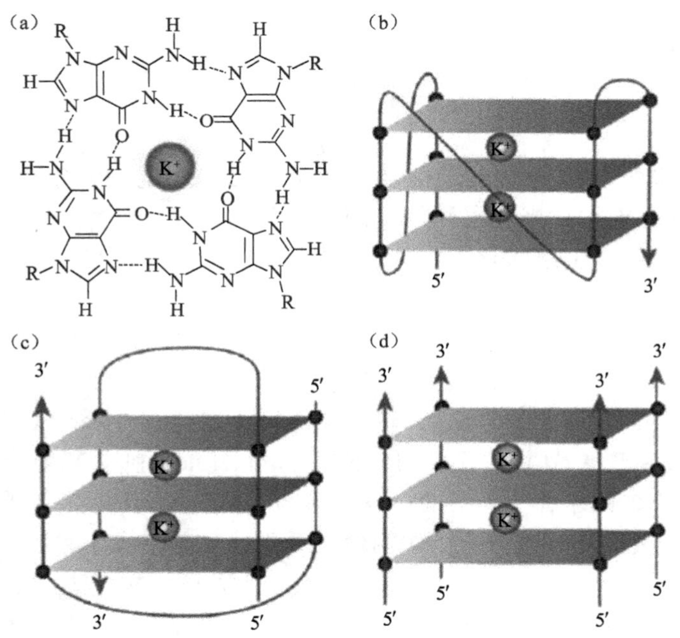

图 1.2　（a）G 四聚体结构；（b）分子内折叠；（c）两分子间折叠；（d）四分子间折叠

在构成四联体的共平面 G 四聚体中，四个 G 四聚体的 O6 位于四联体的中心，每个平面之间需要结合金属离子才能稳定，1978 年 Miles 和 Frazier 提出的理论对此进行了详细的说明[45]：每两个 G 四聚体之间会形成一个类似笼子一样的结构，离子正好结合在笼子里来稳定其结构。一般公认的离子稳定 G 四联体的能力为 K^+>>Na^+>> NH_4^+>Cs^+，1990 年，Guschlbauer 研究了二价金属离子对 G 四联体的稳定能力，稳定顺序为 Sr^{2+}>Ba^{2+}>Ca^{2+}>Mg^{2+}[46]。Miyoshi 等发现

Ca^{2+}对于 G 四联体[d（G4T4G4）]结构具有特殊的性质，它首先能使反平行的 G 四联体转变成平行的 G 四联体，然后将所有的 G 四联体形成相互平行排列的 G 线 [47]。G 四联体结构的稳定性受温度、离子强度、核酸序列、碱基排布、环区以及与它结合的小分子化合物等条件影响。

3. G 四联体的体外检测应用

G 四联体的体外检测最主要的应用是作为一种输出信号：①G 四联体具有类过氧化物酶活性，催化 H_2O_2，作为比色输出信号；②较常见的是 G 四联体还可以和一些小分子物质结合，作为荧光输出信号；③G 四联体可以和电化学分子结合，通过自身构象变化引起电化学分子的变化，进而作为电化学输出信号。

G 四联体与氯化血红素共孵育后具有类过氧化物酶活性，可以催化 2,2′-联氮-双-3-乙基苯并噻唑啉-6-磺酸（ABTS）、3,3′,5,5′-四甲基联苯胺（TMB）等物质发生颜色变化，进而完成比色信号的输出。例如，2018 年 Zhang 等[48]采用等温比色的方法对转基因作物进行检测，在转基因作物的 CaMV 35S 存在时，可以与富含 G 四联体的发夹结构结合激发外切酶的活性，促使富含 G 四联体的序列暴露出来折叠形成具有类过氧化物酶活性的结构，催化 ABTS 显色，在 420 nm 处出现最大吸收峰（图 1.3）。Gu 等[49]采用 Cu^{2+}介导的基于 G 四联体的 DNA 核酶（DNAzyme）构建了无标记的 L-组氨酸生物传感器，同样采用 G 四联体催化 ABTS。

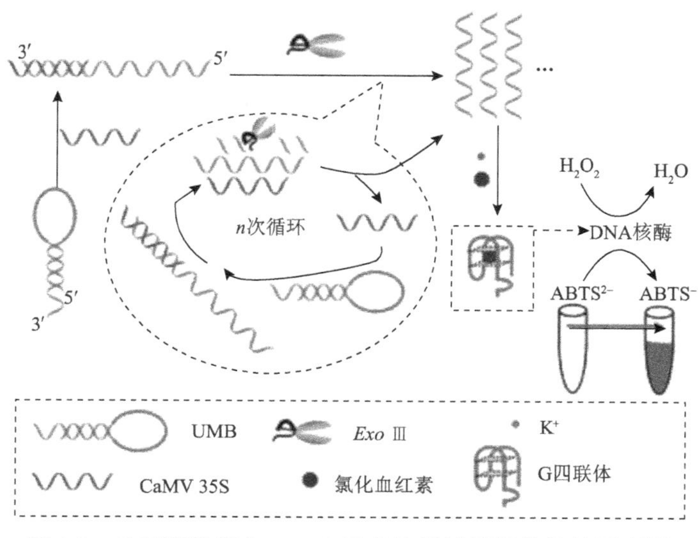

图 1.3　G 四联体催化 ABTS 显色检测转基因作物的原理图

N-甲基吗啡啉（NMM）、四氢噻吩（ThT）、噻唑橙（TO）等小分子物质都可以与 G 四联体结合发出荧光，进而完成荧光信号的输出。例如，2013 年 Tong 等基于 ThT 与特定 G 四联体的构象变化设计了一种无标记开(turn-on)型生物传感器，用于检测生物硫醇的含量[50]。ThT 与 G 四联体结合的激发波长是 440 nm，发射波长为 485 nm。

2018 年，Wang 等[51]基于 Cu^{2+}-G 四联体 DNAzyme 的过氧化物酶活性完成了对焦磷酸酶的电化学检测。焦磷酸酶可以催化 Cu^{2+}与焦磷酸盐形成复合物，使 Cu^{2+}可以完全游离出来与电极上的 G 四联体折叠形成类过氧化物酶，催化 TMB 显色，并且根据 H_2O_2 的反应也会产生定量的电流信号，完成对焦磷酸酶的检测（图 1.4）。

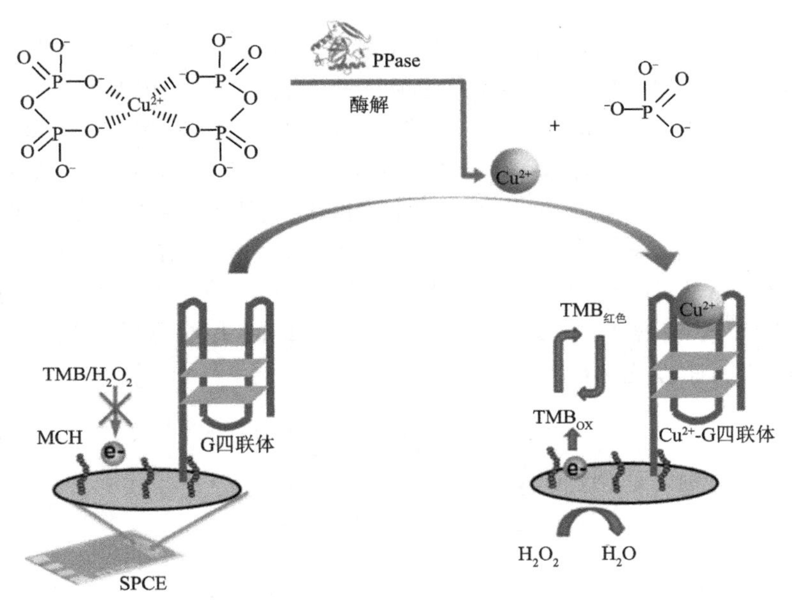

图 1.4　G 四联体催化 TMB 显色检测焦磷酸酶电化学生物传感器

PPase 表示焦磷酸酶；ox 是 oxidation 的缩写，代表氧化；MCH 表示巯基乙醇；SPCE 表示金基丝网印刷电极

4. G 四联体的体内检测应用

通过计算机预测，人类基因组中 300000 个序列单元（$G_{\geqslant 3}N_{1\sim 7}G_{\geqslant 3}N_{1\sim 7}G_{\geqslant 3}N_{1\sim 7}$）有潜在形成 G 四联体结构的可能，而如果想对体内 G 四联体结构及位置进行表征则需要一些特异性探针。细胞可视化方法是一种特定 DNA 结构可视化的方法，它采用一种结构选择探针进行实验。一般选择抗体蛋白作为选择探针，由于它具有识别特定分子结构的精准特异性。Schaffitzel 等于 2001 首次发现 G 四联体的第一个抗体，命名为 scFV[52]，又相继发现了 BG4[53]、1H6[54]等抗体。

端粒是 DNA 和蛋白质结合的混合物，其中端粒 DNA 结构是互补配对的双螺旋 DNA，但是在 3′端有一段悬垂的 G 单链，这段单链在适宜条件下可以形成 G 四联体（图 1.5）。1990 年，科学家证明细胞每分裂一次，染色体末端的端粒就会缩短一部分，当端粒缩短到临界长度，细胞开始凋亡[55]。而癌细胞中存在一种特殊的 DNA 聚合酶，即端粒酶，它可以稳定端粒长度使癌细胞永生化。而当端粒末端的 G 单链悬垂形成 G 四联体时就可以抑制端粒酶的活性，从而可以杀死癌细胞。因此，G 四联体可以作为抗癌药物的靶点。为了促进 G 四联体的形成，越来越多的研究者开始关注可以与 G 四联体稳定结合的小分子，进而对癌症的诊断治疗起到有效的作用。

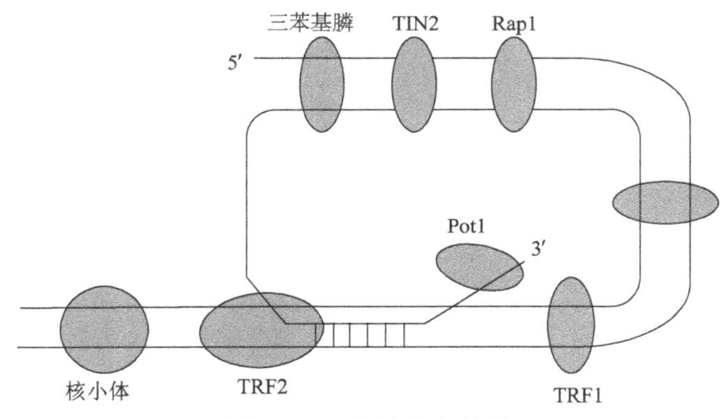

图 1.5　端粒的模拟结构

在单细胞水平，基于末端脱氧核酸转移酶（TdT）激活 G 四联体合成，聂周等对凋亡细胞进行没有标记的原位生物成像[56]，原理如图 1.6 所示。TdT 是一种特殊的 DNA 聚合酶，在没有模板存在的情况下，可以催化脱氧核糖的 3′-OH 端延伸。凋亡细胞内的片段 DNA 作为 TdT 延伸的起始位点，形成大量的 G 四联体，与特异性染料 ThT 结合，其荧光信号增强，对凋亡细胞进行 turn-on 检测。末端脱氧核糖转移酶激活 G 四联体合成的实验[terminal deoxynucleotidyl transferase（TdT）-activated de novo G-quadruplex synthesis assay]的缩写为 TAGS。TAGS 有特异性高、敏感性高、可对比成像，可以灵活地应用于多水平的生物系统（从细胞到组织）等优点，并且这种方法依赖“混合-读数”成像避免了标记核酸和多步清洗步骤。更重要的是，G 四联体靶向荧光探针的多样性和功能性的快速增长具有很大的潜力，赋予 TAGS 以多种先进的生物成像技术（如近红外或双光子成像）的通用性。

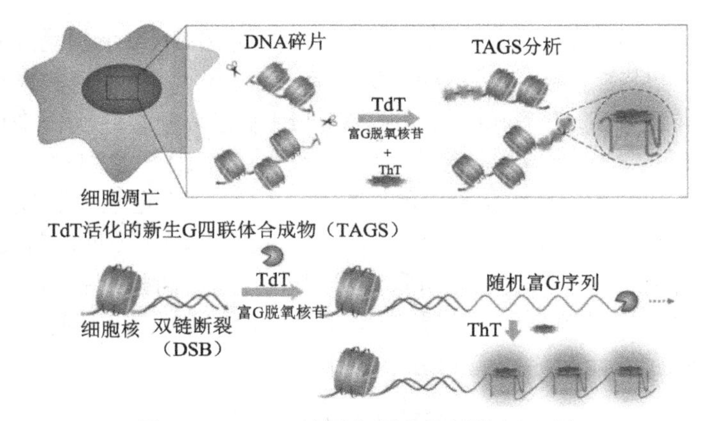

图 1.6 TAGS 对原位凋亡检测的原理图

1.2.2 G 三联体

1. G 三联体的发展史

G 三联体是由 Limongelli 等在 2013 年探究四联体 TBA（凝血酶适配体）时首次发现的一种不同于之前发现的 DNA 二级结构[57]。这种结构是将 TBA 序列[d（GGTTGGTGTGGTTGG）]后面的“TTGG”核酸去掉形成的一种类似于 G 四联体的结构。G 三联体也有类似于 G 四聚体的共平面三聚体，三个鸟嘌呤碱基之间通过 Hoogsteen 氢键相连形成 G 三聚体（G-triad），两个 G 三聚体相互堆积形成 G 三联体（图 1.7）。但 G 三聚体需要在较为苛刻的条件下（70 mmol/L KCl）形成[57]，一般没有 G 四联体稳定。接下来周翔等[58]于 2013 年研究了 G 三联体结构是否和 G 四联体结构相似，都具有类过氧化物酶催化活性催化过氧化氢氧化 ABTS，结果证明 G 三联体同样具有类过氧化物酶活性，拓展了 G 三联体的应用范围。2016 年，徐小为等[59]首次发现 G 三联体与 Cu^{2+}结合可以催化 Diels-Alder 反应。

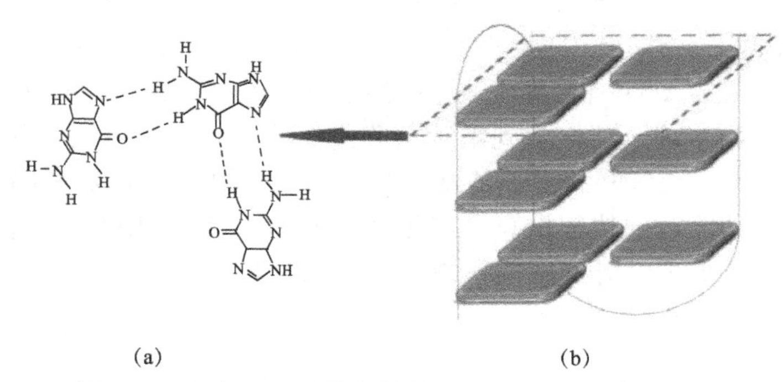

(a)　　(b)

图 1.7 （a）G 三聚体的结构；（b）G 三联体的结构

2. G 三联体的结构

Jiang 等发现 G 三联体结构受分子拥挤、金属离子浓度等影响，并证明金属离子对 G 三联体的稳定顺序为 $Ca^{2+}>K^{+}>Mg^{2+}>Na^{+}$[60]。$Ca^{2+}$无论在稀溶液中还是在分子拥挤溶液中，都会促使平行的 G 三联体的形成。即便 G 三联体在分子拥挤和 Ca^{2+}同时影响下，由两个 G 三聚体形成的结构溶解温度也比生理温度低；而由三个 G 三聚体形成的结构溶解温度是非常高的，尤其是在 K^{+}或 Ca^{2+}同分子拥挤同时存在时，这也暗示着 G 三联体可以在生理条件下存在。K^{+}和 G 三联体结合是放热反应；Ca^{2+}和 G 三联体结合是吸热反应。需要特别注意的是，Ca^{2+}是对生理活动非常重要的金属离子，它对 G 三联体起到稳定作用，而对 G 四联体基本没有影响，因此可以推测出 G 三联体对人体的生命活动也发挥着重要作用。

3. G 三联体的应用

2014 年，Ma 等人工合成了一种化合物 Ir（III），它可以与 G 三联体结合发冷光，通过这种方式无标记定量检测了绿豆芽核酸酶活性[61]。2018 年 Zhou 等[62]假设 G 三联体具有 G 四联体相似的化学结构及功能，发现稳定的 G 三联体可以结合 ThT 作为高效的荧光探针。与传统的 G 四联体相比，G 三联体探针更容易控制和激发活性，所以将这种探针成功应用到无标记的 miRNA（microRNA）的检测中。

1.2.3 C 四联体

1. C 四联体的发展史

前面提到体内基因富含鸟嘌呤 G，根据碱基互补配对原则，它们的互补序列必然有很多的胞嘧啶。1993 年，Gehring 在研究 d（TCCCCC）在弱酸条件下的二级结构时，利用核磁共振首次提出 C 四联体结构。它是一种插层结构，即两条胞嘧啶链利用 $C:C^{+}$配对形成一个平行双螺旋结构，和另外两条双螺旋链头尾交叉；1994 年，Manzini 利用圆二色谱法证明了（C_3AT_2）C_3T 形成了 C 四联体；由于 C 四联体结构需要在 pH 值比较低的情况下形成，所以大部分关于 C 四联体结构的研究都只是在体外进行。2000 年，Phan 等得到了人端粒 DNA 序列在溶液中形成 C 四联体的晶体结构。

2. C 四联体的结构

C 四联体结构与 G 四联体结构分类类似，通过 C 四联体形成的核酸链可以分为单体 C 四联体、双聚体 C 四联体、四聚体 C 四联体。如果由一条链经过分子间折叠构成单体 C 四联体结构时，会存在两种构型 5′ E 和 3′ E。当闭合的 C:C$^+$碱基对在 5′ 端时形成的结构称为 5′ E，而在 3′ 端时称为 3′ E。其中四聚体 C 四联体有 S 型、R 型和 T 型之分，当温度在 15～50℃时，R 型最稳定，S 型次之，T 型最不稳定。富 C 序列在 pH 为 5 时折叠成 C 四联体结构，而在 pH 为 8 时去折叠，折叠速度为 100 ms。RNA 的 C 四联体结构不稳定，是由于它比 DNA C 四联体结构缺少了一对 2′ -OH/ 2′ -OH 的排斥作用。C 四联体结构通常受到温度、pH、磷酸骨架结构、连续胞嘧啶的序列、环区、分子拥挤环境以及羧基修饰的碳纳米管或石墨烯量子点等条件影响。

3. C 四联体的体外纳米材料应用

DNA 分子被广泛用作纳米材料（2D/3D 结构和连锁组件）的原料，DNA 纳米结构可以通过 DNA 的可编程性质进行功能化。其中多线的 DNA 单元如 G 四联体、C 四联体，被广泛用于 DNA 纳米技术，这些四联体有共同的特点，即由于核酸序列和外界条件的变化，其折叠类型也会发生相应的变化，这使得它们可以作为通用的 DNA 纳米结构使用。Li 和 Famulok [63]通过调控 pH，控制 C 四联体结构的收缩、扩张，进而使得纳米环自身收缩、两两相互作用或形成三聚环等，构建了不同的 DNA 纳米环（图 1.8）。分别通过琼脂糖凝胶电泳、聚丙烯酰胺凝胶电泳（PAGE）、原子力显微镜（AFM）进行表征，演示了 DNA 纳米环的编辑功能。它可以对更大的 DNA 纳米结构进行操作，开辟了一种纳米结构形成的新方式。

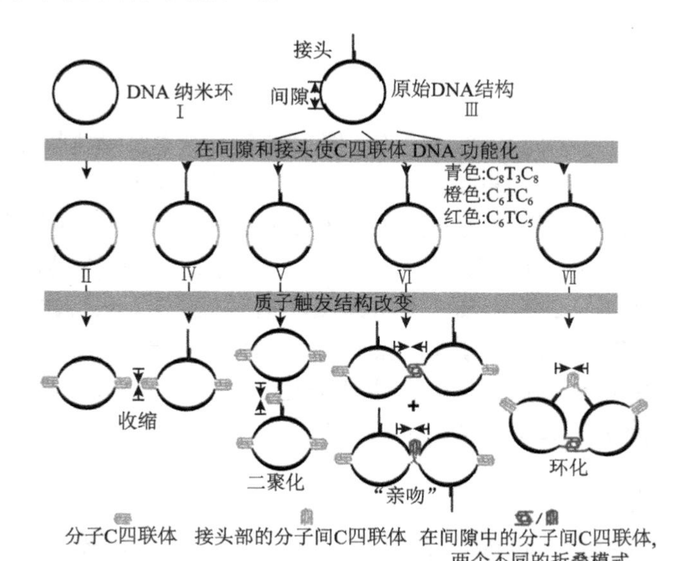

图 1.8　具有分子内/分子间 C 四联体的 DNA 纳米环的可编程功能化示意图

4. C四联体的体内检测应用

虽然C四联体在体外形成插层结构已经被证实，但是在人类基因组中，这种四联体的DNA结构是一直存在争议的。因此Christ等通过筛选得到了一种抗体C四联体结构的特异性抗体iMab，该抗体对C四联体结构有高选择性和亲和力，利用该抗体第一次直接可视化地证明了人类细胞核中C四联体结构的存在；论证了C四联体结构依赖于细胞循环周期和pH，C四联体插层结构可以在体内形成；为C四联体结构在人类基因组的调控区域形成提供证据[64]。

1.3 适配体

1.3.1 食源性致病菌适配体

1. 概述

1）食源性致病菌的常规检测方法

目前，食源性致病菌的常规检测方法主要有平板分离法、化学分析法、分子生物学方法和免疫学检测法等[65]。

（1）平板分离法。平板分离法是根据食源性致病菌的生理生长特性存在差异对其进行鉴定的方法，通常包括增菌、分离、生化分析以及血清学鉴定等步骤。该方法原理易懂、操作简便且检测结果稳定性高，我国将其定为食源性致病菌的常规检测手段。然而，平板分离法的前期增菌和分离步骤通常需要1～2天，且后续生化检测烦琐，整个周期要3～5天，耗时较长，无法满足对食源性致病菌快速检测的需求。

（2）化学分析法。化学分析法是根据不同的食源性致病菌在自身组分及代谢产物上存在差异，往往有属于该类菌的标志性化学组成，利用气相色谱或高效液相色谱分析样品中所包含的化学成分，达到检测食源性致病菌的目的。该方法操作灵敏度高、结果可靠，但对样品的前处理要求较为苛刻，并且需要使用昂贵的大型仪器设备，不适合应用于现场的检测。

（3）分子生物学方法。分子生物学方法是利用不同的食源性致病菌在核酸层面存在的差异来进行检测分析。电泳技术、分子杂交技术、PCR技术以及DNA序列测序分析技术等搭配使用，可以对样品中食源性致病菌进行定性定量分析。其中，应用最广泛的是PCR技术，其优势在于检测时间短、检测程序简单，但不同种类的PCR技术自身也存在一定的缺陷。例如，普通PCR仅能用于单一致病菌的检测，而通过逆转录PCR来扩增食源性致病菌中的信使 RNA（messenger RNA，mRNA），则只能够检测活细菌细胞。

（4）免疫学检测法。免疫学检测法是以全菌或菌的某一部分，如菌毛蛋白、脂多糖以及细菌毒素等为抗原，利用相应的抗体与其特异性结合，实现对食源性致病菌的检测。该类方法主要以抗体为识别元件，通过酶催化底物反应产生颜色变化，进行定性、定量分析。免疫学检测法具有良好的特异性和稳定性，是目前我国基层检测单位应用最多的快检方法。由于抗体属于蛋白类物质，通常在动物体内筛选，制备成本较高，并且检测及储存对环境的要求较高，导致使用酶联免疫吸附反应检测食源性致病菌时存在一定的局限性。

适配体的出现，弥补了以往方法检测食源性致病菌时的不足。与平板分离法相比，适配体在检测时能从复杂环境中找到靶标物质，检测周期短；与仪器分析法相比，样品的前处理简便；与抗体相比，适配体在体外筛选获得，制备周期短且成本较低。

2）适配体简介

（1）适配体的起源。1990 年，Tuerk、Gold 和 Ellington、Szostak 发现了一类能与蛋白结合的单链核酸序列，两者的结合特异性及亲和度极高，他们将这类核酸序列命名为适配体（aptamer）——由拉丁文“aptus”（意为“合适”）以及德文“meros”（意为部分、分离）两者结合衍生而来[66]。在此之后，涌现出大量针对不同靶标物质的适配体研究，人们通过适配体与其他材料的搭建，发明出多种生物传感器，应用于药物生产、医学检测等领域。

（2）适配体的特点。适配体是能特异性识别某种靶标物质且具有高度亲和力的核酸序列（DNA 或 RNA），通常含有 15～40 个碱基，其分子质量为 5～25 kDa[66]。追根溯源，适配体是在仿生学的基础上发展应用的，如 RNA 适配体，其实质是对非编码 RNA 的一种模仿。与抗体等检测元件相比，适配体具有四个显著的特点：①筛选周期短。筛选适配体不需要进行动物实验，在体外即可获得目标序列。最常见的适配体筛选技术——SELEX 技术通常在 8～15 轮的筛选后得到与靶标物质结合亲和性和特异性良好的适配体序列，整个周期为 1～2 个月。而最近诞生的 Non-SELEX 技术筛选周期更短，与毛细管电泳仪共同使用时可将筛选周期控制在 1 天左右。②高亲和性和高特异性。适配体是在容量为 10^{13}～10^{15} 的核酸文库中进行 5～13 轮的阳性筛选，最终得到的适配体与靶标物质共同孵育时，其解离常数可达纳摩尔甚至皮摩尔水平。由此可见，适配体与靶标物质的结合能力极强。同时，适配体也具有高特异性，以食源性致病菌为例，研究者通常会选择菌上某个特异性组分，如标志性蛋白、致病毒素等作为筛选靶标物质，从根本上保证了筛选出的适配体具有特异性，当靶标物质是全菌时，研究者会在阳性筛选结束后选择 3～5 种与该菌结构或致病性相似的菌种进行阴性筛选，使筛选出的适配体具有极高的特异性。③适用范围广。由于适配体包含15～40个随机碱基序列，用于筛选适配体的文库容量极大，因此几乎所有的靶标物质都能从文库中找到能与其特异性结合的适配体序列。随着研究者的不断探索，适配体已经应用于食品中危害因子检测、医学药物研发、疾病诊断和治疗等众多研究领域。以检测食品中的危害因子为例，适配体在重金属[67, 68]、农药残留[69, 70]、兽药残留[71]以及食源性致病菌[72, 73]等的检测中都有突出作用。④对检测环境要求低。作为核酸类物质，适配体能耐高温、耐酸碱性，并且易于储存。与常规检测方法相比，适配体在使用时对检测环境要求低。再者，适配体具有标记稳定性，可在序列末端标记巯基、生物素等基团，因而广泛用于各类生物传感器的搭建。

3）适配体的筛选

目前，用于适配体的筛选技术有很多，如亲和层析SELEX、毛细管电泳SELEX、均衡混合物的非均衡毛细管电泳SELEX、全细胞SELEX等方法。根据筛选过程中是否有序列扩增富集，可以将现有的筛选技术分为SELEX筛选和Non-SELEX筛选两大类。

（1）SELEX筛选（图1.9）。大多数的适配体筛选技术属于SELEX技术，主要包括：建立文库、与靶标物质孵育、洗脱分离、扩增富集等步骤[73]，适配体的筛选文库一般由含有15～40个随机碱基的序列组成，容量为10^{13}～10^{15}，两端为固定序列，便于PCR扩增。在适配体文库与靶标物质孵育阶段，

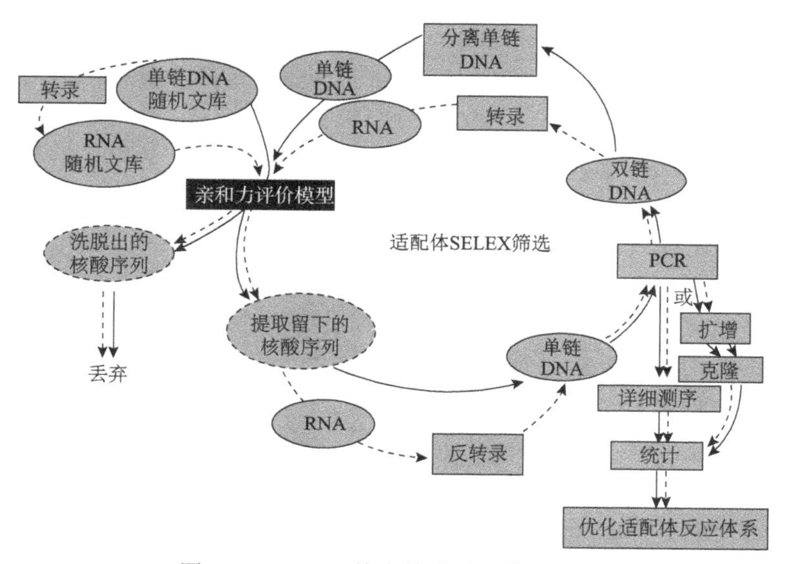

图1.9 SELEX技术筛选适配体流程图

研究者会根据靶标物质的特点选用合适的结合缓冲液，这也是筛选过程中需要优化的条件之一。

分子量不同的靶标物质，其洗脱分离步骤操作差异较大。其中，大分子物质的常用分离方法有以下几种。①硝酸纤维素膜印迹法[36, 74]：可将靶标物质固定在硝酸纤维素膜上，随后通过分子印迹分析得到能与靶标物质结合的随机单链。“适配体”概念的提出者、SELEX 方法的创始者 Tuerk 和 Gold[75]最早应用硝酸纤维素膜筛选得到噬菌体 T4 DNA 聚合酶的适配体，使得该方法在适配体筛选，特别是蛋白类靶标物质的筛选中得到广泛应用。Savory 等[76]在筛选小鼠肝脏上某种蛋白的适配体时，借助硝酸纤维素膜完成适配体的洗脱分离步骤，该研究建立了复杂机制中靶标物质的适配体筛选模型。②离心沉淀法[77, 78]：能结合靶标物质的随机单链可随靶标物质一同离心沉淀下来，该方法具有耗时短、操作简单等优点，通常用于大分子靶标物质，如全菌适配体的筛选。Dwivedi 等[77]在筛选鼠伤寒沙门氏菌适配体时，以全菌作为靶标物质，与核酸序列文库室温下共同孵育 45 min 后，将混合物在 1500 *g* 下离心 10 min，去除未与靶标物质结合的 DNA 单链。经过 8 轮阳性筛选及 2 轮阴性筛选后，研究者挑选出 1 条能与鼠伤寒沙门氏菌特异性结合的适配体单链。③微孔板筛选技术[79, 80]：将靶标物质加入微孔板内，经过一段时间孵育后加入核酸文库序列，能与靶标物质结合的随机单链可留在微孔板上。该方法利用聚苯乙烯材料特有的吸附作用固定靶标物质，稳定性较高，多用于以菌表面的大分子为靶标物质的适配体筛选。Han 和 Lee[81]筛选金黄色葡萄球菌适配体时，以菌表面的磷壁酸为靶标物质，将其包被在 96 孔板上，加入核酸序列文库后室温下孵育 20 min，用缓冲液冲洗后，能与靶标物质特异性结合的 RNA 单链留在微孔板中，最后分离出的适配体单链也与金黄色葡萄球菌结合。

小分子物质的分离方法有以下几种。①磁珠分离法[82, 83]：小分子靶标物质可以固定在磁珠上，与适配体序列文库共同孵育后在外加磁场的作用下实现分离，而后通过加热或加碱等方法使适配体序列与靶标物质分开。Mann 等[83]首次以分子量很小的乙醇胺（$M_r = 61.08$）为靶标物质，将其固定在磁珠上。加入核酸序列文库后振荡孵育 30 min，利用磁性材料的分离富集效应去除未与乙醇胺结合的核酸序列，而后加入含有尿素及乙二胺四乙酸（EDTA）的缓冲液提取结合在靶标物质上的核酸序列，进入下一步扩增富集，最终筛选出 6 条性能良好的适配体。②柱层析分离法[84, 85]：将靶标物质结合在树脂层析柱上，适配体序列文库与靶标物质孵育后，能特异性结合的序列可以留在层析柱上，达到分离的目的。McKeague 等[84]将靶标物质伏马毒素 B_1 固定在凝胶树脂亲和层析柱上，注入含有核酸序列文库的溶液，用结合缓冲液反复冲洗层析柱，成功分离出与伏马毒素 B_1 结合解离常数为（100 ± 30）nmol/L 的适配体序列。

（2）Non-SELEX 筛选。Non-SELEX 筛选技术是相较于 SELEX 筛选技术提出的。传统的 SELEX 技术在经过洗脱分离步骤后，要使用 PCR 等技术富集能与靶标物质结合的核酸序列，扩增出的产物将进入下一轮阳性筛选过程，从而提高适配体序列在核酸序列文库中所占有的比例，最终筛选出解离常数低的适配体序列。与 SELEX 技术不同的是，Non-SELEX 技术无需进行 PCR 等核酸序列扩增步骤，经过两三次分离、分析筛选步骤后直接得到适配体序列（图 1.10）。

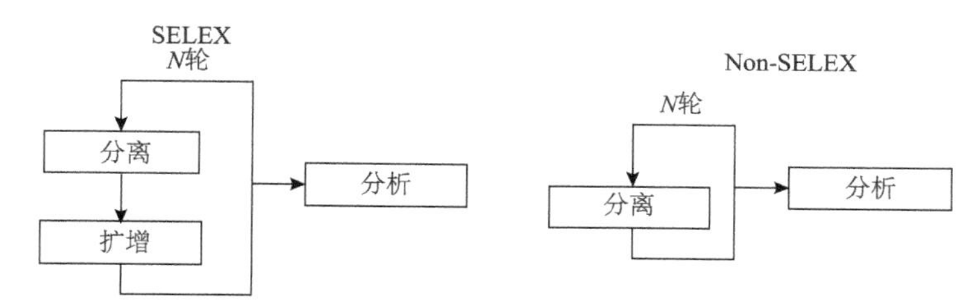

图 1.10　SELEX 技术与 Non-SELEX 技术筛选适配体流程对比示意图

Berezovski 等[86]首次提出 Non-SELEX 技术的概念，并使用该技术筛选 h-RAS 蛋白适配体。他们将平衡混合物的非平衡毛细管电泳引入适配体的筛选中，以 h-RAS 蛋白和适配体文库的平衡混合物为样品，利用 h-RAS 蛋白和核酸序列两者结合后出现特异性峰形，进而针对这种非线性拟合对反应的解离常数进行求解，经过 3 轮分离、分析后得到能特异性结合 h-RAS 蛋白的核酸序列。

随后，Non-SELEX 技术在适配体筛选中得到了发展和应用[87, 88]。Ashley 等[87]利用非平衡毛细管电泳，以溶菌酶、胰蛋白酶原、糜蛋白酶原 A 和肌红蛋白为靶标进行阴性筛选，经过三轮 Non-SELEX 过程选出能特异性结合牛过氧化氢酶的适配体。Y. Yu 和 X. Yu[89]运用数学模型分析了不同条件如蛋白浓度、分离效率不同对 Non-SELEX 筛选过程的影响，为后续研究者的实验设计提供了参考依据。

与筛选周期通常为 1～3 个月的 SELEX 筛选技术相比，Non-SELEX 筛选技术可在几天甚至几小时内完成适配体筛选全过程，大大缩短了筛选周期。但由于后者需借助毛细管电泳仪进行筛选，筛选靶标物质结合核酸序列前后应在电泳迁移率方面有明显变化，因此具有一定的局限性，即 Non-SELEX 技术大多用于大分子物质的适配体筛选。

4）筛选靶标物质

食源性致病菌的筛选靶标物质可以分为三大类：全细胞、表面组分以及毒素。参照我国《食品安全国家标准　食品中致病菌限量》（GB 29921—2013），下面介绍国家标准中规定的食源性致病菌的致病特点，并总结目前国内外文献中筛选出的食源性致病菌适配体序列（表 1.1）。

表 1.1　食源性致病菌适配体汇总表

目标细菌	细菌特征	菌型	筛选靶标物质	适配体序列	序列数目	参考文献
大肠杆菌	肠杆菌科、埃希氏菌属，革兰氏阴性菌。大多数大肠杆菌定居在人和动物的肠道中，不会导致宿主患病，但一些特殊的血清型会引起人和动物，尤其是婴儿和幼畜，出现腹泻和败血症	大肠杆菌 O157 : H7	全菌	UGAUUCCAUCUUCCUGGACUGUCGAAAAUUCAGUAUCGGGAGGUUACGUAUUUGGUUUAU	4 条	[72]
		大肠杆菌 O157 : H7	脂多糖	CCGGACGCTTATGCCTTGCCATCTACAGAGCAGGTGTGACGG	1 条	[90]
		大肠杆菌 K88	菌毛蛋白	GGCGACCCCCGGGCTACCAGACAATGTACGCAGCAAGAGTGACGGTCGTACCTCGGAGTC	4 条	[91]
		大肠杆菌 O111:B4	脂多糖	ATCCGTCACCCCTGCTCTCGTCGCTATGAAGTAACAAAGATAGGAGCAATCGGGTGGTGTTGGCTCCCGTAT	16 条	[92]
		大肠杆菌 O55:B5	脂多糖	TAGCCGGATCGCGCTGGCCAGATGATATAAAGGGTCAGCCCCCCA	1 条	[93]
		大肠杆菌 8739	外膜蛋白	ATACGGGAGCCAACACCATGGTACAAGCAAACCAATATTAGGGCCCAGACATCGAGAGCAGGTGTGACGGAT	25 条	[94]
		大肠杆菌 NSM59	全菌	GGGAGGGGCGGCGAAGGAGTGGCG	6 条	[95]
沙门氏菌	肠杆菌科细菌，革兰氏阴性菌。菌型繁多，在全球已确认的 2500 多种血清型中，常见的危害人畜健康的有 30 多种，且多为条件致病菌	鼠伤寒沙门氏菌	外膜蛋白	CCGCCTTTACTAAATTGACGAACATAGGAATCAATGAAGC	4 条	[96]
			IVB 型菌毛	UCACUGUUAUCCGAUAGCAGCGCGGGAUGA	9 条	[97]
		沙门氏菌 O8	全菌	TGATCCGGGCCTCATGTCGAACCCACACCCCACAACCACCCAGCCCCAGCCCGCTATTGAGCGTTTATTCTGAGCTCCCA	19 条	[98]
		肠炎沙门氏菌	全菌	GGGUUCACUGCAGACUUGACGAAGCUUGAGAGAUGCCCCCUGAUGUGCAUUCUUGUUGUGUUGCGGCAAUGGAUCCACAUCUACGAAUUC	1 条	[99]
金黄色葡萄球菌	葡萄球菌属，革兰氏阳性菌。人类化脓感染中最常见的病原菌，可引起局部化脓感染，也可引起肺炎、伪膜性肠炎、心包炎等，甚至败血症、脓毒症等全身感染	金黄色葡萄球菌 8325-4	全菌	GCGCCCTCTCACGTGGCACTCAGAGTGCCGGAAGTTCTGCGTTAT	5 条	[100]

续表

目标细菌	细菌特征	菌型	筛选靶标物质	适配体序列	序列数目	参考文献
单增生李斯特菌	革兰氏阳性短杆菌，是一种人畜共患病的病原菌，感染后主要表现为败血症、脑膜炎和单核细胞增多		全菌	TGGGGGGTGGTTGGGGGTAGTATATCGGGTCAGTGGTGCG	10条	[101]
副溶血性弧菌	革兰氏阴性杆菌，进食含有该菌的食物可致食物中毒，也称嗜盐菌食物中毒。临床上以急性起病、腹痛、呕吐、腹泻及水样便为主要症状		全菌	TAGAGATATGACAGCGGGGAAGGTTAAGAGGCGCTAGGAG	5条	[72]

以全细胞作为筛选靶标物质的研究大多集中在适配体应用于食源性致病菌检测领域的起步阶段，但随着研究的不断深入，致病菌上特异性组分和毒素成为选择的热门。相较于用整个致病菌为靶标物质，后者具有一定的优势：①可不做或少做阴性筛选，实验周期缩短；②以整个细菌作为筛选靶标物质污染操作环境的可能性较大，会存在一定的安全隐患，选择某个组分为筛选靶标物质则大大降低了这种风险；③以致病菌上的某个特异性部分为筛选靶标物质筛选出的适配体可用于整个致病菌的检测，且清楚地了解与致病菌的结合位点，对基于适配体的生物传感器的搭建十分有利。

（1）全细胞。作为大分子物质，全细胞的表面复杂且结构同源性较高，因此在完成阳性筛选后，通常会选择3～6种与靶致病菌具有相似结构或能导致相似疾病的细菌进行阴性筛选，确保筛选出的适配体能够特异性地识别靶致病菌。Cao等[100]在筛选金黄色葡萄球菌适配体时，将经过11轮阳性筛选后留下的适配体序列与表皮葡萄球菌、嗜热链球菌以及大肠杆菌DH5共同孵育，反向筛选适配体。

（2）表面组分。筛选适配体的靶标物质也可以是致病菌表面的某个特异的功能性部分，如脂多糖、蛋白质等。Li等[91]在筛选肠毒素大肠杆菌K88适配体时，以能吸附宿主肠道黏膜上皮细胞，从而引起宿主肠道疾病的菌毛蛋白为靶标物质；Bruno等[92]在筛选大肠杆菌O111 : B4适配体时，以菌膜上具有抗原性的内毒素脂多糖为靶标物质。同样地，在筛选原生生物、病毒等的适配体时，大多也会选择该类病原微生物上的特异性蛋白作为靶标物质，如针对甲型、乙型、丙型肝炎，已经筛选出以核心蛋白、3C蛋白酶、囊膜糖蛋白E2、NS3螺旋酶为靶标的核酸适配体。

（3）毒素。真菌毒素是真菌在食品或饲料里生长所产生的代谢产物，对人类和动物都有害，而用于适配体筛选的毒素通常指的是真菌毒素，如黄曲霉毒素、赭曲霉毒素以及玉米赤霉烯酮等。2008 年，Cruz-Aguado 和 Penner 首先通过免疫亲和柱筛选得到了与赭曲霉毒素 A（OTA）高亲和识别的 DNA 适配体，并且成功设计了以 OTA 适配体为识别模式的荧光偏振检测方法[102]，这也是 OTA 适配体在分析检测上的第一次应用。王文凤[103]借助磁珠筛选得到了黄曲霉毒素 B_1 和 B_2 的适配体，随后将适配体搭载金纳米粒子，实现对靶标物质的检测。

5）适配体的性能鉴定

研究者通常对筛选出的适配体进行两方面的性能鉴定：适配体与靶标物质结合的亲和性以及特异性。

（1）亲和性。亲和性是指适配体与靶标物质结合力的大小，通常用解离常数进行表征。在自然状态下，适配体呈现多种不确定的空间构象，当加入靶标物质时，适配体会改变自身构象，通过范德瓦耳斯力、氢键、盐桥、静电吸附等作用力嵌在靶标物质表面的结合位点[6]，实现两者结合，其解离常数可达纳摩尔甚至皮摩尔水平。由此可见，适配体与靶标物质的亲和性很高。

（2）特异性。特异性是适配体与靶标物质及非靶标物质比较，结合力的强弱是否存在明显差异。就食源性致病菌而言，通常使用与靶标物质有相似结构和相同致病性的病原菌或病原菌结构（如鞭毛蛋白等）进行特异性分析。解离常数（K_d）也是评价适配体特异性的指标，当与靶标物质孵育时，K_d 值极低，而与其他物质孵育时，K_d 值较高，两者相差 1～2 个数量级，则该适配体序列与靶标物质结合的特异性较高。

（3）亲和性与特异性的关系。适配体与靶标物质的亲和性与特异性是必要不充分的关系。核酸序列对靶标物质的亲和性要求该序列很容易与靶标物质结合；而核酸序列的特异性则要求该序列能且仅能与靶标物质结合。通常情况下，筛选得到的适配体能从复杂基质中特异性地与靶标物质结合，则两者之间相互作用力一定很强。反之则不成立，经过多轮阳性筛选得到的适配体通常与靶标物质具有较高的亲和性，但由于两者间的结合位点可能不是靶标物质特有的组分，阳性筛选出的适配体序列不一定具有与靶标物质较高的特异性，这一特点在以全细胞为靶标物质的适配体筛选中尤为突出，因此全细胞筛选一般配合阴性筛选。

6）适配体结合力表征方法

（1）流式细胞术。流式细胞术是一种基于激光的方法，能够高重现性和准确性地表征分子的物理和化学性质[104, 105]。因此，流式细胞术已经成为表征适配体结合亲和性最常用的方法之一，一股单细胞悬浊液依次通过检测装置来检测细胞群中标记细胞。结合相互作用由标记细胞的荧光强度决定，其荧光强度表明适配体与靶标细胞的结合能力。因此，荧光强度越高，与细胞结合能力越高。直方图和点状图是流式细胞仪的两个主要输出方式，其中点状图可同时显示不同适配体与不同类型细胞结合的比较情况。目前，已经有一些研究利用流式细胞术，对适配体的结合力进行表征，这些适配体是利用不同靶标筛选得到的，如大肠杆菌 O157 : H7[72]、鼠伤寒沙门氏菌、副溶血弧菌、空肠弯曲菌[106]、A 族 M 型链球菌[107]、嗜酸乳杆菌[108]等。

（2）基于光谱的方法。紫外-可见（UV-Vis）吸收光谱法是对适配体及其靶标结合特性进行表征的常用方法。由于其可购买性及无需标记，这种方法被广泛应用。通过相同浓度适配体下，不同浓度的靶标的吸光度的改变来估算 K_d 值。

荧光分光光度计可以通过与靶标物质结合导致的适配体两端荧光标记基团距离变化而带来的荧光强度变化，绘制解离曲线，以此来获得 K_d 值。由于荧光分光光度计使用较广泛，该方法得到广泛使用，在沙门氏菌[109, 110]、金黄色葡萄球菌[111]等均有应用。

（3）酶联分析。类似于传统的、用于特定的物质检测的酶联免疫吸附测定法，可以将适配体偶联到酶联分析中，以确定其结合亲和力。1996 年，Drolet 等[112]首次报道，这种方法可以作为一种分析适配体结合力的高灵敏的且定量的工具。因此，酶联分析也被专门用来表征基于 Cell-SELEX 方法获得的适配体结合亲和力，并应用于研究全细胞、细胞裂解物或细胞分泌物。

（4）放射性闪烁计数。闪烁计数对放射性标记的样品的检测具有高灵敏度，这使得闪烁计数成为检测适配体与其靶标细胞结合反应的有力工具。为准确测量适配体结合亲和性，分离结合靶标与未结合靶标的适配体是必不可少的，分离过程可以通过过滤或离心实现。基于闪烁计数的适配体结合分析被应用于 ^{32}P 标记的 RNA 适配体，此适配体特异结合由伤寒血清型沙门氏菌的 *pil* 操纵子编码的 IVB 型菌毛，需要通过硝化纤维过滤器对结合反应物进行过滤，再通过硝化纤维过滤器进行闪烁计数[113]。基于闪烁计数法对 ^{32}P 标记的 DNA 适配体与金黄色葡萄球菌细胞的结合力进行考察，结果显示，与靶标结合的适配体通过闪烁计数方法被量化。

（5）荧光和共聚焦显微镜。虽然不是半定量，但共聚焦显微镜和荧光显微镜是用来监测适配体与细胞结合的最常用的工具，可以从视觉上直观显示适配体与其靶标细胞的特异性结合。同时荧光和共聚焦显微镜在荧光信号激发和发射的原理上是相似的，但共聚焦显微镜具有视野深度控制的能力，减少背景，并可以获得连续光学切片。目前，已经应用荧光和共聚焦显微镜来表征一些适配体的结合亲和性和特异性，如甲型副伤寒沙门氏菌[114]、空肠弯曲菌[106]、鼠伤寒沙门氏菌[115]等。活细胞和染色细胞均可采用荧光和共聚焦显微镜检测，而荧光信号的获得，可以直接在适配体上引入荧光标记，或间接地利用荧光标记抗体靶向一个在适配体上的特定标签。荧光图像通常显示一个细胞可结合多个适配体，如金黄色葡萄球菌。

（6）原子力显微镜（AFM）。AFM是一种基于扫描探针的显微镜技术，用解析技术对大分子进行高分辨率成像，并在生理条件下测量单分子水平的双分子相互作用力。AFM无需对样品固定及脱水，可以在水溶液条件及其潜在形态下进行细胞观察。这种特性，使得AFM适用于活细胞表面蛋白及拓扑结构。AFM分析可以在直方图和拓扑图像中进行。黏附性测定的直方图峰值（pN）用于估算适配体与靶标之间的亲和力。pN值越高，结合力越大，这就意味着结合亲和性越好。拓扑成像显示靶标表面构象，以图片形式显示适配体的结合如何改变靶标表面构象。在金表面修饰适配体，利用AFM单分子动态力学谱（SMDFS）测定适配体与沙门氏菌的相互作用力，并首次在沙门氏菌表面测定单个外膜蛋白的位置[116]。

（7）表面等离激元共振（surface plasmon resonance，SPR）。SPR技术是一种高通量、无标记、实时技术，用于表征适配体与其靶标的结合亲和力。Ahn等[117]利用SPR技术对筛选获得的副溶血弧菌适配体的亲和性进行表征。生物素标记的适配体通过与链霉亲和素耦合的方式，修饰到SA芯片上，加入副溶血弧菌后，检测SPR信号强度来衡量亲和力。

（8）高效液相色谱（HPLC）。高效液相色谱技术可以定性和定量地分析适配体与靶标的结合力。其原理是先将适配体固定在吸附柱上，在加压条件下，使液体溶剂流通吸附柱，色谱图显示分析物浓度及保留时间，根据适配体、靶标、适配体-靶标复合物的平衡分布来估算 K_d 值[118]。

（9）热力学表征。等温滴定量热和微尺度热泳都是与热力学相关的技术，适用于表征适配体与其靶标之间的亲和力。等温滴定量热法中，指定浓度的适配体或靶标作为滴定标准液，加入不同浓度的互补分子中，此互补分子为分析物。当三元复合物形成是唯一需要放热的过程时，细胞温度与对照细胞温度保持一致，并避开所有放热源。利用等温滴定量热法，基于相对于细胞的能量变化，对适配体-靶标结合进行表征，能量变化与结合量成正比[119]。

（10）实时定量荧光PCR。实时定量荧光PCR技术，是指在PCR反应体系中加入荧光染料或加入荧光探针，利用荧光信号的变化实时监测整个PCR进程中每一个循环扩增产物量的变化，最后通过循环数（Ct）和标准曲线对起始模板进行定量分析。Ahn等[117]在对每一轮SELEX产物的亲和性表征时，利用实时定量荧光PCR技术，通过对Ct大小的比较，来间接衡量适配体与靶标菌的亲和力。

2. 基于食源性细菌适配体功能核酸的生物传感器

目前，食源性致病菌的适配体传感器主要包括：电化学适配体传感器、光学适配体传感器、压电晶体传感器、横向色谱法测试条等，其中电化学适配体传感器与光学适配体传感器应用最为广泛，因此围绕这两种传感器进行重点阐述。

本节总结了目前国内外文献中报道的、较为常见的食源性致病菌适配体传感器（表1.2和表1.3）。

表1.2 食源性致病菌适配体传感器

靶标菌	传感器类型	传感器原理	检测限/（cfu/mL）	实际样品	参考文献
鼠伤寒沙门氏菌	荧光共振能量转移（FRET）	生物素标记的适配体通过链霉亲和素络合固定在磁珠上，作为捕捉探针；荧光基团FAM标记的适配体作为信号探针	25	—	[104]
鼠伤寒沙门氏菌	荧光共振能量转移	FAM标记的适配体吸附在氧化石墨烯上，荧光猝灭；当适配体-靶标菌复合体形成，荧光基团从石墨烯表面释放，荧光强度大幅增加	100	牛奶	[128]
肠炎沙门氏菌	荧光共振能量转移	原理同上	25	牛奶	[129]
鼠伤寒沙门氏菌	比色法	将生物素标记的适配体与链霉亲和素络合固定在微孔板中，加入靶标菌与修饰适配体的金纳米粒子（AuNPs），形成适配体-靶标菌-适配体AuNPs三明治型复合体。通过加入银离子实现颜色信号发大	7	太湖水样	[122]
鼠伤寒沙门氏菌	比色法	生物素标记的适配体与靶标菌结合，加入连接辣根过氧化物酶（HRP）的链霉亲和素，使其与生物素标记的适配体-靶标菌复合物结合，通过加入邻苯二胺（OPD）对上清液进行比色分析	10^3	—	[109]
		金纳米粒子作为指示剂，适配体作为识别元件。适配体与沙门氏菌孵育结合，再加入金纳米粒子溶液，在盐诱导下，金纳米粒子聚合，颜色变化	10^2	—	
鼠伤寒沙门氏菌	表面增强拉曼光谱（SERS）	适配体1（apt1）通过金硫键修饰在金@银核壳纳米粒子（Au@Ag core/shell NPs）作为靶标的捕捉探针；羧基-X-罗丹明（ROX）修饰的适配体2（apt2）作为识别元件及拉曼报告分子。在靶标菌存在下，形成Au@Ag-apt1-靶标菌-apt 2-ROX三明治型复合体。通过监测SERS信号强度对鼠伤寒沙门氏菌进行定量检测	5	牛奶	[130]
甲型副伤寒沙门氏菌	化学发光	单壁碳纳米管（SWCNTs）与DNAzyme标记的适配体检测探针自组装在一起，DNAzyme序列用于检测信号的放大。当靶标菌与血红素加入后，血红素/G-四联体形成，对化学发光（鲁米诺与H_2O_2）的强度检测实现靶标菌的定量检测	10^3	城市水样	[114]

续表

靶标菌	传感器类型	传感器原理	检测限/（cfu/mL）	实际样品	参考文献
鼠伤寒沙门氏菌	电化学	将适配体固定在金纳米粒子修饰的丝网印刷碳电极（AuNPs-SPCE）上，适配体与靶标菌结合后，阻碍电子从溶液中的氧化还原探针转移到电极表面，采用循环伏安（CV）法与电化学阻抗光谱（EIS）进行电化学研究，对靶标菌进行定量检测	600	—	[131]
		由还原型氧化石墨烯（rGO）和多壁碳纳米管（MWCNTs）直接组合到玻璃碳电极表面，通过共价键形式将沙门氏菌的适配体固定在rGO-MWCNTs复合材料上。当沙门氏菌存在时，电极上适配体捕捉靶标菌，电子传递被阻断，使阻抗增加，进而对沙门氏菌进行定量检测	25	鸡肉	[121]
副溶血弧菌	电化学	抗体修饰在金电极表面，用于捕获副溶血弧菌，单链DNA（ssDNA）探针中的适配体序列识别并结合靶标菌，形成抗体-靶标菌-适配体的三明治型结构。通过滚环扩增的方式，ssDNA探针延长，金纳米粒子（AuNPs）上修饰的检测探针与ssDNA探针延长链上的重复序列识别，并加入检测探针的互补序列。由于亚甲基蓝优先与双链DNA结合，亚甲基蓝可作为电化学信号分子，测定电流信号，实现定量检测	2	鱼	[132]
副溶血弧菌	荧光	适配体先与副溶血弧菌结合，加入cDNA与AccBlue染料后，cDNA与游离的未反应的适配体杂交，形成双链DNA结构，使得染料进入双链结构中，荧光信号增强	35	虾、鸡肉	[123]
副溶血弧菌	表面增强拉曼光谱	SiO_2@Au核壳纳米粒子（NPs）以金硫键连有适配体1（apt1）来捕捉菌；花青染料3（Cy3）修饰适配体2（apt 2）作为荧光信号；形成SiO_2@Au-apt1-菌细胞-apt2-Cy3夹心复合物，以Cy3的SERS强度作为分析信号，通过对信号强度的检测实现副溶血弧菌的定量检测	10	—	[133]
		氧化石墨烯（GO）包裹Fe_3O_4@Au纳米结构上修饰的适配体作为捕捉探针，利用拉曼受体分子羧基四甲基罗丹明（TAMRA）修饰适配体作为SERS传感探针。当副溶血弧菌存在时，形成Fe_3O_4@Au/GO-apt1-靶标菌-apt2-TAMRA夹心复合物，磁性分离后，通过测定TAMRA的SERS强度实现副溶血弧菌的定量检测	14	新鲜三文鱼	[134]

续表

靶标菌	传感器类型	传感器原理	检测限/（cfu/mL）	实际样品	参考文献
副溶血弧菌	表面增强拉曼光谱	利用免疫滚环扩增（immuno-RCA）方法，以恒温扩增作为信号放大方法。先将抗体包被在微孔板中，用于捕获副溶血弧菌。在加入副溶血弧菌后，加入ssDNA探针。ssDNA探针中的适配体序列区用于识别并结合被捕获的靶标菌，而ssDNA探针中的引物序列区用于滚环扩增（RCA）。延长的ssDNA链被银镀的金纳米粒子（Au@Ag）标记，作为SERS测量底物	1	水样	[135]
金黄色葡萄球菌	电化学	硫醇标记ssDNA共价连接在金纳米粒子（AuNPs）与还原型氧化石墨烯（rGO）之间。将检测探针固定在玻璃碳电极上修饰的AuNPs上，用于捕捉金黄色葡萄球菌，从而导致阻抗急剧增加	10	鱼类、水样	[120]
金黄色葡萄球菌	化学发光共振能量转移	Co^{2+}增强的*N*-（4-氨甲基）-*N*-乙基异鲁米诺（ABEI）修饰的金纳米粒子（Co^{2+}/ABEI-AuNPs）作为供体，二硫化钨（WS_2）纳米片作为受体。RCA引物与适配体部分互补，当金黄色葡萄球菌存在时，适配体与靶标菌结合，RCA引物游离。加入一个与引物互补的锁式探针时，在酶作用下，发生RCA反应。检测探针（Co^{2+}/ABEI-AuNPs-cDNA）与RCA产物杂化，无法吸附在WS_2纳米片上，荧光增强	15	—	[136]
单增李斯特菌	荧光	将氨基修饰的适配体LMCA2固定在羧基化的微孔板中，用于捕捉单增李斯特菌，Cy5标记的适配体LMCA26作为荧光信号探针，通过荧光信号的测定实现靶标菌定量的检测	20	——	[137]

表1.3 多靶标菌适配体传感器

靶标菌	传感器类型	传感器原理	检测限/（cfu/mL）	实际样品	参考文献
副溶血弧菌 鼠伤寒沙门氏菌	荧光传感器	量子点作为荧光标记，适配体作为识别元件及荧光载体用于检测靶标菌。发射光分别在535nm与585nm的双色量子点（QDs）分别连接两种靶标菌的适配体，通过流式细胞仪进行荧光信号检测	5×10^3 5×10^3	虾	[124]
副溶血弧菌 鼠伤寒沙门氏菌	荧光共振能量转移	绿色发光量子点（gQDs）连适配体1，检测副溶血弧菌；红色发光量子点（rQDs）连接适配体2，检测鼠伤寒沙门氏菌；无靶标时，碳纳米粒子（CNPs）存在，量子点猝灭，靶标存在，量子点-适配体-靶标复合物产生，阻碍吸附到碳纳米粒子	25 35	冷冻鲜虾、鸡翅	[125]

续表

靶标菌	传感器类型	传感器原理	检测限/（cfu/mL）	实际样品	参考文献
金黄色葡萄球菌 副溶血弧菌 鼠伤寒沙门氏菌	荧光传感器	先将与三条适配体3′端部分互补的cDNA固定在磁性纳米粒子（MNPs）上，再将三种靶标菌对应的适配体分别固定在三种上转换纳米材料表面（UCNPs Tm、UCNPs Ho、UCNPs Er），通过apt1和cDNA1杂交组合在一起，UCNPs Tm-MNPs为信号探针；当无靶标菌时，UCNPs Tm-MNPs被磁分离，检测到的光信号最强；当靶标菌存在时，适配体与靶标菌结合，形成靶标菌-适配体-上转换纳米材料复合物，通过磁分离UCNPs Tm-MNPs，光信号减弱	25 10 15	牛奶、虾	[126]
鼠伤寒沙门氏菌 金黄色葡萄球菌	表面增强拉曼光谱	金纳米粒子（AuNPs）分别修饰MBA及DNTP，再分别与鼠伤寒沙门氏菌的适配体和金黄色葡萄球菌的适配体固定，作为信号探针；两种靶标菌的适配体同时修饰到磁性金纳米粒子（MAuNPs）上，作为捕获探针；当靶标菌存在时，捕获探针捕捉靶标菌，形成AuNPs-适配体-靶标菌-适配体-MAuNPs的夹心形式，通过SERS定量测定两种靶标菌	15 35	猪肉	[127]
金黄色葡萄球菌 鼠伤寒沙门氏菌	荧光传感器	构建一种双激发传感器。量子点和上转换纳米粒子分别修饰金黄色葡萄球菌和鼠伤寒沙门氏菌的适配体，磁珠上的短单链与适配体部分互补，二者自组装形成QD-apt-MB与UCNPs-apt-MB的荧光共轭复合物。当靶标菌存在时，适配体荧光纳米材料与之结合，荧光信号减弱	16 28	饮用水	[138]

1）电化学适配体传感器

（1）电极修饰适配体传感器。在适当条件下，将适配体修饰到电极表面，靶标菌与适配体结合后，电极表面界面性能改变，从而导致电化学信号改变，如电流、电位、电导或阻抗。

电化学阻抗谱是一种检测电极表面界面性能变化的分析技术，分析物与电极表面的检测探针相互作用后，电极表面界面性能改变。Reich 等[120]将 Cao 等获得的其中一条适配体，进一步用于构建电化学阻抗适配体传感器。硫醇标记单链 DNA（ssDNA）共价连接在金纳米粒子（Au nanoparticles，AuNPs）与还原型氧化石墨烯之间。将检测探针固定在玻璃碳电极上修饰 AuNPs，用于捕捉金黄色葡萄球菌，从而导致阻抗急剧增加，检测限为 10 cfu/mL。

（2）纳米管适配体传感器。碳纳米管具有极好的电学特性、化学稳定性，比表面积大等优点，因此它被广泛应用于生物传感器，它的特性对于提高生物检测的灵敏度和稳定性具有重大意义。段诺课题组[121]在其筛选获得的沙门氏菌适配体基础上，基于还原型氧化石墨烯与多壁碳纳米管，构建了一种电化学适配体传感器，其检测限为 25 cfu/mL。

2）光学适配体传感器

（1）比色适配体传感器。利用新型纳米材料的颜色可变性构建比色适配体传感器，搭载适配体的新型纳米材料在溶液中呈分散状态，当靶标菌存在，适配体与之结合，使纳米粒子聚集从而颜色改变。常用金作为比色适配体传感器的指示剂，Yuan 等[122]将适配体固定在微孔板中，加入靶标菌与修饰适配体的 AuNPs，形成适配体-靶标菌-适配体-AuNPs 三明治型复合体。通过加入银离子实现颜色信号放大。

（2）荧光适配体传感器。荧光适配体传感器主要有两种，包括标记和无标记荧光适配体传感器。如今，荧光适配体传感器主要依赖于荧光基团标记的适配体或荧光纳米粒子标记的适配体，通过靶标菌与适配体结合后荧光偏振信号的产生或荧光强度的改变，来检测靶标菌。荧光强度的改变可以通过在适配体的两端标记荧光基团和猝灭基团，当存在靶标菌时，适配体构象改变，从而引起荧光信号的改变。标记荧光的方法困难、费时且昂贵，因此，开发便利且无标记的检测方法变得十分必要。PicoGreen、SYBRGreen 与 AccuBlue 这些染料本身荧光十分微弱，然而与双链 DNA（dsDNA）结合时则具有高荧光性，但与单链 DNA 结合没有明显荧光变化。一种通用的荧光传感器具有信号“开”“关”两种模式，这种传感器是基于 AccuBlue 染料与适配体，用于鼠伤寒沙门氏菌的检测[123]。量子点作为高效荧光纳米材料，可以通过高通量生物物理分析技术来定量检测细菌。量子点作为荧光标记，适配体作为识别元件及荧光载体用于检测靶标菌（副溶血弧菌、鼠伤寒沙门氏菌）。发射光分别在 535 nm 与 585 nm 的双色量子点（QDs）分别连接两种靶标菌的适配体，通过流式细胞仪进行荧光信号检测，其检测限为 5×10^3 cfu/mL[124]。Wang 课题组[125]基于双色量子点和碳纳米粒子利用荧光共振能量转移原理，对鼠伤寒沙门氏菌与副溶血弧菌同时进行检测，其检测限分别为 35 cfu/mL 和 25 cfu/mL。氧化石墨烯是一种由石墨烯制备的二维片层结构，具有优越的物理性能，如良好的导电性、机械强度高、比表面积大、生物相容性及可调控的光学特性。氧化石墨烯是荧光共振能量转移中良好的能量承载者，氧化石墨烯具有荧光猝灭的功能，是构建传感器的理想材料。

上转换纳米粒子（UCNPs）作为荧光生物标记物，具有重要的光学和化学特性，如使用时间长、高耐光漂白和光化学降解。段诺课题组[126]基于三种不同颜色的上转换纳米粒子，对金黄色葡萄球菌、副溶血弧菌和鼠伤寒沙门氏菌进行检测，检测限分别为 25 cfu/mL、10 cfu/mL、15 cfu/mL。

（3）化学发光适配体传感器。化学发光是某些化学反应伴随的一种光辐射现象。因为没有外激发光源存在，从而没有散射光背景干扰，因此具有灵敏度高、检测区间宽等优点。目前常见的化学发光适配体传感器是在适配体上标记化学发光基团，或在适配体传感器体系中引入化学发光反应。杨明等[114]构建了一种基于非共价的自组装检测方法，单壁碳纳米管与 DNAzyme 标记的适配体检测探针自组装在一起，DNAzyme 序列用于检测信号的放大。当靶标菌与血红素加入后，血红素/G 四联体形成，对化学发光（鲁米诺与 H_2O_2）的强度测定实现靶标菌的定量检测，其检测限为 10^3 cfu/mL。

（4）表面增强拉曼光谱适配体传感器。拉曼光谱是光子与分子相互碰撞发生方向和能量改变，从而产生散射光频率变化的联合散射光谱。为了增强光谱信号，对电极采用表面粗化的方法，即将分子吸附在粗糙金属表面或纳米粒子表面，从而获得表面增强拉曼光谱。金纳米粒子分别修饰 *N,N*-亚甲基双丙烯酰胺（MBA）及脱氧核糖核苷三磷酸（dNTP），再将鼠伤寒沙门氏菌的适配体和金黄色葡萄球菌的适配体分别固定在两种金纳米粒子上，作为信号探针；将两种靶标菌的适配体同时修饰到磁性金纳米粒子上，作为捕获探针；当靶标菌存在时，捕获探针捕捉靶标菌，形成金纳米粒子-适配体-靶标菌-适配体-磁性金纳米粒子的夹心形式，通过表面增强拉曼光谱定量测定两种靶标菌的检测限分别为 15 cfu/mL 和 35 cfu/mL[127]。

1.3.2 小分子适配体

1. 小分子靶标适配体的筛选

1）核酸库的设计

SELEX 筛选常用 RNA 库或 ssDNA 库，两者各有优缺点。前者需要增加反转录及逆转录环节，对环境要求较高，但是 RNA 比 DNA 更加柔韧，对于小分子靶标，更易折叠产生特异性强的适配体，并且 RNA 适配体更易生物降解，在生物体内应用中是一个更环保的选择；后者筛选步骤相对少，且良好的稳定性使其易于合成和纯化，对于体外各种各样生物传感器的搭建来说更有利。此外，化学修饰型核酸库可以进一步提高稳定性，如戊糖 2′位的取代、磷酸骨架的修饰[139]；核酸类似物肽核酸、锁核酸[140]、人工核酸[141]的应用也有利于形成特定的靶标亲和性结构等。偶氮苯是一种光敏异构物质，在特定波长光的照射下，反式构型的偶氮苯会转变为顺式构型，有利于进行可控型生物传感元件的构建。Liu 等[142]用偶氮苯修饰的腺苷酸取代全部腺苷酸 RNA 库，经过 8 轮筛选得到在可见光照射下与血红素结合，而在紫外光照下与血红素解离的光敏 RNA 适配体。

2）筛选策略

小分子适配体的筛选同样采用的是 SELEX 技术，无论是经典传统的 SELEX 技术还是改进的新型 SELEX 技术，结合与不结合靶标核酸文库的分离都是其中的关键。对于蛋白质、细胞、微生物等大分子靶标而言，不需要对靶标进行化学修饰，采用硝酸纤维素膜的吸附法、离心法、细胞分选法、贴壁细胞洗涤法等便可实现分离。小分子靶标的分离则无法通过上述方法实现，获得与自由态靶标亲和的适配体实属不易[143]。因此有研究者在筛选过程中运用负筛选、反筛选、切换筛选等新策略加以改进[139]。

负筛选：由于分离环节的需要，小分子靶标往往需要通过化学修饰固定在固定载体上，再与核酸文库进行结合，因此在结合过程中，固定载体也可能与核酸结合。负筛选即先使固定载体与核酸文库共孵育，再用剩余的核酸与靶标结合，其目的就是排除能与固定载体结合的分子。Jo 等[144]筛选双酚 A 的 DNA 适配体时用乙醇胺修饰的环氧琼脂糖凝胶 6B 为固定载体，在第 3 轮后以固定载体为靶标进行负筛选，去除了固定载体结合的 DNA，最终用荧光法测定所得的适配体 K_d 值为 8.3 nmol/L。该适配体特异性可以区分与双酚 A 只有 1 个甲基差异的双酚 B 及有 2 个甲基差异的 4, 4′-双酚。

反筛选：除了考虑固定载体对特异性的影响，有时需考虑与靶标结构相似分子的干扰。反筛选即用核酸文库与结构相似分子共孵育，扣除这部分核酸后再用靶标进行筛选，提升适配体的靶标特异性。Mei 等[145]以对硝基苯磺酰基修饰的 L-赖氨酸为靶标，琼脂糖微珠为固定载体，在第 12～20 轮筛选中以硝基苯甲酰修饰末位氨基的 L-赖氨酸为靶标进行反筛选，得到的核酸适配体与靶标结构相似的类似物亲和力较弱。Zhou 等[146]以环氧树脂磁珠为固定载体筛选链霉素的 DNA 适配体，筛选过程中每两轮筛选进行 1 次以修饰基团乙醇胺为靶标的反筛选，最终所获其适配体对链霉素的结合率为 76.5%，而对新霉素和卡那霉素等其他含相似结构的氨基糖苷类抗生素的结合率均低于 10%。

切换筛选：若与反筛选的目的相反，要筛选能识别含有相同基团的一类分子的核酸适配体，可采用切换筛选，即筛选过程在含相同官能团和不含该官能团的分子间进行切换，使得筛选所得的适配体对含有该基团的一类分子具有亲和力，而对不含该基团的分子亲和力低或无亲和力。Derbyshire 等[147]以庆大霉素和阿伯拉霉素、卡那霉素和妥布霉素、巴龙霉素和新霉素、链霉素和二双氢链霉素 4 组氨基糖苷类抗生素为靶标，通过切换筛选得到可识别氨基糖苷类抗生素的 RNA 核酸适配体。表面等离激元共振法测定该核酸适配体对氨基糖苷类靶标的 K_d 值为 10 nmol/L。

3）固定分离方法

筛选过程中分离环节的固定对象一般选用靶标物质，特殊情况下可以用靶标类似物来替代难以固定的靶标，或者将核酸文库通过“桥连序列”进行固定[139]。

固定载体可以是琼脂糖亲和色谱柱、磁珠、微孔板、溶胶-凝胶[139]。琼脂糖亲和色谱柱是常见的固相分离载体，其发展较早，固定小分子靶标技术较成熟，但所需样品量大，且靶标和载体的修饰方法选择性不多，固定靶标的反应时间较长。磁珠是近几年来广泛使用的固相载体，其分离操作更加简便快捷，并且表面修饰种类多，靶标物质用量少，连接的核酸可以进行免洗 PCR 扩增。微孔板是酶联适配体分析法常用的反应载体，先将小分子靶标连接到蛋白质上，蛋白质可以包被至微孔板表面，此方法虽操作简便且样品用量不多，但所需时间长、接触面积小。溶胶-凝胶是室温下通过水解和缩聚反应合成的硅酸盐材料，具有纳米级的空洞和微米级的通道，这些空洞和通道可简单地固定小分子靶标而不需化学键合反应。

4）亲和力的表征

亲和力的测定是制约小分子靶标适配体快速发展的重要因素。传统的 K_d 值测定需要固定核酸适配体或者靶标物质，不断增加另一组分的浓度，基于两组分结合产生的物理化学变化进行滴定以获得结合曲线。当用于小分子靶标时，如果固定核酸适配体，用小分子靶标进行结合引起的构象、质量等变化较小，往往达不到可测量的范围，灵敏度十分有限；而如果固定小分子靶标，则又会面临化学修饰对亲和力的影响问题。现在则是根据小分子靶标的特点选取尽可能有利的测定方法，但针对同一结合过程，不同的测定方法间差异很大。总之，纵观现有的 K_d 值测量方法，依然缺乏针对小分子靶标-核酸适配体亲和力测定的通用技术。表 1.4 为目前所报道的一些亲和力表征方法。

表 1.4　亲和力表征方法

类型	方法举例
直接型	荧光法
	紫外-可见吸收光谱法
	圆二色谱（CD）法
	核磁共振（NMR）法
	表面等离激元共振（SPR）法
	石英晶体微天平（QCM）法
	等温量热滴定（ITC）法
	酶联适配体分析（ELAA）法

续表

类型	方法举例
组分分离型	高效液相色谱法（HPLC） 电泳法：毛细管电泳、凝胶电泳等 超滤法 平衡透析法

大部分小分子核酸适配体亲和力在低微摩尔到中微摩尔（μmol/L）之间，也有纳摩尔（nmol/L）、皮摩尔（pmol/L）的高亲和力适配体，有些小分子具有多个适配体，其亲和力及特异性有所差异，表 1.5 列举了部分已有适配体的小分子物质。研究者通过对适配体序列进行结构预测，并通过劈裂、裁剪、碱基突变后适配体亲和性的改变来揭示适配体的高级结构及与靶标分子的结合位点，寻其规律，作为适配体优化及生物传感器应用的理论支撑。小分子靶标适配体虽不易筛选，但结合位点及结构相对简单，目前有腺苷三磷酸（ATP）、可卡因、茶碱等数个“明星小分子”的亲和力特异性较高，结构研究透彻，是生物传感器领域备受青睐的模式分子，具体的应用举例见后文，图 1.11 为 ATP、可卡因适配体的结构示意图。

表 1.5 已有适配体的小分子靶标举例

DNA 适配体	RNA 适配体
ATP、茶碱、可卡因、双酚 A、卡那霉素 A、土霉素、柔红霉素、赭曲霉毒素 A、伏马菌素 B_1、冈田酸、玉米赤霉烯酮、黄曲霉毒素 B_1、曲霉毒素 B_2、黄曲霉毒素 M_1、T-2 毒素、双氯酚酸、*N*-甲基卟啉、啶虫脒、乙醇胺、多氯联苯、17*β*-雌二醇、四环素、麦角毒素等	血红素、卡那霉素 A、卡那霉素 B、链霉素类、新霉素、妥布霉素、氯霉素、四环素、土霉素、孔雀石绿等

2. 小分子靶标适配体在生物传感器中的应用

对于小分子物质的检测，传统的光谱（UV-Vis、FTIR）、色谱及质谱等检测方法对检测样品的纯度要求较高，生物复杂基质需要烦琐的样品前处理过程来排除其他物质的干扰。为了提升检测方法的特异性，一部分小分子物质作为半抗原，可以通过生物免疫的方法获得对应的抗体，通过抗原-抗体作用来实现特异性，但并非所有的小分子物质都具有半抗原的性质。同理，通过 SELEX 筛选得到的核酸适配体也可以实现靶向识别，并且核酸适配体具有化学合成简单、成本低、温度和 pH 耐受性好、易于修饰等特点。在抗体或核酸适配体靶向识别技术的基础上，结合新兴纳米材料，运用各式各样生物传感器

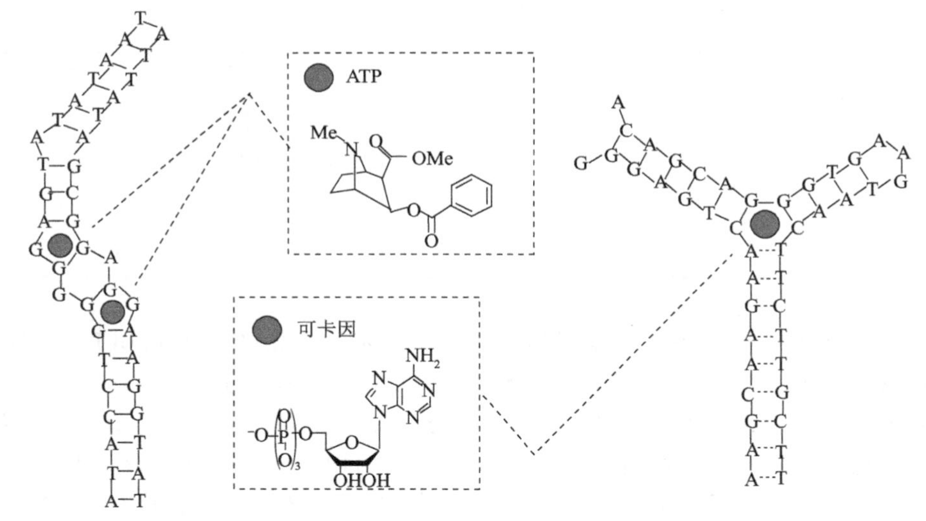

图 1.11　ATP、可卡因适配体的结构示意图[148]

的策略，许多研究者进一步优化小分子靶标检测方法。下面举例介绍基于核酸适配体识别技术，电化学生物传感器、可视化生物传感器、荧光生物传感器、界面感应生物传感器的小分子检测应用。

1）小分子适配体在电化学生物传感器中的应用

电化学生物传感器监测的是通路中电流、电压或电阻的变化，据此可将其分为安培法、伏安法和阻抗法。当这种变化是由小分子靶标与电极表面修饰的适配体特异性结合引起时，可以利用这种变化对靶标进行检测。

Schoukroun-Barnes 等[149]利用适配体与靶标分子结合后的构象变化设计了电化学生物传感器，对氨基糖苷类抗生素妥布霉素进行了直接检测。巯基、亚甲基蓝双标记的 DNA 链，一端通过金硫键固定在金电极表面，当靶标物质存在时，结合适配体所成的复合物，以此拉近电信号分子亚甲基蓝与电极的距离，产生相较于无靶标物质状态下更强的电流，且电流增强的程度与妥布霉素的量呈正相关。Feng 等[150]则将 ATP 的 DNA 适配体进行了劈裂，一部分修饰 Fe_3O_4 磁纳米粒子，并吸附在富疏水性烷基的金电极表面，另一部分修饰 1-芘丁酸化学改性的石墨烯，当靶标物质存在时，三者形成三明治夹心结构，此时用腺苷脱氨酶进行处理，ATP 脱氨变为肌苷三磷酸，三明治夹心结构解体，拆解下的石墨烯修饰链因与电极上的烷基均具疏水性质而被吸附，增强电极表面的电荷传递，提高响应电流。Sanghavi 等[151]设计了无固定、免清洗的微流控电化学生物传感器，用于皮质醇的检测。石墨烯修饰的电极具有良好的吸附性，可吸附皮质醇适配体标记的金纳米粒子，适配体预先结合皮质醇的结构类似物曲安西龙——一种电活性物质。当皮质醇存在时，由于亲和性的竞争，皮质醇可将适配体置换下来，导致电活性物质远离电极，电信号减弱。该方法检测限为 10 pg/mL，检测范围为 30 pg/mL～10 μg/mL。

除了利用适配体-靶标分子结合后产生的变化进行直接检测外，还可以将靶标分子转化成核酸进行间接检测，此时可以利用纳米材料的特性及核酸扩增技术等更多的方式进行信号放大。Yang 等[152]则将腺苷的适配体修饰在磁珠上，用一条带—SH 的链进行封闭，当腺苷存在时，可以将封闭链剥离，置换下的封闭链又能与金电极上的单链 DNA 互补配对从而被固定到金电极上，末端的—SH 能共价结合金纳米粒子，金纳米粒子又能进一步吸附电活性物质硫堇，实现信号放大。该方法检测限为 0.05 nmol/L，线性范围 0.1～50 nmol/L。

Xie 等[153]除了将靶标转化之外，还运用了环介导恒温扩增（loop-mediated isothermal amplification，LAMP）技术进行信号放大。电极上修饰短链 DNA，能与赭曲霉毒素 A（ochratoxin A，OTA）的适配体部分杂交以将其固定，当 OTA 不存在时，固定适配体的黏性末端可以作为触发 LAMP 的引物，扩增后产生大量的双链 DNA，电信号分子亚甲基蓝可以嵌入双链中，远离电极，导致电信号减弱；当 OTA 存在时，将核酸适配体剥离电极，引物减少使 LAMP 终产物减少，被双链拉走的亚甲基蓝减少，电信号比 OTA 不存在时强，该方法检测限为 0.3 pmol/L，线性区间为 0.001～50 nmol/L。

2）小分子适配体在可视化生物传感器中的应用

可视化生物传感器分为比色生物传感器、纸基生物传感器，两者输出的信号都具有肉眼可见的特点。

Luan 等[154]设计了荧光生物传感器用于氯霉素的检测。Fe_3O_4 磁性颗粒修饰有单链结合蛋白（SSB），用于固定氯霉素 DNA 适配体链，适配体链另一端共价结合了辣根过氧化物酶（horseradish peroxidase，HRP）包被的 SiO_2 颗粒，形成 Fe_3O_4-适配体-HRP 复合探针，氯霉素存在时，适配体与其结合，脱离磁性颗粒进入溶液，未结合的适配体可由磁珠分离，溶液中剩余的 HRP-适配体-氯霉素复合物催化底物 TMB/H_2O_2 体系，产生可见的颜色反应。Sharma 等[155]设计了可卡因劈裂适配体比色生物传感器。适配体 A 一端共价固定于微孔板表面，另一端修饰叠氮基团。适配体 B 一端引入炔基官能团，另一端修饰生物素，并游离于溶液中。靶标物质可卡因存在时，同时结合 A、B 两部分产生邻位效应，A、B 靠近的两端发生点击化学反应从而连接在一起，多余的游离适配体 B 可以洗去，留下的适配体 B 连接链霉亲和素修饰的 HRP，催化底物进行信号输出。该生物传感器用于血清样品的检测时，检测限为 1 μmol/L，线性范围为 1～100 μmol/L。

除了比色法普遍使用的 HRP 进行信号输出，还可以利用纳米材料的性质。金纳米粒子在溶剂中均匀分散时呈桃红色，盐聚沉后转变为蓝色。Zhou 等[146]利用此性质设计了比色生物传感器用于可卡因的检测。可卡因适配体被劈裂为彼此分离的三条单链，可以吸附于金纳米粒子表面，提高其盐耐受性，当加入靶标物质可卡因时，结合各适配体链，将其剥离金纳米粒子表面，保护作用减弱，金纳米粒子发生聚沉，颜色改变。Zhang 等[156]构造的 ATP 劈裂适配体比色生物传感器则是将一部分适配体修饰于 PtAu 纳米粒子上，再吸附于氧化石墨烯表面；将另一段适配体修饰于 SiO_2 包被的 Fe_3O_4 纳米粒子上。在靶标物质 ATP 的连接下形成三明治夹心复合结构，最后利用氧化石墨烯与 PtAu 纳米粒子的类过氧化物酶催化活性，实现信号输出。Lee 等[157]设计了包含 G 四联体序列、OTA 适配体序列的发夹探针，OTA 存在时与适配体区域结合，解除 G 四联体区域的封锁，使其在一定缓冲液环境下形成 G 四联体并结合血红素，G 四联体-血红素复合物同样具有类过氧化物酶催化活性，实现信号的输出与放大。

纸基生物传感器是一种生物安全风险因子的快速检测技术，因其易于制作、操作简便、检测快速以及成本低廉等特点，越来越受到研究者的青睐。Zhu 等[158]运用核酸适配体搭建了纸基生物传感器，用于 ATP 的检测。劈裂适配体 A 段修饰在纸基生物传感器的检测线（T 线）上，B 段共价修饰于金纳米粒子上，靶标物质存在时，侧流层析至 T 线被捕获，进而捕获 B 段适配体，形成三明治夹心结构，使 T 线显红色。该检测平台的检测限为 0.5 μmol/L。Liu 等[159]则将纸基侧流层析生物传感器运用到卡那霉素的检测上。该生物传感器使用了竞争法设计，并利用银纳米粒子进行了初始信号的放大。银纳米粒子修饰多条适配体链，用金标探针进行封闭。靶标物质卡那霉素与适配体区域结合后将金标探针链置换下来，使检测线颜色变浅。该方法肉眼可识别的检测限为 35 nmol/L，光学检测器可识别的检测限为 0.0778 nmol/L。

3）小分子适配体在荧光生物传感器中的应用

荧光物质的状态受到干扰时（如与其他物质靠近、结合等），其光物理性质会发生变化，包括荧光的增强、猝灭、光谱位移等。Hg^+的适配体是两段靠近的富 T 序列，能产生 T-Hg-T 的错配结构。Ge 等[160]结合 T-Hg-T 与 G 四联体设计核酸变构生物传感器用于 Hg^+的检测。G 四联体可以结合有机染料 ThT，产生增强的荧光信号，但若体系中存在 Hg^+，错配优先发生，G4 结构无法正常形成，导致初始信号的减弱。该生物传感器的检测限为 5 nmol/L，线性范围为 0.01～5 μmol/L。Emrani 等[161]设计了 turn-on 型生物传感器用于可卡因的检测。通过金硫键将适配体链共价修饰于金纳米粒子上；通过链霉亲和素-生物素在二氧化硅纳米粒子上连接与适配体链部分互补配对的封闭序列，序列修饰有FAM荧光基团，处于发光状态。两部分经核酸杂交组装成探针后，FAM基团靠近金纳米粒子，发生荧光猝灭。加入靶标物质可卡因，结合金标适配体，重新暴露封闭链，FAM荧光恢复。该生物传感器在血浆中的检测限为293 pmol/L。量子点是一类半导体荧光纳米材料，其荧光特性是具有形状尺寸可调节性。Lu等[162]运用CdTe量子点与氧化石墨烯两种纳米材料搭建了用于检测黄曲霉毒素B_1的荧光生物传感器。氧化石墨烯能吸附单链DNA，量子点标记的适配体识别探针吸附于氧化石墨烯上，发生荧光猝灭，当靶标物质到来时，与适配体链结合，将吸附解除，量子点的荧光从而恢复。该生物传感器用于花生油中黄曲霉毒素B_1的检测时，检测限可达1.4 nmol/L，线性范围为1.6 nmol/L～160 μmol/L。Miao等[163]则将生物材料与无机纳米材料结合，搭建了囊泡量子点荧光生物传感器用于氯霉素的检测。将CdSe/ZnS量子点嵌入表面修饰有单链结合蛋白（SSB）的脂质体，单链结合蛋白与金纳米粒子标记的适配体链结合，量子点的荧光被金纳米粒子猝灭。当靶标物质与金标探针结合后，SSB将适配体金标探针释放，量子点的荧光得以恢复。该检测平台在牛奶中的检测限为0.3 pmol/L，线性范围为0.001～10 nmol/L。

化学发光是物质在进行化学反应过程中伴随的一种光辐射现象。Shim等[164]则运用化学发光的代表物质鲁米诺构建了荧光生物传感器，对黄曲霉毒素B_1进行检测。该生物传感器采用了类似ELISA竞争法的设计：黄曲霉毒素B_1-卵清蛋白（OVA）复合物固定于固相载体上，G四联体序列功能化的适配体链能与其特异性结合，G四联体-血红素复合物具有类过氧化物酶催化活性，催化底物鲁米诺发生氧化，产生荧光。若体系中含有游离的黄曲霉毒素B_1，则竞争结合适配体链，减少其对固定黄曲霉毒素B_1的结合，化学发光信号减弱。该检测平台的检测限为0.11 ng/mL。同样运用了G四联体-血红素复合物对鲁米诺的催化活性，Miao等[165]用Pt纳米粒子加速了其催化作用，并且增加了磁珠分离的环节，对鲁米诺包被的Pt纳米粒子进行封闭链、G四联体双功能化修饰。封闭链结合适配体链后形成杂交双链，能被带有双链DNA抗体的商业化磁珠捕获固定，靶标物质氯霉素存在时与双功能化的Pt纳米粒子竞争结合适配体链，Pt纳米粒子从磁珠上释放，在分离后的溶液体系中输出化学发光信号。该方法用于牛奶中氯霉素含量的检测，检测限为0.5 pg/mL，线性范围为0.001～100 ng/mL。除了普遍使用的鲁米诺外，一些新兴的化学发光材料也被用于小分子荧光生物传感器的搭建中。Liu等[166]用多孔纳米银（NPS）负载了化学发光试剂P-酸，修饰富T的核酸链，通过T-Hg-T错配连接至另一固相载体上的富T序列，形成三明治夹心结构，输出化学发光信号。该生物传感器用于汞离子的检测，最低检测限为 20 nmol/L。

化学发光中还有一类特殊的电化学发光物质，物如其名，伴随光辐射的化学反应由电信号所激发。$[Ru(phen)_3]^{2+}$是一种能嵌合进 DNA 双链的电化学发光物质。Liu 等[167]基于此设计了劈裂适配体荧光生物传感器，用于 ATP 的检测。一段适配体通过金硫键共价修饰于金电极上，另一段适配体由 ATP 结合位点及杂交双链部分组成，在靶标 ATP 的连接作用下，可在金电极上引入双链，加入$[Ru(phen)_3]^{2+}$进行嵌合，便可输入一定强度的电压，产生电化学发光信号。

4）小分子适配体在界面感应生物传感器中的应用

本书涉及的界面感应生物传感器包括表面增强拉曼光谱（SERS）生物传感器和表面等离激元共振（SPR）生物传感器。

拉曼信号检测的是散射光,其信号增强主要来源于尺寸为几十纳米的金属纳米结构的表面等离子体在激发光下所体现的性质。He 等[168]在银基纳米材料上修饰蓖麻毒素（ricin）适配体，利用捕获靶标物质后拉曼信号的改变来直接检测蓖麻毒素，在磷酸缓冲液中检测限为 10 ng/mL，橙汁中为 50 ng/mL，牛奶中为 100 ng/mL。一些带有荧光性质的物质可以作为拉曼标记，增强拉曼信号。Li 等[169]搭建了金纳米星@孔雀石绿异硫氰酸酯（拉曼标记）@二氧化硅核壳结构复合纳米粒子标记的探针，用于 ATP 的 SERS 检测。探针被修饰于金膜上的辅助探针固定，靶标 ATP 存在时，与适配体结合，将复合纳米粒子从金膜上剥离，初始拉曼信号降低，检测限为 12.4 pmol/L。Chung 等[170]的策略与此类似，拉曼标记采用的是花青染料 Cy3，拉曼信号则用金-银核壳结构的纳米粒子进行增强，应用于水中双酚 A 的检测，最低检测限为 10 fmol/L，线性范围为 10 fmol/L～100 nmol/L。

表面等离激元共振生物传感器检测的信号是金属膜折射率的变化，同表面增强拉曼相似的地方在于，这也是一种纳米尺度的物理现象，具体来说是纳米金属膜（金、银）表面的现象。Zhu 等[171]则直接在 SPR 感应界面上共价修饰了赭曲霉毒素 A 的适配体，对赭曲霉毒素 A 进行了直接检测，应用于红酒、花生油中的检测限为 0.005 ng/mL，线性范围为 0.094～100 ng/mL。Park 等[172]利用了劈裂适配体构造了三明治夹心结构,用于 ATP 的 SPR 检测。一段适配体通过金硫键共价修饰于金纳米棒上，另一段适配体修饰具有强 SPR 信号的有机染料 TAMRA，两者通过 ATP 连接后，发生可测量的 SPR 信号变化。Sun 等[173]在 SPR 芯片表面用链霉亲和素-生物素修饰了黄曲霉毒素 B_1的适配体,用于红酒、啤酒中黄曲霉素 B_1的直接检测,检测限为 0.4 nmol/L,线性范围为 6.4～200 nmol/L。

1.4 金 属 核 酶

1.4.1 功能核酸简介

1. 功能核酸的分类

功能核酸是指具有特定结构和功能的天然或人工核酸序列，具有识别、转化、催化、显色、发光、电子传递、封闭、运输、材料等功能。天然的功能核酸包括核糖酶（ribozyme）和核糖开关（riboswitches）；人工功能核酸包括适配体（aptamer）、核糖酶和DNAzyme。核糖酶和核糖开关具有精准折叠RNA的功能，使其形成具有位置功能的复合物[174]。核糖酶催化RNAs，核糖开关对细胞内小分子代谢产物和二级信使的浓度做出相应的mRNA区域顺式调节。本节主要介绍人工功能核酸与金属离子之间的相互作用。

2. 功能核酸的体外筛选和分离

功能核酸主要是通过体外指数富集的配基系统进化技术筛选获得[175]。体外筛选是在一个包括$10^{14\sim15}$不同的DNA序列的随机文库中进行的，序列长度通常是40～80个核苷酸。随机文库是通过随机序列和固定的两个引物结合位点序列构成，随机文库在适宜的筛选条件和辅因子存在的条件下对底物进行孵育。然后通过聚丙烯酰胺凝胶电泳（PAGE）、亲和树脂吸附或磁珠分离等方法将有活性的核酸序列分离。再将分离得到的DNA序列进行PCR富集。然后依次进行5～15次多轮筛选，最终获得具有特定催化活性的功能核酸序列。这种筛选方法是目前体外筛选功能核酸的最主要策略。

1.4.2 金属核酶及其他功能核酸与金属离子的相互作用

1. RNA切割型

RNA切割型功能核酸通过金属离子催化核糖上的2′-OH发生去质子化而产生含氧阴离子，进而攻击邻近的磷酸基团，导致RNA底物的磷酸二酯键水解，产生2′,3′-环磷酸盐和5′-OH基团[176][图1.12（a）]。目前，依赖于金属离子发生切割的RNA切割型DNAzyme（10-23 DNAzyme和8-17 DNAzyme）是由Santoro和Joyce在1997年首次报道[177]，其结构如图1.12（b）和图1.12（c）所示。同样，当Cr^{3+}[178]、Cd^{2+}[179]、Mg^{2+}[180]、Pb^{2+}[179]、Zn^{2+}[181]和Hg^{2+}[182]等特定金属离子存在时，其特异性功能核酸也会发生RNA切割，根据切割产物对特异性金属离子进行定量分析。

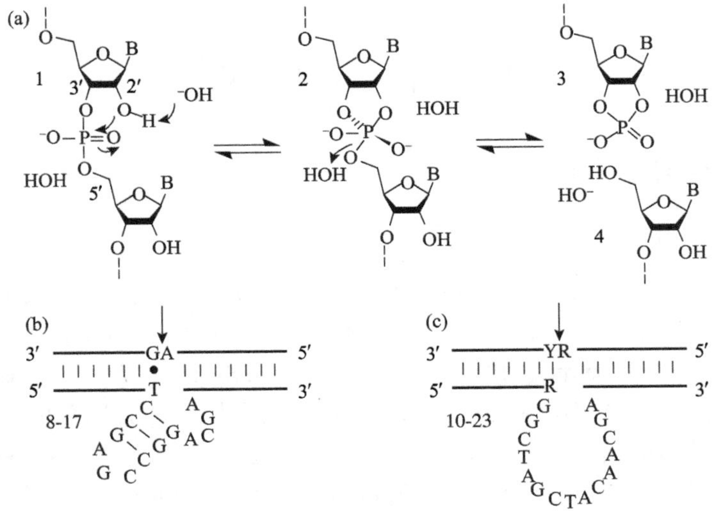

图 1.12　（a）催化机制[176]；（b）8-17 DNAzyme 二级结构[177]；（c）10-23 DNAzyme 的二级结构[177]

2. DNA 切割型

除了催化 RNA 切割外，功能核酸也可以对 DNA 序列进行切割[183]。DNA 双链结构与 RNA 单链结构相比更稳定，所以功能核酸催化 DNA 切割需要更高的能量。1996 年，Carmi 等[183]第一次分离出 DNA 切割型 DNAzyme。这种功能核酸催化 DNA 切割是通过氧化机制完成的[图 1.13（a）]，按照辅因子的不同可以划分为两种类型，类型 I 需要 Cu^{2+}和抗坏血酸共同作用催化切割，类型 II 仅需要 Cu^{2+}催化切割。但是这种功能核酸的切割位点不确定，因此其在体外的应用受到限制[184, 185]。2010 年，Chandra 等[186]分离得到另一种 DNA 切割型功能核酸，它以 Zn^{2+}和 Mn^{2+}作为辅因子，通过水解机制实现切割[图 1.13（b）][186, 187]。

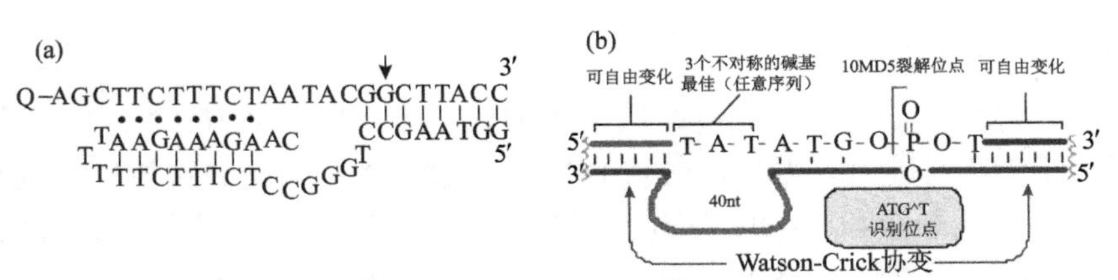

图 1.13　（a）氧化机制的 DNA 切割[185]；（b）水解机制的 DNA 切割[186]

3. 连接型

功能核酸在金属离子存在的条件下还能催化 RNA 或者 DNA 的连接。

2003年，Flynn-Charlebois分离得到RNA连接型功能核酸[188, 189]。该功能核酸将两个RNA片段的2′,3′-环状磷酸酯与5′-羟基连接，形成2′,5″-磷酸二酯键[图1.14（a）]。但是自然条件下的磷酸二酯键主要是以3′,5″-磷酸二酯键存在。2005年，Purtha的研究小组发现了一种可以形成自然条件下的3′,5″-磷酸二酯键的RNA连接型功能核酸[190, 191][图1.14（b）]。除了可实现RNA连接外，功能核酸也可以实现DNA连接[192]。

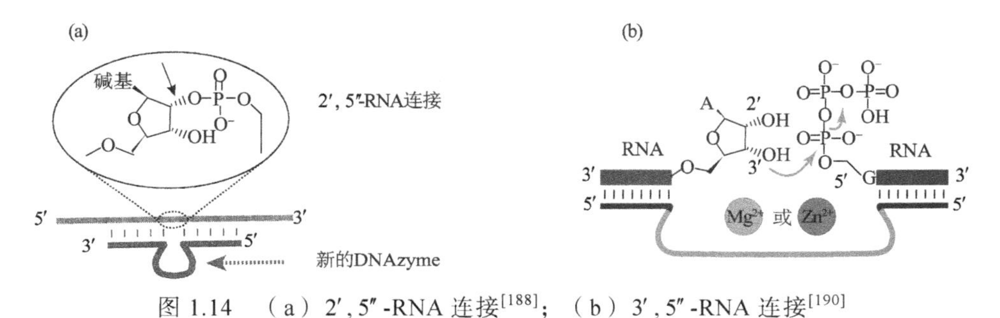

图1.14 （a）2′,5″-RNA连接[188]；（b）3′,5″-RNA连接[190]

4. 错配型

自然界中DNA稳定存在的主要原因是π-π堆叠、氢键、碱基之间互补以及水溶液中亲水/疏水基团间的平衡。金属离子介导的碱基配对是通过过渡金属在核酸双螺旋内部代替原来的氢键形成稳定的配位键，并形成稳定的互补核苷酸链。自然界中存在的核苷酸或者人工合成的核苷酸（如嘧啶和嘌呤衍生物）也可以通过金属离子介导形成稳定的碱基配对，而且这种配对方式往往对某种金属离子具有较高的选择性。

20世纪50年代，Katz团队的研究结果显示，两个胸腺嘧啶残基去质子后和一个Hg^{2+}结合，可形成Hg复合物（T-Hg-T）[193]。与该复合物相比，[Ag（1-MeC）]（NO_3）复合物显示1-MeC与$AgNO_3$的化学计量数是1∶1[194]。进一步研究表明，在自然条件下存在Ag^+介导胞嘧啶的C-Ag-C配对，其结构不仅能稳定DNA双螺旋结构，而且还能提高退火温度[195]。T-Hg-T和C-Ag-C碱基错配没有解开双螺旋，也没有结合磷酸基团，却可以与核酸碱基紧密结合，可实现对Hg^{2+}和Ag^+的检测[196]，除此之外，Cu^+也可以促进碱基互补配对[197]。

5. 点击化学型

2001年，Fokin-Sharpless和Meldal研究团队首次发现Cu（Ⅰ）可以催化叠氮基与炔基发生环加成反应，该反应在温和条件下即可高效地进行，以近乎定量的收率得到目标产物，该过程就像锁和锁扣的连接一样简单、高效，因此该反应又被称为点击化学反应。进一步的研究发现，含氮配体可以加快Cu（Ⅰ）

点击化学反应速率，Cu（Ⅰ）催化剂的用量降低为原来的 1%或更少即可以达到相同的催化效果[198, 199]。最近的研究表明，在水溶液中使用循环树突纳米机器也可以达到降低 Cu（Ⅰ）用量的目的，使 $CuSO_4·5H_2O$ 抗坏血酸的用量降低到 1 ppm 或者仅仅几 ppm，因此可满足对不同生物化学靶标的检测[200]。随后在 2005 年，Fokin 团队又发现 Ru（Ⅱ）点击化学反应[201]，此后不断有其他金属离子催化的点击化学反应见诸报道，就目前统计来看，参与点击化学反应的金属有 Cu、Ru、Ag、Au、Ir、Ni、Zn、Ln 等[202]。将叠氮基和炔基分别修饰在核酸链的两端，进而可以将核酸之间进行点击化学连接，由于这种反应是在特定金属存在的条件下发生的，所以可以对特定金属离子进行检测。

6. 构象改变型

1）G 四联体型

四个鸟嘌呤核苷酸通过 N1-O6 和 N2-N7 氢键螺旋可对称排列形成稳定的 G4 平面。其表面有大量的 π 表面，可以形成 π-π 堆叠。特定类型 G 四联体的形成取决于 G4 平面的数目、环的长度和碱基序列以及金属离子的性质。G4 平面内核心处的 O6 原子孤电子对使得 G4 平面内部形成阴性电荷通道，可以与阳离子配位[203]。这个中心通道是所有四联体结构的通用和独有的特征，可与其他类型的核酸排列区分开，尤其是核酸双螺旋。金属离子与 G 四联体之间的相互作用取决于其离子半径大小，通常 K^+半径大，K^+不能容纳在 G4 平面内而存在于平面之间，Na^+半径小可以在 G4 平面内协调稳定，稳定能力的大小顺序为 $K^+>Na^+$。其他金属离子汞（Hg^{2+}）、银（Ag^+）、铷（Rb^+）、铯（Cs^+）、锶（Sr^{3+}）、铊（Tl^+）、钙（Ca^{2+}）、铅（Pb^{2+}）、钡（Ba^{2+}）等，都具有稳定 G 四联体的功能。通过直接的 G 四联体构象的变化或者间接对 G 四联体与氯化血红素形成的类过氧化物酶活性进行检测，可以实现对特定金属离子的定量分析。

2）适配体型

适配体是能与靶标分子结合并发生构象变化的核酸序列。适配体包括 DNA 和 RNA 两种，一般通过体外 SELEX 技术筛选获得[204]。目前对于凝血酶、ATP、可卡因以及微生物的适配体研究较多，也包括一些与金属离子特异性结合的适配体[205, 206]，如 Qu 等利用荧光激活细胞分选技术（FACS）筛选得到高特异性的 Hg^{2+}和 Cu^{2+}适配体[206]。

3）笼子型

除了检测环境中的金属离子浓度外，功能核酸也被用到细胞内金属离子的测定。其作用原理为：将功能核酸通过一个光敏基团共价连接到核酸序列上形成笼子型功能核酸，从而使其催化活性受到抑制，当用特定波长的光照射时，阻碍酶催化活性的光敏基团则会脱落，功能核酸将再次变得活跃[207]。将这种连接光敏基团的功能核酸称为笼子型功能核酸，由于光可方便控制，所以在细胞或者组织内利用不同波长的光进行照射，可以精确控制功能核酸发生催化作用的位置和时间。笼子型功能核酸通过控制光敏基团与功能核酸起催化作用的关键核酸位点结合[208]，进而控制笼子型功能核酸的活性。

4）铜纳米粒子

2013年，Qing等[209]首次发现富T序列与Cu^{2+}能形成铜纳米粒子（CuNPs），其荧光强度与富T序列的长度和Cu^{2+}的浓度直接相关，连续的T碱基越长，形成的铜纳米粒子的荧光越强，因此，可实现对Cu^{2+}的检测[图1.15（a）]。同时Cu^{2+}能稳定GpG双链DNA[210]，使其具有催化TMB显色的作用，对Cu^{2+}检测的选择性和灵敏度（1.2 nmol/L）都具有较大优势[图1.15（b）]。

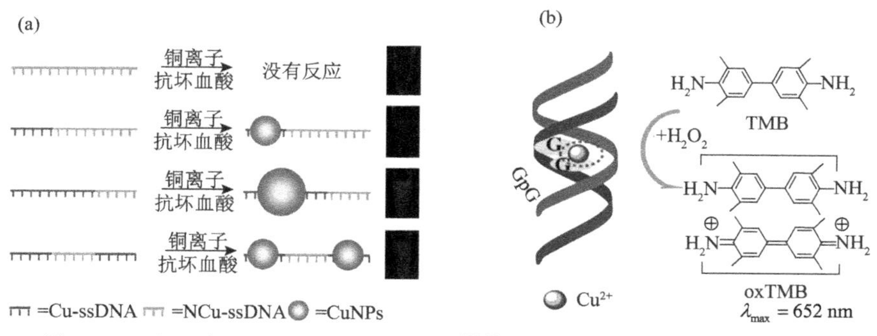

图1.15 （a）铜纳米粒子的形成机制[209]；（b）Cu^{2+}稳定GpG结构[210]

5）其他类型

核酸是在活细胞中储存和携带遗传信息的物质，但核酸不仅限于为生物合成过程提供模板。DNA和RNA依靠互补原则可以自组装成具有各种不同形状的三维立体结构，这种方法被称为DNA折纸术[211, 212]，如Y型DNA构建成树形DNA[211]。核酸的阴离子和金属离子的聚阴离子可以发生相互作用，同时这些立体结构也可以用于下一代的疾病诊断和药物递送等方面。

寡脱氧氟化物（oligodeoxyfluorosides，ODFs）是一种在DNA骨架上连接有荧光剂的DNA类似寡聚物。由于金属离子具有一定的荧光猝灭效果，所以开发一种turn-on型生物传感器，或者多重金属离子检测是非常困难的。将荧光剂与DNA骨架相连产生ODFs后，可以拓宽荧光响应效果，用于猝灭金属粒子，进而对多种金属离子进行检测。ODFs 概念最早在 2006 年首先被 Kim 和 Kool 提出，他们合成了两种荧光核酸化合物，每种化合物对不同金属离子都会产生明显的光谱变化[213]。Yuen 等[214]将 9 种不同的 ODFs 进行组合，获得了能区分 57 种金属离子的传感器，当只有 6 种 ODFs 组合时，可对浓度为 100 μmol/L 的 50 种金属离子进行区分。

肽核酸（polyamide nucleic acid，PNA）是寡核苷酸模拟物[215]，其自然条件下的五碳糖-磷酸骨架被 *N*-（2-氨基乙基）甘氨酸骨架所替代。金属离子及其配合物显示出独特的物理和化学性质，并为 PNA 的生物分析和诊断应用引入新的标签和探针。由于 PNA 不能被核酸酶和蛋白酶降解，所以 PNA 在生物体内具有较高的稳定性；其与 DNA/RNA 的结合具有结合能力强、特异性高等特点，因此 PNA 也是检测金属离子的理想材料。

1.4.3 基于金属核酶的功能核酸生物传感器

1. 荧光生物传感器

荧光生物传感器是基于荧光计对输出信号进行检测，并且随着手提式荧光计的不断发展，荧光生物传感器朝着高灵敏度、便携式方向发展。荧光生物传感器大体可以分为两种：标记荧光基团的生物传感器和无标记荧光基团的生物传感器。其中，标记荧光基团的生物传感器需要将荧光基团和猝灭基团通过共价键连接在 DNA 序列上，以满足靶标物质的检测；无标记荧光基团的生物传感器具有制作成本低、周期短等特点，从而受到广泛关注。

1）标记荧光基团的生物传感器

功能核酸标记荧光基团的生物传感器最早在 2000 年由 Li 和 Lu 等报道，它是基于 8-17 DNAzyme 对 Pb^{2+}进行检测[21]。传感器由底物链和酶链构成，底物链的 5′端以荧光基团 TAMRA 标记，酶链的 3′端以猝灭基团 Dabcyl 标记。当无 Pb^{2+}时，酶链和底物链碱基对通过 Watson-Crick 氢键连接，导致荧光猝灭。当 Pb^{2+}存在时，8-17 DNAzyme 催化底物切割，切割底物从酶链上脱落，使荧光基团与猝灭基团的距离增加从而使荧光强度增加。这种方法的检测限（10 nmol/L）低于美国环境保护署（EPA）规定的饮用水最大允许量 72 nmol/L，并且由于 8-17 DNAzyme 自身的高选择性，传感器的选择性比其他方法高 80～1000 倍[216]。但设计的不足之处是实验需在 4℃条件下进行，否则具有较高背景值[图 1.16（a）]。Liu 和 Lu[217]在底物链的 3′端标记猝灭基团，大大降低了反应体系的背景值[图 1.16（b）]。

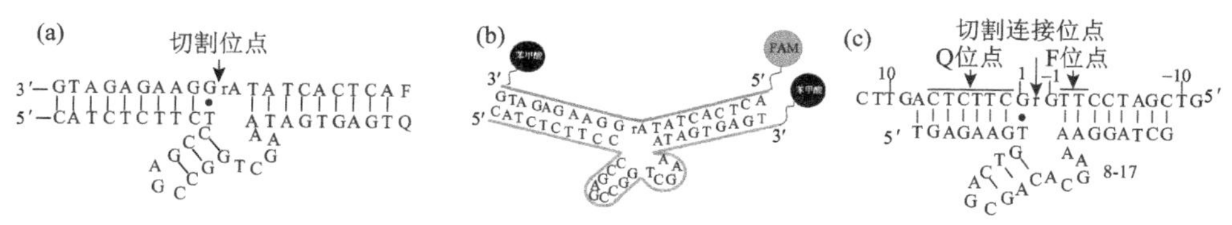

图 1.16 荧光标记的功能核酸生物传感器检测 Pb^{2+}

（a）单标记荧光传感器[21]；（b）双标记荧光传感器[217]；（c）序列内部荧光标记传感器[218]

利用荧光生物传感器也可以获得较好的灵敏度，甚至高于大型仪器的检测限。例如，UO_2^{2+} 特异性核酶 39E DNAzyme 和双猝灭基团修饰的不对称底物链结合检测，检测限达 45 pmol/L，比 ICP-MS 的检测限（420 pmol/L）更低[219]。除了具有高灵敏度外，此类生物传感器还具有高选择性，特异性核酶 39E DNAzyme 对 UO_2^{2+} 的选择性比其他金属离子特异性高 100 万倍以上，而 8-17 DNAzyme 功能核酸生物传感器对 Pb^{2+} 选择性比其他金属离子特异性高 4 万倍[220]。

除了在酶链和底物链的终端修饰荧光基团外，也可以在序列的内部进行修饰[图 1.16（c）]。当不同的荧光基团和猝灭基团被放在 8-17 DNAzyme 的不同位置进行检测时，荧光信号增强，在最优条件下，荧光信号可以提高 85 倍[218]。

目前，用量子点替代有机荧光染料是当前荧光生物传感器发展趋势，这是因为量子点具有发射波长单一、激发波长单一、量子产率高、信号稳定性高、选择性高、可进行多重检测等优点[221]。Wu 和他的团队将量子点与 DNAzyme 连接，检测 Pb^{2+} 和 Cu^{2+} 时获得非常高的选择性和灵敏度，Pb^{2+} 检测限为 0.2 nmol/L，Cu^{2+} 检测限为 0.5 nmol/L[222]。将猝灭基团替换成金纳米粒子也能获得较低的检测限，因为金纳米粒子具有比有机染料更好的荧光猝灭能力。研究证实，将金纳米粒子标记到荧光基团双标记底物和 8-17 DNAzyme 上能获得更低的检测限（5 nmol/L）[223]。

2）无标记荧光基团的荧光生物传感器

由于标记荧光基团的生物传感器价格相对昂贵，构建过程复杂，而且增加的荧光基团可能会对功能核酸的活性产生影响。因此，无标记荧光基团的荧光生物传感器受到人们的广泛关注。主要包括以下几类，如 DNA 荧光染料、G 四联体与化合物结合发光、Cu^{2+} 与富 T 序列结合发光。

最常用的 SYRB Green I 染料能与双链核苷酸结合发出较强的荧光，而与单链荧光核苷酸结合发出的荧光较微弱。Zhang 等[224]利用 Cu^{2+} 特异性功能核酸在 Cu^{2+} 存在的条件下，功能核酸发生切割反应，单链形式存在的产物不与荧光染料结合，荧光值较低；而当 Cu^{2+} 不存在时，荧光染料与双链的 Cu^{2+} 特异性功能核酸结合，具有较高的荧光值的原理，制备了关（turn-off）型无标记荧光生物传感器，检测限为 10 nmol/L。

另外，Zhang 等[225]利用双链 DNA 螯合染料 Picogreen 与 17E DNAzyme 功能核酸发生螯合作用，实现了对 Pb^{2+}的检测。当 Pb^{2+}不存在时，染料结合双链 DNA，荧光信号较强；当 Pb^{2+}存在时，酶链和底物链分离，释放染料，荧光信号减弱，该生物传感器检测限为 10 nmol/L（图 1.17）。

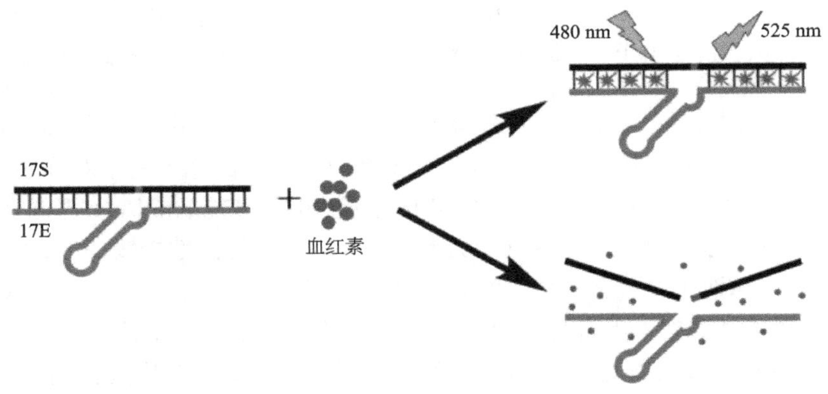

图 1.17　无标记荧光基团的功能核酸荧光生物传感器：基于 Picogreen 染料检测 Pb^{2+}[225]

G 四联体不但可以与氯化血红素结合形成类过氧化物酶催化 ABTS 和 TMB 显色，还可以与鲁米诺、三苯甲烷（TPM）、苯乙烯类底物（SQ）等结合。Lu 等[226]基于 SQ 染料与 G 四联体之间的荧光扰乱和恢复原理，构建了一种无标记的生物传感器，实现了 Ag^{+}和半胱氨酸的定量检测，Ag^{+}的检测限可达 26 nmol/L。

Cu^{2+}以聚 T 序列为模板，可以形成铜纳米粒子，进而发出红色荧光，基于此原理，Guo 等[227]实现了 Cu^{2+}的定量检测。该方法不仅操作简单，而且具有快速（1 min 内）、灵敏、检测限低（5.6 μmol/L）等优点。

2. 比色生物传感器

虽然荧光生物传感器对于金属离子检测能提供较高的灵敏度和选择性，但其仍需要设备进行信号输出，实际应用中即使是体积较小的可提式荧光计也不便于原位和实时监测，而且荧光基团的标记周期和费用相对于比色生物传感器也没有优势。因此，比色生物传感器检测重金属是理想的方法，具有操作简单、价格低廉，且可通过直接的颜色变化进行半定量检测等特点，对于具有实时原位检测要求的样品更彰显其意义。

1）标记的比色传感器

许多金属纳米材料往往显示出良好的性质，如 AuNPs，显示出依赖于距离效应的颜色变化，并且具有非常高的摩尔消光系数[228]。13 nm AuNPs 的分散和聚集状态分别对应红色和蓝色。高盐诱导会使 AuNPs 发生聚集，但由于 DNA 的聚阴离子性质，功能化的 DNA-AuNPs 稳定存在于高浓度的 NaCl 溶液[229]。

2003 年，Liu 和 Lu[230]报道了首个基于 AuNPs 和 8-17 DNAzyme 的比色生物传感器。设计中，两个延伸的底物臂可以与 AuNPs 上的 DNA 互补。在酶链存在时，通过酶链-底物链结合形成 AuNPs 聚集溶液呈蓝色。当 Pb^{2+}存在时，底物被切割，同时结合温度控制，可以使 AuNPs 呈分散状态，呈红色。初期的比色生物传感器操作复杂，检测时间长，并且检测限较高（约 100 nmol/L）[230]。对生物传感器进行优化，温度控制过程中 AuNPs 核酸序列尾尾相连，并且将 13 nm 直径的 AuNPs 用 42 nm 直径的 AuNPs 替代，检测时间缩短为 5 min。当 Pb^{2+}存在时，AuNPs 呈稳定的分散状态，溶液呈红色，当 Pb^{2+}不存在时，AuNPs 聚集，溶液呈蓝色[231]。

2）无标记的比色生物传感器

在实际应用中，无标记的比色生物传感器更方便。其中最简单的一种方法是依据 AuNPs 在柠檬酸盐存在时对单双链 DNA 的吸附能力的不同建立的。单链核酸碱基暴露，可吸附在 AuNPs 上，从而稳定性提高；而双链 DNA 的碱基在内部，阴性电荷磷酸骨架暴露在外侧，结构呈刚性，与阴性的 AuNPs 相互排斥，因此导致 AuNPs 聚集，进而发生颜色变化。

另外一种无标记的生物传感器依赖于富 G 序列，在氯化血红素存在的条件下具有类过氧化物酶活性，从而在 H_2O_2 存在的条件下催化 ABTS 显色。Zhou 等[232]利用 Ag^+可以与 C 碱基错配改变核酸构象，进而使 G4 序列暴露出来，形成具有类过氧化物酶活性的 G 四联体，催化 ABTS 显色。这种 turn-on 型生物传感器的检测限达到 6.3 nmol/L[图 1.18（a）]。2008 年，Willner 研究组[233]报道了 Pb^{2+}依赖核酶与富 G 序列结合的生物传感器[图 1.18（b）]。2009 年又报道了同时检测 UO_2^{2+} 和 Mg^{2+}的逻辑门生物传感器，同样是依据富 G 序列催化显色[234]。

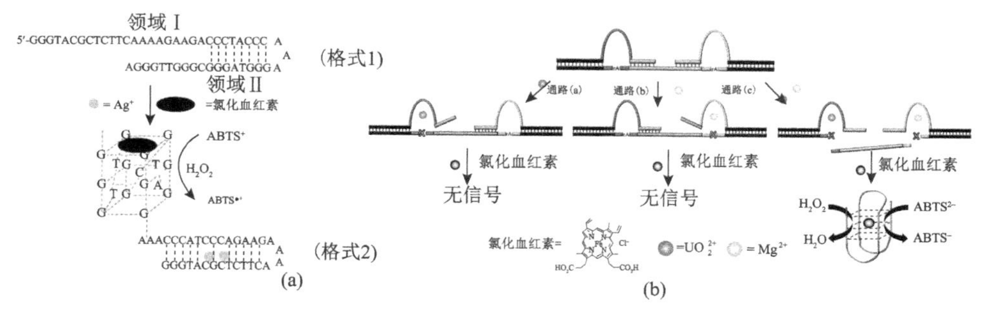

图 1.18 无标记的比色生物传感器检测

（a）Ag^+；（b）Pb^{2+}

3. 电化学生物传感器

电化学传感器具有灵敏度高、费用低、便于微型化等优点。2007 年，Xiao 等[17]报道了首个电化学功能核酸生物传感器。其将 8-17 DNAzyme 的 3′端固定亚甲基蓝，5′端硫醇化并将 DNAzyme 连接到金电极上，当底物和酶链杂交时，相对刚性的复合体阻止亚甲基蓝接近电极，从而防止电子转移。相反，当切割释放底物之后，亚甲基蓝可以转移电子到电极，传感器的检测限可达 500 nmol/L。2008 年，Shen 等[235]报道了基于 8-17 DNAzyme 和$[Ru(NH_3)_6]^{3+}$的电化学生物传感器。钌混合物与 DNA 的磷酸骨架结合，并且 DNA-金纳米粒子与底物的伸展区域杂交。在无 Pb^{2+}时，电子从钌混合物转移到电极上，通过金纳米粒子使电化学信号增强；在 Pb^{2+}存在时，DNA 金纳米粒子交联的切割底物释放，导致钌混合物的数量减少，并且失去了金纳米粒子的放大作用。虽然是 turn-off 型生物传感器，但由于采用金纳米信号放大测量，具有选择性高、检测限低（1 nmol/L）等特点。

1.5　微生物响应性切割核酶

1.5.1　微生物介导的核酸切割酶介绍

核酸切割酶是一种 DNA 核酶（DNAzyme，又称脱氧核酶），是具有催化活性的单链 DNA 分子。DNAzyme 在自然界中不存在，但可以通过 SELEX 技术从含有随机序列的核酸文库（ssDNA 或 RNA）中分离出来。关于 DNAzyme 催化各种各样的化学转化已被广泛报道。尤其是“RNA 分裂的 DNAzyme”，其活性高度依赖于给定的化学或生物刺激，所以可以结合配体反应的 DNAzyme 设计生物传感器。同时作为 DNA 分子，DNAzyme 能与 DNA 扩增完全相容。据此综述了几种方法，这些方法通过“滚动循环扩增”将高特异性的 DNAzyme 传递到 DNA 扩增子中，然后将其应用于高灵敏度的生物传感器[236, 237]。

病原微生物是具有复杂结构的生物大分子。通常，以病原微生物为靶标的微生物切割酶靶向的是细胞表面[238]或细胞内的特异性蛋白裂解物[239]或全细胞[240]，通过 SELEX 技术筛选获得。SELEX 技术的五个步骤：结合、分离、洗脱、扩增和鉴定。首先将 10^{13}～10^{15} 个随机序列的核酸文库与靶分子一起孵育，然后分离结合的 ssDNA 或 RNA。洗脱和收集复合物，通过聚合酶链式反应扩增生成用于下一循环的 ssDNA 或 RNA。对于每个靶标，进行 6～20 个连续循环后测序以获得所需的微生物切割酶[240]。但是由于病原微生物构成复杂，实际应用中微生物切割酶 SELEX 筛选多采用完整的细胞作为靶标，但这种靶标通常会出现靶位点多、不易筛选出高特异性的核酸切割酶等问题。为了解决这些问题，在正筛选的同时增加使用两种或多种同源微生物细胞进行负筛选，以得到针对目标微生物的具有高特异性的核酸切割酶[241]。该方法有两个重要特征：首先，以来自细菌病原体未纯化的生物样品作为响应核酸切割酶的靶标，以此确保复杂生物样品中所选核酸切割酶的功能；其次，双重筛选保证更好的特异性（图 1.19）。Cao 等[100]以金黄色葡萄球菌作为靶标，同时使用链球菌和表皮葡萄球菌进行负筛选，结果证明负筛选能很大程度地提高筛选特异性。

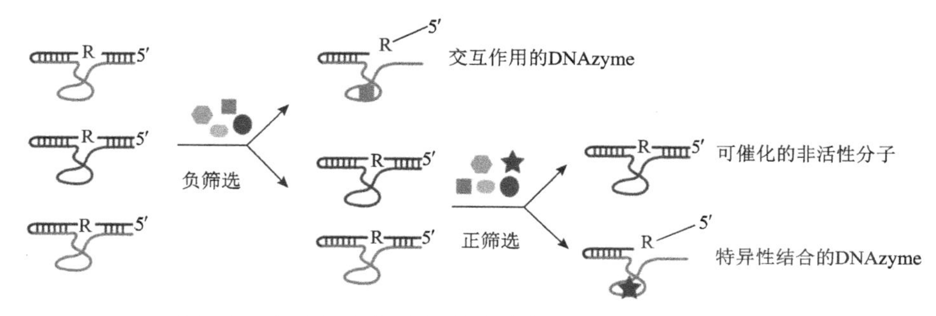

图 1.19 在正负筛选条件下获得的 RNA 切割 DNAzyme

1. 微生物切割酶结构

如图 1.20 所示，微生物切割酶与其相互作用的 RNA 底物链通过 Watson-Crick 氢键形成双面绑定臂[242]。在靶标菌存在时，核酸切割酶切割底物链产生两个短片段脱离 DNAzyme，在各自的短链上进行荧光-猝灭基团对的化学修饰可以表征链分离，或者在没有化学修饰时可以对裂解后混合物进行丙烯酰胺电泳，对切割情况进行表征。

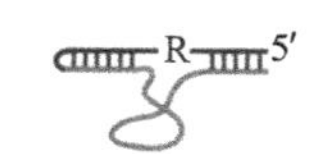

图 1.20 微生物介导的核酸切割酶结构

2. 微生物切割酶机制与产物

理论上，任何核酸切割酶都可以被应用于生物传感器。然而，现有的大多数文献报道是基于 RNA 切割 DNAzyme 的生物传感器，推测其原因如下：第一，RNA 切割 DNAzyme 具有更好的催化效率，因此对应生物传感器的响应时间相对较短[243, 244]；第二，RNA 将含 RNA 的底物链分成两部分，只需要设置一种较为简单的方式来耦合选择信号。DNAzyme 实现 RNA 切割活性的机制如下：它通过切割单个核糖核苷酸的磷酸二酯键，以 2′-OH 基团裂解磷酸二酯键作为亲核试剂作用于磷酸二酯键中的 5′-氧，靶分子作为辅因子嵌入 DNA 序列产生两个裂解片段，一个片段具有 2′-3′ 环状磷酸酯末端，另一个片断具有 5′-OH 末端（图 1.21）[242]。

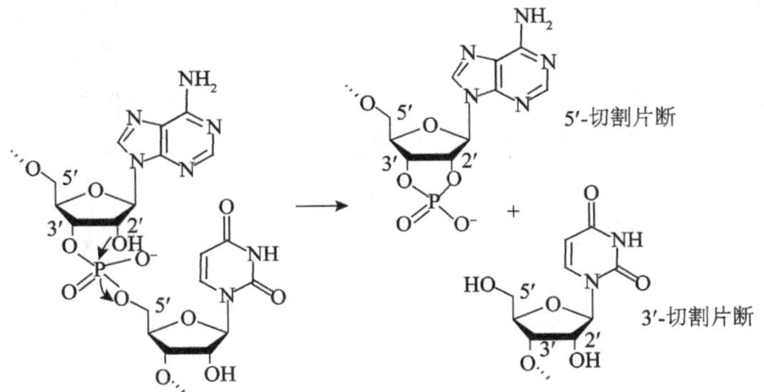

图 1.21　DNAzyme 的 2′-OH 切割磷酸二酯键作为亲核试剂，产生含有 2′-3′ 环状磷酸酯末端的 5′-切割片段和含有 5′-OH 末端的 3′-切割片段。A-URNA 连接作为代表性切割位点

首先报道的核酸切割酶是金属离子依赖性 RNA 切割 DNAzyme，用 SELEX 技术从随机序列 DNA 库中分离（图 1.22）。这是因为带有负电荷的糖-磷酸二酯骨架和富含电子及核酸碱基的 DNA 能很好地与带正电的金属离子相互作用[245, 246]。

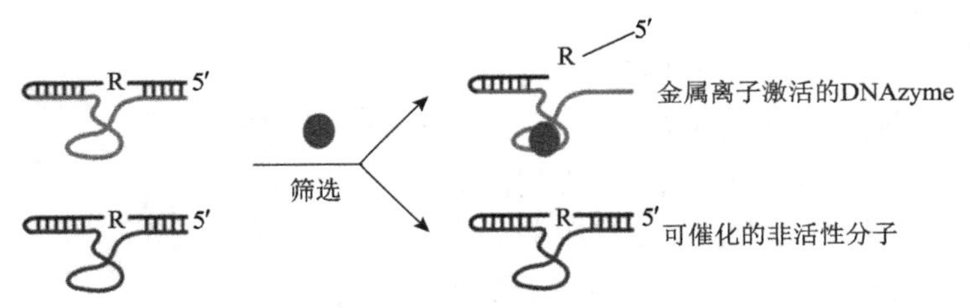

图 1.22　金属离子依赖性的 RNA 切割 DNAzyme

随后微生物响应性 RNA 切割 DNAzyme 也逐渐被发现，这些微生物切割酶可以被微生物样品中极为复杂的靶标激活，其靶分子通常为病原微生物细胞表面某个特定蛋白、病原微生物细胞的裂解物或者完整的细胞[247]。

3. 微生物切割酶产物表征

1）表征

微生物切割酶对靶标响应活性的表征方式除了最传统的凝胶电泳法之外，最常见的就是将核酸切割酶与具有荧光特性的物质结合，将切割反应转变为荧光信号进行表征。荧光表征法具有以下优点：首先，基于荧光的表征手段高效灵敏；其次，将 RNA 切割 DNAzyme 与荧光基团结合，可以实时报告切割进程。RNA 切割 DNAzyme 与底物链形成两个 Watson-Crick 双面绑定臂，切割底物链后产生两个短片段脱离 DNAzyme。荧光团和猝灭剂在各自的链上分离，裂解后混合物产生荧光（图 1.23）[242]。

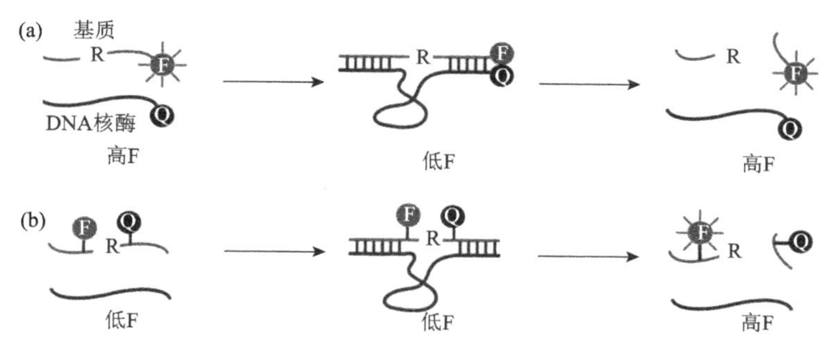

图 1.23 （a）分别用荧光团和猝灭剂标记底物和 DNAzyme 链；（b）用荧光团和猝灭剂标记 RNA 底物，荧光团侧翼含底物的切割位点

2）扩增放大

事实上，生物传感器只依靠受体-配体相互作用不足以在极低浓度下检测目标分析物。如人类的早期疾病诊断或检测痕量的污染毒素或食物和水中的病原体。Li 团队[242]认为这种生物传感方法应该有更强的信号输出方式：使用扩增策略。

例如,RCA 能在短时间恒温扩增大量 DNA 分子并且不需要特殊设备[236, 237]。RCA 反应需要使用 Phi29 DNA 聚合酶、DNA 引物和环状模板,因此将 DNAzyme 与环状模板[图 1.24（b）]或引物[图 1.24（a）和（c）]混合起来就可以发生扩增：产生大量与环状模板互补的串联重复长单链 DNA 产物[图 1.24（a）～（c）]。

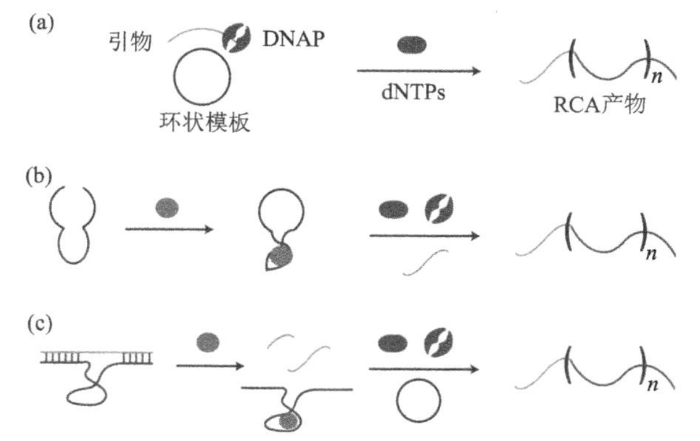

图 1.24 （a）RCA 的反应示意图，其中 DNA 聚合酶（DNAP）使用引物进行环状单链 DNA 模板的逐轮复制；（b）将 DNAzyme 的活性与 RCA 的环状模板产生偶联；（c）将 DNAzyme 的活性与 RCA 的引物产生偶联

设计两个单链 DNA 环拓扑连接在一起，强连接双联体拥有显著的拓扑约束，防止每个组元环充当环模板，发生 RCA。但是，当其中一组元环被设计成 RNA 切割 DNAzyme 的底物，DNAzyme 可使该环线性化，从而消除拓扑结合并启用 RCA（图 1.25）。这个设计用来进行大肠杆菌灵敏检测[248]。

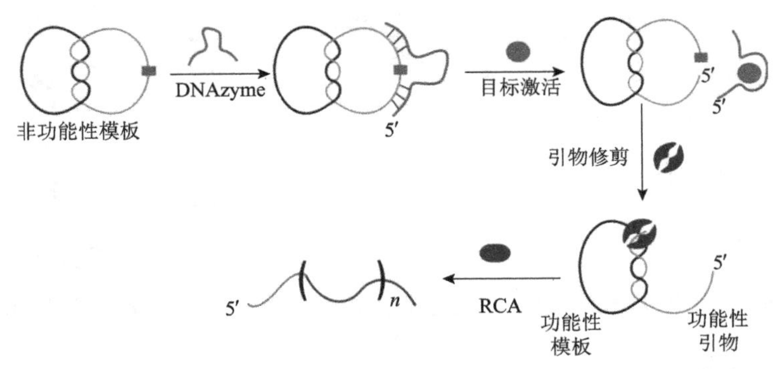

图 1.25　基于拓扑受限 DNA 纳米结构编程的大肠杆菌生物传感器

两个 DNA 单链拓扑复合物都包含相同的环状模板，但是线性 DNA 分子不同[249]。线性复合物Ⅰ上的 DNA 分子完全互补环状模板作为 RCA 引物。线性复合物Ⅱ上的 DNA 分子仅与环状模板部分互补，并且设计为具有两个功能：它被 DNAzyme 切割，并进一步作为启动探针通过 Phi29 DNA 聚合酶辅助，启动 RCA，产生具有重复序列的 MgZ 单元，然后产生的 MgZ DNAzyme 结合并裂解复合物Ⅱ中的底物，裂解产物随后转化为 RCA 的引物（图 1.26）。这

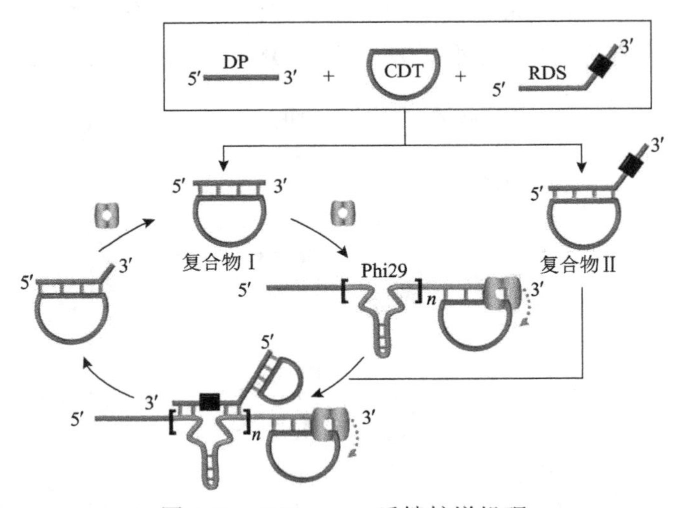

图 1.26　DNAzyme 反馈扩增机理

DP 表示 DNA 引物；CDT 表示环状 DNA 模板；RDS 表示包含 RNA 的 DNA 序列

种新的放大系统被称为 DNAzyme 反馈扩增（DFA）。DFA 成功实现了 miRNA（miR-21）和细菌病原体（大肠杆菌）超灵敏检测，检测限比传统 RCA 方法提高 3～6 个数量级。对于 miR-21 检测，miRNA 本身用作复合物 I 中的引物。对于大肠杆菌检测，使用修饰的复合物，其中线性 DNA 分子被设计成大肠杆菌特异性 DNAzyme：RFD-EC1，RFD-EC1 为复合物 I 提供所需的引物，使 DNA 扩增完全依赖于大肠杆菌的存在。

1.5.2　微生物切割酶介导的光学传感器

1. RNA 裂解荧光 DNAzyme

Li 等[250, 251]建立了 RNA 裂解荧光 DNAzyme（RNA-cleaving fluorescent DNAzyme，RFD）的体外筛选程序；RFD 作为分析工具的作用机理见图 1.27。RFD 催化一个嵌合在底物的单独的核糖核苷酸接合点（R）裂解，由于 R 被荧光团（F）和猝灭剂（Q）包围，所以裂解时 F 和 Q 分离，荧光强度显著增加。用于细菌检测的 RFD 是从目标微生物中筛选得到的高特异性的切割酶（过程可能需要数月或数年才能完成）。这些特殊的 RFD 会在特定细菌环境或培养基中留下的原始细胞外混合物（CEM）的存在下“发光”（图 1.27），而 RFD 仅在大肠杆菌产生的 CEM 存在时（CEM-EC）实现切割[252]，所以这种大肠杆菌传感 RFD，命名为 RFD-EC1，同时实验确认 RFD-EC1 对来自其他细菌的 CEM 没有反应。采用同样的方法，获得了一种 RFD，可以识别艰难梭菌（*C.difficle*）。这种 DNAzyme 即 RFD-CD1 不仅与其他细菌没有交叉反应，同时对艰难梭菌具有高度的菌株特异选择性。RFD-CD1 也是由体外 SELEX 筛选方法偶联消减交叉反应的负筛选获得[253]。

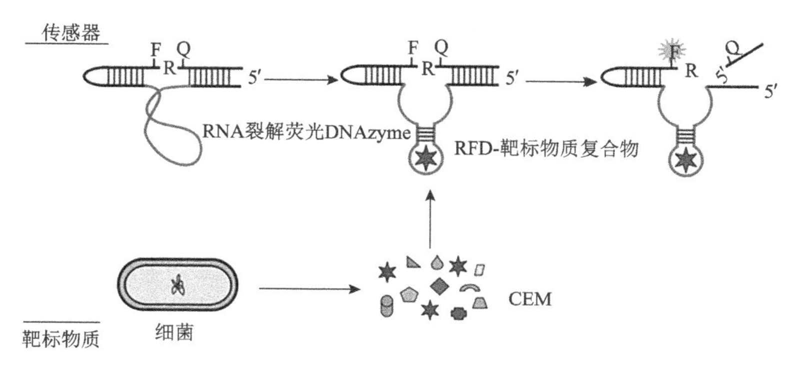

图 1.27　RFD 探针的示意图，RFD 与特定细菌细胞产生的混合物（CEM）接触时发荧光

Filipe 等[254]组装了一种传感器材料，这种材料可用于食品包装，能在特定的情况下针对靶细菌产生荧光信号从而实现监测微生物污染的各类食品，同

时无需从包装中取出样品或传感器。该传感器是将大肠杆菌特异性切割酶（RFD-EC1）修饰荧光-猝灭基团后，共价固定在透明环烯烃聚合物（COP）薄膜上，装载成 DNAzyme 荧光微阵列而实现的（图 1.28）。实验结果证明了（RFD-EC1）-COP 表面是特异性的，在各种 pH 条件（pH 3～9）下能稳定 14 天甚至更长时间，并且在肉和苹果汁中的大肠杆菌的检测限低至 10^3 cfu/mL。这种传感器可减轻食源性疾病对公共卫生的负面影响，将来有希望为降低食源性疾病发病率做出重大贡献。

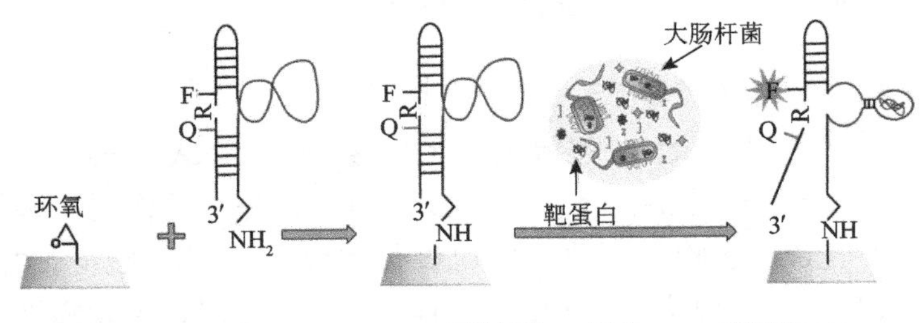

图 1.28 高活性 DNAzyme 传感器在活大肠杆菌细胞存在下裂解的示意图

另外，RFD 还用于特异性识别肿瘤细胞，与传统的检测方法相比，RFD 检测过程简单、耗时短且特异性高。如图 1.29 所示，Li 等[255]将荧光切割核酶用于特异性识别乳腺癌细胞 MDA-MB-231，同样 DNAzyme 特异性识别并结合乳腺癌细胞 MDA-MB-231，乳腺癌细胞 MDA-MB-231 与 DNAzyme 形成特定的二级结构，激活 DNAzyme 切割活性，释放荧光基团而产生荧光信号，对低至 0.5 μg/mL 的 MDA-MB-231 实现检测。另外，结果表明该 RFD 荧光探针的定向切割作用有望进一步被用于乳腺癌的诊断和治疗。

图 1.29 RFD 荧光探针用于特异性识别并检测乳腺癌细胞 MDA-MB-231 的机理图

2. 变构 DNAzyme

Li 等[256, 257]通过使用 RCA、PNA 和 DiSC2（5）（3，3′-二乙基硫代二羰基菁），将变构 RNA 切割 DNAzyme，将其同源靶标转换成肉眼可见的比色信号。如图 1.30 所示，三个关键设计点：RNA 裂解变构 DNAzyme、RCA、以及基于 DiSC2（5）的比色报告机制。在靶标存在的情况下，变构 DNAzyme 切割一种特殊的含 RNA 的底物并释放出一种可用于 Phi29 DNA 聚合酶的 DNA 分子引发 RCA 反应的引物，用于产生长 ssDNA 分子。因为 PNA 分子与其互补 DNA 序列形成高度稳定的双联体结构，蓝色的 DiSC2（5）结合 DNA/PNA 双联体后变为紫色[258, 259],所以通过检测 RCA 产物与 PNA 和 DiSC2（5）互补杂交后颜色发生变化，即可实现靶标物质的检测。

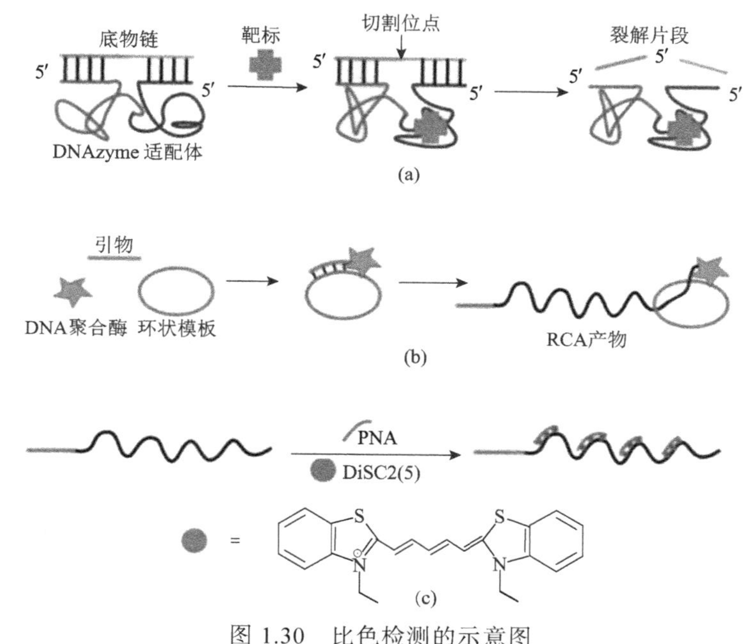

图 1.30　比色检测的示意图

（a）RNA 裂解变构 DNAzyme 的特异性靶标；（b）RCA；（c）PNA 和 DiSC2（5）

3. 索烃

Li 等[248]设计的机械互锁 DNA 纳米结构连接各个 DNA 组件而形成强连接双联体。这种结构的存在构成了一个显著拓扑约束的组件元环。实验确认，具有强连接双联的 DNA 索烃可防止组元环作为 RCA 的扩增模板[260]。实验表明，促发 RNA 切割 DNAzyme 可以使一个组元环线性化，从而实现 RCA。本研究中 DNA 索烃生物传感器是通过结合 DNAzyme 来组装成一个细菌病原体大肠杆菌分泌蛋白的检测模型（图 1.31），检测限为 10 个细胞/mL，从而为机械互锁 DNA 纳米结构的进一步应用建立了一个新的平台。

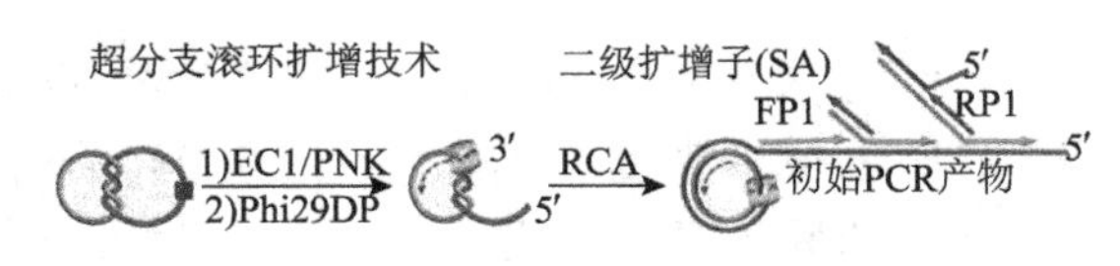

图 1.31　大肠杆菌依赖性 RCA 反应的机理图

EC1 是 DNAzyme 的名称；PNK 表示磷酸激酶；FP1 表示正向引物；RP1 表示反向引物

4. 茎环结构酶

Xiao 等[261]采用茎环结构酶组装的荧光传感器检测朊病毒蛋白（PrPC）。在茎环结构的 5′ 端修饰荧光体，3′ 端的 3 个 DNA 碱基 G（鸟嘌呤）由于与 5′ 端互补，可使荧光体发生荧光共振能量转移，将 76.6%的荧光猝灭。当朊病毒蛋白与茎环结构酶结合时构象发生改变，3'端的鸟嘌呤远离 5′ 端的荧光体，释放荧光，从而完成对朊病毒蛋白的检测。该茎环结构酶组装的荧光传感器的检测限为 0.3 μg/L。

5. 微生物切割酶的对象

RFD-EC1 仅在大肠杆菌产生的 CEM（CEM-EC）存在时实现切割[262, 263]，其序列为 CACGGATCCTGACAAGGATGTGTGCGTTGTCGAGACCTGCGACCGGAACACTACACTGTGTGGGATGGATTTCTTTACAGTTGTGTGCAGCTCCGTCCGACTCTTCCTACCFRQGGTTCGATCAAGA。RFD-CD1 则针对艰难梭菌菌株未纯化的分子反应混合物实现切割[264]，其序列为 GATCTGAGTGGATTGGGGCCTGCGCGGAGTCGGGACTATT。

细菌病原体大肠杆菌分泌蛋白的检测模型 DNA 索烃生物传感器（图 1.32）[248]，借鉴 RFD-EC1 切割酶，其活性序列：ACTCTTCCTACCFRQGGTTCGATC。

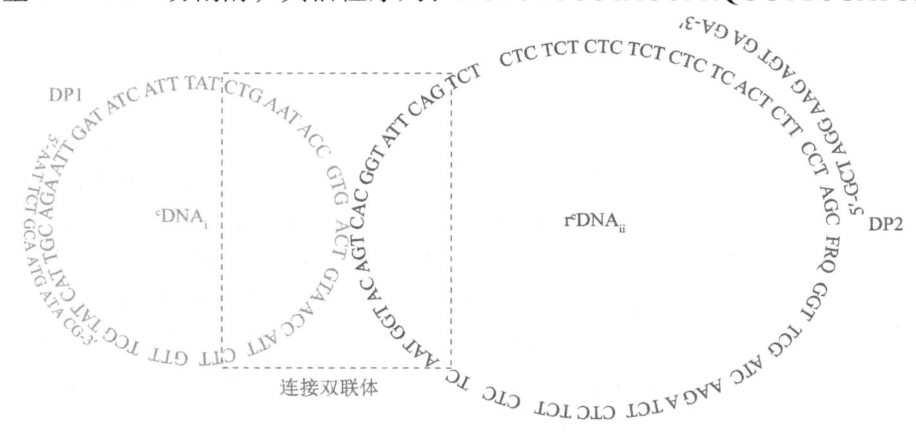

图 1.32　DP1 和 DP2 的序列，虚线方框核苷酸代表 24-bp（碱基对）连接双联体。F：荧光素-dT；R：腺苷核糖核苷酸；Q：猝灭剂-dT

ATP 特异性的变构 RNA 切割 DNAzyme pH6-ET4 可将靶标转换成肉眼可见的荧光信号，RNA 裂解变构 DNAzyme 如图 1.33 所示[265]。朊病毒蛋白特异性的切割 DNAzyme 与靶标结合，RNA 裂解茎环结构 DNAzyme[260]。

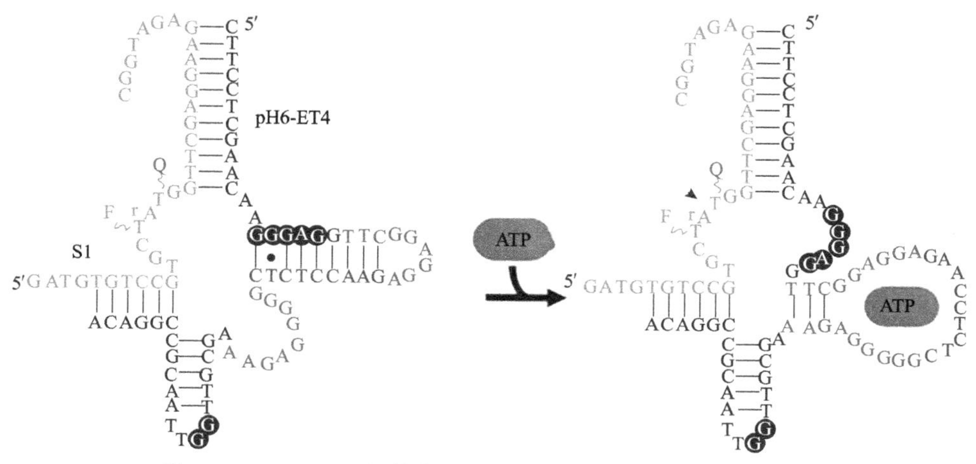

图 1.33 pH6-ET4 的构象，一种 ATP 依赖性变构 DNAzyme

1.6 三螺旋核酸

1.6.1 TNAs 生物传感器的分类、性质与表征

三螺旋核酸（TNAs）是 TNAs 生物传感器的结构基础。按照碱基种类的差异，可将三螺旋核酸分为嘧啶-嘌呤*嘧啶型三螺旋核酸与嘧啶-嘌呤*嘌呤型三螺旋核酸；按照形成方式的不同，可将三螺旋核酸分为分子内三螺旋核酸与分子间三螺旋核酸；按照核酸类型的差别，可将三螺旋核酸分为三螺旋 DNA、三螺旋 RNA、三螺旋 DNA/RNA 与三螺旋 PNA；按照第三链与双链形成三螺旋核酸的方向不同，可将三螺旋核酸分为平行结构三螺旋核酸与反平行结构三螺旋核酸两种类别。

目前，三螺旋核酸的表征方法主要包括：紫外-可见分光光度法[266]、荧光分析法[267]、原子力显微镜法、圆二色谱法[268]与电泳法[269]。鉴于合成生物学的发展，荧光基团标记的荧光探针具有易合成、高灵敏等优势，荧光分析法逐渐成为表征 TNAs 生物传感器的主流方法。

目前三螺旋核酸的稳定形成受如下因素影响。①pH：酸性条件促进胞嘧啶（cytosine，C）质子化、促进胞嘧啶-鸟嘌呤（guanine，G）*胞嘧啶（C-G*C）

碱基对的稳定形成，从而促进三螺旋核酸的稳定形成；中性条件促进胸腺嘧啶-腺嘌呤（adenine，A）*胸腺嘧啶（T-A*T）碱基对的稳定形成，从而促进三螺旋核酸的稳定形成[18]；②二价镁离子：双链核酸是三螺旋核酸形成的必要条件，Mg^{2+}通过稳定双链核酸的形成，促进三螺旋核酸的形成[270]；③一价银离子：Ag^{+}通过与 C-G*C 碱基对络合形成稳定的 C-G*C Ag^{+}结构，稳定三螺旋 DNA 的形成[271]；④化合物：氯化甲氧檗[272]与二醚二酞酰亚胺化合物[273]发挥类黏合剂作用，稳定三螺旋 DNA 的形成；稠环芳烃的菲与芘，可以作为连接子，连接第三链与双链，促进单链分子内三螺旋 DNA 与异质二聚体间三螺旋 DNA 的形成[268]。

1.6.2　三螺旋 DNA 生物传感器

三螺旋 DNA 生物传感器是以 DNA 链构成的三螺旋核酸为结构单元的生物传感器，占目前已报道的 TNAs 生物传感器的绝大多数，类型多样且用途广泛。根据三螺旋 DNA 的形态差异，将三螺旋 DNA 生物传感器分为如下几种类型。

1. 三链三螺旋 DNA 生物传感器

三链三螺旋 DNA 生物传感器是第三条 DNA 链以 Hoogsteen 氢键嵌入双链 DNA 的大沟中形成三链 DNA 组装体，实现信号输出的生物传感器[图 1.34（a）]。2010 年，意大利罗马大学的 Ricci 教授团队利用这种传感策略，将标记有电化学信号分子（甲基蓝）的第三链标记在金电极上作为识别元件识别特异的双链 DNA 靶标，当且仅当双链 DNA 靶标存在时，靶标 DNA 与固定化的第三链形成三螺旋结构，阻碍甲基蓝靠近金电极并转移电子，输出电化学信号，实现双链 DNA 在复杂血清样本中特异、灵敏（10 nmol/L）的电化学检测，构建一种无试剂化、可重复利用的三链三螺旋 DNA 生物传感器[274]。

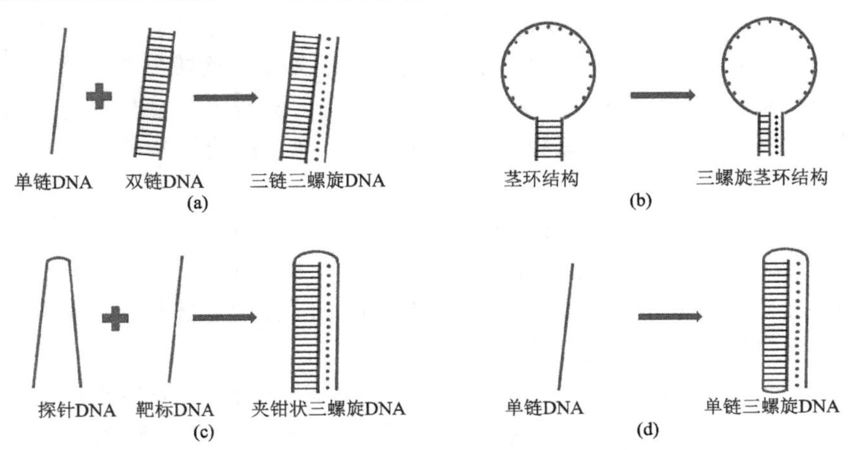

图 1.34　三螺旋 DNA 生物传感器的四种类型

（a）三链三螺旋 DNA；（b）三螺旋茎环结构；（c）夹钳状三螺旋 DNA；（d）单链三螺旋 DNA

2. 茎环型三螺旋 DNA 生物传感器

茎环型三螺旋 DNA 生物传感器是从茎环结构的设计获得灵感，将茎环结构的环状区域改造成具有生物识别作用的单链核酸（适配体、单链 DNA 等），将茎部区域由双链 DNA 改造成三链 DNA 的结构元件[图 1.34（b）]，通过生物识别作用，改变三螺旋的茎环结构，实现信号表征的生物传感器。2011 年，湖南大学谭蔚泓教授团队设计了一种基于三螺旋茎环结构的生物传感器，通过生物识别作用使三螺旋分子开关发生结构转换，使第三链两端标记的芘分子靠近、发射高强度荧光，实现了腺苷三磷酸（adenosine triphosphate，ATP）、α-凝血酶（α-thrombin，Tmb）与 L-精氨酰胺（L-argininamide，L-Arm）的通用型检测[275]。2014 年，湖南大学王柯敏教授团队将三螺旋茎环结构搭建电化学传感平台，实现了 ATP（检测限，limit of detection，LOD=60 nmol/L）与 Tmb（LOD=4.5 nmol/L）的通用型、超灵敏检测[276]。2015 年，伊朗 Abnous 教授团队设计了一种基于三螺旋茎环结构的传感平台，结合金纳米粒子的聚沉显色，实现了四环素的可视化、超灵敏（LOD=266 pmol/L）检测[277]。

3. 夹钳型三螺旋 DNA 生物传感器

夹钳型三螺旋 DNA 生物传感器是以一条具有对称序列的单链 DNA 为探针，以另外一条 DNA 为靶标，通过探针 DNA 链与靶标 DNA 链先形成双链、再通过 Hoogsteen 氢键形成三螺旋 DNA 的生物传感器[图 1.34（c）]。在形态方面，夹钳型三螺旋 DNA 与茎环型三螺旋 DNA 相比，环状区域只起到连接作用、非生物识别作用，发挥识别功能的是探针 DNA 链一端的对称序列。在识别特性方面，由于 Watson-Crick 氢键与 Hoogsteen 氢键共同发挥夹钳状作用，使夹钳型三螺旋 DNA 传感元件具有更高的灵敏度与更优的特异性。2014 年，罗马大学 Ricci 教授团队将夹钳型三螺旋 DNA 传感元件与电化学检测平台结合，实现了有效的 DNA 单碱基错配区分[278]。

4. 单链三螺旋 DNA 生物传感器

单链三螺旋 DNA 生物传感器是由一条 DNA 链先形成 Watson-Crick 氢键再形成 Hoogsteen 氢键的分子内三螺旋 DNA[图 1.34（d）]。2014 年，罗马大学 Ricci 教授团队利用双荧光基团标记的分子内三螺旋 DNA，实现了跨 5.5 个 pH 单位（pH 5.5～11.0）的传感检测[267]。

1.6.3 三螺旋 RNA 生物传感器

三螺旋 RNA 生物传感器是以 RNA 链构成的三螺旋核酸为结构单元的生物传感器。2016 年，Artzi 教授团队利用 U-A*U、C-G*U、A-U*A、U-G*U、U-G*C

等三螺旋碱基对，设计了一种基于三链 RNA 的双色荧光三螺旋传感器，该三螺旋 RNA 能够识别癌细胞内 miRNA，发挥抑制癌细胞 miRNA-221 与替换癌细胞 miRNA-205 的双重功能。

1.6.4 三螺旋 DNA/RNA 生物传感器

三螺旋 DNA/RNA 生物传感器是以 RNA 链为第三链嵌入双链 DNA 大沟中，形成三螺旋结构单元的生物传感器。1996 年，Kandimalla 教授与 Agrawal 教授合作研究了 DNA/RNA 三螺旋结构，发现以 T-A*U 碱基对替代 T-A*T 碱基对形成的三螺旋结构，在相同 pH 条件下，低解链温度（T_m）比对应的 T-A*T 三螺旋结构低 10℃左右，表明 DNA/RNA 三螺旋结构不稳定[279]。因此，基于 DNA/RNA 的三螺旋生物传感器鲜有报道。

1.6.5 三螺旋 PNA/DNA 生物传感器

肽核酸（PNA）是一类以多肽骨架取代糖磷酸主链的 DNA 类似物。三螺旋 PNA/DNA 生物传感器是以 PNA 与 DNA 杂交形成的三螺旋核酸为基本结构单元的生物传感器。根据杂交链的类型不同，将三螺旋 PNA/DNA 生物传感器分为如下几种类型。

1. 三螺旋 PNA-DNA-PNA 生物传感器

三螺旋PNA-DNA-PNA生物传感器是以一条多聚嘧啶PNA链与一条多聚嘌呤 DNA 链通过 Watson-Crick 氢键生成双链、另一条多聚嘧啶 PNA 链通过 Hoogsteen 氢键嵌入双链大沟形成三螺旋结构的生物传感器，其特征是 PNA 链与 DNA 链按 2∶1 结合[图 1.35（a）][280]。2006 年，加利福尼亚大学 Bowers 教授团队率先发现了经过荧光基团标记的 PNA 与 DNA 结合形成的 PNA-DNA-PNA 三螺旋在加入特定的阳离子共轭聚电解质（cationic conjugated polyelectrolyte，CCP）后，通过荧光共振能量转移（fluorescence resonance energy transfer，FRET）可以增强 PNA-DNA-PNA 三螺旋的荧光，建立了一种基于 PNA/DNA 三螺旋的光学传感器[281]。2009 年，新加坡国立大学 Liu 教授团队利用 PNA-DNA-PNA 三螺旋无法被 S1 核酸酶降解的特性，加入嵌入型的噻唑橙（thiazole orange，TO）染料后显微弱荧光，再加入特定的 CCP 后，通过 FRET 增强荧光发射；而相应的含有单碱基错配的 PNA-DNA-PNA 三螺旋能够被 S1 核酸酶降解，无法产生荧光。因此，所建立的基于 PNA-DNA-PNA 三螺旋的荧光传感器可以实现无标记、高选择性的单核苷酸多态性（single nucleotide polymorphism）的检测（LOD=5 μmol/L）[282]。

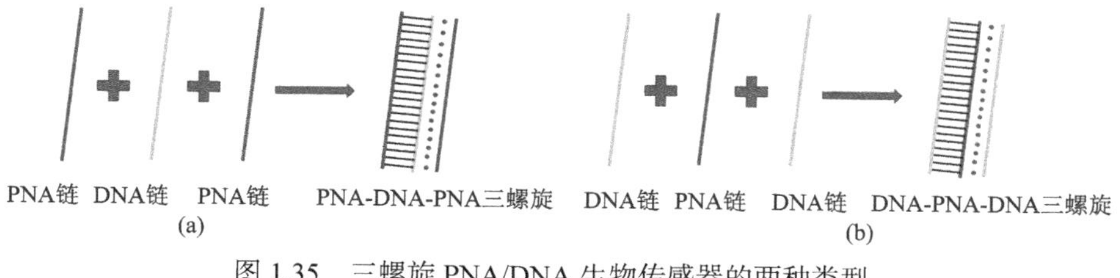

图 1.35 三螺旋 PNA/DNA 生物传感器的两种类型

（a）PNA-DNA-PNA 三螺旋；（b）DNA-PNA-DNA 三螺旋

2. 三螺旋 DNA-PNA-DNA 生物传感器

三螺旋 DNA-PNA-DNA 生物传感器是单链 PNA 通过 Hoogsteen 氢键嵌入双链 DNA 大沟中形成三螺旋结构、输出反应信号[图 1.35（b）]。2006 年，Bowers 教授团队研究发现：经过荧光基团标记的 PNA 与双链 DNA 结合形成的 DNA-PNA-DNA 三螺旋在加入特定 CCP 后，通过 FRET 可以增强 DNA-PNA-DNA 三螺旋的荧光，建立了一种基于 PNA/DNA 三螺旋的光学传感器[281]。2007 年，德国 Asitz 教授团队将分子信标进行结构改造，环状区域为靶标 DNA 链互补区域，茎部区域则利用富含 A 的 PNA 链与富含 T 的双链 DNA 形成 DNA-PNA-DNA 三螺旋。当检测体系中加入靶标 DNA 链，三螺旋分子信标发生结构转换，茎环结构被打开，荧光信号开启，实现传感。值得一提的是，该传感器具有三个显著特点：其一，识别靶标 DNA 的灵敏度与特异性能够被 DNA-PNA-DNA 组成的三螺旋茎所调节；其二，PNA 链标记的荧光基团在形成三螺旋结构后，形成的超猝灭荧光发夹结构能够显著降低荧光背景，实现检测的高信噪比；其三，借助高特异性与高信噪比的特性，该三螺旋 DNA-PNA-DNA 生物传感器可以实现单碱基区分[283]。2013 年，伊朗 Hejazi 教授团队将 PNA 链固定在金电极上，通过 PNA 链捕获双链 DNA 形成三螺旋结构导致的电信号变化，实现了对靶标 DNA 双链的检测[284]。

1.6.6 可视化 TNAs 生物传感器

可视化 TNAs 生物传感器是以 TNAs 作为生物识别元件对输入信号进行识别响应，以光学响应信号为基础，通过裸眼比较反应液中颜色深浅的变化，实现对目标物的肉眼识别检测。当 AuNPs 之间的距离改变时，其局域表面等离子共振吸收峰会发生相应的变化，引起溶液颜色的改变[285]。2006 年，韩国 Choi 教授团队分别在 AuNPs 上共价偶联两条核酸链，通过调节溶液体系的 pH 值，使反应体系在酸性条件（pH=5.0）下形成 C-G*C、T-A*T 三螺旋结构，从而拉近 AuNPs 之间的距离，使 AuNPs 聚沉、发生从红色到蓝色的颜色变化[图 1.36（a）][286]。2011 年，中山大学凌连生教授团队利用 Ag^+可以在弱碱性（pH = 8.0）条件下稳定 C-G*C 三螺旋结构的性质，使 AuNPs 上的两条链通过 C-G*C Ag^+三螺旋结构、距离有效拉近、发生颜色变化，从而实现 Ag^{+}的传感检测[图 1.36（b）][287]。2015 年，伊朗 Abnous 教授团队设计了一种基于 TNAs 茎环结构的可视化传感器，通过靶标物质（四环素）与环状区域亲和结合，诱导 TNAs 茎环结构解组装，释放第三链，在高盐条件（50 mmol/L NaCl）下，释放的第三链能够维持 AuNPs 的稳态，抵抗高盐聚沉效应，使溶液呈现明亮红色；而阴性对照组因 TNAs 茎环结构的稳定存在，AuNPs 在高盐环境中发生聚沉，溶液呈现蓝色，从而实现了四环素的可视化、超灵敏（LOD=266 pmol/L）检测[图 1.36（c）][277]。

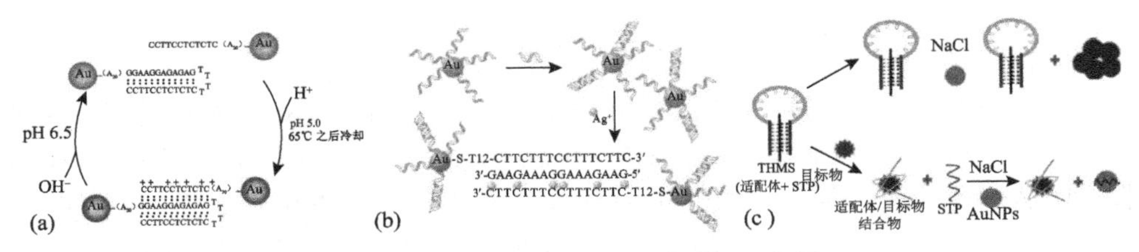

图 1.36　可视化 TNAs 生物传感器示意图

STP 表示三螺旋探针

1.6.7　荧光 TNAs 生物传感器

荧光 TNAs 生物传感器是以 TNAs 作为生物识别元件对输入信号进行识别响应，以荧光响应信号的强度变化，实现对目标物的传感响应。最常使用的研究策略是根据荧光供体基团与荧光受体基团的距离变化诱导 FRET，发生正向的荧光增强或负向的荧光减弱，从而表征对目标物的传感响应。2001 年，Antony 团队建立了一种正向的荧光增强型的 TNAs 传感方法：预先在分子信标的5′末端与3′末端标记荧光供体基团（荧光素，fluorescein）与荧光受体基团（DABCYL），在没有待测双链 DNA（dsDNA）出现时只有很低的背景信号；当体系中存在待测双链 DNA 时，分子信标解构发生结构变化，并与双链 DNA 分子形成三螺旋 DNA，使荧光素基团与 DABCYL 基团之间的距离增大，无法发生 FRET 而猝灭荧光素基团的荧光，因此发射出较强的荧光，从而通过荧光强度变化表征待测双链 DNA 的浓度[269]。2014 年，山东大学姜玮教授团队利用荧光猝灭基团（Black Hole Quencher-1，BHQ-1）标记的三核酸第三链与荧光基团（6-carboxyfluorescein，6-FAM）标记的双链 DNA，通过 Ag^{+}稳定三螺旋 DNA 的形成，同时 6-FAM 与 BHQ-1 发生 FRET 导致荧光猝灭。当存在转录因子（transcription factors，TFs）时，目标物 TFs 与双链结合释放 BHQ-1 标记的第三链，使双链 DNA 的 6-FAM 释放荧光信号，实现对 TFs 的定量检测[图 1.37（a）][288]。

除此之外，利用芘分子在单体状态和二聚体状态的荧光发射波长与荧光发射强度不同，也可对 TNAs 生物传感信号进行表征。2015 年，湖南大学谭蔚泓教授

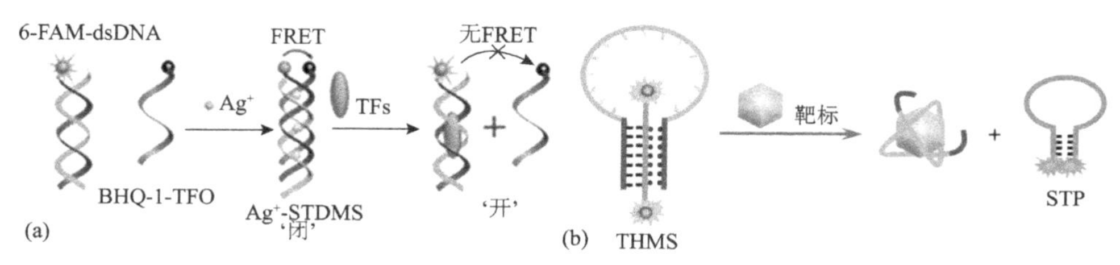

图1.37　荧光TNAs生物传感器示意图

团队设计了一种茎环状的DNA三螺旋分子开关，只有当目标物Tmb、ATP、L-Arm存在时，目标物与茎环结构的环状区域亲和结合、茎环状三螺旋结构解构，第三链自发形成发夹结构、使标记在5′端与3′端的芘分子在空间上聚集形成二聚体，在480 nm处的荧光强度显著增强，实现Tmb、ATP、L-Arm的通用型检测[图1.37(b)][275]。

1.6.8　SERS-TNAs生物传感器

SERS-TNAs生物传感器是以TNAs作为生物识别元件对输入信号进行识别响应，以SERS响应信号的强度变化，实现对目标物的传感响应。目前，常常把SERS信号分子修饰在DNA链或纳米材料上构建拉曼增强基底，实现对目标待测物的传感响应。2012年，谭蔚泓教授团队利用目标物诱导的DNA三螺旋茎环的结构变化，实现了SERS信号分子罗丹明6G（rhodamine 6G，R6G）标记的银纳米粒子（Ag nanoparticles，AgNPs）在金膜表面的距离发生改变，导致SERS信号的传感响应[图1.38（a）][289]。2012年，Graham教授团队将拉曼信号分子羧基-X-罗丹明异硫氰酸盐（carboxy-X-rhodamine isothiocyanate，ROX-ITC）标记在AgNPs上，改变待测双链DNA的长度，实现TNAs的长度变化，进而调节AgNPs间的距离变化，通过AgNPs间的距离与SERS信号强度呈负相关，实现对不同长度的双链DNA的测定[图1.38（b）][290]。2014年，湖南大学杨荣华教授团队利用目标物诱导的DNA三螺旋茎环的结构变化，释放第三链，第三链被链霉亲和素包被的硅珠捕获后，促发带有活性巯基（—SH）末端修饰的链式杂交反应（hybridization chain reaction，HCR），HCR自组装体与拉曼信号分子（4-氨基苯硫酚，4-ABT）修饰的AuNPs共价偶联，实现SERS信号的传感响应[图1.38（c）][291]。

1.6.9　电化学TNAs生物传感器

电化学TNAs生物传感器是以TNAs作为生物识别元件对输入信号进行识别响应，以电化学响应信号的强度变化，实现对目标物的传感响应。由于电化学传感平台具有制作成本低廉、操作简便、靶标范围广泛等优点，常常将标记有电化学信号分子的核酸链固定在电极表面，依据有无待测物导致的固定化核酸链上信号分子传递电子的效率差别，实现电化学信号（电流、电阻抗、电位等）的表征。

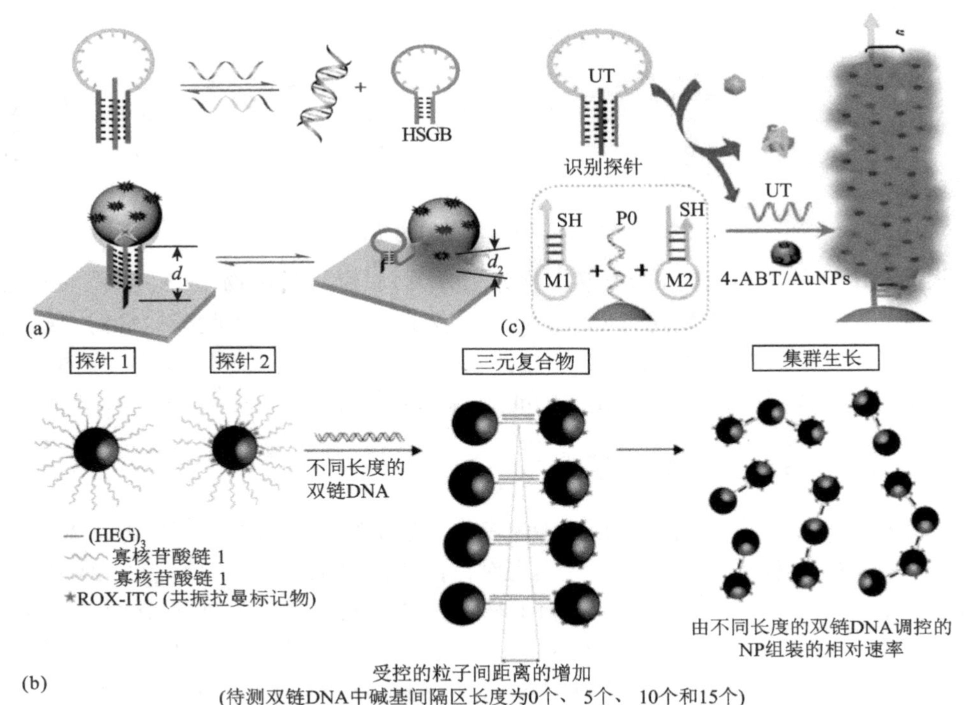

图 1.38 SERS-TNAs 生物传感器示意图

HEG 表示封闭剂

1997 年，Palecek 教授团队利用固定化的 DNA 单链结合待测双链 DNA 形成三螺旋 DNA，TNAs 结构中 G 单元发生电化学氧化传递电子，实现了电化学 DNA 传感[292]。但利用 G 氧化传递电子的缺陷是传感体系容易受到外界环境干扰，不利于复杂样品的检测。2014 年，罗马大学 Ricci 教授团队利用标记有氧化还原反应基团（甲基蓝）的固定化单链 DNA 探针捕获目标 DNA 单链，形成夹钳型三螺旋 DNA，促使甲基蓝与金电极靠近，导致传递电子的效率增强。利用待测 DNA 单链的浓度与有效电子传递的正相关关系，实现了单链 DNA 在复杂血清样本中的单碱基错配区分[图 1.39（a）][278]。由于氧化还原基团标记的固定化探针会增加电化学传感平台的检测成本，2015 年，青岛农业大学李峰教授团队利用 G 四联体功能核酸作为免标记的电化学信号分子，使固定化的 DNA 探针与具有目标 DNA 互补区域的分子信标链形成茎环状 DNA 三螺旋、封闭探针链 G 四联体的类辣根过氧化物酶活性。当体系中出现目标 DNA，目标物诱导茎环状 DNA 三螺旋发生结构转换，暴露出固定化 DNA 探针链。在氯化血红素的诱导下，探针链形成有活性的 G 四联体结构，发挥类辣根过氧化物酶活性传递电子，实现电化学信号的输出与目标 DNA 链的检测[图 1.39（b）][293]。

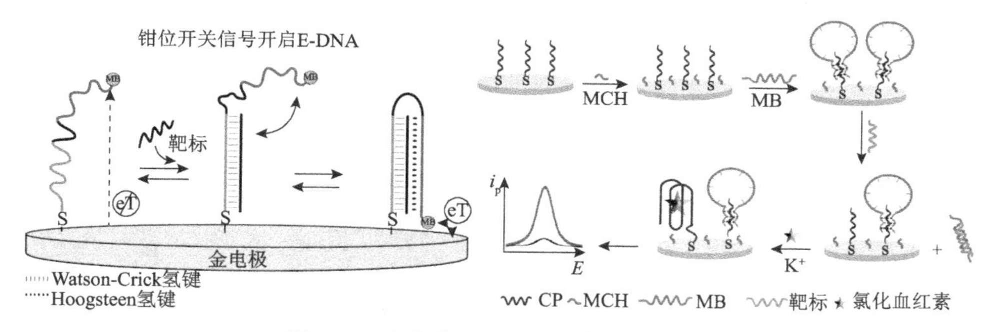

图 1.39 电化学 TNAs 生物传感器示意图

1.6.10 pH 响应的 TNAs 生物传感器

酸性条件促进 C 质子化、促进平行式 C-G*C 三螺旋碱基对的稳定形成，从而促进 TNAs 的稳定形成；而中性条件促进平行式 T-A*T 三螺旋碱基对的稳定形成，从而促进 TNAs 的稳定形成[267]，因此由 C-G*C、T-A*T 组装的三螺旋 DNA 结构具有 pH 响应效应。因此，研究者们开发了多种具有 pH 响应效应的 TNAs 生物传感器。

1. pH 响应的 TNAs 恒温扩增传感器

pH 响应的 TNAs 恒温扩增传感器是以 TNAs 为 pH 响应元件介导的恒温扩增传感器。2014 年，中国科学院樊春海教授与罗马大学 Ricci 教授合作研究了两种 pH 响应模式的 DNA 链置换扩增（strand displacement amplification，SDA）传感器。一种是 OH^-激活的 SDA：在 OH^-诱导下，以 C-G*C 为主要序列组成的三螺旋结构中的 Hoogsteen 氢键断裂形成双螺旋结构，加入侵入链（invading strand，IS）发生 SDA，产生游离的三螺旋第三链，发生后续的 SDA[图 1.40（a）]。另一种是 H^+激活的 SDA：带有两侧黏性末端的双链 S 首先与 IS 杂交结合，在 H^+诱导下，IS 与 abc 链形成三螺旋 DNA，释放 $b^*c^*d^*$链，发生后续的 SDA。[图 1.40（b）][294]。2015 年，蒙特利尔大学 Vallee-Belisle 教授团队与罗马大学 Ricci 教授团队合作研究了两种 pH 响应模式的 HCR 传感器。在 OH^-诱导下，储存有 HCR 自组装能量的发夹 tH1 的 5′ 末端的 Hoogsteen 氢键断裂，暴露出黏性末端，发生后续的 HCR[图 1.40（c）]；在 H^+诱导下，HCR 激发子链与含有 HCR 自组装能量的发夹 tH1 能够形成 I·tH1 三螺旋结构、链剥离释放 cb^*黏性末端、发生后续的 HCR[图 1.40（d）][295]。

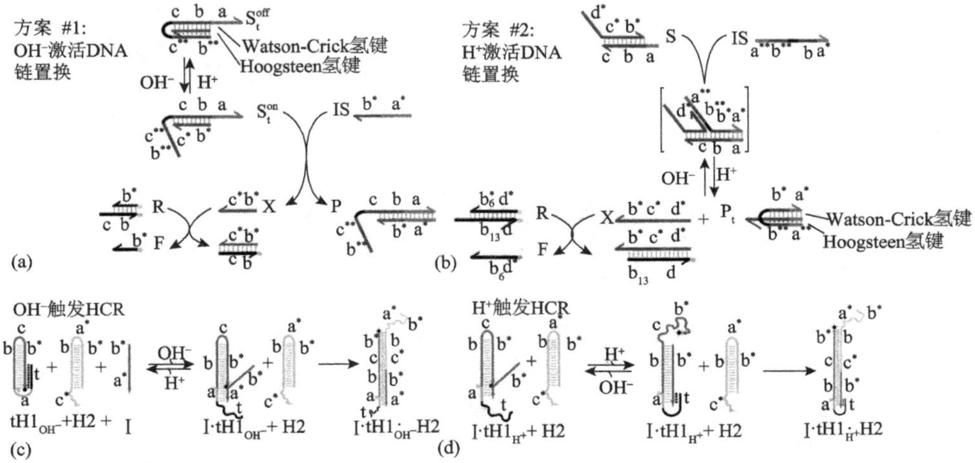

图 1.40 pH 响应的 TNAs 恒温扩增传感器示意图

2. pH 响应的 TNAs 纳米开关

pH 响应的 TNAs 纳米开关是指以 TNAs 为 pH 响应元件，调控所构建的 DNA 纳米组装体发生结构变化，发挥开关（on-off）型作用，能够开启或关闭表征信号的两态传感器。2004 年，普渡大学 Mao 教授利用标记有罗丹明绿与 BHQ-1 的荧光探针 F、长链 DNA（L）与断链 DNA（S）进行双链自组装体与三链-镊子状自组装体的结构转换，通过改变溶液的 pH（5.0～8.0）、可逆性地改变三螺旋 DNA 的形成与解构，通过 FRET 与聚丙烯酰胺凝胶电泳（polyacrylamide gel electrophoresis，PAGE）表征了所设计的纳米开关的镊子样非三螺旋-on 态与镊子样三螺旋-off 态[图 1.41（a）][296]。2015 年，北京理工大学张小玲教授团队、厦门大学康怀志教授团队与湖南大学谭蔚泓教授团队合作研究了一种基于 C-G*C 碱基对的镊子状 TNAs 纳米开关。该纳米开关由三条链构成，在中性条件下，三条链杂交成长直双链结构，因无法实现 FRET，纳米开关呈现强荧光信号的 on 态；酸性条件诱导 C 质子化形成 C-G*C 碱基对，形成的 TNAs 不仅使纳米开关的结构变成类镊子形态，而且发生 FRET 使纳米开关呈现发出微弱荧光信号的 off 态，实现了在 pH 4.6～7.8 范围内对细胞内 pH 梯度的检测[图 1.41（b）][297]。

2014 年，罗马大学 Ricci 教授团队通过改变构成三螺旋结构的单链 DNA 的序列，且在单链 DNA 两侧分别标记荧光供体基团（Alexa Fluor 680，AF680）与荧光猝灭基团（BHQ-1），通过调节溶液 pH，单分子三螺旋纳米开关在低 pH 条件下形成链内三螺旋结构、猝灭荧光，纳米开关处于 off 态；高 pH 条件下 Hoogsteen 氢键断裂形成双螺旋解构、AF680 恢复荧光发射，纳米开关处于 on 态。因此，所构建的单链 DNA 三螺旋纳米开关实现了跨 5.5 个 pH 单位（pH 5.5～11.0）的传感检测[图 1.41（c）][267]。

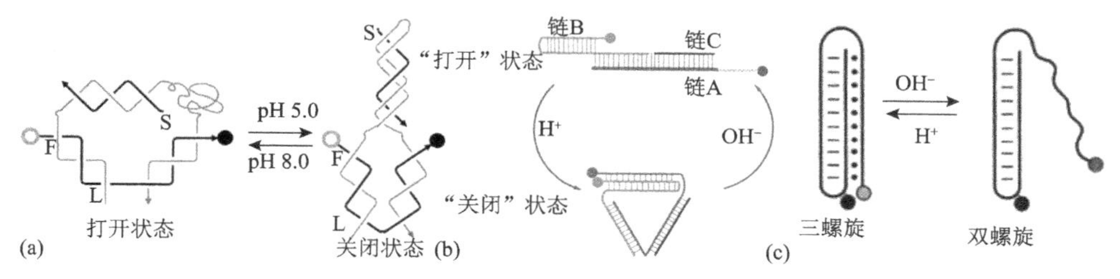

图 1.41　pH 响应的 TNAs 纳米开关示意图

3. 酶促反应介导 TNAs 的 pH 传感响应

酶促反应介导 TNAs 的 pH 传感响应是指以通过酶促反应生成质子或消耗质子，调控 TNAs 结构的生成或解构，实现信号传感响应的过程。2015 年，罗马大学 Ricci 教授团队首先研究了酶促反应调控的单链 DNA 三螺旋纳米开关的 on-off 状态转换。以谷胱甘肽转移酶催化谷胱甘肽产生质子，调控 on 型 TNAs 纳米开关转换为三螺旋结构的 off 型[图 1.42（a）]；以脲酶催化尿素消耗质子，调控 off 型的具有三螺旋结构的 TNAs 纳米开关转换为双螺旋结构的 on 型[图 1.42（b）]。然后，研究者建立了酶促反应介导的链替代传感模型：利用脲酶催化尿素消耗质子，调控 TNAs 的 Hoogsteen 氢键断裂、生成双螺旋，再使用侵入链进行链替代反应、输出荧光信号。最后，研究者建立了酶促反应介导的配体释放/携带传感模型：利用乙酰胆碱酯酶催化乙酰胆碱释放质子，使其与配体链杂交形成双螺旋 DNA 的单链 DNA，进而形成分子内三螺旋组装体，释放配体链[图 1.42（c）]；利用脲酶催化尿素消耗质子，破坏单链 DNA 形成的分子内三螺旋组装体，与配体链杂交生成双螺旋、携带配体链[图 1.42（d）][298]。将酶促反应与 TNAs 的 pH 效应组合传感，为拓展 TNAs 生物传感器在体内的应用奠定了理论基础。

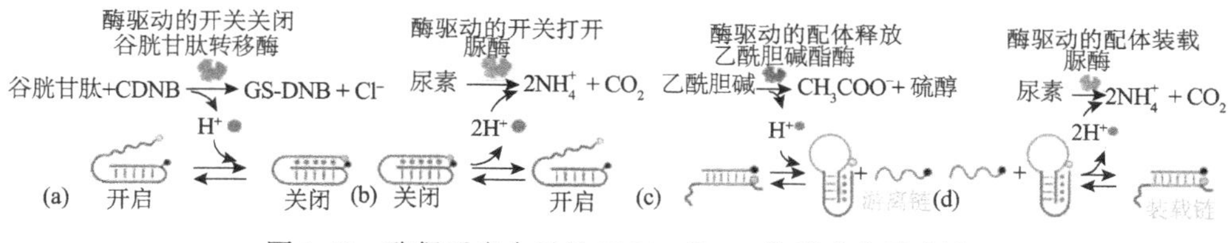

图 1.42　酶促反应介导的 TNAs 的 pH 传感响应示意图

4. pH 响应的纳米粒子的聚集/分散

pH 响应的纳米粒子的聚集/分散是指通过 pH 变化调控 TNAs 的形成与解构、调控纳米粒子间的距离，使纳米粒子发生聚集或分散的传感现象。2006 年，成均馆大学 Kim 教授团队与 Choi 教授团队合作，预先分别在两种 AuNPs 表面标记两种不同的核酸链，形成偶联分子内双链 DNA 的 AuNPs-A 与偶联单链 DNA 的 AuNPs-B。在酸性条件（pH 5.0）下，C 质子化形成 C-G*C 碱基对，促使两条 DNA 链形成分子间三螺旋结构，拉近 AuNPs-A 与 AuNPs-B 之间的距离，使 AuNPs 聚沉，溶液呈现蓝色。在中性条件（pH 6.5）下，C-G*C 碱基对中的 Hoogsteen 氢键断裂、三螺旋结构解体，AuNPs-A 与 AuNPs-B 之间的距离增大，使 AuNPs 分散，溶液呈现红色，实现了 pH 调控的 AuNPs 间可逆的聚沉与分散，通过颜色变化表征 AuNPs 之间的聚集与分散[286]。2008 年，普渡大学 Mao 教授和 Chen 预先在一种 AuNPs 表面标记具有镜像序列的 Oligo A（寡聚核酸 A）链形成 A 型 AuNPs，在另一种 AuNPs 表面标记与 Oligo A 链互补的 Oligo B 链形成 B 型 AuNPs。在中性条件（pH 8.0）下，A 型 AuNPs 与 B 型 AuNPs 上标记的 DNA 链杂交使 AuNPs 之间具有一定的距离；在酸性条件（pH 5.0）下，C 质子化形成 C-G*C 碱基对稳定 TNAs 的结构，拉近 A 型 AuNPs 与 B 型 AuNPs 之间的距离，产生更强的电子耦合，通过 AuNPs 的最大吸收峰红移表征 AuNPs 之间的聚集与分散（图 1.43）[299]。

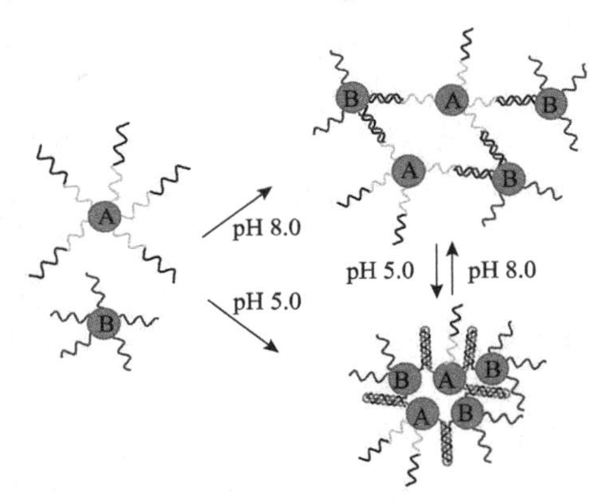

图 1.43 pH 响应的纳米粒子的聚集/分散示意图[298]

5. pH 响应的 DNA 折纸单元的低聚/分散

DNA 折纸单元作为一种新型的 DNA 纳米自组装结构单元，可以使用 TNAs 发挥桥连作用，实现 pH 响应的低聚与分散。2016 年，以色列希伯来大学 Willner 教授团队以 TNAs 作为 DNA 折纸单元的桥梁，构建了 DNA 折纸的二聚体（图 1.44）[300]。首先，研究者在 DNA 折纸单元 T3 与 T4 上分别标记（1）链与（2）链，通过（1）链与（2）链的链杂交，T3 与 T4 形成二聚体；当体系 pH 调至 4.5，C 质子化形成 C-G*C 碱基对，使（1）链形成分子内三螺旋结构，同时发挥桥连作用的分子间双链杂交解构，使二聚体 T3/T4 分散；当体系 pH 再次调至 7.0，C 去质子化导致 Hoogsteen 氢键断裂、三螺旋解构，T3 与 T4 重新形成二聚体，实现 DNA 折纸单元的可逆化的低聚与分散。然后，研究者在 DNA 折纸单元 T5 与 T6 上分别标记（3）链与（4）链，通过（3）链与（4）链的链杂交、形成三螺旋发挥桥连作用，使T5与T6形成二聚体；当体系pH调至9.5，T去质子化导致T-A*T碱基对的Hoogsteen氢键断裂、三螺旋解构，使二聚体T5/T6分散；当体系pH再次调至7.0，促进T-A*T碱基对与三螺旋结构的形成，T5与T6重新形成二聚体，实现DNA折纸单元可逆化的低聚与分散。

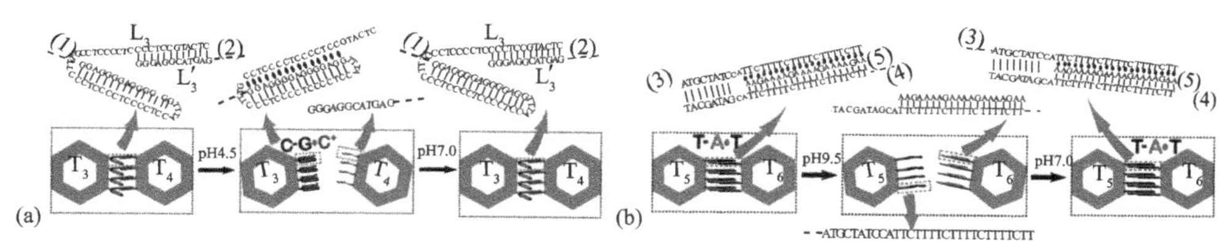

图1.44　pH响应的DNA折纸单元的低聚/分散示意图

6. pH响应的单链闭环DNA的低聚/分离

单链闭环DNA作为一种人工DNA纳米结构单元，可以在TNAs的桥连作用下，实现pH响应的低聚与分散。2016年，希伯来大学Willner教授团队以TNAs作为单链闭环DNA纳米结构单元的桥梁，构建了单链闭环DNA的二聚体[301]。首先，分别合成单链DNA闭环R1与R2，使C1、F1与R1链杂交，稳定R1的环状形态，同时使C2、F2与R2链杂交，稳定R2的环状形态；当体系pH调至7.0，C去质子化无法形成三螺旋结构，桥连链L1与R1链间杂交形成双螺旋，使R1与R2形成二聚体；当体系pH调至5.0，C质子化形成C-G*C碱基对，使桥连链L1与R2形成分子间三螺旋结构，发挥去桥连作用，使二聚体R1/R2分离；当体系pH再次调至7.0，C去质子化导致Hoogsteen氢键断裂、三螺旋解构，桥连链L1重新与R1链间杂交形成双螺旋，使R1与R2重新形成二聚体，实现单链闭环DNA单元的可逆化的低聚与分离[图1.45（a）]。然后，改变策略、使用桥连链L2与L3连接R1与R2：当体系pH调至7.0，促进T-A*T碱基对的形成，L2、R1与L3形成三螺旋结构，使R1与R2形成二聚体；当体系pH调至10.0，T去质子化导致形成T-A*T碱基对中的Hoogsteen氢键断裂、三螺旋解构，使二聚体R1/R2分离；当体系pH再次调至7.0，再次形成T-A*T碱基对，L2、R1与L3形成三螺旋结构，使R1与R2形成二聚体，实现单链闭环DNA单元的可逆化的低聚与分离[图1.45（b）]。

7. pH响应的微胶囊

近年来，微胶囊作为一种有效的药物载体，受到广泛关注。2016年，希伯来大学Willner教授团队利用碳酸钙（$CaCO_3$）微粒携带冷光量子点硒化镉/硫化锌（CdSe/ZnS），外部包被聚烯丙胺盐酸盐（poly- allylamine hydrochloride，PAH）

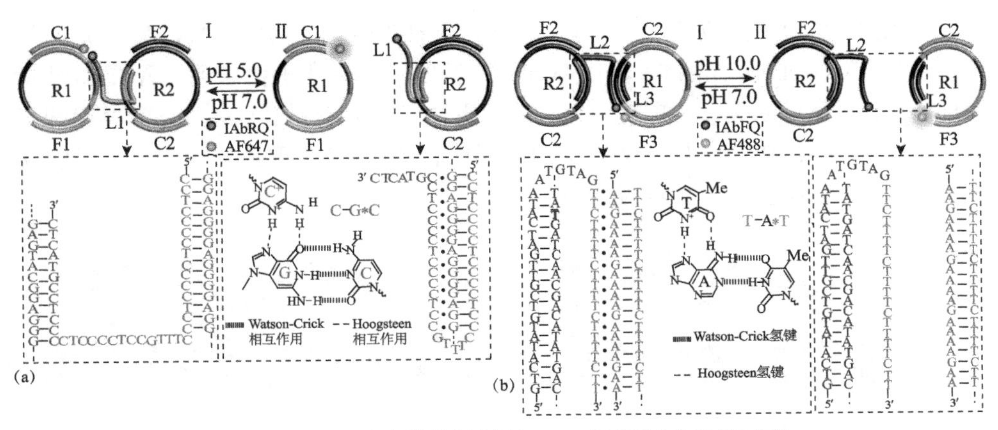

图 1.45 pH 响应的单链闭环 DNA 的低聚/分散示意图

后，五条 DNA 链自组装、沉积在带正电的 PAH 外层形成微胶囊；并利用 pH 响应的 TNAs 调控了两种微胶囊的解组装[8]。在酸性条件（pH 5.0）下，富含 CG 核酸自组装体的微胶囊核酸外层中的 C 质子化形成 C-G*C 碱基对，形成分子内三螺旋结构，使微胶囊外部的 DNA 自组装体解组装，导致微胶囊解组装释放 CdSe/ZnS 量子点，在 620 nm 处发射荧光。在碱性条件（pH 9.0）下，富含 AT 核酸自组装体的微胶囊核酸外层中的 T 去质子化导致 T-A*T 碱基对中的 Hoogsteen 氢键断裂，分子间三螺旋解构，使微胶囊外部的 DNA 自组装体解组装，导致微胶囊解组装释放 CdSe/ZnS 量子点，在 560 nm 处发射荧光。

8. pH 响应的 DNA 瓦片的自组装/解组装

DNA 瓦片（tile）作为一种典型的 DNA 自组装体，常常被视作通过黏性末端杂交互补，形成 DNA 晶格与 DNA 管状结构的基本元素[302, 303]，在 DNA 纳米技术中举足轻重。2016 年，罗马大学 Ricci 教授将 pH 响应的 TNAs-SDA 回路模块化，与 DNA 瓦片的自组装反应模块串联，实现了 DNA 瓦片的自组装[304]：在碱性条件下，C 去质子化导致 C-G*C 碱基对中的 Hoogsteen 氢键断裂，分子间三螺旋解构激活 SDA 回路，生成去保护链；D 激活钝化的 DNA 瓦片单元（PT）自组装形成超分子 DNA 管状结构，释放荧光信号[图 1.46（a）]。2017 年，加利福尼亚大学 Franco 教授团队与罗马大学 Ricci 教授团队合作，通过 pH 变化调控单链 DNA 三螺旋传感器与控制子的杂交、调控 DNA 瓦片的自组装与解组装[305]：碱性条件下，C 去质子化导致 C-G*C 碱基对中的 Hoogsteen 氢键断裂、单链 DNA 三螺旋传感器解构，生成的单链与控制子杂交生成双螺旋 DNA，钝化控制子，使控制子无法与活性 DNA 瓦片的黏性末端杂交，活性 DNA 瓦片单元通过黏性末端杂交互补，自组装成 DNA 超分子管状结构。酸性条件下，C 质子化形成 C-G*C 碱基对，形成单链 DNA 三螺旋传感器，使控制子从控制子-构成 DNA 三螺旋传感器的富 CG 的链形成的杂交双链中脱落；被剥离后的控制子与活性 DNA 瓦片的黏性末端杂交，钝化 DNA 瓦片活性单元，使 DNA 超分子管状结构解组装成单个 DNA 瓦片单元[图 1.46（b）]

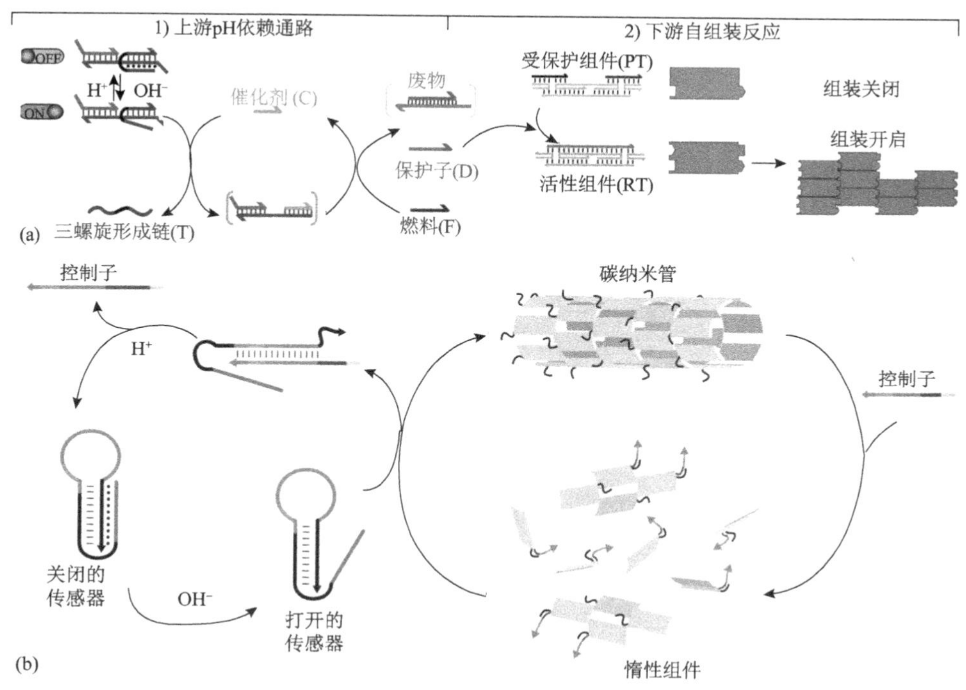

图 1.46　pH 响应的 DNA 瓦片的自组装/解组装示意图

1.6.11　TNAs 介导的扩增传感器

TNAs 介导的扩增传感器是指有 TNAs 参与的、含有扩增反应的生物传感器。2014 年，山东师范大学唐波教授团队设计了一种以磁性纳米粒子-茎环状三螺旋 DNA 为生物识别元件，利用指数扩增反应（exponential amplification reaction，EXPAR）放大识别信号的多循环 SERS 传感器，实现了溶菌酶的高灵敏、通用型、快速检测[图 1.47（a）][306]。首先，目标物溶菌酶通过与磁性纳米粒子-茎环状三螺旋 DNA 的环状区域亲和，改变三螺旋结构，暴露出的 3′ 端单链区域与标记 SERS 生物条形码的捕获 DNA 杂交，在聚合酶与切刻内切酶的共同作用下，发生 EXPAR 剥离触发子 DNA 链，释放的触发子 DNA 再次形成磁性纳米粒子-茎环状三螺旋结构进入循环 1；然后，在循环 2 中，循环 1 的 EXPAR 过程中由切刻内切酶切割、聚合酶剥离的 DNA 能够不断打开磁性纳米粒子-茎环状三螺旋结构，与标记有 SERS 生物条形码的捕获 DNA，不断促进循环 1 中的 EXPAR 扩增效率；在循环 3

中，循环 1 与循环 2 反应过程释放的触发子 1 能够不断打开磁性纳米粒子-茎环结构，暴露的3′端单链区域与标记SERS生物条形码的捕获DNA杂交，发生EXPAR，不断生成的触发子 DNA 进入循环 1，促进循环 1 中的 EXPAR 扩增效率。

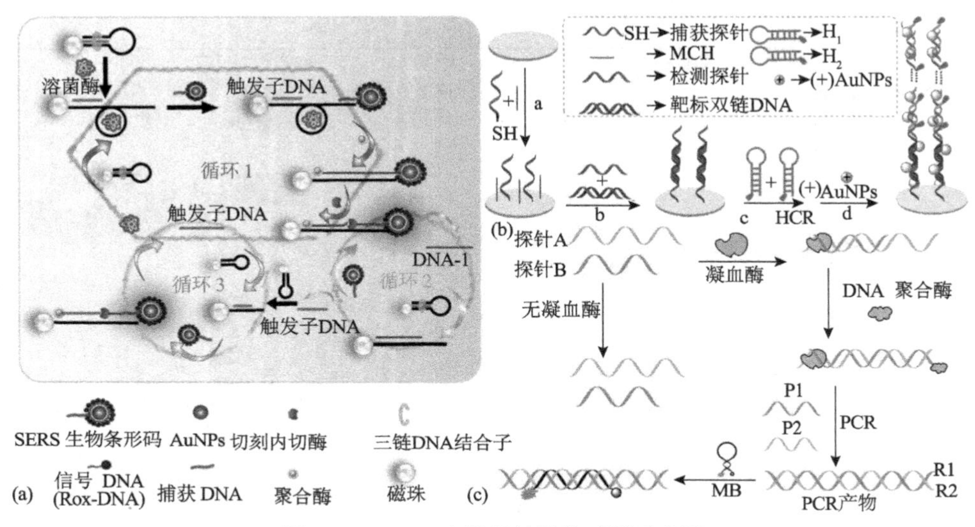

图 1.47　TNAs 介导的扩增传感器示意图

2015 年，中山大学凌连生教授团队借助 TNAs 与 HCR 搭建了一种增强型的电化学双链 DNA 检测平台[图 1.47（b）][307]。研究者首先在金电极表面共价偶联捕获探针，当存在靶标双链 DNA 时，加入检测探针，则捕获探针/靶标双链 DNA/检测探针形成带有单链黏性末端的三螺旋 DNA 结构；然后，单链黏性末端促发HCR，加入 AuNPs 表征电化学信号，从而实现对靶标双链 DNA 的检测。

同年，凌连生教授团队建立了一种基于 TNAs 的 PCR 扩增传感器[图 1.47（c）][308]。利用 Tmb 的劈裂适配体探针探针 A 与探针 B 结合靶标 Tmb，形成带有单链区域的双链 DNA，在 DNA 聚合酶的延伸作用下生成完整双链；该双链 DNA 作为 PCR的模板，在上下游引物 P1 与 P2 辅助下生成大量 PCR 扩增产物；加入分子信标（molecular beacon，MB），分子信标的茎环结构被 PCR 的双链扩增产物打开，形成 DNA 三螺旋结构，因荧光供体基团与荧光猝灭基团无法发生 FRET，荧光信号显著增加，进行对 PCR 扩增的表征，实现了对 Tmb 的灵敏检测。

1.6.12　纳米材料-TNAs 生物传感器

近年来，具有纳米尺度的新型纳米材料与功能核酸结合，因具有诸多优良性质，如颜色变化、配体携带/释放与相态转变，而广泛受到关注。TNAs 作为功能核酸的重要组成成分，与 AuNPs 共价偶联后，通过 pH 调节，可以构建基于 TNAs

与 AuNPs 的可视化传感器；与 DNA 折纸纳米单元或 DNA 单链闭环纳米单元共价偶联，通过 pH 调节，可以实现基于 TNAs 的 DNA 纳米单元的低聚与分散。下面以基于 TNAs 的水凝胶为例，介绍纳米材料-TNAs 生物传感器。

核酸水凝胶是利用核酸序列的可编辑性、核酸行为的可预知性、功能核酸的功能可控性，通过核酸自组装形成的亲水性三维核酸网状聚合物。基于 TNAs 的水凝胶主要指通过 TNAs 对不同外界环境因素的响应（主要指 pH 变化），完成水凝胶的胶态-液态相态转化，使包裹在水凝胶中的信号分子在液态时被释放、在胶态时被封闭，形成“智能水凝胶”。2015 年，以色列希伯来大学 Willner 教授团队将构成 TNAs 的两条链分别共价偶联在丙烯酰胺单体上，构建了两种模式的水凝胶胶态-液态相态传感转换[309]。在酸性（pH 5.0）～中性（pH 7.4）不同的 pH 条件下，中性 pH 使两条 DNA 链双链杂交、丙烯酰胺单体链相互交联，形成聚丙烯酰胺凝胶态；酸性 pH 使其中一条 DNA 链形成分子内 TNAs，聚丙烯酰胺解体生成丙烯酰胺单体，由胶态相变为液态[图 1.48（a）]。在中性（pH 7.0）～碱性（pH 10.0）不同的 pH 条件下，中性 pH 使两条 DNA 链杂交生成 TNAs、丙烯酰胺单体链相互交联，形成聚丙烯酰胺凝胶态；碱性 pH 使分子间 TNAs 解构、聚丙烯酰胺解体生成丙烯酰胺单体，由胶态相变为液态[图 1.48（b）]。如果水凝胶的初次形成在有固定形状的模具中完成，借助丙烯酰胺单体上双螺旋残基的相互作用，可以为水凝胶从液态恢复至固态提供短暂记忆，制作成具有形状记忆的“智能水凝胶”[310, 311]。

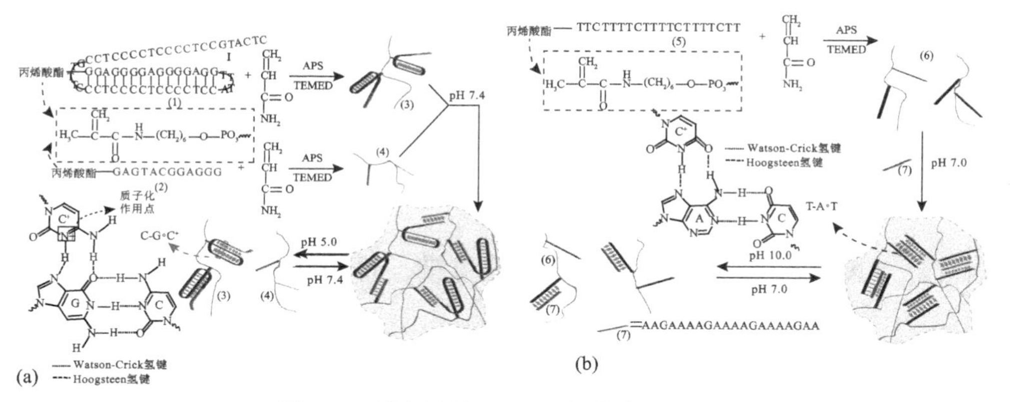

图 1.48　纳米材料-TNAs 生物传感器示意图

除丙烯酰胺可以作为 TNAs 水凝胶的单体，TNAs 与多聚酰胺（polyamidoamine，PAMAM G5）、右旋糖酐结合，也可以制作 TNAs 水凝胶。2016 年，哈佛-麻省理工健康科技联合中心的 Artzi 教授团队设计了一种基于三链 RNA 的双色荧光 TNAs 单元，该 TNAs 结构能够与多聚酰胺结合，形成稳定的三螺旋纳米粒子；该三螺旋纳米粒子与右旋糖酐结合形成 TNAs 水凝胶，在体内调控癌细胞内源 miRNA 的表达，从而发挥抗癌作用。

1.6.13　TNAs 生物传感器用于单分子成像

近些年，研究者将 TNAs 生物传感器用于成像领域，并做了初步探索。2015 年，京都大学 Endo 教授与 Sugiyama 教授合作，将 TNAs 纳米传感元件应用于单分子成像（图 1.49）。研究使用 C-G*C 与 T-A*T 两种碱基对构建 TNAs 纳米结构，将靶标 DNA 链（1 号链）与第三条 DNA 链（3 号链）分别标记在 DNA 折纸单元上，当体系中存在第二条 DNA 链（2 号链），通过 Watson-Crick 氢键与 Hoogsteen 氢键的共同作用形成 TNAs 结构，使用快速原子力显微镜成像技术，可以观察到在 DNA 折纸单元的中心形成了 X 形的交叉节点，即 TNAs 结构，实现了将 TNAs 生物传感器应用于单分子成像。

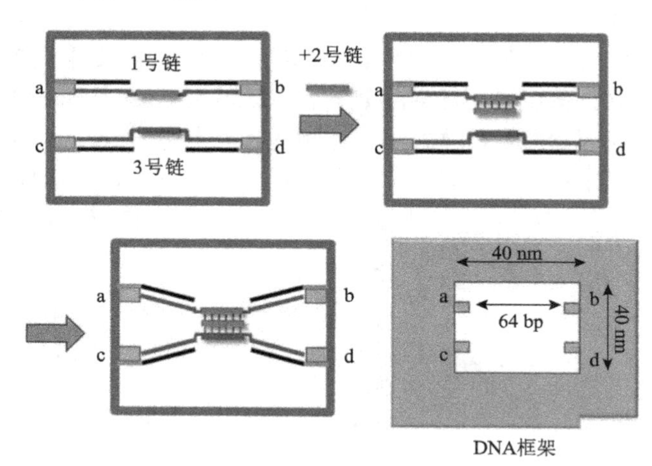

图 1.49　TNAs 传感器用于单分子成像示意图

1.6.14　TNAs 生物传感器用于配体的携带、释放

近些年，研究者将 TNAs 生物传感器用于配体的携带与释放，并做了初步探索。2016 年，罗马大学 Ricci 教授团队将 TNAs 结构与劈裂适配体结合，设计了一种通用型、模块化的 TNAs 传感方法，利用 TNAs 结构的形成调控小分子目标物的携带与释放[图 1.50（a）][312]。首先，研究者通过 TNAs 的形成拉近了劈裂 ATP 适配体的空间距离，在加入目标物 ATP 之后可以有效形成目标物/适配体的超分子聚合物，起到携带小分子目标物的作用；在加入 TNAs 结构中第三链的互补链（竞争链）之后，竞争链与 TNAs 的第三链结合形成更稳定的双链 DNA，破坏 TNAs 结构，使目标物/适配体的超分子聚合物结合能力下降，从而释放 ATP，起

到释放小分子目标物的作用。同时，通用型、模块化的 TNAs 传感模块也可以用于调控单链 DNA 的携带与释放。

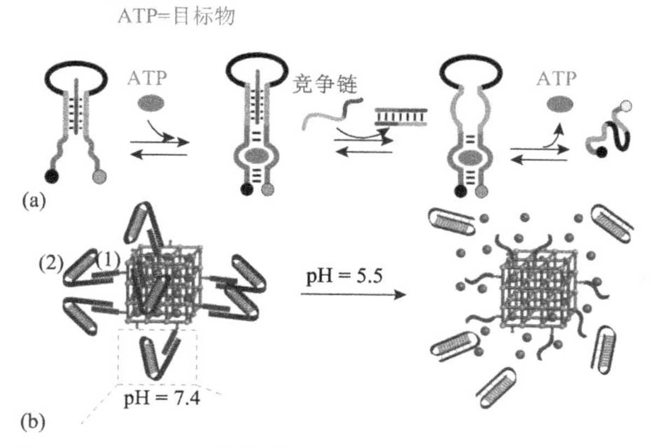

图 1.50　TNAs 生物传感器用于配体的携带、释放示意图

2017 年，希伯来大学 Willner 团队将 TNAs 与金属-有机骨架（metal-organic frameworks，MOFs）结合，设计了一种 pH 响应性的用于配体释放的门控模型[图 1.50（b）][313]。研究者首先将氨基修饰的单链 DNA（1）共价修饰到有羧基修饰的 MOFs 表面；然后将 R6G 作为模式配体目标物装载到 MOFs 内部，利用偶联在 MOFs 表面的单链 DNA（1）与单链 DNA（2）形成的杂交双链发挥锁式功能，将 R6G 封锁在 MOFs 内部（pH 7.4）；当体系 pH 调至 5.5 时，C 质子化形成的 C-G*C 碱基对促使单链 DNA（2）形成 TNAs 结构，打开杂交双链，使装载到 MOFs 内部的 R6G 分子释放。

1.6.15　TNAs 生物传感器用于细胞调控

2016 年，哈佛-麻省理工健康科技联合中心的 Artzi 教授团队研究了一种基于 RNA 序列的 TNAs 水凝胶传感器（图 1.51）。该 TNAs 水凝胶传感器利用特异的 RNA 序列识别癌细胞内 miRNA，发挥抑制癌细胞 miRNA-221 与替换癌细胞 miRNA-205 的双重功能，在体内调控癌细胞内源 miRNA 的表达，发挥了抗癌作用。

1.6.16　TNAs 生物传感器用于检测

近年来，TNAs 生物传感器广泛应用于各类目标物的检测，大大推动了快速检测领域的技术革新。目前 TNAs 生物传感器用于检测的目标物类别主要包括：核酸类目标物、细胞类目标物、蛋白类目标物、金属离子类目标物、微生物类目标物[277]等。

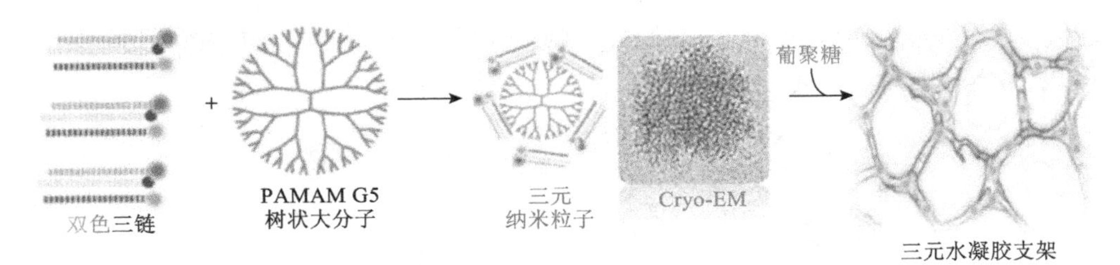

图 1.51　TNAs 生物传感器用于细胞调控示意图

1. 检测核酸类目标物

将 TNAs 生物传感器应用于核酸类目标物的检测，使用最为广泛。2013 年，罗马大学 Ricci 教授团队建立了夹钳状 TNAs 荧光传感器，基于 Watson-Crick 氢键与 Hoogsteen 氢键形成的 TNAs 结构，实现了单链 DNA 的高灵敏度、高特异性检测，能够区分单碱基错配[图 1.52（a）]。2013 年，福州大学林振宇教授团队建立了基于 TNAs 的电化学传感器，利用标记有二茂铁的固定化核酸探针捕获双链 DNA 形成 TNAs 结构导致的电化学信号变化，定量检测双链 DNA[图 1.52(b)][314]。2017 年，湖南大学杨荣华教授团队与张小华教授团队建立了茎环状 TNAs 电化学传感器，基于固定在金电极上的 DNA 探针与标记有二茂铁的 DNA 探针形成的 TNAs 结构，在加入单链 DNA 待测物后的 TNAs 结构转变导致的电信号变化，实现了对单链 DNA 待测物的检测[图 1.52（c）][315]。2017 年，湖南大学郑晶教授团队与杨荣华教授团队合作，将带有荧光基团（Cy5、ROX）标记的茎环状 TNAs 传感元件偶联在 AuNPs 上，由于 FRET 作用，AuNPs 猝灭了荧光基团的荧光；借助胞吞作用将 AuNPs/TNAs 超分子复合物摄入细胞后，通过 mRNA 破坏 TNAs 结构、释放荧光标记的 DNA 探针、定量输出荧光信号，实现了细胞内 mRNA 的定量[图 1.52（d）][316]。

2. 检测细胞类目标物

TNAs 生物传感器可以用于细胞类目标物的检测。2014 年，山东农业大学张书圣教授团队将 TNAs 生物传感器应用于癌细胞的检测（图 1.53）[272]。首先，研究者将适配体链标记在 Fe_3O_4/Au 复合纳米粒子表面，在 cDNA 链与适配体链互补之后，借助稳定剂的稳定作用，使 cDNA 链与双链质粒形成稳定的 TNAs 结构，导入细胞后，TNAs 结构如蛋白合成系统可高表达增强绿色荧光蛋白（eGFP），实现了对目标细胞的检测。

3. 检测蛋白类目标物

TNAs 生物传感器可以用于蛋白类目标物的检测。2016 年，Wang 教授团队在

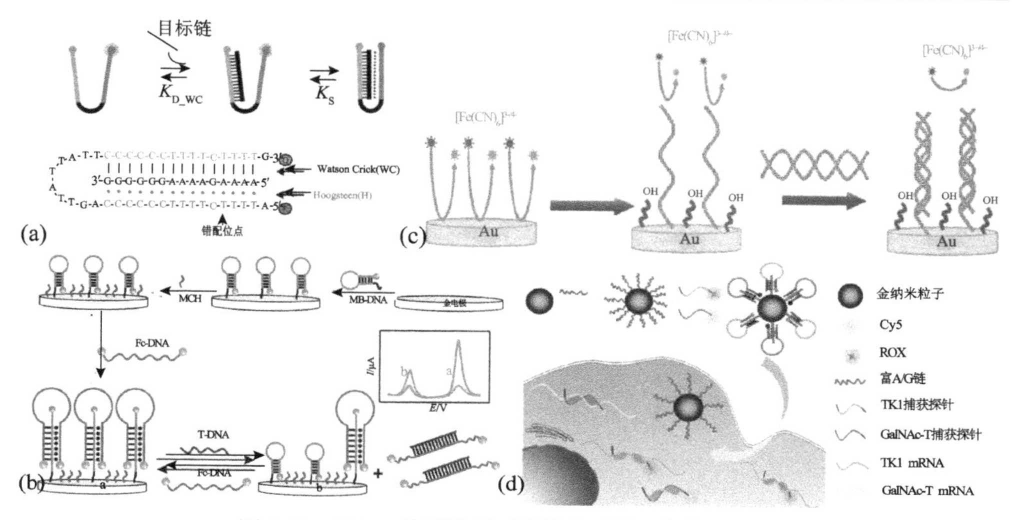

图 1.52 TNAs 传感器用于检测核酸类目标物示意图

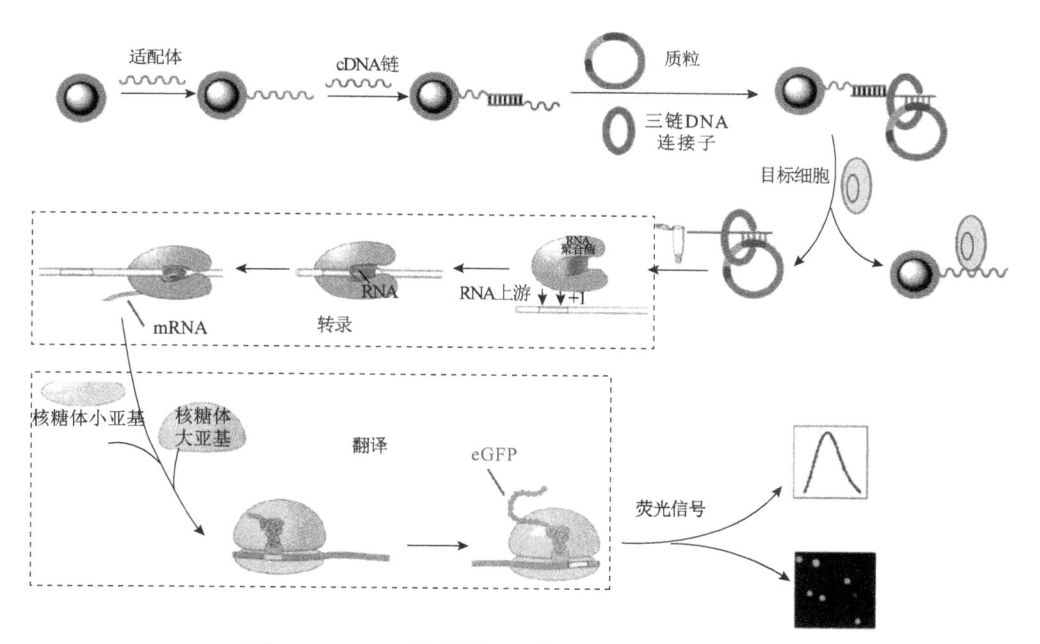

图 1.53 TNAs 传感器用于检测细胞类目标物示意图

姜玮教授利用 TNAs 生物传感器检测 TFs 的基础上[288]，利用电化学平台的固定化 DNA 探针捕获被 TFs 置换下来的单链核酸，进而促发 HCR，实现了以 TFs 为代表物的蛋白类的检测（图 1.54）[317]。

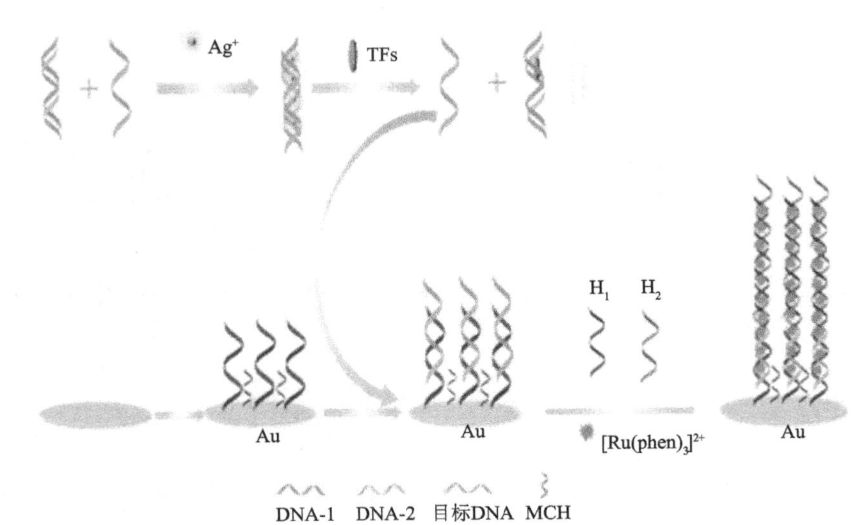

图 1.54　TNAs 生物传感器用于检测蛋白类目标物示意图

4. 检测金属离子类目标物

TNAs 生物传感器可以用于金属离子类目标物的检测。2007 年，伊利诺伊大学 Lu 教授团队使用含有 TNAs 结构铜离子依赖型 DNAzyme 荧光传感器，实现了铜离子的特异性灵敏检测[图 1.55（a）]。2016 年，济南大学魏琴教授利用 T-Hg^{2+}-T 形成的分子内杂交双链使茎环状 TNAs 结构解构，释放出的固定化单链探针利用 AuNPs 辅助，输出电化学信号，实现 Hg^{2+}的检测[图 1.55（b）][318]。

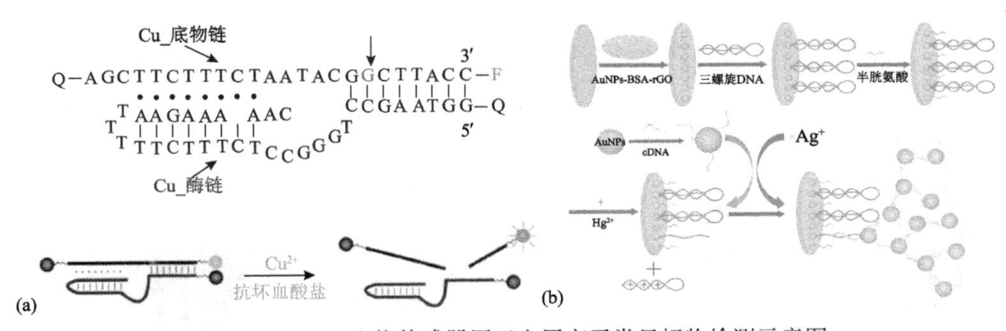

图 1.55　TNAs 生物传感器用于金属离子类目标物检测示意图

5. 检测微生物类目标物

TNAs 生物传感器可以用于微生物类目标物的检测。2016 年，我们团队构建了一种基于茎环状 TNAs 的可视化传感器（图 1.56）[319]。研究者利用大肠杆菌内毒素（脂多糖）与茎环状 TNAs 传感元件的适配体环状区域结合，破坏 TNAs 结构释放的单链 DNA 探针被固定化的捕获 DNA 探针抓获，促发 HCR，利用生物素-亲和素标记的辣根过氧化物酶显色系统可视化输出检测信号，实现了大肠杆菌的可视化检测。

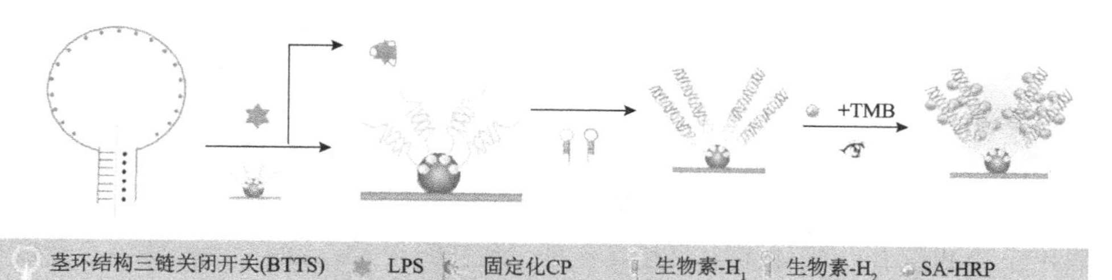

图 1.56 TNAs 生物传感器用于微生物类目标物示意图

1.7 发光功能核酸

1.7.1 适配体发光功能核酸

适配体是一段较短的（通常小于 50 nt）单链寡核苷酸序列，它能够特异性地与配体结合，具有高亲和力、热稳定性高、体积小、易合成等优点，目前已应用于多种物质的检测，如血凝素、腺苷等。DNA 与 RNA 适配体主要通过体外 SELEX 筛选的方法获得。传统的 SELEX 技术是在核酸文库的平衡状态中选择，具有高亲和性的核酸能够与靶标物质形成核酸-靶标物质复合物，筛选出核酸-靶标物质复合物，进行 PCR 扩增得到更丰富的核酸文库，如此反复进行几轮循环，直到富集文库达到一定的亲和水平，然后通过 PCR 扩增、测序，采用细菌培养等方法将单个 DNA 从富集文库中筛选出来[320, 321]。近年来，越来越多的筛选技术被提出并应用，如 CE-SELEX、MAI-SELEX、AEGIC- SELEX、ES-SELEX 等。通过筛选得到的荧光适配体具有稳定的二级结构，能够与配体高特异性结合并增强配体发光。另外，可用作荧光生物传感器的输出元件用于信号输出。适配体发光功能核酸的机理：一方面是适配体与靶标通过互补序列杂交，另一方面是适配体与靶标的结合改变了适配体的二级结构，这两方面作用引起适配体周围的环境（如 pH）变化，从而改变了靶标与适配体的作用力，进而导致了体系荧光的增强或减弱[322]。

1. DNA 适配体发光功能核酸

DNA 适配体发光功能核酸是一段能与相应的配体高特异性结合的 DNA 序列，它们的碱基数通常在 15～40 nt 之间，当与配体结合时，能够促进或抑制配体发出荧光。DNA 适配体具有合成成本低、结构稳定、不易降解、检测灵敏度高等优点，已被广泛应用于荧光生物传感器中。早在 2007 年，Sando 团队[323]提出了

Hoechst 染料的 DNA 适配体，实现了传统的 DNA 染料到一种适配体荧光基团的飞跃（表 1.6）。研究发现，另一种荧光染料溴化乙啶（ethidium bromide，EB）单独存在时，荧光强度很微弱，但当它可以嵌入 dsDNA 的配对碱基中间，荧光强度明显增强。研究者设计了一种抗凝血酶的 DNA 适配体，当它与互补的抗凝血酶单链结合时生成 dsDNA，利用此原理，Li 等[324]设计了检测凝血酶的荧光生物传感器，该传感器的检测限可以达到 2.8 nmol/L。孔雀石绿（malachite green，MG）是一种三苯甲烷型荧光染料，通过嵌入适配体而产生荧光，当它独立存在时几乎不产生荧光。利用此原理，Xu 和 Lu[325]设计了 MG-DNA 适配体传感器用于检测腺苷。当体系中存在腺苷时，腺苷能与 MG-DNA 适配体结合形成共轭嵌合体，体系中还存在该共轭嵌合体的互补链，当共轭嵌合体与互补链结合时，能将 MG-DNA 适配体释放出来从而与 MG 结合，荧光强度增加，该方法的检测限为 20 μmol/L。TO 是一种以游离状态在溶液中不产生荧光的染料，TO 的适配体序列中有一种平行构型的 G 四联体，当形成 G4 适配体时，它能与荧光染料 TO 形成 G4-DNA-TO 复合物，这种复合物能产生强烈的荧光。基于此原理，构建的 TO-DNA 适配体生物传感器检测卡那霉素，检测限为 59 nmol/L[326]。2015 年，Wang 等[327]报道了一种腺苷适配体用于腺苷的检测。腺苷适配体能诱导腺苷产生具有发夹结构的 G 四联体，从而使这种腺苷适配体能作为荧光探针用于血清及尿液中腺苷的检测。

2. RNA 适配体发光功能核酸

RNA 适配体是一种典型的能产生荧光的适配体，它的荧光通常比 GFP（绿色荧光蛋白）的荧光强，且不需要复杂的洗脱过程，用 RNA 适配体标记靶标背景信号低，在荧光蛋白不能使用的情况下可以选择应用 RNA 适配体。但是，与 DNA 适配体相比，RNA 适配体的合成成本高、易降解。

1990 年，Ellington 和 Szostak[321]通过体外筛选得到第一个能与小分子结合的 RNA 适配体，它对共轭杂环染料具有高特异性。RNA 适配体与 MG 的解离常数 K_d 值为 0.1 mmol/L，RNA 适配体与 MG 结合使 MG 的荧光量子产率大大增加[328]，它能使 MG 的荧光强度增加大约 2400 倍[329, 330]。RNA 适配体对配体的识别是通过碱基的堆积和形态的互补来实现的，其位于 Watson-Crick（C28-G28）碱基对之下，位于四倍体（G24、G29、A31、C7）之上，并且 A30 通过夹住 MG 的外苯环使 MG-RNA 适配体稳定并形成一个结合口袋，当适配体与配体相遇时，口袋结合适配体而口袋自身折叠形成新的结构[331]。MG-RNA 适配体的激发波长是 630 nm，发射波长是 650 nm（表 1.6）[330]。这种 RNA 适配体在光照下容易产生生物毒性，因此不能应用于生物体内。

DFHBI 是一种在游离状态下荧光微弱的染料，而当它与 RNA 适配体结合时荧光量子产率可达到 0.72，DFHBI 的 RNA 适配体被称为菠菜，菠菜的 K_d 为 562 nmol/L，激发波长为 469 nm，发射波长为 501 nm[332]。DFHBI-RNA 适配体与荧光团结合的体系包括 8 个 G 残基形成的两个 G 四联体结构，在它的两侧有一个混碱基的四重体和 DFHBI，未成对的 G 残基将荧光团包围，碱基三聚体将荧光团夹住。在 G 四联体中，鸟嘌呤残基为反平行或者不相邻的，因此它们可以组成四个鸟嘌呤口袋（未结合配体之前即存在），菠菜的特殊结构使 DFHBI 的两个芳香环在一个平面上，加上 G 四联体的作用，这种适配体的量子产率增加[333, 334]。菠菜在光照下荧光团的异构化荧光消失，它的结构复杂容易引起碱基的错误叠加[335, 336]。

1.7.2 金属纳米粒子发光功能核酸

目前，对金属纳米粒子发光功能核酸的研究主要集中在铜纳米粒子、银纳米粒子、金纳米粒子及杂化金属纳米簇的研究，不同的纳米粒子与核酸的结合方式及碱基依赖性存在差异，但它们都能增强纳米簇荧光，其中铜纳米簇发光功能核酸的应用最广泛。

1. 铜纳米簇发光功能核酸

1997 年，Hua 首次在溶液中合成了铜纳米粒子，开启了铜的纳米级应用的大门。2012 年，荧光铜纳米簇的研究开始与生物传感器接轨[337]。科学家们先后发现了以随机 dsDNA 为模板、单链 polyT 为模板及双链 polyAT-TA 为模板的 CuNPs，荧光 CuNPs 是以 DNA 为模板在二价铜离子和抗坏血酸的还原作用下合成的[338, 339]。零价铜可以沉积在 dsDNA 各种形态的凹槽中形成零价铜簇，经还原后形成 CuNPs，随着 CuNPs 的形成，dsDNA 的尺寸逐渐增大，形成的静电势垒过大将无法克服，零价铜簇无法形成[340]，CuNPs 的表面缺陷较少，非辐射的弛豫效率低，导致荧光增强[341]。富 AT-TA 的 dsDNA 和富 T 的 ssDNA 能形成荧光 CuNPs 的主要原因可能是 A、T 有利于将二价铜离子还原，而富 GC 序列不能形成荧光 CuNPs 的原因猜测是 G 碱基中的 N7/O6 及 C 碱基中的 N3 有静电和氧化作用，它们对体系中的二价铜离子具有高亲和性，不利于纳米簇的形成[338]。荧光 CuNPs 的激发波长为 340 nm，最大发射波长通常位于 560～600 nm 之间（表 1.6），CuNPs 的形状、大小及荧光强度与序列的长短有关。AT-TA 序列越长，荧光强度越强并且荧光寿命越长。AT24-CuNPs 的粒径大小为 20.7 nm，荧光体的荧光强度随着它尺寸的增加而增加。随机双链形成的铜纳米簇的粒径明显小于 polyAT-TA 序列形成的 CuNPs，随机的 dsDNA 中只要 AT-TA 的数量达到一定比例同样可以形成 CuNPs，而随机的 ssDNA 不能形成 CuNPs[338]。

荧光铜纳米簇生物传感器的工作原理是以 CuNPs 为荧光探针，结合 PCR 扩增技术实现荧光信号的放大，最终输出依赖于 CuNPs 的荧光信号。荧光铜纳米簇生物传感器具有安全、对环境污染小、无需标记等优点，因此被广泛应用。Qing 等[339]用 polyT 的 ssDNA 为模板的荧光 CuNPs 构建的生物传感器成功检测了 S1 核酸外切酶，检测限达到 5×10^{-4} U/mL。2015 年，Song 等[338]通过 polyAT-TA 序列的 dsDNA 为模板的荧光铜纳米簇生物传感器检测了脱氧核糖核酸酶（deoxyribonuclease I，DNase I），检测限可达 1×10^{-4} U/mL。另外，基于 polyT 单链的荧光 CuNPs 可以在形成双链后荧光特性增强，如 Zhu 等[342]提出了三聚氰胺介导的铜纳米簇生物传感器，在以 polyT 为模板的情况下，三聚氰胺可以将两条 polyT 链通过氢键相连接，形成双链，使荧光强度翻倍，形成的 CuNPs 的粒径为 1～2 nm，激发波长在 345 nm 处，在 598 nm 处观察到了 CuNPs 的红色荧光，该方法检测三聚氰胺的检测限为 95 nmol/L。荧光铜纳米簇生物传感器具有良好的生物相容性、合成成本低、不需要荧光标记即能产生荧光。

2. 银纳米簇发光功能核酸

荧光银纳米簇（AgNCs）是在还原剂的存在下，将银盐还原为银沉积在 DNA 上，从而形成的具有自身发光性能的发光功能核酸。通过与 DNA 碱基的配位和对银纳米粒子进行包封来稳定 AgNCs，阻止银纳米粒子的直接团聚，从而使其具有发光性能。同时碱基的特异性也有利于稳定 AgNCs，以 DNA 为模板的 AgNCs 具有独特的电子弛豫现象，DNA 能与银纳米粒子通过折叠形成共轭平面的 AgNCs[343]。银纳米簇发光功能核酸的模板主要有 ssDNA、缺陷 dsDNA。其中，以 polyC 单链为模板的 AgNCs 表现出良好的荧光量子产率，且荧光稳定性强[344, 345]。长度为 12 nt 的 polyC 的激发波长为 650 nm， 发射波长为 700 nm，荧光寿命为 2.6 ns[346]。研究表明，polyC 发夹结构荧光 AgNCs 的荧光强度明显比 ssDNA-AgNCs 的荧光强度强，且当环中有 7 个碱基时，荧光强度达到最大[347]。C 四联体（i-motif，C4）是一种类似于 G 四联体的结构，C 四联体能够合成发射绿色与红色荧光的 AgNCs，这种 AgNCs 是通过 $C\text{-}C^{+}$形成核酸夹层生成的。C 四联体-AgNCs 在弱酸或弱碱环境下荧光明显减弱[348]。G 四联体-AgNCs 具有高稳定性并且能发射双荧光[349]。模板 DNA 的结构决定了它们与银纳米粒子的亲和常量，不同结构的亲和常量大小顺序为：poly C>C 四联体>dsDNA>G 四联体[350]。由于 dsDNA 刚性强，不能为银纳米粒子的键合提供充足的空间，因此，它本身不能与银纳米粒子结合，但是部分碱基错配的 dsDNA 可以为银纳米粒子提供充足的键合空间，得到了可以发出亮黄色荧光的 AgNCs[351]。脱嘧啶位点的 DNA 在空缺位点的侧翼两端都有 G 碱基则能使 AgNCs 荧光增强，否则，不会产生荧光[352]。DNA 介导银纳米粒子的形态变化是由碱基的不同导致的，不同碱基的序列也会引起 DNA 在银纳米粒子上的沉积速度不同，DNA 与银纳米粒子结合可能会限制银离子的可及性，从而限制额外的银离子在 AgNCs 上的沉积。作为模板的 DNA 可与溶液中的银离子结合改变银离子的还原电位，从而降低还原速率[348]。研究表明，不同 DNA 模板序列形成的 AgNCs 的荧光特性不同，但是 AgNCs 的发射波长都集中在蓝光到近红外光区域内[353]。

AgNCs 的发光机制比较复杂，目前对其还没有明确的结论。有研究发现，用 12 nt 的 ssDNA 来稳定 AgNCs 时，不同的序列发出的荧光颜色不同，其中 C12 序列的 DNA 与银纳米粒子结合形成的 AgNCs，当激发波长为 560 nm 时，发射波长为 630 nm，并发出红色的荧光；以 5′-TTTTCCCCTTTT-3′ 序列寡核苷酸为稳定剂的 AgNCs 发出蓝色荧光，激发波长为 480 nm，发射波长为 572 nm；以 5′-CCCTTAATCCCC-3′ 序列寡核苷酸为稳定剂的 AgNCs 发出黄色荧光，激发波长是 370 nm，发射波长为 475 nm（表 1.6）[354]。

以 DNA 为模板的 AgNCs 量子产率高，荧光特性可调节，并且通过 AgNCs 还可以进行碱基错配的识别，基于这些特点，荧光 AgNCs 已被应用于生物传感器中。Lan 等[355]提出了一种 DNA 荧光银纳米簇生物传感器用于铜离子的检测，在荧光 AgNCs 体系中加入铜离子时，铜离子能增强 DNA-AgNCs 的稳定性，从而增大体系的荧光强度，这种生物传感器的检测限可达到 8 nmol/L，并成功应用于土壤和水样的检测。2011 年，Han 和 Wang[356]首次利用生物巯基化合物（谷胱甘肽、半胱氨酸、同型半胱氨酸）设计了巯基化合物介导的 DNA 银纳米簇生物传感器。他们发现在巯基化合物存在的情况下，DNA-AgNCs 可以与巯基化合物相互作用生成非荧光的配位化合物，AgNCs 的荧光被猝灭。Sharma 等[357]提出了一种适配体功能化的 DNA-AgNCs 探针用于血凝素的检测，当血凝素存在时，DNA-AgNCs 的构象发生改变，因此荧光猝灭。利用这个原理，还可以实现端粒酶的检测。

3. 金纳米粒子发光功能核酸

金纳米粒子是一种介于金原子与金属之间的过渡态，它通常由几个到几百个金原子组成，由于其良好的光学特性及量子尺寸效应，金纳米材料已作为一种新型的荧光纳米材料，被应用于生物检测、生物成像及生物传感器等领域。

1）金纳米簇发光功能核酸

核酸 DNA 分子具有的识别功能使其作为识别元件广泛应用于生物传感器中，在金纳米簇发光功能核酸生物传感器中，DNA 作为金纳米簇的模板发挥作用。金纳米簇发光功能核酸生物传感器主要原理是利用靶标物质对模板 DNA 的作用从而改变 AuNPs 的荧光，在金纳米簇发光功能核酸生物传感器中，AuNPs 作为荧光探针和信号输出元件。核酸外切酶 I 能从 3′ 端羟基到 5′ 端磷酸端水解碱基对之间的磷酸键水解 ssDNA。最近，有研究提出了 ssDNA 作为模板合成的 AuNPs 用于核酸外切酶 I 活性的检测，该研究利用了核酸外切酶 I 的水解破坏 ssDNA 的特性影响 AuNPs 模板的形成，从而减弱荧光 AuNPs 的荧光，进而实现对核酸外切酶 I 活性的检测。

2）金纳米酶发光功能核酸

2010 年，Wang 等[358]首次证明了 DNA 以序列依赖的方式改变金纳米粒子的形态，随着吸附到金纳米粒子上的 DNA 的数量逐渐增加，金纳米粒子逐渐由球形变为花状结构，DNA 与金纳米粒子的孵育使金纳米粒子表现出独特的形貌。当用单脱氧核苷酸、单磷酸腺嘌呤与金纳米粒子进行孵育时，金纳米粒子仍保持球形形貌。2015 年，Tan 等[359]发现 DNA 对金纳米粒子的形态的影响主要通过 DNA 在金表面的钝化和动力学阻碍作用实现，DNA 碱基对金的亲和力（A > C > G > T）影响金纳米簇的形态，A 在金表面的迁移率比 C 在金表面的迁移率低，因此 A 沉积在 DNA 未结合的位置，形成粗糙的金纳米粒子，而 C 均匀沉积在金的表面，因此形成光滑的金纳米粒子，精确地解释了 DNA 对金纳米粒子形态的控制。金纳米粒子与 T 相互作用时，生成六角星芒粒子，当金纳米粒子与 G 相互作用时生成六角星粒子，而与 T 和 G 混合作用时，在六角星粒子与六角星芒粒子之间形成弧形结构[343]。

金纳米粒子是一种重要的纳米酶，它具有多种人工酶的活性，金纳米粒子的氧化酶活性主要依赖于其表面分子的化学结构[360]，有研究表明，由于 DNA 的静电排斥与物理阻碍作用，DNA 限制了金纳米簇的纳米酶活性[361, 362]，而另外一些研究则证明纳米界面的 DNA 能增强金纳米粒子的酶活性[363, 364]。目前，DNA 如何改变金纳米粒子纳米酶的活性的机制尚不明确，已知 DNA 改变了纳米酶的活性，可以改变金纳米粒子的荧光强度，因此对 DNA 的改变不仅可以改变金纳米粒子的形貌，而且可以改变金纳米粒子生物传感器的荧光信号输出。

3）DNA 功能化金纳米粒子发光功能核酸

DNA 功能化金纳米粒子是将 DNA 修饰在金纳米粒子上，从而改变金纳米粒子的荧光特性，已知粒径为 13 nm 的金纳米粒子在 520 nm 处具有明显的猝灭性能。早在 1997 年，Elghanian 等通过在 13 nm 的金纳米粒子上修饰 DNA 链，而在另一溶液中的金纳米粒子上修饰与该 DNA 链互补的黏性末端，随着溶液的加入，互补的 DNA 链之间杂交使金纳米粒子聚集，溶液的颜色发生变化，根据金纳米粒子在不同的聚集状态呈现不同的颜色可以进行 DNA 含量的检测。Liu 和 Lu[365]提出了一种 DNA 功能化金纳米粒子的方法成功用于腺苷的比色检测，他们将—SH 修饰的两种腺苷适配体 DNA 分别修饰到不同金纳米粒子的表面，同时设计一段与这两种适配体互补的 DNA 序列作为连接序列，当体系中不存在腺苷时，纳米粒子团聚溶液呈紫色，若体系中存在腺苷时，腺苷与其适配体结合导致纳米粒子分散，纳米粒子呈红色，DNA 功能化金纳米粒子可以通过比色检测靶标物质，实践证明，这种方法普遍适用于大范围分析物的检测。21 世纪初，Mirkin 小组和 Alivisators 等[366]首次提出了巯基 ssDNA 功能化的金纳米粒子，并将 ssDNA 的互补链加入金纳米粒子的溶液中，导致了金纳米粒子的大量聚集，溶液的颜色由红变蓝。Wei等[367]发现，当底物中存在长链DNA，体系中含有铅离子时，铅离子能将长链DNA切成短链DNA，短链DNA吸附在金纳米粒子的表面，有效避免了金纳米粒子的聚集，阻碍了荧光的产生，该发光功能核酸生物传感器的选择性高。

4. 杂化金属发光功能核酸

各种金属纳米材料已被广泛制成发光功能核酸，并应用于生物学检测、生物成像等领域，为了更好地结合并利用各种金属纳米材料的优势，减少各种金属纳米材料对反应条件的限制，近年来，越来越多的杂化金属发光功能核酸被研究。杂化金属发光功能核酸是以DNA为模板，将两种及两种以上金属离子通过还原剂的还原作用结合到模板DNA上，通过将不同种类的金属纳米粒子结合到一起，能使其产生特异性的光和化学特性，这使得杂化金属纳米簇的应用有了更广的空间[368]。杂化金属发光功能核酸具有合成简单、稳定性高、可长期保存的优点，且对环境无污染、毒性小、安全、易合成，因此可考虑更多地应用于生物检测及医学诊断等领域，杂化金属发光功能核酸生物传感器以杂化金属发光功能核酸为荧光信号输出元件来实现荧光信号的输出。

1）Cu-Ag纳米簇发光功能核酸生物传感器

Ding等[369]利用单链序列（5′-CCCTTAATCCCC-3′）为模板，在溶液中加入铜离子、银离子，在还原剂的还原作用下银离子、铜离子分别与C、T具有高亲和力[370, 371]，促使银离子、铜离子分别嵌入DNA的C、T碱基上，这促进了溶液中DNA-Cu/AgNCs的形成，生成的DNA-Cu/AgNCs杂化金属发光功能核酸具有良好的、独特的荧光性能，在显微镜下观察发现它们的粒径在2 nm以下，符合金属纳米粒子的粒径要求，并且没有表现出明显的聚集现象。这种DNA-Cu/AgNCs作为杂化金属发光功能核酸生物传感器的荧光探针，其激发波长为500 nm，在568 nm处观察到最大发射波长，同时，该团队已成功将该杂化金属发光功能核酸用于血清中S^{2-}的检测，当在该体系中加入S^{2-}时，S^{2-}与DNA-Cu/AgNCs荧光探针中的铜离子、银离子具有高亲和性[372]，由于S^{2-}的加入，DNA-Cu/AgNCs荧光探针的荧光强度减弱，因此可以通过荧光信号的减弱程度定量地检测S^{2-}的浓度，检测限为3.75 pmol/L。该杂化金属发光功能核酸生物传感器的检测灵敏度高。

2）Au/AgNPs发光功能核酸生物传感器

Au/AgNPs是一种核壳型杂化金属纳米团簇，由于金粒子的表面能高，所以它位于核壳结构的核部，银粒子位于壳部，DNA通过嵌入的方式插入壳结构内，暴露在外部的DNA作为识别区，银具有良好的光学性能，因此可以通过调节银壳的厚度实现该核壳结构的光学性能。DNA-Au/AgNPs是将DNA嵌入Au/AgNPs

中，而非表面修饰，这种 DNA 嵌入型的杂化金属发光功能核酸稳定性高、耐不同环境的能力强，并且通过设计合理的 DNA 序列可以控制杂化金属纳米粒子的形态、大小，保持 DNA 的稳定性和良好的信号识别能力[373]。合成这种杂化金属发光功能核酸耗时短、合成条件简单易控制，合成的 DNA-Au/AgNPs 稳定性高、光学性能优，具有明显优于单纯 AuNPs 发光功能核酸及 AgNPs 发光功能核酸的性能。在 DNA-Au/AgNPs 发光功能核酸生物传感器中，DNA-Au/AgNPs 作为荧光探针及信号输出元件实现荧光信号的输出。

杂化金属纳米粒子因其安全、易合成、稳定性高、可长期保存等优势，引起了科学界的广泛关注，近年来越来越多的团队开展了杂化金属纳米粒子的研究，除 Cu-Ag 纳米粒子、Au/AgNPs，还有一些关于 Pd-Au 纳米簇、Ag-Pt 纳米簇、Au-Cu 纳米簇等杂化金属纳米簇的报道。

1.7.3 核酶发光功能核酸

核酶是具有催化功能的核酸序列，它的出现打破了酶是蛋白质的传统观念。相比于蛋白酶，核酶的催化效率较低。1989 年， Cech 和 Altman 首次发现了核酶，起初，核酶单纯指天然的 RNA 核酶，是一种较为原始的催化酶。随着对核酶研究的发展，科学家通过人工合成的方式获得了具有催化功能的 DNA 核酶，如 G 四联体、G 三联体（G-triplex，G3）。人工合成的 DNA 核酶催化能力较强、结构识别能力及荧光特性强，同时合成成本较低，因此近年来研究广泛。

1. G 四联体发光功能核酸

G 四联体是由富含串联重复鸟嘌呤（G）的 DNA 或 RNA 折叠形成的高级结构，由四个螺旋体结构构成，每两个鸟嘌呤之间通过两个 Hoogsteen 氢键结合形成。2004 年，Williner 等[374]发现富 G 碱基的结构能与氯化血红素结合形成 G 四联体，具有过氧化物酶活性，并且可以催化 H_2O_2 产生羟基自由基（·OH）使 TMB、ABTS 及鲁米诺体系发光，从而形成比色荧光信号输出。因此，利用此发光原理可以实现 G 四联体的检测，2018 年，Zhang 等[48]利用该原理构建了一种检测转基因食品中 CaMV35S 启动子的方法，该物质与富 G 的发夹结构结合能激发外切酶的活性，从而使富 G 结构暴露出来并通过折叠形成 G 四联体，催化 ABTS 显色，在 420 nm 处出现最大吸收峰，检测限为 0.23 nmol/L。

另外，目前研究发现一部分小分子物质能够与 G 四联体结合使发出的荧光增强，如 *N*-甲基吗啡啉（NMM）、四氢噻吩（ThT）、TO 等。以 G 四联体为基础的结构作为这些小分子的适配体，在配体存在的情况下，配体与结合口袋相结合导致 G 四联体的形态发生变化，因而配体的荧光强度增加，基于此原理，可以建立荧光信号输出的生物传感器。Li 等[50]基于 ThT 与特定 G 四联体的构象变化设计了一个无标记 turn-on 型生物传感器，通过荧光信号输出成功检测了靶标物质硫醇，激发波长为 440 nm 时发射波长为 485 nm（表 1.6）。Guo 等首次用 G 四联体结合 ThT 构建了 G 四联体荧光核酸生物传感器，并用于锌离子的检测，检测限可达到 0.91 μmol/L，同时将其用于实际的河水样本中，检出的锌离子浓度为 2.4 μmol/L。

2. G 三联体发光功能核酸

Limongelli 等[57]在探究 G 四联体结构的过程中发现了 DNA 的另一种二级结构 G 三联体，它是一种共平面的三聚体，G 三联体是三个鸟嘌呤之间通过 Hoogsteen 氢键结合形成的，它的稳定性不如四联体。同年，Wang 等[58]通过实验发现了 G 三联体与 G 四联体同样具有类过氧化物酶活性，也能催化 H_2O_2 氧化 ABTS 产生颜色变化。2018 年，Zhou 等[62]发现稳定的 G 三联体与 ThT 结合同样可以作荧光探针，并将该荧光探针成功应用于无标记 miRNA 的检测。G 三联体与 ThT 结合形成的荧光探针激发波长是 435 nm，发射波长为 487 nm（表 1.6）。

1.7.4　钌联吡啶配合物发光功能核酸

1984 年，科学家发现了铂族金属钌的配合物具有结合 DNA 二级结构的能力，由此引发了对钌联吡啶配合物的研究[375]。1990 年，Barton 等首次发现$[Ru(phen)_2(dppz)]^{2+}$在水溶液中几乎没有荧光，而向体系中加入 dsDNA 时，溶液中荧光强度增加，因此产生这种现象的金属配合物称为 DNA 分子的“光开关”[376, 377]，从此开启了研究钌配合物发光功能核酸的大门。

钌联吡啶配合物是一种具有刚性平面、热稳定性高、光学性质丰富的八面体金属配合物[378]。钌联吡啶配合物与 DNA 之间主要通过插入作用或者沟面结合作用而产生荧光的变化，因此钌联吡啶发光功能核酸可以用作生物传感器的信号输出元件。当钌联吡啶配合物的结构是一个平面或者可以旋转为平面结构时，通常以插入结合的方式插入 DNA 的碱基之间并发生 π-π 堆积，由于钌联吡啶配合物的插入 DNA 的长度增加，钌联吡啶配合物的结合配体插入 DNA 之间，配体受到 DNA 的保护使其免受水分子的猝灭，因此荧光增强。插入配体的芳香环面积越大，配合物与 DNA 结合作用越大[379]，电子吸收光谱出现明显的减色作用和红移现象[380]。沟面作用主要是沟面碱基对边缘的碱基或官能团与配合物的原子或官能团通过氢键结合、配体与 DNA 的大小沟之间疏水作用，从而增强钌联吡啶配合物的荧光。此外，钌联吡啶配合物还能与 DNA 以静电结合的方式连到一起，主要是因为 DNA 的磷酸基团骨架带负电而钌联吡啶的阳离子带正电，两者可以通过静电吸附作用结合，这种作用方式受离子干扰的影响较大，最大吸收波长和减色率不发生变化，以这种方式结合不会产生荧光强度的变化，因此不能形成发光功能核酸。

钌联吡啶配合物因其荧光量子产率大、光物理性质稳定、荧光寿命长、水溶性好等优点已被广泛用作荧光探针。钌联吡啶配合物发光功能核酸生物传感器是以钌联吡啶配合物为发光元件，在配合物与核酸的相互作用下发出荧光，以这种荧光信号为输出信号的生物传感器。目前，钌联吡啶配合物发光功能核酸已广泛用于荧光成像、肿瘤检测、生物核检测等领域。

1.7.5　三价铽离子配位发光功能核酸

三价铽离子的发射光谱窄[381]，在三价铽离子配位水分子中存在 O—H 振动导致 Tb^{3+}的吸收截面小，Tb^{3+}在水溶液中的荧光微弱。因此，必须将铽离子与其他物质螯合，使其受到激发敏化而产生荧光，同时，与其他物质的配合能使铽离子免受猝灭[382]。三价铽离子配位发光功能核酸是指铽离子与核酸通过配合作用形成的配合物，它具有良好的荧光特性。三价铽离子配位发光功能核酸的荧光强度与其结合的核酸关系密切，单链核酸能使铽离子的荧光强度增强，尤其是 G4 铽离子发光功能核酸的发光性能突出，而双链核酸几乎没有增强铽离子荧光的作用，三价铽离子与 DNA 链的结合主要在碱基上的电子给予体和磷酸基团的氧负离子上。dCMP 磷酸基团结合的铽离子与基质的距离较远，不能进行有效的能量转移，而 dGMP 的磷酸基团能够折叠，并且铽离子与 G 的 N7/O6 配位，从而促进能量转移，使荧光强度增强[383]。富 G 碱基的 ssDNA 能促进荧光增强的主要原因为：富 G 的 ssDNA 能形成 G 四联体结构，G 四联体腔本身带负电，三价铽离子能嵌入 G 四联体腔体内，荧光强度增强；单链富 G DNA 链与铽离子结合没有空间位置的限制，结合位点较多，铽离子与 G 碱基发生共振能量转移激发铽离子荧光强度增强[384]。dsDNA 的磷酸基团与铽离子结合时，只能与磷酸基团结合，无明显的荧光强度增强，而当 dsDNA 存在错配或者缺碱基时，dsDNA 的磷酸基团除了与磷酸基团结合外，还可以依赖不同的碱基与碱基上的氧负离子结合，荧光强度可能会增强[383]。

三价铽离子配位发光功能核酸被应用于生物传感、细胞成像等领域。2016 年，Tang 等[385]构建了一种铽离子配位发光功能核酸生物传感器，利用铽离子、G 四联体及氯化血红素的结合，使该复合物具有类过氧化物酶的活性，能催化 ABTS 产生颜色变化，从而实现了硫化氢的检测，检测限可达到 13 nmol/L，并已成功用于血清中硫化氢的检测，该传感器的制备简单、生物相容性好。2018 年，Chi 等[382]首次将铽离子配位发光功能核酸生物传感器用于检测 miRNA，荧光强度与 miRNA 浓度在 1 pmol/L～1 nmol/L 之间呈现良好的线性关系，这种生物传感器检测限低，可达到 0.1 pmol/L，并且在 290 nm 激发时，发射波长为 545 nm，呈现绿色荧光（表 1.6）。

1.7.6 碱基类似物发光功能核酸

DNA、RNA 碱基本身具有较低的荧光量子产率，本身的发光性能不是很好。近年来，已有科学研究提出了对 DNA 碱基进行改造形成碱基类似物的概念。碱基类似物是一种分子结构类似于DNA碱基并能够取代碱基使DNA发生碱基突变的化学物质，它的存在能抑制细菌及其他以 DNA 为遗传物质的生物的生长、繁殖，因此碱基类似物可以应用于肿瘤的治疗、核酸合成等方面。碱基类似物一般是通过相邻碱基堆积对荧光猝灭。碱基类似物发光功能核酸生物传感器利用碱基类似物发光功能核酸产生荧光变化的原理，通过荧光信号输出实现对物质的检测。目前，碱基类似物发光功能核酸生物传感器已应用于生物检测、医药分析、疾病治疗等领域。

1. 2-氨基嘌呤发光功能核酸

2-氨基嘌呤（2-aminopurine，2AP）作为一种荧光腺嘌呤类似物，具有类似天然腺嘌呤的特性，当它插入单链核酸内部时，可以通过氢键与互补单链相结合，它在氨基与腺嘌呤氨基的间位碳原子之间形成共价键，使得2AP具有了荧光特性，2AP与四种碱基 T、A、C、G 结合的稳定性逐渐减弱，2AP 是一种能检测 DNA、RNA 及蛋白质的万能荧光探针。与普通碱基相比，2AP 具有强大的荧光性能，它的激发波长比普通碱基的激发波长长，它对环境的敏感性强。当在激发波长为 300 nm 时，发射光谱出现在 370 nm 处（表 1.6）。当 2AP 被堆积在 dsDNA 结构时，2AP 的荧光被 DNA 猝灭[386]。2AP 具有强烈的碱基依赖性，当它的一侧为 G 碱基时荧光猝灭，这可能是由 G 碱基强烈的电子转移能力导致的；当 2AP 的两侧都为 A 碱基时，荧光强度大大增强，且 A 碱基在5′端与 2AP 相邻时荧光强度更强；当 2AP 的对位是 A 碱基时，由于 A 碱基未与 2AP 通过氢键结合导致荧光基团完全暴露于 dsDNA 的外侧，因此荧光强度增强；当 2AP 对位为 T 碱基时，荧光猝灭严重，这是由于 2AP 与 T 碱基通过氢键相连导致荧光基团被包在双链的内部，阻碍了荧光[387]。

另外，2009 年已有研究报道了将 2AP 修饰于 dsDNA 荧光适配体中脱碱基位点的两侧，发现当靶标物质存在时，2AP 对相邻的碱基或配体发生堆叠作用，2AP 的荧光猝灭，该团队利用这个原理实现了对支气管扩张剂茶碱的检测[388]。2AP 发光功能核酸生物传感器的原理主要是利用 2AP 作为荧光探针及信号输出元件，通过 2AP 对 DNA 及相邻碱基的堆叠作用实现荧光信号输出，从而对靶标物质进行检测。碱基类似物发光功能核酸的种类繁多，它们可广泛用作信号探针来制备各种碱基类似物发光功能核酸生物传感器。

表 1.6　各种发光功能核酸的结构图及波长

发光功能核酸（代表）	结构图	波长和（或）粒径	参考文献
DNA 适配体发光功能核酸(Hoechst 染料的 DNA 适配体）	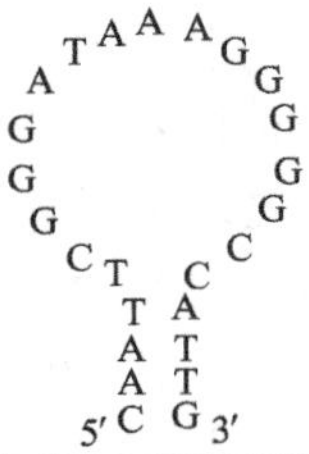	Ex.= 345 nm Em.= 460 nm	[323]
RNA 适配体发光功能核酸(MG 的 RNA 适配体）	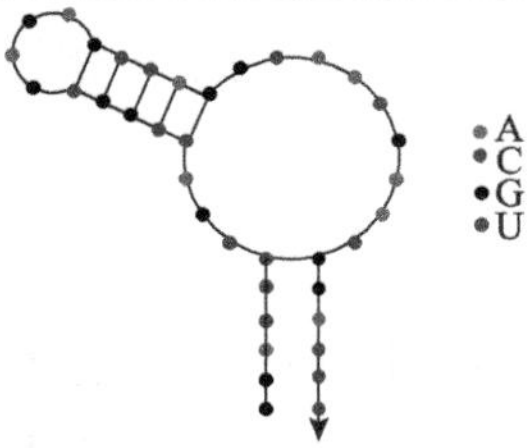	Ex.= 630 nm Em.= 650 nm	[330]
CuNPs 发光功能核酸	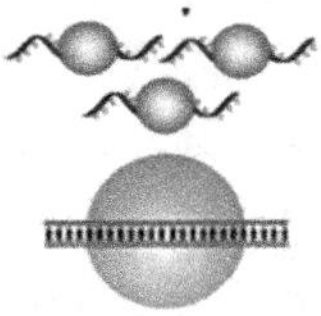	Ex.= 340 nm Em.= 560～600 nm PolyAT24-CuNPs 的粒径为 20.7 nm	[337, 339]
AuNPs 发光功能核酸	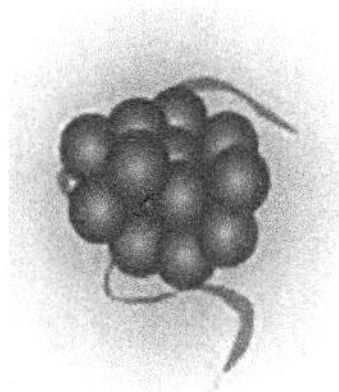	PolyA-AuNPs Ex.= 290 nm Em.= 475 nm 粒径 3～5 nm	
AgNPs 发光功能核酸（三色荧光银纳米簇）	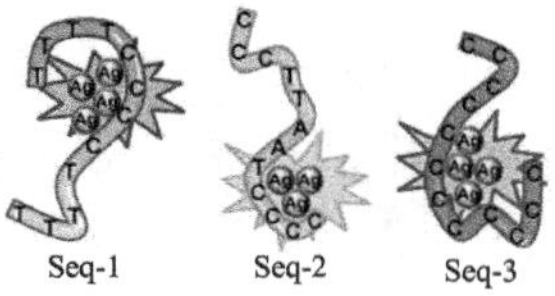	C12 Ex.= 560 nm Em.= 630 nm 5′-TTTTCCCCTTTT-3′ Ex.= 480 nm Em.= 572 nm 5′-CCCTTAATCCCC-3′ Ex.= 370 nm Em.= 475 nm 粒径一般小于 2 nm	[354]
Cu-Ag 纳米粒子发光功能核酸		Ex.= 500 nm Em.= 568 nm 粒径 < 2 nm	[369]

续表

发光功能核酸（代表）	结构图	波长和（或）粒径	参考文献
Au-Ag 纳米粒子发光功能核酸	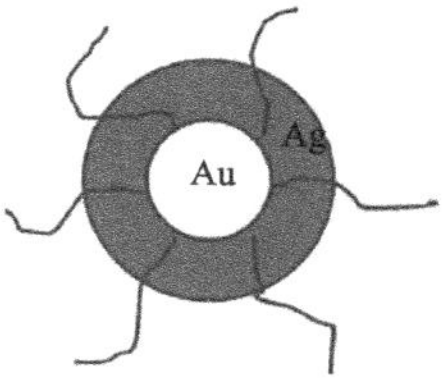 Au Ag	500 nm（消光） 粒径 3.1～63 nm	[373]
G4 发光功能核酸	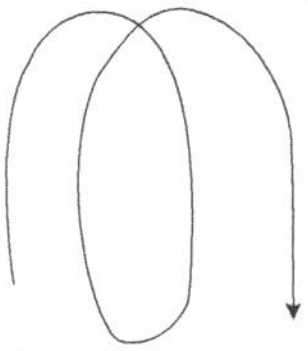	Ex.= 440 nm Em.= 485 nm	[50]
G3 发光功能核酸	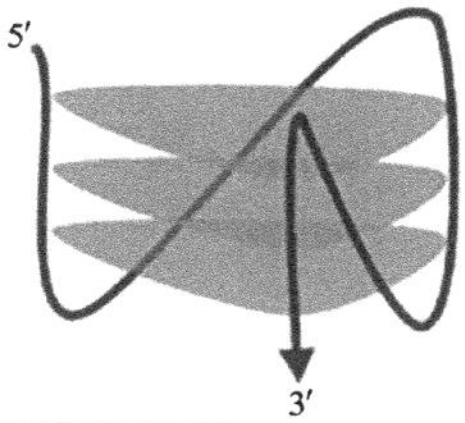 5′ 3′	Ex.= 435 nm Em.= 487 nm	[62]
2AP 发光功能核酸	5′-TAGGTCAGAATTCAGC2A PGACCCTAAGTAGCC-3′ 3′-ATCCAGTCTTAAGTCGTC TGGGATTCATCGG-5′	Ex.= 300 nm Em.= 370 nm	
Pdc 发光功能核酸	5′-GCTTTAGAGTCPdC CTGAGATTTCTGACT TG-3′	Ex.= 450 nm Em.= 520～750 nm Ex.= 350 nm Em.= 400～600 nm	[389, 390]
三价铽离子配位发光功能核酸	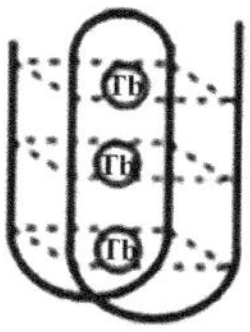 Tb Tb Tb	Ex.= 290 nm Em.= 545 nm	[382, 396]
钌联吡啶配合物发光功能核酸	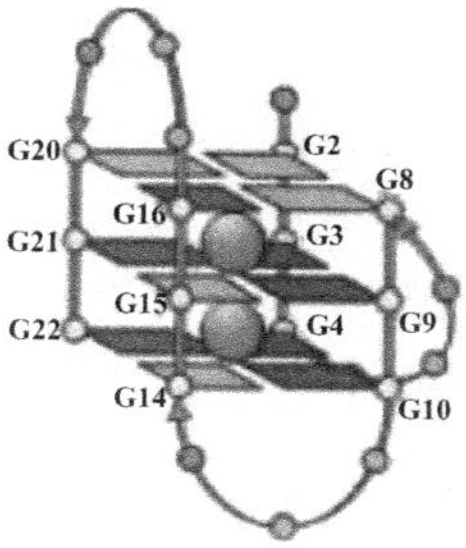 G20 G2 G8 G16 G3 G21 G15 G4 G9 G22 G14 G10	Ex.= 450 nm Em.= 610 nm	

2. 吡咯脱氧胞苷发光功能核酸

吡咯脱氧胞苷（pyrrolo-deoxycytidine，Pdc）是胞嘧啶 C 的荧光碱基类似物，它能选择性地与鸟嘌呤杂交，具有依赖 DNA 的荧光特性，任何能使 dsDNA 溶解或打开的物质都会使这种碱基类似物的荧光强度大大增强。当它与 dsDNA 杂交时，无明显荧光，若在体系中加入能使 dsDNA 分解成 ssDNA 的靶标物质时，荧光强度明显增强[389]。2009 年，Zhang 和 Wadkins[389]将 Pdc 作为 7-氨基放线菌毒素 D 的荧光能量共振转移供体用于 7-氨基放线菌毒素 D 的检测，并且可以成功用于区分发夹二级结构中的单双链。2017 年，Lee 等[390]提出，Fpg（甲酰胺嘧啶-DNA 糖基化酶）是一种 8-oxoDNA 糖基化酶，当它作为靶标物质时，通过合理设计 dsDNA 形成 8-oxo : Pdc 碱基对，若监测体系中存在 Fpg，Fpg 能与 Pdc 进行配对，诱导 dsDNA 裂解变为 ssDNA，产生荧光，利用此原理可成功测定 Fpg 活性，体系中的 Fpg 浓度越高，荧光强度越强。吡咯脱氧胞苷发光功能核酸生物传感器是以 Pdc 为荧光探针，这种荧光探针与 dsDNA 的结合产生的荧光信号不同，可以利用荧光信号输出强度的不同检测靶标物质，目前，吡咯脱氧胞苷发光功能核酸生物传感器已应用于药物及核酸的检测。

1.7.7 标记型发光功能核酸

标记型发光功能核酸指在核酸体系中标记荧光物质，通过核酸自身结构的变化引起荧光强度的变化或者是核酸的作用使荧光物质被激发而产生荧光强度的变化。标记型发光功能核酸生物传感器是对核酸或者体系中与核酸结合的物质进行标记，通过荧光自猝灭或荧光信号的转移使体系发光，进而检测核酸或者其他靶标物质。

1. 荧光自猝灭发光功能核酸

荧光自猝灭发光功能核酸主要是借助 G 碱基的光诱导电子转移进行猝灭的，在核酸碱基上标记荧光素，荧光的强度变化与荧光素的电子转移能力强弱、荧光素标记的位置和核酸的二级结构有关[391]。在距离荧光素标记的位置 4 个碱基之间若有 G 碱基，则荧光素的荧光将被猝灭，同时，研究者用更强的供电子核苷酸代替鸟嘌呤核苷酸，发现荧光猝灭效率更高，荧光素标记的碱基两边的 4 个碱基没有 G 碱基时，荧光强度将增强[392]。当荧光素标记在单链核酸时荧光强度较强，而在单链的一端引入一段序列使它成为发夹结构且荧光素位于发夹结构的茎部时，荧光明显被猝灭，这是由于发夹结构的茎部明显促进了 G 碱基的电子转移，而在双链核酸中标记荧光素，荧光强度最强[393]。基于标记的核苷酸能改变荧光素荧光强度的原理，利用荧光素标记引物和探针构建的生物传感器可以监测 PCR，该传感器能通过荧光的变化检测扩增的速率[393]。

2. 促进荧光素荧光改变型核酸

1）荧光共振能量转移型发光功能核酸

荧光共振能量转移（FRET 需要有一个能量供体和一个能量受体，当受到激发后供体的能量将转移到受体，进而使受体产生荧光，它对荧光基团与猝灭基团之间的距离有一定要求，一般在 7～10 nm 之间。经典的 FRET 发光功能核酸的应用是通过分子信标（MB）来实现的，研究者设计了一个发夹结构，在发夹结构的两端分别标记荧光基团与猝灭基团，若体系中不存在 MB，体系中的荧光基团与猝灭基团之间距离小，可将荧光基团猝灭，当体系中存在 MB 时，MB 使发夹结构打开，荧光恢复。Shamsipur 等[394]基于 FRET 的原理构建了一种以荧光素介导的发光功能核酸生物传感器，用于检测人乳头瘤病毒 18（HPV18），检测限可达到 0.2 nmol/L。

2）牵引型发光功能核酸

牵引型发光功能核酸是指在核酸或者其他物质上标记荧光物质，通过核酸的牵引作用使荧光素与激发物质达到合适的距离从而激发荧光素发光。Malicka 等[395]利用固定在银纳米粒子表面的捕获探针对标记有荧光素的 ssDNA 进行捕获，使荧光素靠近银纳米粒子的表面，使其荧光强度大大增强，通过测定荧光强度增强的程度对 ssDNA 的含量进行检测。

1.7.8 发光功能核酸的应用

发光功能核酸是自身能发出荧光或者与其他物质结合能促进发光的功能核酸，利用其发光或者辅助发光的特点，发光功能核酸可被用于生物传感、生物成像及靶向运输等领域。

1. 发光功能核酸荧光生物传感器

发光功能核酸荧光生物传感器主要是利用发光功能核酸体系作为发光元件，利用荧光信号输出实现对物质的检测。目前，荧光生物传感器的应用广泛，可对多种靶标物质进行检测，大部分发光功能核酸荧光生物传感器可以对物质进行定量检测，有些可对物质进行定性检测。另外，发光功能核酸荧光生物传感器可通过荧光强度的变化对核酸自身存在碱基错配、AP 位点进行检测。2011 年，Deng 等[397]开发了一种基于汞离子的荧光银纳米簇生物传感器，在双链之间引入 T-T 错配碱基，不能形成稳定的 dsDNA 结构，因此 CuNPs 的 DNA 模板不能形成，而当错配体系中存在汞离子时，可形成 T-Hg^{+}-T 键，可形成稳定的 DNA 模板，促进荧光铜纳米簇形成并产生荧光，利用此原理可以实现汞离子的定量检测，检测限为 10 nmol/L。Exoλ、Exo III、EcoR I 及 S1 核酸外切酶等酶能够水解或切割 DNA 链，核酸结构被破坏，因此减少铜纳米簇的形成，降低了荧光强度，通过荧光的减弱程度可以检测各种酶的活性[398, 399]。相反，DNA 聚合酶等促进 DNA 链形成的酶可以增加模板 DNA 的浓度，促进铜纳米簇的形成，增强荧光强度。

2. 发光功能核酸比色生物传感器

发光功能核酸比色生物传感器主要利用发光功能核酸的结构改变从而改变类过氧化物酶的活性，如富 G 序列可以在一些生物小分子存在的情况下生成具有类过氧化物酶活性的 G 四联体，G 四联体能催化 H_2O_2，促进鲁米诺体系、ABTS、TMB 发光。2011 年，Shimron 等[400]利用 G 四联体作为荧光探针构建的发光功能核酸比色生物传感器成功实现目标 DNA 的检测，检测限为 0.1 pmol/L。

3. 生物成像

目前，荧光成像技术被应用于医学诊断研究中，发光功能核酸与荧光成像技术相结合能有效地检测细胞周围环境的变化、细胞分泌物的成分变化，感知细胞通信，为疾病的预防、诊断、治疗和新药的开发提供了新思路。AS1411 是发现的第一个肿瘤细胞的适配体，利用 AS1411 可以合成寡核苷酸修饰的银纳米簇，这种寡核苷酸银纳米簇无细胞毒性，借助激光共聚焦显微镜可以观察到它在癌细胞内的成像[349]。2018 年，Karunanayake 等[401]发现了催化发夹自组装的基因编码 RNA 电路（catalytic hairpin assembly RNA circuit that is genetically encoded，CHARGE），即将 Broccoil 劈裂成 Broc、coil 两部分并分别将它们修饰在两个发夹结构上，当这两个发夹结构进行催化发夹自组装时发出荧光，利用这个原理可以实现活细胞中敏感 RNA 检测和成像。

4. 靶向运输

有些发光功能核酸如适配体发光功能核酸能够与配体高效地结合，依据适配体与配体之间高效结合的能力，可以实现精准的药物递送、靶向运输。2013 年，Qiu 等[402]利用核酸适配体能够与癌细胞表面高表达的核仁蛋白特异性结合，从而将分子信标高效靶向输送到癌细胞细胞质，实现了物质的高效运输。

1.8 功能核酸纳米机器

1.8.1 功能核酸纳米机器的表征

1. 荧光光谱检测技术

荧光光谱检测技术，是某物质的分子吸收了外界能量后，能够发射出荧光，根据发射的荧光光谱的特征和强度对物质进行定性和定量分析的技术。荧光光谱检测技术应用范围广、检测限低、选择性高，可区分不同结构的核酸，因此对于以DNA各种构象间转化为基础构建的DNA分子机器有很好的表征效果。通常功能核酸纳米机器会修饰上荧光基团和猝灭基团，两者因为功能核酸构象不同导致不同的空间距离效应，而使荧光信号强弱不同；或者功能核酸纳米机器是基于金纳米粒子构建的，金纳米粒子对于荧光有猝灭作用，机器运转使荧光基团从金纳米粒子上脱落，从而显示荧光，以此表征。

2. 凝胶电泳

凝胶电泳是一种简单、快速、有效并广泛应用于分子生物学、遗传学和生物化学中定性及纯化的方法[403]，根据带电粒子的尺寸和净电荷分布不同，在电场作用下，在不同介质中移动的速度不同而加以区分。例如，可用其表征金纳米粒子上标记核酸链的程度，金纳米粒子表面连接核酸链个数越多，电泳迁移速率越慢。该表征方法具有凝胶透明、热稳定性高、强度高、化学性质相对稳定等优点。

3. 透射电子显微镜

透射电子显微镜（transmission electron microscope，TEM），是把经过加速和聚集的电子束投射到很薄的样品上，该电子束与样品中所含的原子相互碰撞，改变方向，从而产生立体角散射。TEM的分辨率高，通常为0.1～0.2 nm。通常用其研究功能核酸纳米机器所用纳米材料的微观形貌和微观结构，如可表征金纳米粒子的大小等。但采用该方法，样品制备过程复杂，需在真空中完成实验，对样品有破坏性。

4. 扫描电子显微镜

扫描电子显微镜（scanning electron microscope，SEM）是介于透射电子显微镜和光学显微镜之间的一种微观形貌观察手段，可直接利用样品表面材料的物质性能进行微观成像，具有较高的放大倍数、视野大、成像富有立体感、试样制备简单等优点，还可直接观察各种试样凹凸不平的表面的细微结构。但其只能在真空中实验，且不能对样品表面进行微细加工和表面性能测定。

5. 原子力显微镜

原子力显微镜是通过检测待测样品表面和一个微型力敏感元件之间微弱的原子间作用力来研究被测物质的表面结构及性质。其工作范围宽，可在真空、气体、液体等多种环境下进行实验，特别是在生理条件下对样品直接进行成像，分辨率高等。

6. 动态光散射技术

动态光散射（dynamic light scattering，DLS）是目前稀溶液内纳米粒子粒径测量的标准手段之一[404, 405]。其测量原理则是基于纳米粒子在溶液中所做的无规则布朗运动和光散射。可利用该技术表征不同比例的核酸链组装金纳米粒子的粒径，以及功能核酸纳米机器不同运作状态下（开或关）金纳米粒子的粒径差异。该方法属于宏观光学方法，可用于样品的实时在线测量，但该方法具有测量条件单一、多分散颗粒系粒径分布分析较难的缺点。

7. 圆二色谱

圆二色谱（circular dichroism，CD）是一种利用平面偏振光研究稀溶液中 DNA 二级和三级结构的简便、快速、较灵敏的方法。当功能核酸纳米机器运转时其构象会发生变化，而CD谱对DNA的构象变化极其敏感，尤其是在180～320 nm 之间，所以可用 CD 谱表征纳米机器，尤其是 G 四联体、C 四联体的形成表征。

1.8.2　G 四联体功能核酸介导的纳米机器

G 四联体是一种特殊的 DNA 结构，是由富 G 的核酸序列中 4 个 G 两两之间形成 2 个 Hoogsteen 氢键围成的正方片层堆叠而成[406]。当 G 平面堆叠形成 G 四联体时，需要金属离子稳定，尤其是碱金属离子，如 K^+、Na^+等。这些金属离子位于 G 平面的中心，与鸟嘌呤的 O6 有静电作用，因此可利用 G 四联体的这种特性来构建核酸纳米机器。

佛罗里达大学的 Tan[407]课题组和法国的 Mergny[35]课题组先后利用 G 四联体设计了 DNA 分子马达。这类马达是一条含有 4 段重复 G 序列的单链 DNA，在 K^+或 Na^+的盐溶液中会自我折叠形成稳定的四链闭合状态（左）（5′和 3′端靠近）。利用含 C 的 DNA 单链作为燃料可以通过与其配对形成刚性的双链（右）而将其打开（5′ 和 3′ 端远离），加入富 G 的燃料链，通过链置换反应与富 C 链结合成废弃的双链，DNA 又回到四链结构。通过在马达两端分别修饰荧光基团和猝灭基团，就可以利用荧光信号的强弱对马达的状态和效率进行表征。这种 G 四联体纳米机器实质是基于链置换反应，所以这类机器的效率和寿命有限。

G 四联体还可搭建在纳米孔平台上，Hou 等[408]利用该特性，通过调节 K^+浓度来调节 G 四联体结构的稳定性，然后诱导有效孔径的变化，进而控制膜的孔隙的离子渗透性。通常固定的 DNA 链以柔性的随机卷曲状态存在，这允许离子自由扩散进出；在 K^+存在的情况下，促进了 G 四联体的形成，压缩的结构有效地阻止了离子转移；去除 K^+后，四联体展开形成柔性单链，恢复了通过膜的渗透性。

此外，G四联体广泛构建在电化学平台上组装成纳米机器，Wu等[409]将富G的核酸链一端用硫醇修饰，固定在金电极表面，二茂铁（Fc）衍生物偶联到核酸链末端，用作电化学标记，在不存在K^+的情况下二茂铁衍生物和金电极之间有良好的电子转移，在K^+存在下核酸组装成G四联体，在得到的刚性结构中，二茂铁衍生物与电极在空间上分离，几乎没有任何电子转移。

1.8.3 适配体功能核酸介导的纳米机器

适配体是能够通过特定的构象来靶向特定分子的单链DNA或RNA。其通过分子间作用力（如氢键、范德瓦耳斯力、静电力等）与目标分子结合，并具有高度的亲和力和选择性，可以与抗体的优势相媲美。适配体是通过SELEX体外筛选得到的，可以结合所选择的任何目标，应用范围广，此外适配体还具有设计灵活性、易于改性、化学稳定性和快速的组织渗透等优点。

Banerjee等[410]设计了一种新型DNA二十面体，可以由环鸟苷二磷酸（cyclic guanosine diphosphate，cdGMP）外刺激，从中间劈裂成两部分，释放里面装载的分子货物（图1.57）。设计的该cdGMP刺激响应性DNA二十面体，是通过在传统的二十面体的连接处引入cdGMP的核酸适配体实现的。cdGMP是细菌里的一种二级信使（内生性分子），可以调控信号传导进程，与细菌的生命形式及代谢形式息息相关。当cdGMP存在时，cdGMP与适配体结合引起适配体构象变化，触发链置换导致DNA二十面体解离成两半，使得内部装载的货物释放出来。该研究采用荧光左旋糖酐作为模式装载物，因此可以用荧光检测装载货物的释放情况。这种适配体嵌入的二十面体，可以通过改变适配体类型，与多种生理分泌型分子信号相结合，在不同的生理环境中实现空间或时间可控的货物释放，对于体内可控分子递送具有一定的指导意义。

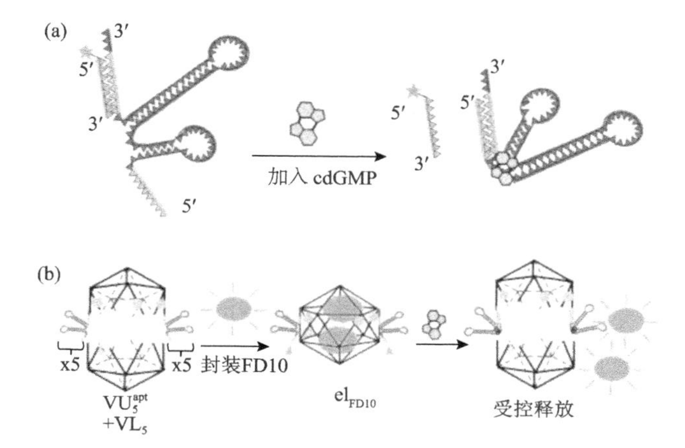

图1.57 在DNA二十面体中插入一种cdGMP响应性适配体组件

1.8.4　DNA 核酶功能核酸介导的纳米机器

这类功能核酸纳米机器都有 DNAzyme 的参与，DNA 核酸（DNAzyme）是一种能特异结合并切割 RNA 或 DNA 分子的功能核酸 DNA，具有高效的催化降解能力。DNAzyme 具有容易制备、对化学降解和酶降解不敏感等优点。8-17 DNAzyme 和 10-23 DNAzyme[图 1.58（a）][178]以及它们的变体是研究最多以及应用最广泛的两类 DNAzyme。DNAzyme 有类似于酶的催化活性[411]，在金属离子的作用下可以对底物链的 rA 位点切割，底物链断裂，通过荧光标记的荧光信号或者产生电化学信号的改变对靶标物质的含量进行检测。

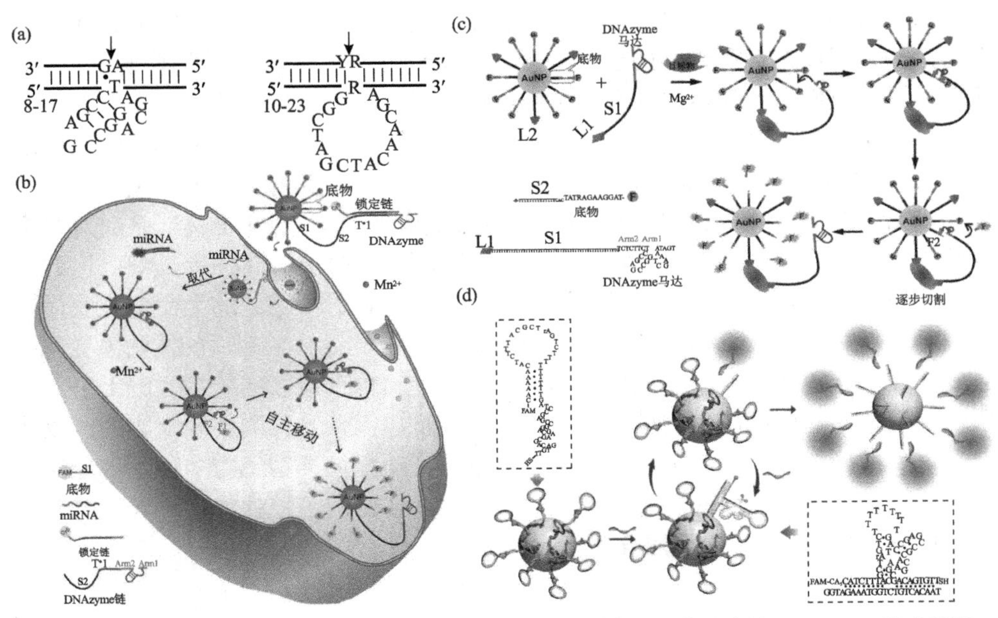

图 1.58　（a）8-17 DNAzyme 和 10-23 DNAzyme；（b）结合链置换反应的 DNAzyme 纳米机器；（c）类似双抗夹心介导的 DNAzyme 纳米机器；（d）将 DNAzyme 锁定在发夹结构中的纳米机器

近年来基于 DNAzyme 的功能核酸纳米机器的研究越来越多，该类纳米机器种类也丰富多样。有研究利用链置换反应将 DNAzyme 链释放出来，使其结合底物链，从而使得机器运转，Peng 等[412]基于此构建了一种检测细胞内 miRNA 的纳米机器[图 1.58（b）]，其原理是首先将 DNAzyme 运动系统构建在 AuNPs 上，AuNPs 被数百个底物链和几十个 DNAzyme 分子官能化，每个分子都被一个锁定链沉默。在细胞内部，靶标 miRNA 与锁定链杂交，并通过链置换反应从 DNAzyme 释放锁定链。解锁的 DNAzyme 随后与其底物杂交。二价金属辅因子激活裂解底物的 DNAzyme，产生两个 DNA 片段 F1、F2。其中含有 FAM 的 F1

片段从 AuNPs 表面释放，恢复由 AuNPs 先前猝灭的荧光。同时，DNAzyme 从 F2 片段解离，随后与下一个底物链杂交，从而实现了从一个底物链到下一个底物链的行走。通过测量荧光增加，可以实时地对 DNAzyme 马达的细胞内操作进行成像。另外，荧光强度增加与细胞中靶标 miRNA 链的量成比例，从而能够原位放大地检测活细胞中的 miRNA。

还有类似双抗夹心介导的 DNAzyme 纳米机器[图 1.58（c）]，Chen 等[413]将 DNAzyme 连接上配体 L1，AuNPs 上连接有荧光探针链和第二配体 L2，当加入靶标物质后，靶标物质与两个配体结合将 DNAzyme 加载到 AuNPs 上，诱导 DNAzyme 与其底物之间的杂交。在 Mg^{2+}的存在下，DNAzyme 被活化以切割底物，从 AuNPs 释放 F。释放的 F 可以发出荧光，可以实时监控电机的运行情况。

此外，还有将 DNAzyme 锁定在发夹结构中的纳米机器，Yang 等[414]构建了此纳米机器实现在活细胞中对 miRNA 扩增成像，如图 1.58（d）所示，它由 AuNPs 和发夹锁定的 DNAzyme 链组成。在没有靶标 miRNA 时，发夹锁定的 DNAzyme 链通过分子内杂交形成发夹结构，这样就抑制 DNAzyme 链的催化活性，并且通过 AuNPs 猝灭荧光。然而，在靶标存在下，靶标-探针杂交可打开发夹，并在催化核心中形成活性二级结构以产生活性 DNAzyme，然后在 Mg^{2+}的辅助下切割自身链。切割的两个较短的 DNA 片段与靶标分离。荧光团从 AuNPs 中释放出来，并且荧光强度增强。同时，靶标也被释放并结合另一个发夹锁定的 DNAzyme 链以驱动另一个循环。以这种方式，目标回收扩增导致显著的信号增强，因此具有较高的检测灵敏度。

1.8.5 霍利迪结功能核酸介导的纳米机器

2006 年 Buranachai 等[415]构建了一种节拍器型功能核酸纳米机器，该节拍器是由四条单链 DNA 组成，形成一个四路连接点（霍利迪连接点[416]），两条额外的单链突出部分能够彼此形成碱基对[图 1.59（a）]。在存在二价金属离子时，霍利迪连接处折叠成紧凑的构象——*Iso* I 构象①和 *Iso* II 构象③、④，为了在两个紧凑构象之间发生构象转变，分子需要经过中间开放结构②，黏性末端的碱基配对降低了结构④的自由能，迫使纳米节拍器保持更长的 *Iso* II 构象。二价金属离子（如 Mg^{2+}）的存在对构象的转变至关重要，并且这种随机节拍器的滴答速率取决于离子浓度。另外，可以通过一组基于 DNA 的开关（去活化剂/活化剂）来可逆地停止/重新激活黏性末端[图 1.59（b）]。去活化剂竞争性地结合到螺旋 H 末端的单链突出端上，使黏性末端沉默。这种结合为活化剂结合留下悬突柄，并且随后通过三股分支迁移移除去活化剂。在这种节拍器中，单链突出部分分别用荧光团和猝灭剂功能化，FRET 供体（Cy3）和受体（Cy5）分别连接到螺旋 H 和螺旋 B 的末端，在 *Iso* I 构象中 H 和 B 指向相反的方向，显示低频率的 FRET；在 *Iso*

Ⅱ构象中 H 和 B 彼此堆叠，显示高频率的 FRET。所以通过 FRET 振荡频率表征该纳米机器。

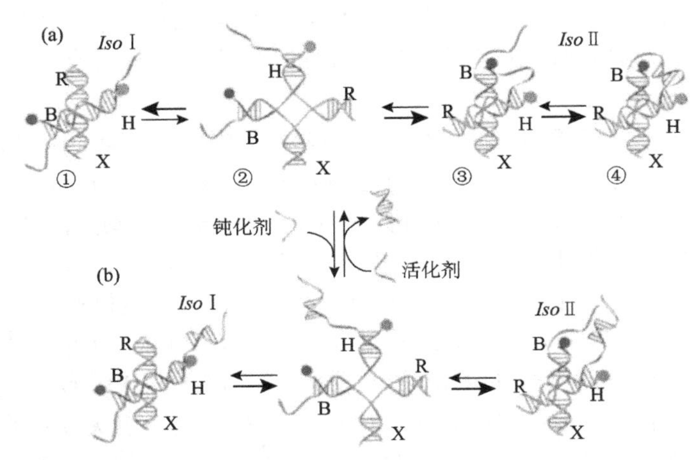

图 1.59 （a）纳米节拍器的构象变化图；（b）利用去活化剂/活化剂可逆地转换黏性末端的开启和关闭

1.8.6 基于纳米材料的功能核酸纳米机器

1. 基于非金属纳米材料的功能核酸纳米机器

1）基于碳纳米材料的功能核酸纳米机器

碳纳米管是一种具有特殊结构的一维量子材料，功能核酸与碳纳米管主要以两种方式结合，一是单链 DNA 通过碱基芳环与碳纳米管侧壁之间的 π-π 电子相互作用吸附到碳纳米管上[417]，也可能是通过范德瓦耳斯力、疏水相互作用、静电作用等综合的结果[418]，故碳纳米管只吸附单链，对双链的作用较弱；二是将碳纳米管功能化通过静电相互作用结合。

单壁碳纳米管（single-wall carbon nanotubes，SWCNTs）已经显示出从基因治疗[419]、药物递送到膜分离[420]等方面的应用前景。通过筛选寡核苷酸文库，Zheng 等[417, 421]已经证明，单链 DNA 的特定序列可以自组装成单个碳纳米管周围的螺旋结构。2009 年，Zhao 等[422]首先提出了由 SWCNTs 诱导的 DNA 纳米机器，它可以在生理 pH 下检测人端粒 G 四联体 DNA 的形成[图 1.60（a）]。他们将人类端粒 G 四联体作为 DNA 马达固定在金表面上，DNA 马达和其互补的人端粒 C 四联体 DNA 之间的可逆杂交可以通过 SWCNTs 调节而不改变溶液 pH。采用荧光共焦显微镜、圆二色谱、DNA 熔融和凝胶电泳，已经在表面或溶液中表征了 DNA 杂交，SWCNTs 诱导的构象转变和 C 四联体形成。利用傅里叶变换表面等离激元共振（Fourier transform surface plasmon resonance，FT-SPR）研究 DNA 纳米机器在金表面的折叠和解折叠动力学性能。所有这些结果表明 SWCNTs 可以诱导 DNA 纳米机器有效且可逆地工作。

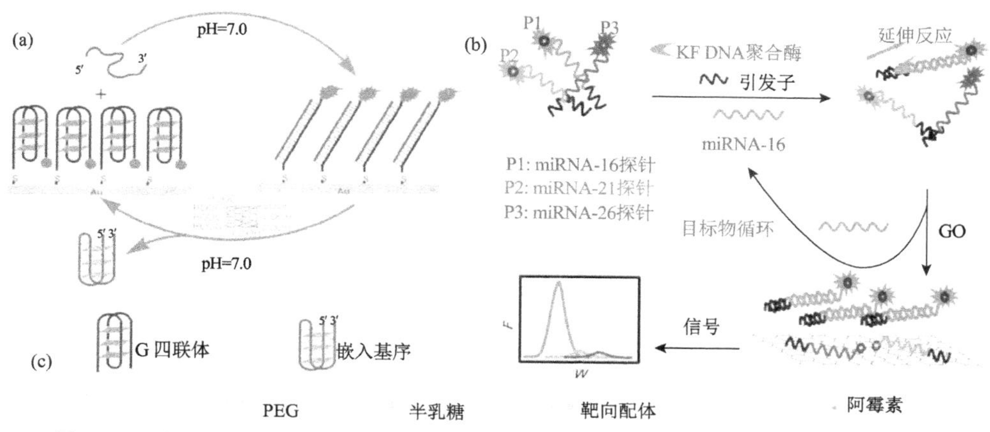

图 1.60 （a）SWCNTs 诱导的 DNA 纳米机器；（b）GO 荧光猝灭和基于 ISDPR 的多重 miRNA 分析；（c）PEG 化 MSNs 将靶向阿霉素递送至肝癌细胞

多壁碳纳米管（multi-wall carbon nanotubes，MWCNTs）有特殊的电学和结构特性，可沿着它的二维轴向进行导电，并具有较大的纵横比[423]，具有 70%的金属和 30%的半导体性质，直径较大（10～20 nm）[424]，因此特别适合构建分子线。多壁碳纳米管氧化后，两端和中间有缺陷的位点容易转变为可电离的羧基基团，在水溶液中带负电荷，可通过静电作用直接吸附带正电荷的纳米金[425]。冯永成等[426]将多壁碳管表面羧基经多步化学反应转换为巯基，加入 $HAuCl_4$，并在甲醛还原下在模板上现场生成金纳米粒子，最终可在模板引导下连成金的纳米线。

除碳纳米管外，二维单原子结构的氧化石墨烯（graphene oxide，GO）的应用也较广泛。单链 DNA 可以通过共价键结合作用和 π-π 电子堆积物理吸附在 GO 表面。此外，GO 具有比较高的荧光猝灭效应。Dong 等[427]通过将 GO 距离依赖性荧光猝灭与恒温链置换聚合酶反应（isothermal chain displacement polymerase reaction，ISDPR）相结合来提高检测 miRNA 的灵敏度[图 1.60（b）]。在缺乏特异性靶标的情况下，由于 P1 和探针（P2、P3）的低解链温度（T_m）引起的弱双联体稳定性，ISDPR 可能既不触发 P2 也不触发 P3。基于 FRET 的 GO 机制的高荧光猝灭效率，以及单链 DNA 和 GO 之间的强相互作用，用荧光染料标记的单链 DNA、P2、P3 显示最小的背景荧光。当特定靶标（T1）存在时，P1 识别靶标形成双链结构，由于 DNA-miRNA 双链螺旋与 GO 之间的相互作用较弱，因此观察到 P1 的强烈的荧光。

2）基于硅纳米材料的功能核酸纳米机器

介孔二氧化硅纳米粒子（mesoporous silica nanoparticles，MSNs）是一种新型的无机纳米粒子，在药物递送系统被广泛应用。其优势在于，首先，MSNs 有较大的比表面积（600～1000 m^2/g）和比孔容（0.6～1.0 cm^3/g），可在其表面或纳米孔道的内部负载较多药物；其次，MSNs 表面具有丰富的硅羟基，很容易通过硅烷偶联剂等对其进行修饰或改性，从而设计不同的功能化表面，以满足生物学的需求；最后，MSNs 无毒，具有生物相容性以及可生物降解，可应用于临床诊断和治疗[428]。MSNs 易富集于肝脏和脾脏，是一种有潜力的肝靶向载体。如图 1.60（c）所示，Gu 等[429]在 MSNs 外表面连接聚乙二醇（polyethylene glycol，PEG）分子，同时通过在 PEG 链尾部共价结合靶分子 D-半乳糖胺分子（靶向肝癌细胞表面脱唾液酸糖蛋白受体），既可以有效减少血浆蛋白的吸附，促进 MSNs 在体内长循环，又可以起到主动靶向效果。选取阿霉素为模型药物，其最大载药量可达 900 mg/g，负载药物以 pH 依赖性方式释放。体外抗肝癌实验和细胞摄取实验都证明修饰后的 MSNs 优于未修饰的 MSNs。

2. 基于金属纳米材料的功能核酸纳米机器

1）金纳米粒子介导的纳米机器

金纳米粒子合成方式简单、高度稳定，具有特殊的化学性质，抗氧化能力强，能使用合适的配体提供高比表面积和优异的生物相容性，能提供一个类似生物分子本体环境的微环境，可以很好地保持生物组分的活性，对人体无害[430]。金纳米粒子大多是用氯金酸和还原剂（通常柠檬酸钠盐或硼氢化物）反应制得，金纳米粒子比较容易同巯基结合形成很强的 Au—S 共价键[图 1.61（a）][431]，将带有各种活性基团的巯基化合物通过共价键结合在金纳米粒子表面，金纳米粒子还可与氨基发生非共价的静电吸附而牢固结合，这使得胶体金可与生物活性组分结合，形成的探针可用于生物体系的检测中。金纳米粒子起到了信号增强和放大的作用，提高了生物传感器的灵敏度。

金纳米粒子能够高效地猝灭染料分子的荧光，所以当带有荧光基团的探针结合在金纳米粒子上，其荧光被猝灭，无荧光信号输出；若用酶或其他物质切割探针，荧光基团从金纳米粒子上释放，则发出荧光。金纳米粒子常与 DNAzyme 等一起被用于搭建功能核酸纳米机器，本书中会有较多详细阐述，这里不做赘述。

2）基于 Fe_3O_4 磁性纳米粒子的纳米机器

磁性纳米粒子（magnetic nanoparticles，MNPs）具有异常的磁学性质：超顺磁

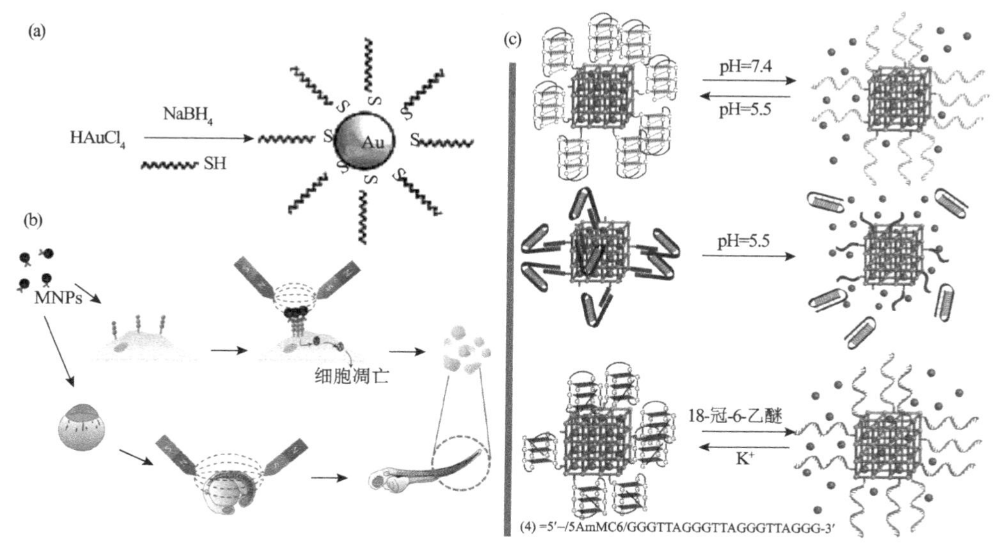

图 1.61 金属纳米材料介导的纳米机器

（a）金纳米粒子制备并与巯基结合；（b）磁纳米开关控制体外细胞和斑马鱼细胞凋亡信号传导；（c）三种刺激性 MOFs 系统的可控释放机制

性、高矫顽力、高磁化率、低居里温度等特性[432]，其中超顺磁性四氧化三铁（Fe_3O_4）纳米粒子由于其具有粒径小、毒性低、磁响应性强等优点，被视为最佳的磁性纳米材料，广泛应用于生物医学领域。如图 1.61（b）所示，Bacon 等[433]开发了一种用于细胞凋亡信号的磁性开关，他们在 MNPs 表面修饰死亡受体 4（death receptor 4，DR4）单克隆抗体，可以特异性结合 DLD-1 人结直肠腺癌上皮细胞表面的死亡因子。在磁性开关处于 on 模式时施加磁场，在磁场作用下诱导死亡因子聚集，促进细胞凋亡信号传导，并能成功诱导斑马鱼细胞凋亡，导致明显的形态变化。

Fe_3O_4 有其独特的磁学特性，但由于其比表面积较高，具有强烈的聚集倾向，所以通过表面包覆或分子修饰可降低表面能，调节磁性纳米粒子的生物相容性和反应特性[434]。同时金具有良好的化学稳定性和生物相容性及特殊的光谱性质，且易表面修饰，故在 Fe_3O_4 表面修饰金以提高纳米粒子的化学稳定性，同时这种具有金包裹层的核壳结构能减少内核的氧化和腐蚀，同时金壳的等离子体共振性质还能用于光热治疗[435, 436]。

3）基于金属-有机骨架的纳米机器

金属有机骨架（MOFs）也称为配位聚合物或配位网络，是一类由金属离子或簇与有机连接基团在相对温和的条件下自组装形成的混合材料。MOFs 属于一种新兴的结晶分子功能材料，具有很多特性，包括：超高的孔隙率、优异的结构可调性、巨大的内部表面积、结构多样性、高的化学稳定性和强大的热稳定性等。MOFs 的结构也可以从一维（one-dimensional，1D）、二维（two-dimensional，2D）到三维（three-dimensional，3D）。目前，MOFs 已被广泛应用于化工、医药等各个领域，包括均相催化、气体储存与分离、作为药物递送载体以及生物成像等。

Kahn 等[313]进一步推进了 MOFs 与功能核酸相结合的检测技术的发展。他们首次将刺激响应性 DNA 作为加帽单元固定在 MOFs 的表面来控制 MOFs 的加载和卸载[图 1.61（c）]。他们应用 4,4′,4″-苯-1,3,5-三-苯甲酸（4,4′,4″-benzene-1,3,5-tri-benzoic acid，BTB）、氨基对苯二甲酸这两种有机配体和羧酸锌簇为原料反应生成 MOFs，并利用酰胺键将单链 DNA 修饰在 MOFs 表面，分别设计了三种 pH 和 K^+刺激响应性 DNA 功能化 MOFs。第一种是 pH 刺激响应性系统，通过将 pH 在 5.5～7.4 之间进行切换使得富含 C 碱基的一段 DNA 序列在 C 四联体和无规则卷曲结构之间进行变换来实现 MOFs 孔中货物分子的可控释放。第二种同样是 pH 刺激响应性系统，通过调控 pH 形成三螺旋 DNA 来实现 MOFs 的卸载。第三种则是 K^+刺激响应性系统，通过控制反应液中 K^+和螯合剂的浓度，使一段富含 G 碱基的 DNA 序列在 K^+依赖性 G 四联体结构和无规则卷曲结构之间进行变换来实现 MOFs 孔中货物分子的可控释放。

1.8.7　基于链置换的功能核酸纳米机器

核酸单双链有明显的不同，单链自由度高、柔性强，其构象可以自由转变，而双链是刚性结构，在温和的条件下，单链 DNA 会选择体系中与其互补性最强的其他单链分子组成双链，因此通过控制双链的形成或破坏就可以实现纳米机器的驱动。

第一批核酸纳米机器之一——镊子就是链置换反应介导的核酸纳米机器。2000 年，Yurke 等[437]构建了一种以 DNA 为“燃料”（DNA-fuelled）的 DNA 纳米机器，如图 1.62（a）所示。该纳米机器由等当量的三股 DNA 单链 A、B 和 C 组成，呈现一个镊子的结构，因此称为 DNA 镊子。A 股是由两个 18 nt 序列区域组成的，这两个区域分别与 B 股和 C 股的末端通过碱基序列互补形成刚性的双臂。作为镊子主体的 A 股序列，其两端修饰了荧光分子和猝灭基团作为镊子闭合或打开的指示信号。当加入 F 燃料链，其分别与 B 股和 C 股的自由碱基配对，就使得纳米机器呈现关闭状态。加入与 F 燃料链完全互补的“反燃料”链后，与 F 链杂交形成双螺旋移出纳米机器，从而该纳米机器又回到打开状态。实际上，这种装置是在杂合能的驱动下，实现了两种状态间的互变。2004 年，Chen 等[438]将 DNAzyme 引入了纳米镊子中

[图 1.62（b）]，DNA 马达由 E 和 F 两条链组成，其中 E 链含有能切割 RNA 的 10-23 DNAzyme，燃料链 S 是 DNAzyme 的底物，当加入燃料链时，其与 DNAzyme 链结合使得镊子打开，当有金属离子存在时，DNAzyme 切割底物，镊子又回到关闭状态。

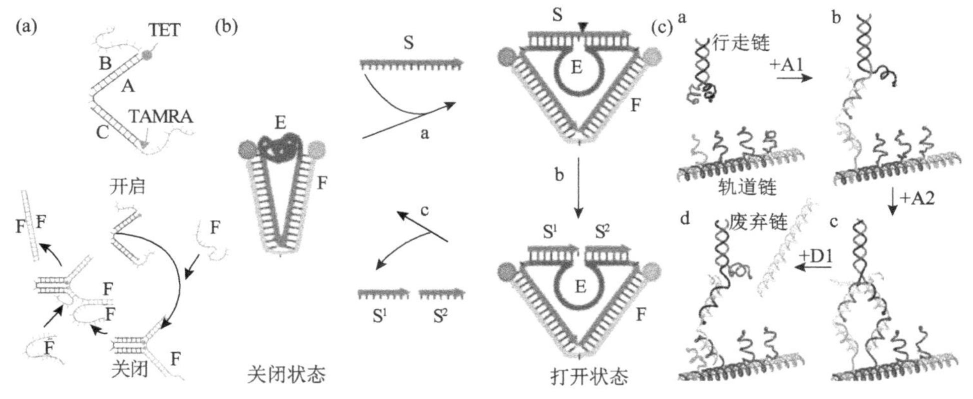

图 1.62 （a）DNA 镊子；（b）结合 DNAzyme 的镊子；（c）DNA 行走链

2004 年，Shin 等[439]构建的 DNA 行走链也是链置换反应介导的核酸纳米机器[图 1.62（c）]，两条部分互补的核酸链作为行走链，A 链作为连接者将行走链锚定在轨道的特定单链上，再加入与 A1 链互补的 D1 链通过链置换反应产生双链废料并释放，然后可加入下一个连接链使行走链锚定在轨道的另一个单链上，以此往复可实现行走链在轨道上的行走，该纳米机器类似于镊子，以 DNA 为燃料，以链杂合能作为驱动力。

1.8.8 基于点击化学反应的功能核酸纳米机器

点击化学是在温和条件下以简便、快速、可靠和高效率反应将两个活性伴侣偶联起来的最通用和模块化的方法之一[440]。点击化学已成为共价连接分子的最常用和最可靠的方法之一，已经运用于纳米材料的化学[441]、化学生物学、药物输送和药物化学[442, 433]等学科中。点击化学最大的魅力是可能产生新颖的结构，点击化学反应主要有 4 种类型：环加成反应，特别是 1,3-偶极环加成反应，也包括杂环 Diels-Alder 反应；亲核开环反应，特别是张力杂环的亲电试剂开环反应；非醇醛的羰基化学反应；碳碳多键的加成反应。

其中，铜（Ⅰ）催化叠氮化物和末端乙炔形成 1,2,3-三唑是一个特别强大的连接反应，因为它具有高度的可靠性、完整的特异性和反应物的生物相容性。三唑产品不仅仅是被动连接器，很容易通过氢键和偶极相互作用与生物靶标相关联。Ge 等[444]根据一价铜离子催化点击化学反应以及 DNAzyme 的催化作用，并利用点击化学反应连接劈裂 DNAzyme 实现了对铜离子的可视化定量检测[图 1.63（a）]。他们将具有类过氧化物酶活性的 19 个碱基的 DNAzyme 劈裂为 9 个碱基和 10 个碱基的两段，并分别在两条 DNA 单链的 3′末端和 5′末端标记叠氮基和炔基。当加入铜离子和抗坏血酸钠之后，在抗坏血酸钠的还原作用下，二价铜离子被还原为一价铜离子，一价铜离子催化点击化学反应使叠氮基和炔基形成五元环结构，将两条 DNA 单链连接在一起。连接后的 DNA 链与正常的 DNAzyme 链并无差异，在氯化血红素和钾离子的存在下折叠形成具有催化 3,3′,5,5′-四甲基联苯胺（3,3′,5,5′-tetramethylbenzidine，TMB）发生颜色反应的类过氧化物酶 G 四联体结构。根据铜离子浓度不同而催化生成的 DNAzyme 数量不同，最终 DNAzyme 催化颜色反应的能力差异实现对铜离子的定量检测。

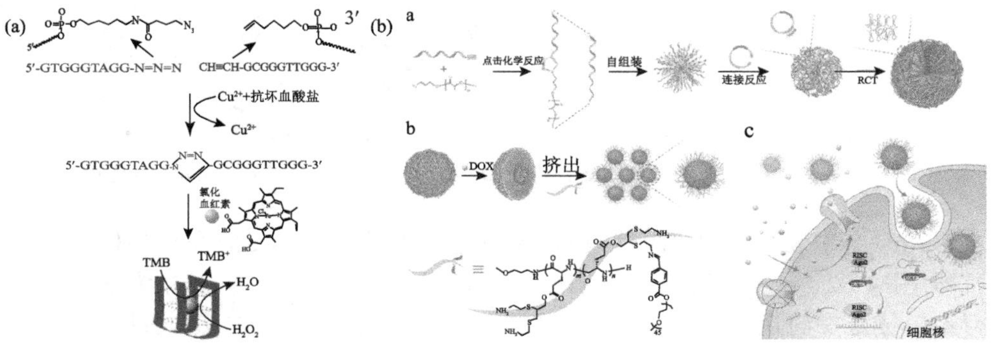

图 1.63　（a）利用点击化学反应和 DNAzyme 实现铜离子检测；（b）基于点击化学靶向治疗乳腺癌示意图

如图 1.63（b）所示，Ni 等[445]通过点击化学反应，将 DNA 与聚乳酸（polylactide，PLA）连接形成 DNA-PLA 结合物，然后自组装成两亲性 DNA-PLA 胶束；接下来，使用缀合的 DNA 作为启动子，通过原位滚环转录（rolling circle transcription，RCT）在 DNA-PLA 胶束上合成多短发夹 RNA（poly-short hairpin RNA，poly-shRNA），产生聚乳酸@多短发夹 RNA 微流（PLA@poly-shRNA microflowers）；最后，使用生物相容性和多功能聚乙二醇转接多肽[multifunctional poly（ethylene glycol）-grafted polypeptides，PPT-g-PEG]将微绒毛静电凝结成纳米粒子。这些 PLA@poly-shRNA@ PPT-g-PEG 纳米粒子被有效地递送到多药耐药蛋白（multidrug resistance protein，MDR）乳腺癌细胞中，并在异种移植肿瘤中积累，导致 MDR1 沉默，细胞内阿霉素（doxorubicin，DOX）积累，增强了细胞凋亡和肿瘤治疗功效。

1.8.9　基于三螺旋核酸的功能核酸纳米机器

三螺旋核酸（triplex nucleic acids，TNAs）是在经典的 Watson-Crick 氢键

形成的双链核酸基础上，第三条寡核苷酸链以非经典的 Hoogsteen 氢键嵌入双链大沟中形成的超分子核酸组装体。

2014 年，Amodio 等[446]研究出一种 pH 响应的以链置换反应为基础的 TNAs 纳米机器[图 1.64（a）]，在 OH^-诱导下，以胞嘧啶-鸟嘌呤*胞嘧啶（C-G*C）为主要序列组成的三螺旋结构中的 Hoogsteen 氢键断裂形成双螺旋结构，加入侵入链发生链置换，产生游离的三螺旋第三链，进而发生后续的链置换反应。利用标记在 DNA 链上的荧光供体基团与荧光受体基团表征纳米机器的运转。

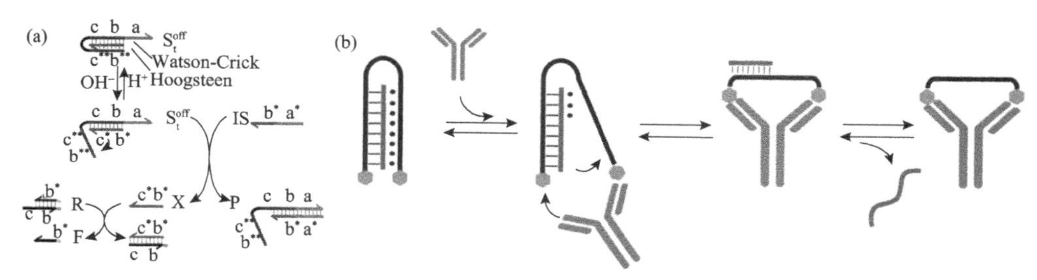

图 1.64 （a）pH 响应的以链置换反应为基础的 TNAs 纳米机器；（b）特异性抗体驱动的 TNAs 纳米机器

2017 年，Ranallo 等[447]设计了一种模块化的 TNAs 纳米机器。该纳米机器由特异性抗体驱动，利用胸腺嘧啶-腺嘌呤*胸腺嘧啶（T-A*T）、C-G*C 的三链核酸碱基互补配对规则，使用夹钳状结构的黑色核酸链特异性识别蓝色核酸链（DNA 货物），形成三链核酸纳米机器；并且在夹钳状核酸链的两侧末端共价偶联一对抗体。抗体特异性地与纳米机器上的抗原结合，会驱动三链核酸纳米机器的构象变化，先打开亚稳态的 Hoogsteen 氢键，再打开不稳定的 Watson-Crick 氢键，进而释放蓝色的 DNA 货物[图 1.64（b）]。在 DNA 货物两侧分别标记荧光基团和猝灭基团，通过荧光强度的差异表征抗体驱动的三链核酸纳米机器的构象变化。该纳米机器能够快速、通用、可逆、快速地携带并释放以单链核酸为模型的分子货物，在药物递送与释放、现场快速检测、细胞内成像等应用领域具有巨大的应用潜力。

1.8.10 基于 pH 响应的功能核酸纳米机器

核酸四联体结构除上面提到的 G 四联体，还有 C 四联体[图 1.65（a）][448]，它是由富 C 核酸序列中的两个胞嘧啶 C 通过结合一个质子形成 3 个氢键作为一层而交叉堆叠起来的。所以 C 四联体结构只有在弱酸性（pH <6.3）条件下才能够稳定存在，而在中性或碱性条件下则会解离为单链结构。Liu 和 Balasubramanian[449]利用这一机理设计了一种纳米机器[图 1.65（b）]，这一纳

米机器实际上就是人类染色体端粒区富含C的重复片段5′-(CCCTAA)$_3$CCC-3′序列。实验中将这一分子的5′和3′端分别修饰上荧光分子和猝灭基团，并在溶液中将它和含有若干错配的互补链混合。弱酸性条件下由于DNA分子形成C四联体结构，5′和3′端接近，形成关闭状态从而使荧光猝灭；向溶液中加碱使其pH值升到8.0，则C四联体结构不能维持，马达分子就会与互补链结合形成刚性的双链，迫使5′和3′端分离，成为打开状态从而显示出荧光。该过程是可逆的，其效率在30多个循环后仍可保持。在这一体系中，利用不断加入的酸碱作为燃料就可以驱动马达的不断运转。

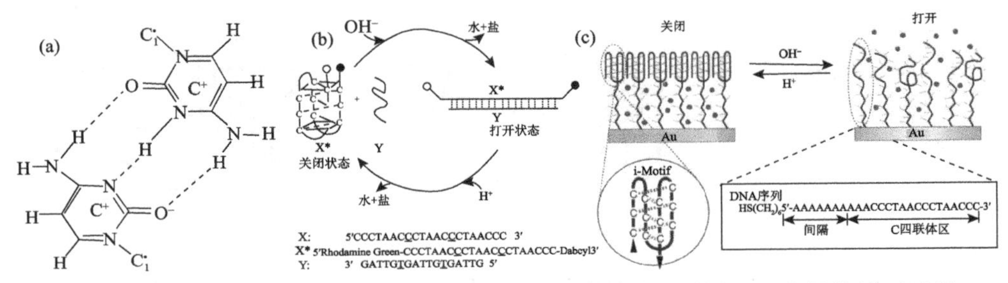

图 1.65　（a）C四联体单元层结构；（b）C四联体纳米机器由pH介导的循环过程；（c）pH诱导包裹释放小分子的纳米机器

Mao等[450]设计出利用pH诱导包裹释放小分子的纳米机器[图1.65（c）]。在pH = 4.5时，C四联体结构域折叠成四链结构并包装成金表面上小分子不可渗透的膜；在pH = 8.0时，C四联体结构被转化为单链，使得DNA SAM（*S*-腺苷甲硫氨酸）的填充密度相对宽松以允许小分子自由扩散。所以，利用四链DNA空间位阻大于单链，可以将其在金表面排布为单层膜，在单链区容纳一些小分子，利用四链区覆盖，在酸碱调控下实现小分子的包裹与释放。

1.8.11　基于光诱导的功能核酸纳米机器

大多数的纳米机器需要分子燃料来驱动，典型的就是需要互补的DNA链作为燃料通过链置换反应来驱动，这样就会产生废弃的DNA双链，在机器重复操作时溶液中废弃的DNA双链持续堆积必定影响机器运作效率，还面临着“环境问题”，所以使用清洁能源来驱动已经成为必然，而光就是其中之一，一些光响应分子（如螺吡喃、二芳基乙烯、芪和偶氮苯等）可通过几何形状的变化将光能转化为机械能。

Liu等[451]研究了光驱动C四联体DNA马达运转[图1.66（a）]。他们将含有DNA X、孔雀石绿甲醇碱（malachite green carbinol base，MGCB）和十六烷基三甲基溴化铵（cetyl trimethyl ammonium bromide，CTAB）的初始溶液

配制成微酸性，这有助于 DNA X 形成 C 四联体结构，在 302 nm 紫外光的存在下，MGCB 释放出氢氧根离子（OH^-）导致 pH 值的增加，以及显示出明显的颜色变化，所以 C 四联体结构将变形为去质子化的无规则卷曲结构。光线切断后，孔雀石绿阳离子会与 OH^-离子结合成 MGCB 进行循环，溶液 pH 值相应降低，并且 DNA X 再次切换回 C 四联体构象。因此，可以通过交替打开和关闭紫外线（ultraviolet，UV）来循环 DNA X 的构象转换。

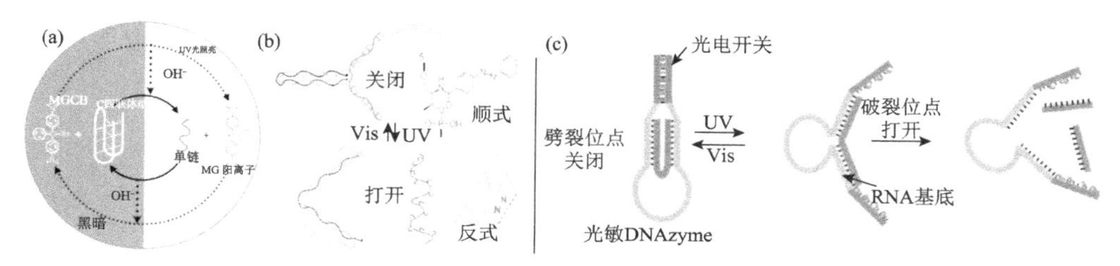

图 1.66 （a）光驱动 C 四联体 DNA 马达运转；（b）光诱导的纳米镊子的开关；（c）光敏 DNAzyme

2008 年，Liang 等[452]报道了一种利用光诱导来控制纳米机器的开关[图 1.66（b）]，他们改进了控制纳米镊子开关的燃料链，在燃料链的碱基之间修饰了一定数量的光敏基团——偶氮苯，该光敏基团在可见光下呈反式构象，而在紫外光照射下会异构化为顺式，同时使得其周围碱基发生扭转，氢键作用被破坏，控制链与燃料链解离。所以使用紫外光照射（$\lambda = 330 \sim 350$ nm）将镊子开关切换至开路状态，并且在可见光（$\lambda = 440 \sim 460$ nm）下将镊子开关切换至闭合状态。这种控制是非接触的，且不需要添加另外的寡核苷酸作为燃料。

2010 年，Zhou 等[453]构建了一种可在单分子水平上工作的光敏 DNAzyme [图 1.66（c）]。通过光调节 DNAzyme/RNA 复合物的拓扑结构实现 RNA 消化的完整光开关。光开关的关键部件是偶氮苯单元。

1.8.12 功能核酸纳米机器药物靶向递送

Sun 等[454]开发了一种生物感应的茧状抗癌药物输送系统，由嵌入了酸敏脱氧核糖核酸酶 I（DNase I）纳米胶囊（nanocapsule，NCa）及 DNAzyme 可降解 DNA 纳米纤维（nanoclew，NCl）组成，用于靶向癌症治疗[图 1.67（a）]。NCl 由通过滚环扩增合成的长链单链 DNA 组装而成。将多个 GC 配对序列整合到 NCl 中以增强抗癌药物 DOX 的负载能力。同时，带负电的 *Dnase* I 被包封在带正电荷的酸可降解聚合物纳米凝胶中，以便通过静电相互作用将 *Dnase* I 修饰到 NCl 中。在酸性环境中，*DNase* I 的活性通过 NCa 的聚合物壳的酸触发脱落而活化，导致 NCl 的茧样自我降解并促进 DOX 的释放以增强治疗功效。

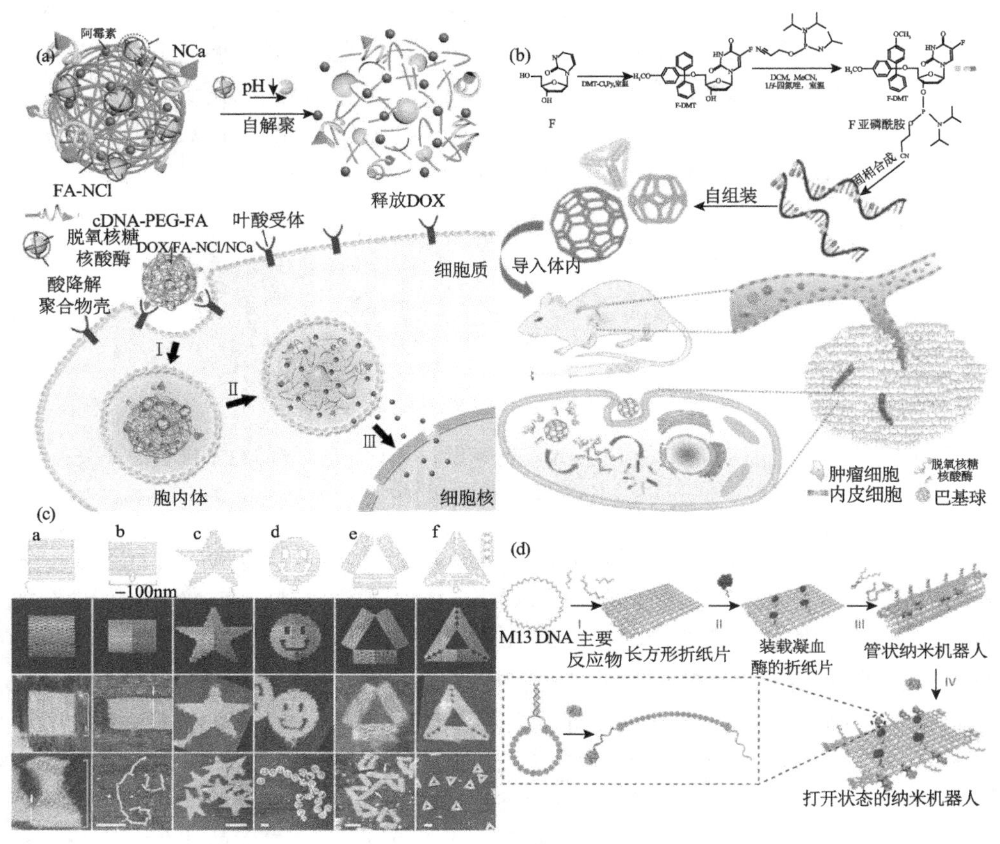

图 1.67 （a）嵌入酸触发纳米胶囊（NCa）的茧状 DNA 纳米纤维（NCl）和 DOX 有效递送用于癌症治疗的示意图；（b）F 亚磷酰胺的合成路线以及用于药物递送的含自组装 F 的 DNA 特洛伊木马的示意图；（c）基于 DNA 自组装折叠的二维图案[66]；（d）DNA 纳米机器人自动折叠和打开原理

Mou 等[455]构建了一种自组装含氟尿苷的 DNA 多面体用于药物靶向递送以治疗癌症[图 1.67（b）]。氟尿苷（fluorouridine，F）是一种核苷类似物治疗剂，它的结构和天然的胸腺嘧啶（thymine，T）脱氧核糖核苷的结构非常相似，所以通过常规固相合成将 F 整合到 DNA 链中，然后将这些链组装成 DNA 四面体、十二面体和巴基球，具有确定的载药比以及可调的大小和形态。作为一种新型的药物输送系统，这些含有药物的 DNA 多面体可以理想地模拟特洛伊木马，将化疗药物输送到肿瘤细胞中并与癌症做斗争。体外和体内结果表明，具有巴基球结构的 DNA 特洛伊木马具有优于游离药物和其他制剂的抗癌能力。通过精确控制纳米载体的载药量和结构，DNA 特洛伊木马可能在抗癌治疗中发挥重要作用，并在纳米医学领域表现出巨大的潜力。

2006 年，Rothemund[456]将长链单链 DNA 分子折叠成笑脸、五角星等复杂的二维形状[图 1.67（c）]，该研究创建了 DNA 折纸术，为后续在其上修饰更多功能基团，实现在生物医药领域的广泛应用奠定了基础。2018 年，Li 等[457]利用 DNA 折纸术构建出一种 DNA 纳米机器人，可靶向运输凝血酶到肿瘤细胞处，从而能够阻塞肿瘤处血管，阻碍对于肿瘤的营养和氧气的供应，从而诱导肿瘤细胞死亡[图 1.67（d）]。他们首先构建出一种 DNA 自组装的长方形折纸片，然后将凝血酶固定到折纸片表面，再在折纸片两端连接核仁素适配体使得长方形折纸片能够自动折叠为管状，从而形成了内部携带有凝血酶的 DNA 纳米机器人。当该机器人被运送至肿瘤细胞处接触到肿瘤细胞特异性表达的核仁素时便会再次自动打开，释放凝血酶，在凝血酶的作用下促使肿瘤细胞处血管堵塞，从而杀死肿瘤细胞。

1.8.13 功能核酸纳米机器生物成像

Yuan 等[458]报道了一种针对生物成像和光动力疗法的特定适配体引导的 G 四联体 DNA 纳米机器，并且它能够对癌细胞进行选择性识别和成像，可控制和有效地激活光敏剂，改善治疗效果[图 1.68（a）]。他们将富含鸟嘌呤的 DNA 片段与适配体连接形成双功能 DNA 序列，称为 G 四联体适配体。G 四联体适配体不仅加载光敏剂，而且特异性识别目标细胞。将 G 四联体适配体与上转换纳米粒子（upconversion nanoparticles，UCNPs）生物偶联，因此将光敏剂 5,10,15,20-四-（1-甲基-4-吡啶基）-21*H*,23*H*-卟吩（5,10,15,20-tetrakis-（1-methyl-4-pyridyl）-21*H*, 23*H*-porphine, TMPyP4）置于 UCNPs 附近的位置，用于 UCNPs 和 TMPyP4 之间的能量转移。当纳米机器被递送到癌细胞中，UCNPs 就被近红外光（near-infrared light，NIR）激发，发射可见光以使癌细胞成像，并且反过来激活 TMPyP4，使得最终产生足够的活性氧簇（reactive oxygen species，ROS）以有效地杀死癌细胞。

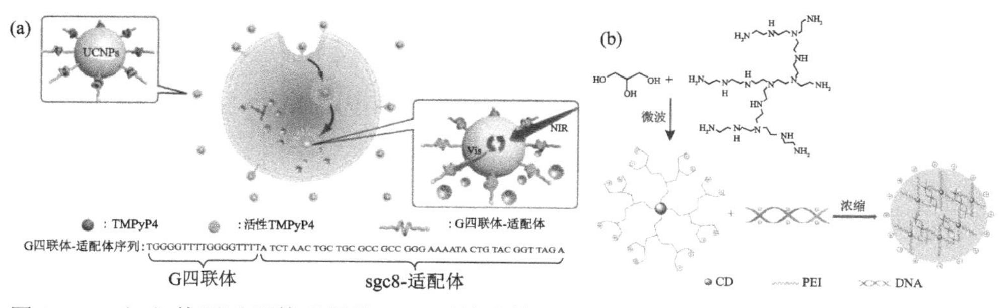

图 1.68 （a）使用适配体引导的 G 四联体载体和近红外光诱导的靶向生物成像和光动力治疗纳米机器；（b）CD-PEI 和 CD-PEI/pDNA 复合物的形成示意图

Liu 等[459]将基于聚乙烯亚胺（polyethyleneimine，PEI）钝化增强荧光的碳点纳米载体用于生物成像，他们采用一步微波辅助热解甘油和支化 PEI25k 混合物，制备了 PEI 官能化碳点（CD-PEI），其中碳纳米粒子的形成和表面钝化同时完成[图 1.68（b）]。在这个混合的碳点中，PEI 分子在该系统中起到两个关键作用——作为富含氮的化合物来钝化表面以增强荧光，并作为聚电解质来浓缩 DNA。该 CD-PEI 被证明是水溶性的并且依靠激发波长发出稳定的、明亮的多色荧光。CD-PEI 的 DNA 缩合能力和细胞毒性可以通过热解时间来调节，可能是由于在形成碳点期间 PEI 某种程度的破坏。相对于对照 PEI25k，在合适的热解时间获得的 CD-PEI 表现出较低的毒性，较高或相当的质粒 DNA 在 COS-7 细胞和 HepG2 细胞中的基因表达。CD-PEI 内化到细胞中，在不同的激发波长下显示出可调谐的荧光发射，表明 CD-PEI 在基因递送和生物成像中的潜在应用。

1.9 总结与展望

本章较为全面地综述了目前 G 四联体、G 三联体、C 四联体三种比较特殊的 DNA 二级结构的研究进展，包括它们的发现史、结构及应用。这些二级结构不仅在体外适宜条件下得到了很好的证明，也在体内得到了证明。尤其是在端粒末端、原癌基因启动子区域 G 四联体和 C 四联体普遍存在，间接说明这些特殊的二级结构具有调控基因翻译、转录，作为抗癌药物靶点等功能。目前对其研究也主要集中在特殊结构的二级结构的调节机制、体外检测、体内基因调控、癌症的预防和治疗上。虽然科学家已经对它们的结构进行了全面的表征，并且证明了它们具有在正常生理代谢中潜在的调控功能，但是由于碱基种类繁多，排列方式多样，目前发现的具有特殊结构及功能的核酸序列也仅仅是众多核酸中的一小部分，还有很多的特殊结构及功能的核酸序列有待我们去开发利用。随着科技不断进步，基于 G 四联体、G 三联体、C 四联体结构对相关基因的调节与药物的研发和递送也呈现喷涌之势。

目前，由于对食源性致病菌与适配体的结合位点及原理并未深入探索，因此目前食源性致病菌适配体的筛选技术仍以 cell-SELEX 为主。未来更加深入研究靶标与适配体的结合机制，对于构建快速筛选适配体的体系具有巨大推进作用。

食源性致病菌适配体生物传感器是一个学科交叉的新型检测方式，利用适配体传感器检测食源性致病菌目前仍局限于实验室，并未应用于实际检测。其未来发展方向如下。①微生物单菌水平超灵敏检测技术的开发。目前其灵敏度仍待进一步提高，实际应用的检测限需达到1～10 cfu/mL水平。因此，利用各种信号放大手段来降低检测限尤为重要。目前，已有学者利用核酸扩增技术实现信号放大，检测限可低至1 cfu/mL[460]。②适配体与菌体表面识别机制有必要进一步解析。大多数适配体传感器是对某一靶标菌检测，适配体与菌的特异性取决于菌表面特定物质还是取决于特定构象？这些因素与菌的基因水平差异有何内在联系？有没有可能依据微生物基因组信息未来直接开发预测出合适的适配体序列？③微生物种类太多，变异性较大，目前的适配体筛选的阳性菌株选择及阴性菌株选择存在很大的随意性，后续有必要针对微生物的种属分类特点来提出并制定微生物适配体筛选评价指导手册或者规范，促进该行业的快速发展。④微生物适配体的亲和力的评价手段很重要，采用不同方法结果不同，后续有必要开发适配体亲和性计算的模型及评价手段，适配体的结构裁剪规律同时也需要研究，以增强适配体的空间构象的稳定性，缩短适配体与靶标物质的构象诱导的结合时间。

小分子物质在生物医学、食品安全、环境检测等各个领域都具有重要的研究及应用价值。而基于核酸适配体的靶向识别技术是小分子分析方法前进的重要支撑力量之一，但小分子靶标适配体筛选相较于蛋白质、细胞等面临着严峻的理论和技术挑战。目前的研究通过筛选策略、固定分离方法的改进以获得亲和力更强的小分子适配体，与此同时，相应的亲和力表征方式的性能还有很大的提升空间。

对于小分子适配体在生物传感方面的应用而言，大部分研究基于少数几个亲和力较高、特异性较好、结构研究透彻的模式分子适配体，结合纳米材料独特的光学、电学、热学等物化性质做检测策略上的创新，其中不乏对适配体进行裁剪、突变以获得更好的无机-有机生物材料交互效果，而适配体的改造因不同分子的结构特点不同而不同，适配体-靶标之间的相互作用机理是改造及灵活应用的关键，侧面说明了未来研究不能止步于获得高亲和性适配体筛选方法，通用的、高效的、多层次的小分子适配体-靶标相互作用研究策略及方法也亟待开发。

随着工业化进程的不断发展，大量的污染物不断被排放到环境中，人类活动对生态环境造成的影响日趋显现，尤其是重金属离子对人类健康的影响更显著。如何快速、低成本地对这些金属离子进行实时监测，成为当前亟待解决的课题。功能核酸由于具有特异性强、稳定、易于修饰、与金属离子的作用方式多种多样，在开发检测金属离子的生物传感器方面备受重视。目前功能核酸生物传感器主要包括荧光、比色、电化学三种检测方式。虽然功能核酸生物传感器具有很多优点，但仍然存在一些缺点和不足，主要表现在：①目前功能核酸生物传感器对金属离子的检测主要集中在Hg^{2+}、Pb^{2+}、Cu^{2+}、K^{+}、Ag^{+}、UO_2^{2+}

等，对其他离子的研究较少；②当前研究的生物传感器大多停留在实验室理论研究方面，商品化的实际应用较少。因此，功能核酸生物传感器在很多方面亟待提高，如发现新的功能核酸、拓展金属离子的检测范围；提高功能核酸的敏感性和结合亲和性；伴随着纳米材料（金纳米粒子、碳纳米管、氧化石墨烯、量子点等）的不断发展，将功能核酸与纳米材料相结合提高检测的灵敏度；完善金属离子在体内的检测方法；完成高通量分析或者多重金属检测，同时开发出简便、易携带、稳定、重复性好、能进行实时定量原位检测的生物传感器等。

核酸切割酶与生物传感器结合不仅限于比色试验。例如，Xiang 和 Lu[461]发现核酸切割酶与口袋大小的个人血糖仪（PGM）相结合，可以定量检测非葡萄糖类靶标物质。该方法的核心特征是目标诱导的转化酶释放（一种可以将蔗糖转化为葡萄糖的蛋白质酶）固定转化酶/DNA 缀合物。DNA 可以是配体响应性核酸切割酶，如 UO_2^{2+} 依赖性核酸切割酶：当存在 UO_2^{2+} 时，DNAzyme 切割其与转化酶缀合的底物，释放的转化酶随后将蔗糖转化为葡萄糖，并可由 PGM 检测到。荧光结合核酸切割酶与生物传感器结合后会不断发现不同的 RNA 切割 DNAzyme，扩展的 PGM 可以用作低成本家庭护理或便携设备，检测一系列和医学或环境相关的目标物。另一种被大家所熟悉的家庭护理设备是家庭妊娠试验条带（HPT），即用于检测人绒毛膜促性腺激素（hCG）-a 怀孕荷尔蒙的侧向流动装置。最近，Ellington 等[462]提出了使用 HPT 检测 DNA 这个想法：使用环介导恒温扩增（LAMP）和可编程的支点介导的链置换，与含有 hCG 的融合报告蛋白结合，完成信号转导。这种商业化的妊娠试纸最终可以实现 DNA 检测。虽然尚未完全证明，但相信通过使用配体响应性 RNA 切割 DNAzyme，可以扩展该方法以进行其他靶标检测。

由于核酸切割酶高稳定性、可循环催化、易合成、易功能化修饰的优点，以及可特异性识别金属离子、中性分子、细菌等辅因子的特性，核酸切割酶被广泛用于金属离子和生物分子的检测。但是目前基于核酸切割酶的金属离子和病原微生物等检测体系的应用还是相当有限，而对于实际现场操作，批量市场化仍有很长的一段距离。同时，应用于生物体内的检测仍需要进一步的探索与验证。因此，还需要对提高检测体系的抗干扰能力及提高核酸切割酶在生物体内的稳定性方面开展更深入的研究工作。此外，基于核酸切割酶的 RNA 切割作用已经被用于肿瘤基因治疗领域，但是核酸切割酶在人类疾病的研究领域还是相对空白，包括核酸切割酶如何导入细胞与表达、核酸切割酶引入细胞后的稳定性、核酸切割酶结构的设计，特别是选择合适长度的侧翼和底物以及如何提高核酸切割酶的活性等方面均有待进一步探索和解决。可以借助快速发展的水凝胶技术，将水凝胶材料和核酸切割酶结合构建药物递送体系，从而高效地传递基因药物到达肿瘤组织。

此外，对于TNAs生物传感器的研究仍处于初级探索阶段。在理论层面，首先，通用型TNAs传感元件的应用受制于目标物-适配体与TNAs形成的热动力学平衡，仍需要借助物理化学、数学建模等交叉学科进一步完善通用型TNAs的理论模型，实现通用型分析传感；其次，可逆型TNAs纳米开关的再生效率通常在数次可逆反应后明显降低，如何提高其再生效率、提高其使用次数仍是亟待解决的问题；最后，目前应用的TNAs传感器的三螺旋序列组成主要局限在T-A*T与C-G*C两种碱基对，探索其他三螺旋碱基对的理论性质、突破TNAs设计的序列枷锁，对TNAs生物传感器的推广应用十分必要。在应用层面，首先，目前的TNAs生物传感器主要应用于快速分析检测领域，处于检测方法的搭建阶段，且有些检测分析方法流程复杂、不易重复再现，距离快速、灵敏、特异的检测目标仍有较大差距。因此，简化TNAs传感器检测方法的设计、增加其检测稳定性仍然任重道远。其次，TNAs传感器在生物成像、胞内调控、药物递送等应用领域仍处在模型研究阶段，仍需要继续探索。相信随着科技的进步，基于TNAs的生物传感器在未来一定会有更为广阔的应用前景。

目前基于G四联体功能核酸介导的、适配体功能核酸介导的、DNAzyme介导的、霍利迪结功能核酸介导的，基于非金属、金属材料的、链置换的、点击化学反应的、pH响应的、光诱导的功能核酸纳米机器有很多，但是这些纳米机器存在很多不足，如链置换反应产生废弃的双链，影响机器的效率和寿命；DNAzyme介导的需要体外进行金属离子的补充，所需操作时间过长，不适合实际应用；pH响应的需要不断加入酸碱，产生的盐经多次循环也会影响机器效率；此外，功能核酸纳米机器遇到活性生物大分子时缺少程序性的响应模块，无法进行类似于基因回路机制的胞内调控，并且DNA纳米元件在胞内动态环境下组装、折叠效率较低，扩散效率和杂交率与体外环境相比也大大降低。将以上几种联合使用或者开发更高效的、友好的、在胞内检测更稳定准确的功能核酸纳米机器已经成为必然趋势，并具有挑战性。功能核酸纳米机器也将在细胞检测、智能治疗方向有更广阔的前景。

另外，不同的发光功能核酸对核酸种类、碱基序列要求不同，不同的核酸结构决定了各种发光功能核酸发光性能不同，发光功能核酸因具有容易获得、易于修饰、特异性强、经济安全等优点，被应用于生物传感、医学检测、生物成像、诊断治疗等研究领域。目前对发光功能核酸的研究仍存在局限性，如体内稳定性及耐受性不足。我们考虑是否可以通过剪裁、筛选提高它们的耐受性及体内稳定性。未来将会有更多的发光功能核酸被探索发现，发光功能核酸的研究兴起较晚，主要停留在实验室，实际应用相对较少。鉴于发光功能核酸用于检测的优点突出，我们亟待开发更多灵敏度高、特异性强、稳定性高的发光功能核酸；并且，可以考虑将发光功能核酸与更多的纳米材料、配合物、类似物相结合，通过改变核酸的空间构象开发发光功能核酸的更多功能。

发光功能核酸生物传感器是一种重要的生物检测方式，克服了传统的需要荧光素标记的生物传感器的弊端，它能通过光信号输出实现对靶标物质的定量检测，为未来更多靶标物质检测技术的探索提供了新的思路。利用发光功能核酸的自身发光或者促进其他物质发光的原理，可将其推广至更多研究领域，同时可将其与恒温扩增技术、DNA 水凝胶的制备相结合实现肉眼可见的扩增产物检测。我们相信通过探索、发现、构建更多的发光功能核酸生物传感器可以实现更多靶标物质的检测。

参 考 文 献

[1] Watson J D, Crick F H. The structure of DNA. Cold Spring Harbor Symposia Quantitative Biology, 1953, 18(3): 123-131.

[2] Mergny J L, Hélène C. G-quadruplex DNA: a target for drug design. Nature Medicine, 1998, 4(12): 1366-1367.

[3] 徐小英. 我国食物(食品)质量安全存在的主要问题及应对措施. 首都师范大学学报(自然科学版), 2013, (6): 76-85.

[4] 刘士敬. 食源性疾病的流行病学. 中国社区医师, 2008, (4): 9-10.

[5] Lawruk T. 食源性致病菌的检测现状与突破. 食品安全导刊, 2015, (Z1): 44-45.

[6] GB 29921—2013. 食品安全国家标准食品中致病菌限量. 2013.

[7] 李宁, 杨大进, 郭云昌, 等. 我国食品安全风险监测制度与落实现状分析. 中国食品学报, 2011, 11(3): 5-8.

[8] Conrad R, Ellington A D. Detecting immobilized protein kinase C isozymes with RNA aptamers. Analytical Biochemistry, 1996, 242(2): 261-265.

[9] Jayasena S D. Aptamers: an emerging class of molecules that rival antibodies in diagnostics. Clinical Chemistry, 1999, 45(9): 1628-1650.

[10] 王红旗, 张玲, 刘冬梅, 等. 小分子靶标核酸适配体研究进展. 食品与生物技术学报, 2015, 34(8): 790-798.

[11] Carothers J M, Goler J A, Kapoor Y, et al. Selecting RNA aptamers for synthetic biology: investigating magnesium dependence and predicting binding affinity. Nucleic Acids Research, 2010, 38(8): 2736-2747.

[12] Gold L, Ayers D, Bertino J, et al. Aptamer-based multiplexed proteomic technology for biomarker discovery. PloS One, 2010, 5(12): e15004.

[13] Goldstein S, Czapski G. The role and mechanism of metal ions and their complexes in enhancing damage in biological systems or in protecting these systems from these systems from the toxicity of O^{2-}? Journal of Free Radicals in Biology & Medicine, 1986, 2(1): 3-11.

[14] Ali I. The quest for active carbon adsorbent substitutes: inexpensive adsorbents for toxic metal ions removal from wastewater. Separation and Purification Methods, 2010, 39 (3-4): 95-171.

[15] Ammann A A. Speciation of heavy metals in environmental water by ion chromatography coupled to ICP-MS. Analytical and Bioanalytical Chemistry, 2002, 372(3): 448-452.

[16] Uglov A N, Bessmertnykh-Lemeune A, Guilard R, et al. Optical methods for the detection of heavy metal ions. Russian Chemical Reviews, 2014, 83(3): 196-224.

[17] Xiao Y, Rowe A A, Plaxco K W. Electrochemical detection of parts-per-billion lead via an electrode-bound DNAzyme assembly. Journal of the American Chemical Society, 2007, 129(2): 262-263.

[18] Yun W, Wu H, Liu X, et al. Simultaneous fluorescent detection of multiple metal ions based on the DNAzymes and graphene oxide. Analytica Chimica Acta, 2017, 986: 115-121.

[19]Li D, Song S, Fan C. Target-responsive structural switching for nucleic acid-based sensors. Accounts of Chemical Research, 2010, 43(5): 631-641.

[20] Qi L, Zhao Y, Yuan H, et al. Amplified fluorescence detection of mercury(II) ions (Hg^{2+}) using target-induced DNAzyme cascade with catalytic and molecular beacons. Analyst, 2012, 137(12): 2799-2805.

[21] Li J, Lu Y. A highly sensitive and selective catalytic DNA biosensor for lead ions. Journal of the American Chemical Society, 2000, 122(42): 10466-10467.

[22] Ji T Y, Xu L R, Zhou P. Study on nucleic acid fluorescent probe detection of lead ion. Journal of Instrumental Analysis, 2010, 29(1): 51-54.

[23] Liu J, Lu Y . Improving fluorescent DNAzyme biosensors by combining inter- and intramolecular quenchers. Analytical Chemistry, 2003, 75(23): 6666-6672.

[24] Wang F, Liu X, Willner I. DNA switches: from principles to applications. Angewandte Chemie International Edition, 2015, 54(4): 1098-1129.

[25] Seelig G, Soloveichik D, Zhang D Y, et al. Enzyme-free nucleic acid logic circuits. Science, 2006, 314(5805): 1585-1588.

[26] Qian L, Winfree E, Bruck J. Neural network computation with DNA strand displacement cascades. Nature, 2011, 475(7356): 368-372.

[27] Liu X, Lu C H, Willner I. Switchable reconfiguration of nucleic acid nanostructures by stimuli-responsive DNA machines. Accounts of Chemical Research, 2014, 47(6): 1673-1680.

[28] Felsenfeld G, Davies D R, Rich A. Formation of a 3-stranded polynucleotide molecule. Journal of the American Chemical Society, 1957, 79(8): 2023-2040.

[29] Yamagata Y, Emura T, Hidaka K, et al. Triple helix formation in a topologically controlled DNA nanosystem. Chemistry-A European Journal, 2016, 22(16): 5494-5498.

[30] Porchetta A, Idili A, Valléebélisle A, et al. General strategy to introduce pH-induced allosteryin DNA-based receptors to achieve controlled release of ligands. Nano Letters, 2015, 15(7): 4467-4471.

[31] Liao W C, Riutin M, Parak W J, et al. Programmed pH-responsive microcapsules for the

controlled release of CdSe/ZnS quantum dots. Acs Nano, 2016, 10(9): 8683-8689.

[32] Conde J, Oliva N, Atilano M, et al. Self-assembled RNA-triple-helix hydrogel scaffold for microRNA modulation in the tumour microenvironment. Nature Materials, 2016, 15(3): 353-363.

[33] Idili A, Plaxco K W, Vallée-Bélisle A, et al. Thermodynamic basis for engineering high-affinity, high-specificity binding-induced DNA clamp nanoswitches. ACS Nano, 2013, 7(12): 10863-10869.

[34] Benenson Y, Gil B, Ben-Dor U, et al. An autonomous molecular computer for logical control of gene expression. Nature, 2004, 429(6990): 423-429.

[35] Alberti P, Mergny J L. DNA duplex-quadruplex exchange as the basis for a nanomolecular machine. Proceedings of the National Academy of Sciences of the United States of America, 2003, 100(4): 1569-1573.

[36] Vale R D, Milligan R A. The way things move: looking under the hood of molecular motor proteins. Science, 2000, 288(5463): 88-95.

[37] Teller C, Willner I. Functional nucleic acid nanostructures and DNA machines. Current Opinion in Biotechnology, 2010, 21(4): 376-391.

[38] Gopaul D N, Guo F, van Duyne G D. Structure of the Holliday junction intermediate in Cre-loxP site-specific recombination. The EMBO Journal, 1998, 17(14): 4175-4187.

[39] Chuaire L. Telomere and Telomerase: brief review of a history initiated by Hermann Müller and Barbara McClintock. Colombia Médica, 2006, 37(4): 332-335.

[40] Gellert M, Lipsett M N, Davies D R. Helix formation by guanylic acid. Proceedings of the National Academy of Sciences of the United States of America, 1962, 48(12): 2013-2018.

[41] Zimmerman S B. Letter: an "acid" structure for polyriboguanylic acid observed by X-ray diffraction. Biopolymers, 1975, 14(4): 889-890.

[42] Henderson E, Hardin Ç C, Walk S K, et al. Telomeric DNA oligonucleotides form novel intramolecular structures containing guanine·guanine base pairs. Cell, 1987, 51(6): 899-908.

[43] Cheng X, Liu X, Bing T, et al. General peroxidase activity of G-quadruplex-hemin complexes and its application in ligand screening. Biochemistry, 2009, 48(33): 7817-7823.

[44] Guo Y, Chen J, Cheng M, et al. A thermophilic tetramolecular G-quadruplex/hemin DNAzyme. Angewandte Chemie International Edition, 2017, 129(52): 16863-16867.

[45] Miles H T, Frazier J. Poly (I) helix formation. Dependence on size-specific complexing to alkali metal ions. Journal of the American Chemical Society, 1978, 100(25): 8037-8038.

[46]Guschlbauer W, Chantot J F, Thiele D. Four-stranded nucleic acid structures 25 years later: from guanosine gels to telomer DNA. Journal of Biomolecular Structure and Dynamics, 1990, 8(3): 491-511.

[47] Miyoshi D, Matsumura S, Li W, et al. Structural polymorphism of telomeric DNA regulated by pH and divalent cation. Nucleotides and Nucleic Acids, 2003, 22(2): 203-221.

[48] Zhang D, Wang W, Dong Q, et al. Colorimetric detection of genetically modified organisms based on exonuclease III-assisted target recycling and hemin/G-quadruplex DNAzyme amplification. Microchimica Acta, 2018, 185(1): 75.

[49] Gu P, Zhang G, Deng Z, et al. A novel label-free colorimetric detection of l-histidine using Cu^{2+}-modulated G-quadruplex-based DNAzymes. Spectrochimica Acta Part A: Molecular and Biomolecular Spectroscopy, 2018, 203: 195-200.
[50] Tong L L, Li L, Chen Z, et al. Stable label-free fluorescent sensing of biothiols based on ThT direct inducing conformation-specific G-quadruplex. Biosensors and Bioelectronics, 2013, 49(11): 420-425.
[51] Wang Y, Wu Y, Liu W, et al. Electrochemical strategy for pyrophosphatase detection based on the peroxidase-like activity of G-quadruplex-Cu^{2+} DNAzyme. Talanta, 2018, 178: 491-497.
[52] Schaffitzel C, Berger I, Postberg J, et al. *In vitro* generated antibodies specific for telomeric guanine-quadruplex DNA react with *Stylonychia lemnae* macronuclei. Proceedings of the National Academy of Sciences of the United States of America, 2001, 98(15): 8572-8577.
[53] Biffi G, Tannahill D, Mccafferty J, et al. Quantitative visualization of DNA G-quadruplex structures in human cells.Nature Chemistry, 2013, 5(3): 182-186.
[54] Henderson A, Wu Y, Huang Y C, et al. Detection of G-quadruplex DNA in mammalian cells. Nucleic acids research, 2017, 45(10): 6252.
[55] Yu G L, Bradley J D, Attardi L D, et al. *In vivo* alteration of telomere sequences and senescence caused by mutated *Tetrahymena telomerase* RNAs. Nature, 1990, 344(6262): 126-132.
[56] Liu Z, Luo X, Li Z, et al. Enzyme-activated G-quadruplex synthesis for *in situ* label-free detection and bioimaging of cell apoptosis. Analytical Chemistry, 2017, 89(3): 1892-1899.
[57] Limongelli V, de Tito S, Cerofolini L, et al. The G-Triplex DNA. Angewandte Chemie International Edition, 2013, 52(8): 2269-22673.
[58] Wang S, Fu B, Peng S, et al. The G-triplex DNA could function as a new variety of DNA peroxidase. Chemical Communications, 2013, 49(72): 7920-7922.
[59] Xu X, Mao W, Lin F, et al. Enantioselective Diels-Alder reactions using a G-triplex DNA-based catalyst. Catalysis Communications, 2016, 74: 16-18.
[60] Jiang H X, Cui Y, Zhao T, et al. Divalent cations and molecular crowding buffers stabilize G-triplex at physiologically relevant temperatures. Scientific Reports, 2015, 5: 9255.
[61] Ma D L, Lu L, Lin S, et al. A G-triplex luminescent switch-on probe for the detection of mung bean nuclease activity. Journal of Materials Chemistry B, 2014, 3(3): 348-352.
[62] Zhou H, Wu Z F, Han Q J, et al. Stable and label-free fluorescent probe based on G-triplex DNA and thioflavin T. Analytical Chemistry, 2018, 90(5): 3220-3226.
[63] Li T, Famulok M. I-motif-programmed functionalization of DNA nanocircles. Journal of the American Chemical Society, 2013, 135(4): 1593-1599.
[64] Zeraati M, Langley D B, Schofield P, et al. I-motif DNA structures are formed in the nuclei of human cells. Nature chemistry, 2018, 10(6): 631-637.
[65] Banerjee J, Nilsen-Hamilton M. Aptamers: multifunctional molecules for biomedical research. Journal of Molecular Medicine, 2013, 91(12): 1333-1342.
[66] Chen B, Wang Z, Hu D, et al. Determination of nanomolar levels of mercury(Ⅱ) by exploiting the silver stain enhancement of the aggregation of aptamer-functionalized gold

nanoparticles. Analytical Letters, 2014, 47(5): 795-806.

[67] Wu S, Duan N, Shi Z, et al. Dual fluorescence resonance energy transfer assay between tunable upconversion nanoparticles and controlled gold nanoparticles for the simultaneous detection of Pb^{2+} and Hg^{2+}. Talanta, 2014, 128: 327-336.

[68] Wang L, Liu X, Zhang Q, et al. Selection of DNA aptamers that bind to four organophosphorus pesticides. Biotechnology Letters, 2012, 34(5): 869-874.

[69] Kang B, Kim J H, Kim S, et al. Aptamer-modified anodized aluminum oxide-based capacitive sensor for the detection of bisphenol A. Applied Physics Letters, 2011, 98(7): 073703.

[70] Liu L, Luo L, Suryoprabowo S, et al. Development of an immunochromatographic strip test for rapid detection of ciprofloxacin in milk samples. Sensors, 2014, 14(9): 16785-16798.

[71] Lee Y J, Han S R, Maeng J S, et al. *In vitro* selection of *Escherichia coli* O157: H7-specific RNA aptamer. Biochemical and Biophysical Research Communications, 2012, 417(1): 414-420.

[72] Duan N, Wu S, Chen X, et al. Selection and identification of a DNA aptamer targeted to *Vibrio parahemolyticus*. Journal of Agricultural and Food Chemistry, 2012, 60(16): 4034-4038.

[73] Kärkkäinen R M, Drasbek M R, McDowall I, et al. Aptamers for safety and quality assurance in the food industry: detection of pathogens. International Journal of Food Science & Technology, 2011, 46(3): 445-454.

[74] Hasegawa H, Sode K, Ikebukuro K. Selection of DNA aptamers against VEGF165 using a protein competitor and the aptamer blotting method. Biotechnology Letters, 2008, 30(5): 829-834.

[75] Tuerk C, Gold L. Systematic evolution of ligands by exponential enrichment: RNA ligands to bacteriophage T4 DNA polymerase. Science, 1990, 249(4968): 505-510.

[76] Savory N, Goto S, Yoshida W, et al. Two-dimensional electrophoresis-based selection of aptamers against an unidentified protein in a tissue sample. Analytical Letters, 2013, 46(18): 2954-2963.

[77] Dwivedi H P, Smiley R D, Jaykus L A. Selection of DNA aptamers for capture and detection of *Salmonella typhimurium* using a whole-cell SELEX approach in conjunction with cell sorting. Applied Microbiology and Biotechnology, 2013, 97(8): 3677-3686.

[78] Duan N, Ding X, He L, et al. Selection, identification and application of a DNA aptamer against *Listeria monocytogenes*. Food Control, 2013, 33(1): 239-243.

[79] Liu X, Zhang D, Cao G, et al. RNA aptamers specific for bovine thrombin. Journal of Molecular Recognition, 2003, 16(1): 23-27.

[80] Huge B J, Flaherty R J, Dada O O, et al. Capillary electrophoresis coupled with automated fraction collection. Talanta, 2014, 130: 288-293.

[81] Han S R, Lee S W. *In vitro* selection of RNA aptamer specific to *Staphylococcus aureus*. Annals of Microbiology, 2014, 64(2): 883-885.

[82] Stoltenburg R, Reinemann C, Strehlitz B. FluMag-SELEX as an advantageous method for DNA aptamer selection. Analytical and Bioanalytical Chemistry, 2005, 383(1): 83-91.

[83] Mann D, Reinemann C, Stoltenburg R, et al. *In vitro* selection of DNA aptamers binding ethanolamine. Biochemical and Biophysical Research Communications, 2005, 338(4): 1928-1934.

[84] McKeague M, Bradley C R, Girolamo A D, et al. Screening and initial binding assessment of fumonisin B1 aptamers. International Journal of Molecular Sciences, 2010, 11(12): 4864-4881.

[85] Zhang H, Hamasaki A, Toshiro E, et al. Automated *in vitro* selection to obtain functional oligonucleotides. Nucleic Acids Symposium Series, 2000, 44(1): 219-220.

[86] Berezovski M, Musheev M, Drabovich A, et al. Non-SELEX selection of aptamers. Journal of the American Chemical Society, 2006, 128(5): 1410-1411.

[87] Ashley J, Ji K, Li S F. Selection of bovine catalase aptamers using non-SELEX. Electrophoresis, 2012, 33(17): 2783-2789.

[88] Yufa R, Krylova S M, Bruce C, et al. Emulsion PCR significantly improves nonequilibrium capillary electrophoresis of equilibrium mixtures-based aptamer selection: allowing for efficient and rapid selection of aptamer to unmodified ABH2 protein. Analytical Chemistry, 2014, 87(2): 1411-1419.

[89] Yu X, Yu Y. A mathematical analysis of the selective enrichment of NECEEM-based non-SELEX. Applied Biochemistry and Biotechnology, 2014, 173(8): 2019-2027.

[90] Wu W, Zhang J, Zheng M, et al. An aptamer-based biosensor for colorimetric detection of *Escherichia coli* O157: H7. PloS One, 2012, 7(11): e48999.

[91] Li H, Ding X, Peng Z, et al. Aptamer selection for the detection of *Escherichia coli* K88. Canadian Journal of Microbiology, 2011, 57(6): 453-459.

[92] Bruno J, Carrillo M, Phillips T. *In vitro* antibacterial effects of antilipopolysaccharide DNA aptamer-C1qrs complexes. Folia Microbiologica, 2008, 53(4): 295-302.

[93] Kim S E, Su W, Cho M, et al. Harnessing aptamers for electrochemical detection of endotoxin. Analytical Biochemistry, 2012, 424(1): 12-20.

[94] Bruno J G. A Novel screening method for competitive FRET-aptamers applied to *E. coli* assay development. Mccarthy, 2010, 20(6): 1211-1223.

[95] Savory N, Nzakizwanayo J, Abe K, et al. Selection of DNA aptamers against uropathogenic *Escherichia coli* NSM59 by quantitative PCR controlled Cell-SELEX. Journal of Microbiological Methods, 2014, 104: 94-100.

[96] Joshi R, Janagama H, Dwivedi H P, et al. Selection, characterization, and application of DNA aptamers for the capture and detection of *Salmonella enterica serovars*.Molecular and Cellular Probes, 2009, 23(1): 20-28.

[97] Pan Q, Zhang X L, Wu H Y, et al. Aptamers that preferentially bind type IVB pili and inhibit human monocytic-cell invasion by *Salmonella enterica serovar typhi*. Antimicrobial Agents and Chemotherapy, 2005, 49(10): 4052-4060.

[98] Liu G, Yu X, Xue F, et al. Screening and preliminary application of a DNA aptamer for rapid detection of *Salmonella* O8. Microchimica Acta, 2012, 178(1-2): 237-244.

[99] Hyeon J Y, Chon J W, Choi I S, et al. Development of RNA aptamers for detection of *Salmonella enteritidis*. Journal of Microbiological Methods, 2012, 89(1): 79-82.

[100]Cao X, Li S, Chen L, et al. Combining use of a panel of ssDNA aptamers in the detection of *Staphylococcus aureus*. Nucleic Acids Research, 2009, 37(14): 4621-4628.

[101]Suh S H, Dwivedi H P, Choi S J, et al. Selection and characterization of DNA aptamers specific for *Listeria* species. Analytical Biochemistry, 2014, 459: 39-45.

[102]Cruz-Aguado J A, Penner G. Determination of ochratoxin A with a DNA aptamer. Journal of Agricultural and Food Chemistry, 2008, 56(22): 10456-10461.

[103]王文凤. 真菌毒素寡核苷酸适配体的筛选与应用. 无锡：江南大学, 2012.

[104]Tan S Y, Acquah C, Sidhu A, et al. SELEX modifications and bioanalytical techniques for aptamer-target binding characterization. Critical Reviews in Analytical Chemistry, 2016, 46(6): 521-537.

[105]Amraee M, Oloomi M, Yavari A, et al. DNA aptamer identification and characterization for *E. coli* O157 detection using cell based SELEX method. Analytical Biochemistry, 2017, 536: 36-44.

[106]Dwivedi H P, Smiley R D, Jaykus L A. Selection and characterization of DNA aptamers with binding selectivity to *Campylobacter jejuni* using whole-cell SELEX. Applied microbiology and Biotechnology, 2010, 87(6): 2323-2334.

[107]Alfavian H, Gargari S L M, Rasoulinejad S, et al. Development of specified DNA aptamer binding to group A *Streptococcus serotype* M3. Canadian Journal of Microbiology, 2016, 63(2): 160-168.

[108]Hamula C L, Zhang H, Guan L L, et al. Selection of aptamers against live bacterial cells. Analytical Chemistry, 2008, 80(20): 7812-7819.

[109]Lavu P S R, Mondal B, Ramlal S, et al. Selection and characterization of aptamers using a modified whole cell bacterium SELEX for the detection of *Salmonella enterica serovar Typhimurium*. ACS Combinatorial Science, 2016, 18(6): 292-301.

[110]Moon J, Kim G, Lee S, et al. Identification of *Salmonella Typhimurium*-specific DNA aptamers developed using whole-cell SELEX and FACS analysis. Journal of Microbiological Methods, 2013, 95(2): 162-166.

[111]Moon J, Kim G, Park S B, et al. Comparison of whole-cell SELEX methods for the identification of *Staphylococcus aureus*-specific DNA aptamers. Sensors, 2015, 15(4): 8884-8897.

[112]Drolet D W, Moon-McDermott L, Romig T S. An enzyme-linked oligonucleotide assay. Nature Biotechnology, 1996, 14(8): 1021-1025.

[113]Pan Q, Zhang X L, Wu H Y, et al. Aptamers that preferentially bind type IVB pili and inhibit human monocytic-cell invasion by *Salmonella enterica serovar typhi*. Antimicrobial Agents & Chemotherapy, 2005, 49(10): 4052-4060.

[114]Yang M, Peng Z, Ning Y, et al. Highly specific and cost-efficient detection of *Salmonella Paratyphi* A combining aptamers with single-walled carbon nanotubes. Sensors, 2013, 13(5): 6865-6881.

[115]Wang Q Y, Kang Y J. Bioprobes based on aptamer and silica fluorescent nanoparticles for *Bacteria Salmonella typhimurium* detection. Nanoscale Research Letters, 2016, 11(1): 150.

[116]Wang B, Park B, Xu B, et al. Label-free biosensing of *Salmonella enterica serovars* at

single-cell level. Journal of Nanobiotechnology, 2017, 15(1): 40.

[117]Ahn J Y, Lee K A, Lee M J, et al. Surface plasmon resonance aptamer biosensor for discriminating pathogenic *Bacteria Vibrio parahaemolyticus*. Journal of Nanoscience & Nanotechnology, 2018, 18(3): 1599-1605.

[118]Deng Q, German I, Buchanan D, et al. Retention and separation of adenosine and analogues by affinity chromatography with an aptamer stationary phase. Analytical Chemistry, 2001, 73(22): 5415-5421.

[119]Stoltenburg R, Schubert T, Strehlitz B. *In vitro* selection and interaction studies of a DNA aptamer targeting protein A. PloS One, 2015, 10(7): e0134403.

[120]Reich P, Stoltenburg R, Strehlitz B, et al. Development of an impedimetric aptasensor for the detection of *Staphylococcus aureus*. International Journal of Molecular Sciences, 2017, 18(11): 2484.

[121]Jia F, Duan N, Wu S, et al. Impedimetric *Salmonella aptasensor* using a glassy carbon electrode modified with an electrodeposited composite consisting of reduced graphene oxide and carbon nanotubes. Microchimica Acta, 2016, 183(1): 337-344.

[122]Yuan J, Tao Z, Yu Y, et al. A visual detection method for *Salmonella typhimurium* based on aptamer recognition and nanogold labeling. Food Control, 2014, 37(1): 188-192.

[123]Duan N, Wu S, Ma X, et al. A universal fluorescent aptasensor based on AccuBlue dye for the detection of pathogenic bacteria. Analytical Biochemistry, 2014, 454(1): 1-6.

[124]Duan N, Wu S, Yu Y, et al. A dual-color flow cytometry protocol for the simultaneous detection of *Vibrio parahaemolyticus* and *Salmonella typhimurium* using aptamer conjugated quantum dots as labels. Analytica Chimica Acta, 2013, 804: 151-158.

[125]Duan N, Wu S, Dai S, et al. Simultaneous detection of pathogenic bacteria using an aptamer based biosensor and dual fluorescence resonance energy transfer from quantum dots to carbon nanoparticles. Microchimica Acta, 2015, 182(5-6): 917-923.

[126]Wu S, Duan N, Shi Z, et al. Simultaneous aptasensor for multiplex pathogenic bacteria detection based on multicolor upconversion nanoparticles labels. Analytical Chemistry, 2014, 86(6): 3100-3107.

[127]Zhang H, Ma X, Liu Y, et al. Gold nanoparticles enhanced SERS aptasensor for the simultaneous detection of *Salmonella typhimurium* and *Staphylococcus aureus*. Biosensors & Bioelectronics, 2015, 74: 872-877.

[128]Duan Y F, Ning Y, Song Y, et al. Fluorescent aptasensor for the determination of *Salmonella typhimurium* based on a graphene oxide platform. Microchimica Acta, 2014, 181(5-6): 647-653.

[129]Chinnappan R, Alamer S, Eissa S, et al. Fluorometric graphene oxide-based detection of *Salmonella enteritis* using a truncated DNA aptamer. Mikrochimica Acta, 2017, 185(1): 61.

[130]Duan N, Chang B, Hui Z, et al. *Salmonella typhimurium* detection using a surface-enhanced Raman scattering-based aptasensor. International Journal of Food Microbiology, 2016, 218: 38-43.

[131]Labib M, Zamay A S, Kolovskaya O S, et al. Aptamer-based viability impedimetric sensor for bacteria. Analytical Chemistry, 2012, 84(21): 8966-8969.

[132]Teng J, Ye Y, Yao L, et al.Rolling circle amplification based amperometric aptamer/immuno hybrid biosensor for ultrasensitive detection of *Vibrio parahaemolyticus*. Microchimica Acta, 2017, 184(9): 3477-3485.

[133]Duan N, Yan Y, Wu S, et al. *Vibrio parahaemolyticus* detection aptasensor using surface-enhanced Raman scattering. Food Control, 2016, 63: 122-127.

[134]Duan N, Shen M, Wu S, et al. Graphene oxide wrapped Fe_3O_4@Au nanostructures as substrates for aptamer-based detection of *Vibrio parahaemolyticus* by surface-enhanced Raman spectroscopy. Microchimica Acta, 2017, 184(8): 1-8.

[135]Li Y, Ye Y, Teng J, et al. *In vitro* isothermal nucleic acid amplification assisted surface-enhanced Raman spectroscopic for ultrasensitive detection of *Vibrio parahaemolyticus*. Analytical Chemistry, 2017, 89(18): 9775-9780.

[136]Hao L, Gu H, Duan N, et al. An enhanced chemiluminescence resonance energy transfer aptasensor based on rolling circle amplification and WS_2 nanosheet for *Staphylococcus aureus* detection. Analytica Chimica Acta, 2017, 959: 83-90.

[137]Lee S H, Ahn J Y, Lee K A, et al. Analytical bioconjugates, aptamers, enable specific quantitative detection of *Listeria monocytogenes*. Biosensors & Bioelectronics, 2015, 68: 272-280.

[138]Kurt H, Yüce M, Hussain B, et al. Dual-excitation upconverting nanoparticle and quantum dot aptasensor for multiplexed food pathogen detection. Biosensors & Bioelectronics, 2016, 81: 280-286.

[139]王勇，赵新颖，石冬冬，等. 小分子靶标的核酸适配体筛选的研究进展. 色谱，2016, 34(4): 361-369.

[140]Briones C, Moreno M. Applications of peptide nucleic acids (PNAs) and locked nucleic acids (LNAs) in biosensor development. Analytical and Bioanalytical Chemistry, 2012, 402(10): 3071-3089.

[141]Sefah K, Yang Z, Bradley K M, et al. *In vitro* selection with artificial expanded genetic information systems. Proceedings of the National Academy of Sciences of the United States of America, 2014, 111(4): 1449-1454.

[142]Liu M, Jinmei H, Abe H, et al. *In vitro* selection of a photoresponsive RNA aptamer to hemin. Bioorganic & Medicinal Chemistry Letters, 2010, 20(9): 2964-2967.

[143]刘洪美，栾云霞，陆安祥,等. 核酸适配体在小分子目标物快速检测中的应用. 食品安全质量检测学报, 2017, 8(8): 129-137.

[144]Jo M, Ahn J Y, Lee J, et al. Development of single-stranded DNA aptamers for apecific bisphenol A detection. Oligonucleotides, 2011, 21(2): 85.

[145]Mei H, Bing T, Yang X, et al. Functional-group specific aptamers indirectly recognizing compounds with alkyl amino group. Analytical Chemistry, 2012, 84(17): 7323-7329.

[146]Zhou N, Wang J, Zhang J, et al. Selection and identification of streptomycin-specific single-stranded DNA aptamers and the application in the detection of streptomycin in honey. Talanta, 2013, 108(8): 109-116.

[147]Derbyshire N, White S J, Bunka D H, et al. Toggled RNA aptamers against aminoglycosides allowing facile detection of antibiotics using gold nanoparticle assays.

Analytical Chemistry, 2012, 84(15): 6595-6602.

[148]Stojanovic M N, And P D P, Landry D W. Fluorescent sensors based on aptamer self-assembly. Journal of the American Chemical Society, 2000, 122(46): 11547-11548.

[149]Schoukroun-Barnes L R, Wagan S, White R J. Enhancing the analytical performance of electrochemical RNA aptamer-based sensors for sensitive detection of aminoglycoside antibiotics. Analytical Chemistry, 2014, 86(10): 1131-1137.

[150]Feng L, Zhang Z, Ren J, et al. Functionalized graphene as sensitive electrochemical label in target-dependent linkage of split aptasensor for dual detection. Biosensors & Bioelectronics, 2014, 62(1): 52-58.

[151]Sanghavi B J, Moore J A, Chávez J L, et al. Aptamer-functionalized nanoparticles for surface immobilization-free electrochemical detection of cortisol in a microfluidic device. Biosensors & Bioelectronics, 2016, 78: 244-252.

[152]Yang C, Wang Q, Xiang Y, et al. Target-induced strand release and thionine-decorated gold nanoparticle amplification labels for sensitive electrochemical aptamer-based sensing of small molecules. Sensors & Actuators B: Chemical, 2014, 197(7): 149-154.

[153]Xie S, Chai Y, Yuan Y, et al. Development of an electrochemical method for ochratoxin A detection based on aptamer and loop-mediated isothermal amplification. Biosensors & Bioelectronics, 2014, 55(9): 324-329.

[154]Luan Q, Xi Y, Gan N, et al. A facile colorimetric aptamer assay for small molecule detection in food based on a magnetic single-stranded DNA binding protein-linked composite probe.Sensors & Actuators B: Chemical, 2017, 239: 979-287.

[155]Sharma A K, Kent A D, Heemstra J M, et al. Enzyme-linked small-molecule detection using split aptamer ligation. Analytical Chemistry, 2012, 84(14): 6104-6109.

[156]Zhang S, Wang K, Li J, et al. Highly efficient colorimetric detection of ATP utilizing split aptamer target binding strategy and superior catalytic activity of graphene oxide-platinum/gold nanoparticles. Rsc Advances, 2015, 5(92): 75746-75752.

[157]Lee J, Jeon C H, Ahn S J, et al. Highly stable colorimetric aptamer sensors for detection of ochratoxin A through optimizing the sequence with the covalent conjugation of hemin. Analyst, 2014, 139(7): 1622-1627.

[158]Zhu C, Zhao Y, Yan M, et al. A sandwich dipstick assay for ATP detection based on split aptamer fragments. Analytical & Bioanalytical Chemistry, 2016, 408(15): 4151-4158.

[159]Liu J, Zeng J, Tian Y, et al. An aptamer and functionalized nanoparticle-based strip biosensor for on-site detection of kanamycin in food samples. Analyst, 2018, 143(1): 182-189.

[160]Ge J, Li X P, Jiang J H, et al. A highly sensitive label-free sensor for Mercury ion (Hg^{2+}) by inhibiting thioflavin T as DNA G-quadruplexes fluorescent inducer. Talanta, 2014, 122: 85-90.

[161]Emrani A S, Danesh N M, Ramezani M, et al. A novel fluorescent aptasensor based on hairpin structure of complementary strand of aptamer and nanoparticles as a signal amplification approach for ultrasensitive detection of cocaine. Biosensors & Bioelectronics, 2016, 79: 288-293.

[162]Lu Z, Chen X, Wang Y, et al. Aptamer based fluorescence recovery assay for aflatoxin B1 using a quencher system composed of quantum dots and graphene oxide. Microchimica Acta, 2015, 182(3-4): 571-578.

[163]Miao Y B, Ren H X, Gan N, et al. A homogeneous and "off-on" fluorescence aptamer-based assay for chloramphenicol using vesicle quantum dot-gold colloid composite probes. Analytica chimica acta, 2016, 929: 49-55.

[164]Shim W B, Mun H, Joung H A, et al. Chemiluminescence competitive aptamer assay for the detection of aflatoxin B1 in corn samples. Food Control, 2014, 36(1): 30-35.

[165]Miao Y B, Gan N, Ren H X, et al. Switch-on fluorescence scheme for antibiotics based on a magnetic composite probe with aptamer and hemin/G-quadruplex coimmobilized nano-Pt-luminol as signal tracer. Talanta, 2016, 147: 296-301.

[166]Liu F, Wang S, Zhang M, et al. Aptamer based test stripe for ultrasensitive detection of mercury(II) using a phenylene-ethynylene reagent on nanoporous silver as a chemiluminescence reagent. Microchimica Acta, 2014, 181(5-6): 663-670.

[167]Liu Z, Zhang W, Hu L, et al. Label-free and signal-on electrochemiluminescence aptasensor for ATP based on target-induced linkage of split aptamer fragments by using $[Ru(phen)_3]^{2+}$ intercalated into double-strand DNA as a probe. Chemistry–A European Journal, 2010, 16(45): 13356-13359.

[168]He L, Lamont E, Veeregowda B, et al. Aptamer-based surface-enhanced Raman scattering detection of ricin in liquid foods. Chemical Science, 2011, 2(8): 1579-1582.

[169]Li M, Zhang J, Suri S, et al. Detection of adenosine triphosphate with an aptamer biosensor based on surface-enhanced Raman scattering. Analytical Chemistry, 2012, 84(6): 2837-2842.

[170]Chung E, Jeon J, Yu J, et al. Surface-enhanced Raman scattering aptasensor for ultrasensitive trace analysis of bisphenol A. Biosensors and Bioelectronics, 2015, 64: 560-565.

[171]Zhu Z, Feng M, Zuo L, et al. An aptamer based surface plasmon resonance biosensor for the detection of ochratoxin A in wine and peanut oil. Biosensors and Bioelectronics, 2015, 65: 320-326.

[172]Park J H, Byun J Y, Shim W B, et al. High-sensitivity detection of ATP using a localized surface plasmon resonance (LSPR) sensor and split aptamers. Biosensors and Bioelectronics, 2015, 73: 26-31.

[173]Sun L, Wu L, Zhao Q. Aptamer based surface plasmon resonance sensor for aflatoxin B1. Microchimica Acta, 2017, 184(8): 2605-2610.

[174]Breaker R R, Joyce G F. A DNA enzyme that cleaves RNA. Chemistry & Biology, 1994, 1(4): 223-229.

[175]Zhang J, Lau M W, Ferréd'Amaré A R. Ribozymes and riboswitches: modulation of RNA function by small molecules. Biochemistry, 2010, 49(43): 9123-9131.

[176]Soukup G A, Breaker R R. Relationship between internucleotide linkage geometry and the stability of RNA. RNA-A Publication of the RNA Society, 1999, 5(10): 1308-1313.

[177]Santoro S W, Joyce G F. A general purpose RNA-cleaving DNA enzyme. Proceedings of

the National Acadamy of Sciences of the United States of America, 1997, 94(9): 4262-4266.

[178]Zhou W, Vazin M, Yu T, et al. *In vitro* selection of chromium-dependent DNAzymes for sensing chromium(III) and chromium(VI). Chemistry, 2016, 22(28): 9835-9840.

[179]Huang P J, Liu J. Rational evolution of Cd^{2+}-specific DNAzymes with phosphorothioate modified cleavage junction and Cd^{2+} sensing. Nucleic Acids Research, 2015, 43(12): 6125-6133.

[180]Cheng Y, Huang Y, Lei J, et al. Design and biosensing of Mg^{2+}-dependent DNAzyme-triggered ratiometric electrochemiluminescence. Analytical Chemistry, 2014, 86(10): 5158-5163.

[181]Nelson K E, Bruesehoff P J, Lu Y. *In vitro* selection of high temperature Zn^{2+}-dependent DNAzymes. Journal of Molecular Evolution, 2005, 61(2): 216-225.

[182]Vannela R, Adriaens P. *In vitro* selection of mercury(II)- and arsenic(V)-dependent RNA-cleaving DNAzymes. Environmental Engineering Science, 2007, 24(1): 73-84.

[183]Carmi N, Shultz L A, Breaker R R. *In vitro* selection of self-cleaving DNAs. Chemistry & Biology, 1996, 3(12): 1039-1046.

[184]Liu J, Lu Y. A DNAzyme catalytic beacon sensor for paramagnetic Cu^{2+} ions in aqueous solution with high sensitivity and selectivity. Journal of the American Chemical Society, 2007, 129(32): 9838-9839.

[185]Carmi N, Breaker R R. Characterization of a DNA-cleaving deoxyribozyme. Bioorganic & Medicinal Chemistry, 2001, 9(10): 2589-2600.

[186]Xiao Y, Chandra M, Silverman S K. Functional compromises among pH tolerance, site specificity, and sequence tolerance for a DNA-hydrolyzing deoxyribozyme. Biochemistry, 2010, 49(44): 9630-9637.

[187]Madhavaiah C, Amit S, Silverman S K. DNA-catalyzed sequence-specific hydrolysis of DNA. Nature Chemical Biology, 2009, 5(10): 718-720.

[188]Flynn-Charlebois A, Wang Y, Prior T K, et al. Deoxyribozymes with 2′-5′ RNA ligase activity. Journal of the American Chemical Society, 2003, 125(9): 2444-2454.

[189]Flynn-Charlebois A, Prior T K, Hoadley K A, et al. *In vitro* evolution of an RNA-cleaving DNA enzyme into an RNA ligase switches the selectivity from 3′-5′ to 2′-5′. Journal of the American Chemical Society, 2003, 125(18): 5346-5350.

[190]Purtha W E, Coppins R L, Smalley M K, et al. General deoxyribozyme-catalyzed synthesis of native 3′-5′ RNA linkages. Journal of the American Chemical Society, 2005, 127(38): 13124-13125.

[191]Pratico E D, Wang Y, Silverman S K. A deoxyribozyme that synthesizes 2′,5′-branched RNA with any branch-site nucleotide. Nucleic Acids Research, 2005, 33(11): 3503-3512.

[192]Cuenoud B, Szostak J W. A DNA metalloenzyme with DNA ligase activity. Nature, 1995, 375(6532): 611-614.

[193]Katz S. Mechanism of the reaction of polynucleotides and HgⅡ. Nature, 1962, 194(4828): 569.

[194]Marzilli L G, Kistenmacher T J, Rossi M. An extension of the role of O(2) of cytosine residues in the binding of metal ions. Synthesis and structure of 1-methylcytosine. Journal

of the American Chemical Society, 1977, 99(8): 2797-2798.
[195]Ono A, Cao S, Togashi H, et al. Specific interactions between silver(I) ions and cytosine-cytosine pairs in DNA duplexes. Chemical Communications, 2008, 39(39): 4825-4827.
[196]Tong D, Duan H, Zhuang H, et al. Using T-Hg-T and C-Ag-T: a four-input dual-core molecular logic gate and its new application in cryptography. RSC Advances, 2014, 4(11): 5363-5366.
[197]Iii A J A, Dias H V R, Calabrese J C, et al. Homoleptic carbene-silver(I) and carbene-copper(I) complexes. Organometallics, 1993, 12(9): 3405-3409.
[198]Sandmann B, Happ B, Hager M D, et al. Efficient Cu(I) acetate-catalyzed cycloaddition of multifunctional alkynes and azides: from solution to bulk polymerization. Journal of Polymer Science Part A Polymer Chemistry, 2014, 52(2): 239-247.
[199]Jason E. Hein V V F. Copper-catalyzed azide-alkyne cycloaddition (CuAAC) and beyond: new reactivity of copper(i) acetylides. Chemical Society Reviews, 2010, 41(28): 1302-1315.
[200]Deraedt C, Pinaud N, Astruc D. Recyclable catalytic dendrimer nanoreactor for part-per-million Cu(I) catalysis of "click" chemistry in water. Journal of the American Chemical Society, 2014, 136(34): 12092-12098.
[201]Zhang L, Chen X, Xue P, et al. Ruthenium-catalyzed cycloaddition of alkynes and organic azides. Cheminform, 2005, 127(46): 15998-15999.
[202]Wang C, Ikhlef D, Kahlal S, et al. Metal-catalyzed azide-alkyne "click" reactions: mechanistic overview and recent trends. Coordination Chemistry Reviews, 2016, 47(49): 1-20.
[203]Balagurumoorthy P, Brahmachari S K. Structure and stability of human telomeric sequence. Journal of Biological Chemistry, 1994, 269(34): 21858-21869.
[204]Berezovski M, Drabovich A, Krylova S M, et al. Nonequilibrium capillary electrophoresis of equilibrium mixtures: a universal tool for development of aptamers. Journal of the American Chemical Society, 2005, 127(9): 3165-3171.
[205]Yang D, Liu X, Zhou Y, et al. Aptamer-based biosensors for detection of lead(II) ion: a review. Analytical Methods, 2017, 9(13): 1976-1990.
[206]Qu H, Csordas A T, Wang J, et al. Rapid and label-free strategy to isolate aptamers for metal ions. ACS Nano, 2016, 10(8): 7558-7565.
[207]Young D D, Lively M O, Deiters A. Activation and deactivation of DNAzyme and antisense function with light for the photochemical regulation of gene expression in mammalian cells. Journal of the American Chemical Society, 2010, 132(17): 6183-6193.
[208]Heckel A, Mayer G. Light regulation of aptamer activity: an anti-thrombin aptamer with caged thymidine nucleobases. Journal of the American Chemical Society, 2005, 127(3): 822-823.
[209]Qing Z, He X, He D, et al. Poly(thymine)-templated selective formation of fluorescent copper nanoparticles. Angewandte Chemie International Edition, 2013, 52(37): 9719-9722.
[210]Li W, Zhao X, Zhang J, et al. Cu(II)-coordinated GpG-duplex DNA as peroxidase mimetics and its application for label-free detection of Cu^{2+} ions. Biosensors & Bioelectronics, 2014, 60(6): 252-258.

[211]Li Y, Tseng Y D, Kwon S Y, et al. Controlled assembly of dendrimer-like DNA. Nature Materials, 2004, 3(1): 38-42.
[212]Rudchenko M N, Zamyatnin A A. Prospects for using self-assembled nucleic acid structures. Biochemistry, 2015, 80(4): 391-399.
[213]Kim S T, Kool E T. Sensing metal ions with DNA building blocks: fluorescent pyridobenzimidazole nucleosides. Journal of the American Chemical Society, 2006, 128(18): 6164-6171.
[214]Yuen L H, Franzini R M, Tan S S, et al. Large-scale detection of metals with a small set of fluorescent DNA-like chemosensors. Journal of the American Chemical Society, 2014, 136(41): 14576-14582.
[215]Gao L, Li C, Li X, et al. Experimental and numerical characterization of flow-induced vibration of multispan U-tubes. Journal of Pressure Vessel Technology, 2010, 134(1): 011301.
[216]Brown A K, Li J, Pavot C M, et al. A lead-dependent DNAzyme with a two-step mechanism. Biochemistry, 2003, 42(23): 7152-7161.
[217]Liu J, Lu Y. Improving fluorescent DNAzyme biosensors by combining inter- and intramolecular quenchers. Analytical Chemistry, 2003, 75(23): 6666-6672.
[218]Chiuman W, Li Y. Efficient signaling platforms built from a small catalytic DNA and doubly labeled fluorogenic substrates. Nucleic Acids Research, 2007, 35(2): 401-405.
[219]Liu J, Brown A K, Meng X, et al. A catalytic beacon sensor for uranium with parts-per-trillion sensitivity and millionfold selectivity. Proceedings of the National Academy of Sciences of the United States of America, 2007, 104(7): 2056-2061.
[220]Lan T, Furuya K, Lu Y. A highly selective lead sensor based on a classic lead DNAzyme. Chemical Communications, 2010, 46(22): 3896-3898.
[221]Hohng S, Ha T. Single-molecule quantum-dot fluorescence resonance energy transfer. ChemPhysChem, 2005, 6(5): 956.
[222]Wu C S, Khaing Oo M K, Fan X. Highly sensitive multiplexed heavy metal detection using quantum-dot-labeled DNAzymes. ACS Nano, 2010, 4(10): 5897-5904.
[223]Kim J H, Han S H, Chung B H. Improving Pb^{2+} detection using DNAzyme-based fluorescence sensors by pairing fluorescence donors with gold nanoparticles. Biosensors & Bioelectronics, 2011, 26(5): 2125.
[224]Zhang L, Zhang Y, Wei M, et al. A label-free fluorescent molecular switch for Cu^{2+} based on metal ion-triggered DNA-cleaving DNAzyme and DNA intercalator. New Journal of Chemistry, 2013, 37(4): 1252-1257.
[225]Zhang L, Han B, Li T, et al. Label-free DNAzyme-based fluorescing molecular switch for sensitive and selective detection of lead ions. Chemical Communications, 2011, 47(11): 3099-3101.
[226]Lu Y J, Ma N, Li Y J, et al. Styryl quinolinium/G-quadruplex complex for dual-channel fluorescent sensing of Ag^{+} and cysteine. Sensors & Actuators B: Chemical, 2012, 173(10): 295-299.
[227]Guo Y, Cao F, Lei X, et al. Fluorescent copper nanoparticles: recent advances in synthesis

and applications for sensing metal ions. Nanoscale, 2016, 8(9): 4852-4863.

[228]Liu J, Lu Y. Preparation of aptamer-linked gold nanoparticle purple aggregates for colorimetric sensing of analytes. Nature Protocols, 2006, 1(1): 246-2452.

[229]Lim I I, Ip W, Crew E, et al. Homocysteine-mediated reactivity and assembly of gold nanoparticles. Langmuir, 2007, 23(2): 826-833.

[230]Liu J, Lu Y. Colorimetric lead biosensor using DNAzyme-directed assembly of gold nanoparticles. Journal of the American Chemical Society, 2003, 125(22): 6642-6643.

[231]And J L, Lu Y. Optimization of a Pb^{2+}-directed gold nanoparticle/DNAzyme assembly and its application as a colorimetric biosensor for Pb^{2+}. Chemistry of Materials, 2004, 16(17): 3231-3238.

[232]Zhou X H, Kong D M, Shen H X. G-quadruplex-hemin DNAzyme-amplified colorimetric detection of Ag^{+} ion. Analytica Chimica Acta, 2010, 678(1): 124-127.

[233]Elbaz J, Shlyahovsky B, Willner I. A DNAzyme cascade for the amplified detection of Pb^{2+} ions or L-histidine. Chemical Communications, 2008, 13(13): 1569-1571.

[234]Moshe M, Elbaz J, Willner I. Sensing of UO_2^{2+} and design of logic gates by the application of supramolecular constructs of ion-dependent DNAzymes. Nano Letters, 2009, 9(3): 1196-1200.

[235]Shen L, Chen Z, Li Y, et al. Electrochemical DNAzyme sensor for lead based on amplification of DNA-Au Bio-Bar codes. Analytical Chemistry, 2008, 80(16): 6323-6638.

[236]Fire A, Xu S Q. Rolling replication of short DNA circles. Proceedings of the National Academy of Sciences of the United States of America, 1995, 92(10): 4641-4645.

[237]Liu D, Daubendiek S L, Zillman M A, et al. Rolling circle DNA synthesis: small circular oligonucleotides as efficient templates for DNA polymerases. Journal of the American Chemical Society, 1996, 118(7): 1587-1594.

[238]Destefano J J, Cristofaro J V. Selection of primer-template sequences that bind human immunodeficiency virus reverse transcriptase with high affinity. Nucleic Acids Research, 2006, 34(1): 130-139.

[239]Vivekananda J, Kiel J L. Anti-francisella tularensis DNA aptamers detect tularemia antigen from different subspecies by aptamer-linked immobilized sorbent assay. Laboratory Investigation, 2006, 86(6): 610-618.

[240]Wang W, Jia L Y. Progress in aptamer screening methods. Chinese Journal of Analytical Chemistry, 2009, 37(3): 454-460.

[241]Gopinath S C, Awazu K, Fons P, et al. A sensitive multilayered structure suitable for biosensing on the BioDVD platform. Analytical Chemistry, 2009, 81(12): 4963-4970.

[242]Morrison D, Rothenbroker M, Li Y. DNAzymes: selected for applications. Small Methods, 2018, 2: 1700319.

[243]Schlosser K, Li Y. Biologically inspired synthetic enzymes made from DNA. Chemistry & Biology, 2009, 16(3): 311-322.

[244]Schlosser K, Li Y. A versatile endoribonuclease mimic made of DNA: characteristics and applications of the 8-17 RNA-cleaving DNAzyme. Chembiochem, 2010, 11(7): 866-879.

[245]Ali M M, Aguirre S D, Lazim H, et al. Fluorogenic DNAzyme probes as bacterial

indicators. Angewandte Chemie International Edition, 2011, 50(16): 3751-3754.
[246]Shen Z, Wu Z, Chang D, et al. A catalytic DNA activated by a specific strain of bacterial pathogen. Angewandte Chemie International Edition, 2016, 55(7): 2431-2434.
[247]Li Y. Advancements in using reporter DNAzymes for identifying pathogenic bacteria at speed and with convenience. Future Microbiology, 2011, 6(9): 973-976.
[248]Liu M, Zhang Q, Li Z, et al. Programming a topologically constrained DNA nanostructure into a sensor. Nature communications, 2016, 7: 12074.
[249]Liu M, Zhang Q, Chang D, et al. A DNAzyme feedback amplification strategy for biosensing. Angewandte Chemie International Edition, 2017, 56(22): 6142.
[250]Aguirre S D, Ali M M, Kanda P, et al. Detection of bacteria uing fluorogenic DNAzymes. Journal of Visualized Experiments Jove, 2012, (63): e3961.
[251]Kandadai S A, Mok W W, Ali M M, et al. Characterization of an RNA-cleaving deoxyribozyme with optimal activity at pH 5. Biochemistry, 2009, 48(31): 7383-7391.
[252]Ali M M, Aguirre S D, Lazim H, et al. Fluorogenic DNAzyme probes as bacterial indicators. Angewandte Chemie International Edition, 2011, 50(16): 3751-3754.
[253]Shen Z, Wu Z, Chang D, et al. A catalytic DNA activated by a specific strain of bacterial pathogen. Angewandte Chemie International Edition, 2016, 55(7): 2431-2434.
[254]Yousefi H, Ali M M, Su H M, et al. Sentinel wraps: real-time monitoring of food contamination by printing DNAzyme probes on food packaging. ACS nano, 2018, 12(4): 3287-3294.
[255]He S, Qu L, Shen Z, et al. Highly specific recognition of breast tumors by an RNA-cleaving fluorogenic DNAzyme probe. Analytical chemistry, 2014, 87(1): 569-577.
[256]Ali M M, Li Y. Colorimetric sensing by using allosteric-DNAzyme-coupled rolling circle amplification and a peptide nucleic acid-organic dye probe. Angewandte Chemie International Edition, 2009, 48(19): 3512-3515.
[257]Zhao W, Ali M M, Brook M A, et al. Rolling-circle-amplifikation: anwendungen in der nanotechnologie und in der biodetektion mit funktionellen nucleinsäuren. Angewandte Chemie International Edition, 2008, 120(34): 6428-6436.
[258]Kushon S A, Jordan J P, Seifert J L, et al. Effect of secondary structure on the thermodynamics and kinetics of PNA hybridization to DNA hairpins. Journal of the American Chemical Society, 2001, 123(44): 10805-10813.
[259]Komiyama M, Ye S, Liang X, et al. PNA for one-base differentiating protection of DNA from nuclease and its use for SNPs detection. Journal of the American Chemical Society, 2003, 125(13): 3758-3762.
[260]Wang H, Du S M, Seeman N C. Tight single-stranded DNA knots. Journal of Biomolecular Structure and Dynamics, 1993, 10(5): 853-863.
[261]Xiao S J, Hu P P, Li Y F, et al. Aptamer-mediated turn-on fluorescence assay for prion protein based on guanine quenched fluophor. Talanta, 2009, 79(5): 1283-1286.
[262]Shen Y, Brennan J D, Li Y. Characterizing the secondary structure and identifying functionally essential nucleotides of pH6DZ1, a fluorescence-signaling and RNA-cleaving deoxyribozyme. Biochemistry, 2005, 44(36): 12066-12076.

[263]Chiuman W, Li Y. Evolution of high-branching deoxyribozymes from a catalytic DNA with a three-way junction. Chemistry & Biology, 2006, 13(10): 1061-1069.

[264]Chiuman W, Li Y. Revitalization of six abandoned catalytic DNA species reveals a common three-way junction framework and diverse catalytic cores. Journal of Molecular Biology, 2006, 357(3): 748-754.

[265]Ali M M, Li Y. Colorimetric sensing by using allosteric-DNAzyme-coupled rolling circle amplification and a peptide nucleic acid-organic dye probe. Angewandte Chemie International Edition, 2009, 121(19): 3564-3567.

[266]Iii L J M, Dervan P B, Wold B J. Kinetic analysis of oligodeoxyribonucleotide-directed triple-helix formation on DNA. Biochemistry, 1990, 29(37): 8820-8826.

[267]Idili A, Valléebélisle A, Ricci F. Programmable pH-triggered DNA nanoswitches. Journal of the American Chemical Society, 2014, 136(16): 5836-5839.

[268]Trkulja I, Häner R. Monomeric and heterodimeric triple helical DNA mimics. Journal of the American Chemical Society, 2007, 129(25): 7982-7989.

[269]Antony T, Thomas T, Sigal L H, et al. A molecular beacon strategy for the thermodynamic characterization of triplex DNA: triplex formation at the promoter region of cyclin D1. Development Genes & Evolution, 2001, 212(8): 365-373.

[270]Antony T, Subramaniam V. A molecular beacon strategy for real-time monitoring of triplex DNA formation kinetics. Antisense & Nucleic Acid Drug Development, 2002, 12(3): 145.

[271]Ihara T, Ishii T, Araki N, et al. Silver ion unusually stabilizes the structure of a parallel-motif DNA triplex. Journal of the American Chemical Society, 2009, 131(11): 3826-3827.

[272]Xi D, Wang X, Ai S, et al. Detection of cancer cells using triplex DNA molecular beacons based on expression of enhanced green fluorescent protein (eGFP). Chemical Communications, 2014, 50(67): 9547-9549.

[273]Han M S, Lyttonjean A K R, Mirkin C A. A gold nanoparticle based approach for screening triplex DNA binders. Journal of the American Chemical Society, 2006, 128(15): 4954-4955.

[274]Patterson A, Caprio F, Valléebélisle A, et al. Using triplex-forming oligonucleotide probes for the reagentless, electrochemical detection of double-stranded DNA. Analytical Chemistry, 2010, 82(21): 9109-9115.

[275]Zheng J, Li J, Jiang Y, et al. Design of aptamer-based sensing platform using triple-helix molecular switch. Analytical Chemistry, 2011, 83(17): 6586-6592.

[276]Du Y, Mao Y, He X, et al. A signal on aptamer-based electrochemical sensing platform using a triple-helix molecular switch. Analytical Methods, 2014, 6(16): 6294-6300.

[277]Ramezani M, Mohammad D N, Lavaee P, et al. A novel colorimetric triple-helix molecular switch aptasensor for ultrasensitive detection of tetracycline. Biosensors & Bioelectronics, 2015, 70: 181-187.

[278]Idili A, Amodio A, Vidonis M, et al. Folding-upon-binding and signal-on electrochemical DNA sensor with high affinity and specificity. Analytical Chemistry, 2014, 86(18): 9013-9019.

[279]Kandimalla E R, Agrawal S. Hoogsteen DNA duplexes of 3′-3′- and 5′-5′-linked oligonucleotides and trip formation with RNA and DNA pyrimidine single strands: experimental and molecular modeling studies. Biochemistry, 1996, 35(48): 15332-15339.
[280]Betts L, Josey J A, Veal J M, et al. A nucleic acid triple helix formed by a peptide nucleic acid-DNA complex. Science, 1995, 270(5243): 1838-1841.
[281]Baker E S, Hong J W, Gaylord B S, et al. PNA/dsDNA complexes: site specific binding and dsDNA biosensor applications. Journal of the American Chemical Society, 2006, 128(26): 8484-8492.
[282]Li K, Liu B. Conjugated polyelectrolyte amplified thiazole orange emission for label free sequence specific DNA detection with single nucleotide polymorphism selectivity. Analytical Chemistry, 2009, 81(10): 4099-4105.
[283]Grossmann T N, Röglin L, Seitz O. Triplex molecular beacons as modular probes for DNA detection. Angewandte Chemie International Edition, 2007, 46(27): 5223-5225.
[284]Hamidi-Asl E, Raoof J B, Ojani R, et al. A new peptide nucleotide acid biosensor for electrochemical detection of single nucleotide polymorphism in duplex DNA via triplex structure formation. Journal of the Iranian Chemical Society, 2013, 10(6): 1075-1083.
[285]马小明, 孙密, 林悦, 等. 基于金纳米材料的可视化生物传感器的研究进展. 分析化学, 2018, (1): 1-10.
[286]Jung Y H, Lee K B, Kim Y G, et al. Proton-fueled, reversible assembly of gold nanoparticles by controlled triplex formation. Angewandte Chemie International Edition, 2006, 118(36): 6106-6109.
[287]Xiong C, Wu C, Zhang H, et al. Gold nanoparticles-based colorimetric investigation of triplex formation under weak alkalic pH environment with the aid of Ag^+. Spectrochimica Acta Part A Molecular & Biomolecular Spectroscopy, 2011, 79(5): 956-961.
[288]Zhu D, Zhu J, Zhu Y, et al. Sensitive detection of transcription factors using an Ag(+)-stabilized self-assembly triplex DNA molecular switch. Chemical Communications, 2014, 50(95): 14987-14990.
[289]Jing Z, Jiao A, Yang R, et al. Fabricating reversible and regenerable Raman-active substrate with biomolecule-controlled DNA nanomachine. Journal of the American Chemical Society, 2012, 134(49): 19957-19960.
[290]Guerrini L, Mckenzie F, Wark A W, et al. Tuning the interparticle distance in nanoparticle assemblies in suspension via DNA-triplex formation: correlation between plasmonic and surface-enhanced Raman scattering responses. Chemical Science, 2012, 3(7): 2262-2269.
[291]Zheng J, Hu Y, Bai J, et al. Universal surface-enhanced Raman scattering amplification detector for ultrasensitive detection of multiple target analytes. Analytical Chemistry, 2014, 86(4): 2205-2212.
[292]Cai X, Rivas G, Shirashi H, et al. Electrochemical analysis of formation of polynucleotide complexes in solution and at electrode surfaces. Analytica Chimica Acta, 1997, 344(1): 65-76.
[293]Wang X, Jiang A, Hou T, et al. A versatile label-free and signal-on electrochemical biosensing platform based on triplex-forming oligonucleotide probe. Analytica Chimica

Acta, 2015, 890: 91-97.
[294]Amodio A, Zhao B, Porchetta A, et al. Rational design of pH-controlled DNA strand displacement. Journal of the American Chemical Society, 2014, 136(47): 16469-16472.
[295]Idili A, Porchetta A, Amodio A, et al. Controlling hybridization chain reactions with pH. Nano Letters, 2015, 15(8): 5539-5544.
[296]Chen Y, Lee S H, Mao C. A DNA nanomachine based on a duplex-triplex transition. Angewandte Chemie International Edition, 2004, 43(40): 5335-5338.
[297]Yang M, Zhang X, Liu H, et al. Stable DNA nanomachine based on duplex-triplex transition for ratiometric imaging instantaneous pH changes in living cells. Analytical Chemistry, 2015, 87(12): 5854-5859.
[298]Grosso E D, Dallaire A M, Valléebélisle A, et al. Enzyme-operated DNA-based nanodevices. Nano Letters, 2015, 15(12): 8407-8411.
[299]Chen Y, Mao C. pH-induced reversible expansion/contraction of gold nanoparticle aggregates. Small, 2008, 4(12): 2191-2194.
[300]Wu N, Willner I. pH-stimulated reconfiguration and structural isomerization of origami dimer and trimer systems. Nano Letters, 2016, 16(10): 6650-6655.
[301]Hu Y, Ren J, Lu C H, et al. Programmed pH-driven reversible association and dissociation of interconnected circular DNA dimer nanostructures. Nano Letters, 2016, 16(7): 4590-4594.
[302]Fu T J, Seeman N C. DNA double-crossover molecules. Biochemistry, 1993, 32(13): 3211-3220.
[303]Rothemund P W, Ekaninkodo A, Papadakis N, et al. Design and characterization of programmable DNA nanotubes. Journal of the American Chemical Society, 2004, 126(50): 16344-16352.
[304]Amodio A, Adedeji A F, Castronovo M, et al. pH-controlled assembly of DNA tiles. Journal of the American Chemical Society, 2016, 138(39): 12735-12738.
[305]Green L N, Amodio A, Hkk S, et al. pH-driven reversible self-assembly of micron-scale DNA scaffolds. Nano Letters, 2017, 17(12): 7283-7288.
[306]Ye S, Wu Y, Zhang W, et al. A sensitive SERS assay for detecting proteins and nucleic acids using a triple-helix molecular switch for cascade signal amplification. Chemical Communications, 2014, 50(66): 9409-9412.
[307]Li Z, Miao X, Xing K, et al. Enhanced electrochemical recognition of double-stranded DNA by using hybridization chain reaction and positively charged gold nanoparticles. Biosensors & Bioelectronics, 2015, 74: 687-690.
[308]Li Y, Miao X, Ling L. Triplex DNA: a new platform for polymerase chain reaction–based biosensor. Scientific Reports, 2015, 5: 13010-13013.
[309]Ren J, Hu Y, Lu C H, et al. pH-responsive and switchable triplex-based DNA hydrogels. Chemical Science, 2015, 6(7): 4190-4195.
[310]Hu Y, Lu C H, Guo W, et al. A shape memory acrylamide/DNA hydrogel exhibiting switchable dual pH-responsiveness. Advanced Functional Materials, 2016, 25(44): 6867-6874.

[311]Hu Y, Guo W, Kahn J S, et al. A shape-memory DNA-based hydrogel exhibiting two internal memories. Angewandte Chemie International Edition, 2016, 128(13): 4210-4214.

[312]Del G E, Idili A, Porchetta A, et al. A modular clamp-like mechanism to regulate the activity of nucleic-acid target-responsive nanoswitches with external activators. Nanoscale, 2016, 8(42): 18057-18061.

[313]Kahn J S, Freage L, Enkin N, et al. Stimuli-responsive DNA-functionalized metal-organic frameworks (MOFs). Advanced Materials, 2017, 29(6): 1602782-1602786.

[314]Zheng H, Ma X, Chen L, et al. Label-free electrochemical impedance biosensor for sequence-specific recognition of double-stranded DNA. Analytical Methods, 2013, 5(19): 5005-5009.

[315]Xiong E, Li Z, Zhang X, et al. Triple-helix molecular switch electrochemical ratiometric biosensor for ultrasensitive detection of nucleic acids. Analytical Chemistry, 2017, 89(17): 8830-8835.

[316]Tang P, Zheng J, Tang J, et al. Programmable DNA triple-helix molecular switch in biosensing applications: from in homogenous solutions to in living cells. Chemical Communications, 2017, 53(16): 2507-2510.

[317]Xiong Y, Lin L, Zhang X, et al. Label-free electrochemiluminescent detection of transcription factors with hybridization chain reaction amplification. RSC Advances, 2016, 6(44): 37681-37688.

[318]Wang H, Zhang Y, Ma H, et al. Electrochemical DNA probe for Hg(2+) detection based on a triple-helix DNA and multistage signal amplification strategy. Biosensors & Bioelectronics, 2016, 86: 907-912.

[319]Xu W, Tian J, Shao X, et al. A rapid and visual aptasensor for lipopolysaccharide detection based on the bulb-like triplex turn-on switch coupled with HCR-HRP nanostructures. Biosensors & Bioelectronics, 2016, 89(2): 795-801.

[320]Tuerk C, Gold L. Systematic evolution of ligands by exponential enrichment: RNA ligands to bacteriophage T4 DNA polymerase. Science, 1990, 249(4968): 505-510.

[321]Ellington A D, Szostak J W. *In vitro* selection of RNA molecules that bind specific ligands. Nature, 1990, 346(6287): 818-822.

[322]Wang J, Zhang Y, Wang H, et al. Selection and analysis of DNA aptamers to berberine to develop a label-free light-up fluorescent probe. New Journal of Chemistry, 2016, 40(11): 9768-9773.

[323]Sando S, Narita A, Aoyama Y. Light-up hoechst - DNA aptamer pair: generation of an aptamer-selective fluorophore from a conventional DNA-staining dye. ChemBioChem, 2007, 8(15): 1795-1803.

[324]Li B, Wei H, Dong S. Sensitive detection of protein by an aptamer-based label-free fluorescing molecular switch. Chemical Communications, 2007, (1): 73-75.

[325]Xu W, Lu Y. Label-free fluorescent aptamer sensor based on regulation of malachite green fluorescence. Analytical Chemistry, 2010, 82(2): 574-578.

[326]Xing Y P, Liu C, Zhou X H, et al. Label-free detection of kanamycin based on a G-quadruplex DNA aptamer-based fluorescent intercalator displacement assay. Scientific

Reports, 2015, 5: 8125.
[327]Zhao H, Wang Y S, Tang X, et al. An enzyme-free strategy for ultrasensitive detection of adenosine using a multipurpose aptamer probe and malachite green. Analytica Chimica Acta, 2015, 887: 179-185.
[328]Szent-Gyorgyi C, Stanfield R L, Andreko S, et al. Malachite green mediates homodimerization of antibody VL domains to form a fluorescent ternary complex with singular symmetric interfaces. Journal of Molecular Biology, 2013, 425(22): 4595-4613.
[329]Holeman L A, Robinson S L, Szostak J W, et al. Isolation and characterization of fluorophore-binding RNA aptamers. Folding and Design, 1998, 3(6): 423-431.
[330]Babendure J R, Adams S R, Tsien R Y. Aptamers switch on fluorescence of triphenylmethane dyes. Journal of the American Chemical Society, 2003, 125(48): 14716-14717.
[331]Flinders J, DeFina S C, Brackett D M, et al. Recognition of planar and nonplanar ligands in the malachite green-RNA aptamer complex. ChemBioChem, 2004, 5(1): 62-72.
[332]Paige J S, Wu K Y, Jaffrey S R. RNA mimics of green fluorescent protein. Science, 2011, 333(6042): 642-646.
[333]Huang H, Suslov N B, Li N S, et al. A G-quadruplex-containing RNA activates fluorescence in a GFP-like fluorophore. Nature Chemical Biology, 2014, 10(8): 686-691.
[334]Warner K D, Chen M C, Song W, et al. Structural basis for activity of highly efficient RNA mimics of green fluorescent protein. Nature Structural & Molecular Biology, 2014, 21(8): 658-663.
[335]Strack R L, Disney M D, Jaffrey S R. A superfolding Spinach2 reveals the dynamic nature of trinucleotide repeat-containing RNA. Nature Methods, 2013, 10(12): 1219-1224.
[336]Okuda M, Fourmy D, Yoshizawa S. Use of baby spinach and broccoli for imaging of structured cellular RNAs. Nucleic Acids Research, 2016, 45(3): 1404-1415.
[337]刘星雨, 李春晖, 田晶晶, 等. 荧光铜纳米簇介导的生物传感器的研究进展. 生物技术通报, 2019, 35(1): 170-186.
[338]Song Q, Shi Y, He D, et al. Sequence-dependent dsDNA-templated formation of fluorescent copper nanoparticles. Chemistry-A European Journal, 2015, 21(6): 2417-2422.
[339]Qing Z, He X, Qing T, et al. Poly (thymine)-templated fluorescent copper nanoparticles for ultrasensitive label-free nuclease assay and its inhibitors screening. Analytical Chemistry, 2013, 85(24): 12138-12143.
[340]Berti L, Burley G A. Nucleic acid and nucleotide-mediated synthesis of inorganic nanoparticles. Nature Nanotechnology, 2008, 3(2): 81.
[341]Darugar Q, Qian W, El-Sayed M A, et al. Size-dependent ultrafast electronic energy relaxation and enhanced fluorescence of copper nanoparticles. The Journal of Physical Chemistry B, 2006, 110(1): 143-149.
[342]Zhu H W, Dai W X, Yu X D, et al. Poly thymine stabilized copper nanoclusters as a fluorescence probe for melamine sensing. Talanta, 2015, 144: 642-647.
[343]Wu J, Tan L H, Hwang K, et al. DNA sequence-dependent morphological evolution of silver nanoparticles and their optical and hybridization properties. Journal of the American

Chemical Society, 2014, 136(43): 15195-15202.
[344]Ritchie C M, Johnsen K R, Kiser J R, et al. Ag nanocluster formation using a cytosine oligonucleotide template. The Journal of Physical Chemistry C, 2007, 111(1): 175-181.
[345]Richards CI, Choi S, Hsiang J C, et al. Oligonucleotide-stabilized Ag nanocluster fluorophores. Journal of the American Chemical Society, 2008, 130(15): 5038-5039.
[346]Vosch T, Antoku Y, Hsiang J C, et al. Strongly emissive individual DNA-encapsulated Ag nanoclusters as single-molecule fluorophores. Proceedings of the National Academy of Sciences of the United States of America, 2007, 104(31): 12616-12621.
[347]Gwinn E G, O'Neill P, Guerrero A J, et al. Sequence-dependent fluorescence of DNA-hosted silver nanoclusters. Advanced Materials, 2008, 20(2): 279-283.
[348]Sengupta B, Springer K, Buckman J G, et al. DNA templates for fluorescent silver clusters and i-motif folding. The Journal of Physical Chemistry C, 2009, 113(45): 19518-19524.
[349]Ai J, Guo W, Li B, et al. DNA G-quadruplex-templated formation of the fluorescent silver nanocluster and its application to bioimaging. Talanta, 2012, 88: 450-455.
[350]Li W, Liu L, Fu Y, et al. Effects of polymorphic DNA on the fluorescent properties of silver nanoclusters. Photochemical & Photobiological Sciences, 2013, 12(10): 1864-1872.
[351]Guo W, Yuan J, Dong Q, et al. Highly sequence-dependent formation of fluorescent silver nanoclusters in hybridized DNA duplexes for single nucleotide mutation identification. Journal of the American Chemical Society, 2010, 132(3): 932-934.
[352]Ma K, Cui Q, Liu G, et al. DNA abasic site-directed formation of fluorescent silver nanoclusters for selective nucleobase recognition. Nanotechnology, 2011, 22(30): 305502.
[353]Zhou W, Zhu J, Fan D, et al. A multicolor chameleon DNA-templated silver nanocluster and its application for ratiometric fluorescence target detection with exponential signal response. Advanced Functional Materials, 2017, 27(46): 1704092.
[354]Javani S, Lorca R, Latorre A, et al. Antibacterial activity of DNA-stabilized silver nanoclusters tuned by oligonucleotide sequence. ACS Applied Materials & Interfaces, 2016, 8(16): 10147-10154.
[355]Lan G Y, Huang C C, Chang H T. Silver nanoclusters as fluorescent probes for selective and sensitive detection of copper ions. Chemical Communications, 2010, 46(8): 1257-1259
[356]Han B, Wang E. Oligonucleotide-stabilized fluorescent silver nanoclusters for sensitive detection of biothiols in biological fluids. Biosensors and Bioelectronics, 2011, 26(5): 2585-2589.
[357]Sharma J, Yeh H C, Yoo H, et al. Silver nanocluster aptamers: *in situ* generation of intrinsically fluorescent recognition ligands for protein detection. Chemical Communications, 2011, 47(8): 2294-2296.
[358]Wang Z, Zhang J, Ekman J M, et al. DNA-mediated control of metal nanoparticle shape: one-pot synthesis and cellular uptake of highly stable and functional gold nanoflowers. Nano letters, 2010, 10(5): 1886-1891.
[359]Tan L H, Yue Y, Satyavolu N S R, et al. Mechanistic insight into DNA-guided control of nanoparticle morphologies. Journal of the American Chemical Society, 2015, 137(45): 14456-14464.

[360]Wu Y, Chen Y, Li Y, et al. Accelerating peroxidase-like activity of gold nanozymes using purine derivatives and its application for monitoring of occult blood in urine. Sensors and Actuators B: Chemical, 2018, 270: 443-451.

[361]Sharma T K, Ramanathan R, Weerathunge P, et al. Aptamer-mediated 'turn-off/turn-on' nanozyme activity of gold nanoparticles for kanamycin detection. Chemical Communications, 2014, 50(100): 15856-15859.

[362]Weerathunge P, Ramanathan R, Shukla R, et al. Aptamer-controlled reversible inhibition of gold nanozyme activity for pesticide sensing. Analytical Chemistry, 2014, 86(24): 11937-11941.

[363]Liu B, Liu J. Accelerating peroxidase mimicking nanozymes using DNA. Nanoscale, 2015, 7(33): 13831-13835.

[364]Yang J, Lu Y, Ao L, et al. Colorimetric sensor array for proteins discrimination based on the tunable peroxidase-like activity of AuNPs-DNA conjugates. Sensors and Actuators B: Chemical, 2017, 245: 66-73.

[365]Liu J, Lu Y. Preparation of aptamer-linked gold nanoparticle purple aggregates for colorimetric sensing of analytes. Nature protocols, 2006, 1(1): 246-252.

[366]Storhoff J J, Lazarides A A, Mucic R C, et al. What controls the optical properties of DNA-linked gold nanoparticle assemblies?Journal of the American Chemical Society, 2000, 122(19): 4640-4650.

[367]Wei H, Li B, Li J, et al. DNAzyme-based colorimetric sensing of lead (Pb^{2+}) using unmodified gold nanoparticle probes. Nanotechnology, 2008, 19(9): 095501.

[368]Lee J H, Kim G H, Nam J M. Directional synthesis and assembly of bimetallic nanosnowmen with DNA. Journal of the American Chemical Society, 2012, 134(12): 5456-5459.

[369]Ding Y, Li X, Chen C, et al. A rapid evaluation of acute hydrogen sulfide poisoning in blood based on DNA-Cu/Ag nanocluster fluorescence probe. Scientific Reports, 2017, 7(1): 9638.

[370]Liu W, Lai H, Huang R, et al. DNA methyltransferase activity detection based on fluorescent silver nanocluster hairpin-shaped DNA probe with 5′-C-rich/G-rich-3′tails. Biosensors and Bioelectronics, 2015, 68: 736-740.

[371]Liu G, Shao Y, Peng J, et al. Highly thymine-dependent formation of fluorescent copper nanoparticles templated by ss-DNA. Nanotechnology, 2013, 24(34): 345502.

[372]Shiotari A, Okuyama H, Hatta S, et al. Adsorption and reaction of H_2S on Cu(110) studied with scanning tunneling microscopy. Physical Chemistry Chemical Physics, 2016, 18(6): 4541-4546.

[373]Lim D K, Kim I J, Nam J M. DNA-embedded Au/Ag core-shell nanoparticles. Chemical Communications, 2008, (42): 5312-5314.

[374]Pavlov V, Xiao Y, Gill R, et al. Amplified chemiluminescence surface detection of DNA and telomerase activity using catalytic nucleic acid labels. Analytical Chemistry, 2004, 76(7): 2152-2156.

[375]Barton J K, Danishefsky A, Goldberg J. Tris(phenanthroline) ruthenium(II): stereoselectivity in binding to DNA. Journal of the American Chemical Society, 1984,

106(7): 2172-2176.

[376]Friedman A E, Chambron J C, Sauvage J P, et al. A molecular light switch for DNA: $Ru(bpy)_2(dppz)^{2+}$. Journal of the American Chemical Society, 1990, 112(12): 4960-4962.

[377]Hartshorn R M, Barton J K. Novel dipyridophenazine complexes of ruthenium(II): exploring luminescent reporters of DNA. Journal of the American Chemical Society, 1992, 114(15): 5919-5925.

[378]Bolger J, Gourdon A, Ishow E, et al. Mononuclear and binuclear tetrapyrido [3, 2-a: 2′, 3′-c: 3″, 2″-h: 2‴, 3‴-j] phenazine (tpphz) ruthenium and osmium complexes. Inorganic Chemistry, 1996, 35(10): 2937-2944.

[379]王海滔, 胡婷婷, 张黔玲, 等. 钌（Ⅱ）多吡啶配合物的合成、荧光性质及与脱氧核糖核酸 DNA 的作用机制研究. 化学学报, 2008, 669(13): 1565-1571.

[380]Wang X Y, Del Guerzo A, Schmehl R H. Photophysical behavior of transition metal complexes having interacting ligand localized and metal-to-ligand charge transfer states. Journal of Photochemistry and Photobiology C: Photochemistry Reviews, 2004, 5(1): 55-77.

[381]Tsukube H, Shinoda S. Lanthanide complexes in molecular recognition and chirality sensing of biological substrates. Chemical reviews, 2002, 102(6): 2389-2404.

[382]Chi B Z, Liang R P, Yuan Y H, et al. Luminescence determination of microRNAs based on the use of terbium(III) sensitized with an enzyme-activated guanine-rich nucleotide. Microchimica Acta, 2018, 185(5): 280.

[383]Fu P K L, Turro C. Energy transfer from nucleic acids to Tb(III): selective emission enhancement by single DNA mismatches. Journal of the American chemical society, 1999, 121(1): 1-7.

[384]陈家越, 陈强. 基于富 G 碱基单链 DNA 构建荧光生物传感器应用于铽离子的检测. 宁德师范学院学报 (自然科学版), 2017, (4): 9.

[385]Tang G, Zhao C, Gao J, et al. Colorimetric detection of hydrogen sulfide based on terbium-G-quadruplex-hemin DNAzyme. Sensors and Actuators B: Chemical, 2016, 237: 795-801.

[386]Ma L, Wu X, Wilson G G, et al. Time-resolved fluorescence of 2-aminopurine in DNA duplexes in the presence of the *Eco*P15I type III restriction-modification enzyme. Biochemical and Biophysical Research Communications, 2014, 449(1): 120-125.

[387]秦浩. 用 2-氨基嘌呤荧光探针识别单碱基多态性方法的研究. 中央民族大学, 2013.

[388]Li M, Sato Y, Nishizawa S, et al. 2-Aminopurine-modified abasic-site-containing duplex DNA for highly selective detection of theophylline. Journal of the American Chemical Society, 2009, 131(7): 2448-2449.

[389]Zhang X, Wadkins R M. DNA hairpins containing the cytidine analog pyrrolo-dC: structural, thermodynamic, and spectroscopic studies. Biophysical Journal, 2009, 96(5): 1884-1891.

[390]Lee C Y, Park K S, Park H G. Pyrrolo-dC modified duplex DNA as a novel probe for the sensitive assay of base excision repair enzyme activity. Biosensors and Bioelectronics, 2017, 98: 210-214.

[391]Heinlein T, Knemeyer J P, Piestert O, et al. Photoinduced electron transfer between fluorescent dyes and guanosine residues in DNA-hairpins. The Journal of Physical Chemistry B, 2003, 107(31): 7957-7964.
[392]Nazarenko I, Pires R, Lowe B, et al. Effect of primary and secondary structure of oligodeoxyribonucleotides on the fluorescent properties of conjugated dyes. Nucleic Acids Research, 2002, 30(9): 2089-2195.
[393]Nazarenko I, Lowe B, Darfler M, et al. Multiplex quantitative PCR using self-quenched primers labeled with a single fluorophore. Nucleic Acids Research, 2002, 30(9): e37.
[394]Shamsipur M, Nasirian V, Mansouri K, et al. A highly sensitive quantum dots-DNA nanobiosensor based on fluorescence resonance energy transfer for rapid detection of nanomolar amounts of human papillomavirus 18. Journal of Pharmaceutical and Biomedical Analysis, 2017, 136: 140-147.
[395]Malicka J, Gryczynski I, Lakowicz J R. DNA hybridization assays using metal-enhanced fluorescence. Biochemical and Biophysical Research Communications, 2003, 306(1): 213-218.
[396]Tan H, Tang G, Ma C, et al. Luminescence detection of cysteine based on Ag^+-mediated conformational change of terbium ion-promoted G-quadruplex. Analytica Chimica Acta, 2016, 908: 161-167.
[397]Deng L, Zhou Z, Li J, et al. Fluorescent silver nanoclusters in hybridized DNA duplexes for the turn-on detection of Hg^{2+} ions. Chemical Communications, 2011, 47(39): 11065-11067.
[398]Zhang H, Lin Z, Su X. Label-free detection of exonuclease III by using dsDNA-templated copper nanoparticles as fluorescent probe. Talanta, 2015, 131: 59-63.
[399]Zhao H, Dong J, Zhou F, et al.One facile fluorescence strategy for sensitive detection of endonuclease activity using DNA-templated copper nanoclusters as signal indicators. Sensors & Actuators B: Chemical, 2017, 238: 828-833.
[400]Shimron S, Wang F, Orbach R, et al. Amplified detection of DNA through the enzyme-free autonomous assembly of hemin/G-quadruplex DNAzyme nanowires. Analytical Chemistry, 2011, 84(2): 1042-1048.
[401]Karunanayake M A P, Yu Q, Leon-Duque M A, et al. Genetically encoded catalytic hairpin assembly for sensitive RNA imaging in live cells. Journal of the American Chemical Society, 2018, 140(28): 8739-8745.
[402]Qiu L, Wu C, You M, et al. A targeted, self-delivered, and photocontrolled molecular beacon for mRNA detection in living cells. Journal of the American Chemical Society, 2013, 135(35): 12952-12955.
[403]Smith K T. Advances in Electrophoresis Volume 1 : Edited by A Chrambach, M J Dunn and B J Radola. pp 441. VCH Verlagsgesselschaft, Weinheim,FDR.1987.DM 154. Biochemical Education, 2010, 16(4): 243-244.
[404]Miao X, Ling L, Shuai X. Ultrasensitive detection of lead(II) with DNAzyme and gold nanoparticles probes by using a dynamic light scattering technique. Chemical Communications, 2011, 47(14): 4192-4198.

[405]Dai Q, Liu X, Coutts J, et al. A one-step highly sensitive method for DNA detection using dynamic light scattering. Journal of the American Chemical Society, 2008, 130(26): 8138-8139.
[406]Mills M, Lacroix L, Arimondo P B, et al. Unusual DNA conformations: implications for telomeres. Current Medicinal Chemistry-Anti-Cancer Agents, 2002, 2(5): 627-644.
[407]Li J J, Tan W. A single DNA molecule nanomotor. Nano Letters, 2002, 2(4): 315-318.
[408]Hou X, Guo W, Xia F, et al. A biomimetic potassium responsive nanochannel: G-quadruplex DNA conformational switching in a synthetic nanopore. Journal of the American Chemical Society, 2009, 131(22): 7800-7805.
[409]Wu Z S, Chen C R, Shen G L, et al. Reversible electronic nanoswitch based on DNA G-quadruplex conformation: a platform for single-step, reagentless potassium detection. Biomaterials, 2008, 29(17): 2689-2696.
[410]Banerjee A, Bhatia D, Saminathan A, et al. Controlled release of encapsulated cargo from a DNA icosahedron using a chemical trigger. Angewandte Chemie International Edition, 2013, 125(27): 6992-6995.
[411]胡春玲, 吴继魁. 基于脱氧核酶的重金属离子荧光生物传感器的研究进展. 化学通报, 2013, 76(11): 1011-1015.
[412]Peng H, Li X F, Zhang H, et al. A microRNA-initiated DNAzyme motor operating in living cells. Nature Communications, 2017, 8: 14378.
[413]Chen J, Zuehlke A, Deng B, et al. A target-triggered DNAzyme motor enabling homogeneous, amplified detection of proteins. Analytical Chemistry, 2017, 89(23): 12888-12895.
[414]Yang Y, Huang J, Yang X, et al. Gold nanoparticle based hairpin-locked-DNAzyme probe for amplified miRNA imaging in living cells. Analytical Chemistry, 2017, 89(11): 5850-5856.
[415]Buranachai C, McKinney S A, Ha T. Single molecule nanometronome. Nano Letters, 2006, 6(3): 496-500.
[416]Liu Y, West S C. Happy Hollidays: 40th anniversary of the Holliday junction. Nature Reviews Molecular Cell Biology, 2004, 5(11): 937-944.
[417]Zheng M, Jagota A, Semke E D, et al. DNA-assisted dispersion and separation of carbon nanotubes. Nature Materials, 2003, 2(5): 338-342.
[418]Manohar S, Tang T, Jagota A. Structure of homopolymer DNA-CNT hybrids.The Journal of Physical Chemistry C, 2007, 111(48): 17835-17845.
[419]Kam N W S, O'Connell M, Wisdom J A, et al. Carbon nanotubes as multifunctional biological transporters and near-infrared agents for selective cancer cell destruction. Proceedings of the National Academy of Sciences of the United States of America, 2005, 102(33): 11600-11605.
[420]Singh R, Pantarotto D, McCarthy D, et al. Binding and condensation of plasmid DNA onto functionalized carbon nanotubes: toward the construction of nanotube-based gene delivery vectors. Journal of the American Chemical Society, 2005, 127(12): 4388-4396.
[421]Zheng M, Jagota A, Strano M S, et al. Structure-based carbon nanotube sorting by

sequence-dependent DNA assembly. Science, 2003, 302(5650): 1545-1548.

[422]Zhao C, Song Y, Ren J, et al. A DNA nanomachine induced by single-walled carbon nanotubes on gold surface. Biomaterials, 2009, 30(9): 1739-1745.

[423] White C T, Todorov T N. Carbon nanotubes as long ballistic conductors. Nature, 1998, 393(6682): 240-242.

[424]Saito R, Fujita M, Dresselhaus G, et al. Electronic structure of chiral graphene tubules. Applied Physics Letters, 1992, 60(18): 2204-2206.

[425]Kim B, Sigmund W M. Functionalized multiwall carbon nanotube/gold nanoparticle composites. Langmuir, 2004, 20(19): 8239-8242.

[426]冯永成, 董守安, 唐春. 一维金纳米线的自组装研究. 贵金属, 2007, 28(4): 1-5.

[427]Dong H, Zhang J, Ju H, et al. Highly sensitive multiple microRNA detection based on fluorescence quenching of graphene oxide and isothermal strand-displacement polymerase reaction. Analytical Chemistry, 2012, 84(10): 4587-4593.

[428]Mamaeva V, Sahlgren C, Lindén M. Mesoporous silica nanoparticles in medicine-recent advances. Advanced Drug Delivery Reviews, 2013, 65(5): 689-702.

[429]Gu J, Su S, Zhu M, et al. Targeted doxorubicin delivery to liver cancer cells by PEGylated mesoporous silica nanoparticles with a pH-dependent release profile. Microporous and Mesoporous Materials, 2012, 161: 160-167.

[430]Connor E E, Mwamuka J, Gole A, et al. Gold nanoparticles are taken up by human cells but do not cause acute cytotoxicity. Small, 2005, 1(3): 325-327.

[431]Daniel M C, Astruc D. Gold nanoparticles: assembly, supramolecular chemistry, quantum-size-related properties, and applications toward biology, catalysis, and nanotechnology. Cheminform, 2004, 35(16): 293-346.

[432]吴伟, 贺全国, 陈洪. 磁性纳米粒子在生物传感器中的应用研究进展. 化学通报, 2007, 70(4): 277-285.

[433]Cho M H, Lee E J, Son M, et al. A magnetic switch for the control of cell death signalling in i*n vitro* and *in vivo* systems. Nature Materials, 2012, 11(12): 1038-1043.

[434]李玉宝, 顾宁, 魏于全. 纳米生物医药材料. 北京: 化学工业出版社, 2004: 3.

[435]Ma Y, Liang X, Tong S, et al. Gold nanoshell nanomicelles for potential magnetic resonance imaging, light-triggered drug release, and photothermal therapy. Advanced Functional Materials, 2013, 23(7): 815-822.

[436]Fan Z, Shelton M, Singh A K, et al. Multifunctional plasmonic shell-magnetic core nanoparticles for targeted diagnostics, isolation, and photothermal destruction of tumor cells. ACS nano, 2012, 6(2): 1065-1073.

[437]Yurke B, Turberfield A J, Mills Jr A P, et al. A DNA-fuelled molecular machine made of DNA. Nature, 2000, 406(6796): 605-608.

[438]Chen Y, Wang M, Mao C. An autonomous DNA nanomotor powered by a DNA enzyme.

Angewandte Chemie International Edition, 2004, 43(27): 3554-3557.

[439]Shin J S, Pierce N A. A synthetic DNA walker for molecular transport. Journal of the American Chemical Society, 2004, 126(35): 10834-10835.

[440]Kolb H C, Finn M, Sharpless K B. Click chemistry: diverse chemical function from a few good reactions. Angewandte Chemie International Edition, 2001, 40(11): 2004-2021.

[441]Binder W H, Sachsenhofer R. 'Click' chemistry in polymer and material science: an update. Macromolecular Rapid Communications, 2008, 29(12-13): 952-981.

[442]Hou J, Liu X, Shen J, et al. The impact of click chemistry in medicinal chemistry. Expert Opinion On Drug Discovery, 2012, 7(6): 489-501.

[443]Kolb H C, Sharpless K B. The growing impact of click chemistry on drug discovery. Drug Discovery Today, 2003, 8(24): 1128-1137.

[444]Ge C, Luo Q, Wang D, et al. Colorimetric detection of copper(II) ion using click chemistry and hemin/G-quadruplex horseradish peroxidase-mimicking DNAzyme. Analytical Chemistry, 2014, 86(13): 6387-6392.

[445]Ni Q, Zhang F, Zhang Y, et al. *In situ* shRNA synthesis on DNA-polylactide nanoparticles to treat multidrug resistant breast cancer. Advanced Materials, 2018, 30(10): 1705737.

[446]Amodio A, Zhao B, Porchetta A, et al. Rational design of pH-controlled DNA strand displacement. Journal of the American Chemical Society, 2014, 136(47): 16469-16472.

[447]Ranallo S, Prévost-Tremblay C, Idili A, et al. Antibody-powered nucleic acid release using a DNA-based nanomachine. Nature Communications, 2017, 8: 15150.

[448]Mills M, Lacroix L, Arimondo P B, et al. Unusual DNA conformations: implications for telomeres. Current Medicinal Chemistry-Anti-Cancer Agents, 2002, 2(5): 627-644.

[449]Liu D, Balasubramanian S. A proton-fuelled DNA nanomachine. Angewandte Chemie International Edition, 2003, 42(46): 5734-5736.

[450]Mao Y, Liu D, Wang S, et al. Alternating-electric-field-enhanced reversible switching of DNA nanocontainers with pH. Nucleic Acids Research, 2007, 35(5): e33.

[451]Liu H, Xu Y, Li F, et al. Light-driven conformational switch of i-motif DNA. Angewandte Chemie International Edition，2007，46(14)：2515-2517.

[452]Liang X, Nishioka H, Takenaka N, et al. A DNA nanomachine powered by light irradiation. ChemBioChem, 2008, 9(5): 702-705.

[453]Zhou M, Liang X, Mochizuki T, et al. A light-driven DNA nanomachine for the efficient photoswitching of RNA digestion. Angewandte Chemie International Edition, 2010, 49(12): 2167-2170.

[454]Sun W, Jiang T, Lu Y, et al. Cocoon-like self-degradable DNA nanoclew for anticancer drug delivery. Journal of the American Chemical Society, 2014, 136(42): 14722-14725.

[455]Mou Q, Ma Y, Pan G, et al. DNA trojan horses: self-assembled floxuridine-containing DNA polyhedra for cancer therapy. Angewandte Chemie International Edition, 2017,

129(41): 12702-12706.

[456]Rothemund P W. Folding DNA to create nanoscale shapes and patterns. Nature, 2006, 440(7082): 297-302.

[457]Li S, Jiang Q, Liu S, et al. A DNA nanorobot functions as a cancer therapeutic in response to a molecular trigger *in vivo*. Nature Biotechnology, 2018, 36(3): 258-264.

[458]Yuan Q, Wu Y, Wang J, et al. Targeted bioimaging and photodynamic therapy nanoplatform using an aptamer-guided G-quadruplex DNA carrier and near-infrared light. Angewandte Chemie International Edition, 2013, 125(52): 14215-14219.

[459]Liu C, Zhang P, Zhai X, et al. Nano-carrier for gene delivery and bioimaging based on carbon dots with PEI-passivation enhanced fluorescence. Biomaterials, 2012, 33(13): 3604-3613.

[460]Yao L, Ye Y, Teng J, et al. *In vitro* isothermal nucleic acid amplification assisted surface-enhanced Raman spectroscopic for ultrasensitive detection of vibrio parahaemolyticus. Analytical Chemistry, 2017, 89(18): 9775-9780.

[461]Xiang Y, Lu Y. Using personal glucose meters and functional DNA sensors to quantify a variety of analytical targets. Nature Chemistry, 2011, 3(9): 697.

[462]Du Y, Pothukuchy A, Gollihar J D, et al. Coupling sensitive nucleic acid amplification with commercial pregnancy test strips. Angewandte Chemie International Edition, 2017, 56(4): 992-996.

第 2 章　功能核酸的裁剪艺术

从筛选高能、高效的适配体到设计纳米生物传感器，功能核酸裁剪策略得到了迅速的发展。它们使我们能更加合理地设计核酸序列，从而改变核酸结构，最终导致功能的变化。因此，本章从序列裁剪、结构重组和功能变化三个层次讨论了功能性核酸结构与能量的关系，主要从劈裂、剪短、增长、替换、融合核酸序列这五个方面介绍了裁剪策略的设计、合成与分析，然后我们尝试通过一些模拟软件和实验分析出一些测定结合位点的方法。希望通过研究功能性核酸和靶标物质在结构组织中的交互作用，对功能性核酸提出新的见解，并且提出在分子检测和医学领域中分析功能核酸的高级结构具有挑战性。

2.1　功能核酸及其裁剪策略

裁剪可被视为一门艺术。好比漂亮的衣服来源于裁缝精心的设计，只有通过适当的裁剪和修饰功能核酸（functional nucleic acid，FNA）才有可能实现复杂的结构变化，得到美观的 3D DNA 图案或更简洁、高效的生物传感器。在这项研究中，我们将整个剪裁策略以太极图的形式概括总结。其中，中心圆分为黑、白两部分，分别代表“阴”（静）和“阳”（动），FNA 的基本组成元素——不同种类的核苷酸构成了“阴”的部分，嘌呤（A 或 G）通过氢键与嘧啶（C、T 或 U）相连接时，碱基对就形成了。Benner 研究团队已经将两个合成核苷酸的 Z-P 碱基对结合到 DNA 中，S-B 碱基对是新增的，I 为次黄嘌呤核苷，这些核苷酸元素是固定的。但 FNA 的构象是多样性的，因此这些由“阳”的部分代表，包括寡核苷酸链、双链、三链、三接头和四联体等构象。“阴阳”运动创造了五个基本要素，即金、木、水、火、土，这五个要素对应我们提出的 FNA 裁剪策略中的劈裂、增长、剪短、替换和融合（图 2.1），从而使生物传感器性能更多。

DNA 和 RNA 纳米技术已被广泛用于动态分子装置的开发研究。FNA 大致分为以下几类：①适配体，可结合特定的靶分子；②DNAzyme，产生非酶催化的条件，可用于设计各种生物传感器；③DNA 自组装纳米技术；④其他类型的非经典核酸，包括引物和探针。FNA 可被裁剪是因为它们的结构为非

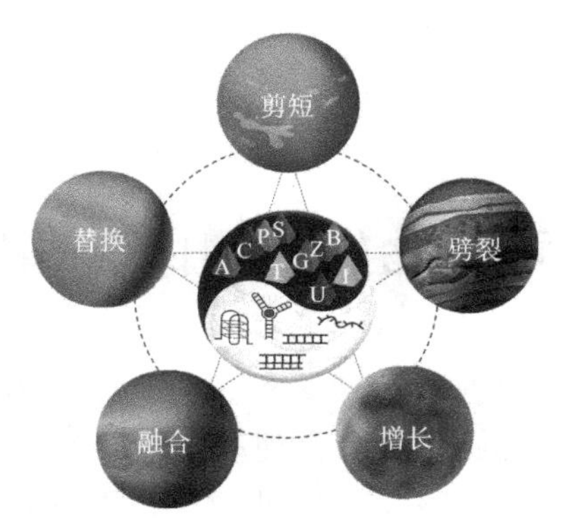

图 2.1　根据中国古代哲学构建出的裁剪策略“太极图”

刚性；在合成过程中，核苷酸的类型和数量可控；生物传感器维持构象的核苷酸区域可以调整；并且多个 FNA 经裁剪后可以组装。通常，并非 FNA 序列中的每个核苷酸都需要用来形成或维持 FNA 结构，只有少数核苷酸与靶标物质结合并诱导构象改变[1]。FNA 裁剪具有许多优点，如高产量、低成本，多余的核苷酸可能形成各种不必要的二级结构，使适配体-靶标复合物结构不稳定[2]，因此可以重新设计更加合理的适配体或 DNAzyme。此外，核酸的小尺寸对于诊断或治疗也是有利的，因为它们更容易大量合成，还可以增加组织穿透率[3, 4]。除了可删除核苷酸的裁剪策略，劈裂 FNA 可以直接检测小分子，由于两个独立的核苷酸链缺乏适配体-靶标复合物的二级结构，它们不会产生假阳性或非特异性信号[5, 6]。增长 FNA 的策略可以在信号输出、目标识别、支架或间隔序列单元添加核苷酸数量，从而增强信号等。替换 FNA 中的核苷酸，可以确定结合位点，还可以增强适配体-靶标的亲和力及荧光适配体的荧光强度等。此外，将多个 FNA 融合在一起可以增加结合位点数量并提高检测效率等。

总而言之，裁剪策略可通过劈裂、剪短、增长、替换或融合功能核酸得到新的核酸序列，增强与靶标的结合能力，实现目标检测、目标定向、信号产生或放大的效果，可用于构建新的生物传感器或输送药物。

2.2　功能核酸高级结构生物信息分析

在实际应用中，FNA 结构不太稳定，适配体-靶标之间的实际构象易受反应环境（缓冲液 pH、离子组成和盐浓度）影响，核酸链间易发生相互作用。其实，筛选及稳定性问题的根源在于对核酸结构与功能关系的基础研究不足。预测 FNA 的空间结构是复杂的，适合研究 FNA 结构的表征也不多。不管是核磁共振、晶体衍射（柔性较大、不易结晶、以多种构象存在），还是冷冻电镜技术（核酸适配体分子太小），都不太适合用来研究核酸适配体的结构。缺乏在溶液中检测 FNA 构象变化的灵敏方法，当 FNA 的性质发生改变时，我们很难从结构上给出确切的解释。这种结构知识的缺乏，既制约了 FNA 结构的模拟计算，也限制了我们对 FNA 作用机理的解释。一般与靶标分子结合之后，以单一的构象存在，相关的特异性分子识别对 FNA 序列的优化及碱基结构的改造具有一定的指导意义。从某种程度上来说，FNA 未来的进一步发展，依赖于结构研究技术的突破。

在对 FNA 进行裁剪时，更应该精确地预测空间结构，结构预测越准确，FNA 裁剪效率就越高。目前，越来越多的预测结构网站为模拟分析和设计分子生物学中的核酸高级结构提供支持，其中包括 Mfold（http://unafold.rna.albany.edu/?q=Mfold）[7]、Analyzer（http://sg.idtdna.com/calc/analyzer）和 NUPACK browsers（http://www. nupack.org/partition/new）[8]。这些预测网站能够根据碱基配对性质分析来预测一个或多个核酸链的相互作用。但是，预测网站很难考虑实际应用中涉及的所有复杂因素，如 pH 和离子浓度。因此，不同的预测网站可能会对同一 FNA 序列得到不同或多个预测结果。除了计算机模拟之外，化学方法（如足迹法）等也可用来分析 FNA 的二级结构。适配体-蛋白复合物的原子分辨率结构还可以通过 X 射线衍射和核磁共振（NMR）光谱来确定[9]。该综述使用的 FNA 裁剪策略也可以预测 FNA 二级结构，该领域需要进一步深入研究。

2.3　功能核酸的劈裂

2.3.1　概述

1. 普通适配体的劈裂

适配体是一段人工合成的 FNA 序列，对其靶标具有很高的亲和力和特异性。研究表明，一些完整的核酸适配体可以被分割成两个片段，而不影响它们与配体的结合能力。劈裂适配体组装的基本原理是保持结合区域核苷酸序列的完整性。当靶标物质存在时，劈裂适配体有足够的互补碱基对来容纳靶标物质，在没有靶标物质的情况下，游离的核酸链不会结合在一起[10]。目前已报道了大量小分子物质的适配体，但只有少数适配体能成功构建成劈裂适配体。其中，大多数劈裂适配体是从完整适配体的较中间位点拆分的，这种情况经常发生在一些二级结构比较简单、核酸序列较短的发夹结构上，如 ATP[11, 12]、外泌体[13]、溶菌酶[14]和凝血酶[15]。如果核酸适配体的二级结构是一个典型的“三通道”

结构，它的中间有一个可与靶标物质结合的亲脂性的腔。由于“三通道”中负电荷和疏水面的累积，需要有足够的长度和互补性来稳定结构。对于这种结构的适配体，通常先去掉一个环，主要是去掉顶端不互补的少数碱基，然后在不破坏结合位点的情况下，减少茎区域的碱基对数量[16]，这样的适配体有可卡因[17]、肿瘤细胞[18]、孔雀石绿 [19]和四种类固醇[16]等。除 DNA 适配体的劈裂外，RNA 适配体也可以被劈裂，如茶碱[20]。某些适配体不仅可以被劈裂成两部分（DFA），还可以劈裂成三部分（TFA）。Zou 等[21]首先报道了一种可被劈裂成三片段的可卡因适配体，与 DFA 相比，TFA 有两个更开放的终端可用于标记，同时还具有在二维结构组装中作为三向接头的潜力，这将为探针的设计和优化提供更多的可能。

2. 荧光适配体的劈裂

荧光适配体是典型的无标记荧光探针，可以特异性地与染料结合形成配体络合物，荧光强度明显增强[22]。孔雀石绿适配体（MGA）是一种 RNA 分子，与三苯甲烷染料孔雀石绿（MG）具有分子亲和力。Kolpashchikov[19]将 MGA 分离成两条链，通过每条链加入 UU 二核苷酸桥连形成核酸结合臂，用于检测核酸的序列特异性。在存在可与核酸结合臂互补的 DNA 的情况下，探针的两条 RNA 链协同目标 DNA 杂交，与 MG 结合，荧光强度增强，不同序列的目标 DNA 与结合臂及 MG 的结合能力不同，得到的荧光强度不同，此设计可区分单碱基。劈裂适配体通常在体外实验中使用，但劈裂策略也同样适用于体内及细胞中。劈裂“西兰花”是第一个具有功能性的可在体内运行的劈裂适配体系统[23]。劈裂适配体系统被合理设计在两个或多个离散 RNA 转录本中，杂交时可产生信号，但在体内表达时不能独立起作用。劈裂“西兰花”适配体系统可在活细胞中发挥作用，并且生理特性能够被有效改善。这个新系统可以实现高灵敏检测目标 RNA，其中一个信号输入可以催化激活十到数百“西兰花”荧光输出，达到放大荧光的作用。这一设计原则为开发大量用于细胞应用的遗传编码 RNA 电路提供了思路。

3. G 四联体的劈裂

四个“GGG”重复序列的单核酸链独特结构能够被劈裂成两部分，并且能与不同的 DNA 探针连接，在靶标存在的情况下组装成适配体。通过与血红素结合的比色法测试证明，这种劈裂 DNA 也具有较高过氧化物酶的活性，如果一个 DNAzyme 中的 G 四联体是由两条或两条以上的核酸链组成的，则该 DNAzyme 称为劈裂 G 四联体 DNAzyme。事实上，劈裂 G 四联体使得传感器的设计变得更加灵活，它一般分为三种劈裂模式，一种是对称的，即分为两个相等部分的G四联体结构，另两种是不对称的[24]。Deng等[24]将未删减的富G的单链序列拆分为3∶1，发现它们可以很容易进行组装。Zhang等[25]开发了一种缺陷G四联体（DGQ），G四联体层中有一个G-空位。在鸟嘌呤缺失的情况下，富G探针更倾向于维持发夹结构。鸟嘌呤加入后，富G探针折叠成DGQ结构，这个富含G的DNA探针将未删减的富G单链序列拆分为15∶1。

2.3.2　劈裂适配体在生物传感器中的应用

目前，将FNA劈裂的实例越来越多。其中，腺苷三磷酸（ATP）劈裂适配体得到了广泛的研究，并应用于开发各种检测生物传感器中。在这里，我们将根据输出信号的不同类型介绍一些关于劈裂适配体生物传感器的应用。

1. 比色传感器

金纳米粒子具有距离依赖性的光学特性和较大的消光系数，因此被广泛应用于生物传感器中检测多种靶标[26]。ATP劈裂适配体用于形成三明治结构的试纸条上，通过与金纳米粒子显色反应检测ATP[27]，检测限为0.5 μmol/L～5 mmol/L。另一种显色反应是通过监测TMB-H_2O_2颜色变化，基于劈裂适配体和石墨烯氧化物-铂/金纳米粒子平台的比色法高效检测ATP，最低检测限为0.2 nmol/L[28]。

2. 荧光传感器

一种灵敏的局部表面等离激元共振（LSPR）方法用于检测ATP[29]。该传感器利用两个劈裂ATP适配体，一个劈裂片段（受体）通过共价键连接在金纳米棒（GNR）表面，另一个劈裂片段（探针）标记DNA序列和TAMRA染料。在ATP存在的情况下，两个劈裂适配体可以组装成完整的折叠结构，减小了金纳米棒表面与TAMRA染料之间的距离，同时影响了LSPR的相关波长。He等[30]在硅包覆的光子上转换纳米粒子（Si@UCNPs）上标记两个劈裂的ATP适配体片段，荧光猝灭基团（BHQ1）分别标记在一个片段的3′端和另一个片段的5′端，当靶标物质ATP出现时，这两个劈裂片段与ATP结合形成夹层复合物，当Si@UCNPs与荧光猝灭基团BHQ1距离变近时，可以触发荧光共振能量转移（FRET）。ATP劈裂适配体和DNA三角棱柱（TP）的DNA纳米探针可检测活细胞中的ATP[31]。

3. 电化学传感器

电化学方法灵敏度较高，但会耗费大量的时间，稳定性较差。有学者成功构建了一系列基于劈裂适配体的电子逻辑门（OR、AND、NOR、NAND），用于同步监测 ATP 和凝血酶。该系统是基于劈裂适配体片段的靶诱导自组装，利用构象变化设计的电化学发光（ECL）方法。也有学者利用可嵌入双链 DNA 的$[Ru(phen)_3]^{2+}$作为 ECL 探针[11]，开发了一种靶向诱导劈裂适配体片段反应的无标记三明治型电化学发光传感系统，选取 ATP 作为靶标物质，验证了目前基于电化学发光生物传感器检测方法的原理。还有研究报道一种灵敏的 DNA 纳米结构电化学传感器，利用四面体 DNA 纳米结构（TDNs）作为界面探针，逐步检测小分子靶标物质[12]。

4. 其他形式的劈裂生物传感器

Sharma 等[32]报道了一种应用广泛的夹心酶联免疫吸附测定法（ELISA）用于检测可卡因，其实验利用可卡因劈裂适配体，仅在靶标小分子存在的情况下进行组装。这种生物传感器在缓冲液中检测可卡因的浓度范围达 100 nmol/L～100 μmol/L，在人血清中的检测浓度范围为 1～100 μmol/L。比较少见的基于劈裂适配体组装的新型生物传感器是一种液晶生物传感器，可用于检测 ATP[33]。

2.4　功能核酸的剪短

2.4.1　概述

自然界中的一些核酸只有在被天然酶裁剪后才能被功能化，如 22 nt 的 miRNA，只有在把原始 70～90 nt 长的茎环 RNA 结构裁剪后才有转录调节 mRNA 的功能[34]。将 FNA 优化裁剪到最小的紧凑结构，保持适配体活性或适配体-靶标复合物结构的稳定性是必需的。将完整适体片段化后，选择对靶标具有高亲和性的序列片段，这已经成为裁剪优化的趋势。使用裁剪策略，最重要的是确定结合位点，部分靶标结合区域可能是环结构，如可卡因和茶碱[20]的适配体，也有结合域位于茎中，如 ATP[35]和 17β-雌二醇[36]，然而，大多数适配体的结合位点仍然是未知的，可以使用蛋白质足迹法、部分水解或核磁共振来确定适配体的边界和结合位点[4]。同时，一些学者结合 SELEX 和预测结构网站 Mfold 来推测靶标结合域[37]，在对分离的文库进行几轮选择和深度测序后，几乎所有单链 DNA 适配体候选者中都存在一段保守序列，我们推测这段序列与靶标结合是有一定关联的[38, 39]。

2.4.2　功能核酸的剪短在生物传感器中的应用

我们可以利用这种裁剪原理来设计新的生物传感器，或者经过系统裁剪核酸序列，裁剪技术是否成功应用通常通过比较它们的 K_d 值来确定。

1. 减少空间位阻

同一家族的不同截短序列通常具有相似的二级结构，但 K_d 值却不同。急性淋巴细胞白血病 T 细胞的两个适配体序列 *Sga16*（K_d = 5 nmol/L）和 *Sgc8*（K_d = 0.8 nmol/L）仅有两个碱基不同。有研究认为错配碱基对导致 *Sga16* 环-茎结构的稳定性较低，这表明这种环-茎结构对靶标结合至关重要。为了证实该假设，合成了四个截短的 *Sgc8* 序列（*sgc8a*、*sgc8b*、*sgc8c* 和 *sgc8d*）并测定了它们的 K_d 值。发现仅具有单个环-茎结构的序列 *sgc8c* 具有非常接近全长 *Sgc8* 的 K_d 值（约 0.78 nmol/L）。基于这些结果，序列 *sgc8c* 被认为代表强靶标结合所需的最小适配体序列。随后，*sgc8c* 被设计用于执行细胞亚型特异性识别和递送 siRNA[40]，表明了截短的 FNA 可用作靶向分子，并且体现了裁剪后的 FNA 在细胞或体内具有更高的实用价值。

2. 增强与适配体的结合力

序列截短通常是提高结合亲和力的有效方法之一[41]，并且在大多数情况下，裁剪策略总是用于获得具有最大配体结合力的适配体。Qi 等[42]使用亲和层析 SELEX 方案筛选玉米素 DNA 适配体时，通过比较预测的二级结构，在大多数序列中都发现了保守的发夹结构，在保留这个发夹结构的基础上，进行截短和突变获得与玉米素最强亲和力的适配体 tZ5-2，推测发夹的茎区不仅稳定了适配体结构，而且还作为适配体功能结构的一部分与靶标物质相结合。血管内皮生长因子（VEGF165）可在癌细胞中过表达，它包含两个主要的结合域，即受体结合域（RBD）和肝素结合域（HBD）。Kaur 等[43]试图将它的原始适配体进行不同程度的截短并筛选出对 VEGF165 蛋白表现出高结合亲和力的特定序列，然后用表面等离子共振（SPR）光谱结合分析亲和力，发现截短的某个适配体对肝素结合域的结合亲和力增强了 200 倍。

3. 放大信号

Roncancio 等[44]通过删除原始可卡因适配体 MNS-4.1 的三对碱基和替换茎 1 上的三个特定碱基对，得到的新荧光生物传感器与靶标的亲和力比原适配体高 2.5 倍，并且背景信号降低了。通过删除一些核苷酸优化 FNA 生物传感器可能只能少量提高荧光强度，纳米机器却可能实现荧光信号数十倍至数百倍的放大[45]。Peng 等[46]设计了一种自动、靶标触发，利用 DNAzyme 切割的 DNAzyme 马达。整个系统建立在 20 nm 金纳米粒子上，该金纳米粒子修饰有数百个基底链用作 DNA 轨道，以及被锁定链沉默的数个 DNAzyme 分子，靶分子与两个配体的结合诱导 DNAzyme 与其在金纳米粒子上的底物之间杂交，启动了 DNAzyme 马达，使其在金纳米粒子上能自主行走。DNAzyme 马达可以将单个结合事件转化为数百个底物的切割，由特定的细胞内靶标激活，从而能够在不需分离的情况下，在室温扩增检测蛋白质，在控制和调节生物功能方面提供多种应用。

4. 金属核酶的切割

通过体外选择，我们分离得到了许多 DNAzyme。它们具有许多功能，如催化卟啉金属化和 Diels-Alder 反应，然而，大多数 DNAzyme 都用来切割或连接磷酸二酯键。金属核酶可以将 FNA 裁剪成两个片段，这一特性对于设计一系列生物传感器非常有利[47]。RNA 切割 DNAzyme 是最常分离和研究的 DNAzyme，它能催化其 RNA 底物的磷酸二酯键断裂。在 RNA 裂解的机制中，DNAzyme 具有底物链和酶链，rA 表示核糖腺嘌呤核苷酸，通常是它们的切割位点。除催化 RNA 切割外，DNAzyme 还可通过各种机制催化 DNA 切割，由于 DNA 本质上比 RNA 更稳定，所以能够催化 DNA 裂解的 DNAzyme 比催化 RNA 裂解更复杂[48]。

5. 构象的改变

当核酸链具有相当长度时，可能会干扰传感器的灵敏性，因为多余的核酸链倾向于漂浮在液体中并产生多余的构象。Song 等[39]根据二级结构预测，发现茎和环中保守的 TA 和 GG 区域几乎存在于所有 ssDNA 适配体候选物中，于是，他们裁减了 85 nt 的原始适配体（K_d=85.6 nmol/L）得到 21 nt 的 *Ky2* 适配体（K_d=78.8 nmol/L），并设计了基于金纳米粒子的比色法检测卡那霉素。类似地，使用基于金纳米粒子的传感方法检测双酚 A[49]和赭曲霉毒素 A[50]，也是通过去掉原始适配体中结合域的侧翼序列，实现了 400 pmol/L 和 20 nmol/L 检测。

上述研究虽然都使用了相同的金纳米粒子传感器方案，但没有比较截短适配体与原始序列的优劣，先前的研究也没有直接探讨核苷酸序列的侧翼如何影响传感器的灵敏性，是与金纳米粒子的表面相互作用还是使 FNA 与金纳米粒子有解离倾向。序列的不同长度可影响金纳米粒子的聚沉，这个特性可用于设计新的生物传感器。当与靶标结合的 FNA 从金纳米粒子表面解离时可触发聚沉，Alsager 等[51]证明了把 FNA 序列中过量的侧翼核苷酸删除，用裁剪后较短的 FNA 实现了金纳米粒子的聚沉。75 nt 原适配体（K_d = 25 nmol/L）仅通过去除内核两侧的核苷酸，产生 35 nt（K_d = 14 nmol/L）和 22 nt（K_d = 11 nmol/L）新适配体，改善了对其他甾体分子的区分能力，并且与 75 nt 原适配体相比，检测灵敏度提高了 25 倍。目前，完整序列与裁剪后序列实验的对比，说明了过量的侧翼核苷酸可能会使与靶标结合的 FNA 黏附于金纳米粒子上，从而抑制了信号转导，也说明了如果防止金纳米粒子的聚沉聚集，可用长链的 FNA 抑制靶结合信号。

6. 影响酶的活性

Aguirre 等[52]去除了 RFD-EC1(一种全长 DNAzyme,并在大肠杆菌的 CEM 存在下分离与切割）结构域侧翼的两个固定序列，而 DNAzyme 的催化性能却不受影响。裁剪后的 DNAzyme 被命名为 EC1T，实验证明它比 EC1 检测模型细菌大肠杆菌还要活跃得多。作为对照，他们还从 EC1T 突变了 10 个核苷酸的突变序列（EC1TM），这些突变使得 EC1TM 在 CEM-EC 存在下完全失活，说明了这种突变破坏了结合域。

7. 长核酸链的裂解

一些酶或非酶工具可以使长链核酸变得更短，我们可通过适配体-靶标的结合拆解长核酸链，这也是一种巧妙的裁剪策略。Liu 等[53]通过在纳米孔内整合更复杂的 DNA 纳米结构改进了传统的 DNA 纳米孔传感器，设计了两种分别检测寡核苷酸和小分子的方法。传统的 DNA 纳米孔传感器是将捕获探针（CP）修饰到纳米孔上，当存在靶标 DNA 或 ATP 时就能被 CP 捕获，这种杂交单元只有一个。而新的 DNA 纳米孔传感器，改进成了长的多联体（超级三明治），信号探针单元重复杂交，通过 DNA 纳米结构的裂解用于检测。Jiang 等[54]也根据使长核酸链裂解的原理研究了 DNA 超级夹心结构和 ATP 控制纳米阀门装置，加入 ATP 后，由于 ATP-DNA 相互结合作用而裂解超级夹心结构，重新打开纳米通道。

2.5　功能核酸的增长

2.5.1　概述

在设计的 FNA 序列中添加一些核苷酸的情况很常见，因为增加的核苷酸可以提供连接位点，避免影响原始核酸的功能区域，并且减小载体对 FNA 吸附的可能性，这些载体可以是 96 孔板[55]、磁珠[56]或纳米材料[57]。除了人工添加核苷酸外，其他方法也可以达到增长序列的目的，如点击化学反应，这是一种可以将两个片段连接成一个片段的裁剪技术。一些特殊的聚合酶如末端脱氧核酸转移酶（TdT）[58]，可以从裸露的 3′端延伸。此外，核苷酸的数量和种类、增加的位置都可能对原始序列产生不同的影响[59]。在这里，我们介绍了四种在不同区域增长核酸的类型，包括信号型、识别型、支架型和间隔序列型，其中，间隔序列型在生物传感器中得到了广泛应用。

2.5.2　功能核酸的增长在生物传感器中的应用

1. 识别靶标物质

我们可以在适配体中通过添加碱基创建多个结合位点以增强亲和力。Plourde 等[60]设计了两种适配体 Coop-Doxapt 和 Poly-Doxapt。Coop-Doxapt 是通过增加碱基使结合区域碱基重复两次的适配体，而 Poly-Doxapt 则由两个原始适配体序列融合得到，两者都具有两个结合位点。虽然序列组成不同，但亲和力都得到了提高。Zhang 等[61]通过增加碱基分别得到了三个和四个结合位点的新 ATP 适配体，与靶标结合常数减小，结合力增强。

2. 形成特定的结构

FNA 的延伸有时是为了形成特定结构。Serrano-Santos 等[62]首次通过增加碱基，创建了生物素功能化的 AMP（腺嘌呤核糖核苷酸）适配体发夹结构。AMP 的结合适配体长度为 27 nt，是一种具有错配核苷酸的螺旋结构。当两个 AMP 分子与之结合时，整体分子构象仅略微有所改变，然而，通过在 3′末端添加 7 个核苷酸，AMP 适配体可转变成碱基互补的发夹结构。定性测试显示，原始适配体与改造后的核酸序列与配体结合时经历了不同的结构重排，并且与 AMP 相互作用时，发夹结构中发生的构象排列比原始适配体大得多。这种发夹结构的 AMP 适配体适合用作荧光或电化学探针。靶标的出现将导致适配体的结构发生变化，这种情况可应用于纳米阀门，它们允许通过分子刺激来触发纳米孔的渗透性，而不再依赖于外界环境刺激，如 pH 或温度，这是智能纳米器件设计的重大进步。

3. 增强稳定性

通过添加碱基可以增强核酸结构的稳定性。Bing 等[63]报道了融合变构适配体（FAA）的构建，其中链霉亲和素适配体的茎 I 被劈裂的 ATP 结合适配体取代。为了增强融合变构适配体的结合能力，对 FAA-1 进一步改造，在 FAA-1 末端添加两个碱基对（T-A、A-T），在 ATP 存在下，改造后的新适配体形成的异聚双链稳定性增加。Plourde 等[60]设计了一系列阿霉素的 DNA 适配体序列。原始的序列为 Doxapt-28，而用于释放药物的最佳适配体为具有额外碱基对的 Doxapt-30，其稳定了双链部分并增加了适配体对其配体的亲和力。

4. 间隔序列

设计间隔序列可避免两个相邻的核酸结构彼此影响。Mun 等[64]基于化学发光能量共振转移（CRET）设计了单链 DNAzyme-适配体生物传感器来检测均质中的靶标。当靶标存在时，适配体序列折叠导致氯化血红素/ DNAzyme与猝灭基团之间的距离缩短。为了探究单链 DNAzyme-适配体生物传感器的可行性和在 CRET 系统中化学荧光的猝灭效率，他们设计了 0 nt、5 nt、10 nt 和 20 nt 的接头 DNA。结果显示，10 nt 长的间隔序列能得到最佳猝灭效率，我们发现最佳猝灭效率取决于供体和受体之间的距离。

2.6　功能核酸的替换

2.6.1　概述

一般来说，核苷酸的取代是指用一个或多个碱基去取代，如 rA 切割位点的金属核酸酶；然而，用作取代的物质也可以不是核苷酸，如 AP 位点[65, 66]或蛋白质。碱基置换具有一些功能，包括改变双螺旋结构之间的结合力[67]，用于检测 SNP（单核苷酸多态性）位点[68]或结合位点[39]。

2.6.2　功能核酸的替换在生物传感器中的应用

1. 增强结合力

改变碱基的互补配对可以改变双螺旋结构之间的结合力。如上所述，Bing 等[63]报道了融合变构适配体（FAA）的构建，其中 St-2-1 的茎 I 被 ATP 劈裂适配体替换。为了增强融合变构适配体的结合能力，除了在其末端添加两个碱基对（T-A、A-T），还用 A-T 替换错配的 T-T 碱基对，该裁剪增加了异聚双链的稳定性。

2. 降低背景值

还有将互补的碱基对替换为不互补配对的碱基的情况。例如在一种被称为“proxHCR”的新方法中，PH1 和 PH2 之间有两个碱基错配，虽然降低了 PH1-PH2 复合物的稳定性，但防止了触发子与 PH2 结合，也防止 H1 和 H2 与触发子结合，还降低了背景值[67]。

3. 检测结合位点

Song 等[39]筛选了卡那霉素的适配体，发现几乎所有的单链 DNA 适配体候选物中都存在 T-GG-A 保守序列。这个保守序列显示出类似发夹的折叠模式，因此研究人员通过裁剪 Kana2 获得了 21 nt 的 *Ky2*。为了识别 *Ky2* 适配体上的卡那霉素结合区，在 *Ky2* 基础上设计了几个突变体：环中的 G-G 序列突变为 A-A，茎中的 A-T 序列突变为 G-C，利用金纳米聚沉反应设计了一个新的生物传感器，茎突变的 DNA 适配体与 *Ky2* 原始适配体都能使金纳米粒子溶液颜色改变，而在环突变的 DNA 适配体中没有显著的颜色变化。因此，推断卡那霉素与 *Ky2* 适配体的结合区域在环区域。

4. 改变荧光性质

通过双链 DNA 碱基的排列组合来选择性控制 DNA 模板化金属纳米粒子的形成，这种情况存在少量系统的规则。铜纳米荧光粒子的性质可以随着碱基数量与种类的改变而改变[69]，与随机序列相比，AT 序列模板具有较强的荧光性，其他特定序列（包括 GC 序列）无法诱导铜纳米荧光粒子的形成。值得注意的是，铜纳米荧光粒子的荧光强度和荧光寿命都可以通过 DNA 的长度或排列来调节。Javani 等[70]探讨了银纳米荧光粒子在革兰氏阳性菌和革兰氏阴性菌中的抗菌性能。在测试了 9 种具有不同序列和长度的寡核苷酸后，科学家发现抗菌活性与所用的寡核苷酸序列相关。不同的序列可产生不同颜色的荧光，包括蓝色、黄色和红色。有趣的是，蓝色荧光的银纳米粒子的抗菌活性较差，而黄色和红色发射体则具有与硝酸银相似的活性。

2.7 功能核酸的融合

2.7.1 单功能核酸的融合

本节讨论了结合位点数与适配体亲和力之间的关系。核磁共振显示在 27 nt DNA 适配体中有两个相同的结合位点，每个结合位点与一个 AMP 分子结合。Zhang 等[61]研究了结合位点数量与结合能力之间的关系，使用几种裁剪策略来研究其突变体，发现单结合位点适配体也可以具有相似的结合亲和力和特异性。但多结合位点适配体不是对所有的情况都是有利的，例如，在设计递送药物到癌细胞中的 FNA 时，除了考虑药物高搭载量，还要考虑药物释放和治疗活性的有效性。如上所述，Plourde 等[60]设计了一系列阿霉素的 DNA 适配体序列，他们假设调整适配体的亲和力会影响药物从脂质体的负载和释放速率。原 Coop-Doxapt 是 Simon 等[71]报道的一种含有两个结合位点的适配体，Plourde 等通过组装两个适配体，创造了他们自己的 Poly-Doxapt。与 Doxapt-28 和 Doxapt-30 相比，Poly-Doxapt 和 Coop-Doxapt 都展示出与靶标更强的结合力，但由于它们的茎环较长，脂质复合物包封率低。

2.7.2 多功能核酸的融合

多数量的 FNA 融合的方法包括适配体与小干扰 RNA 的连接，由于适配体对细胞的特异性识别，可用于靶向递送治疗性寡核苷酸[72]。2017 年，Yu 等[65]

首先创建了一种可卡因组装适配体，通过协同结合增强了靶标结合亲和力。他们表示，与原始可卡因适配体的劈裂适配体相比，含有两个结合域的协同劈裂适配体展现出更强的响应性。2018 年，Yu 等[66]又开发出类似的协同劈裂适配体，此时的靶标物质换为脱氢异雄甾酮-3-硫酸酯（DIS），并使用另一种基于酶辅助靶循环扩增荧光的表征技术检测。该方法放大了荧光信号还提高了检测灵敏度。近期，随着核糖开关的高级结构被较深入地研究，它们能够与具有体外选择性的荧光适配体组合用于代谢物成像或基于 RNA 的荧光生物传感器检测。这种荧光生物传感器的主要原理是配体与靶标的结合诱导了核糖开关构象变化，允许与染料结合，出现“turn-on”的现象，这样生物传感器仅在目标代谢物存在的情况下产生荧光信号[73]。此外，还有许多其他形式的多 FNA 融合，如三核酸[74]。Zheng 等[75]报道了一种新型的三螺旋分子开关传感器，主要由中心环的特异性适配体序列组成，其侧翼为两个双标记的寡核苷酸臂。Li 等[76]设计了 pH 响应性的结构开关适配体，其能够通过 pH 的变化与靶细胞特异性结合。Sun 等[77]开发了一种用于无标记检测肿瘤细胞的双功能劈裂适配体荧光检测方法，通过融合肿瘤结合适配体 ZY11 和硫黄素 T（ThT）的适配体 ThT.2 得到了这种双功能劈裂适配体。

2.7.3　功能核酸与其他物质的融合

除了融合多个 FNA 以设计新的生物传感器之外，FNA 还可以与各种荧光基团、猝灭基团、蛋白质或一些小分子药物联合。这些有效连接使核酸世界变得可视化，而且将 DNA 与纳米材料结合已经成为许多药物的有效递送工具。紫杉醇是最常用于治疗癌症化疗的药物之一。Li 等[78]开发了一种高度水溶性的核仁蛋白适配体-紫杉醇结合物（NucA-PTX），通过将肿瘤细胞的核仁蛋白适配体连接到紫杉醇 2′位置的活性羟基上，选择性地将紫杉醇递送到肿瘤部位。一旦进入细胞内，由于组织蛋白酶 B 对二肽键敏感，NucA-PTX 的二肽键被切割，然后释放连接的紫杉醇。核仁蛋白适配体连接紫杉醇有助于使紫杉醇在卵巢肿瘤组织选择性积累，因此显著地改善了抗肿瘤活性和降低了细胞毒性。

2.8　总结与展望

FNA 的裁剪策略在未来的发展中有很大的潜力。序列决定结构，结构决定功能，因此，裁剪后 FNA 的结构转化可以增强与靶标的结合能力，并实现检测、定向靶标物质、产生或扩大信号输出、构建生物传感器和递送药物等，还能克服输出信号弱、结合亲和力低或药物负载能力差等缺点。本章总结了裁剪策略的最新研究进展，基于生物传感器的稳定性、灵敏度和多样性，提出展望并基于 FNA 的裁剪策略指导新的传感器设计。

对于广泛应用的 FNA 裁剪策略，特定结合区域的确定仍然是完善生物传感器设计的重要挑战。如果将适配体和靶标物质之间的各种作用力参数引入模拟网站，这些数据无疑将有助于提高预测 FNA 高级结构的准确性。FNA 裁剪策略的另一个主要挑战是它们的结构通常是复杂且不稳定的，但是通过在均相中的分析表征可以尝试解决这个问题。此外，通过融合 FNA-药物，可以使核酸药物或小分子药物具有靶向性，因此合成 FNA-药物偶联物的方法有着重要的研究地位。调整结合位点的数量也对生物传感器的敏感性具有重要意义，并且劈裂 FNA 将继续成为研究的热门话题，尤其是基于基因表达的体内研究。相信核酸的裁剪策略在今后会得到更广泛的研究与应用。

参 考 文 献

[1] Bing T, Yang X, Mei H, et al. Conservative secondary structure motif of streptavidin-binding aptamers generated by different laboratories. Bioorganic & Medicinal Chemistry, 2010, 18(5): 1798-1805.

[2] Lyu Y, Chen G, Shangguan D, et al. Generating cell targeting aptamers for nanotheranostics using cell-SELEX. Theranostics, 2016, 6(9): 1440-1452.

[3] Padlan C S, Malashkevich V N, Almo S C, et al. An RNA aptamer possessing a novel monovalent cation-mediated fold inhibits lysozyme catalysis by inhibiting the binding of long natural substrates. RNA, 2014, 20(4): 447-461.

[4] Manimala J C, Wiskur S L, Ellington A D, et al. Tuning the specificity of a synthetic receptor using a selected nucleic acid receptor. Journal of the American Chemical Society, 2004, 126(50): 16515-16519.

[5] Toh S Y, Citartan M, Gopinath S C, et al. Aptamers as a replacement for antibodies in enzyme-linked immunosorbent assay. Biosensors and Bioelectronics, 2015, 64: 392-403.

[6] Yang C, Spinelli N, Perrier S, et al. Macrocyclic host-dye reporter for sensitive sandwich-type fluorescent aptamer sensor. Analytical Chemistry, 2015, 87(6): 3139-3143.

[7] Gopinath S C, Lakshmipriya T, Md Arshad M, et al. Shortening full-length aptamer by crawling base deletion-assisted by Mfold web server application. Journal of the Association of Arab Universities for Basic and Applied Sciences, 2017, 23(1): 37-42.

[8] Zadeh J N, Steenberg C D, Bois J S, et al. NUPACK: analysis and design of nucleic acid systems. Journal of Computational Chemistry, 2011, 32(1): 170-173.

[9] Tzakos A G, Grace C R, Lukavsky P J, et al. NMR techniques for very large proteins and RNAs in solution. Annual Review of Biophysics and Biomolecular Structure, 2006, 35(1): 319-342.

[10] Neves M A, Reinstein O, Saad M, et al. Defining the secondary structural requirements of a cocaine-binding aptamer by a thermodynamic and mutation study. Biophysical Chemistry,

2010, 153(1): 9-16.
[11] Liu Z, Zhang W, Hu L, et al. Label-free and signal-on electrochemiluminescence aptasensor for ATP based on target-induced linkage of split aptamer fragments by using $[Ru(phen)_3]^{2+}$intercalated into double-strand DNA as a probe. Chemistry-A European Journal, 2010, 16(45): 13356-13359.
[12] Li C, Hu X, Lu J, et al. Design of DNA nanostructure-based interfacial probes for the electrochemical detection of nucleic acids directly in whole blood. Chemical science, 2018, 9(4): 979-984.
[13] Chen X, Lan J, Liu Y, et al. A paper-supported aptasensor based on upconversion luminescence resonance energy transfer for the accessible determination of exosomes. Biosensors and Bioelectronics, 2018, 102: 582-588.
[14] Liu X, Li X, Lu Y, et al. A split aptamer-based imaging solution for the visualization of latent fingerprints. Analytical Methods, 2018, 10(19): 2281-2286.
[15] Chen J, Zeng L. Enzyme-amplified electronic logic gates based on split/intactaptamers. Biosensors and Bioelectronics, 2013, 42(1): 93-99.
[16] Kent A D, Spiropulos N G, Heemstra J M. General approach for engineering small-molecule-binding DNA split aptamers. Analytical Chemistry, 2013, 85(20): 9916-9923.
[17] Zhang J, Wang L, Pan D, et al. Visual cocaine detection with gold nanoparticles and rationally engineered aptamer structures. Small, 2008, 4(8): 1196-200.
[18] Yuan B, Zhou Y, Guo Q, et al. A signal-on split aptasensor for highly sensitive and specific detection of tumor cells based on FRET. Chemical Communications, 2016, 52(8): 1590-1593.
[19] Kolpashchikov D M. Binary malachite green aptamer for fluorescent detection of nucleic acids. Journal of the American Chemical Society, 2005, 127(36): 12442-12443.
[20] Jiang H, Ling K, Tao X, et al. Theophylline detection in serum using a self-assembling RNA aptamer-based gold nanoparticle sensor. Biosensors and Bioelectronics, 2015, 70: 299-303.
[21] Zou R, Lou X, Ou H, et al. Highly specific triple-fragment aptamer for optical detection of cocaine. RSC Advances, 2012, 2(11): 4636-4638.
[22] Babendure J R, Adams S R, Tsien R Y. Aptamers switch on fluorescence of triphenylmethane dyes. Journal of the American Chemical Society, 2003, 125(48): 14716-14717.
[23] Alam K K, Tawiah K D, Lichte M F, et al. A fluorescent split aptamer for visualizing RNA-RNA assembly *in vivo*. ACS Synthetic Biology, 2017, 6(9): 1710-1721.
[24] Deng M, Zhang D, Zhou Y, et al. Highly effective colorimetric and visual detection of nucleic acids using an asymmetrically split peroxidase DNAzyme. Journal of the American Chemical Society, 2008, 130(39): 13095-13102.
[25] Zhang J, Wang L L, Hou M F, et al. Label-free fluorescent and electrochemical biosensors based on defective G-quadruplexes. Biosensors and Bioelectronics, 2018, 118: 1-8.
[26] Peng Y, Li L, Mu X, et al. Aptamer-gold nanoparticle-based colorimetric assay for the sensitive detection of thrombin. Sensors and Actuators B: Chemical, 2013, 177(1): 818-825.
[27] Zhu C, Zhao Y, Yan M, et al. A sandwich dipstick assay for ATP detection based on split aptamer fragments. Analytical & Bioanalytical Chemistry, 2016, 408(15): 4151-4158.

[28] Zhang S, Wang K, Li J, et al. Highly efficient colorimetric detection of ATP utilizing split aptamer target binding strategy and superior catalytic activity of graphene oxide-platinum/ gold nanoparticles. RSC Advances, 2015, 5(92): 75746-75752.

[29] Park J H, Byun J Y, Shim W B, et al. High-sensitivity detection of ATP using a localized surface plasmon resonance (LSPR) sensor and split aptamers. Biosensors and Bioelectronics, 2015, 73: 26-31.

[30] He X, Li Z, Jia X, et al. A highly selective sandwich-type FRET assay for ATP detection based on silica coated photon upconverting nanoparticles and split aptamer. Talanta, 2013, 111(13): 105-110.

[31] Zheng X, Peng R, Jiang X, et al. Fluorescence resonance energy transfer-based DNA nanoprism with a split aptamer for adenosine triphosphate sensing in living cells. Analytical Chemistry, 2017, 89(20): 10941-10947.

[32] Sharma A K, Kent A D, Heemstra J M, et al. Enzyme-linked small-molecule detection using split aptamer ligation. Analytical Chemistry, 2012, 84(14): 6104-6109.

[33] Chao W, Yang S Y, Wu Z Y, et al. Split aptamer-based liquid crystal biosensor for ATP assay. Acta Chimica Sinica, 2013, 71(3): 367-370.

[34] Lu J, Shen Y, Wu Q, et al. The birth and death of microRNA genes in *Drosophila*. Nature Genetics, 2008, 40(3): 351-355.

[35] Stojanovic M N, And P D P, Landry D W. Fluorescent sensors based on aptamer self-assembly. Journal of the American Chemical Society, 2000, 122(46): 11547-11548.

[36] Liu J, Bai W, Niu S, et al. Highly sensitive colorimetric detection of 17β-estradiol using split DNA aptamers immobilized on unmodified gold nanoparticles. Scientific Reports, 2014, 4: 7571.

[37] Shi H, Zhao G, Liu M, et al. Aptamer-based colorimetric sensing of acetamiprid in soil samples: sensitivity, selectivity and mechanism. Journal of Hazardous Materials, 2013, 260(18): 754-761.

[38] He J, Liu Y, Fan M, et al. Isolation and identification of the DNA aptamer target to acetamiprid. Journal of Agricultural and Food Chemistry, 2011, 59(5): 1582-1586.

[39] Song K M, Cho M, Jo H, et al. Gold nanoparticle-based colorimetric detection of kanamycin using a DNA aptamer. Analytical Biochemistry, 2011, 415(2): 175-181.

[40] Ren K, Liu Y, Wu J, et al. A DNA dual lock-and-key strategy for cell-subtype-specific siRNA delivery. Nature Communications, 2016, 7: 13580.

[41] Hasegawa H, Savory N, Abe K, et al. Methods for improving aptamer binding affinity. Molecules, 2016, 21(4): 421.

[42] Qi C, Bing T, Mei H, et al. G-quadruplex DNA aptamers for zeatin recognizing. Biosensors and Bioelectronics, 2013, 41(1): 157-162.

[43] Kaur H, Yung L YL. Addison C L. Probing high affinity sequences of DNA aptamer against VEGF165. PloS One，2012，7(2)：e31196.

[44] Roncancio D, Yu H, Xu X, et al. A label-free aptamer-fluorophore assembly for rapid and specific detection of cocaine in biofluids. Analytical chemistry, 2014, 86(22): 11100-11106.

[45] 张倩，田晶晶，罗云波，等．功能核酸纳米机器生物传感器的研究进展．生物技术通

报, 2018, 34(9): 2-14.
[46] Peng H, Li X F, Zhang H, et al. A microRNA-initiated DNAzyme motor operating in living cells. Nature Communications, 2017, 8: 14378.
[47] 杜再慧, 李相阳, 田晶晶, 等. 功能核酸生物传感器检测金属离子的研究进展. 分析化学, 2018, 46(7): 11-20.
[48] Sigel A, Sigel H, Sigel R K. Interplay Between Metal Ions and Nucleic Acids. Vol.10. Springer Science & Business Media, 2012.
[49] Mei Z, Chu H, Chen W, et al. Ultrasensitive one-step rapid visual detection of bisphenol A in water samples by label-free aptasensor. Biosensors and Bioelectronics, 2013, 39(1): 26-30.
[50] Yang C, Wang Y, Marty J L, et al. Aptamer-based colorimetric biosensing of ochratoxin A using unmodified gold nanoparticles indicator. Biosensors and Bioelectronics, 2011, 26(5): 2724-2727.
[51] Alsager O A, Kumar S, Zhu B, et al. Ultrasensitive colorimetric detection of 17β-estradiol: the effect of shortening DNA aptamer sequences. Analytical Chemistry, 2015, 87(8): 4201-4209.
[52] Aguirre S, Ali M, Salena B, et al. A sensitive DNA enzyme-based fluorescent assay for bacterial detection. Biomolecules, 2013, 3(3): 563-577.
[53] Liu N, Jiang Y, Zhou Y, et al. Two-way nanopore sensing of sequence-specific oligonucleotides and small-molecule targets in complex matrices using integrated DNA supersandwich structures. Angewandte Chemie International Edition, 2013, 52(7): 2007-2011.
[54] Jiang Y, Liu N, Wei G, et al. Highly-efficient gating of solid-state nanochannels by DNA supersandwich structure containing ATP aptamers: a nanofluidic implication logic device. Journal of the American Chemical Society, 2012, 134(37): 15395-15401.
[55] Xu W, Tian J, Shao X, et al. A rapid and visual aptasensor for lipopolysaccharides detection based on the bulb-like triplex turn-on switch coupled with HCR-HRP nanostructures. Biosensors and Bioelectronics, 2017, 89(2): 795-801.
[56] Li Y, Ji X, Liu B. Chemiluminescence aptasensor for cocaine based on double-functionalized gold nanoprobes and functionalized magnetic microbeads. Analytical and Bioanalytical Chemistry, 2011, 401(1): 213-219.
[57] Chen L, Chao J, Qu X, et al. Probing cellular molecules with polyA-based engineered aptamer nanobeacon. ACS Applied Materials & Interfaces, 2017, 9(9): 8014-8020.
[58] Du Y C, Cui Y X, Li X Y, et al. Terminal deoxynucleotidyl transferase and T7 exonuclease-aided amplification strategy for ultrasensitive detection of uracil-DNA glycosylase. Analytical Chemistry, 2018, 90(14): 8629-8634.
[59] Guo Y, Chen J, Cheng M, et al. A thermophilic tetramolecular G-quadruplex/hemin DNAzyme. Angewandte Chemie International Edition, 2017, 129(52): 16863-16867.
[60] Plourde K, Derbali R M, Desrosiers A, et al. Aptamer-based liposomes improve specific drug loading and release. Journal of Controlled Release, 2017, 251: 82-91.
[61] Zhang Z, Oni O, Liu J. New insights into a classic aptamer: binding sites, cooperativity and more sensitive adenosine detection. Nucleic Acids Research, 2017, 45(13): 7593-7601.
[62] Serrano-Santos M B, Llobet E, Özalp V C, et al. Characterization of structural changes in

aptamer films for controlled release nanodevices. Chemical Communications, 2012, 48(81): 10087-10089.

[63] Bing T, Mei H, Zhang N, et al. Exact tailoring of an ATP controlled streptavidin binding aptamer. RSC Advances, 2014, 4(29): 15111-15114.

[64] Mun H, Jo E J, Li T, et al. Homogeneous assay of target molecules based on chemiluminescence resonance energy transfer (CRET) using DNAzyme-linked aptamers. Biosensors and Bioelectronics, 2014, 58(1): 308-313.

[65] Yu H, Canoura J, Guntupalli B, et al. A cooperative-binding split aptamer assay for rapid, specific and ultra-sensitive fluorescence detection of cocaine in saliva. Chemical Science, 2017, 8(1): 131-141.

[66] Yu H, Canoura J, Guntupalli B, et al. Sensitive detection of small-molecule targets using cooperative binding split aptamers and enzyme-assisted target recycling. Analytical Chemistry, 2018, 90(3): 1748-1758.

[67] Koos B, Cane G, Grannas K, et al. Proximity-dependent initiation of hybridization chain reaction. Nature Communications, 2015, 6: 7294.

[68] Li R, Li Y, Fang X, et al. SNP detection for massively parallel whole-genome resequencing. Genome Research, 2009, 19(6): 1124-1132.

[69] Song Q, Shi Y, He D, et al. Sequence-dependent dsDNA-templated formation of fluorescent copper nanoparticles. Chemistry-A European Journal, 2015, 21(6): 2417-2422.

[70] Javani S, Lorca R, Latorre A, et al. Antibacterial activity of DNA-stabilized silver nanoclusters tuned by oligonucleotide sequence. ACS Applied Materials & Interfaces, 2016, 8(16): 10147-10154.

[71] Simon A J, Vallée-Bélisle A, Ricci F, et al. Intrinsic disorder as a generalizable strategy for the rational design of highly responsive, allosterically cooperative receptors. Proceedings of the National Academy of Sciences of the United States of America, 2014, 111(42): 15048-15053.

[72] Kruspe S, Giangrande P. Aptamer-siRNA chimeras: discovery, progress, and future prospects. Biomedicines, 2017, 5(3): 45.

[73] Truong J, Hsieh Y F, Truong L, et al. Designing fluorescent biosensors using circular permutations of riboswitches. Methods, 2018, 143: 102-109.

[74] 田晶晶, 罗云波, 许文涛. 基于三螺旋核酸的生物传感器的研究进展. 生物技术通报, 2018, 34(9): 15-28.

[75] Zheng J, Li J, Jiang Y, et al. Design of aptamer-based sensing platform using triple-helix molecular switch. Analytical Chemistry, 2011, 83(17): 6586-6592.

[76] Li L, Jiang Y, Cui C, et al. Modulating aptamer specificity with pH-responsive DNA bonds. Journal of the American Chemical Society, 2018, 140(41): 13335-13339.

[77] Sun Y, Yuan B, Deng M, et al. A light-up fluorescence assay for tumor cell detection based on bifunctional split aptamers. Analyst, 2018, 143(15): 3579-3585.

[78] Li F, Lu J, Liu J, et al. A water-soluble nucleolin aptamer-paclitaxel conjugate for tumor-specific targeting in ovarian cancer. Nature Communications, 2017, 8(1): 1390.

第 3 章　功能核酸自组装

功能核酸自组装是指经过特殊设计的不同结构的核酸链间通过碱基互补配对原则，最终形成特定核酸结构的自发行为。其中包括大量的恒温扩增技术。链式杂交反应（HCR）是一种新型的信号放大手段，是一种无需酶参与的、在常温下就可以进行的自组装反应。HCR 可以与多种功能元件结合构成种类及结构繁多的 HCR。近年来，HCR 在生物传感、生物成像和生物医学领域也引起了广泛的关注，不仅可以实现核酸、蛋白质、小分子和细胞等靶标的检测，在荧光原位杂交成像、活细胞成像和靶向给药等方面应用也越来越广泛。三明治夹心法是免疫学中一种经典的检测方法，主要是形成类似三明治结构的捕获抗体-抗原-检测抗体复合物，用于具有多个抗原表位的大分子抗原物质的分析检测。核酸检测中存在一种类似于抗原-抗体相互作用的三明治分析方法，形成捕获探针-目标寡核苷酸-信号探针三明治。DNA 纳米结构是指由合成 DNA 构成的纳米级分子结构。而超夹心 DNA 纳米结构则是以 HCR 为基础，当目标寡核苷酸存在时，产生的一种长链串联体纳米结构。串联体上含有多个信号探针，可大大增强信号和降低检测限。催化茎环自组装（catalytic hairpin assembly，CHA）也是一种恒温、无酶的核酸自组装信号放大反应，CHA 技术是由 DNA 纳米结构发展而来，因其快速而高效的放大性能而受到广泛关注。CHA 作为一种非酶放大技术，克服了生物酶放大信号的诸多缺陷，如操作复杂、反应条件苛刻、价格昂贵、稳定性差等。因此该技术已被广泛应用于开发检测核酸、蛋白质和小分子的敏感生物传感器，并得以不断发展。本章阐述了 HCR 和 CHA 反应的基本原理、分类及其在生物传感、细胞成像和生物医学方面的最新进展。此外，还对超夹心 DNA 纳米结构及应用进行了概述，讨论和展望了 HCR、超夹心 DNA 纳米结构以及 CHA 反应的优势、面临的挑战及应用前景。

3.1　引　　言

生物分子如核酸、蛋白质、糖类等是构成生命体和维持生命现象必不可少的一类物质，具有特异性、预警性和广泛实用性等特点。核酸除了携带遗传信息而在所有的生命系统中发挥重要作用外，又可以作为高容量元件进行信息存储。

某些特定核酸序列、蛋白质等，是病原基因、基因表达调控、遗传疾病以及癌症发生的标志物。但是在疾病早期，这些标志物在体内是痕量存在的，一般检测方法的灵敏度不能满足需求，因此，提高反应灵敏度的新的检测方法的构建，对于实现生物分子的痕量检测具有十分重要的意义。

功能核酸生物传感技术是近年来发展起来的一类灵敏度高、选择性好、分析快速、成本低以及能够进行连续监测的新型传感技术，在食品检测、基因分析、遗传疾病诊断、法医鉴定和环境监测等领域具有很高的应用价值。在分析检测中灵敏度的提高主要依赖于信号放大，而信号放大的方法主要分为两类：一类是基于核酸工具酶的信号放大技术，包括 PCR、连接酶链式反应（ligase chain reaction，LCR）、滚环扩增（rolling circle amplication，RCA）、SDA 等，其中前两者属于热扩增反应，而后两者是恒温扩增反应。相对于酶介导的信号放大技术，另一类无酶介导的信号放大技术因操作简便、选择性多、反应稳定而在现代分析领域中被广泛关注。

功能核酸自组装是指经过特殊设计的不同结构的核酸链，在一定推动力下通过碱基互补配对原则最终形成特定核酸结构的自发行为。DNA 发夹结构自组装反应是指无需酶催化，DNA 链即可在吉布斯自由能或位形熵的推动下自行组装，实现信号级联放大的杂交反应。常用的 DNA 发夹结构自组装反应主要有 HCR、催化茎环自组装反应和熵驱动催化反应，具有无需酶催化、常温下即可发生反应、无需专业技术人员及扩增设备、检测特异性强、灵敏度高等优点。

聚合酶链式反应（PCR）是基于一种变温的机制，主要依赖于耐热的 DNA 聚合酶，在短时间内以指数扩增的形式不断扩增目标片段[1]。PCR 技术以其灵敏性、特异性和快速性在医学和分子生物学等领域得到广泛的应用，然而该方法需要精密的仪器设备和专业的操作人员，且易产生假阴性和假阳性结果等缺点，限制了它的应用。LCR[2]是一类适用于检测双链 DNA 的方法，原理如图 3.1（a）所示，该方法有两对探针，其中一对探针与模板的一条链匹配，另一对探针与模板的另一条链匹配。模板 DNA 先经高温变性，待温度降低时，部分探针就会和模板杂交，然后在 Taq DNA 连接酶的作用下以长链为模板连接成长链。如此循环往复，长链 DNA 的数目不断增加，当达到一定的程度后，就能用琼脂糖凝胶电泳检测出。此方法简单、快速、灵敏度高、特异性好，被广泛应用到癌症标志物 DNA 的检测中。

相对于 PCR 和 LCR 而言，RCA 在恒温条件下即可对核酸片段进行扩增，因而在生物分析领域中具有更大的应用潜力[3]。RCA 的原理如图 3.1（b）[4]所示，首先选择环状 DNA 单链作为模板，当引物与模板杂交后，在 DNA 聚合酶的作用下不断延伸合成出与模板序列互补的单链，最后经过一定的信号转换与输出可以实现信号的放大。此方法灵敏度高、特异性强、高通量且多元性，广泛

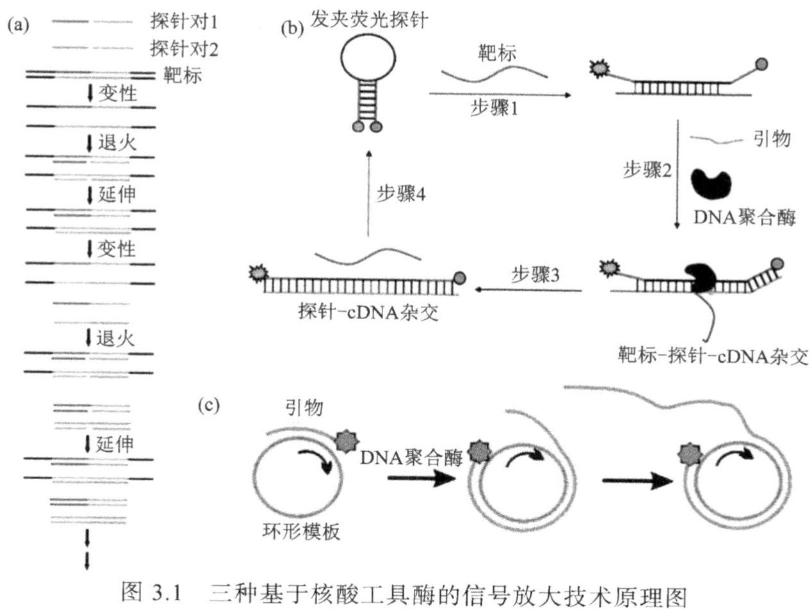

图 3.1　三种基于核酸工具酶的信号放大技术原理图

（a）LCR；（b）RCA；（c）SDA

应用在蛋白质等生物大分子的检测中。SDA 是一种恒温扩增新方法[5]，该反应所用到的聚合酶同时具有酶聚合和链置换的活性，是整个 SDA 的核心。SDA 的原理如图 3.1（c）[6]所示，如果存在靶标，靶标序列与末端标记有荧光基团和猝灭基团的发夹结构探针杂交，使得发夹结构被打开，被暴露出来的探针一端可以与引物杂交，在聚合酶的作用下，引物以探针序列为模板扩增同时将靶标置换下去，荧光信号增强。被置换下来的靶标又可以参与下一个循环，使得荧光信号不断增强，从而实现靶标的灵敏检测。SDA 技术操作简便、灵敏度高，在核酸分析中有着广泛的应用。

HCR 是一种自组装信号放大技术，在常温下即可发生反应、操作简单、实验成本更低。相较于 PCR、LCR、RCA 及 SDA 这四种核酸放大技术而言，HCR 最大的亮点是无需核酸工具酶。HCR 是 Dirks 等[7]提出的一种新型信号放大方法，它以核酸探针之间竞争杂交作为能量来源，自组装成一种核酸纳米结构，实现信号的放大。Yin 等[8]提出的 CHA 是在 HCR 基础上发展起来的一种新型的由自由能推动的发夹型 DNA 组装方式。与 HCR 不同，CHA 反应中的目标链可以被置换出来并引发下一轮反应，在整个反应中起到类似催化剂的作用。

三明治夹心法是免疫学中一种经典的检测方法。在该方法中经常用到两个抗体：固定在酶标板上的抗体 1（Ab1），执行待检测抗原的捕获功能，常被称为捕获抗体；抗体 2（Ab2），则是执行检测功能，被称为检测抗体。在待检测抗原被捕获抗体固定到酶标板上时，检测抗体识别被捕获的抗原，与捕获抗体形成类似于三明治结构的 Ab1-抗原-Ab2 复合物，实现对具有多个抗原表位的大分子抗原物质的分析检测。在核酸检测中也存在一种类似于抗原-抗体相互作用的三明治分析方法，利用碱基互补配对原则形成捕获探针-目标寡核苷酸-信号探针三明治用于检测寡核苷酸。而超夹心 DNA 纳米结构则是在传统三明治夹心分析方法和 HCR 基础上，当目标寡核苷酸存在时，产生的一种长链串联体纳米结构。串联体上含有多个信号探针，信号探针上可标记荧光、酶或电活性物质，大大增强信号和降低检测限。目前，超夹心 DNA 纳米结构已广泛用于构建生物传感器及检测。

3.2　非酶杂交链式反应

3.2.1　HCR 的分类

1. 常规 HCR

常规 HCR 的组成元件包括：引发探针（触发子）和两条可杂交互补并带有黏性末端的发夹型 DNA（H1 和 H2）。若无引发序列存在时，两条发夹型 DNA 可以稳定存在，一旦存在引发探针，发夹 H1 的二级结构被引发探针打开，H1 释放的茎端会将发夹 H2 的二级结构打开，H2 释放出的茎端与引发探针的序列相同，又会打开 H1 的二级结构，H1 和 H2 如此循环往复被相互打开，最后形成一条含有缺口的长双链共聚物，具体原理如图 3.2[9]所示。

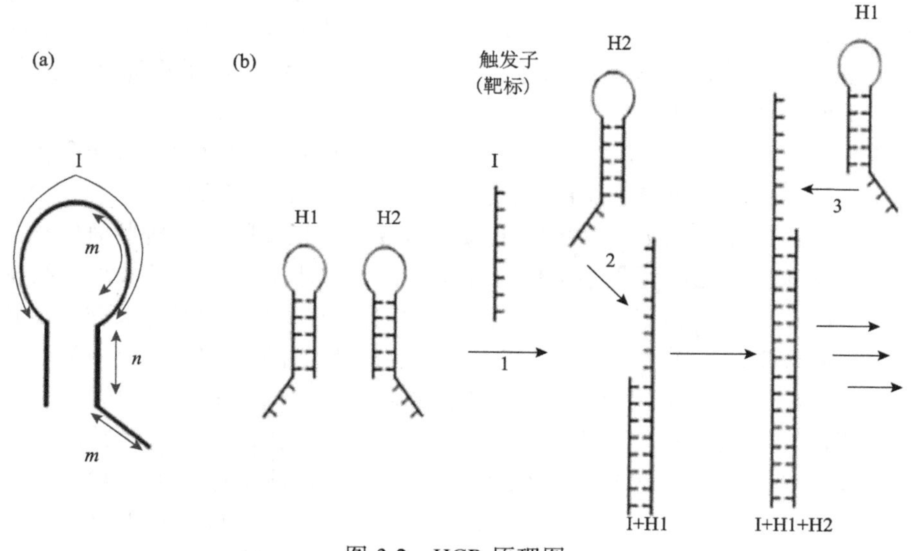

图 3.2　HCR 原理图

2. 可视 HCR

可视 HCR 是将 HCR 与酶或者金属纳米粒子结合，实现 HCR 的可视化。可视 HCR 具有简单、快速和低成本等优点[10]。

1）无标记型可视 HCR

（1）金纳米粒子辅助的可视 HCR。借助金纳米粒子搭载的基于无标记型可视 HCR 主要有两种类型：第一种是三元夹心法，通过粒间的交联机理诱导金纳米粒子间的交联[11]；第二种是根据单链 DNA（ssDNA）和双链 DNA（dsDNA）与未改性的金纳米粒子间的结合特性的差异。ssDNA 比较灵活，可以很容易吸附在金纳米粒子的表面，而增强金纳米粒子间的静电斥力，防止盐诱导的金纳米粒子的聚集。但是 dsDNA 的刚性比 ssDNA 强且带负电荷，使其与同样带负电荷的金纳米粒子之间有很强的排斥力，因此 dsDNA 几乎不与金纳米粒子结合，在盐的诱导下，金纳米粒子发生聚沉[12]。

Zhu 等[13]构建了一种基于 HCR 和核酸适配体的纳米金双向信号识别平台，如图 3.3 所示。他们独创设计了三种功能核酸发夹（燃料功能核酸发夹对、启动子功能核酸发夹及解组装功能核酸发夹），通过对发夹的不同功能化处理实现靶标核酸催化形成可转换的双链核酸串联体；燃料功能核酸发夹中嵌入小分子适配体用于捕获靶标物质，优化茎环切口宽度实现靶标小分子的有效结合，进而促使原始发夹展现出独立的单链状态，借助金纳米粒子对单双链的不同吸附性质，通过无标记的方式成功搭载金纳米粒子，实现在同一传感元件同时分析核酸及非核酸两种靶标的极大突破，具体应用在真菌毒素和 miRNA 的检测

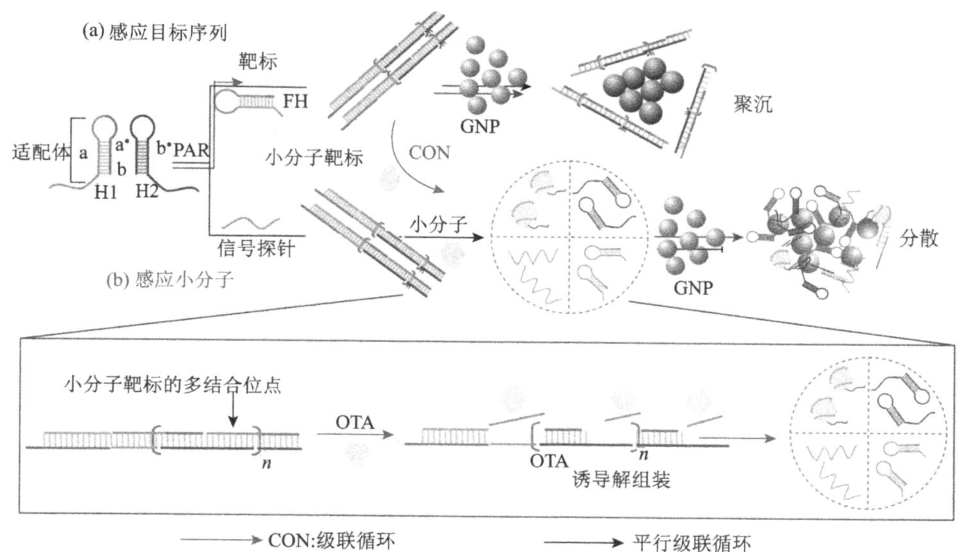

图 3.3　一种基于 HCR 和核酸适配体的纳米金双向信号识别平台

中。这种双向比色传感器可同时实现对皮摩尔级的 miRNA 和纳摩尔级的赭曲霉毒素 A 的灵敏响应，为毒素导致的基因紊乱一体化检测试剂盒提供技术支持。

（2）DNAzyme 辅助的可视 HCR。辣根过氧化物酶和葡萄糖氧化酶等天然酶，容易受到多种物理、化学因素的影响而发生结构变化、失去催化活性；另外，天然酶的分离纯化难、成本高，从而大大限制了其实际应用。氯化血红素/G 四联体 DNA 过氧化物模拟酶是一种人工合成的 DNAzyme，具有辣根过氧化物酶的性质，被广泛作为生物传感器中放大检测信号的催化剂[14]。相比于天然酶，人工合成的 DNAzyme 的尺寸小、稳定性高且易于功能化，使得其在无标记型的生物传感器中有着广泛的应用[15, 16]。

Wu 等[17]构建了一种基于 DNAzyme 辅助的可视 HCR 的比色传感器检测人凝血酶，原理见图 3.4。该体系由两个各携带一种适配体序列的邻近探针作

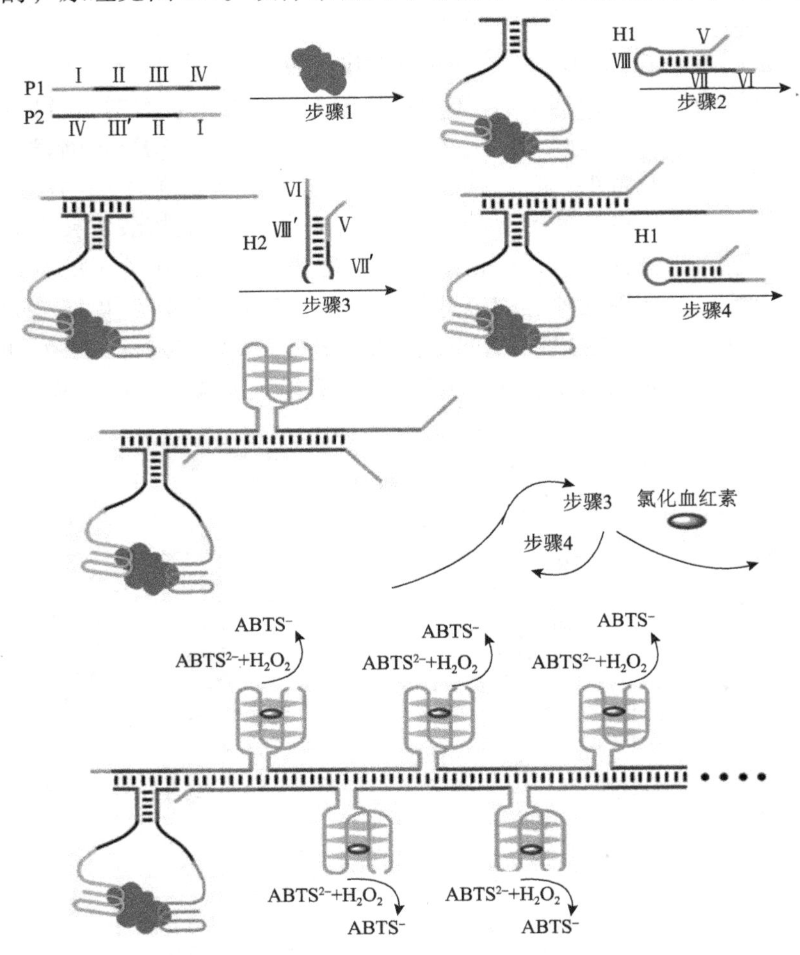

图 3.4　基于 DNAzyme 辅助的可视 HCR 的比色传感器检测人凝血酶

为识别元件，发夹结构 H1、H2 的末端分别包括四分之三和四分之一的 G 四联体 DNA 序列。在靶标蛋白存在时，两个邻近探针同时结合蛋白质，形成一个稳定的 DNA-蛋白质复合体。然后复合体触发 HCR，导致大量的氯化血红素/G 四联体 DNA 酶的形成，在加入 H_2O_2 和 ABTS 以后，催化 ABTS 产生光学信号，检测限可达到 1.9×10^{-12} mol/L。

2）标记型可视 HCR

金纳米粒子的光学显色是利用其具有极高的消光系数和强烈的粒子依赖光学效应这一物理性质[18, 19]。而酶辅助的光学显色，则是利用酶高效、特异性的生物催化作用，催化底物发生电子转移而产生光学信号。例如，辣根过氧化物酶（HRP）在 H_2O_2 存在的情况下可催化 TM、ABTS、鲁米诺等产生光学信号，葡萄糖氧化酶可以催化氧化葡萄糖产生 H_2O_2，H_2O_2 又作为氧化剂刻蚀片状三角形银纳米粒子，使银纳米粒子成为较小的球形银纳米粒子，伴随着大量的 SPR 峰蓝移。

Chen 等[20]构建了一种基于标记辣根过氧化物酶的可视 HCR 的比色传感器，高灵敏的检测模型蛋白——甲胎蛋白（α-fetoprotein，AFP），原理如图 3.5（a）所示。利用双抗夹心法将出现的靶标物质 AFP 固定在 96 微孔板上，然后以链霉亲和素为介质，使 HCR 产生的 DNA 长双链结构固定在板上（H1 和 H2 的末端标记生物素），然后，生物素标记的牛血清蛋白和链霉亲和素标记的辣根过氧化物酶组装的结构在加入 H_2O_2 和 TMB 以后，在每一个节点上都会催化 TMB 产生光学信号，检测限可达到 1.95×10^{-12} g/mL，裸眼检测限达到 5×10^{-12} g/mL。

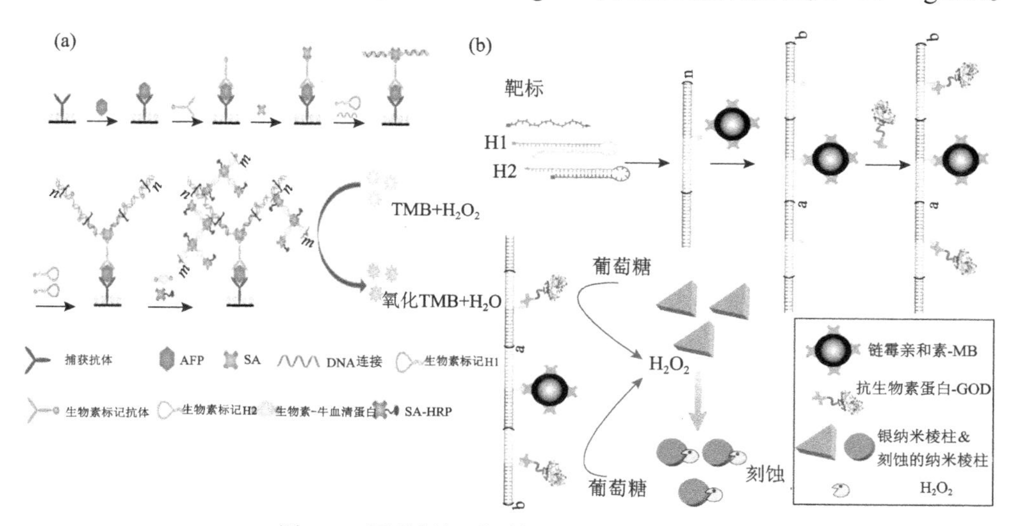

图 3.5　两种标记型可视 HCR 的搭载原理

（a）基于辣根过氧化物酶辅助的 HCR 的比色传感器高灵敏检测甲胎蛋白；（b）基于葡萄糖氧化酶辅助的 HCR 的比色传感器高灵敏检测 DNA

Yang 等[21]构建了一种基于标记葡萄糖氧化酶的 HCR 的比色传感器，超灵敏地检测靶标 DNA，具体原理如图 3.5（b）所示。当靶标存在时，靶标触发 HCR（H1 的末端标记有生物素），先后加入链霉亲和素标记的磁珠和葡萄糖氧化酶，HCR 生成的长双链 DNA 片段先被磁珠聚集，再在葡萄糖氧化酶的作用下催化葡萄糖产生 H_2O_2，H_2O_2 刻蚀片状三角形银纳米粒子成为较小的球形银纳米粒子，伴随着大量的 SPR 峰蓝移，检测限可以达到 6.0×10^{-15} mol/L。

3. 荧光 HCR

可视化 HCR 中 ABTS/TMB 等显色物的氧化产物，会由于光致漂白的作用，颜色消失比较迅速[22]，光化学性质不稳定，限制了可视化 HCR 的应用。荧光 HCR 则具有灵敏度高、响应快速、操作简单等优点，基于荧光 HCR 的传感器则成为一种越来越受欢迎的检测技术[23]。

1）标记型荧光 HCR

标记型荧光 HCR 操作简单，而且选择合适的荧光分子还可以有效地降低背景信号[24]。荧光标记物主要包括有机荧光染料和新近发展的荧光纳米粒子（量子点）两种。

（1）普通标记型 HCR。普通标记型 HCR 是伴随着 HCR 的发生荧光分子与猝灭分子间的距离发生变化从而实现荧光信号的区分，或者 HCR 使得具有特殊性质的荧光分子的荧光信号得以区分。

Song 等[25]组建了一种基于标记型 HCR 的荧光传感器用来超灵敏检测 DNA。在无靶标 DNA 存在时，带负电荷的 DNA 发夹 H2 与带正电荷的 β-环糊精（β-CD）阳离子聚合物之间由于静电作用而相互吸引，使得 H2 末端标记的芘分子很容易进入了 β-环糊精的腔内，导致荧光信号显著增强。当靶标 DNA 存在时，触发 HCR 的发生，生成带有芘分子重复单元的 HCR 长双链结构，由于空间位阻效应，芘分子不能与 β-环糊精阳离子聚合物结合，荧光信号较弱。实验中 DNA 检测限可以达到 1×10^{-7} mol/L，而且具有良好的选择性。

（2）纳米材料辅助的标记型 HCR。一些新型的纳米材料，如碳纳米材料（包括石墨烯、GO 和碳纳米管等）、金属纳米材料等具有良好的光电性质，可以和荧光分子之间发生荧光共振能量转移，从而可以降低标记型 HCR 的背景信号。

Li 等[26]组建了一种基于 GO 辅助的标记型荧光 HCR，原理见图 3.6。利用 GO 具有很好的区分单双链的性质，在无靶标 miRNA 存在时，黏性末端标记有荧光分子的发夹 H1 和 H2 由于末端有单链序列暴露将会被 GO 吸附，荧光信号较弱。当靶标 miRNA 存在时，触发 HCR 的发生，生成带有荧光分子重复单元的 HCR 长双链结构，由于 GO 不能吸附 DNA 双链结构，荧光信号较强。

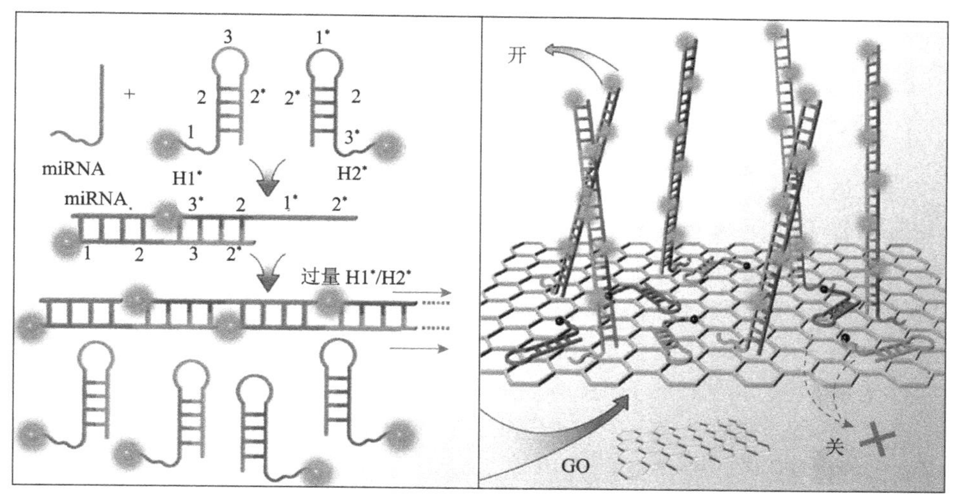

图 3.6　基于 GO 辅助的标记型 HCR 的搭载

2）无标记型荧光 HCR

相对于标记型荧光 HCR，无标记型荧光 HCR 组装更加快速而且成本低。G 四联体 DNA 同样也比较多地应用于无标记型荧光传感器中，因为 G 四联体 DNA 除了具有催化作用之外，还可以与一些卟啉分子如甲基吗啉（*N*-methylmorpholine，NMM）和锌原卟啉Ⅸ（protoporphyrin IX zinc（II），ZnPPIX）等结合，大大提高这些分子的荧光强度[22]。另外一种荧光染料如 SYBR Green I，是迄今对双链 DNA 最敏感的荧光染料，也可用作无标记检测的荧光指示剂[27]。此外，还有一些新型可以以核酸为模板原位生成的金属荧光纳米团簇，如 AgNCs 和 CuNCs 等，具有合成方法简单、绿色、快速、成本低等优点。

Zhang 等[28]构建了一种以 HCR 为模板生成荧光 CuNCs 的无标记型荧光 HCR，原理见图 3.7。当存在待检癌细胞时，双链复合物 DNAa-DNAb 中的适配体链与

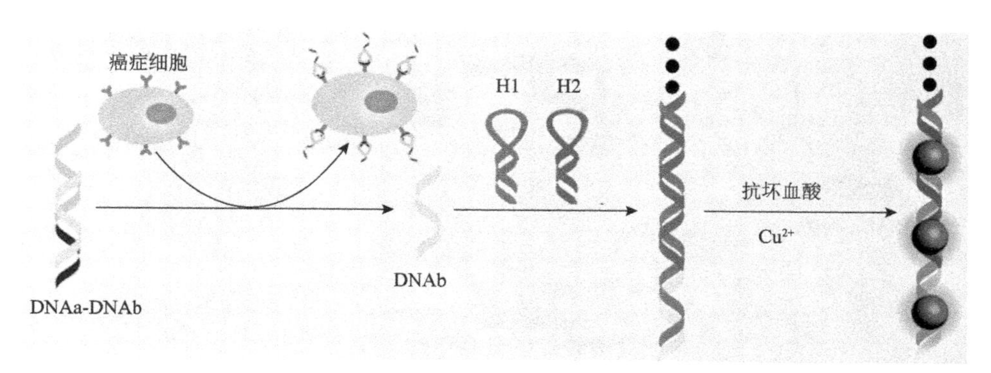

图 3.7　以 HCR 为模板原位生成荧光铜纳米簇的无标记型荧光 HCR 的原理图

癌细胞表面的靶标物质结合，HCR 的触发子 DNAb 被释放，触发 HCR，Cu^{2+}在还原剂抗坏血酸钠的作用下以 HCR 的长双链结构为模板生成荧光铜纳米簇。

4. 适配体 HCR

核酸适配体是用指数富集的方法从随机寡核苷酸文库中筛选得到的一类能够与靶分子特定结合的寡核苷酸序列,其与靶分子的关系类似于抗原与抗体之间的关系，因此被称为“人工抗体”。它可作为“桥梁”，将对非核酸类的生物分子的检测与 HCR 这一核酸信号放大手段相结合，实现这类生物分子的高灵敏检测。与其他功能核酸相结合构造出通用型的 HCR，用于非核酸类的生物分子的检测将是未来 HCR 研究的一个重点。基于核酸适配体的 HCR 可以用于蛋白质、多肽、各种小分子和重金属离子等[29]的检测，而对这些生物分子的检测对于某些遗传疾病、癌症的发生具有预警性。

Zheng 等[29]构建了一种基于适配体-HCR 和三链分子开关的传感平台，实现对多重目标分子的检测，原理如图 3.8 所示。将目标物对应的适配体序列两端延长的富 TC 碱基与信号报告探针杂交形成的三链分子开关作为分子识别元件，当靶标物质存在时，三链分子开关被打开，释放出的信号报告探针部分与修饰在磁珠表面的 P0 杂交，未杂交的部分触发 HCR 反应，将 4-氨基苯硫酚修饰的金纳米粒子（4-ABT/AuNPs）标记到 HCR 形成的长链上并呈聚集状

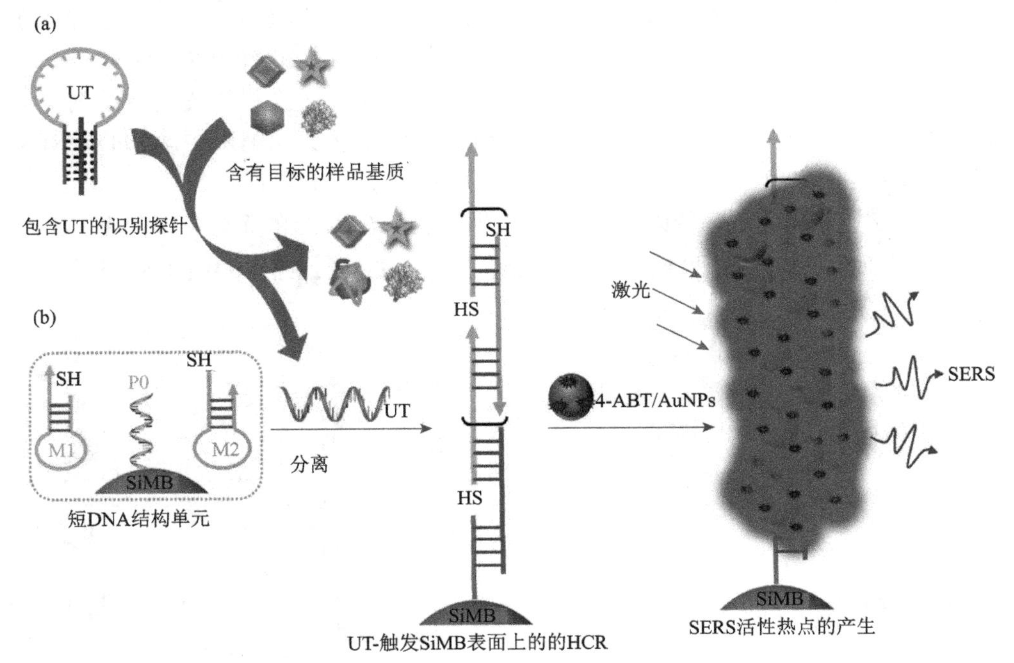

图 3.8　基于 HCR 的通用型表面增强型拉曼传感平台的构建原理

态，这个过程会产生很强的拉曼信号，从而实现对靶标物质的放大检测。这个表面增强型拉曼传感平台是基于通用型 HCR 构建起来的，即如果要实现对多重目标物的检测分析，只需调整三链分子开关中靶标物质对应的适配体序列即可。快速、高通量是生物传感器的一个研究重点，所以我们认为多开发一些类似三链分子开关的新型功能核酸，基于这些新型功能核酸设计出通用型的 HCR 实现靶标物质的多重高灵敏检测，将是以后研究的热点。

5. 非线性 HCR

HCR 在不改变本身结构的基础上可以与具有光学信号的分子、新型的纳米材料结合以及与具有识别功能的适配体结合，从而发挥其信号识别、放大和转导的作用。在此基础上，近年来，发夹型 DNA 被设计得越来越精巧，搭载了更为复杂非线性的 HCR，如支链 HCR、树状 HCR。与线性 HCR 相比，非线性 HCR 可以很容易实现二次或指数生长动力学性能，从而有助于构建具有超高灵敏度和优良选择性的放大生物传感平台。

LaBean[30]课题组于 2013 年首次提出了树突状 DNA 纳米结构，如图 3.9 所示。虽然该体系可用于检测任意核酸类靶标，但是它的热处理过程、发夹打开需要相对较长的茎长，最终可能导致 HCR 呈线性增长而不是枝状生长。

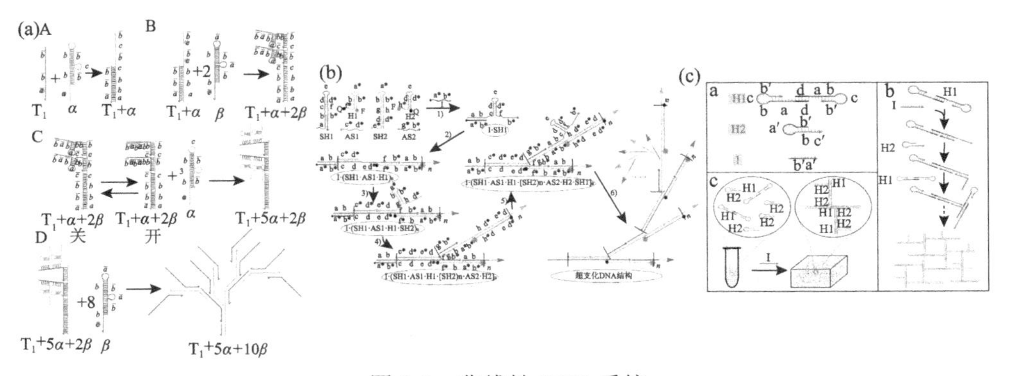

图 3.9　非线性 HCR 系统

（a）树突状 HCR；（b）超分支 HCR；（c）3D-HCR

随后，Hsing[31]课题组开发了一种以两个双链 DNA 为底物（底物链 A 和底物链 B），两个单链 DNA 为辅助链（辅助链 A 和辅助链 B），底物链 A 和 B 被设计有支点和凸起的环状区域。当触发子 DNA 存在时，可以引发树枝状 HCR 级联反应的发生，使得双链底物通过指数增长自组装成树枝状的 DNA 结构。尽管上述两种靶标触发的非线性 HCR 策略可以实现核酸检测的指数放大和有效控制系统泄漏，但是引入双链底物，需要纯化处理未反应的单链 DNA。

Bi[32]课题组开发了一种基于发夹结构的超支化 HCR，如图 3.9（b）所示。

该超支化的 HCR 由三部分组成：两个超级发夹（SH1 和 SH2）、两个发夹（H1 和 H2）和两个辅助单链 DNA（AS1 和 AS2）。在超级发夹结构中，茎部有两个碱基对被事先设计成凸起的小环，使得茎被分成两个区域，这样可有效避免在无触发子存在的情况下超支化 HCR 的自发启动。在靶标 DNA 存在的情况下，触发超支化 HCR 的发生，自组装成超支化的有缺口的双链 DNA 结构。该超支化 HCR 具有指数生长动力学性能，对靶标 DNA 的检测限可达到 1×10^{-13} mol/L。

Wang[33]课题组构建了一种 3D-HCR 水凝胶，与线性 HCR 不同，3D-HCR 中的 H1 的黏性末端含有长度为 10 nt 的回文序列，退火后，黏性末端互相结合形成 H1 二聚体结构。当体系中含有触发子时，触发子与 H1 结合并打开 H1 的发夹结构，从而使 H1 露出新的黏性末端，打开 H2 发夹。经过多次循环，复杂的分支状连接会形成三维网络结构，即 DNA 水凝胶。3D-HCR 水凝胶是一种多孔性结构，其孔隙可以束缚金纳米粒子，最终形成了一种可视化的 3D-HCR 水凝胶。

3.2.2　HCR 的应用

1. HCR 在生物传感器中的应用

由于 HCR 是一种无需酶参与、高效的恒温核酸扩增技术，而且还具有超高的灵敏度和结构灵活性等显著的优点，HCR 成为一种可以在生物传感、生物成像和生物医学等领域广泛应用的强大的分子工具。将 HCR 产物与荧光基团、纳米材料和电化学试剂等功能元件结合可以实现生物传感、信号转导或将输入的分子转化为可读的信号输出。目前，HCR 已被应用于灵敏地检测各种类型的靶标物质，如核酸（DNA 和 RNA）、蛋白质、小分子及重金属，甚至肿瘤细胞。

在用于特定核酸序列的检测时，可根据特定核酸序列设计出 H1 和 H2，此时，将特定核酸序列作为触发子，触发 HCR，实现信号的放大，再与其他检测技术相结合完成核酸的痕量检测，目前文献报道的基于 HCR 的核酸的检测限甚至可达到 10～15 mol/L[24, 34]。另外，HCR 可以特异性地识别单碱基之间的差异，产生一个零背景的高度敏感的信号，即使触发序列中仅有一个碱基的变化，HCR 都不能被触发[35]。

基于核酸适配体的 HCR 可以用于蛋白质、多肽、各种小分子和重金属离子等[29]的检测，而对这些生物分子的检测对于某些遗传疾病、癌症的发生具有预警性。将适配体与 HCR 这一核酸信号放大手段相结合，实现这类生物分子的高灵敏检测。与其他功能核酸相结合构造出通用型的 HCR，用于非核酸类的生物分子的检测将是未来 HCR 研究的一个重点。

比较常见的基于 HCR 的生物传感器主要有比色法、荧光法和电化学法三种，此外 HCR 在化学发光、电致化学发光、光致化学发光和拉曼光谱等新型生物传感器中也越来越多地用于高灵敏检测各种靶标物质。

2. HCR 在生物成像和生物医药中的应用

HCR 除了应用在生物传感器上实现靶标物质的快速检测外，还可与信号识别分子（抗体或核酸适配体）结合，开发出新的原位或细胞内成像的方法，以便更好地了解生物学过程，这些方法可以用于疾病诊断和治疗。此外，HCR 的产物还可作为一种有着高效药物装载和输送能力的药物载体，应用到生物医学领域。一些恒温放大技术已被应用到生物成像分析中（如 RCA、SDA 和 LAMP），但是，这些方法需要酶的参与而且通常需要复杂的操作。近年来，基于 HCR 的恒温扩增技术已被越来越多地应用到细胞外基质、肿瘤细胞和 RNAs 等靶标的成像中，HCR 这一技术具有高效恒温扩增、超高灵敏度、结构多样性和无酶性等优点，是纳米医学和纳米技术中广泛应用的强大分子生物技术工具。

1）HCR 在生物成像中的应用

基于 HCR 的生物成像方法主要分为两类，一类是荧光原位杂交（fluorescence *in situ* hybridization，FISH）成像（针对固定的细胞或组织），另一类是活细胞成像（又可分为细胞表面成像和细胞内成像）。

在早先的研究中，FISH 为细胞内 RNA 的轨迹追踪提供了一种有效的工具。在典型的 FISH 成像方法中，荧光基团标记的寡核苷酸被用作探针，通过渗透进入固定的细胞或组织并与靶标 RNA 杂交，产生响应信号。通过 FISH 成像可以获得细胞内 RNA 的表达和分布的图像，阐明相关的病理过程，验证其在临床诊断中的作用。然而，由于只有一个信号探针与靶标 RNA 杂交，传统的 FISH 成像方法信号强度较低。因此，为了提高信号水平，很有必要开发出一种可实现靶标 RNA 信号放大的技术。近年来，基于 HCR 的 FISH 成像技术已经被开发出来，可以产生很高的信噪比。Wang[36]课题组构建了一种基于 FRET 的免洗 HCR-FISH 成像技术，如图 3.10（a）所示。该体系中包含 3 个 DNA 发夹（H1、H2 和 H3），发夹 H2 和 H3 上分别标记荧光供体（FAM）和受体（TAMRA），有靶标存在时，靶标和 H1 杂交，把 H1 发夹打开，H1 暴露出来的序列再交叉式地打开 H2 和 H3，最终触发 HCR，使得荧光供体和受体“相遇”，发生荧光共振能量转移，产生放大的 FRET 信号。该方法不需要清洗步骤，这大大简化了操作，缩短了实验时间。

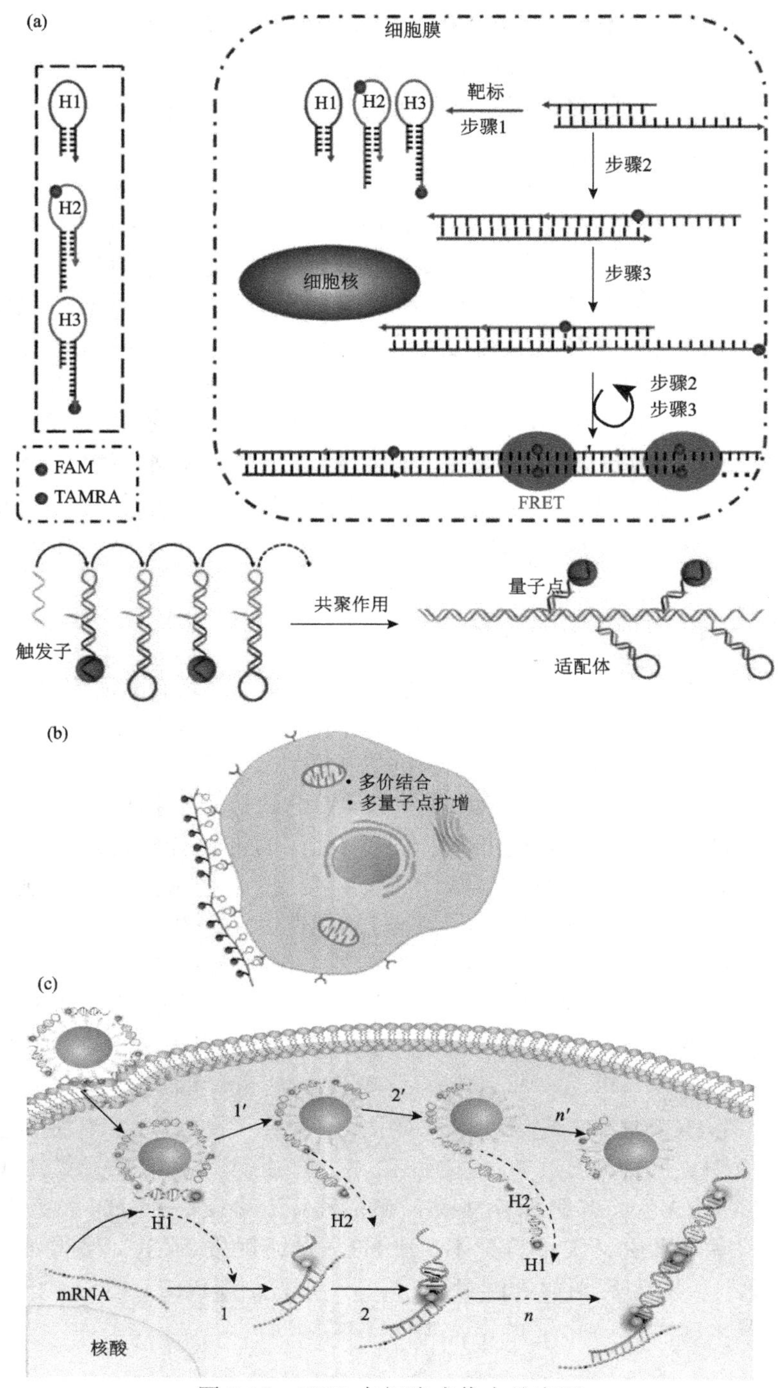

图 3.10　HCR 在细胞成像中的应用

（a）基于 HCR 的 FISH 成像；（b）基于 HCR 的活细胞表面成像；（c）基于 HCR 的活细胞内成像

为了获得有关细胞功能和疾病动力学方面更加细节的时空信息，基于HCR的成像方法就不能只局限于对固定的细胞或组织切片上，需要进行活细胞成像。细胞表面信号探针自组装对细胞成像具有重要意义。细胞适配体是一种短单链DNA（DNA或RNA），能以高亲和力特异性结合特定的细胞。Ma[37]课题组构建了一种基于量子点和适配体的HCR用于癌细胞的表面成像，如图3.10（b）所示。H1和H2改造后，搭载出来的HCR长双链上既有通过H1引入的量子点实现信号的显著增强，又有通过H2引入的靶标物质的适配体序列提高特异性。同时，HCR与细胞表面物质一对多结合，增强被抓取的概率。

近年来，活细胞的细胞内成像技术得到了发展，与细胞外分析相比活细胞成像需要将DNA探针运输到细胞内。因此，有效地将探针送入细胞质是细胞内成像的关键步骤。一些固有的因素如DNA探针的电荷和大小，都会影响其被细胞吸收。因此，迫切需要开发出有效的探针内化的方法，以使DNA探针输送到细胞内实现体内应用。纳米材料（如金纳米粒子、氧化石墨烯、介孔二氧化硅纳米球和氧化锌纳米粒子）可以作为载体和信号转导工具，与HCR结合实现细胞内成像，分析核酸、酶活性和小分子动态表达和分布。Jiang等[38]利用基于HCR扩增的静电DNA纳米组装技术对活细胞内的mRNA进行超敏成像，原理见图3.10（c）。首先通过静电作用将标记有荧光分子的发夹H1和H2吸附在金纳米粒子上，构成一个复合体，此时的荧光基团和金纳米粒子间发生表面能量转移，荧光信号处于猝灭状态。复合体被细胞吞噬以后，细胞内的靶分子mRNA可以触发HCR，使得H1和H2从金纳米粒子上剥离，形成长双链DNA片段。H1和H2距离的拉近，使得它们末端的两个荧光基团间发生荧光共振能量转移而产生荧光信号。

2）HCR在生物医药中的应用

近几十年来，癌症已成为最具破坏性的疾病之一，并导致世界各地的死亡人数居高不下。目前，癌症的主要治疗手段有外科手术、放疗和化疗。然而这些方法往往会杀死正常的细胞或组织，可能导致治疗失败，甚至患者死亡。因此，开发有效的靶向治疗方法至关重要。配体靶向治疗，如放射免疫治疗，已被认为是提高抗癌药物无癌细胞选择性的一种有效手段。除了抗体识别外，已开发出基于适配体的靶向给药技术。与免疫治疗相比，适配体在大小和制备方面具有显著的优势。此外，适配体还可以通过内吞途径实现自身或抗癌试剂的跨膜运输。因此，适配体可作为药物递送的理想识别分子。近年来，基于适配体的HCR已被应用到靶向药物递送中，HCR扩增出的DNA自组装体在药物靶向递送上具有无酶、操作简便、药物装载率高的优点。在基于适配体的 HCR 体系中，适配体被用作特异性结合靶细胞的识别元件，而 HCR 可用作药物的载体被细胞内化，实现药物输送和疾病治疗。核酸固有的生物降解性可避免纳米材料在细胞内的长期积累，此外，基于适配体的 HCR 载药载体的组装是在无酶和恒温条件下进行的，使得该技术适合应用到临床上。Tan[39]课题组首次构建了基于适配体的 HCR 体系实现抗癌药物的靶向递送，并证明这一结构为癌症的精准治疗提供了一个很有前景的平台。如图 3.11 所示，将适配体 *Sgc8* 与 HCR 的触发链结合作为触发子，该触发子在实现细胞表面靶标人蛋白酪氨酸激酶-7 识别的同时还可以触发 HCR。HCR 的产物可以作为抗癌药物的载体，被靶细胞通过胞吞作用转运进细胞内，由于癌细胞内环境的变化，药物被释放，最终实现了药物对癌细胞的靶向治疗。

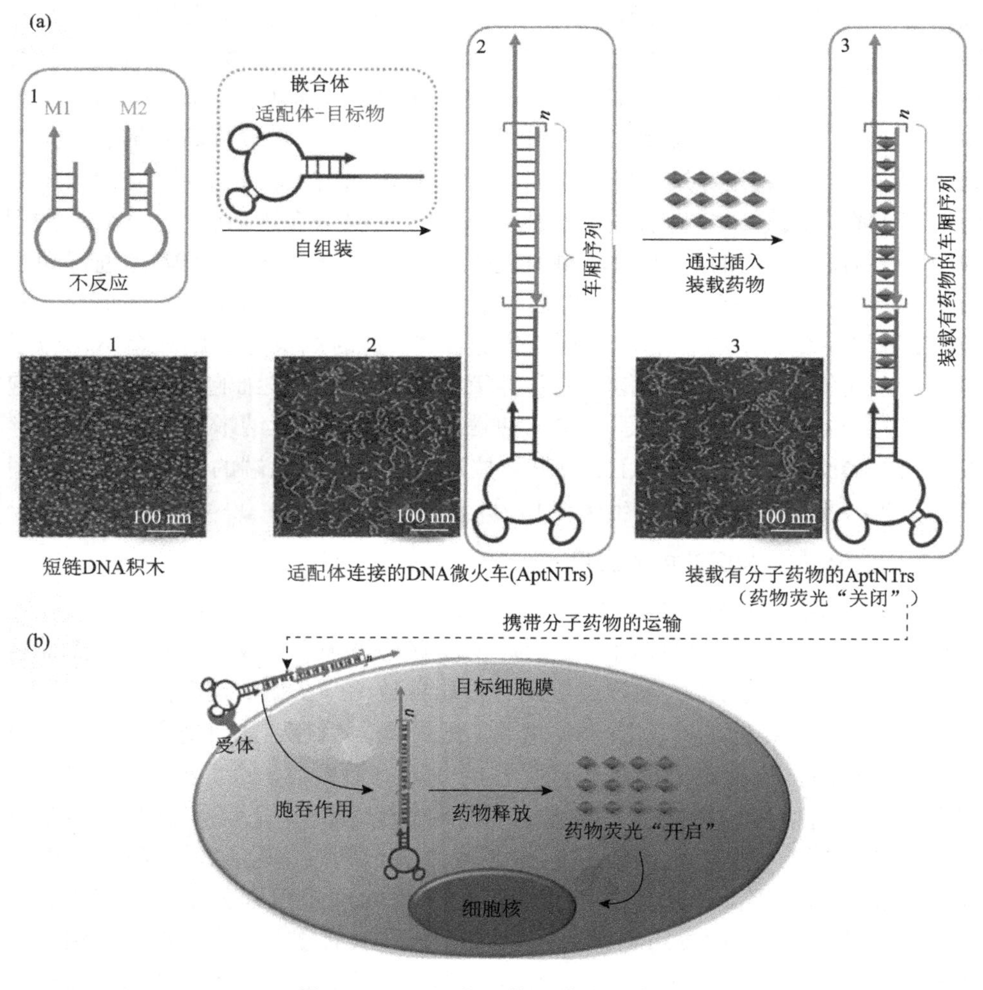

图 3.11　HCR 在生物医药中的应用

3.3　超夹心 DNA 纳米结构

3.3.1　概述

三明治夹心法是免疫学中一种经典的检测方法，主要用于具有多个抗原表位的大分子抗原物质的分析检测。三明治夹心方法中经常用到两个抗体：固定在酶标板上的抗体 1（Ab1），执行待检测抗原的捕获功能，常被称为捕获抗体；抗体 2（Ab2），则是执行检测功能，被称为检测抗体。在待检测抗原被捕获抗体固定到酶标板上时，检测抗体识别被捕获的抗原，与捕获抗体形成 Ab1-抗原-Ab2 复合物，由于结构类似三明治形式，因此被称为双抗体三明治夹心分析方法，其中最常见的就是三明治夹心酶联免疫吸附测定方法。与此同时，核酸检测中也有一种类似于抗原-抗体相互作用的三明治分析方法，且已成为检测寡核苷酸的主要方法。在这样的实验中，表面结合的捕获探针特别与目标寡核苷酸序列的一个区域杂交。为了完成实验，第二探针、信号探针标记为荧光、酶或电活性信号片段，杂交到目标上的第二个区域，形成捕获探针-目标寡核苷酸-信号探针“三明治”。这种方法的实用性是双重的。①它不需要靶标寡核苷酸是荧光的、酶的，或以其他方式标记；②在没有靶标的情况下，捕获探针和信号探测不会接近，这会降低背景信号（一旦靶标结合便会产生信号变化），保证特异性消除假阳性。

然而，传统三明治夹心分析方法的灵敏度相对较低，每个捕获探针只能捕获单个目标分子和信号探针。DNA 纳米结构的出现，为三明治夹心分析方法的灵敏度提升提供了思路。DNA 纳米结构是指由合成 DNA 构成的纳米级分子结构。相比于其他传统的纳米结构（如纳米粒子、纳米线和纳米管），DNA 纳米结构有一些独特的优点，易于设计，并且可预测几何结构，使它们成为纳米科学领域最有趣的分支。DNA 纳米结构通常是由熵驱动的 DNA 自组装形成的。借助计算机设计和仿真，不同编程的 DNA 纳米结构被赋予各种能力，包括执行分子规模计算、用作支架或模板进一步组装其他纳米材料、精密敏感的分子检测和分子识别事件的扩增。例如，Dirks 和 Pierce 介绍了靶标启动的杂交链式反应形成 DNA 聚合体用于 DNA 检测的概念。

受这种概念的启发，2010 年 Heeger 和 Plaxco 团队建立了一种基于超夹心 DNA 结构的电化学分析方法，用于高灵敏特异性分析复杂基质中的 DNA [图 3.12（a）] [40]。这种想法的提出是由于传统的 DNA 杂交分析，一个靶标只能杂交一个信号分子（插图所示），因此 Heeger 和 Plaxco 团队便针对这一缺陷设计改良了一种超夹心方法，具体是设计一种探针与靶标 DNA 的两个区域互补，由于可以与多个靶标分子杂交互补，因此会产生一种长链串联体，大大增强信号和降低检测限。该团队还利用升级得到的超夹心 DNA 结构设计了一种电化学传感器。在传感器的设计中，超夹心的捕获探针和信号探针是同一序列，不同的是信号探针末端修饰了信号分子。需要注意的是，信号探针对靶标分子的亲和性要稍微高于靶标分子对捕获探针的亲和性（由电极表面的空间位阻所致），因此，当捕获探针被靶标分子占据时，它被一个三明治占据，而不仅仅是一个缺少信号探针的靶标探测器。该传感器可以灵敏检测 100 fmol/L 的靶标 DNA 分子。在此检测试验中靶标 DNA 与信号探针杂交形成黏性末端，可以自由地与另一个靶标杂交，最终形成一种具有多标签的超夹心三明治结构形式。值得注意的是，多个信号标签被整合成一个连贯的整体并连接到金电极表面，大大提高灵敏度和独特性。相对于传统夹心分析，该传感器灵敏度显著提高（100 fmol/L）；而且本方法还可以实现在 50%的血清这种复杂基质中对靶标 DNA 的检测。

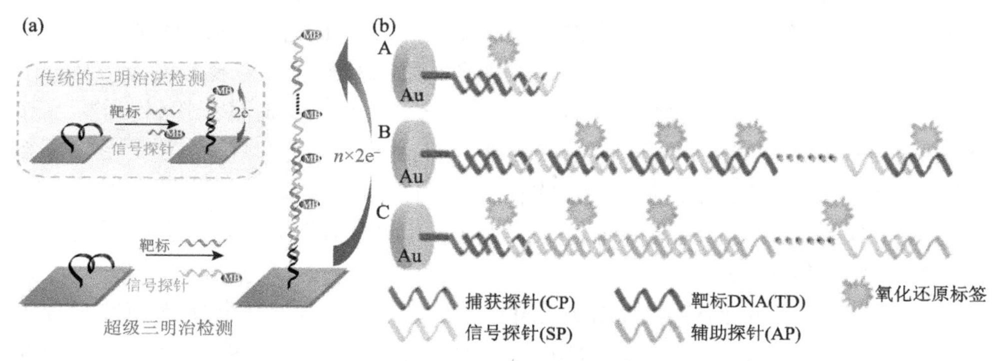

图 3.12　(a) 一种基于超夹心 DNA 结构的电化学分析方法用于 DNA 的原理示意图；(b) 辅助探针修饰的超夹心 DNA 分析方法工作原理示意图

福州大学的 Yang 团队注意到了多个靶标的存在时才能组装形成超夹心 DNA 串联体结构，这种大量的靶标消耗会极大地限制 DNA 超夹心自组装分析方法的检测灵敏度[41]。他们设计了辅助探针对超夹心分析方法进行改进，设计的辅助探针可以与信号探针的两个不同区域杂交并组装成长的 DNA 串联体结构。因此，新型改良的超夹心分析方法只需要一个靶标便能触发搭载得到超夹心 DNA 纳米结构[图 3.12（b）]。他们将改良得到的超夹心体系与电化学分析方法对接，当有微量靶标存在时，超夹心 DNA 结构会在电极表面形成，产生大量的电化学信号。由于检测浓度与电化学信号之间存在比例关系，该分析方法的检测限可低至 100 amol/L。

除此之外，电化学阻抗谱由于信号读出方便而在基于超夹心 DNA 结构的分析方法中十分流行。Li 团队在超夹心实验基础上设计了一种无标记 DNA 检测方法，检测限低至 1.7 nmol/L[42]。图 3.13 具体设计了一种信号点亮式分析方法，连接探针与靶标 DNA 的两个区域杂交，创建包含多个靶标分子和连接子的长串联体，导致信号增强及检测限降低。该方法中利用$[Fe(CN)_6]^{3-/4-}$作为外部氧化还原探针用于电化学阻抗测定。带负电荷的寡核苷酸在金电极上自组装会阻止电子转移。越多寡核苷酸序列组装到金电极上，电子越难接近电极表面。因此，超夹心结构比传统夹心结构更能获得极大的电子转移阻力，通过 EIS 的测量，从而高灵敏地完成 DNA 的分析检测。

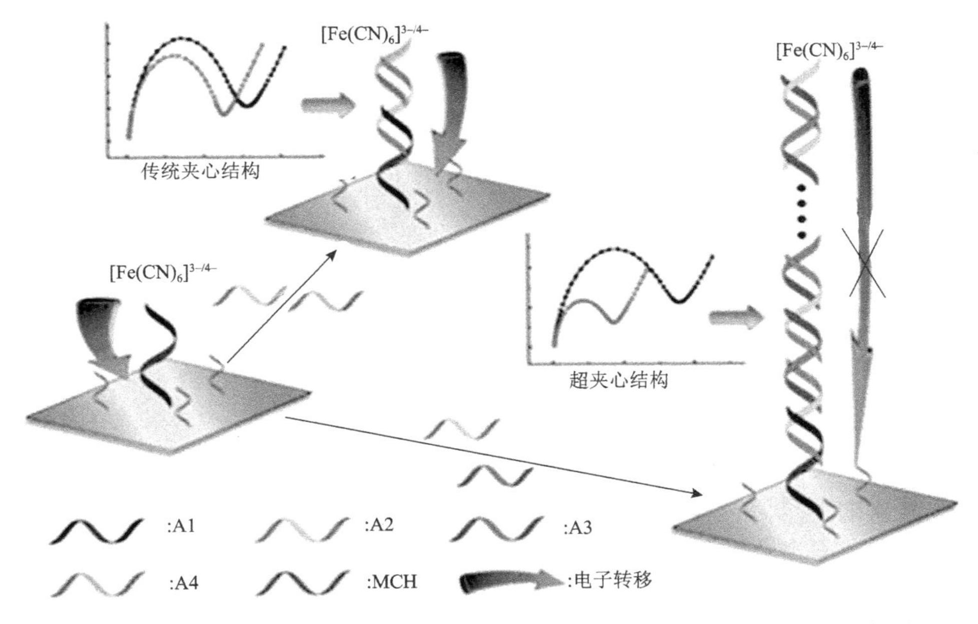

图 3.13　传统夹心分析方法（左）与超夹心分析方法（右）工作原理示意图

安徽师范大学的 Zhang 团队基于金纳米粒子修饰的还原型石墨烯，建立了一种超灵敏、超夹心电化学 DNA 生物传感器（图 3.14）[43]。设计中以亚甲基蓝标记的单链 DNA 作为信号探针，设计辅助探针与信号探针的两个不同区域杂交。生物传感器的构建包含三个步骤：①硫醇修饰的捕获探针固定在金纳米粒子修饰的还原氧化石墨烯（AuNPs/rGO）复合材料表面；②形成包含捕获探针-靶标-信号探针的三明治结构；③引入辅助探针制备含有信号分子亚甲基蓝的长串联体，采用差分脉冲伏安法在含 1.0 mol/L $NaClO_4$ 磷酸盐缓冲液中监测 DNA 杂交时亚甲基蓝的峰值电流变化。在最佳条件下，亚甲基蓝的峰值电流与靶标 DNA 浓度的对数在 0.1 μmol/L～0.1 fmol/L 范围内呈现良好的线性关系，检测限可低至 35 amol/L。此外，该生物传感器也可以对单碱基错配表现出良好的选择性。

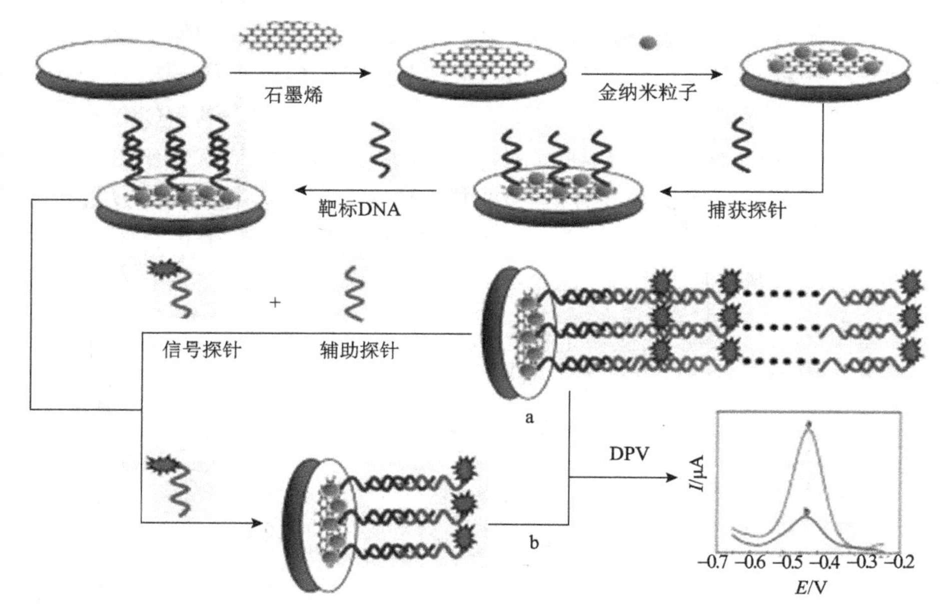

图 3.14 基于金纳米粒子修饰的还原型石墨烯的电化学 DNA 生物传感器工作原理示意图

3.3.2 超夹心结构用于蛋白分析

超级三明治结构也在蛋白分析中有着广泛的应用。应用主要有两种情况，一种是借助于抗原抗体夹心捕获的免疫分析方法，另一种是借助新型功能核酸，适配体双夹心的核酸分析方法。目前借助抗原抗体结合的免疫学超夹心 DNA 分析方法较多，本小节主要介绍这方面的工作进展。

在以抗原抗体辅助的、传统的电化学免疫检测中，通常使用生物标签和酶标签来提高检测效率信号。Chen 等[44]利用氯化血红素/G 四联体 DNAzyme 超夹心结构作为电催化剂扩增放大电化学信号制备超夹心电化学免疫传感器，并对 IgG1 进行灵敏检测[图 3.15（a）]，并对含有不同水平 IgG1 的 15 个临床血清样本进行了测试，验证了其可靠性。测试结果显示该传感器与商业化酶联免疫吸附测定法的结果相当，表明该免疫传感器是一种很有前途的 ELISA 方法的替代品。

癌胚抗原（carcinoembryonic antigen，CEA）是大肠癌首选的生物标志物。Tang 等[45]通过 DNA 超夹心、亲和素-生物素交互作用、金纳米标签和 DNAzyme 开发了一种敏感的 CEA 检测方法。靶标 CEA 可以与固定的初级抗体特异性相互作用固定在电极表面，然后再与检测抗体结合产生三明治夹心免疫复合物。然后，通过 S1 和 S2 之间的级联杂交，在捕获的 AuNPs 表面形成超夹心的 DNA

结构[图 3.15（b）]。大量的电活性物质亚甲基蓝可插入金纳米粒子表面的超夹心 DNA 结构中以放大电化学信号。使用超夹心 DNA 结构用于现场电信号放大可实现低丰度 CEA 检测。虽然 Tang 的方法可以提供一个相对较低的检测并有较宽的线性信号响应范围，又由于标记量有限，还存在一些固有缺陷，如电化学信号较弱，每个 DNA 末端都有二茂铁分子。

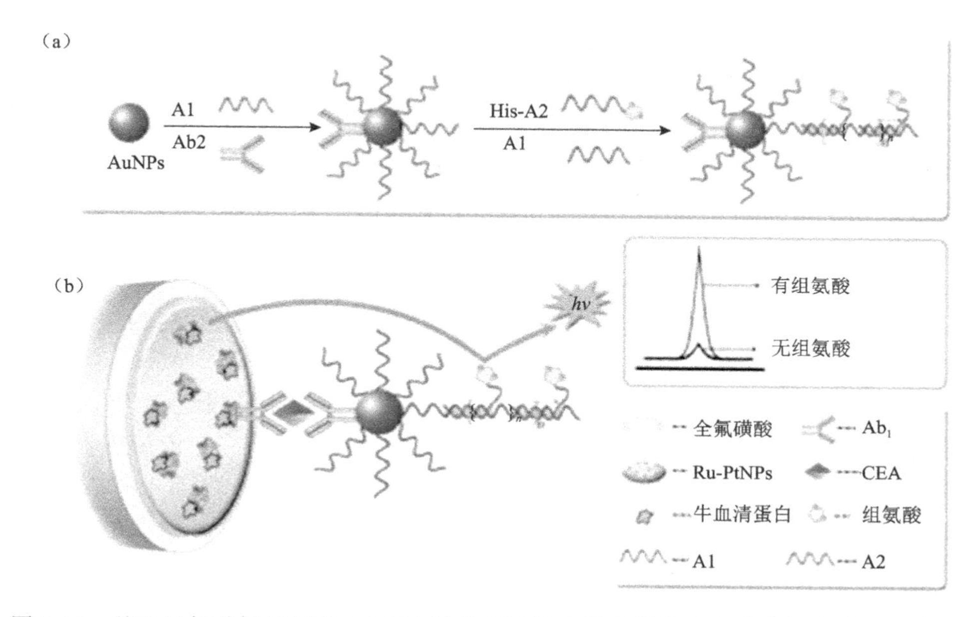

图 3.15　基于组氨酸标记超夹心 DNA 结构超灵敏电致化学发光免疫分析方法用于癌胚抗原（CEA）检测的原理示意图

西南大学袁若教授于 2013 年，基于通过组氨酸标记超夹心 DNA 结构扩增电化学信号建立了一种超灵敏电致化学发光免疫分析方法用于 CEA 检测[46]。组氨酸是一种具有咪唑基团的 α-氨基酸，可以充当电致化学发光剂 $[Ru(bpy)_3]^{2+}$ 的共反应剂放大电化学发光信号。袁若教授团队第一次用组氨酸作为 $[Ru(bpy)_3]^{2+}$ 的共反应物用于信号放大。电化学发光传感器的底座是通过将铂纳米粒子（PtNPs）和 $[Ru(bpy)_3]^{2+}$ 组装成 Ru-PtNPs 复合物，然后共聚到全氟磺酸修饰的电极表面制备而成的。在抗原存在的情况下，在电致化学发光传感器底座上的初级抗体和金纳米粒子上的次级抗体之间可以形成夹心免疫复合物。辅助探针 Ⅰ 触发辅助探针 Ⅰ 与组氨酸修饰的辅助探针 Ⅱ 之间交替杂交形成长链 DNA 串联体。由于组装得到的 DNA 长链串联体中含有多个组氨酸修饰的辅助探针 Ⅱ，从而实现信号的扩增放大。该免疫传感器对 CEA 的检测线性范围为 0.1 pg/mL～100 ng/mL。最低检测限为 33.3 fg/mL。此外，该方法稳定性高、选择性好、重现性好、具有良好的重复性，在临床检测中表现良好。

Wang 团队报道了一种基于多组分酶及 HRP 标记的超夹心 DNA 结构的电致化学发光免疫传感器[47]。该传感器也是利用双抗体夹心结构捕获待检测靶标，将捕获抗体固定到电极表面，然后利用 HRP 修饰的超夹心 DNA 结构与捕获抗体桥连，实现电化学信号的扩增放大。其中一级抗体 Ab1 是通过抗体上的碱基与含有羧基的多壁碳纳米管修饰的裸金电极之间发生席夫碱反应而固定到金电极表面的，HRP 通过修饰 S2 核酸链而组装到超夹心结构上，然后 HRP 修饰的超夹心结构再通过生物素-链霉亲和素桥连系统修饰到捕获抗体 Ab2 上。当靶标物质存在时，诱导双抗体夹心形成，将捕获抗体 Ab2-超夹心多酶 DNA 信号复合物固定到电极表面，从而获得大量的电化学信号。无靶标存在时，无双抗体夹心形成，超夹心多酶 DNA 信号复合物游离于电极表面以外，获得的电化学信号极其微弱，从而实现检测。这种超夹心多酶 DNA 信号复合物介导的电化学传感器可以实现 0.05 pg/mL 的白细胞介素-6 的超灵敏检测。

2014 年，西南大学袁若团队报道了一种超夹心电致化学发光免疫传感器，基于分子内相互作用模拟用于灵敏检测蛋白质（图 3.16）[48]。该传感器包含三部分。第一部分是通过在 MWCNTs@PDA-AuNPs 包被的 GCE 电极表面修饰 PSA 的捕获抗体 Ab1，制备电致化学发光传感器捕获探针。第二部分是通过制备检测（抗体 Ab2-聚合物 PAMAM-核酸链 A1）复合物，来制备电致化学传感器检测探针。第三部分是通过制备电致化学发光剂$[Ru(dcbpy)_3]^{2+}$修饰的核酸链 A2（Ru-A2）和组氨酸修饰的 A1（His-A1）探针，部分杂交得到超夹心复合物，来完成电致化学发光传感器的信号扩增放大。当有靶标物质 PSA 存在时，双抗体夹心会将带有大量$[Ru(dcbpy)_3]^{2+}$的超夹心 DNA 结构固定到电极表面从而获得大量的电致化学发光信号。相反，当无靶标物质 PSA 存在时，超夹心 DNA 结构不会固定到电极表面，因此电化学发光信号很微弱。袁若团队建立的超夹心免疫传感器具有超高灵敏度，检测限可以达到 4.2 fg/mL，线性检测范围为 0.01 pg/mL～40.00 ng/mL。

叶酸受体是一种肿瘤相关抗原。在临床诊断中，敏感测定叶酸受体是临床诊断和现代医学所急需的。Zhang 团队报道一种基于外切酶及超夹心 DNAzyme 扩增的电化学传感器用于叶酸受体检测[49]。这种传感器是基于叶酸受体对修饰有叶酸的 DNA 的保护作用和超夹心 DNA 结构的扩增作用设计而成的。当叶酸受体增多时会保护更多的叶酸修饰的 DNA 不被外切酶 I（Exo I）水解而组装成超夹心 DNA 结构，而含有大量叶酸和氯化血红素/DNAzyme 元件的超夹心 DNA 结构的形成会催化 H_2O_2 产生大量的电化学信号。因此，可

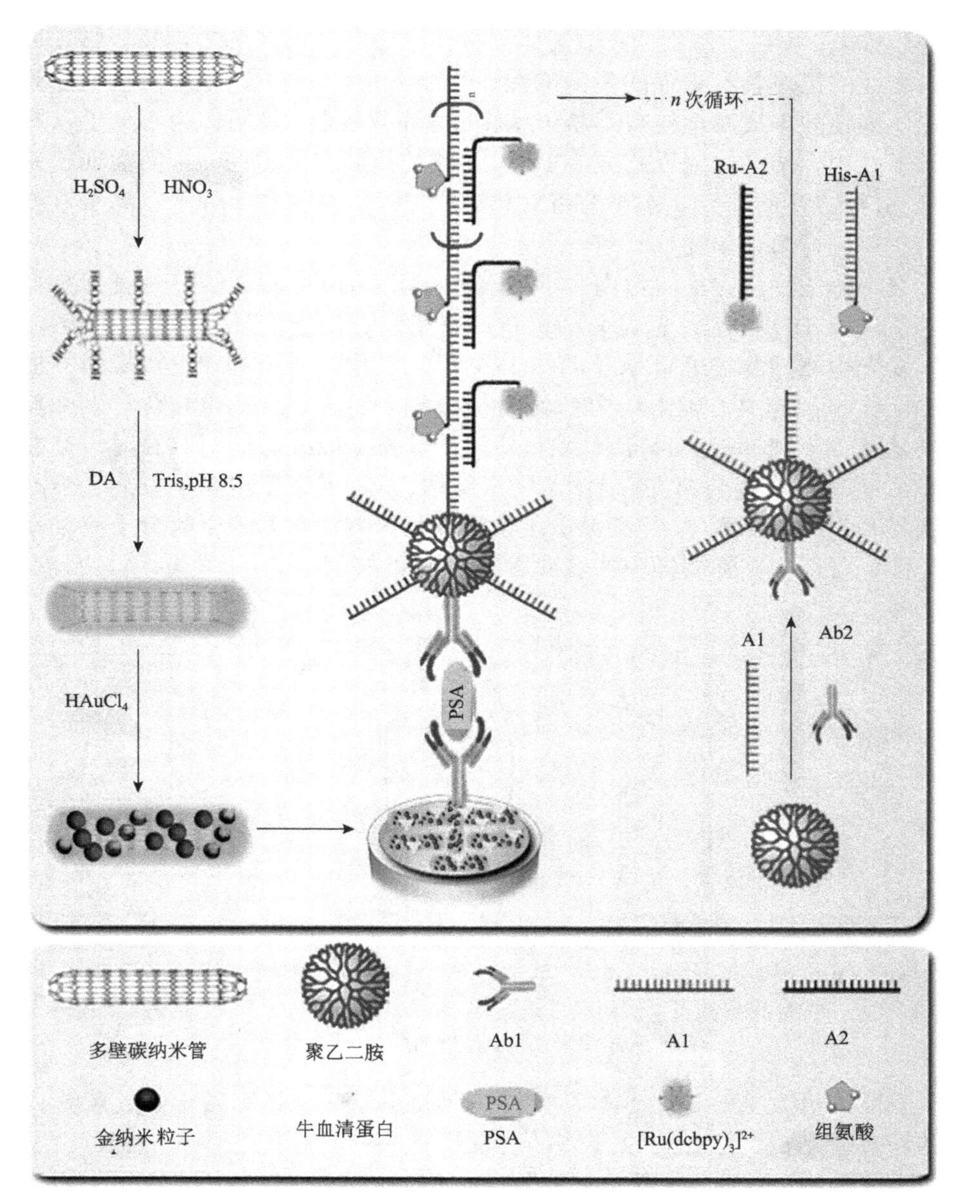

图 3.16　基于分子内相互作用模拟的超夹心电致化学发光免疫传感器工作原理图

以获得叶酸受体与电化学信号间的定量关系，从而实现检测。该传感器可以灵敏检测 1.0～20.0 ng/mL 之间的叶酸受体，且检测限可以达到 0.3 ng/mL。

3.3.3　超夹心结构用于小分子及离子靶标的检测

核酸适配体是一种人工寡核苷酸，它可以识别各种各样的靶标分子，如小分子、离子、蛋白质和细胞。适配体与抗体有着相似的亲和力与特异性，且比蛋白属性的抗体具有更强的温度抗性，作为分析工具性质更稳定。另外，核酸适配体的核酸本质属性使得其易于编辑、程序化控制，极易作为小分子物质或者粒子的靶标转换体触发超夹心 DNA 结构的组装与解组装，从而实现超夹心 DNA 分析方法的搭建。本小节将对超夹心 DNA 结构在小分子、离子检测方面的应用进行简单阐述。

在小分子检测方面，西南大学袁若教授于 2014 年报道了一种靶标结合诱导的适配体-DNAzyme 超夹心结构自动解组装，用于信号点亮式超灵敏电致化学发光检测赭曲霉毒素 A（图 3.17）[50]。其中，自组装在电极表面的适配体-DNAzyme 超夹心纳米结构对氧/过硫酸盐（O_2/S_2O_8）的电致化学发光猝灭效果显著。当靶标赭曲霉毒素 A 和外切核酸酶（*Rec*J_f）同时存在时，赭曲霉毒素 A 会循环解组装超夹心 DNA 纳米结构，从而实现了电化学发光信号的高效恢复和赭曲霉毒素 A 的高灵敏度检测。且该方法对其他干扰分子有较高的选择性，可用于实际酒样中的赭曲霉毒素 A 的检测。

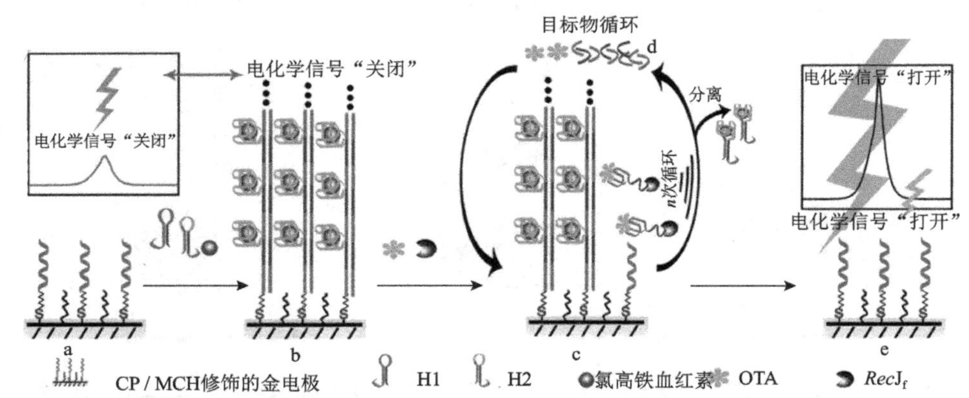

图 3.17　基于靶标诱导的自动解组装的适配体-DNAzyme 超夹心纳米结构的电致化学发光传感器用于 OTA 分析的原理示意图

安徽师范大学的 Zhang 团队于 2013 年报道了一种具有氯化血红素/G 四联体的超夹心结构的顺铂构象开关[51]。顺铂是一种具有代表性的细胞毒性和抗肿瘤金属药物，用于治疗各种恶性肿瘤。他们介绍了一种靶标自主触发组装得到氯化血红素/G 四联体 DNAzyme 纳米线的无酶扩增平台用于顺铂检测。鉴于氯化血红素/G 四联体 DNAzyme 纳米线含有许多氯化血红素/DNAzyme 信号单元，从而实现了电化学信号的放大。靶标顺铂可以与鸟嘌呤结合，而减弱氯化血红素/DNAzyme 信号结构单元中的 DNAzyme 对 H_2O_2 的催化作用，从而实现对顺铂的分析。随着顺铂浓度增加，超夹心 DNA 结构构象逐渐改变，最终得到顺铂浓度与电化学信号之间存在线性比例关系。该传感器可以对 0.05～

5 μmol/L 的顺铂实现线性分析检测，且利用线性系数为 0.9993 的线性方程和 3σ 原则可以推断出该方法的最低检测限可以达到 20 nmol/L。

Wang 团队基于靶标诱导的适配体替代反应建立了一种无标记、超灵敏的超夹心电化学传感器用于小分子腺苷的检测[52]。相较于传统的夹心分析方法[图 3.18（a）]，为了增强信号引入了两条报告子核酸链对杂交进行升级。在无腺苷分子存在时，电极表面的探针可以与两个报告子核酸链交替杂交形成超夹心 DNA 结构，可以嵌入大量的外电化学指示剂$[Ru(NH_3)_6]^{3+}$（RuHex）产生大量的电信号。而当腺苷分子存在时，会发生适配体的链置换反应，从而破坏电极表面的超夹心结构，导致电化学信号急剧降低，而实现腺苷分子的超灵敏检测。该传感器的线性检测范围为 0.1～1mmol/L，最低检测限为 50 nmol/L。

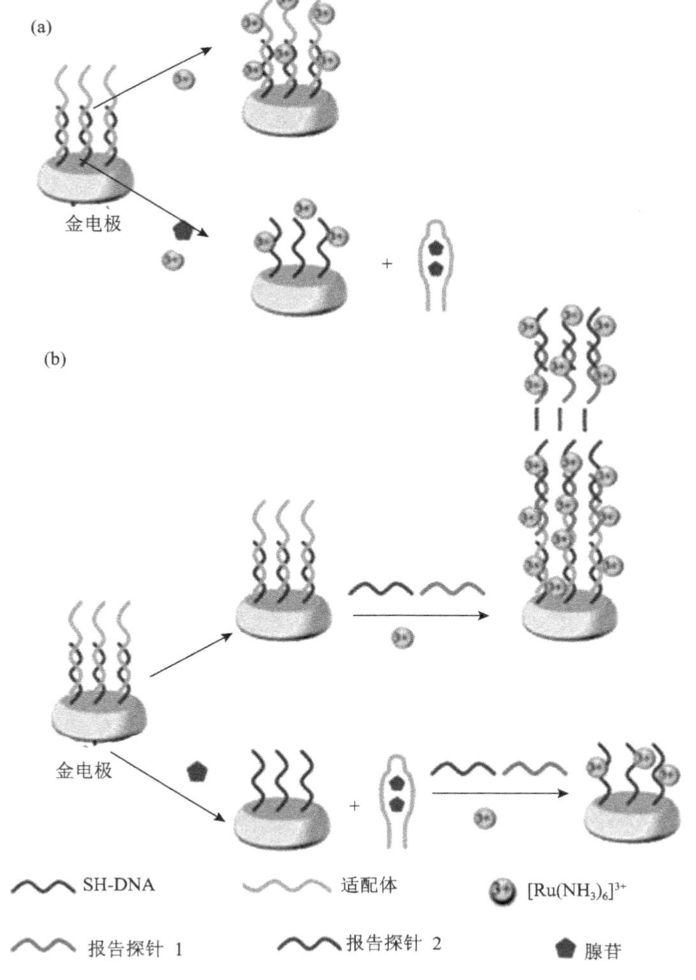

图 3.18　无标记、超灵敏的超夹心电化学传感器用于小分子腺苷的检测的原理示意图

除了高频使用的电化学器件外，夏帆研究小组[53]还基于固相人工纳米孔道开发了一种高灵敏度和选择性的纳米孔传感器，能够同时检测 ATP 和 DNA 两种靶标。其中 DNA 诱导超夹心 DNA 结构在孔道内部组装，从而填充满纳米孔道，大大降低了离子通量。小分子 ATP 则是通过与已经组装好的超夹心 DNA 结构中的适配体探针结合诱导构象转变，解组装超夹心 DNA 结构，提高孔道中离子通量。通过巧妙的超夹心 DNA 结构设计，该纳米流体传感器可以同时实现对 1 nmol/L ATP 和 10 fmol/L DNA 的检测。该传感器还能在复杂混合物和血清中有效地识别单基错配和区分不同类型的 ATP 类似物，表示这一传感器在临床疾病相关分子的靶点检测中具有极大的潜力。与此同时，这个纳米流体系统将超夹心 DNA 分析法整合到固态纳米孔中，显示出高效的门控功能（开关比率上升到 10^6）[54]。最近，同一研究组将 Y-DNA 结构引入超夹心 DNA 结构中，构建了一种更有效的分子门。开关比率为 10^3～10^5[55]。这表明超夹心 DNA 结构很适合在有限空间中使用。

在离子检测方面，Xu 团队建立了一种无标记、信号点亮式超夹心荧光平台用于 Hg^{2+}检测[56]。该传感平台利用 T-Hg^{2+}-T 的辅助作用形成超夹心结构，然后通过在超夹心结构中插入双链荧光染料 GF 来增强荧光。这种超夹心 DNA 荧光传感器可以在 10～300 nmol/L 之间实现 Hg^{2+}的线性检测，且基于 3σ 原则计算得到的最低检测限可以达到 2.5 nmol/L。该检测限远低于美国环境保护署的 Hg^{2+}限量（<10 nmol/L）。而且该检测可以在 10 min 内完成，适合快速检测。

近期，我们研究团队针对 Hg^{2+}在 *Chemical Communications* 杂志在线发表了一篇题为“Mercury nanoladders: a new method for DNA amplification, signal identification and their application in the detection of Hg（II）ions”的文章，建立了一种基于 Hg^{2+}纳米阶梯和 GO 纳米材料的 Hg^{2+}快速检测的方法[57]。Hg^{2+}纳米阶梯是建立在超夹心 DNA 结构上的一种新的核酸结构。本研究依靠 T-Hg-T 结构对超夹心 DNA 进行了改造，形成一种 Hg^{2+}拉力诱导的新型 Hg^{2+}纳米阶梯结构（图 3.19）。这种新型 Hg^{2+}依赖型组装元件，以荧光基团修饰辅助，除信号放大的作用外，可以作为 Hg^{2+}的靶标分子识别和信号转化元件。

研究表明，GO 的大 π 共轭结构和 DNA 中的碱基具有很强的 π-π 相互作用，因而单链 DNA 可以高效吸附在 GO 的表面，但对于双链 DNA，由于其具有芳香结构的碱基处于 DNA 双螺旋结构的内侧，外侧带负电性的磷酸骨架对其有屏蔽作用，使其与同样带负电性的 GO 彼此发生静电排斥，所以双链 DNA 不能被稳定地吸附在 GO 表面。利用 GO 对单双链吸附能力的差异性质，结合荧光素分子与 GO 之间的荧光共振能量转移，建立了 turn-on 型荧光传感器。

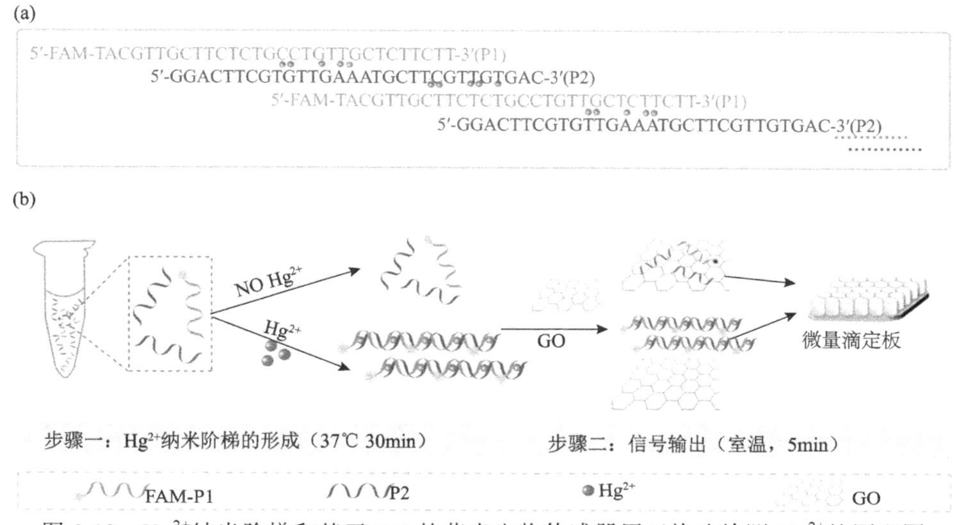

图 3.19　Hg^{2+}纳米阶梯和基于 GO 的荧光生物传感器用于快速检测 Hg^{2+}的原理图

（a）Hg^{2+}纳米阶梯的序列和基本结构；（b）当有或无 Hg^{2+}存在时荧光生物传感器具有不同的信号输出

在无 Hg^{2+}存在的情况下，没有 Hg^{2+}的诱导，不能形成 T-Hg-T 结构，纳米阶梯不能形成，GO 将猝灭标记有荧光分子的单链引物的荧光信号。在 Hg^{2+}存在的情况下，Hg^{2+}可以成功诱导纳米阶梯的形成，GO 不能猝灭生成的纳米阶梯上的荧光分子的荧光信号，实现 Hg^{2+}的快速高灵敏检测。与以前报道的技术相比，Hg^{2+}纳米阶梯-GO 传感器能够在 40 min 之内实现 Hg^{2+}的定量检测。

3.3.4　超夹心结构用于酶活性分析

除了蛋白质、核酸、小分子物质及离子外，超夹心 DNA 结构还用于蛋白酶的活性及 DNA 的性质变化研究。Zheng 团队建立了一种无标记的超夹心电致化学发光方法用于检测 DNA 甲基化和分析甲基转移酶活性（图 3.20）[58]。该方法的检测限可以达到 3×10^{6} U/mL。这种方法是将电致化学发光剂$[Ru(phen)_3]^{2+}$插入超夹心 DNA 结构双链结构中。巯基化修饰的 S1 链首先通过金硫键固定到电极表面。由于 S2 和 S3 含有 5′-C/CGG-3′序列可以部分杂交，因此会形成长的串联体，大量的电致化学发光剂$[Ru(phen)_3]^{2+}$可以高亲和性地嵌入长串联体的凹槽导致信号增加。当引入甲基转移酶 M. SssI 和 *S*-腺苷甲硫氨酸后，固定在电极上的超夹心 DNA 结构中的所有 5′-CG-3′含有的胞嘧啶残基均被甲基化。然后用 *Hpa*II 核酸内切酶处理超夹心 DNA 结构，含有未被甲基化的胞嘧啶的 5′-C/CGG-3′位点将会被切割，导致电致化学发光剂大大减少，因此高甲基转移酶活性会极大地降低电化学发光信号。

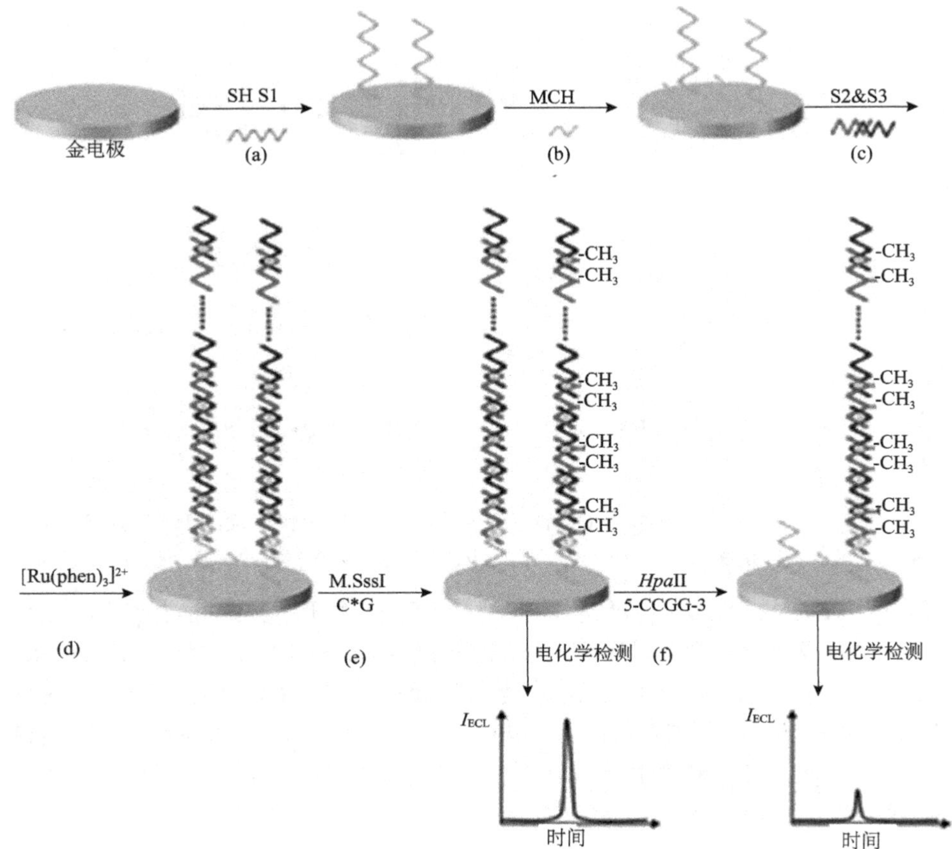

图 3.20　无标记的超夹心电致化学发光方法用于检测 DNA 甲基化和分析甲基转移酶活性的工作原理示意图

3.4　催化茎环自组装

3.4.1　CHA 的分类

1. 常规 CHA

常规 CHA 由精心设计的两个茎环状核酸和一条链状核酸实现，利用茎环结构上的成核区，即“立足点”，能被序列互补的裸露核酸通过碱基互补配对原则及拓扑反应动力学作用改变结构，从而完成核酸之间的自组装及去组装过程。Chen 课题组[59]首次提出了 CHA 反应，其原理如图 3.21 所示。两个发夹探针 H1 和 H2 处于封闭状态，因而能够在溶液中稳定共存。当加入一段催化链 C1 时，C1 与 H1 中一部分结合，打开 H1 发夹，暴露出 H1 中的一段单链序列。这段单链序列紧接着作为 H2 与 H1 杂交的立足点，使 H1 和 H2 发生杂交。由于 H2/H1 杂交比 C1/H1 杂交更为稳定，在 H2 与 H1 杂交的同时 C1 链被竞争下来，进入下一个催化组装循环。该放大反应的净结果是产生大量的 H1/H2 杂交双链。通过在 H1 或者 H2 中引入特定的序列或者基团，即可将 CHA 用于分析信号的产生和放大。CHA 作为一种酶免疫放大技术，克服了生物酶放大信号的缺陷，如操作复杂、反应条件苛刻、价格昂贵、不稳定等。因此该技术已被广泛应用于开发检测核酸、蛋白质和小分子的敏感生物传感器，并得以不断发展。

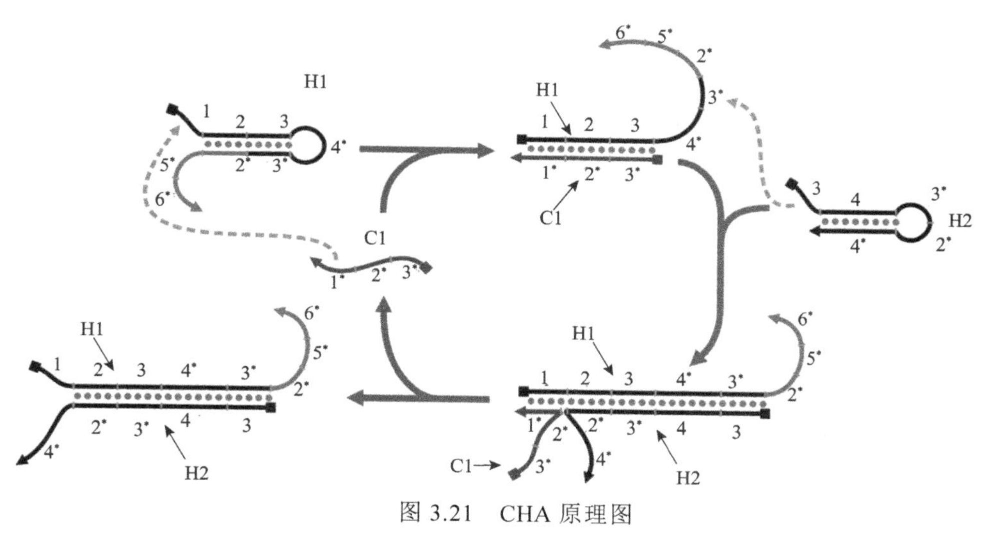

图 3.21　CHA 原理图

2. 可视 CHA

1）金纳米粒子辅助的可视 CHA

金纳米粒子具有良好的光学性质，被广泛应用到核酸生物传感器中。借助金纳米粒子与 DNA 之间可以通过粒间的交联诱导金纳米粒子间的交联，或者根据单双链 DNA 与未改性的金纳米粒子间的结合特性的差异决定金纳米粒子间的交联与否，可搭载出金纳米粒子辅助的可视 CHA。

Lin 等[60]构建了一种基于 CHA 和核酸适配体的纳米金传感平台实现大分子物质纤维粘连蛋白的检测，如图 3.22 所示。与传统的 CHA 不同，靶标分子纤维粘连蛋白作为触发子与发夹 HS1 中的适配体结合形成纤维粘连蛋白-适配体复合物，被打开的 HS1 暴露出来的序列可以打开发夹 HS2，触发 CHA 反应，形成 HS1 和 HS2 复合物，释放靶标实现靶标的循环。带有黏性末端的双链 HS1-HS2 复合物可以结合单链 RP，使得 AuNPs 没有了单链 DNA 的保护，在盐的诱导下，金纳米粒子发生聚沉，检测限可达到 2.3×10^{-12} mol/L。

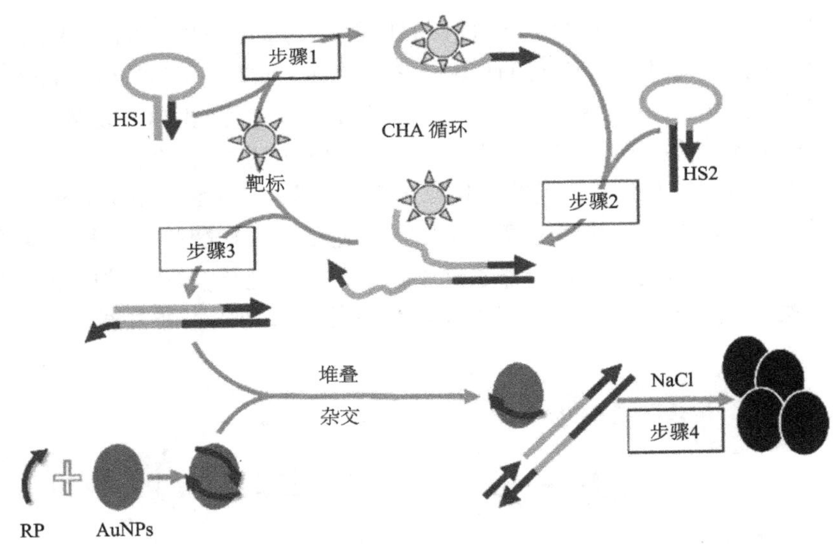

图 3.22 一种基于 CHA 和核酸适配体的传感器检测纤维粘连蛋白

2）DNAzyme 辅助的可视 CHA

天然酶不仅分离纯化难、成本高，而且容易受到多种物理、化学因素的影响，使得其结构不稳定，从而大大限制了实际应用。相比于天然酶，人工合成的 DNAzyme 的尺寸小、稳定性高且易于功能化，氯化血红素/G 四联体 DNA 过氧化物模拟酶是一种人工合成的 DNAzyme，被广泛作为生物传感器中放大检测信号的催化剂。

Xiao 等[61]构建了一种基于 DNAzyme 辅助的可视“三接头”CHA 的比色传感平台，原理见图 3.23。该平台可实现 DNA 和小分子 ATP 的双靶标检测，核酸类靶标可以作为 CHA 的触发链直接触发 CHA 反应，对于非核酸类靶标，引入发夹 H3，利用适配体序列锁定触发链，实现靶标的识别和 CHA 的触发。在有靶标存在的情况下，可触发一重放大 CHA 反应，H1 和 H2 的末端经过巧妙设计后，一重放大的 CHA 产物 H1-H2 可以再一次触发一个二重放大的 CHA 反应，CHA 的发生使得原本劈裂的 G 四联体 DNA 得以形成 G 四联体结构，加入氯化血红素后形成氯化血红素/G 四联体 DNAzyme，在加入 H_2O_2 和 ABTS 以后，催化 ABTS 产生光学信号。

3. 荧光 CHA

1）标记型荧光 CHA

标记型荧光 CHA 中用到的荧光标记物主要包括有机荧光染料和新近发展的荧光纳米粒子（量子点）两种，选择合适的荧光分子还可以有效地降低背景信号。

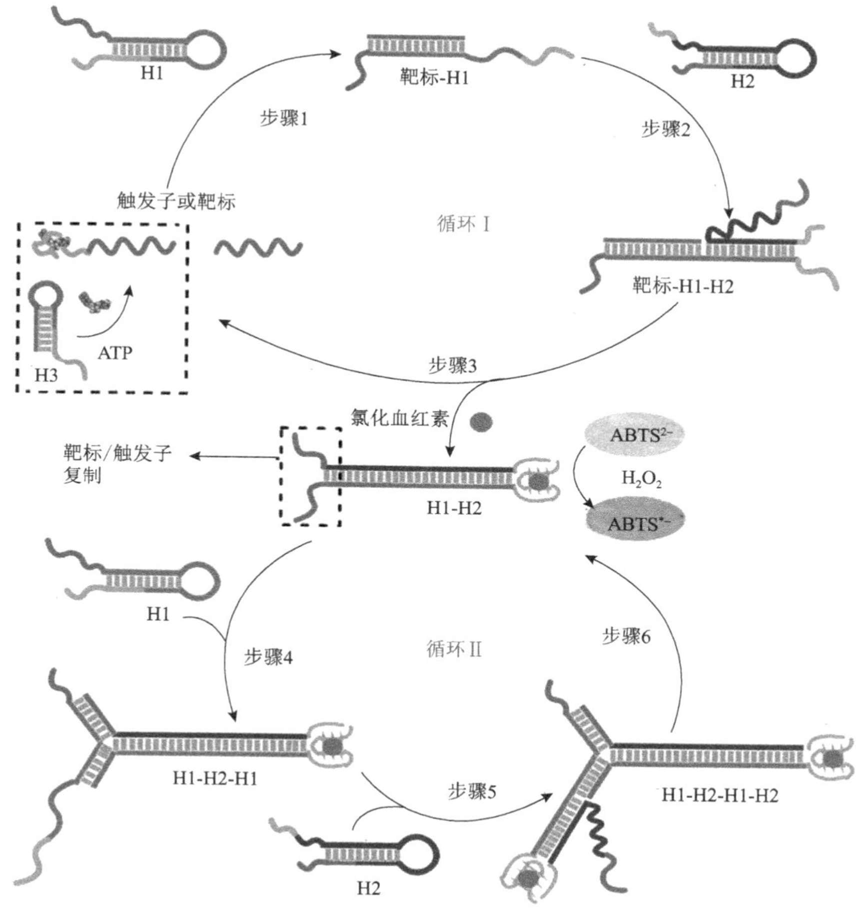

图 3.23　基于 DNAzyme 辅助的可视“三接头”CHA 的比色传感平台

（1）普通标记型荧光 CHA。普通标记型荧光 CHA 是在发夹上直接标记荧光分子和猝灭分子，CHA 的触发使得荧光分子与猝灭分子间的距离发生变化从而实现信号的区分，利用荧光分子和猝灭分子间的距离效应实现信号区分与输出。

Liu 等[62]组建了一种基于标记型 CHA 的荧光传感器用来超灵敏检测 miRNA，原理见图 3.24。发夹 P1 上标记了荧光分子 FAM 和荧光猝灭分子 BHQ，发夹结构的存在使得 FAM 的荧光信号被 BHQ 猝灭，在靶标 miRNA 存在时，触发 CHA 反应，生成 P1-P2 双链结构，使得 FAM 与 BHQ 间的距离增大，FAM 的荧光信号恢复。实验中 miRNA 检测限可以达到 1×10^{-12} mol/L，而且具有良好的选择性。

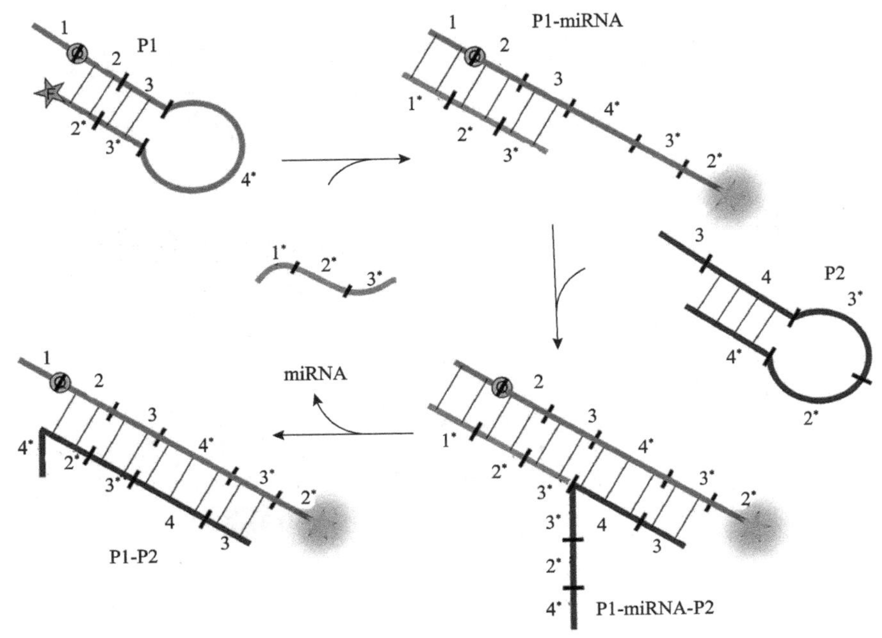

图 3.24　基于 CHA 的标记型荧光传感器用于检测 miRNA 的原理图

（2）纳米材料辅助的标记型荧光 CHA。一些新型的纳米材料，如碳纳米材料、金属纳米粒子等具有良好的光电性质，可以和荧光分子之间发生荧光共振能量转移，与 CHA 反应结合可以降低 CHA 的荧光背景信号，提高反应的灵敏度。

He 等[63]组建了一种基于 GO 辅助的标记型荧光 CHA 检测核酸类靶标，原理见图 3.25。GO 能够很好地区分单双链 DNA 而且能够与荧光分子之间发生荧光共振能量转移，在无靶标 DNA 存在时，标记有荧光分子 FAM 的发夹 H1 和 H2 由于末端有单链序列暴露被 GO 吸附，FAM 的荧光信号被 GO 猝灭（turn-off）。当靶标 DNA 存在时，触发 CHA 反应的发生，生成 H1-H2 双链结构，由于 GO 不能吸附 DNA 双链结构，FAM 的荧光信号不会被 GO 猝灭而保持较强的荧光（turn-on）。

2）无标记型荧光 CHA

相对于标记型的荧光 CHA，无标记型的荧光 CHA 组装更加快速而且成本低。G 四联体 DNA 除了具有催化作用之外，还可以与一些卟啉分子等结合，大大提高这些分子的荧光强度。一些荧光染料如 SYBR Green I，是一种对双链 DNA 很敏感的荧光染料，也可用作无标记检测的荧光指示剂。有些碱基的荧光类似物如 2AP，与 DNA 分子信标结合也可以构建出无标记型的荧光 CHA。此外，还有一些新型可以以核酸为模板原位生成的金属荧光纳米团簇，如 AgNCs 和 CuNCs 等，

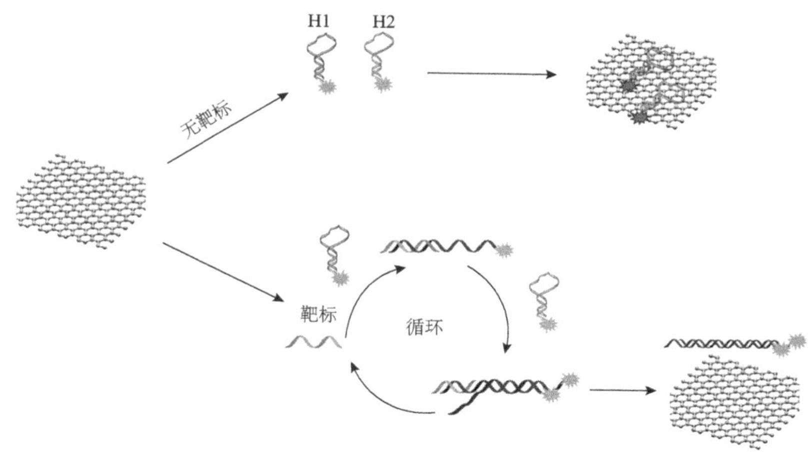

图 3.25　基于 GO 辅助的标记型 CHA 的搭载

具有合成方法简单、绿色、快速、成本低等优点，也被越来越多地应用到了与 CHA 结合搭载新型传感器上。

（1）2AP 辅助的无标记荧光 CHA。Cai 等[64]将 CHA 信号放大与 2AP 荧光分子信标结合，实现对 miRNA 的简单、灵敏检测，如图 3.26 所示。这个传感器包含两个 DNA 发夹 H1 和 H2，2AP 标记的 H1 不需要猝灭剂，因为 2AP 可以通过与相邻基底的叠加作用而退火。在靶标 miRNA 存在的情况下，H1 被展开并产生 DNA-miRNA 复合物，2AP 位点被暴露使得荧光信号得以恢复。该传感器可以作为一个简单、灵敏的靶标 miRNA 检测平台，为不同的 miRNA 生物标志物的检测提供了良好的应用前景。

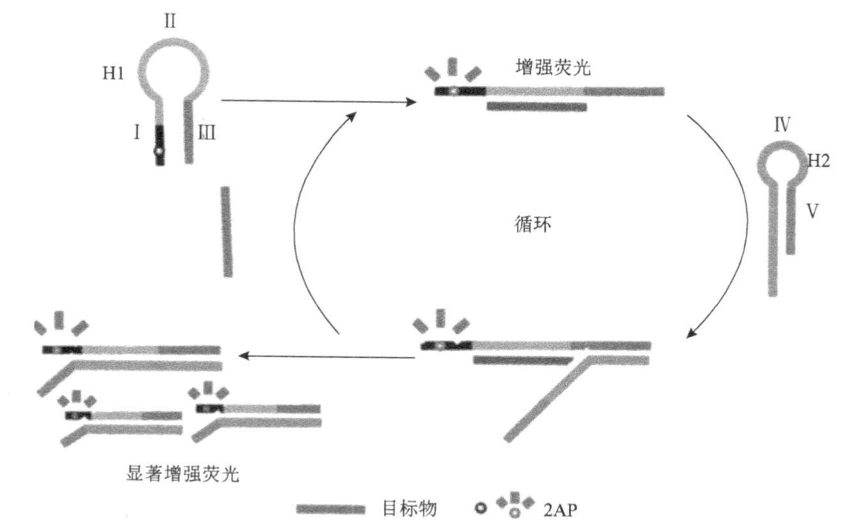

图 3.26　2AP 结合 CHA 搭建的无标记型荧光传感平台检测 miRNA 原理图

（2）纳米材料辅助的无标记荧光 CHA。Park 等[65]构建了一种以 DNA 为模板生成荧光银纳米簇的无标记型荧光 CHA 平台检测 miRNA，原理如图 3.27 所示。经过巧妙设计，发夹 HP1 的 5′端包含 AgNCs 的模板序列，HP2 的 3′端是富 G 序列，当存在靶标 miRNA 时，miRNA 触发 CHA 反应，生成 HP1-HP2 复合物，HP1-HP2 复合物中的富 G 序列与生成的低荧光信号的 AgNCs 靠近，增强 AgNCs 的荧光信号。最终搭建出一种 turn-on 型的无标记型荧光 CHA 传感平台，该传感器具有操作简单、成本低和灵敏度高等优点。

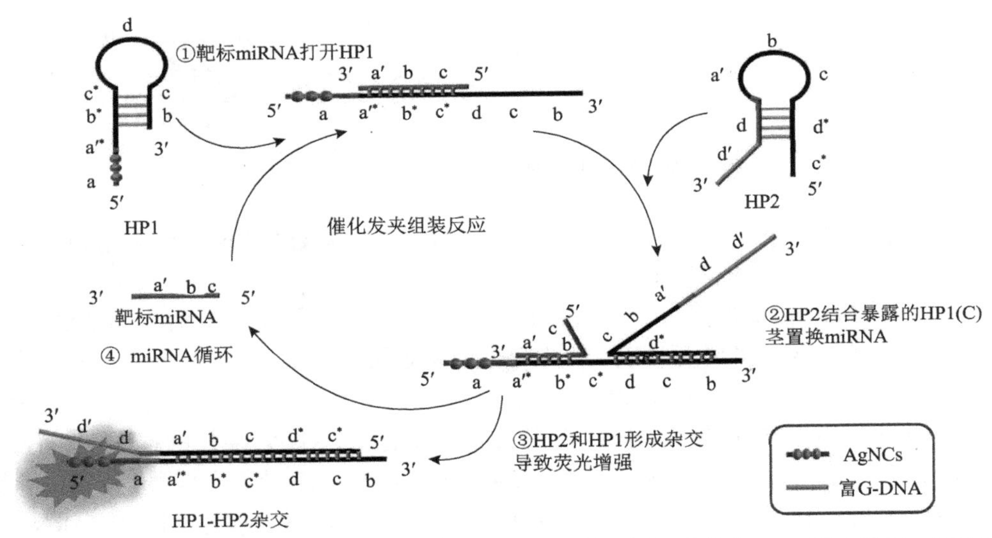

图 3.27　以 DNA 为模板生成荧光银纳米簇（AgNCs）的无标记型荧光 CHA 平台检测 miRNA

4. 适配体 CHA

核酸适配体是用指数富集的方法从随机寡核苷酸文库中筛选得到的一类能够与靶分子特定结合的寡核苷酸序列，其与靶分子的关系类似于抗原与抗体之间的关系，因此被称为“人工抗体”。它可作为桥梁将对非核酸类的生物分子的检测与 CHA 这一核酸信号放大手段相结合，实现非核酸类生物分子的靶标循环，对痕量、高灵敏检测小分子、蛋白质和癌细胞等生物标志物具有重要的应用价值。

Li 等[66]构建了一种基于适配体和 CHA 的传感平台检测凝血酶分子，原理如图 3.28 所示。两段单链 DNA（TB 和 B*C）的末端都标记了凝血酶的适配体，当存在凝血酶时，形成 TB-凝血酶-B*C 的夹心结构复合物，该复合物暴露的单链 DNA 区域可以触发 CHA 反应，反应的产物与分子信标 FQ[F 代表荧光基团（fluorophore），Q 代表猝灭基团（quencher）]结合后荧光分子的荧光信号得以恢复。该传感器不仅简单快速而且具有通用性，只需将适配体换成其他靶标的适配体序列，即可实现不同靶标的检测。

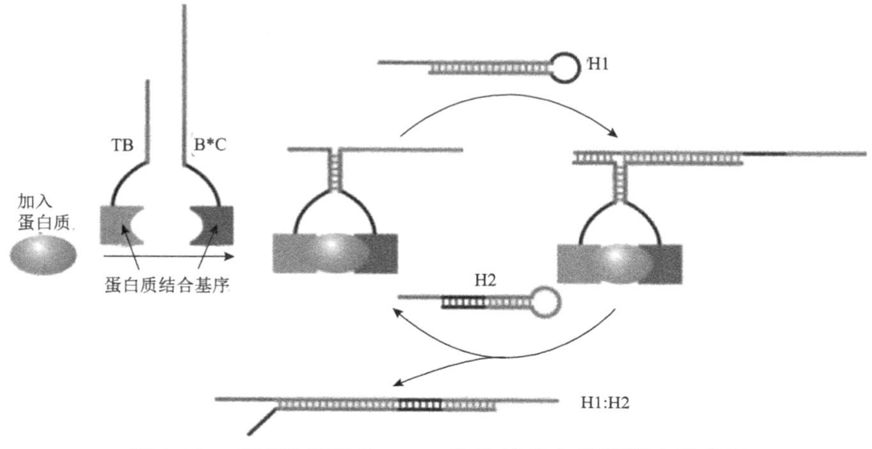

图 3.28　基于适配体和 CHA 的传感平台检测凝血酶分子

5. RecA 蛋白催化的 CHA

普通的 CHA 反应往往需要几小时才能完成，这很大程度上限制了应用。结合酶的催化可以加速 DNA 循环扩增的速率，这将拓展 CHA 在诊断和治疗等方面的应用。RecA 蛋白可以催化单链 DNA 分子间的链置换反应，将 CHA 与 RecA 蛋白结合可以提高 CHA 的反应速率，缩短反应时间。

Milligan 和 Ellington[67]构建了一种 RecA 蛋白催化的 CHA 的传感平台，原理如图 3.29 所示。首先，RecA 蛋白与 CHA 的触发链 C30 通过退火反应，形成 RecA-C30 复合物。然后，该复合物与发夹 H1 杂交，在 RecA 蛋白的催化作用下提高 C30 与 H1 间的链置换速率，触发 CHA 反应的发生，生成 H1-H2 双链复合物，同时释放 C30 进行 CHA 反应的循环。加入荧光分子信标后，H1-H2 复合物与分子信标结合，实现荧光信号的输出。

6. 错配型 CHA

虽然 CHA 已经具备了很多优势，但是其最大的问题是在无靶标物质存在时会自发组装，产生非特异性产物，这也使得 CHA 的放大性能大打折扣[68]。为了提高 CHA 相关的生物传感策略的分析性能，在发夹结构的茎环上引入了错配碱基，大大减少了 CHA 的非特异性产物，增加信噪比。

Ellington 等[69]首次提出了错配型的 CHA 反应，通过巧妙的设计，在发夹 H1 和 H2 上引入错配位点降低背景信号的干扰，信噪比可提高 100 倍左右，目前错配型的 CHA 被越来越多地应用到生物传感及医学诊断上，具体设计如图 3.30 所示。

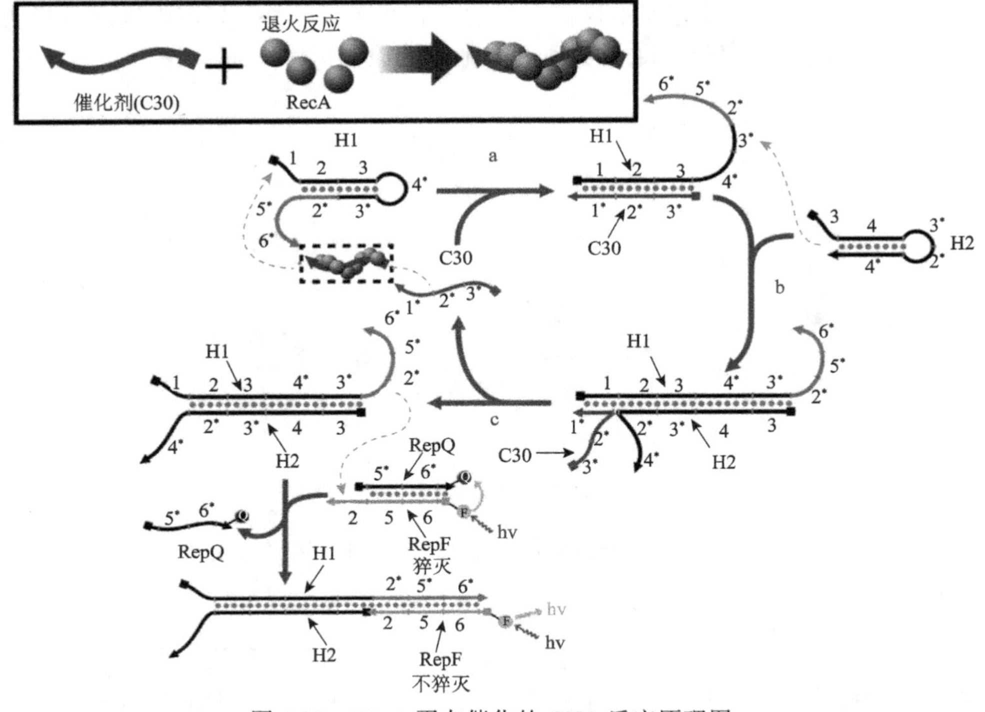

图 3.29　RecA 蛋白催化的 CHA 反应原理图

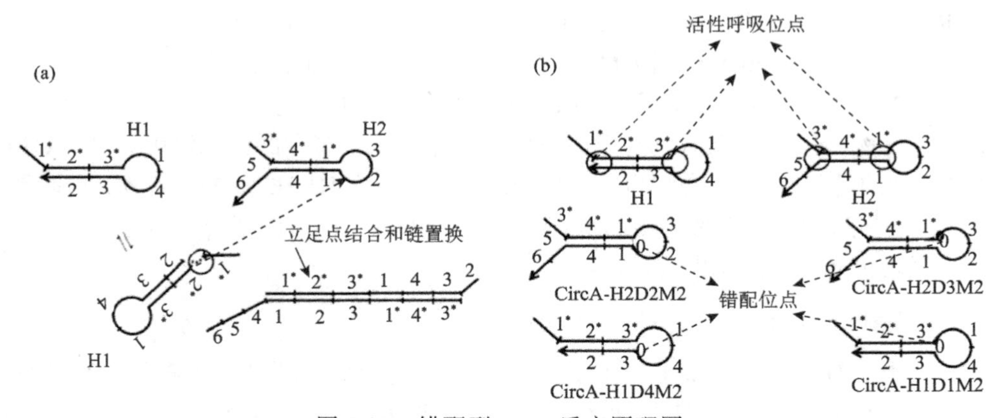

图 3.30　错配型 CHA 反应原理图

7. 与其他恒温核酸扩增技术结合的 CHA

1）与非酶核酸恒温扩增技术结合的 CHA

CHA 在生物传感器中的应用主要集中在检测生物分子的浓度上。Ellington 等[70]首次发现 CHA 也可以用来监测某些生物分子（如单链 DNA）的空间结构，如图 3.31 所示。首先对 HCR 的发夹 H3 进行改造，在触发子存在的情况下触发 HCR，产物是一种带有小立足点和分支迁移域的长双链 DNA 结构，该 HCR 产物可以催化 CHA 反应，最终实现了将 CHA 应用于检测 HCR 这种 DNA 自组装过程。他们还将该传感平台开发出一种“signal on”的检测方法，利用一个简单的反应同时检测一条 DNA 链上的多种类型的突变，这对基因分型和分子诊断非常有意义。

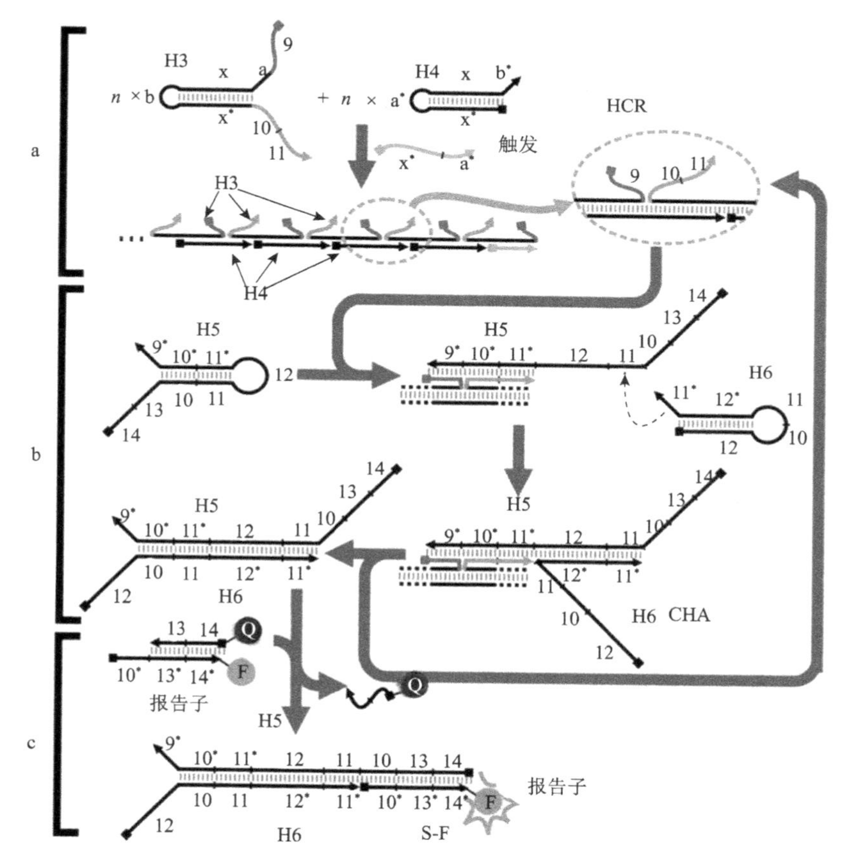

图 3.31　CHA 实时监测 HCR 的原理图

2）与基于核酸工具酶的核酸恒温扩增技术结合的 CHA

将 CHA 与一些基于核酸工具酶的核酸恒温扩增技术如滚环扩增技术和链置换放大技术等结合，可以提高反应的灵敏度，Ellington 等[71]发现将 CHA 与 RCA[图 3.32（a）]和 SDA[图 3.32（b）]技术结合不仅可以提高反应的灵敏度，还可以使检测的灵敏度提高 25～10000 倍。该技术的关键点是将 RCA 及 SDA 的扩增产物作为 RCA 反应的催化链，在靶标存在的情况下触发 RCA

或 SDA，RCA 和 SDA 的扩增产物产生 CHA 的催化链而触发 CHA 反应，实现信号的二次放大、检测灵敏度的提高，同时解决了普通 CHA 反应信噪比低的问题。

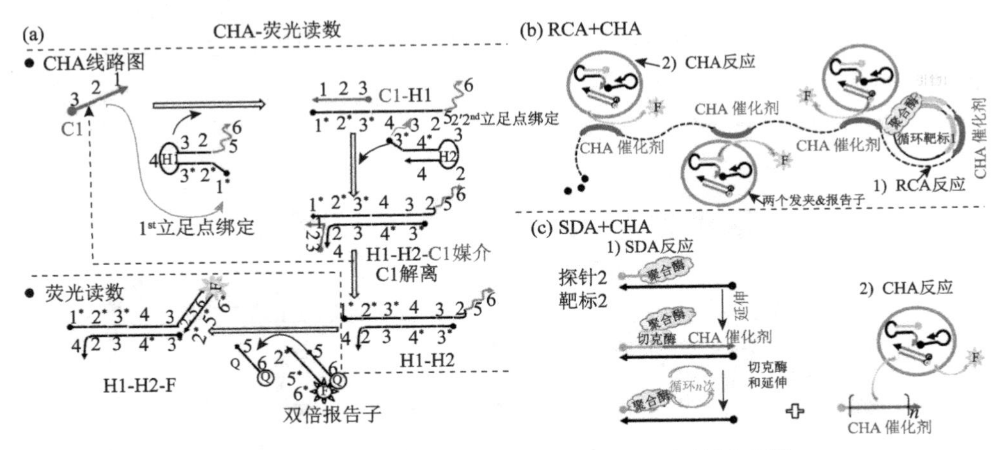

图 3.32 CHA 实时监测 RCA 及 SDA 反应的原理图

（a）CHA 反应原理图；（b）基于 RCA 的 CHA 反应；（c）基于 SDA 的 CHA 反应

3.4.2 CHA 的应用

1. CHA 在生物传感器中的应用

由于 CHA 反应具有无需酶参与、高灵敏度和结构灵活性等优点，CHA 被广泛应用在生物传感、生物成像和生物医学等领域中。

在用于特定核酸序列的检测时，可根据特定核酸序列设计出发夹 H1 和 H2，此时，将特定核酸序列作为催化链触发 CHA 反应，实现信号的放大和特定核酸链的循环，再与其他核酸扩增技术或纳米材料相结合完成核酸的痕量检测。另外，CHA 可以特异性地识别单碱基之间的差异，产生一个低背景的高度敏感的信号[72]。

基于核酸适配体的 CHA 可以用于蛋白质[73]、小分子[59]和重金属离子[74]等靶标的检测，这对于某些遗传疾病、癌症的发生具有预警性。将适配体与 CHA 这一核酸信号放大手段相结合，实现非核酸类靶标的高灵敏检测。

基于 CHA 的生物传感器除了有比色法[75]、荧光法[65]和电化学法[76]三种比较常见的传感器外，CHA 在化学发光[77]、电致化学发光[78]和光致化学发光等新型生物传感器中也越来越多地用于高灵敏的检测各种靶标物质。

2. CHA 在细胞成像和生物医药中的应用

1）CHA 在细胞成像中的应用

CHA 除了应用在生物传感器上实现靶标物质的快速检测外，基于 CHA 实现原位或细胞内成像，可以更好地了解生物学过程，这些方法可以用于疾病诊断和治疗。

近年来，活细胞的细胞内成像技术得到了发展，基于 CHA 的细胞成像技术可以实现细胞内 RNA 和金属离子等在活细胞内的成像。Tan 等[79]首次尝试用 CHA 实现活细胞内 mRNA 循环放大及超敏成像。传统的核酸探针与靶标 mRNA 的信号只能实现 1∶1 的放大，而在 CHA 的放大作用下，一个 mRNA 分子可以有多个信号输出（1∶*m*），从而达到低表达的 mRNA 靶标信号放大的目的。此外，CHA 反应中"回收"的 mRNA 靶标可以继续作为 CHA 的催化链，触发 CHA 反应，产生多个具有荧光信号的 DNA 双联体，实现 mRNA 在活细胞内的荧光成像，原理见图 3.33（a）。

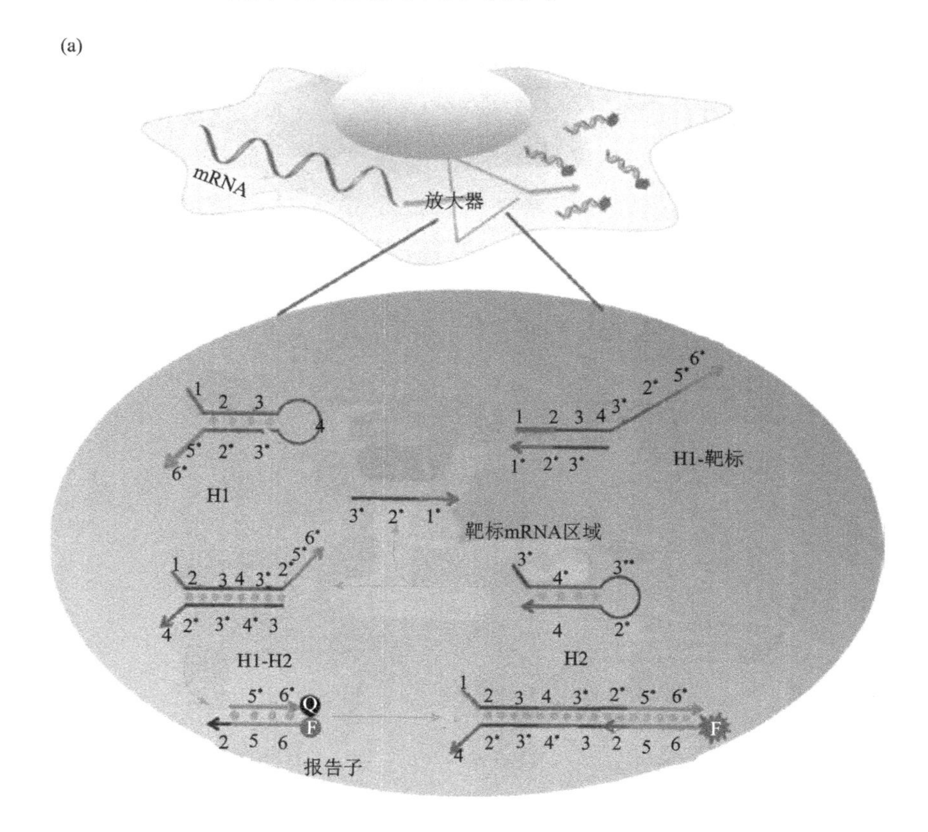

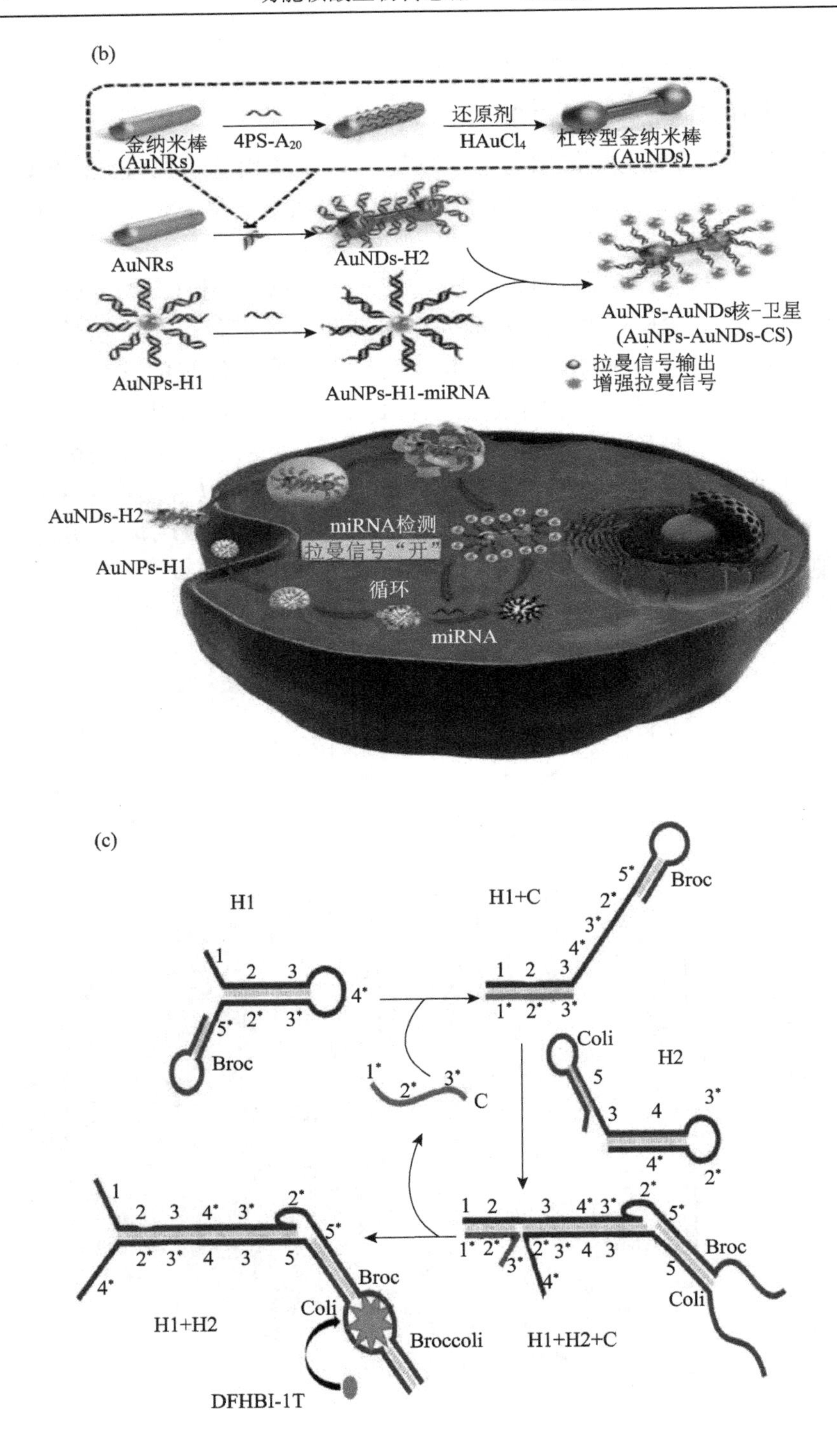
(b)
金纳米棒
(AuNRs)
4PS-A20
还原剂
HAuCl4
杠铃型金纳米棒
(AuNDs)
AuNRs
AuNDs-H2
AuNPs-H1
AuNPs-H1-miRNA
AuNPs-AuNDs核-卫星
(AuNPs-AuNDs-CS)
拉曼信号输出
增强拉曼信号
AuNDs-H2
AuNPs-H1
miRNA检测
拉曼信号“开”
循环
miRNA
(c)
H1
H1+C
Broc
Coli
H2
C
H1+H2
H1+H2+C
Broccoli
DFHBI-1T

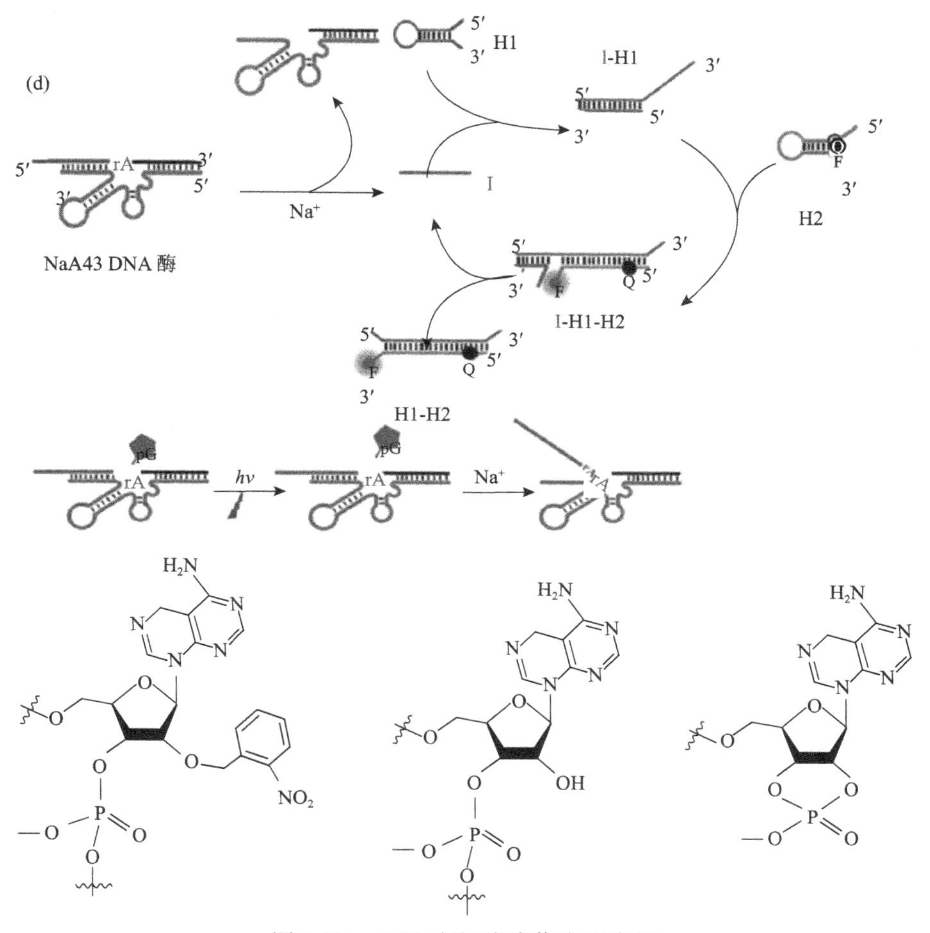

图 3.33　CHA 在细胞成像中的应用

（a）CHA 技术实现活细胞内 mRNA 循环放大及超敏成像；（b）SERS 结合 CHA 反应用于 miRNA 检测和活细胞成像；（c）基于 RNA 的 CHA 组装循环的遗传编码，用于活细胞内 RNA 的高灵敏成像；（d）将 DNAzyme 与 CHA 技术结合实现内源性金属离子在活细胞中的成像

有效地将探针送入细胞质是活细胞成像的关键步骤。一些固有的因素如 DNA 探针的电荷和大小，都会影响其被细胞吸收。一些新型的纳米材料可以作为载体和信号转导的工具，与 CHA 结合实现细胞内成像，可分析核酸、酶活性和小分子动态表达和分布。Zhang 等[80]利用具有高丰度表面增强拉曼散射（surface enhanced Raman scattering，SERS）信号的哑铃状金纳米棒纳米结构结合 CHA 反应用于 miRNA 检测和活细胞成像，原理见图 3.33（b）。SERS 比现流行的荧光技术在分子检测中具有稳定性高、特异性好、背景信号低的优势，但是低灵敏度限制了它的应用。强偶联的、可控的金属纳米粒子会产生间

隙或连接来增强 SERS 信号，核-卫星（core-satellite，CS）为典型的强偶联等离子体，该团队设计了一种 miRNA 触发的 CHA 反应诱导的具有多个热点和在纳米间隙有强电磁区域的核-卫星的纳米结构 AuNPs-AuNDs-CS，用于 miRNA 检测和活细胞成像，这是一个“turn-on”型的 SERS 传感器。

无酶恒温 CHA 技术具有快速有效的信号放大、背景低、周转率高的优点。基于 CHA 反应的 DNA 循环技术已经应用于各种体外无细胞分析，但是大多数基于 DNA 的循环扩增技术在细胞内作用时存在生物递送和降解困难的缺点。RNA 分子是可以在生命系统内进行遗传编码和转录的。因此，基于 RNA 的循环扩增技术和装置在细胞内应用应该具有很大的潜力。You 等[81]以劈裂荧光 RNA 适配体 Broccoli 作为报告分子，建立了一种基于劈裂荧光 RNA 适配体的 CHA 组装循环，用于活细胞内 RNA 的高灵敏成像，原理见图 3.33（c）。发夹 H1 和 H2 的末端含有 RNA 适配体 Broccoli 的两部分，在催化链存在的情况下触发 CHA 反应，生成 H1-H2 复合物，使得原本被劈裂的 Broccoli 得以靠近，恢复荧光功能，实现 RNA 在活细胞内的成像。

CHA 不仅可以实现核酸类生物标志物在细胞内的检测及成像，还能与功能核酸金属离子核酶结合实现活细胞内金属离子 Na^+的成像。Lu 等[82]将 DNAzyme 与 CHA 技术结合实现内源性金属离子在活细胞中的成像，原理见图 3.33（d）。DNAzyme 是一种很有前途的金属离子检测平台，目前已有一些基于 DNAzyme 的传感器用于检测细胞内的金属离子。然而，这些方法对金属离子的需求量大，为了解决这一问题，该团队构建了一种基于 CHA 反应放大细胞内内源性 Na^+的检测信号，实现细胞内内源性 Na^+的成像，有助于深入了解金属离子在生物系统中的作用。

2）CHA 在生物医药中的应用

近年来，癌症的主要治疗手段有外科手术、放疗和化疗。然而这些方法往往会杀死正常的细胞或组织，可能导致治疗失败，甚至患者死亡。另外，癌症的生物标志物在体内一般都是痕量存在。因此，开发有效的靶向高灵敏治疗方法对实现癌症的治疗至关重要。Yan 课题组[83]构建了一种基于 CHA 和金纳米棒的治疗诊断平台（图 3.34），并证明这一结构为癌症的精准治疗提供了一个很有前景的平台。金纳米棒同时起到荧光猝灭剂和光热疗法（photothermal therapy，PTT）的作用，使得该平台不仅能够对细胞内的靶标 mRNA 进行灵敏和特异的成像，能够很好地区分不同细胞系中 mRNA 的表达水平，而且能够为 PTT 提供良好的光热转换效率实现癌细胞的靶向治疗。

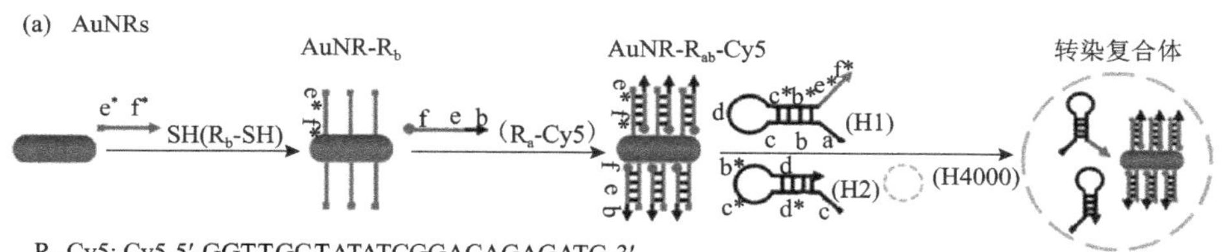

R_a-Cy5: Cy5-5′-GGTTGCTATATCGGACAGAGATG-3′

R_b-SH: 5′-GTCCGATATAGCAACCTTTT-3′-SHC6

H_1: 5′-TTGAATGTAGAGATGCGGTGGTCCCGTCTTGAGCGACCACCGCATCTCTGTCCGATATAGCAACC-3′

H_2: 5′-CGGTGGTCGCTCAAGACGGGACCACCGCATCTCTCCGTCTTGAGC-3′

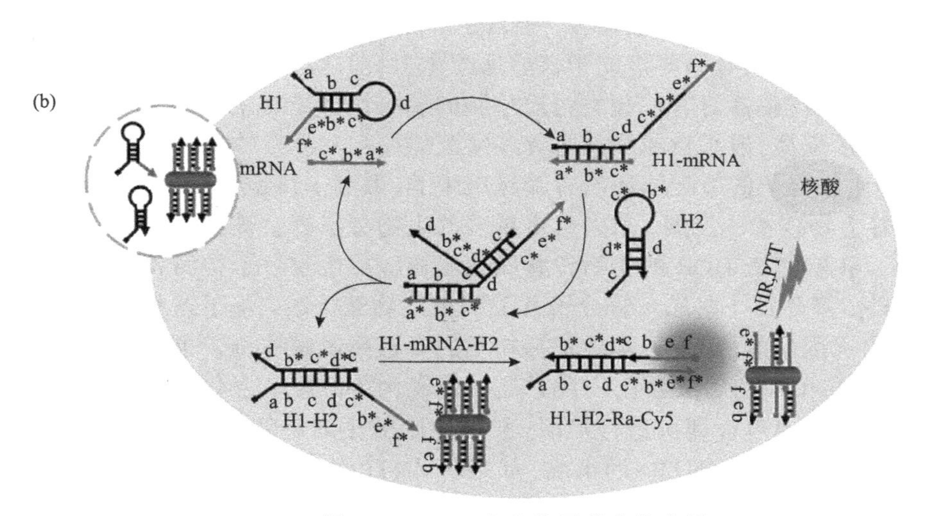

图 3.34　CHA 在生物医药中的应用

3.5　总结与展望

基于 HCR 恒温扩增自组装反应的生物传感器是一种无需酶参与、在常温下就可以进行反应的、简单、快速、高灵敏、低成本的生物传感器。它可以与多种检测技术相结合，用于高灵敏甚至超灵敏的核酸、蛋白质、细胞、小分子等生物分子检测，还可以用于活细胞中目标分子的监测，关于 HCR 在生物传感器中的应用，我们提出以下六点展望。①HCR 的设计。目前检测类的文献很少提及 HCR 具体的设计原理供我们参考，而扩增效率高的 HCR 可以减少核酸引物的用量，节约成本。因此，现在急需开发出一个可以直接设计、筛选高扩增效率 HCR 的软件，降低实验的成本。②HCR 与其他无酶核酸信号放大技术结合实现信号的多重放大。理想的基于 HCR 的生物传感器是完全无酶的，但是如果只采用 HCR 这一种信号放大手段，往往不能达到实验要求的灵敏度。

虽然可以将其他基于酶核酸扩增手段与HCR相结合，来实现信号的多重放大，提高反应的灵敏度，但是由于酶对体系环境的要求比较高，限制了基于HCR的生物传感器在检测复杂生物样品中的应用。因此，未来的研究重点还应该放在发展完全无酶的HCR生物传感器上，来提高检测的灵敏度。③HCR与材料学结合。HCR与金纳米粒子或氧化石墨烯等材料结合可以使得反应在体相环境中就可以进行，同时可以使得反应不依赖专门的显色剂或者使显色范围变得更广，开发新型的可以与HCR结合的材料，也将是未来HCR生物传感器的一个研究重点。④HCR与核酸适配体以及新型功能核酸的结合。基于HCR的生物传感器可以直接用于核酸检测，但对于非核酸类的物质，如蛋白质、细胞等生物分子的检测则必须要借助于核酸适配体，目前适配体的限制性造成了基于HCR的生物传感器对非核酸类物质检测的局限性。虽然生物分子基本上都有其特异的适配体，但是目前筛选的有些适配体序列和靶标物质的亲和力并不太好，有些生物分子的适配体还没有筛选出来等，限制了待检靶标物质的类型。但是，随着生物技术的发展，未来越来越多的生物分子将会被筛选出相应的核酸适配体，拓宽基于HCR的生物传感器在非核酸类生物分子检测领域的应用范围。此外，多开发一些如三链分子开关的新型功能核酸，基于这些新型功能核酸设计出通用型的HCR，实现靶标物质的多重高灵敏检测，也将是以后研究的热点。⑤HCR的后续显色。TdT是一种聚合酶，在3′羟化的单链或双链核酸的末端不需要模板即可进行扩增，扩增出来的序列是随机的，但是依赖于脱氧核糖核苷三磷酸（dNTP）的组成，如果将dNTP的组成调整为60% dGTP、40% dGTP，扩增出来的单链核酸在K^+的存在下会形成G四联体DNA。端粒酶是一种核糖核蛋白酶，在端粒酶底物链（5′-T20 AAT CCG TCGAGC AGA GTT-3′）的3′末端扩增出$(TTAGGG)_n$的重复序列，同TdT一样核酸链扩增不需要模板，而且经端粒酶扩增出来的单链核酸在K^+的存在下会直接形成G四联体DNA。利用TdT和端粒酶可以扩增出G四联体DNA的性质，我们可以将这两种酶与HCR结合，不仅可以将体相中的HCR直接显色，还可以利用端粒酶可以扩增出$(TTAGGG)_n$重复序列的性质设计出新型的HCR，提高反应的灵敏度。端粒酶已被视为一个癌症诊断的生物标志物以及治疗靶点，对它的检测同样具有重要的意义，我们可以结合HCR设计出可以多重检测端粒酶和其他生物分子的实验。⑥HCR在农业科学领域的应用。基于HCR的生物传感器不仅在生物分子的检测领域有着广泛的应用，在生物毒素[27, 84]、重金属[85]、农药[86]和微生物[87]等农业科学领域的一些重要靶标物质的检测方面也有着较多的应用。这些靶标物质具有极强的毒性，对农作物、植物及其副产品均有一定污染，严重威胁人类的健康，为了监测和控制这类靶标物质的污染，其快速检测方法已成为近年的研究重点。HCR具有简单、快速和成本低等优点，使得基于 HCR 的生物传感器在现场快速检测上有广阔的应用前景。

对于超夹心结构，核酸超夹心很适于制备一维 DNA 纳米结构用于超灵敏传感器的搭建。基于超夹心 DNA 结构的传感器及分析方法主要具有以下几方面的优势：①不需要清洗步骤，也不需要热稳定酶，一般恒温环境下即可发生反应，反应条件温和；②信号强度提高和检测灵敏度降低；③可以应对复杂的分析基质；④可以广泛应用于包括核酸在内的一系列目标，如蛋白质、小分子和离子；⑤DNA 超级结构搭载的放大技术并不局限，可以实现荧光或电信号放大；⑥传感器经处理后可重复使用。因此，基于超夹心 DNA 结构的生物传感器在未来应用前景广泛。

另外，基于 CHA 恒温扩增自组装反应的生物传感器，未来可朝以下几个方向进行发展。①CHA 的设计。目前文献中很少有 CHA 具体的设计原理供人们参考，而扩增效率高的 CHA 可以减少核酸引物的用量，节约成本。因此，现在急需开发出一个可以直接设计、筛选高扩增效率 CHA 的软件，降低实验的成本。②CHA 与其他无酶核酸信号放大技术结合实现信号的多重放大。理想的基于 CHA 的生物传感器是完全无酶的，但是如果只采用 CHA 这一种信号放大手段，往往不能达到实验要求的灵敏度。目前已有大量其他基于酶的核酸扩增手段（RCA、SDA 等）与 CHA 相结合，来实现信号的多重放大，提高反应的灵敏度，但是由于酶对体系环境的要求比较高，限制了基于 CHA 的生物传感器在检测复杂生物样品中的应用。因此，未来的研究重点还应该放在发展完全无酶的 CHA 生物传感器上，来提高检测的灵敏度。③CHA 与新型纳米材料结合。CHA 与金属纳米粒子或碳纳米材料等结合可以使得反应不依赖专门的显色剂或者使显色范围变得更广，同时可以拓宽 CHA 的信号输出的方式，如与金属纳米材料结合可以输出电化学信号、拉曼光谱信号等，使得基于 CHA 的传感器的灵敏度大大提高，开发新型的可以与 CHA 结合的纳米材料，也将是未来 CHA 生物传感器的一个研究重点。④CHA 与核酸适配体以及新型功能核酸的结合。基于 CHA 的生物传感器可以直接用于核酸检测，对于非核酸类的物质则需要借助核酸适配体，目前适配体的局限性造成了基于 CHA 的生物传感器对非核酸类物质检测的局限性。随着生物技术的发展，未来会有越来越多的生物分子将会被筛选出相应的适配体，这将拓宽 CHA 在生物传感器上的应用范围。

参考文献

[1] Mullis K, Faloona F, Scharf S, et al. Specific enzymatic amplification of DNA *in vitro*: the polymerase chain reaction. Cold Spring Harbor Symposia on Quantitative Biology, 1992,

51: 263-273.
[2] Barany F. Genetic disease detection and DNA amplification using cloned thermostable ligase. Proceedings of the National Academy of Sciences of the United States of America, 1991, 88(1): 189-193.
[3] Lizardi P M, Huang X, Zhu Z, et al. Mutation detection and single-molecule counting using isothermal rolling-circle amplification. Nature Genetics, 1998, 19(3): 225-232.
[4] Zhao W, Ali M M, Brook M A, et al. Rolling circle amplification: applications in nanotechnology and biodetection with functional nucleic acids. Angewandte Chemie International Edition, 2008, 47(34): 6330-6337.
[5] Walker G T, Fraiser M S, Schram J L, et al. Strand displacement amplification-an isothermal, *in vitro* DNA amplification technique. Nucleic Acids Research, 1992, 20(7): 1691-1696.
[6] Guo Q, Yang X, Wang K, et al. Sensitive fluorescence detection of nucleic acids based on isothermal circular strand-displacement polymerization reaction. Nucleic Acids Research, 2009, 37(3): e20.
[7] Dirks R M, Pierce N A. Triggered amplification by hybridization chain reaction. Proceedings of the National Academy of Sciences of the United States of America, 2004, 101(43): 15275-15278.
[8] Yin P, Choi H M T, Calvert C R, et al. Programming biomolecular self-assembly pathways. Nature, 2008, 451(7176): 318-322.
[9] Ikbal J, Lim G S, Gao Z. The hybridization chain reaction in the development of ultrasensitive nucleic acid assays. TrAC Trends in Analytical Chemistry, 2015, 64: 86-99.
[10] 邵向丽，朱龙佼，周忻，等. 基于非酶杂交链式反应的生物传感器研究进展. 农业生物技术学报, 2017, 25(3): 502-510.
[11] Xu W, Xue X, Li T, et al. Ultrasensitive and selective colorimetric DNA detection by nicking endonuclease assisted nanoparticle amplification. Angewandte Chemie International Edition, 2010, 48(37): 6849-6852.
[12] Kanjanawarut R, Su X. Colorimetric detection of DNA using unmodified metallic nanoparticles and peptide nucleic acid probes. Analytical Chemistry, 2009, 81(15): 6122-6129.
[13] Zhu L, Shao X, Luo Y, et al. Two-way gold nanoparticle label-free sensing of specific sequence and small molecule targets using switchable concatemers. ACS Chemical Biology, 2017, 12(5): 1373-1380.
[14] Peng J, Gao W, Gupta B K, et al. Graphene quantum dots derived from carbon fibers. Nano Letters, 2012, 12(2): 844.
[15] Shen J, Zhu Y, Yang X, et al. Graphene quantum dots: emergent nanolights for bioimaging, sensors, catalysis and photovoltaic devices. Chemical Communications, 2012, 48(31): 3686-3699.
[16] Shi W, Wang Q, Long Y, et al. Carbon nanodots as peroxidase mimetics and their applications to glucose detection. Chemical Communications, 2011, 47(23): 6695-6697.
[17] Wu H, Zhang K, Liu Y, et al. Binding-induced and label-free colorimetric method for

protein detection based on autonomous assembly of hemin/G-quadruplex DNAzyme amplification strategy. Biosensors and Bioelectronics, 2015, 64: 572-578.
[18] Storhoff J J, Lazarides A A, Mucic R C, et al. What controls the optical properties of DNA-linked gold nanoparticle assemblies? Journal of the American Chemical Society, 2000, 122(19): 4640-4650.
[19] Ghosh S K, Pal T. Interparticle coupling effect on the surface plasmon resonance of gold nanoparticles: from theory to applications. Chemical Reviews, 2007, 107(11): 4797-4862.
[20] Chen C, Liu Y, Zheng Z, et al. A new colorimetric platform for ultrasensitive detection of protein and cancer cells based on the assembly of nucleic acids and proteins. Analytica Chimica Acta, 2015, 880: 1-7.
[21] Yang X, Yu Y, Gao Z. A highly sensitive plasmonic DNA assay based on triangular silver nanoprism etching. ACS Nano, 2014, 8(5): 4902-4907.
[22] Dong J, Cui X, Deng Y, et al. Amplified detection of nucleic acid by G-quadruplex based hybridization chain reaction. Biosensors and Bioelectronics, 2012, 38(1): 258-263.
[23] Katilius E, Katiliene Z, Woodbury N W. Signaling aptamers created using fluorescent nucleotide analogues. Analytical Chemistry, 2006, 78(18): 6484-6489.
[24] Jin H, Yanrong W, Yan C, et al. Pyrene-excimer probes based on the hybridization chain reaction for the detection of nucleic acids in complex biological fluids. Angewandte Chemie International Edition, 2011, 50(2): 401-404.
[25] Song C, Li B, Yang X, et al. Use of β-cyclodextrin-tethered cationic polymer based fluorescence enhancement of pyrene and hybridization chain reaction for the enzyme-free amplified detection of DNA. Analyst, 2017, 142(1): 224-228.
[26] Yang L, Liu C, Ren W, et al. Graphene surface-anchored fluorescence sensor for sensitive detection of microRNA coupled with enzyme-free signal amplification of hybridization chain reaction. ACS Applied Materials & Interfaces, 2012, 4(12): 6450-6453.
[27] Wang X, Jiang A, Hou T, et al. Enzyme-free and label-free fluorescence aptasensing strategy for highly sensitive detection of protein based on target-triggered hybridization chain reaction amplification. Biosensors & Bioelectronics, 2015, 70: 324-329.
[28] Zhang Y, Chen Z, Tao Y, et al. Hybridization chain reaction engineered dsDNA for Cu metallization: an enzyme-free platform for amplified detection of cancer cells and microRNAs. Chemical Communications, 2015, 51(57): 11496-11499.
[29] Zheng J, Hu Y, Bai J, et al. Universal surface-enhanced Raman scattering amplification detector for ultrasensitive detection of multiple target analytes. Analytical Chemistry, 2014, 86(4): 2205-2212.
[30] Chandran H, Rangnekar A, Shetty G, et al. An autonomously self-assembling dendritic DNA nanostructure for target DNA detection. Biotechnology Journal, 2013, 8(2): 221-227.
[31] Xuan F, Fan T W, Hsing I M. Electrochemical interrogation of kinetically-controlled dendritic DNA/PNA assembly for immobilization-free and enzyme-free nucleic acids sensing. ACS Nano, 2015, 9(5): 5027-5033.
[32] Bi S, Chen M, Jia X, et al. Hyperbranched hybridization chain reaction for triggered signal amplification and concatenated logic circuits. Angewandte Chemie International Edition,

2015, 54(28): 8144-8148.
[33] Wang J, Chao J, Liu H, et al. Clamped hybridization chain reactions for the self-assembly of patterned DNA hydrogels. Angewandte Chemie International Edition, 2017, 56(8): 2171-2175.
[34] Liu P, Yang X, Sun S, et al. Enzyme-free colorimetric detection of DNA by using gold nanoparticles and hybridization chain reaction amplification. Analytical Chemistry, 2013, 85(16): 7689-7695.
[35] Liu Y, Luo M, Yan J, et al. An ultrasensitive biosensor for DNA detection based on hybridization chain reaction coupled with the efficient quenching of a ruthenium complex to CdTe quantum dots. Chemical Communications, 2013, 49(67): 7424-7426.
[36] Huang J, Wang H, Yang X, et al. Fluorescence resonance energy transfer-based hybridization chain reaction for *in situ* visualization of tumor-related mRNA. Chemical Science, 2016, 7(6): 3829-3835.
[37] Li Z, He X, Luo X, et al. DNA-programmed quantum dot polymerization for ultrasensitive molecular imaging of cancer cells. Analytical Chemistry, 2016, 88(19): 9355-9358.
[38] Wu Z, Liu G Q, Yang X L, et al. Electrostatic nucleic acid nanoassembly enables hybridization chain reaction in living cells for ultrasensitive mRNA imaging. Journal of the American Chemical Society, 2015, 137(21): 6829-6836.
[39] Zhu G, Zheng J, Song E, et al. Self-assembled, aptamer-tethered DNA nanotrains for targeted transport of molecular drugs in cancer theranostics. Proceedings of the National Academy of Sciences of the United States of America, 2013, 110(20): 7998-8003.
[40] Xia F, White R J, Zuo X, et al. An electrochemical supersandwich assay for sensitive and selective DNA detection in complex matrices. Journal of the American Chemical Society, 2010, 132(41): 14346-14348.
[41] Chen X, Lin Y H, Li J, et al. A simple and ultrasensitive electrochemical DNA biosensor based on DNA concatamers. Chemical Communications, 2011, 47(44): 12116-12118.
[42] Zhou L Y, Zhang X Y, Wang G L, et al. A simple and label-free electrochemical biosensor for DNA detection based on the super-sandwich assay. Analyst, 2012, 137(21): 5071-5075.
[43] Wang J, Shi A, Fang X, et al. An ultrasensitive supersandwich electrochemical DNA biosensor based on gold nanoparticles decorated reduced graphene oxide. Analytical Biochemistry, 2015, 469: 71-75.
[44] Tang J, Hou L, Tang D, et al. Hemin/G-quadruplex-based DNAzyme concatamers as electrocatalysts and biolabels for amplified electrochemical immunosensing of IgG1. Chemical Communications, 2012, 48(66): 8180-8182.
[45] Zhou J, Lai W, Zhuang J, et al. Nanogold-functionalized DNAzyme concatamers with redox-active intercalators for quadruple signal amplification of electrochemical immunoassay. Applied Materials & Interfaces, 2013, 5(7): 2773-2781.
[46] He Y, Chai Y, Yuan R, et al. An ultrasensitive electrochemiluminescence immunoassay based on supersandwich DNA structure amplification with histidine as a co-reactant. Biosensors & Bioelectronics, 2013, 50: 294-299.

[47] Wang G, Huang H, Wang B, et al. A supersandwich multienzyme-DNA label based electrochemical immunosensor. Chemical Communications, 2011, 48(5): 720-722.
[48] He Y, Chai Y, Yuan R, et al. A supersandwich electrochemiluminescence immunosensor based on mimic-intramolecular interaction for sensitive detection of proteins. Analyst, 2014, 139(20): 5209-5214.
[49] Wang G, He X, Wang L, et al. A folate receptor electrochemical sensor based on terminal protection and supersandwich DNAzyme amplification. Biosensors & Bioelectronics, 2013, 42(12): 337-341.
[50] Chen Y, Yang M, Xiang Y, et al. Binding-induced autonomous disassembly of aptamer-DNAzyme supersandwich nanostructures for sensitive electrochemiluminescence turn-on detection of ochratoxin A. Nanoscale, 2013, 6(2): 1099-1104.
[51] Wang G, He X, Chen L, et al. Conformational switch for cisplatin with hemin/G-quadruplex DNAzyme supersandwich structure. Biosensors & Bioelectronics, 2013, 50: 210-216.
[52] Yang X, Zhu J, Wang Q, et al. A label-free and sensitive supersandwich electrochemical biosensor for small molecule detection based on target-induced aptamer displacement. Analytical Methods, 2012, 4(8): 2221-2223.
[53] Liu N, Jiang Y, Zhou Y, et al. Two-way nanopore sensing of sequence-specific oligonucleotides and small-molecule targets in complex matrices using integrated DNA supersandwich structures. Angewandte Chemie International Edition, 2013, 52(7): 2007-2011.
[54] Jiang Y, Liu N, Wei G, et al. Highly-efficient gating of solid-state nanochannels by DNA supersandwich structure containing ATP aptamers: a nanofluidic IMPLICATION logic device. Journal of the American Chemical Society, 2012, 134(37): 15395-15401.
[55] Guo W, Hong F, Liu N, et al. Target-specific 3D DNA gatekeepers for biomimetic nanopores. Advanced Materials, 2015, 27(12): 2090-2095.
[56] Yuan T, Hu L, Liu Z, et al. A label-free and signal-on supersandwich fluorescent platform for Hg^{2+} sensing. Analytica Chimica Acta, 2013, 793(5): 86-89.
[57] Feng Y, Shao X, Huang K, et al. Mercury nanoladders: a new method for DNA amplification, signal identification and its application on the detection of Hg(II) Ions. Chemical Communications, 2018, 54(58): 8036-8039.
[58] Li Y, Luo X, Yan Z, et al. A label-free supersandwich electrogenerated chemiluminescence method for the detection of DNA methylation and assay of the methyltransferase activity. Chemical Communications, 2013, 49(37): 3869-3871.
[59] Li B, Ellington A D, Chen X. Rational, modular adaptation of enzyme-free DNA circuits to multiple detection methods. Nucleic Acids Research, 2011, 39(16): e110.
[60] Chang C C, Chen C P, Chen C Y, et al. DNA base-stacking assay utilizing catalytic hairpin assembly-induced gold nanoparticle aggregation for colorimetric protein sensing. Chemical Communications, 2016, 52(22): 4167-4170.
[61] Dai J, He H, Duan Z, et al. Self-replicating catalyzed hairpin assembly for rapid signal amplification. Analytical Chemistry, 2017, 89(22): 11971-11975.

[62] Jiang Z, Wang H, Zhang X, et al. An enzyme-free signal amplification strategy for sensitive detection of microRNA via catalyzed hairpin assembly. Analytical Methods, 2014, 6(23): 9477-9482.

[63] Zhang Z, Liu Y, Ji X, et al. A graphene oxide-based enzyme-free signal amplification platform for homogeneous DNA detection. Analyst, 2014, 139(19): 4806-4809.

[64] Liu C, Lv S, Gong H, et al. 2-aminopurine probe in combination with catalyzed hairpin assembly signal amplification for simple and sensitive detection of microRNA. Talanta, 2017, 174: 336-340.

[65] Kim H, Kang S, Park K S, et al. Enzyme-free and label-free miRNA detection based on target-triggered catalytic hairpin assembly and fluorescence enhancement of DNA-silver nanoclusters. Sensors and Actuators B: Chemical, 2018, 260: 140-145.

[66] Tang Y, Lin Y, Yang X, et al. Universal strategy to engineer catalytic DNA hairpin assemblies for protein analysis. Analytical Chemistry, 2015, 87(16): 8063-8066.

[67] Milligan J, Ellington A. Using RecA protein to enhance kinetic rates of DNA circuits. Chemical Communications, 2015, 51(46): 9503-9506.

[68] Zhang Y, Yan Y, Chen W, et al. A simple electrochemical biosensor for highly sensitive and specific detection of microRNA based on mismatched catalytic hairpin assembly. Biosensors and Bioelectronics, 2015, 68: 343-349.

[69] Jiang Y S, Bhadra S, Li B, et al. Mismatches improve the performance of strand-displacement nucleic acid circuits. Angewandte Chemie International Edition, 2014, 53(7): 1845-1848.

[70] Li B, Jiang Y, Chen X, et al. Probing spatial organization of DNA strands using enzyme-free hairpin assembly circuits. Journal of the American Chemical Society, 2012, 134(34): 13918-13921.

[71] Jiang Y, Li B, Milligan J N, et al. Real-time detection of isothermal amplification reactions with thermostable catalytic hairpin assembly. Journal of the American Chemical Society, 2013, 135(20): 7430-7433.

[72] Cheng W, Zhang Y, Yu H, et al. An enzyme-free colorimetric biosensing strategy for ultrasensitive and specific detection of microRNA based on mismatched stacking circuits. Sensors and Actuators B: Chemical, 2018, 255: 3298-3304.

[73] Chang C C, Chen C C, Wei S C, et al. Diagnostic devices for isothermal nucleic acid amplification. Sensors, 2012, 12(6): 8319-8337.

[74] Li X, Xie J, Jiang B, et al. Metallo-toehold-activated catalytic hairpin assembly formation of three-way DNAzyme junctions for amplified fluorescent detection of Hg^{2+}. ACS Applied Materials & Interfaces, 2017, 9(7): 5733-5738.

[75] Wang D, Guo R, Wei Y, et al. Sensitive multicolor visual detection of telomerase activity based on catalytic hairpin assembly and etching of Au nanorods. Biosensors and Bioelectronics, 2018, 122: 247-253.

[76] Chen Z, Liu Y, Xin C, et al. A cascade autocatalytic strand displacement amplification and hybridization chain reaction event for label-free and ultrasensitive electrochemical nucleic acid biosensing. Biosensors and Bioelectronics, 2018, 113: 1-8.

[77] Chen J, Qiu H, Zhang M, et al. Hairpin assembly-triggered cyclic activation of a DNA machine for label-free and ultrasensitive chemiluminescence detection of DNA. Biosensors and Bioelectronics, 2015, 68: 550-555.
[78] Yu Y Q, Wang J P, Zhao M, et al. Target-catalyzed hairpin assembly and intramolecular/intermolecular co-reaction for signal amplified electrochemiluminescent detection of microRNA. Biosensors and Bioelectronics, 2016, 77: 442-450.
[79] Wu C, Cansiz S, Zhang L, et al. A nonenzymatic hairpin DNA cascade reaction provides high signal gain of mRNA imaging inside live cells. Journal of the American Chemical Society, 2015, 137(15): 4900-4903.
[80] Liu C, Chen C, Li S, et al. Target-triggered catalytic hairpin assembly-induced core-satellite nanostructures for high-sensitive "off-to-on" SERS detection of intracellular MicroRNA. Analytical Chemistry, 2018, 90(17): 10591-10599.
[81] Karunanayake M A P, Yu Q, Leon-Duque M A, et al. Genetically encoded catalytic hairpin assembly for sensitive RNA imaging in live cells. Journal of the American Chemical Society, 2018, 140(28): 8739-8745.
[82] Wu Z, Fan H, Satyavolu N S R, et al. Imaging endogenous metal ions in living cells using a DNAzyme-catalytic hairpin assembly probe. Angewandte Chemie International Edition, 2017, 56(30): 8721-8725.
[83] Su F X, Yang C X, Yan X P. Intracellular messenger RNA triggered catalytic hairpin assembly for fluorescence imaging guided photothermal therapy. Analytical Chemistry, 2017, 89(14): 7277-7281.
[84] Xie P, Zhu L, Shao X, et al. Highly sensitive detection of lipopolysaccharides using an aptasensor based on hybridization chain reaction. Scientific Reports, 2016, 6: 29524.
[85] Zhuang J, Fu L, Xu M, et al. DNAzyme-based magneto-controlled electronic switch for picomolar detection of lead(II) coupling with DNA-based hybridization chain reaction. Biosensors & Bioelectronics, 2013, 45(2): 52-57.
[86] Yang Y, Liu X, Wu M, et al. Electrochemical biosensing strategy for highly sensitive pesticide assay based on mercury ion-mediated DNA conformational switch coupled with signal amplification by hybridization chain reaction. Sensors & Actuators B: Chemical, 2016, 236: 597-604.
[87] Spiga F M, Bonyár A, Ring B, et al. Hybridization chain reaction performed on a metal surface as a means of signal amplification in SPR and electrochemical biosensors. Biosensors & Bioelectronics, 2014, 54(12): 102-108.

第 4 章　功能核酸复合纳米材料

自组装功能核酸纳米材料是指以 DNA 分子为原材料，以 DNA 分子的碱基互补配对原则为理论基础，构建出结构精确、生物相容性好、多功能的核酸纳米材料。有越来越多的研究者在利用计算机软件设计合理的核酸纳米结构和纳米机器，并进行应用。自 DNA 被开发为纳米级的自组装材料以来，凭借其可调节的多功能性、便利的可编程性、优越的生物相容性、生物降解性、精确的分子识别能力和高通用性，连接了生物学和材料科学两大领域。功能核酸 DNA 水凝胶作为一种柔软的纳米材料，仅以 DNA 作为构建单元通过化学反应或物理缠结成胶，其可以由 pH、温度、磁场以及酶等各种触发因素诱导快速成胶。此外，金属纳米材料具有尺寸小、光化学性质稳定、可见光谱可调等优点进而被科学家所关注，同时由于核酸具有良好的生物相容性、可编程的二级结构、与金属离子的静电相互作用、抑制团聚等性质，以核酸为模板的功能核酸复合金属纳米材料更为受关注。核酸调控的复合纳米材料相较于单金属纳米材料具有更优的物理化学性质，目前针对于功能核酸调控复合纳米材料的研究处于初步阶段。本章主要介绍了自组装功能核酸纳米材料的发展史、DNA 折纸技术以及新型功能核酸纳米结构。从 DNA 水凝胶的核酸来源、功能核酸的引入、交联方式及 DNA 水凝胶成胶类型进行详细的归纳，并对水凝胶引入 DNA 适配体、DNA 核酶、C 四联体结构和 G 四联体等功能核酸后发生的特异性响应以及调控 DNA 水凝胶理化特性的因素及规律进行总结，并概述了功能核酸 DNA 水凝胶近几年在药物递送、靶向治疗、生物传感、构建三维组织等生物传感、生物医学及环境工程中的各种应用和研究进展。从生物和材料特性的角度强调了功能核酸 DNA 水凝胶的设计考虑，旨在激励未来的多学科研究。另外，针对功能核酸对复合金属纳米材料的形貌调控及其理化性质等的影响机制进行了总结，为后续的研究提供帮助。

4.1　引　　言

核酸因其携带遗传信息而在所有的生命系统中发挥着重要的作用。在纳米技术领域，核酸分子又可以作为高容量元件进行信息存储。随着 DNA 分子合成技术日趋成熟以及生物材料的不断更新，Watson-Crick 碱基互补配对原则开始融合进高分子自组装领域，并与其他荧光基团、纳米粒子和核酸结构结合，赋予了 DNA 纳米材料更复杂的结构和功能，从而使 DNA 突破了分子生物学学科的边界而兼存于新型纳米材料的研究中，并在物理、化学、生物医学和计算机科学等领域有了一席之地。第一种受到世人瞩目的自组装功能核酸纳米元件为结构类似瓦片状的 DNA 瓦片，而自组装功能核酸纳米技术出现跨越性的发展则始于 DNA 折纸技术的发明。DNA 折纸技术可构建出各种各样二维和三维 DNA 纳米结构，且越来越多的研究者开始将自组装功能核酸纳米元件进行更加广泛的应用。

DNA 水凝胶是由高度交联的 DNA 分子组成，兼具了 DNA 分子的特异性、生物相容性和稳定性等特性以及水凝胶的高负载能力。根据结构组成分为纯 DNA 水凝胶和杂化 DNA 水凝胶，本章所讲述的纯 DNA 水凝胶是指 DNA 被用作水凝胶的唯一组分、骨架或交联剂，无其他聚合物参与，通过化学作用或物理作用交联形成的水凝胶。其中化学交联可利用 DNA 分子化学键交联形成三维网状结构，也可利用连接酶将 DNA 构建单元通过磷酯键共价连接。例如，Um 团队[1]设计出带有回文结构黏性末端的 Y 型 DNA 骨架，碱基互补配对连接结构单元 Y-DNA 后再引入连接酶催化交联反应而构建出纯 DNA 水凝胶。物理交联通过以氢键为主的 DNA 分子碱基互补配对作用或分子链间的物理缠结作用等非共价键制备出 DNA 物理水凝胶。例如，Xing 等[2]利用 DNA 分子碱基互补配对作用制备了具有热可逆性的 DNA 物理水凝胶。

金属纳米材料制备方法众多，促进了金属纳米材料结构和形态的多样性，“自上而下”和“自下而上”的方法包括光刻、微打印、光或化学还原和生物合成等，各种形态包括纳米线、纳米簇、球形纳米粒子、纳米笼、纳米管等[3]。生物合成过程中主要以生物分子为模板，包含蛋白质/酶、多肽、核酸、抗原/抗体等，由于这些分子具有多功能的基团，因此生物合成的金属纳米材料具有更广泛的应用性质，受到了人们的广泛关注。随着 DNA 自组装技术的发展[4]，可以通过 DNA 之间的碱基互补配对，改变 DNA 的二级结构，进而控制核酸金属纳米材料的形貌和性质。

目前最为常见的金属纳米材料为富胞嘧啶核酸链与银离子在硼氢化钠（$NaBH_4$）存在的条件下形成的银纳米粒子[5]；富胸腺嘧啶核酸链与铜离子在抗坏血酸存在下还原成铜纳米粒子[6]；核酸序列与氯金酸反应可以生成金纳米粒子，并且形貌可以通过核酸序列进行调控[7]。这些金属纳米材料具有良好的光电特性、磁性、催化性质，能量转化和储存、传感和生物医学等作用受到人们的广泛关注[8]。将多种金属纳米组分组合成单一的特定纳米结构通常产生不寻常的光学和化学性质（如等离子体偶联性强、化学亲和力高），并且提供更广和更多样化的应用，如光电技术、催化、能源、发光、药物运输、抗菌试剂、细胞标记、离子检测，以及具有相对较低的价格等。但是合成和组装这些复杂的纳米结构具有挑战性，多组分、多金属纳米结构合成和应用被越来越多的科学家关注。

4.2 自组装功能核酸纳米材料

4.2.1 自组装功能核酸纳米材料发展史

以核酸为原材料构建自组装功能核酸纳米材料的主要目的在于利用核酸的独特性质为物理学、化学和生物学的应用创造经人工合理设计、由简入繁的纳米结构[9, 10]。更有趣的是，以核酸分子为原材料，还可以构建出结构精确、生物相容性好、多功能的功能核酸纳米材料[11]。20 世纪 80 年代，自组装功能核酸纳米技术的先驱者——Nadrian “Ned” Seeman，意识到可以以 DNA 分子的碱基互补配对原则为理论基础，以 DNA 分子为原材料，通过单链 DNA 分子的杂交互补形成双链，创建预先设计好的 DNA“接头”，从而以自下而上的方式、有计划地生成纳米材料。第一种受到世人瞩目的自组装功能核酸纳米元件为结构类似瓦片状的 DNA 瓦片，而自组装功能核酸纳米技术出现跨越性的发展则始于 DNA 折纸技术的发明。目前，有越来越多的研究者在探寻利用计算机软件设计合理的核酸纳米结构和纳米机器，并进行广泛的应用[12, 13]。

Seeman[14]将单链 DNA 固定连接在一起，利用每支“臂”上预先设计好的“悬垂”，将单链 DNA 连接成更大的组件[图 4.1（a）]。1991 年，该理论得到进一步发展，研究者在三维环境中成功构建了 DNA 立方体[图 4.1（b）][15]。之后 Fu 和 Seeman[16]又设计了双交叉（DX）DNA 分子，其中两个平行的 DNA 双螺旋交叉相连。如图 4.1（c）所示，五条不同的 DNA 链彼此杂交，形成了具有两个交叉点的、牢固的双链 DNA 结构。在黏性末端的辅助下，DX 分子能够形成稳定的周期性结构。后来，研究者又将 DX 分子发展为三交叉（TX）分子，该分子由同一平面内三个平行的双链 DNA 序列构成[17]。相比于 DX 分子，TX 分子有了更丰富的用途，如图 4.1（d）所示，研究者使用 TX 分子为模块构建了 DNA 纳米管[18, 19]。除了这些小型的 DNA 纳米结构之外，一些大型的 DNA 纳米元件同样得到了成功的构建[图 4.1（e）和图 4.1（f）][20, 21]。

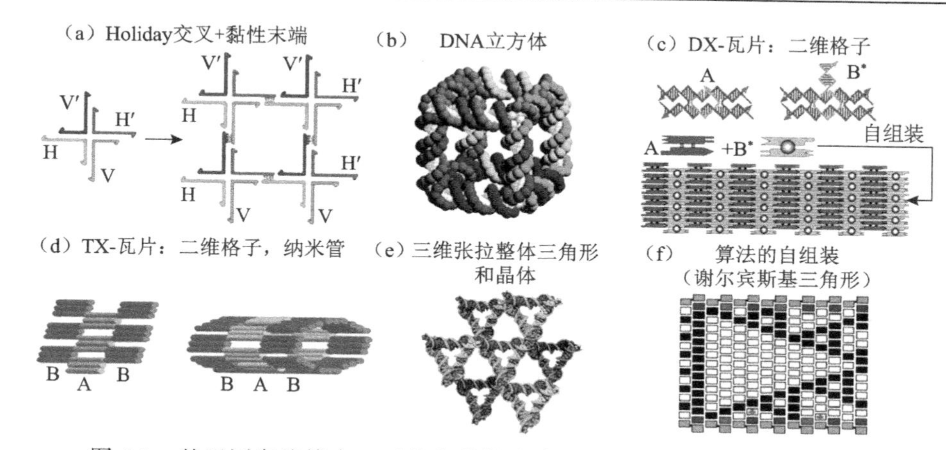

图 4.1 基于固定连接点、瓦片和黏性末端的自组装 DNA 纳米结构设计

(a) 单链 DNA 固定分支；(b) 立方体；(c) 可组装的 DX 瓦片；(d) TX DNA 瓦片；(e) 三角形纳米元件用于形成大型 DNA 纳米结构；(f) 依靠算法编程生成的 DNA 纳米元件

总而言之，在 21 世纪初，研究者根据 DNA 瓦片设计原则，构建了多种多样的 DNA 瓦片，从而促进了自组装功能核酸纳米技术的发展。然而，DNA 瓦片技术最大的缺陷在于其自组装过程对于各条单链 DNA 的化学计量浓度之比要求十分严格，且最终形成的纳米结构的尺寸难以控制。因此，到目前为止，DNA 瓦片技术逐步被 DNA 折纸技术取代。

4.2.2 DNA 折纸技术及其发展

21 世纪初，自组装功能核酸纳米技术得到了更多的关注。2004 年，Shih 等[22]构建了纳米级的 DNA 八面体结构，该 DNA 纳米结构完全是依靠核酸链经过高温变性和低温退火的步骤后自组装而成的[图 4.2（a）]。2006 年，Rothemund 的论文引发了功能核酸自组装领域极大的变革，同时开启了 DNA 折纸技术的时代[23]。Rothemund 将 7000 nt 长度的单链 DNA 作为“脚手架”，将其折叠成与预期完全相符的二维形状，尺寸约为 100 nm。脚手架单链 DNA 的折叠借助于一组 20～60 nt 长度的“铆钉”单链 DNA。利用该组装原理，Rothemund 成功地构建了正方形、矩形、星形[图 4.2（b）]和圆盘形的二维 DNA 纳米结构。在实践中，DNA 折纸的大小和复杂程度往往受到脚手架单链 DNA 长度的限制。为了获得较长的单链 DNA 作为脚手架，Zhang 等[24]通过 PCR 扩增得到双链形式的 λ-DNA（48502 nt），然后利用选择性酶消化得到长的单链 DNA。

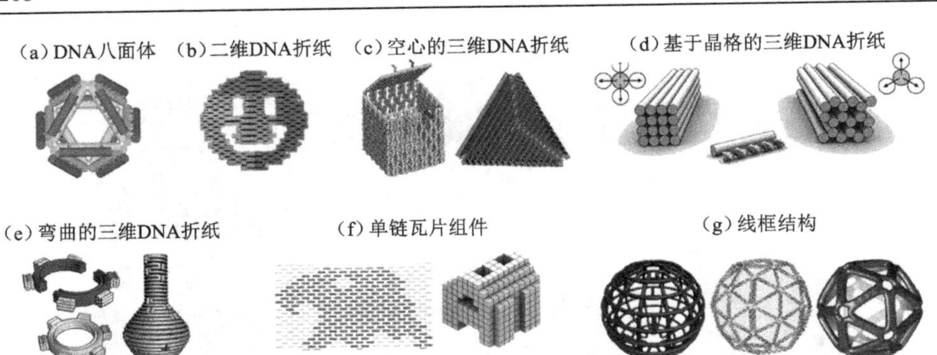

图 4.2　DNA 折纸技术及其发展

（a）DNA 八面体极大地促进了 DNA 折纸技术的发展；（b）DNA 折纸纳米结构；（c）三维 DNA 折纸纳米结构；（d）网格状三维 DNA 折纸纳米结构；（e）带有不同弯曲程度的三维 DNA 折纸；（f）单链 DNA 瓦片在二维及三维空间内的自组装；（g）线框状 DNA 纳米结构

Anderson、Ke 以及 Douglas 等开启了由二维 DNA 纳米结构向三维 DNA 纳米结构的发展。Anderson 等[25]构建了著名的三维 DNA 盒子(42 nm×36 nm×36 nm）[图 4.2（c）]，该盒子包含一个可以开启、关闭的盖子，盖子的开启与关闭由“钥匙”控制。将荧光基团标记到盒子与盖子的邻近位置，能够通过荧光共振能量转移检测盖子的开启与关闭。另外，Ke 等[26]还构建了 DNA 正四面体分子笼。同时，Castro 等[27]还构建了结构更为紧凑的方形和蜂窝形 DNA 纳米元件用于构建更为精密、复杂的三维 DNA 自组装纳米结构[图 4.2（d）]。Dietz 等[28]利用可编程的 DNA 自组装，构建了具有可控曲率的多层三维纳米结构[图 4.2（e）]。

上述方法都是利用短链 DNA 对长链 DNA 进行折叠。与这种原理相反，Wei 等[29]建立了一种高度模块化的方法来构建二维 DNA 纳米结构。如图 4.2(f）所示，42 bp 长度的单链 DNA 瓦片完全由黏性末端相互连接，并与相邻的单链 DNA 相互作用形成一个大的矩形。以该矩形为分子画布，每个图块对应 3 nm×7 nm 的像素点，通过对由目标图案覆盖的像素点处的单链 DNA 进行退火，在画布上逐个点绘制所需要的形状。利用相似的原理，Ke 等[30]进一步在三维空间里构建了模块化的三维 DNA 纳米结构[（图 4.2（f）]。

除了上述方法之外，一些研究者还利用了三维网格化技术来制备 DNA 纳米结构。Han 等率先展示了一种新型的网状 DNA 折纸技术。他们利用由四臂连接元件构成的双层框架“栅栏单元”，通过改变连接处的结构，制造了许多具有高度弯曲结构的二维和三维 DNA 纳米结构[图 4.2（g）]。

4.2.3　新型功能核酸纳米结构及其应用

迄今为止，一些新型的功能核酸纳米结构已经在生物成像、生物传感及生物医学等领域得到了广泛的应用，其良好的生物相容性及灵活的结构特点是其得到广泛应用的基础。另外，将构建的功能核酸纳米结构与其他一些功能核酸进行有机的结合，还赋予了其高度的靶向性及药物缓释等特点。

2014 年，Tan 等[31]利用滚环放大技术，通过在锁式探针上设计特定序列，实现了 RCA 产物的自组装，得到了 RCA 核酸花朵状纳米结构(图 4.3)。同时该 RCA 产物还具有靶向癌细胞的能力。通过在 RCA 产物上标记不同的荧光基团，Tan 等验证了该 RCA 纳米花结构的靶向性和多重药物递送能力。

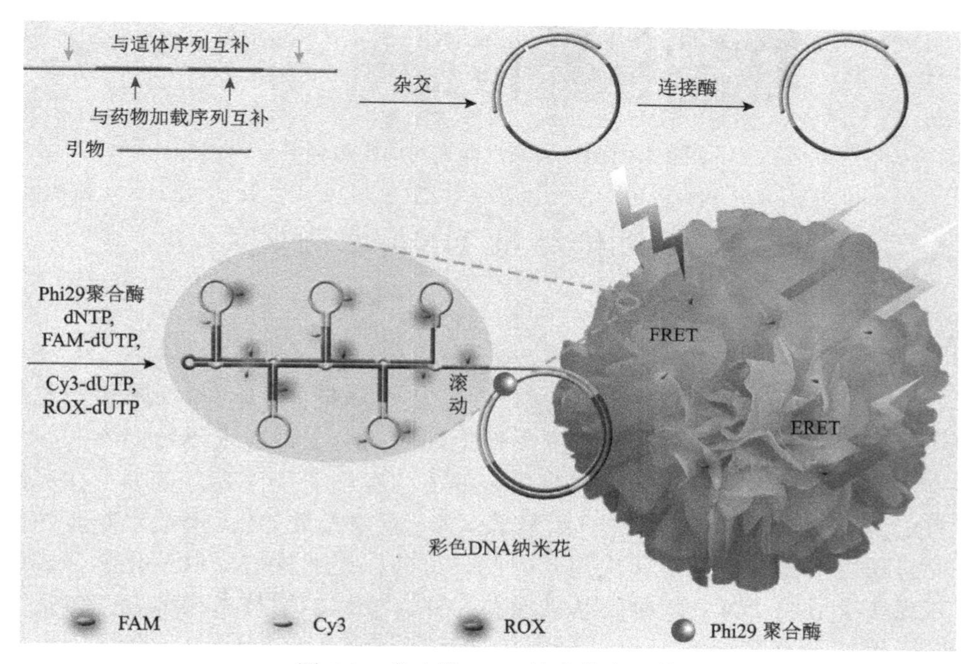

图 4.3　多功能 DNA 纳米化自组装

2018 年，Li 等[32]通过对 Rothemund 等设计的矩形 DNA 折纸纳米结构进行改造，得到了具有高度靶向性的 DNA 折纸纳米机器人，用于癌症的靶向治疗。如图 4.4 所示，研究者将凝血酶装载于矩形 DNA 折纸纳米结构表面，并在其边缘处连接由 DNA 组成的“开关”将 DNA 折纸纳米结构由矩形改变为圆筒形。圆筒上下底部连接具有靶向性的核素适配体用于精确定位癌症组织。该研究成果成功地将 DNA 纳米结构应用于药物靶向递送，进一步提升了自组装功能核酸纳米材料的应用价值。

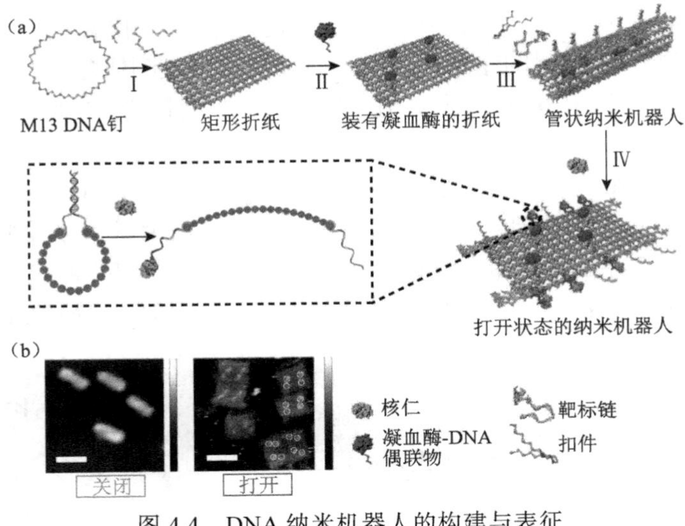

图 4.4　DNA 纳米机器人的构建与表征

4.3　功能核酸 DNA 水凝胶

4.3.1　水凝胶的核酸来源

DNA 水凝胶构建的基础方式是依据碱基互补配对原则，构建形成水凝胶的基础模块，再通过模块中留有的黏性末端相互杂交形成水凝胶网络的三维结构。但这种利用寡核苷酸级联自组装的方法存在着局限性，例如，在高浓度 DNA 的自组装过程中无法避免积累误差，需要大量 DNA 形成水凝胶的高成本问题也阻碍了它的实际应用。因此，目前以天然核酸提取及化学合成两种方式获得形成 DNA 水凝胶基础原料，并与核酸扩增技术相结合，包括变温扩增手段聚合酶链式反应、恒温扩增手段滚环扩增反应和环介导恒温扩增以及非酶依赖的恒温链式杂交反应和超级三明治结构等[33, 34]。同时可以引入功能核酸序列设计出具有分子识别/催化和靶向治疗等生物应用的 DNA 水凝胶，如具有高度选择性的核酸适配体、DNA 核酶（DNAzymes）、G 四联体和 C 四联体结构等，随后考虑设计要求，再通过物理、化学交联形成水凝胶[35, 36]。

纯 DNA 水凝胶中的 DNA 可从自然界生物体的活性组织中提取。通常，提取 DNA 的方法需要依赖于长时间裂解和多次洗涤沉淀或者使用市售试剂盒得到高分子量 DNA。传统方法中 DNA 基因组的提取可通过酶溶或机械力裂解破坏细胞壁、细胞膜等，随后对游离出来的 DNA 等物质进行纯化除杂，最终得到的 DNA 基因组既要保证其双螺旋结构的完整，也要排除有机物和离子的干扰。通过测定 OD260（260 nm 下的光密度值）与 OD280（280 nm 下的光密度值）的比值在 1.7～1.9 之间验证所提基因组的纯度，同时也可以通过琼脂糖凝胶电泳验证基因组的长度、产量和纯度，电泳结果应显示为一条清晰明亮的条带。通常提取的基因组长度为上千个碱基对，相比于驻留长度为 50 nm（约 150 bp）的半刚性分子双链 DNA，单链 DNA 具有更高的柔性。质粒 DNA（pDNA）也是基因传递载体之一，由超螺旋和开环异构体组成。超螺旋 pDNA 可以更有效地传递遗传信息，所以提取高质量的超螺旋 pDNA（回收未受损的 pDNA 大小>5 kbp）可以通过生物分子应用（如克隆）分离。从琼脂糖凝胶中纯化 DNA 的传统方法包括有机萃取和电洗脱[35, 36]。随着分子生物学技术高速发展以及市场要求的不断提升，利用试剂盒提取基因组、质粒已是一种便捷高效的方法。目前市售的试剂盒可根据 DNA 的生物体来源和样本数量选择需要的规格，并通过简洁的步骤完成裂解、纯化除杂和洗脱等工作。相比于传统方法，试剂盒方法能保证纯度和高产率，但得到的 DNA 片段较短，浓度略低，最终多需要通过扩增手段进行弥补。人工合成能获得可控量和可控尺寸的单链 DNA。根据最基本的碱基互补配对原则使用 DNA 合成仪设计编码进行反向转录或化学合成，最终在体外筛选得到短链 DNA 分子。由于合成 DNA 的质量直接影响后续扩增 DNA 骨架、制备复杂的功能核酸序列，以及人工合成耗时费力等限制，生物公司根据所需的序列、长度和浓度要求检测成为一种趋势。

1. 功能核酸的引入

功能核酸是通过氢键、范德瓦耳斯力、疏水相互作用、典型或非典型的碱基对，G 四联体和金属离子等不同分子相互作用和基序的组合赋予它们三级折叠和生物活性[37]，包括具有独特二级和三级结构的单链核酸适配体、模拟天然酶功能的 DNA 核酶、富含 G 或者富含 C 的 DNA 链自组装成分子内或分子间的 G 四联体和 C 四联体核酸结构等。同时功能核酸普遍具有高稳定性、易于合成和修改、低成本等优点，所以将功能核酸序列引入 DNA 水凝胶中能扩大水凝胶在生物传感、环境分析、控制药物释放、细胞黏附和靶向癌症治疗上的应用。

核酸适配体是从体外随机序列 DNA 或 RNA 文库中，通过指数富集的配体系统进行技术分离的单链寡核苷酸[35]。由于适配体能够折叠成二级结构或三级结构而具有高度的靶向结合能力，靶标范围从较大的无机、有机物质到蛋白质或细胞[38]。同时适配体的解离常数值较低，从 nmol/L（纳摩尔每升）到 pmol/L（皮摩尔每升）。即使在非常低的浓度下，或者底物已经发生解离/结合的结构变化，都可以特异性地识别出底物从而刺激水凝胶系统完成特定物理或化学作用[39]。基于适配体本身极强的稳定性、热变性和循环复性而不丧失结合能力、设计灵活性和易于修饰等优势，因此引入适配体的DNA水凝胶有了更广泛的应用空间。但适配体的分子量较低，在体内易被血液排出，故多选择搭载在DNA水凝胶的骨架上或包裹在水凝胶内部进入体内以辅助快速识别靶分子。目前核酸适配体已广泛应用于靶向成像、检测和诊断[40, 41]。例如，Tan等[42]设计一种具有可控尺寸和刺激响应性的自组装纯DNA水凝胶，用于靶向癌症治疗。在适配体掺入后，基于适配体合成的水凝胶可以强烈抑制靶A549细胞的细胞增殖和迁移，但不能控制细胞的迁移，这表现了适配体靶向基因治疗的潜力。此外，Zhou等[43]利用赭曲霉毒素A适配体作为DNA接头与两种Y-DNA支架交联杂交形成靶依赖性可切换纯DNA水凝胶。纯DNA水凝胶中形成的刚性空间可以包裹信号分子，当它被释放时会引发酶反应，用于敏感比色检测的双信号放大。

DNA核酶（DNAzyme）是通过体外筛选方式获得的另一类功能性核酸，具有特异结合切割能力和高催化活性，主体由底物链和酶链构成，可在人工合成时设计出具有多功能化的DNAzyme底物，构建多重依赖性的DNAzyme[36]。DNAzyme作为一种生物催化剂，可通过寡核苷酸或小分子进行有效的变构控制，提高其催化效率[44]。当存在辅助催化因子（通常为金属离子或氨基酸）时，酶链可快速裂解，按照底物链上的特定位点进行切割，同时DNAzyme的浓度和结合在底物表面的序列量将影响切割效率[44]。DNAzyme能催化一系列磷酸二酯水解和过氧化物降解等反应，可将其整合至DNA水凝胶等纳米材料中，赋予水凝胶催化效应和分子识别功能。Xiang等[45]通过将模拟过氧化物酶的DNAzyme整合到DNA基序中构建功能性DNAzyme水凝胶。实验利用末端脱氧核酸转移酶（terminal deoxynucleotidyl transferase，TdT）延长X-DNA基序以形成构建单元，并在双构建单元之间通过TdT聚合的DNA尾部的互补端进行杂交形成凝胶。随后将葡萄糖氧化酶和β-半乳糖苷酶共同包封到DNAzyme水凝胶中构建杂合级联酶促反应系统，这种有效的级联反应提供了肉眼检测葡萄糖/乳糖的潜在方法。

G四联体结构的构建块是鸟嘌呤四联体，在离子（如K^+、Pb^{2+}或NH_4^+）存在下富含G的核酸序列自组装成平行或反平行的稳定结构[46]。G四联体结构在生理条件下具有高度稳定性和体内序列兼容性，与氯化血红素一起，还具有类似辣根过氧化物酶的催化能力，已广泛应用于生物比色分析中[43]。例如，Huang等[47]在RCA产物中形成致密的链间G四联体结构，再通过序列设计制备了功能化的DNA水凝胶。在成胶过程中通过包封葡萄糖氧化酶开发了水凝胶内部的级联酶促反应，用于检测葡萄糖的复杂系统，显示出引入G四联体结构的水凝胶环境优异的灵敏度和稳定性。

C四联体结构是在酸性条件下由$C{\cdot}CH^+$对保持的两个平行重复以反平行

的方向相互插入而形成的一段富含胞嘧啶的四联体结构[48]。DNA C 四联体结构的稳定性取决于胞嘧啶区的长度、环序列、温度、盐浓度、序列长度和环境 pH，通常 pH 在 3～7 范围内保持稳定[49, 50]。基于 C 四联体结构的 pH 依赖性，可用于构建 pH 响应性纯 DNA 水凝胶，并凭借 pH 的调节实现快速响应。例如，Liu 等[51]报道了在碱性条件下由三条等量的互补序列组装成 Y-DNA 结构，该结构用 DNA 双链中心结构域和三条半 C 四联体序列作为互锁结构域。当调节 pH 为 5 时，Y-DNA 通过 C 四联体结构变化完成分子间连接，从而形成三维网状纯 DNA 水凝胶。不同 pH 值下 C 四联体结构的转变使得 DNA 水凝胶能快速切换形态，有望实现在生理酸度环境下纯 DNA 水凝胶的生物传感应用。

2. 核酸扩增手段

采用试剂盒或人工合成等传统方法构建纯 DNA 水凝胶的核酸原料受到成本、纯度、核酸链长度等诸多限制，单纯通过这两种方式不足以支撑纯 DNA 水凝胶的构建，因此可根据核酸序列设计并选择不同的体外扩增方法以辅助高效获得浓度高的长 DNA 链。

聚合物链式反应（PCR）是指在耐热 DNA 聚合酶下延伸寡核苷酸引物并沿着模板链复制遗传信息，经过“高温变性-低温退火-适温延伸”20～30 次循环的过程使靶标序列扩增百万倍的体外扩增方式[33]。最终可以用琼脂糖凝胶电泳表征 PCR 特异性扩增产物。PCR 拥有高度特异性和灵敏性、对模板纯度要求低等优势，但是 PCR 结果有可能会出现假阴性、不出现扩增条带或者假阳性等不准确的现象，而且依赖于热循环仪等变温仪器、造价高、体积大，使得基层和现场检测受到限制[52]。

RCA 是借鉴微生物环状 DNA 分子滚环式扩增建立起的一种体外恒温扩增技术，以一条大小为 26～74 个核苷酸单链环状 DNA 模板和高度持续的 DNA 或 RNA 聚合酶完成短链 DNA 或 RNA 的扩增，产物为重复的 DNA 序列，长度高达 9000 个核苷酸，可以用于核酸序列扩增，也可用于信号放大。根据 RCA 的引物结构，将其分为单引物 RCA 和双引物 RCA，单引物 RCA 最高可扩增到 10^5 倍，而双引物 RCA 最高可扩增到 10^9 倍；设备要求和反应机制简单等，但是也存在着对双链 DNA 样品变性处理、环化处理以及操作时间长等缺点。Luo 等[53]通过 RCA 和多引物链扩增（multi-primed chain amplification，MCA）的组合装配酶催化的纯 DNA 水凝胶，其中 MCA 是一种在 RCA 过程后发生的连续扩增反应，从而产生极长的 DNA 分子。首先进行 RCA 过程，由一条环状 ssDNA 模板加入 RCA 的互补引物（引物 1）以产生延长的 ssDNA 产物（ssDNA 1），ssDNA 1 与原始环状 ssDNA 模板互补。其次在 MCA 过程中利用另外两个引物（引物 2 和引物 3）对链扩增。将引物 2 拉长以产生与 ssDNA

1 互补的 ssDNA 2。引物 3 产生的 ssDNA 3 与 ssDNA 2 互补，因此 ssDNA 3 和 ssDNA 1 具有完全相同的序列。同样引物 2 也能够使用新合成的 ssDNA 3 作为模板产生更多的 ssDNA 2，这样建立起的链式反应导致链扩增。

LAMP 作为一种高灵敏度的恒温核酸扩增技术，能够在恒温条件下直接扩增特定的 DNA 序列[54]。通过设计 4 种内部和外部的引物特异性识别靶序列上的六个区域，在链置换活性 DNA 聚合酶作用下等温扩增 DNA。相比于 RCA、LAMP 操作简单不需要变性的 DNA 模板结合逆转录，可快速高效地通过肉眼或浊度仪判断扩增产物，便于及时检测。同时由于其高灵敏度而易使结果产生假阳性，以及链置换、链取代反应的限制，DNA 片段长度一般为 200～300 bp。

HCR 和超级三明治结构最大的优势都是无酶参与，HCR 是通过单链 DNA 作为引发剂触发两条带有黏性末端的发夹分子，依次不断暴露新的单链区域直至发夹消耗殆尽，最终得到多个重复单元的 DNA 聚合物。DNA 的超级三明治结构是在靶标 DNA 存在时使用含有黏性末端的信号探针与靶标结合，残余黏性末端继续与下一个靶标杂交形成超级结构[55]。这两种无酶扩增技术都可以触发 DNA 自组装，当靶结构存在时会释放引物诱导杂交链式反应，由此导致形成带切口的双螺旋，可以用来交联不同的功能核酸序列。在组装功能化 DNA 水凝胶时，功能核酸序列可以插入超级三明治结构信号探针的任何位置和 HCR 的两个发夹结构中，从而实现荧光信号、电化学信号等可视化的输出。例如，Xiang 等[45]在形成富含腺嘌呤链（poly-A 链）和富含胸腺嘧啶链（poly-T 链）的 X-DNA 基序后，将每条 poly-A 链和多条 poly-T 链在 50～4℃连续退火过程中发生 X-DNA 单元间的杂交链式反应，之后形成三维网络；Song 等[56]报道了一种适配体触发钳位的 HCR 法用于制备识别并直接捕获活性循环肿瘤细胞的 DNA 水凝胶，在 NUPACK（nucleic acid package）的计算系统中模拟测定发夹分子 H1 和 H2 的二级结构自由能为负值，H1 和 H2 的亚稳态阻止了 H1 和 H2 的自发杂交。在 DNA 引发剂存在下，H1 被打开且触发杂交反应的自由能明显降低，使得发夹间的自由能总和能够驱动 H1 和 H2 交替的杂交链式反应，导致 dsDNA 双螺旋的形成。其中设计 H1 为二聚体以桥接双螺旋，并设计 H2 形成柔性单链区域以在 HCR 产物中促进 3D DNA 网络的形成。

4.3.2　DNA 水凝胶的交联方式

1. 物理交联方式

物理交联的纯 DNA 水凝胶是 DNA 链通过氢键、静电作用和分子间作用力等非共价键高度交联形成的三维网络。水凝胶的机械性能易受环境影响，包括 C 四联体结构的 pH 依赖性，PCR 扩增 DNA 链的温度依赖性等导致整个成胶过程还会依赖外部物理刺激促进相变，同时也赋予了纯 DNA 水凝胶可切换的宏观变化。

纯 DNA 水凝胶接入 pH 依赖性的功能核酸结构时也会触发水凝胶对 pH 的快速响应。Liu 等[48]在碱性条件下将三条部分互补的 DNA 单链组装成以刚性 DNA 双链为中心域，三条延伸出的 DNA 单链为互锁域的 Y 型 DNA 支架结构（Y-DNA）。作为 DNA 水凝胶的基础构建单元，Y-DNA 的互锁域包含一半 i-motif 结构序列能够为相互交联提供基础。pH 为 8.0 时，互锁域呈无规卷曲状态，由于静电排斥被隔离无法形成分子间 i-motif 结构，导致该体系处于液态状态。当 pH 降低至 5.0 时，胞嘧啶部分质子化，与未质子化的胞嘧啶之间形成具有 $C \cdots CH^+$三重氢键的分子间 i-motif 结构从而使 Y-DNA 相互交联形成具有三维网络的 DNA 水凝胶。由于 i-motif 结构的形成是可逆的，通过调节 pH 即可实现水凝胶与溶液之间的快速转变，因此通过该过程可以简单地利用环境 pH 变化帮助 DNA 水凝胶控制药物的捕获和释放。

温度依赖型纯 DNA 水凝胶是由碱基序列间最简单的氢键物理交联而成，故当温度上升到 80～90℃时，DNA 双螺旋间的氢键会由于变性而断裂成两个无规卷曲的 ssDNA，随着温度缓慢冷却又会恢复，因此在成胶过程中温度应在熔点以下。例如，Xing 等[2]设计的带有黏性末端的 Y-DNA 与接头作为构建单元彼此互补形成的纯 DNA 水凝胶具有温度依赖性，实验测量两者低解链温度（T_m）均保持在 63℃以下，当温度设置在 25～50℃之间，可循环多次凝胶到溶胶的过程，表明纯 DNA 水凝胶以可逆的方式对热量作出响应。

磁响应 DNA 水凝胶在磁场变化下可以远程折叠各种形状或者发生移动。Ma 等[57]在 2017 年首次将单链 DNA 片段修饰的磁性纳米粒子（magnetic nanoparticle，MNP）分散在 DNA 水凝胶中诱导磁响应的发生，在经受磁场时，DNA 水凝胶将其形状从球形变为椭圆形，并且可以被拖动或跳跃。此外，它可经响应温度（40℃）和酶（内切核酸酶）的多重刺激在凝胶溶胶状态之间转换。

2. 化学交联方式

化学交联的纯 DNA 水凝胶不仅可以通过共价键连接 DNA 构建单元来获得更高的机械强度和环境稳定性，还可以通过有效的酶促反应实现水凝胶的交联，如限制性内切核酸酶可以辅助切割 DNA 分子的特定位点，将其掺入水凝胶中时则会影响 DNA 水凝胶的溶胶-凝胶状态，极大地扩展纯 DNA 水凝胶的响应范围[57]。此外，在纯 DNA 水凝胶的化学成胶过程中可以通过调节碱基序列将约 22 kDa 的小分子和蛋白质等其他生物制剂包封在水凝胶中，随后经环境刺激发生酶促降解达到可控释放[58]。Xiang 等[45]在三个分支 X-DNA、Y-DNA、T-DNA 构建单元中通过酶介导交联合成了生物响应性纯 DNA 水凝胶，使得包封的药物（喜树碱和猪胰岛素）在生理条件下稳定地可控释放。影响整个过程稳定性的因素有：离子浓度、构建单元的抗水解性能、药物尺寸大小和结合能力、解链温度等。

根据酶的专一性，制备纯 DNA 水凝胶时既能利用连接酶交联已设计序列的 DNA 分子，又能在化学交联前通过聚合酶延长 DNA 分子。Luo 等[53]在 2012 年的研究中选用一种能使 DNA 链延伸和置换的细菌噬菌体聚合酶，在成胶前延长 DNA 链，结合滚环扩增和多引物链扩增得到的 DNA 水凝胶在水中具有固体性质，出水后具有类似液体性质，在不断变换含水环境之后还能恢复原状，基于这类水凝胶在水中的稳定可逆性质，被用于制造以水为开关的电路。

4.3.3　纯 DNA 水凝胶的理化特性

纯 DNA 水凝胶的制备不仅能凭借其良好的生物相容性和可降解性设计 DNA 自身的可变序列来传递和响应环境信息，依靠其二级结构维持支架稳定性，以及选择 DNA 链的刚性程度调节水凝胶的收缩与膨胀等，还兼具了水凝胶材料的柔软特性和遇水溶胀性。例如，用于体内药物递送的 DNA 水凝胶需要具有良好的生物相容性和生物降解性等性质使得药物能顺利通过血液并保证在有效时间内释放，同时不能对人体产生毒害。对其特性的研究将为实际应用中纯 DNA 水凝胶的设计参考提供重要依据。

1. 可变的尺寸大小及形貌结构

纯 DNA 水凝胶的尺寸大小和形貌特征依赖于 DNA 链的长短、浓度和序列设计，为了表征 DNA 水凝胶可使用原子力显微镜和动态光散射来确定网状形态和平均粒径。在体积间相互作用存在时，利用刚性驻留长度表征 DNA 分子的柔软性和分子构象。ssDNA 因其刚性驻留长度仅为 4 nm[59]，相较于 dsDNA 的刚性驻留长度 50 nm 柔性更好，因此将 dsDNA 分子弯曲成圆形所需的能量约是 ssDNA 的 50 倍[60, 61]。基于 DNA 分子的弯曲性和序列可变性容易设计出形状可控制的 DNA 水凝胶。例如，Mitchell 和 Bustamante 等[60, 61]在研究基因递送载体时，基于 DNA 水凝胶中的功能配体（如适配体、二硫键）能与细胞质中的还原剂谷胱甘肽接触后触发水凝胶释放，两种 Y 形单体和 DNA 接头可以在一步反应中自组装，生成尺寸可控的 DNA 纳米水凝胶。DNA 水凝胶是由两个 Y 型单元（A 型和 B 型）和接头组成，其大小可以通过改变两个单元之间比例调节[62]。A 单体的三种 ssDNA 都具有黏性末端，作为结构单元能够与接头杂交；B 单体仅具有一个带黏性末端和一个能与适配体特异性结合的链。此外，所有组分都具有二硫键，其在无谷胱甘肽的环境下是稳定的，一旦混合则自组装形成尺寸为 144 nm 的球形水凝胶，尺寸过大发生裂解表明二硫键被切割，从而对 DNA 水凝胶产生刺激响应特性。

能对 DNA 构建单元进行调整的原因是：①水凝胶的三维网络中以水为分散介质，通过亲水和疏水相互作用使得溶胀-收缩灵活；②DNA 链通过可设计的扩增过程调整长短、浓度使得网络结构的疏密程度不同，因此可用于药物的体内运输。而细胞摄取尺寸是输送过程的一个关键特征。长达 200 nm 的小纳米粒子主要被网格蛋白和细胞膜穴样内陷介导的胞吞作用内化，而 50 nm 的粒子能以最快的速率被吸收[59]。应用于组装工程的水凝胶的孔隙需要控制在 20～100 μm 之间，而应用于药物递送需要更小的孔隙，以便小分子能在凝胶的网状结构内保持有效载荷。

2. 机械性能和物理化学特性

作为水凝胶构建材料，DNA 除了具有序列可设计性、精确识别能力、高度相容等特性外还因 dsDNA 的刚性结构赋予材料优异的机械性能。可以通过调节 DNA 的浓度、膨胀率、黏度和交联剂比例等组装条件，获得理想的机械强度[42]。DNA 水凝胶能够成功植入体内主要与其机械性能有关，如模拟天然组织的弹性、材料刚性都能决定小分子药物在细胞内的收缩、迁移和定殖[63]。Liu 等[2]通过酶促诱导使 Y 瓦片和接头组装成 DNA 水凝胶，以改变 Y 瓦片和接头之间的比例去精确调节水凝胶的机械强度。此外，温度也被认为是调节水凝胶机械性能的外在条件，如热响应的可切换水凝胶。

尽管纯 DNA 水凝胶的机械性能根据碱基序列和螺旋结构而变化，但在含水介质中依赖于离子浓度和交联剂的溶胀能力也能够辅助包埋物的释放和适应运输环境。Um 等[1]研究发现支链 DNA 单体组装对 DNA 水凝胶显示独特的物理化学性质。同时他们分别在干燥条件和含水条件下测量了对 X 瓦片、Y 瓦片和 T 瓦片为构建单元的水凝胶的外部和内部条件，结果显示溶胀的 X 瓦片水凝胶在所有 DNA 水凝胶中显示出最强的拉伸模量和最低的拉伸强度，表明线性范围内，交联的 DNA 分子在给定应力下更能抵抗恢复其原始形状。另外，Xing 等[2]在设计热和酶响应性自组装 DNA 水凝胶时证明了 DNA 水凝胶的强度随着其浓度的增加而增加。

3. 特异性和靶向性

纯 DNA 水凝胶的特异性是指利用 DNA 可编程的碱基序列赋予其特定的遗传信息或识别功能，而靶向性则通过识别靶细胞进行靶点作用，DNA 水凝胶作为靶向基因的递送载体，可以选择癌细胞特异性 DNA 适配体作为靶向识别分子。在设计纯 DNA 水凝胶时既可对核酸本身设计精确的碱基序列，也可设计出其他复杂的功能核酸序列，如具有优异分子识别特性的核酸适配体、

DNA 核酶、G 四联体、C 四联体等[64]。同时也能通过 pH、光、热、磁和金属离子等物理介导而在溶胶-凝胶状态之间快速切换，这对于靶向控释有积极的意义。凝血酶在体内发挥着溶血和止血等作用，在复杂的血清系统中检验凝血酶具有重要的生理意义。Ju 等[65]将 Y-DNA 瓦片与核酸适配体连接组装成具有刚性空间的纯 DNA 水凝胶，空间中可以包裹小型的金纳米棒，在凝血酶存在时，适配体不再与 DNA 瓦片结合而导致 DNA 水凝胶溶解，带负电金纳米棒被释放到溶液中与带正电的量子点（QD 信号指示剂）静电相互作用，发生荧光共振能量转移猝灭现象以检测出凝血酶。Li 等[42]在设计具有可控大小和刺激响应特性的 DNA 水凝胶时通过添加 A549 细胞的靶向适配体，并渗入治疗基因。实验表明该组装系统不仅能够特异性地靶向癌细胞，而且还提供抑制细胞增殖和迁移的基因。

4. 生物相容性和可降解性

生物相容性是生物材料应用于生物体最关键的考虑因素，对于纯 DNA 水凝胶而非杂化水凝胶来说其唯一组分是天然生物提取的 DNA 基因组，降解产物（即核苷酸）是人类所需的天然化合物，故其特点为在体内对宿主无毒无害，不引发任何刺激性炎症反应。基于 DNA 本身具有良好的生物相容性和可降解性，对于组织工程，有利的降解动力学性能可以允许细胞增殖和迁移或为血管浸润提供空间，对于药物控释，其良好的降解速率可控制药物能随时间释放[66]。通常，水凝胶生物机械性质与降解速率之间的最佳平衡对于保证 DNA 水凝胶在有效的时间跨度内发挥功能是至关重要的。因此作为递送药物的载体，DNA 在生物相容性、生物降解性方面优于常规聚合物。例如，Um 等[1]在生理条件下使用分支的 DNA 单体和酶促连接来构建 DNA 水凝胶，其中细胞可被包裹在液相中，既消除了载药步骤，也避免了变性条件。可通过微调 DNA 单体的浓度和类型而应用于控制药物释放。Previtera 和 Langrana[67]开发了一种 DNA 交联聚丙烯酰胺水凝胶，与纯 DNA 水凝胶的柔软性能不同，聚丙烯酰胺作为静态底物制备后在没有刺激的情况下会增加凝胶硬度从而导致弹性降低以及调节降解速率的难度增大。此外，DNA 交联聚丙烯酰胺水凝胶在体内进行药物释放时的技术问题是有毒物质残留，如丙烯酰胺单体。

5. 稳定性

纯 DNA 水凝胶的稳定性不仅依赖于 DNA 稳定的双螺旋结构，还需要水凝胶本身的机械强度维持。dsDNA 的稳定性来源于本身 G 和 C 的数值含量和互补碱基间的氢键，dsDNA 易在高温下分解成单链，导致水凝胶网络的解体，但是 dsDNA 链越长，破坏它所需能量越大，解链温度越高，因此可以通过功能核酸形成特殊的空间结构稳定的 DNA 水凝胶，也可以通过核酸扩增方法获得长链 DNA，降低 DNA 水凝胶解链的可能。此外，水凝胶材料本身通过疏水或亲水作用交联成的网络结构具有一定的稳定性，因而能够包裹大量的水，但同样在外部刺激（包括 pH、温度、光照、磁和离子浓度等）下发生溶胶-凝胶的相变。例如，在酶和环境 pH 刺激下，G 四联体核酸结构和 C 四联体结构发生链折叠程度的变化，同时也说明诱导因素也有助于维持 DNA 水凝胶的稳定。如 Huang 等[47]证明了反平行 G 四联体结构能够提供足够的交联力以形成致密的水凝胶，并表现出热稳定性，在室温下保护氯化血红素不被降解。Lu 等[68]设计 pH 控制的双向纯 DNA 水凝胶，并在水凝胶中引入荧光团和猝灭剂用来可逆监测自组装过程。实验引入两个质子化胞嘧啶-鸟嘌呤-胞嘧啶（C-GC）和胸腺嘧啶-腺嘌呤-胸腺嘧啶（T-AT）的三重结构，研究 pH 激活可逆纯 DNA 水凝胶的可能性，基于质子化的 C-GC 三链结构在 pH 5.0 时形成，在 pH 7.0 时分解；而以 T-AT 为基础的三链结构在 pH 7.0 时形成，在 pH 10.0 时分解，为水凝胶提供了可逆的凝胶和液态过渡。由此得出，刺激响应性水凝胶就是在 DNA 水凝胶形成和解离间找到一个平衡，这个平衡会通过外界因素打破，也会通过精确控制辅助增强凝胶的稳定性。

4.3.4　复合型 DNA 水凝胶

随着生物材料的快速发展，依赖于高浓度 DNA 形成的功能单一、机械强度较低的纯 DNA 水凝胶已经无法满足日新月异的市场及科研需求。因此，科学家们在积极开发低成本、高效组装的纯 DNA 水凝胶的同时，也挖掘了多种聚合物材料、新型功能纳米材料用于与 DNA 结合形成复合型 DNA 水凝胶，从而提升水凝胶的物理、化学特性，降低核酸所需浓度，进一步拓宽 DNA 水凝胶材料在分子检测与生物医学等领域的研究和应用范围。

复合型 DNA 水凝胶，又称杂化 DNA 水凝胶，主要分为 DNA-高分子化合物水凝胶和 DNA-新型纳米材料水凝胶两种。前者指的是形成水凝胶的骨架或交联剂多由 DNA 与人工合成或天然存在的聚合物经化学或生物偶联反应获得，如研究较多的 DNA-聚丙烯酰胺水凝胶；后者指的是 DNA 水凝胶经化学修饰能够与新型纳米材料自带或修饰的基团发生偶联反应或者通过相互之间的物理作用进行偶联，使其包裹于材料外部或被包封于材料内部，如 DNA-金纳米粒子复合型水凝胶等。目前，复合型水凝胶在生物传感和生物医学领域，如生物成像，组织工程和药物包封、递送以及缓释等方面具有广泛的应用价值和发展前景。

1）DNA-合成聚合物水凝胶

纯人工合成聚合物以及将取自动物、植物或微生物的天然产物作为原料经后期加工或改性形成的半合成高分子材料都能够用于构建 DNA-合成聚合物水凝胶。目前，常用于构建此类型水凝胶的纯人工合成聚合物主要包括聚丙烯酰胺（polyacrylamide，PAM）、聚异丙基丙烯酰胺（poly-*N*-isopropylacrylamide，pNIPAM）、PEI 和 PEG 等。此外，多聚赖氨酸（poly-L-Lysine，PLL）、羧甲基纤维素（carboxymethyl cellulose，CMC）等是由天然原材料聚合或改性处理获得的高分子聚合物，同样能够与 DNA 搭建骨架形成复合型 DNA 水凝胶。

合成聚合物参与的 DNA-合成聚合物水凝胶不但大大缩减了核酸的使用量，节约成本，同时与 DNA 之间的静电相互作用能够稳定水凝胶的网络结构，提升了 DNA 水凝胶的机械强度[69]。此外，DNA-合成聚合物水凝胶多用于刺激响应性 DNA 水凝胶的开发，引入的合成聚合物不会对 DNA 本身的性质造成影响，同时还能赋予水凝胶多功能的结构[69]。例如，pNIPAM 是一种热敏聚合物，在高于其最低临界共溶温度（lower critical solution temperature，LCST）时，水凝胶会发生收缩变为固态；相反，低于 LCST 时，水凝胶会重新恢复成溶胀的水凝胶状态，基于这一可逆变化，Li 等[70]制备了 DNAzyme 功能化 pNIPAM 水凝胶，常温下，水凝胶在液相体系中具有强催化活性；当温度高于 LCST 时，水凝胶发生相变，具有疏水作用，能够与反应体系分离，实现 DNAzyme 循环利用。

2）DNA-天然高分子水凝胶

DNA 能够与多糖、多肽、蛋白质等天然生物大分子相结合形成 DNA-天然高分子水凝胶。与合成高分子聚合物相比，这些天然生物大分子具有良好的生物相容性、适配性、无毒性等优势，不但能够用作形成水凝胶的支架材料，还能为 DNA 水凝胶提供更多功能活性，适用于细胞培养、药物包封及递送等方面[71, 72]。目前，主要通过共价修饰，经原子转移自由基聚合、点击化学反应等常用的聚合或偶联反应，将 DNA 接枝到这些生物大分子上[72, 73]。Nomura 等[72]首先通过铜金属催化的点击化学反应在多肽骨架上接枝单链 DNA，其能够与 X-DNA 其中的两个黏性末端互补配对，有助于增强交联程度形成 DNA-多肽水凝胶，另外两个游离的黏性末端可以与带有不同化学修饰的 DNA 链互补，从而给水凝胶增加功能性。此外，物理非共价相互作用也能够将功能性生物分子引入 DNA 水凝胶，如蛋白质-配体、蛋白质-多糖间的相互作用等[71]。在实际操作上，生物大分子与 DNA 之间的接枝方式仍然难以实现，高效、简便的偶联方法亟待进一步开发与研究。

4.3.5　DNA 水凝胶的应用发展

1. *药物递送和靶向治疗*

DNA 分子高度交联形成的水凝胶作为重要的生物医用材料备受关注。在药物递送时负载药物可以通过化学附着或物理包裹结合到凝胶孔隙中，随后根据水凝胶引入功能核酸的刺激响应性经历特定的物理、化学或生物变化后释放。

2006 年，Um 等[1]通过 T4 DNA 连接酶将 X、Y、T 型 DNA 瓦片彼此杂交连接形成构建单元，经自组装制备成三维网状 DNA 水凝胶。通过调节瓦片单体的初始浓度和类型，方便实现这些水凝胶溶胀特性，结果显示单体的初始浓度越高，其水凝胶的溶胀程度越高。X-DNA 凝胶的溶胀程度高于 Y-DNA 水凝胶和 T-DNA 水凝胶。同时该水凝胶仅在生理条件下就能形成，便于包封小分子药物、无机纳米粒子，还能成功加载活哺乳动物细胞。通过在 DNA 水凝胶中封装猪胰岛素和喜树碱验证了降解过程由 DNA 凝胶内部的结构（如构建单体类型，负载凝胶比空凝胶更有抵抗力）、负载药物（如与 DNA 分子亲和力高的药物能保护凝胶在体内不被降解）和环境（如核酸酶存在时更易降解）决定，基于纯 DNA 水凝胶具有生物相容性、生物可降解性、制造成本低、易于成型等特点实现了药物递送。

2009 年，Cheng 等[51]在上述研究的基础上改进了药物包封的时间，实现了药物的快速包封和释放。该团队利用 C 四联体结构对酸度敏感变化的特征，通过 Y-DNA 交联获得了 pH 快速响应性 DNA 水凝胶。同时，使用 13 nm AuNPs 作为“示踪剂”，在微酸性环境下 AuNPs 由于氢键作用被捕获在 DNA 水凝胶内，而在微碱性环境下由于静电斥力隔离 Y-DNA 单体，AuNPs 在 1 min 内迅速释放并分散到整个溶液中。然而，分析显示：该方法虽然能达到快速响应，但由于该水凝胶在生理条件下不稳定限制了它们的体内应用。

2017 年，Zhang 等[74]将具有光稳定性、高量子产率和光谱可调性的量子点作为荧光标记渗入 DNA 水凝胶中，在生理条件下快速形成量子点 DNA 水凝胶完成酶应答药物递送和特异性细胞靶向。该水凝胶在体外 pH 5.0～9.0 环境内能够保持稳定。同时，一旦进入哺乳动物细胞后接触核酸酶，由 DNA 组成的网状结构会被降解。此时，水凝胶转化为溶胶状态开始释放包埋药物。鉴于此，他们将量子点 DNA 水凝胶用来递送药物 DOX 到癌细胞，达到了 DOX 本身对抗癌细胞 9 倍的功效。同时在量子点上引入功能化适配体靶向特定细胞，通过 siRNA 的传递来调节蛋白表达水平，随后还在动物实验中证明水凝胶的可追踪性和体内治疗功效。

同年，针对靶向治疗癌症的药物递送研究，Wang 等[58]构建的具有特定的胞嘧啶-磷酸-鸟嘌呤（cytosine-phosphate-guanine，CpG）基序列的 X-DNA 水凝胶负载了 1-脱氧-D-木酮糖-5-磷酸还原异构酶（DXR）。CpG 序列赋予了 DNA 水凝胶免疫活性，在被血清中核酸酶缓慢降解时，DOR 和 CpG 免疫刺激信号也缓慢释放。同时在患有结肠癌肿瘤小鼠体内实验中反映了良好的抑制肿瘤现象，也证明了 DXR 能有效抑制肿瘤细胞的活性，CpG DNA 水凝胶免疫活性增强。

复合型 DNA 水凝胶对药物的包埋效果、递送至靶标处的精准度以及可控释放均具有较好的把控性，同时在对特殊纳米材料掺入的 DNA 水凝胶进行细胞实验或小鼠体内实验时，细胞毒性的评估结果同样关系到其今后投入实际应用的可能。Chen 等[75]合成了刺激响应性 PAM-DNA 水凝胶层包裹的装载有阿霉素的金属-有机骨架纳米粒子（metal-organic framework nanoparticles，NMOFs）材料。形成的 PAM-DNA 水凝胶层中含有抗 ATP 适配体，当该材料运载抗癌药阿霉素至癌细胞中，过表达的 ATP 会与适配体结合形成复合物，导致水凝胶层的降解，从而实现阿霉素的释放。细胞实验结果显示该材料仅对一种乳腺癌细胞具有选择性和有效的细胞毒性，其他的细胞活性不受影响。Zhang 等[74]设计了具有高量子产率、长期光稳定性和低细胞毒性的量子点-DNA 水凝胶材料，同样能够递送阿霉素抗癌药物。这一材料在携带异种移植的乳腺癌肿瘤小鼠中显示出高生物相容性、可追踪性，同时提升了体内治疗功效，使抗癌效力增加 9 倍。

2. 生物传感

应用于生物传感器的快速响应性 DNA 水凝胶是监测生物医学和生物化学过程的一种具有便携、高灵敏度和高选择性等优势的新型纳米材料。凝胶体积受温度、pH、离子强度、溶剂组成等环境参数的影响，将构建水凝胶的 DNA 序列设计为高特异性、选择性的功能核酸序列，从而能扩大刺激范围同时赋予水凝胶更多的功能性。DNA 水凝胶作为生物传感器不仅可以将传统的 2D 固定结构转变为 3D 网状结构，提高分析物的负载能力，还可以将特异性分析物转换为易于处理的信号[58]。通常检测物质包括离子、活细胞、蛋白质、病毒或细菌等[76]。

基于纯 DNA 水凝胶的生物传感器通过对体内靶标的高度亲和力用于检测生物分子。Zhang 等[65]使用 AuNPs 和 QD 作为指示剂包封在水凝胶中，设计 Y-DNA 和适配体接头，由于 Y-DNA 和接头中的末端彼此互补，因此 Y-DNA 和接头之间交联形成纯 DNA 水凝胶。在没有靶标的情况下，将观察到上层溶液为无色，下层含 AuNPs 的凝胶呈红色。加入凝血酶后，它将与接头适配体竞争性结合，导致 DNA 水凝胶的崩溃溶解，这时 AuNPs 从 DNA 水凝胶被释放到上层溶液用于视觉检测。该检测凝血酶的方法在 0.075～12.5 μmol/L 范围内呈良好的线性关系，检测限为 67 nmol/L（3σ），在复杂血清中具有良好的可行性，并为蛋白质的检测提供基本概念。

除了对体内活性物质的快速传感检测外，基于 DNA 水凝胶高水容量的优点，还能在体外溶液中建立生物分析的表面传感器。Mao 等[77]在液-固界面上设计制造了稳定的 DNA 水凝胶 3D 支架，然后将其固定在固体透明氧化铟锡

（ITO）电极表面。通过在 3D 软凝胶材料的表面张力和重力下长 DNA 链的交联作用包裹辣根过氧化物酶而不是通过传统的化学键或生物亲和力固定，保持了蛋白酶本身的独立性，有利于酶的回收，还提供了用于电化学或比色分析的 3D 催化系统。实验显示包裹有 HRP 的水凝胶具有良好的稳定性和负载能力。由于分子筛效应，DNA 水凝胶在传感过程中将酶与水凝胶外的大分子干扰物分离，阻止它们从外部扩散，用于血清中过氧化氢和胆红素的直接比色和电化学检测。通过比色分析结果可知，血清中过氧化氢的检测限为 22 nmol/L，电化学测量的检测限为 13 nmol/L，胆红素的检测限为 32 nmol/L，可用于黄疸的极限诊断。当测定结束时，实验将 ITO 电极与表面固定的 HRP@DNA 水凝胶一起洗涤并在空气中干燥。结果表明，固定于 ITO 电极表面的 HRP@DNA 水凝胶再次放入缓冲溶液后能够迅速再生，由此实现基于纯 DNA 水凝胶的生物传感系统的再循环。

此外，复合型功能核酸 DNA 水凝胶也能够完成精确的体外生物分子检测。Zhu 等[78]将纳米酶与 DNA 水凝胶材料相结合制备出新型纳米酶@DNA 水凝胶。研究中采用 AuNPs 作为纳米酶模型，与单独存在的 AuNPs 相比，结合在 DNA 水凝胶中的 AuNPs 受到水凝胶对其催化能力的保护作用。将 AuNPs@DNA 水凝胶用于血清中过氧化氢和葡萄糖含量的检测，结果显示二者的检测限分别达到 1.7 μmol/L 和 38 μmol/L，与使用天然酶催化获得的结果相当。

3. 生物材料

长期以来，由于很难满足人工组织或器官结构的复杂性、精度、细胞活力和可扩展的构建要求，制备 3D 组织结构一直是组织工程上的挑战[72]。Wang 等[69]采取一种新的“砖到墙”策略，将靶细胞包封在由 Y-DNA 和接头组装的纯 DNA 水凝胶中。首先通过人工操作或 3D 生物打印的方法产生微米精度的细胞砖，再将靶细胞接种于细胞砖中培养 48 h 以观察细胞的生物活性，为了防止最终靶细胞失去活性导致后续组织工程失败，在组装结构之前通过显微镜观察细胞状态并及时清除受损细胞的砖。随后基于碱基互补配对原则赋予水凝胶特殊的自我修复特性，将包封细胞的水凝胶砖放在一起，相邻的砖能在几秒钟内开始融合，边界在几分钟内消失，从而实现了 3D 组织结构的动态组装。基于纯 DNA 水凝胶出色的生物相容性和可调节的机械性能，其能提供与细胞外基质相当的渗透性环境以保证 3D 组织结构中的细胞活力。实验中将砖堆叠在一起形成 3D 宏观结构后，通过细胞迁移侵袭（Transwell）实验评估了由水凝胶中的信号触发的细胞行为，验证了这种由砖到墙的策略可以轻松避免制造过程中构建单元的损坏，并且能够与自动制造过程兼容，适用于构建复杂的多细胞结构，并且可用于大规模生产人造组织。

复合型DNA水凝胶在高分子聚合物或新型纳米材料的辅助下同样能够用于制备生物材料。Li等[79]制备了作为生物墨水A的多肽-DNA与作为生物墨水B的DNA接头，依照碱基互补配对原则，二者能够相互交联形成多肽-DNA水凝胶。该水凝胶结构稳定，机械强度高，具有良好的生物可降解性和细胞相容性。将两种生物墨水等量加入3D打印装置中，经层层组装获得模型细胞系AtT-20细胞。对该细胞的多项表征结果显示：3D打印对其存活率和功能造成的损伤可以忽略不计。同时，细胞器动力学表明：打印获得的AtT-20细胞具有正常的3D形态并显示出多种细胞功能，如质子泵活性、代谢周转等。

4. 生物成像

生物成像是利用成像技术采集生物体内各种信息的手段。常见的生物成像技术有X射线、核磁共振成像、光学成像等。光学成像中包括荧光成像、生物发光成像和光声成像。荧光成像是向体内引入荧光生物材料后采集生物体内的荧光信号进而获得信息的方法。通过将荧光生物材料和水凝胶结合，借助水凝胶良好的生物相容性和较低的细胞毒性的优势，荧光信号能够在细胞环境中稳定存在。通过监测这些信号，可以跟踪水凝胶在细胞体内的状态，进而对体内物质进行检测[80]。

Meng等[81]将DNA覆盖的金纳米粒子及其互补的荧光DNA序列整合到多孔3D水凝胶网络中，其中加载了DNA发夹锁定的DNAzyme链和活性金属离子以同时用于活细胞中多重miRNA的成像。在转染到细胞中后，特异性miRNA触发链置换反应并依次激活DNAzyme辅助的靶标物质再次循环，导致成像中相应荧光强度激增。通过双信号放大引起的不同荧光强度，以及siRNA或miRNA诱导的miRNA丰度的变化，可以同时评估多重癌症相关miRNA的丰度，并有效地监测活细胞中由siRNA或miRNA模拟物诱导的miRNA的丰度变化。

5. 其他

功能核酸DNA水凝胶除了在药物递送和靶向治疗、生物传感以及生物材料的构建等方面的应用以外，在其他方面也有应用价值，如蛋白质的生产、水处理和环境分析等多元化应用，为纯DNA水凝胶的发展开辟了新的方向[58, 69]。

DNA可作为模板储存遗传信息，通过转录合成mRNA，以mRNA为模板可以翻译成蛋白质。Luo等[82]依据分子生物学中心法则预先设计X-DNA与线性质粒的浓度并将其混合，随后在T4 DNA连接酶的作用下共价交联成无细胞生产蛋白质的纯DNA水凝胶，简称P-凝胶。P-凝胶能响应葡萄糖、酶、抗原、核酸、腺苷三磷酸等多种物质的刺激[83]。在裂解物或聚合酶的刺激下，P-凝胶立即接受刺激开始转录，最终能产生 16 种蛋白质。实验证明 P-凝胶表达的蛋白质产率高达 5 mg/mL，比传统的液相体系高约 300 倍。目前 P-凝胶已成功应用于大肠杆菌、小麦胚芽和兔网织红细胞制得的裂解液等几种不同无细胞系统。

功能核酸 DNA 水凝胶在微观上为亲水聚合物网络，具有多孔微结构和大表面积，从而具有强大的富集能力捕获或保持目标，因此被定位为净化微污染水层的多功能平台和特异性识别痕量污染物的有效材料。微污染水层指含有少量水的各种污染物，如饮用水、雨、雪和地下水。与常用的碳基材料、黏土矿物和金属材料等废水处理材料相比，纯 DNA 水凝胶因其高安全性更适合于微污染水层的处理。Wang 等[84]利用了纯 DNA 水凝胶因其酶响应性，将 Y-DNA 和含有限制性酶切位点的接头通过碱基互补配对在 3 min 内形成水凝胶。与疏水性高分子有机硅聚二甲基硅氧烷膜相比，纯 DNA 水凝胶具有很强的渗透性和对细胞的安全性，同时在对生物分子的包封和固定上，水凝胶微孔中单细胞的包封和释放可以在很大程度上解决污水处理中污泥堵塞、污水再生等问题。目前，DNA 水凝胶在水处理上已被用作吸附剂、催化剂、封装载体和传感器，实现了直接或间接处理或分析低浓度污染物，尤其是重金属和持久性有机污染物。

4.4　核酸对复合纳米材料的形貌调控及其理化性质

4.4.1　功能核酸的作用

核酸在复合金属纳米材料中的作用与单金属纳米材料类似，与其他常见的生物分子比较，核酸是一种天然的可利用的生物聚集体，并且由于其相对稳定的生理状态、可编程的尺寸、预先设计的架构等原因，非常适合作为纳米组装模板。脱氧核糖核酸（DNA）是由碱基[鸟嘌呤（G）、胞嘧啶（C）、腺嘌呤（A）和胸腺嘧啶（T）]组成的多核苷酸，通过单磷酸化的脱氧核糖相互连接，基于 Watson-Crick 碱基配对使单链 DNA 分子相互作用形成双螺旋结构，而当它们的序列部分互补时可以形成更复杂的单元。更重要的是 DNA 的磷酸骨架带负电，而金属离子带正电，可以通过静电吸附作用进行结合。

核酸碱基与金属离子之间的亲和力不同，腺嘌呤的 N7、N1，鸟嘌呤的 N7、O6，嘧啶（C/T）的 N3 是金属离子的主要配位点。AgNCs 在富胞嘧啶核酸序列上形成的主要原因是胞嘧啶的 N3 位置与 Ag^+亲和力高，但胸腺嘧啶的 N3 位置发生质子化困难，与 Ag^+亲和力低，形成 AgNCs 困难。同时 DNA 杂环碱基上的 N/O 功能基团也可与过渡金属离子配合。由于核酸之间碱基互补配对形成复杂的二级结构，核酸与金属离子之间还能够通过空间配位作用进行结合。核酸序列、长度均可调，因此可以对金属纳米材料的形貌、成分、性质等产生影响。同时由于核酸良好的生物表面活性，以核酸为模板形成的金属纳米材料具有良好的生物相容性，可以广泛地应用于传感和体内成像等方面。随着 DNA 自组装技术的发展，可以实现金属纳米材料的精准构建及调控。

4.4.2　形貌控制

通常，模板异质成核的过程是金属离子首先在核酸上结合，然后进一步加入还原试剂，使得各种金属离子和 DNA 模板之间相互作用，进而完成各种核酸-金属纳米材料的合成。直径约 2 nm 的金属纳米材料通常称为金属纳米簇，一般由 10～100 个金属原子构成，通过金属纳米簇堆积形成了金属纳米粒子，而利用长核酸链作模板能够形成纳米线。复合金属纳米材料同样可以利用核酸控制纳米材料的形貌，以伊利诺伊州大学香槟分校的陆艺教授发表的文章为例[85]，该文章介绍了以不同 DNA 序列为模板合成 Pd-Au 复合金属纳米粒子，最后通过扫描电子显微镜、扫描透射电子显微镜和 X 射线能谱分析清楚地显示核酸序列 T10 形成立方八面体核心框架，A10 形成菱形八面体纳米粒子，C10 形成立方八面体纳米粒子，G10 形成不规则的 Pd-Au 立方体纳米粒子，结果表明核酸可以调控复合纳米材料的形貌。复合金属 Ag-Au 纳米线可以通过人工合成的 DNA 双螺旋克服金属不能沉降在特定 DNA 序列上、沉降速度不可控等缺点，最终实现金属纳米线沉降位置可控，可控制纳米线的合成[86]。2013 年，Harb 教授通过电偶位移制备 DNA 模板化 Te 和 Bi_2Te_3 纳米线[87]。不同 DNA 序列可以调控金属纳米粒子的成长，从而影响金属纳米粒子的形貌成分。利用 DNA 自组装技术，可以将金属纳米粒子组装成有序可控的纳米结构。

4.4.3　功能核酸复合金属纳米材料的性质

复合金属纳米材料尺寸接近电子的费米波长，因此具有强荧光性、优异的光稳定性以及良好的生物相容性等。复合金属纳米材料尺寸小、表面能非常大，容易团聚成不发光的大颗粒，但是由于核酸具有良好的生物相容性，因此以核酸为模板形成的复合金属纳米材料不易聚集影响其自身的物理化学性质，并具有较好的生物相容性，可以应用于体内成像和检测等。

1. 光学性质

纳米光学是光学和纳米技术的交叉学科，主要研究内容是纳米尺度下光的行为以及与纳米材料的相互作用。复合金属纳米材料特殊的光学性质主要就是由其自身的纳米光子所产生。金属纳米材料在光波影响下会产生表面等离子体，可以在极小区域内实现光波的传播和聚集，表面等离子体在外部电磁场的影响下激发复合金属纳米材料表面的自由电子，与电磁波振荡频率相同产生共振时，在金属-介质的表面产生表面波，可以把光聚集成几纳米区域的高密度态，实现局域增强，并且不受衍射极限的限制[88]。通过调控复合金属纳米材料的形貌和成分可以控制表面等离子体的性质，从而对光进行可控调节。

复合金属纳米材料的吸收光谱主要取决于导带电子的表面等离子性质，而表面等离子共振来源于导带电子与入射光的相互作用。金属纳米簇的连续密度态分裂成不同的能级，不再表现出等离子性质，但仍可以通过不同能级间的电子跃迁与光相互作用，显示出吸收峰。大块金属发光极其微弱，主要是由于存在有效的非辐射跃迁和能级带。当金属的尺寸减小到纳米级，发光效率明显增强。当粒径接近导带电子的费米波长时，金属纳米簇显示出强荧光性质。DNA-金属纳米簇的发光通常归因于纳米簇能带间的电子跃迁（可见发射）及 DNA 碱基与纳米簇间的电荷转移（紫外发射）[89]。

金属粒子内部的自由电子在受到外界电场的作用时，会产生电子谐振，由于金属内部电荷为零，自由电荷会在表面富集，导致表面电场强度远大于入射电场强度，电场强度局域增强，也是 SERS 研究的理论基础。一般而言，金属纳米粒子的表面电场强度受到粒子的尺寸、形貌、粒子间的等离子体耦合作用的影响。受表面形貌及粒子的相互作用的影响，受激电场一般会在纳米尖端、缝隙及缺陷周围大幅度增强，相应的位置一般被称为热点。当分子处于热点中时，其拉曼信号及荧光信号会被增强（当然增强原理各不相同）。2011 年，国立首尔大学 Nam 团队通过 DNA 调控纳米粒子之间的空隙，发现了一种高度均匀、可重复的表面增强拉曼散射纳米粒子，可用于检测和成像[90]。

2. 催化性质

已经发现各种类型的纳米材料具有类过氧化物酶或类氧化酶活性，如金属氧化物纳米材料[91]、碳纳米材料[92]和贵金属纳米粒子[93]等。作为天然酶的低成本替代品，这些基于纳米材料的酶模拟物（称为纳米酶）具有显著优势，包括良好的稳定性、可调节的酶活性、设计灵活性和良好的生物相容性。目前，包括双金属纳米粒子和杂化纳米材料在内的复合金属纳米材料正在成为有前途的纳米酶，并且由于其高度改善的催化性能也引起了研究者的广泛关注。这主要得益于各个组分的协同效应和/或电子效应。2014 年，福州大学化学化工学院杨黄浩教授利用 Ag/Pt 双金属纳米簇模拟过氧化物酶完成了凝血酶的比色检测[94]。

4.4.4　功能核酸复合金属纳米材料的分类

复合金属纳米材料是由两种或多种不同金属元素构成，由于金属之间的协同效应，比单金属纳米材料具有更好的催化、光学和磁学性能[95, 96]。利用 DNA 为模板直接合成双金属复合纳米材料是简单快速的合成方法，也被科学家广泛应用。双金属复合纳米材料的合成方法从简单模板到精准地合成不断发展，这意味着 DNA 可以使研究人员精细控制双金属复合纳米材料的结构，并使具有更多功能特性、更复杂的杂化金属纳米材料的合成成为可能。

1. 核壳结构

核壳结构的复合纳米材料是以某种金属纳米粒子为核，在其表面直接生长异源金属纳米粒子包被成壳。2008 年，国立首尔大学 Nam 团队首先将具有间隔序列（A10-PEG）的单硫醇化 DNA 修饰在 AuNPs 上，然后基于对苯二酚化学还原 Ag^+，促进纳米粒子在寡核苷酸修饰的 AuNPs 上生长银纳米壳[97][图 4.5（a）]。通过控制银染试剂的化学计量数、反应条件和 DNA 序列，能控制银纳米壳的厚度。这种直接、温和的合成方法可以获得高稳定性的核壳纳米材料，并且伴随 DNA 杂交与去杂交可显示出与 AuNPs 和 AgNPs 明显的不同可视化特点，可以完成特定核酸的检测。

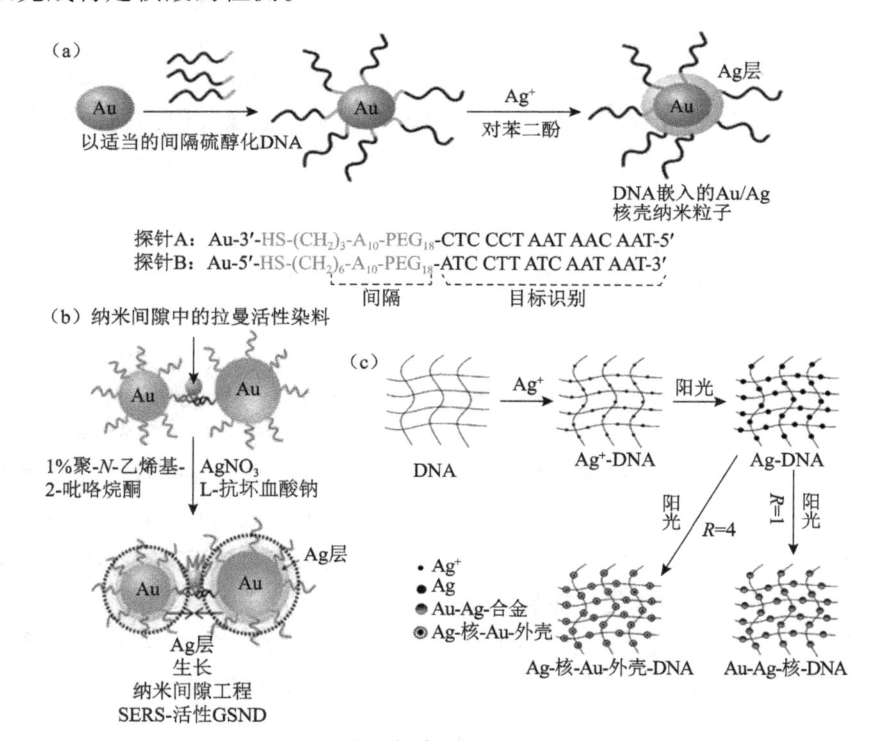

图 4.5　双金属复合纳米材料的核壳结构

（a）嵌入 DNA 的 Au/Ag 核壳纳米粒子的合成示意图；（b）间隙可定制的金银核壳纳米哑铃（GSND）的形成以及 SERS 活性；（c）金属纳米粒子在 DNA 上通过两种光辐射诱导的自组装示意图

基于 SERS 的信号放大和等离子体纳米结构的检测方法已经被广泛研究用于成像和传感。但是基于 SERS 的分子检测却没有被实际应用，这是由于没有直接的方法来合成和表征，可以证明高产率、高灵敏的 SERS 活性纳米结构生成。国立首尔大学化学学院的 Nam 团队和韩国化学技术研究所 Suh[98]团队共同报道了一种用于金银核壳纳米哑铃结构的高产合成方法,两个纳米粒子之间的距离和拉曼标记的位置通过环境控制在纳米尺寸产生强 SERS 信号，可用于单分子检测[图 4.5（b）]。2009 年，中国科学院合肥智能机器研究所仿生感知与先进机器人技术重点实验室刘锦淮研究员团队报道了一种非常简单、新颖、一步合成的新方法，在 DNA 存在条件下通过在 $AgNO_3$ 溶液和 $NaAuCl_4$ 溶液中原位光诱导形成银金核壳或者银金铝合金纳米粒子[99][图 4.5（c）]。

除了以核酸为模板生成核壳纳米结构外，日本名古屋大学 Zinchenko 教授团队在 2016 年提出以 DNA 水凝胶作为模板制作核壳和合金双金属 Au、Ag 纳米粒子[100]。由于 DNA 对过渡金属的高亲和性，DNA 水凝胶能被用于促进各种金属离子和复合物的吸附，通过 $NaBH_4$ 还原 AuNPs 和 AgNPs 的前提物质 $H[AuCl_4]$和 $AgNO_3$，在 DNA 水凝胶内部分别形成 AuNPs 或者 AgNPs，获得的杂交水凝胶能够被应用于催化。在水凝胶中的金属纳米粒子通过超声或酶降解可以获得各种颜色的稳定胶体分散体。上述的核壳结构通常是以金银两种金属形成的纳米粒子，2018 年伊利诺伊州大学香槟分校陆艺教授还报道了 DNA 编码控制的双金属 Pd@Au 核壳纳米材料[101]，首先合成钯纳米粒子（约 65 nm），之后在不同 DNA 分子存在的条件下合成 Pd-Au 纳米粒子，T10 形成立方八面体核心框架，A10 形成菱形八面体粒子，C10 形成立方八面体粒子，G10 形成不规则的纳米粒子。没有 DNA 存在的条件下，形成的纳米粒子与有 DNA 存在条件下形成的纳米粒子比较可知：DNA 在影响纳米粒子的形貌和维持材料的胶体稳定中发挥重要作用,同时也证明种子介导的核壳双金属纳米结构的合成路线是获得单分散样品的最简单方法。

2. 非对称结构

通过 DNA 对金属纳米种子生长过程中的影响，可以得到高度不对称的金属纳米结构，这在一般湿法合成中是难以实现的。调节外部反应环境，可以实现 DNA 包覆金属纳米粒子的进一步定向生长，如果使用另一种金属离子进行定向生长，将可获得二元有序复合金属纳米粒子结构。

2012 年，Nam 团队报道了利用 DNA 为模板直接合成双金属纳米雪人[102]。研究表明当盐浓度较低时，观察到 AgNPs 在 DNA 修饰的 AuNPs 表面不对称生长，通过控制缓冲溶液盐的浓度即可使纳米粒子产率达到 95%以上。高盐能降低 DNA 链之间的斥力，增加了 DNA 在 AuNPs 上的载入量，使得 DNA

以更统一的状态存在；低盐条件下 DNA 在 AuNPs 上的结构很少以统一状态存在，因此 Ag^+在 AuNPs 表面易发生还原成核，随后在成核位置逐渐生长形成纳米雪人结构，并且这种纳米雪人可以作为积木用于各种复杂纳米结构的有序组装。当盐的浓度不同时，溶液的颜色由黄色到橘色再到暗绿色和亮绿色[图 4.6(a)]。该团队又将纳米雪人作为高度可调的纳米天线结构用于多重、定量、敏感的表面增强拉曼散射探针[103]。

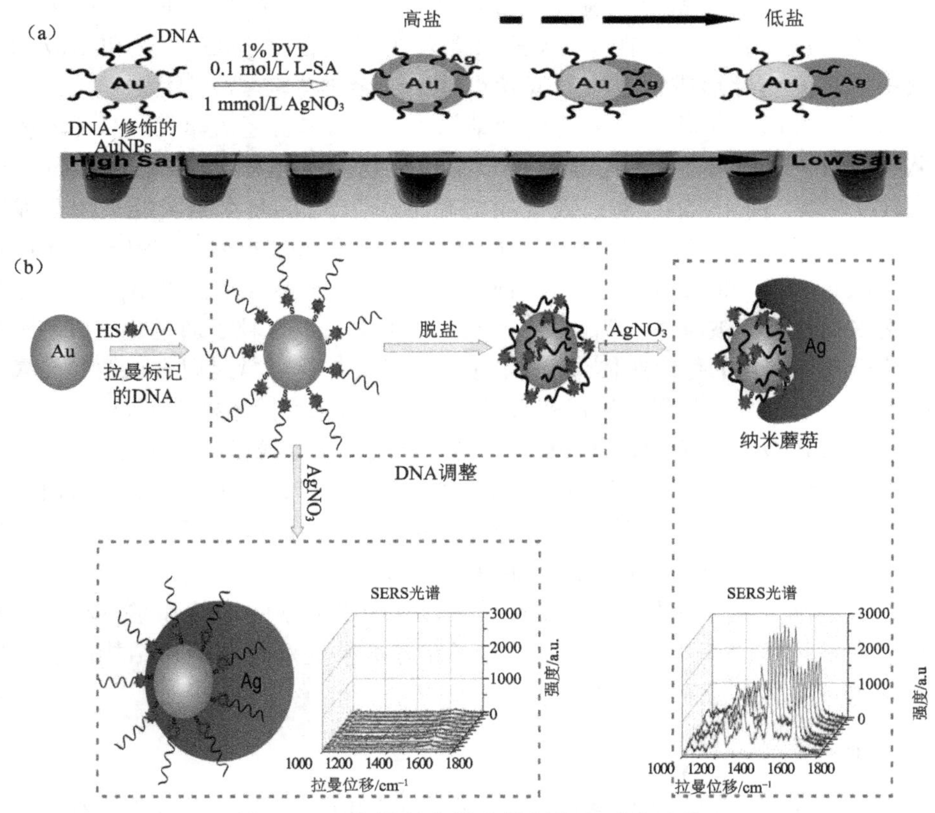

图 4.6　双金属复合纳米材料的非对称结构

（a）纳米雪人；（b）纳米蘑菇

2015 年，中国科学院宋世平团队报道了一种 DNA 介导的方法直接合成 Au-Ag 非对称的纳米蘑菇，通过控制金纳米粒子上 6-羧基-X-罗丹明（ROX）标记的单链 DNA 的表面密度，可以很好地调节纳米间隙的形成，该结构由于纳米间隙的存在比无纳米间隙的 Au-Ag 纳米结构具有更强的 SERS 信号[图 4.6（b）][104]，AuNPs 与核酸之间的静电吸附是纳米蘑菇结构形成的最主要原因，通过 DNA 加入量的增加以及透射电子显微镜图可知，当 DNA 加入量较少时，由于核酸不能完全包被 AuNPs，Ag 在表面迅速生长；当 DNA 加入量适中时，可以形成纳米蘑菇结构，由于两金属之间具有空隙，也具有较强的 SERS 信号；当核酸浓度达到饱和时，Ag 不能在 AuNPs 表面形成成核位点，因此维持 AuNPs 的原本大小。

3. 功能核酸复合金属纳米材料的应用

复合纳米材料由于自身具有优良性质，被广泛应用于小分子、金属离子、蛋白质等的检测，以及用于体内成像等。仅基于银铜的复合金属纳米材料的应用就很多，如 Chang 教授团队发现 Cu^{2+}加入含 DNA/Ag^{+}的溶液后，30 min 起到增强荧光的效果，吸收波长和吸光度都没有明显的变化，因此利用银纳米簇作为荧光探针完成铜离子的检测[105]；同年该团队利用 DNA-Cu/Ag 纳米簇在巯基丙醇存在下荧光猝灭，而加入 Cu^{2+}后荧光恢复，同样实现了 Cu^{2+}的检测[106]；该团队还利用 DNA-Cu/Ag 纳米簇完成了单链 DNA 结合蛋白[107]和硫化物离子[108]的检测。中南大学蔡继峰团队基于 DNA-Cu/Ag 纳米团簇荧光探针快速评估血液中急性硫化氢中毒[109]。由于乙酰胆碱酯酶催化乙酰硫代胆碱的水解，形成胆碱，猝灭 DNA-Cu/AgNCs 的荧光，因此湖南大学聂舟基于此原理设计了检测和抑制乙酰胆碱酯酶活性的新方法[110]。

目前在临床诊断细胞成像中使用金属表面增强拉曼标签被广泛关注，但是它们一直存在着热点分布均匀、SERS 信号重现性差等缺点。因此，中国科学院樊春海团队报道了包含狭窄纳米缝隙的 Au@Au 核壳的 SERS 纳米材料，用于识别和成像癌细胞表面的蛋白过表达[111]。2014 年该团队利用 polyA 和非荧光小分子直接合成具有纳米间隙的通用 SERS 纳米标签，非荧光小分子为 SERS 信号分子，有多种选择。他们选取的物种小分子具有五种不同的拉曼图谱，通过不同的生物探针功能化可以实现多重的核酸、小分子、蛋白质同时检测[112]。SERS 最近又被用于新颖纳米探针的设计，称为 SERS 标签，在生物成像和纳米医学领域是非常有前景的。

天津大学付雁团队利用双金属纳米粒子的类过氧化物酶活性检测硫醇化合物，包括半胱氨酸、同型半胱氨酸和谷胱甘肽等[113]。2011 年，中国科学院纳米标准与检测重点实验室陈春英教授发现被铂纳米量子包被的金纳米棒展现出内在的类氧化酶活性、类过氧化酶和类催化酶活性，可以催化氧和过氧化氢还原以及过氧化氢的歧化分解产生氧气[114]，具有成本低、易于制备、稳定性更好、催化活性可调（与 HRP 相比）等优点，并且他们将这种纳米材料应用于免疫学检测并获得较好的实验结果。复合纳米材料模拟酶活性有希望使其成为生物催化、生物测定和纳米等方面生物酶的有效替代。

4.5　总结与展望

自组装功能核酸纳米材料起始于 DNA 瓦片的构建，在构建 DNA 瓦片元件的过程中，研究者逐步认识到 DNA 瓦片技术的一些缺陷与不足。随后 DNA 折纸技术的出现实现了对 DNA 瓦片技术固有缺陷的突破。许多研究者构建了大量的具有不同图案、不同维度的 DNA 折纸纳米结构。同时，这些 DNA 折纸纳米结构还被广泛地应用于生物传感、生物成像和生物医学等领域。到目前为止，一些研究者还着力于开发新型的自组装功能核酸纳米技术，如构建复杂的、具有不同弯曲程度的三维 DNA 纳米结构。

当前，一些 DNA 纳米结构在构建过程中还存在形貌难以控制、性质不稳定的问题。为了进一步促进自组装功能核酸纳米技术的发展，研究者应着力于研究提升核酸纳米结构的稳定性，实现核酸纳米材料高品质、可重复的批量生产，并将核酸纳米材料应用于更加广泛的领域。

功能核酸 DNA 水凝胶作为一种新型的纳米功能材料已在生物医学领域有所建树，如体内药物递送、靶向治疗、生物传感、模拟天然组织特性和细胞微环境以及组织工程等。近年来，功能核酸 DNA 水凝胶因其良好的渗透性、生物相容性和可降解性，还被应用于解决净化饮用水、污水再生等环境问题。此外，在考虑组装设计适用于多领域应用的 DNA 水凝胶材料的同时，也应注意随着 DNA 纳米结构变大，自组装的错误率增加，组装动力学和热力学性能影响 DNA 纳米材料的尺寸控制以及在体内的降解，所以如何提高 DNA 智能设备和材料的可靠性、安全性方面的研究非常重要，以便开发出一种在自组装过程中具有精确可控性的高效策略。继续挖掘 DNA 水凝胶各方面的特性，以寻找新的应用领域，如水凝胶易于改变的机械性能表明它们可用于细胞生长和组织修复；根据溶胀特性设计水下安全的电路开关等。再者，通过调整 DNA 水凝胶中核酸的比例，降低 DNA 的合成成本以拓宽 DNA 水凝胶的应用领域也将是未来发展中值得关注的一点。在积极研究简便、高效的物理相互作用、化学修饰以及生物偶联方式的基础上，杂化 DNA 水凝胶的大量开发将大大缓解核酸带来的高成本问题，拓宽水凝胶的应用领域。随着材料科学技术进一步的发展，功能核酸 DNA 纳米材料将在治疗和诊断平台中产生更大的影响，并为跨学科研究打开新的大门。

另外，目前复合金属纳米材料的合成方法众多，由于不同的合成方法即可产生不同的形貌，进而对材料的性质产生影响，这虽然可以产生丰富的纳米材料性质，但也使得纳米材料合成性质的稳定性存在差异，对于复合金属纳米材料的应用存在挑战。关于复合金属纳米材料的研究目前只处起步阶段，今后不同金属之间的组合会是纳米材料研究的主要方向，还包括新纳米材料是否具有目前未知的性质；由于纳米材料的性质通常是由形貌所决定的，精准控制纳米材料的形貌使其形成特定的性质是今后研究的重点；由于其特殊的性质，可以将性质稳定、重现性好的纳米材料广泛应用。

参考文献

[1] Um S H, Lee J B, Park N, et al. Enzyme-catalysed assembly of DNA hydrogel. Nature Materials, 2006, 5(10): 797-801.

[2] Xing Y, Cheng E, Yang Y, et al. Self-assembled DNA hydrogels with designable thermal and enzymatic responsiveness. Advanced Materials, 2011, 23(9): 1117-1121.

[3] Ferrando R, Jellinek J, Johnston R L. Nanoalloys: from theory to applications of alloy clusters and nanoparticles. Chemical Reviews, 2008, 108(3): 845-910.

[4] Kallenbach N R, Ma R I, Seeman N C. An immobile nucleic acid junction constructed from oligonucleotides. Nature, 1983, 305(5937): 829.

[5] Hsin-Chih Y, Jaswinder S, Ie-Ming S, et al. A fluorescence light-up Ag nanocluster probe that discriminates single-nucleotide variants by emission color. Journal of the American Chemical Society, 2012, 134(28): 11550-11558.

[6] Qing Z, He X, He D, et al. Poly (thymine)-templated selective formation of fluorescent copper nanoparticles. Angewandte Chemie International Edition, 2013, 52(37): 9719-9722.

[7] Wang Z, Tang L, Tan L H, et al. Discovery of the DNA "genetic code" for abiological gold nanoparticle morphologies. Angewandte Chemie International Edition, 2012, 51(36): 9078-9082.

[8] Chen Z, Liu C, Cao F, et al. DNA metallization: principles, methods, structures, and applications. Chemical Society Reviews, 2018, 47(11): 4017-4072.

[9] Jones M R, Seeman N C, Mirkin C A. Programmable materials and the nature of the DNA bond. Science, 2015, 347(6224): 1260901.

[10] Pinheiro A V, Han D, Shih W M, et al. Challenges and opportunities for structural DNA nanotechnology. Nature Nanotechnology, 2011, 6(12): 763-772.

[11] Linko V, Dietz H. The enabled state of DNA nanotechnology. Current Opinion in Biotechnology, 2013, 24(4): 555-561.

[12]Hong F, Zhang F, Liu Y, et al. DNA origami: scaffolds for creating higher order Structures. Chemical Reviews, 2017, 117(20): 12584-12640.

[13] Zhang F, Jiang S, Li W, et al. Self-assembly of complex DNA tessellations by using low-symmetry multi-arm DNA tiles. Angewandte Chemie International Edition, 2016, 55(31): 8860-8863.

[14] Seeman N C. Nucleic acid junctions and lattices. Journal of Theoretical Biology, 1982, 99(2): 237-247.

[15] Chen J, Seeman N C. Synthesis from DNA of a molecule with the connectivity of a cube. Nature, 1991, 350(6319): 631-633.

[16] Fu T J, Seeman N C. DNA double-crossover molecules. Biochemistry, 1993, 32(13): 3211-3220.

[17] Labean T H, Hao Y, Kopatsch J, et al. Construction, analysis, ligation, and self-assembly of DNA triple crossover complexes. Journal of the American Chemical Society, 2015, 122(9): 1848-1860.

[18] Liu D, Park S H, Reif J H, et al. DNA nanotubes self-assembled from triple-crossover tiles as templates for conductive nanowires. Proceedings of the National Academy of Sciences of the United States of America, 2004, 101(3): 717-722.

[19] Rothemund P W K, Ekani-Nkodo A, Papadakis N, et al. Design and characterization of programmable DNA nanotubes. Journal of the American Chemical Society, 2004, 126(50): 16344-16352.

[20] Fujibayashi K, Hariadi R, Park S H, et al. Toward reliable algorithmic self-assembly of DNA tiles: a fixed-width cellular automaton pattern. Nano Letters, 2007, 8(7): 1791-1797.

[21] Zheng J, Birktoft J J, Chen Y, et al. From molecular to macroscopic via the rational design of a self-assembled 3D DNA crystal. Nature, 2009, 461(7260): 74-77.

[22] Shih W M, Quispe J D, Joyce G F. A 1.7-kilobase single-stranded DNA that folds into a nanoscale octahedron. Nature, 2004, 427(6975): 618-621.

[23] Rothemund P W K. Folding DNA to create nanoscale shapes and patterns. Nature, 2006, 440(7082): 297.

[24] Zhang H, Chao J, Pan D, et al. Folding super-sized DNA origami with scaffold strands from long-range PCR. Chemical Communications, 2012, 48(51): 6405-6407.

[25] Andersen E S, Dong M, Nielsen M M, et al. Self-assembly of a nanoscale DNA box with a controllable lid. Nature, 2009, 459(7243): 73-76.

[26] Ke Y, Sharma J, Liu M, et al. Scaffolded DNA origami of a DNA tetrahedron molecular container. Nano Letters, 2009, 9(9): 2445-2447.

[27] Castro C E, Kilchherr F, Kim D N, et al. A primer to scaffolded DNA origami. Nature Methods, 2011, 8(3): 221-229.

[28] Dietz H, Douglas S M, Shih W M. Folding DNA into twisted and curved nanoscale shapes. Science, 2009, 325(5941): 725-730.

[29] Wei B, Dai M, Yin P. Complex shapes self-assembled from single-stranded DNA tiles. Nature, 2012, 485(7400): 623-626.

[30] Ke Y, Ong L L, Shih W M, et al. Three-dimensional structures self-assembled from DNA bricks. Science, 2012, 338(6111): 1177-1183.

[31] Hu R, Zhang X, Zhao Z, et al. DNA nanoflowers for multiplexed cellular imaging and traceable targeted drug delivery. Angewandte Chemie International Edition, 2014, 126(23): 5931-5936.

[32] Li S, Jiang Q, Liu S, et al. A DNA nanorobot functions as a cancer therapeutic in response to a molecular trigger *in vivo*. Nature Biotechnology, 2018, 36(3): 258.

[33] 陈庆山，刘春燕，刘迎雪，等. 核酸体外扩增技术. 中国生物工程杂志，2004，24(5): 10-14.

[34] Tomita N, Mori Y, Kanda H, et al. Loop-mediated isothermal amplification (LAMP) of gene sequences and simple visual detection of products. Nature Protocols, 2008, 3(5): 877.

[35] Liu J, Cao Z, Lu Y. Functional nucleic acid sensors. Chemical Reviews, 2009, 109(5): 1948.

[36] Orbach R, Remacle F, Levine R, et al. Logic reversibility and thermodynamic irreversibility demonstrated by DNAzyme-based Toffoli and Fredkin logic gates. Proceedings of the National Academy of Sciences of the United States of America , 2012, 109(52): 21228-21233.

[37] Li J, Mo L, Lu C H, et al. Functional nucleic acid-based hydrogels for bioanalytical and biomedical applications. Chemical Society Reviews, 2016, 45(5): 1410-1431.

[38] Soontornworajit B, Zhou J, Zhang Z, et al. Aptamer-functionalized *in situ* injectable hydrogel for controlled protein release. Biomacromolecules, 2010, 11(10): 2724-2730.

[39] Cho E J, Lee J W, Ellington A D. Applications of aptamers as sensors. Annual Review of Analytical Chemistry, 2009, 2(1): 241-264.

[40] Li Z, Wang J, Li Y, et al. Self-assembled DNA nanomaterials with highly programmed structures and functions. Materials Chemistry Frontiers, 2018, 2(3): 423-436.

[41] Wang J, Wei T, Li X, et al. Near-infrared-light-mediated imaging of latent fingerprints based on molecular recognition. Angewandte Chemie International Edition, 2014, 53(6): 1616-1620.

[42] Li J, Zheng C, Cansiz S, et al. Self-assembly of DNA nanohydrogels with controllable size and stimuli-responsive property for targeted gene regulation therapy. Journal of the American Chemical Society, 2015, 137(4): 1412-1415.

[43] Zhou L, Sun N, Xu L, et al. Dual signal amplification by an "on-command" pure DNA hydrogel encapsulating HRP for colorimetric detection of ochratoxin A. RSC Advances, 2016, 6(115): 114500-114504.

[44] Mao X, Simon A J, Pei H, et al. Activity modulation and allosteric control of a scaffolded DNAzyme using a dynamic DNA nanostructure. Chemical Science, 2016, 7(2): 1200-1204.

[45] Xiang B, He K, Zhu R, et al. Self-assembled DNA hydrogel based on enzymatically polymerized DNA for protein encapsulation and enzyme/DNAzyme hybrid cascade reaction. ACS Applied Materials & Interfaces, 2016, 8(35): 22801-22807.

[46] Huppert J L, Balasubramanian S. G-quadruplexes in promoters throughout the human genome. Nucleic Acids Research, 2006, 35(2): 406-413.

[47] Huang Y, Xu W, Liu G, et al. A pure DNA hydrogel with stable catalytic ability produced by one-step rolling circle amplification. Chemical Communications, 2017, 53(21): 3038-3041.

[48] Dong Y, Yang Z, Liu D. DNA nanotechnology based on i-motif structures. Accounts of Chemical Research, 2014, 47(6): 1853-1860.

[49] Leroy J L, Gehring K, Kettani A, et al. Acid multimers of oligodeoxycytidine strands: stoichiometry, base-pair characterization, and proton exchange properties. Biochemistry,

1993, 32(23): 6019-6031.
[50] Rajendran A, Nakano S I, Sugimoto N. Molecular crowding of the cosolutes induces an intramolecular i-motif structure of triplet repeat DNA oligomers at neutral pH. Chemical Communications, 2010, 46(8): 1299-1301.
[51] Cheng E, Xing Y, Chen P, et al. A pH-triggered, fast-responding DNA hydrogel. Angewandte Chemie International Edition, 2009, 48(41): 7660-7663.
[52] Liu D, Daubendiek S L, Zillman M A, et al. Rolling circle DNA synthesis: small circular oligonucleotides as efficient templates for DNA polymerases. Journal of the American Chemical Society, 1996, 118(7): 1587.
[53] Lee J B, Peng S, Yang D, et al. A mechanical metamaterial made from a DNA hydrogel. Nature Nanotechnology, 2012, 7(12): 816.
[54] Nagamine K, Hase T, Notomi T. Accelerated reaction by loop-mediated isothermal amplification using loop primers. Molecular and Cellular Probes, 2002, 16(3): 223-229.
[55] Liu N, Huang F, Lou X, et al. DNA hybridization chain reaction and DNA supersandwich self-assembly for ultrasensitive detection. Science China Chemistry, 2017, 60(3): 311-318.
[56] Song P, Ye D, Zuo X, et al. DNA hydrogel with aptamer-toehold-based recognition, cloaking, and decloaking of circulating tumor cells for live cell analysis. Nano Letters, 2017, 17(9): 5193-5198.
[57] Ma X, Yang Z, Wang Y, et al. Remote controlling DNA hydrogel by magnetic field. ACS Applied Materials & Interfaces, 2017, 9(3): 1995-2000.
[58] Wang D, Hu Y, Liu P, et al. Bioresponsive DNA hydrogels: beyond the conventional stimuli responsiveness. Accounts of Chemical Research, 2017, 50(4): 733-739.
[59] Chithrani B D, Ghazani A A, Chan W C. Determining the size and shape dependence of gold nanoparticle uptake into mammalian cells. Nano Letters, 2006, 6(4): 662-668.
[60] Mitchell J S, Glowacki J, Grandchamp A E, et al. Sequence-dependent persistence lengths of DNA. Journal of Chemical Theory and Computation, 2017, 13(4): 1539-1555.
[61] Bustamante C, Bryant Z, Smith S B. Ten years of tension: single-molecule DNA mechanics. Nature, 2003, 421(6921): 423-427.
[62] Nikolova E N, Gottardo F L, Al-Hashimi H M. Probing transient Hoogsteen hydrogen bonds in canonical duplex DNA using NMR relaxation dispersion and single-atom substitution. Journal of the American Chemical Society, 2012, 134(8): 3667-3670.
[63] Guvendiren M, Burdick J A. Stiffening hydrogels to probe short-and long-term cellular responses to dynamic mechanics. Nature Communications, 2012, 3(4): 792.
[64] Pu F, Ren J, Qu X. Nucleic acids and smart materials: advanced building blocks for logic systems. Advanced Materials, 2014, 26(33): 5742-5757.
[65] Zhang L, Lei J, Liu L, et al. Self-assembled DNA hydrogel as switchable material for aptamer-based fluorescent detection of protein. Analytical Chemistry, 2013, 85(22): 11077-11082.
[66] Shimron S, Elbaz J, Henning A, et al. Ion-induced DNAzyme switches. Chemical Communications, 2010, 46(19): 3250-3252.
[67] Previtera M L, Langrana N A. Preparation of DNA-crosslinked polyacrylamide hydrogels.

Journal of Visualized Experiments, 2014, (90): e51323.
[68] Lu S, Wang S, Zhao J, et al. A pH-controlled bidirectionally pure DNA hydrogel: reversible self-assembly and fluorescence monitoring. Chemical Communications, 2018, 54(36): 4621-4624.
[69] Wang Y, Zhu Y, Hu Y, et al. How to construct DNA hydrogels for environmental applications: advanced water treatment and environmental analysis. Small, 2018, 14(17): 1703305.
[70] Li F, Wang C, Guo W. Multifunctional Poly-*N*-isopropylacrylamide/DNAzyme microgels as highly efficient and recyclable catalysts for biosensing. Advanced Functional Materials, 2018, 28(10): 1705876.
[71] Li C, Chen P, Shao Y, et al. A writable polypeptide-DNA hydrogel with rationally designed multi-modification sites. Small, 2015, 11(9-10): 1138-1143.
[72] Nomura D, Saito M, Takahashi Y, et al. Development of orally-deliverable DNA hydrogel by microemulsification and chitosan coating. International Journal of Pharmaceutics, 2018, 547(1-2): 556-562.
[73] Chen P, Li C, Liu D, et al. DNA-grafted polypeptide molecular bottlebrush prepared via ring-opening polymerization and click chemistry. Macromolecules, 2012, 45(24): 9579-9584.
[74] Zhang L, Jean S R, Ahmed S, et al. Multifunctional quantum dot DNA hydrogels. Nature Communications, 2017, 8(1): 381.
[75] Chen W H, Liao W C, Yang S S, et al. Stimuli-responsive nucleic acid-based polyacrylamide hydrogel-coated metal-organic framework nanoparticles for controlled drug release. Advanced Functional Materials, 2018, 28(8): 1870053.
[76] Shahbazi M A, Bauleth-Ramos T, Santos H A. DNA hydrogel assemblies: bridging synthesis principles to biomedical applications. Advanced Therapeutics, 2018, 1(4): 1800042.
[77] Mao X, Chen G, Wang Z, et al. Surface-immobilized and self-shaped DNA hydrogels and their application in biosensing. Chemical Science, 2018, 9(4): 811-818.
[78] Zhu X, Mao X, Wang Z, et al. Fabrication of nanozyme@DNA hydrogel and its application in biomedical analysis. Nano Research, 2017, 10(3): 959-970.
[79] Li C, Faulkner-Jones A, Dun A R, et al. Rapid formation of a supramolecular polypeptide-DNA hydrogel for *in situ* three-dimensional multilayer bioprinting. Angewandte Chemie International Edition, 2015, 54(13): 3957-3961.
[80] Dong X, Wei C, Lu L, et al. Fluorescent nanogel based on four-arm PEG-PCL copolymer with porphyrin core for bioimaging. Materials Science and Engineering C, 2016, 61: 214-219.
[81] Meng X, Zhang K, Dai W, et al. Multiplex microRNA imaging in living cells using DNA-capped-Au assembled hydrogels. Chemical Science, 2018, 9(37): 7419-7425.
[82] Nokyoung P, Soong Ho U, Hisakage F, et al. A cell-free protein-producing gel. Nature Materials, 2009, 8(5): 432.
[83] Sgambato A, Cipolla L, Russo L. Bioresponsive hydrogels: chemical strategies and

perspectives in tissue engineering. Gels, 2016, 2(4): 28.
[84] Wang Y, Shao Y, Ma X, et al. Constructing tissuelike complex structures using cell-laden DNA hydrogel bricks. ACS Applied Materials & Interfaces, 2017, 9(14): 12311-12315.
[85] Satyavolu N S R, Tan L H, Lu Y. DNA-mediated morphological control of Pd-Au bimetallic nanoparticles. Journal of the American Chemical Society, 2016, 138(50): 16542-16548.
[86] Fischler M, Simon U, Nir H, et al. Formation of bimetallic Ag-Au nanowires by metallization of artificial DNA duplexes. Small, 2007, 3(6): 1049-1055.
[87] Liu J, Uprety B, Gyawali S, et al. Fabrication of DNA-templated Te and Bi_2Te_3 nanowires by galvanic displacement. Langmuir, 2013, 29(35): 11176-11184.
[88] Schuller J A, Barnard E S, Cai W, et al. Plasmonics for extreme light concentration and manipulation. Nature Materials, 2010, 9(3): 193.
[89] 贺锦灿，李攻科，胡玉玲．基于 DNA 模板制备的金属纳米簇及其在分析检测中应用进展．分析科学学报, 2018, 34(1): 127-133.
[90] Lim D K, Jeon K S, Hwang J H, et al. Highly uniform and reproducible surface-enhanced Raman scattering from DNA-tailorable nanoparticles with 1-nm interior gap. Nature Nanotechnology, 2011, 6(7): 452-460.
[91] Mu J, Wang Y, Zhao M, et al. Intrinsic peroxidase-like activity and catalase-like activity of Co_3O_4 nanoparticles. Chemical Communications, 2012, 48(19): 2540-2542.
[92] Tian J, Liu Q, Asiri A M, et al. Ultrathin graphitic carbon nitride nanosheets: a novel peroxidase mimetic, Fe doping-mediated catalytic performance enhancement and application to rapid, highly sensitive optical detection of glucose. Nanoscale, 2013, 5(23): 11604-11609.
[93] Stobiecka M. Novel plasmonic field-enhanced nanoassay for trace detection of proteins. Biosensors and Bioelectronics, 2014, 55: 379-385.
[94] Zheng C, Zheng A X, Liu B, et al. One-pot synthesized DNA-templated Ag/Pt bimetallic nanoclusters as peroxidase mimics for colorimetric detection of thrombin. Chemical Communications, 2014, 50(86): 13103-13106.
[95] Gilroy K D, Ruditskiy A, Peng H C, et al. Bimetallic nanocrystals: syntheses, properties, and applications. Chemical Reviews, 2016, 116(18): 10414-10472.
[96] Sankar M, Dimitratos N, Miedziak P J, et al. Designing bimetallic catalysts for a green and sustainable future. Chemical Society Reviews, 2012, 41(24): 8099-8139.
[97] Lim D K, Kim I J, Nam J M. DNA-embedded Au/Ag core-shell nanoparticles. Chemical Communications, 2008, (42): 5312-5314.
[98] Lim D K, Jeon K S, Kim H M, et al. Nanogap-engineerable Raman-active nanodumbbells for single-molecule detection. Nature Materials, 2010, 9(1): 60.
[99] Yang L B, Chen G Y, Wang J, et al. Sunlight-induced formation of silver-gold bimetallic nanostructures on DNA template for highly active surface enhanced Raman scattering substrates and application in TNT/tumor marker detection. Journal of Materials Chemistry, 2009, 19(37): 6849-6856.
[100]Taniguchi S, Zinchenko A, Murata S. Fabrication of bimetallic core-shell and alloy

Ag-Au nanoparticles on a DNA template. Chemistry Letters, 2016, 45(6): 610-612.

[101]Satyavolu N S R, Pishevaresfahani N, Tan L H, et al. DNA-encoded morphological evolution of bimetallic Pd@Au core-shell nanoparticles from a high-indexed core. Nano Research, 2018, 11(9): 1-13.

[102]Lee J H, Kim G H, Nam J M. Directional synthesis and assembly of bimetallic nanosnowmen with DNA. Journal of the American Chemical Society, 2012, 134(12): 5456-5459.

[103]Lee J H, You M H, Kim G H, et al. Plasmonic nanosnowmen with a conductive junction as highly tunable nanoantenna structures and sensitive, quantitative and multiplexable surface-enhanced Raman scattering probes. Nano Letters, 2014, 14(11): 6217-6225.

[104]Shen J, Su J, Yan J, et al. Bimetallic nano-mushrooms with DNA-mediated interior nanogaps for high-efficiency SERS signal amplification. Nano Research, 2015, 8(3): 731-742.

[105]Lan G Y, Huang C C, Chang H T. Silver nanoclusters as fluorescent probes for selective and sensitive detection of copper ions. Chemical Communications, 2010, 46(8): 1257-1259.

[106]Su Y T, Lan G Y, Chen W Y, et al. Detection of copper ions through recovery of the fluorescence of DNA-templated copper/silver nanoclusters in the presence of mercaptopropionic acid. Analytical Chemistry, 2010, 82(20): 8566-8572.

[107]Lan G Y, Chen W Y, Chang H T. Characterization and application to the detection of single-stranded DNA binding protein of fluorescent DNA-templated copper/silver nanoclusters. Analyst, 2011, 136(18): 3623-3628.

[108]Chen W Y, Lan G Y, Chang H T. Use of fluorescent DNA-templated gold/silver nanoclusters for the detection of sulfide ions. Analytical Chemistry, 2011, 83(24): 9450-9455.

[109]Ding Y, Li X, Chen C, et al. A rapid evaluation of acute hydrogen sulfide poisoning in blood based on DNA-Cu/Ag nanocluster fluorescence probe. Scientific Reports, 2017, 7(1): 9638.

[110]Li W, Li W, Hu Y, et al.A fluorometric assay for acetylcholinesterase activity and inhibitor detection based on DNA-templated copper/silver nanoclusters. Biosensors and Bioelectronics, 2013, 47(28): 345-349.

[111]Hu C, Shen J, Yan J, et al. Highly narrow nanogap-containing Au@Au core-shell SERS nanoparticles: size-dependent Raman enhancement and applications in cancer cell imaging. Nanoscale, 2016, 8(4): 2090-2096.

[112]Zhao B, Shen J, Chen S, et al. Gold nanostructures encoded by non-fluorescent small molecules in polyA-mediated nanogaps as universal SERS nanotags for recognizing various bioactive molecules. Chemical Science, 2014, 5(11): 4460-4466.

[113]Sun Y, Wang J, Li W, et al. DNA-stabilized bimetallic nanozyme and its application on colorimetric assay of biothiols. Biosensors and Bioelectronics, 2015, 74: 1038-1046.

[114]He W, Liu Y, Yuan J, et al. Au@Pt nanostructures as oxidase and peroxidase mimetics for use in immunoassays. Biomaterials, 2011, 32(4): 1139-1147.

第5章　功能核酸生物传感器关键工具

食品安全关乎国计民生。随着社会不断发展，对食品安全检测技术的要求不断提升。功能核酸生物传感器是一类利用功能核酸进行信号识别、信号放大或者信号输出的传感器，具有高灵敏度、高特异性、检测时间短、成本低等优势。点击化学（click chemistry）是以可选择性的和模块化的小单元为基础，通过碳-杂原子键（C-X-C）连接来快速合成有用且多样性的新化合物的反应。点击化学反应类型众多，已被广泛用于材料、生物医药等领域进行化合物的合成和表面修饰等。目前，将点击化学与功能核酸（functional nucleic acid，FNA）相结合构建生物传感器应用于检测技术领域的研究主要倾向于Cu（I）催化的叠氮化物-炔烃环加成反应，其他类型的点击化学反应应用较少，且检测形式较单一，主要为turn-on型荧光生物传感器。将点击化学反应功能基团修饰在核酸链上是构建点击化学反应介导的功能核酸生物传感器的基础。另外，为了避免对变温仪器设备的依赖，实现现场检测，恒温技术介导的功能核酸生物传感器发展迅速。相对于变温技术，恒温技术无需变温设备，有些在室温条件下即可进行，能够降低检测成本。根据恒温技术在功能核酸生物传感器中的功能不同，可以分为恒温介导的信号识别技术、信号放大技术和信号输出技术。功能核酸是一类具有特定空间构象、执行特异生物功能的天然或者人工核酸序列，具有易于修饰、价格低廉、稳定性高、特异性强等优势，搭载荧光传感系统后，由于其灵敏度、选择性和实时原位检测等多方面的优势逐渐被广泛应用于环境污染物检测、食品风险因子检测、疾病诊断、蛋白质检测、核酸检测、小分子检测等多个领域。电信号分子是应用于功能核酸电化学生物传感器中，起着信号转换作用的具有电化学活性的能够和核酸相互作用或可以标记在核酸链上的一类分子的统称。电信号分子对于功能核酸电化学生物传感器是必不可少的一部分，它对于电化学生物传感器检测的灵敏度和应用的普及性都至关重要。本章对目前应用较广泛的几种点击化学反应的基本特性进行了介绍，概述了寡核苷酸链上标记触发点击化学反应功能基团的方法，综述了点击化学反应介导的功能核酸生物传感器，并对恒温技术介导的功能核酸生物传感器展开了论述。另外，明确了功能核酸与荧光生物传感器的定义，针对荧光物质的特点以及其与功能核酸的分子识别、作用方式与荧光发光机制进行详细的介绍，并据此将功能核酸荧光生物传感器分为核酸链标记型功能核酸荧光生物传感器、G 四联体功能核酸荧光染料结合型荧光生物传感器、金属离子诱导 G 四联体功能核酸结合型荧光生物传感器、单链核酸荧光染料结合型荧光生物传感器、双链核酸荧光染料结合型荧光生物传感器、碱基类似物介导的功能核酸构象诱导型荧光生物传感器、金属功能核酸纳米簇荧光生物传感器、非金属功能核酸纳米荧光生物传感器、水溶性功能核酸共轭聚合物荧光传感器等几类，并从这几个角度对功能核酸荧光生物传感器与其实际应用进行了分类介绍与评价对比。本章还简要介绍了 5 大类电信号分子，概述了这些电信号分子在功能核酸电化学生物传感器中的应用，主要从产生电信号的方式、实际应用以及每种电信号分子的使用优缺点进行分析。讨论了点击化学介导的功能核酸检测技术在应用研究中的实际意义、存在的问题及其发展前景；探讨了功能核酸荧光生物传感器在多个领域的检测分析中的研究意义以及存在的问题；对新的电信号分子的发现或设计进行了展望。

5.1　引　　言

“点击化学”的概念最早由美国化学家 Sharpless 教授在 2001 年引入[1]。主旨是以可选择性的和模块化的小单元为基础，通过碳-杂原子键（C-X-C）的连接来快速合成有用的多样性的新的化合物。他规定点击化学反应必须满足模块化、应用范围广、产率高、仅产生可以通过非色谱方法除去的无害副产物以及立体特异性等特点；并且反应所需的条件简单（在理想条件下对氧气和水不敏感），原料与反应试剂容易获得，不采用溶剂或者采用良性溶剂（如水）或易除去的溶剂，产物易分离等。此外，如果需要进行纯化，必须采用非色谱方法，如结晶或蒸馏，产品在生理条件下必须稳定。需要注意的是，点击化学反应所需的特性要通过高的热力学驱动力（通常大于 20 kcal/mol）来实现。

点击化学反应的类型多种多样，主要包括：①环加成反应，如 1,3-偶极环加成反应、Diels-Alder 转化反应等；②杂环亲电试剂，如环氧化合物、氮丙啶、氮杂啶鎓离子和环硫鎓离子的亲核开环反应；③非醇醛类型的羰基化反应：脲、硫脲、芳香杂环、肟醚、腙和酰胺的形成等；④碳碳多键的加成反应：环氧化、二羟基化、氮丙啶化和硫酰卤加成以及迈克尔加成反应等。每种反应类型都有其独特的特性。

点击化学反应作为一项新兴的技术，由于其众多的优点，目前已经引起了研究人员的极大关注，被广泛应用于各个领域，包括化学、材料科学和生命科学等。Zhao 等[2]通过点击化学对制得的用于药物递送的纳米材料进行表面功能化，实现抗癌药物的可控释放。Hu 等[3]为了模拟由核心蛋白和黏多糖组成的天然软骨细胞外基质，通过点击化学用生物聚合物透明质酸、硫酸软骨素和明胶合成了生物水凝胶。Li 等[4]利用点击化学反应制备了近红外吸收卟啉衍生物，并探究了它们的光声效应。

随着分子生物学的发展，功能核酸因其结构功能多样、生物相容性好、易于体外大规模制备等优势而得到广泛研究和应用，功能核酸检测技术成为目前主流的检测技术之一。利用点击化学反应来构建功能核酸生物传感器是检测技术发展的一个趋势。

“民以食为天，食以安为先”。食品安全是社会广泛关注的话题，也是关乎国计民生的大事。食品三大属性中，安全性是基础。随着经济水平的提升，食品的流通量加大、加工方式更加多样，对食品安全检测技术提出了更高的要求，如灵敏度更高、特异性更好、检测时间更短、成本更低和现场检测等。食品安全风险因子检测方法中，高效液相色谱法、气相色谱法等大型仪器检测方法灵敏度高、操作简单，同时也存在检测成本高、无法实现高通量检测等缺陷；免疫检测法特异性好、检测原理相对简单，抗体的成本较高，并且性质不够稳定，容易被外界的环境因素如温度、离子环境等影响；功能核酸生物传感器种类多样，无需大型仪器设备，通过信号扩增技术可以提高检测灵敏度，检测成本相对较低。功能核酸能够通过特定核酸结构发挥相应功能，功能核酸生物传感器应用功能核酸实现信号识别、信号放大或信号输出。

恒温技术是无需变换温度即可进行相关反应，达到目的效果的技术，因此无需变温设备，能够在一定程度上节省检测时间、降低检测成本。恒温技术的实现仅需恒温仪器，部分恒温技术甚至无需温度控制相关仪器，在室温下即可进行。为了降低对仪器设备的依赖度，实现现场检测，恒温技术在功能核酸生物传感器中得到发展和应用。通常，生物传感器由三部分组成：信号识别元件、信号放大元件和信号输出元件。根据恒温技术在传感器中的不同作用，可以将恒温技术划分为恒温介导的信号识别技术、恒温介导的信号放大技术、恒温介导的信号输出技术三大类（图 5.1 和图 5.2）。

近些年来，许多学者将 FNA 用于构建各种生物传感器，包括光学生物传感器[5, 6]、压电生物传感器[7, 8]和电化学生物传感器[9, 10]。其中，荧光传感器具有灵敏度高、特异性强以及可实时原位检测的优势；结合功能核酸后扩大和增强了荧光传感器检测范围与检测效率，逐渐被广泛应用于食品安全、环境污染、疾病诊断相关多种风险因子的检测[8, 9]。此外，电化学功能核酸生物传感器（functional nucleic acid elechemical biosensor，FNA-EB）由于其操作简单、便携、灵敏度高、特异性强等优点，并且在快速检测和现场检测方面具有广阔的发展前景，近年来备受青睐。FNA-EB 的构建包括三个过程，信号识别、信号

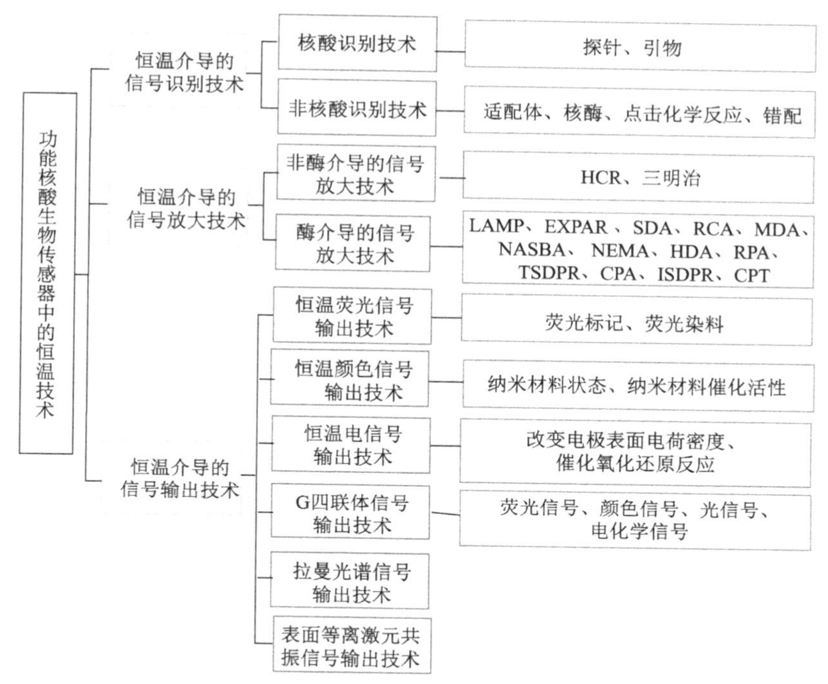

图 5.1　功能核酸生物传感器中的恒温技术分类图

CPA：交叉引物扩增技术；NASBA：核酸序列依赖扩增技术；NEMA：切克内切酶介导恒温扩增技术；HDA：依赖解旋酶扩增技术；RPA：重组酶聚合酶扩增技术；CPT：循环探针技术

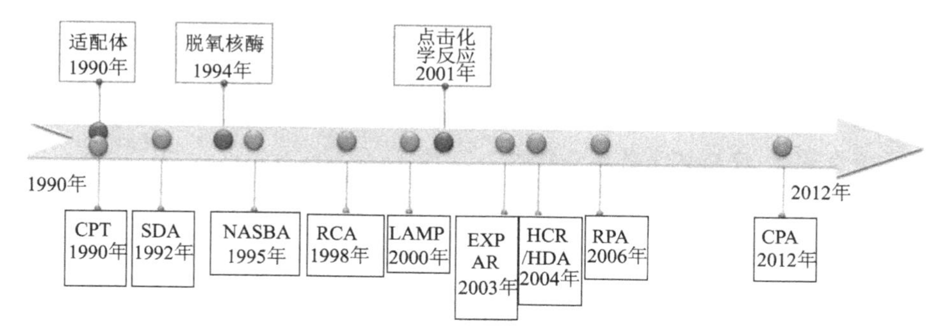

图 5.2　恒温介导的信号识别技术和恒温介导的信号放大技术出现时间图

转换和信号输出[11]。信号识别主要是通过具有特异性识别能力的 FNA 来实现；信号转换主要是通过一些具有电活性的电信号分子实现；信号输出主要是通过一些电化学工作站和相关的分析设备来完成。具有氧化还原活性的电信号分子是 FNA-EB 中必不可少的信号转换元件。核酸在电极表面的状态、是否与靶标物质结合、单链还是双链都可以通过这些电信号分子的转换作用变成电化学信号（电流、阻抗、电势）显示出来（图 5.3）。因此，电信号分子的选择对于每一个 FNA-EB 的构建都至关重要。常用的电化学检测方法包括示差脉冲伏安法（differential pulse voltammetry，DPV）、方波伏安法（square wave voltammetry，SWV）、循环伏安法（cyclic voltammetry，CV）、电化学阻抗法（electrochemical impedance spectroscopy，EIS）、安培检测法（amperometric detection）、线性扫描伏安法（linear sweep voltammetry，LSV）、计时库仑法（chronocoulometry）、交流伏安法（alternating current voltammetry，ACV）、阳极溶出伏安法（anodic stripping voltammetry，ASV）等。

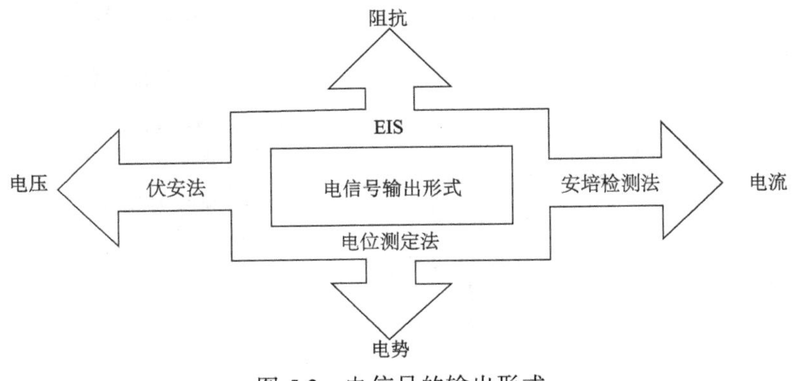

图 5.3　电信号的输出形式

5.2　点击化学介导的生物传感器

5.2.1　叠氮化物-炔烃环加成反应

1. 叠氮化物-炔烃环加成反应特性

Cu（Ⅰ）催化的叠氮化物-炔烃环加成[Cu（Ⅰ）catalyzed azide-alkyne cycloaddition，CuAAC]过程已经成为点击化学的重要例子。官能团有机叠氮化物在有机合成中具有能量高、选择性强的优势，其与烯烃和烷基的偶极环加成反应符合“点击”标准。但叠氮化物-炔烃环加成反应存在反应速率低的问题，限制了其使用[12]。2002 年，Meldal 团队[13]与 Sharpless 团队[14]同时分别独立报道了以铜作为催化剂的叠氮化物-炔烃环加成反应，将有机叠氮基团和末端炔烃完全转化为相应的 1,4-二取代-1,2,3-三唑；而对于非催化的反应则需要更高的温度，并产生 1,4-和 1,5-三唑异构体的混合物。

CuAAC 反应不受连接于叠氮化物和炔中心基团的空间和电子性质的显著影响，并且伯、仲甚至叔，缺电子和富电子，脂肪族，芳香族和杂芳香族叠氮化物通常与各种取代的末端炔烃反应良好。该反应可在许多质子和非质子溶剂

（包括水）中进行，并且不受大多数有机和无机官能团的影响，因此几乎不需要化学保护基团。产物 1,2,3-三唑杂环具有高化学稳定性（通常耐受水解、氧化和还原条件，即使在高温下也是惰性的）、强偶极矩（4.8～5.6D）芳香性和氢键接受能力等优点[8]。

Hein 和 Fokin[12]指出 Cu（Ⅰ）的独特催化能力是因为其具有可以与末端炔烃发生 σ-、π-相互作用进行偶然结合的能力，以及形成的配体和其他配体之间在配位域内的快速交换（特别是在水环境中）能力。当有机叠氮化物是配体时，炔烃的协同亲核活化和叠氮化物的亲电活化驱动第一个 C—H 键的形成。

2005 年，环戊二烯基钌配合物被发现可以催化叠氮化物和末端炔烃形成互补的 1,5-二取代三唑，并在环加成反应中引入内部炔烃[15]。RuAAC 反应对溶剂和叠氮化物取代基的空间需求比 CuAAC 反应更敏感，反应如图 5.4（a）和（b）所示。

除了 CuAAC 反应外，还有无金属催化的叠氮基的[3+2]环加成反应，包括叠氮基与取代环辛炔反应{链引发的叠氮化物-炔烃[3+2]环加成（strain-promoted azide-alkyne[3+2] cycloaddition，SPAAC）}、叠氮基与活化炔基的反应、叠氮基与缺电子炔基的反应等。

(a)

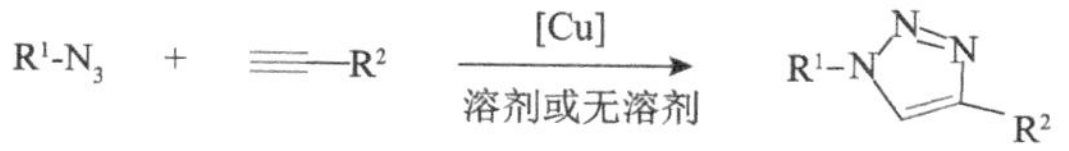

R^1-N_3 + ≡—R^2 —[Cu]，溶剂或无溶剂→ 1-R^1-4-R^2-1,2,3-三唑

(b)

R^1-N_3 + (R^3,H)—≡—R^2 —[Cp*RuCl]→ 1-R^1-5-R^2-4-(H,R^3)-1,2,3-三唑

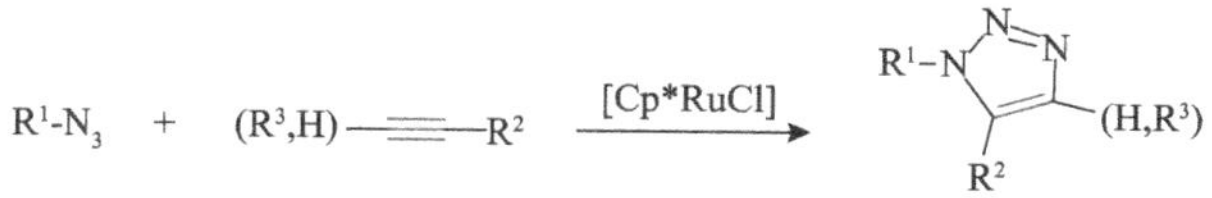

图 5.4　（a）CuAAC 反应；（b）RuAAC 反应

2. 功能基团在寡核苷酸链上的修饰

叠氮化物-炔烃环加成反应的发生需要叠氮基与炔烃基这两个基团同时存在才能引发。因此，将叠氮基或炔烃基修饰在寡核酸链上是构建叠氮化物-炔烃环加成反应介导的功能核酸生物传感器的重要部分。可将带有炔烃基的二苯基环锌炔（DBCO）在实验室通过化学反应修饰在核酸链末端，用于后续实验或直接在生物公司合成末端带有 DBCO、炔烃基（—C≡CH）或叠氮基（—N═N═N）的寡核苷酸链。

Willner 等[16]将 80 μL 1 mmol/L 5′端修饰了氨基的核酸链与 200 μL 4 mmol/L 磺化二苯基环辛炔-琥珀酰亚胺（DBCO-sulfo-NHS）在 4-羟乙基哌嗪乙磺酸（HEPES）缓冲液中激烈搅拌过夜反应，在核酸链的 5′末端通过酰胺键修饰上 DBCO。Zhou 等[17]则直接在上海生工生物工程股份有限公司合成

5′端修饰炔烃基、3′修饰有叠氮基的 DNA 来用于检测。上海生工生物工程股份有限公司也可合成3′端修饰炔烃基、5′端修饰叠氮基的DNA链[18, 19]。大连Takara 生物技术有限公司[20, 21]或日本 Tsukuba 公司[22]合成 5′或 3′末端带有DBCO 或叠氮基的寡核苷酸链，美国 IDT 公司[23]合成末端修饰有炔基和叠氮基的寡核苷酸链。

van Buggenum 等[24]采用标准 PCR 和产生平末端双链 DNA 的合成双链DNA 条形码，再使用 Klenow 外切酶将 N_3-dATP（购买自 Jena Bioscience）添加到条形码的3′末端形成两端均含有叠氮基团的dsDNA。Winz 等[25]从 Baseclick GmbH（Tutzing）公司购买的 C8-炔-脱氧尿苷亚磷酰胺用于 DNA 固相合成，进而形成链间修饰炔烃基的 DNA；从 Jena Bioscience 购 N_6-HN_3-3′-dATP，其末端脱氧核酸转移酶连在 DNA 末端，在链末端修饰叠氮基。

3. CuAAC 反应介导的功能核酸生物传感器

CuAAC 反应具有反应速率快、产物收率高、反应条件温和等优势，因此有大量的研究者将其用于传感器的构建。对于 CuAAC 反应介导的功能核酸生物传感器，大部分研究者倾向于在核酸链的末端修饰叠氮基或炔基，利用还原剂（如抗坏血酸钠）将二价铜离子 Cu（II）还原为 Cu（I），再通过 Cu（I）催化叠氮基和炔基形成三唑，将两条核酸链连在一起发挥特定的功能，进而实现对 Cu（II）或其他靶标物质的检测[19]。或者在核酸链的末端修饰炔基或叠氮基，通过 CuAAC 反应固定在介质上[26, 27]，或与小分子物质（荧光染料等）相连[28]来构建荧光、电化学[29]、比色[30, 31]以及侧流层析[32]传感器等。

2014 年，Yue 等[33]基于 CuAAC 反应使用 CuS 颗粒报道了一种简单、灵敏和选择好的荧光生物传感器用于靶标 DNA 的检测。如图 5.5（a）所示，生物素修饰的捕获 DNA 固定在链霉亲和素修饰的磁性颗粒上并与靶标 DNA 杂交，靶标DNA 再与修饰在 CuS 颗粒上的 DNA 进行杂交形成夹心结构。磁珠上的 CuS 颗粒被酸分解形成 Cu（II），Cu（II）进一步被抗坏血酸钠还原成 Cu（I），进而催化体系中弱荧光的 3-叠氮基-7-羟基香豆素和炔丙醇之间的反应，形成 1,2,3-三唑化合物，发出强烈荧光，通过体系荧光强度的变化来确定靶标 DNA 浓度。Balogh 等[34]应用 DNAzyme 封盖的介孔 SiO_2 纳米粒子 MP-SiO_2-NPs 作为刺激响应性容器用于程序性合成反应。他们通过向纳米粒子孔中加载修饰不同基团的荧光染料：Cy3-DBCO、Cy5-N_3 和 Cy7-N_3，并分别用 Mg^{2+}、Zn^{2+}和组氨酸依赖的DNAzyme 序列封盖 SiO_2 制备三种类型的 MP-SiO_2-NPs。当同时存在 Mg^{2+}和 Zn^{2+}作为触发剂的情况下，各 DNAzyme 封盖的纳米粒子被解锁，产生点击化学反应产物 Cy3-Cy5。反过来，当存在 Mg^{2+}离子和组氨酸作为触发剂的情况下，第二组DNAzyme 封盖的纳米粒子被解锁，形成 Cy3-Cy7 缀合的产物。Cy3-Cy5 和

Cy3-Cy7 产物对内部会发生荧光共振能量转移，通过观察荧光强度随时间的变化可判断产物的时间依赖性形成情况。

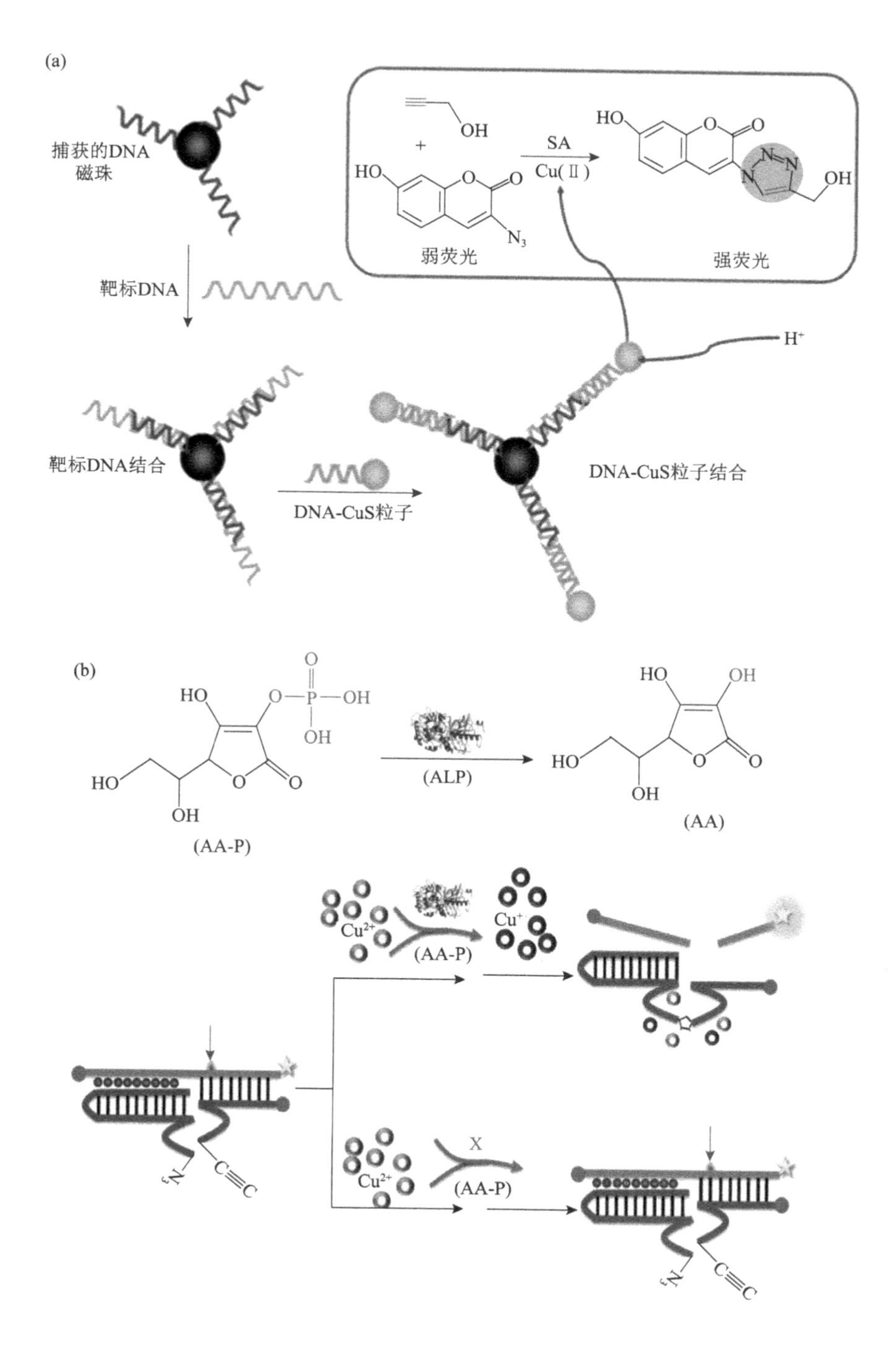

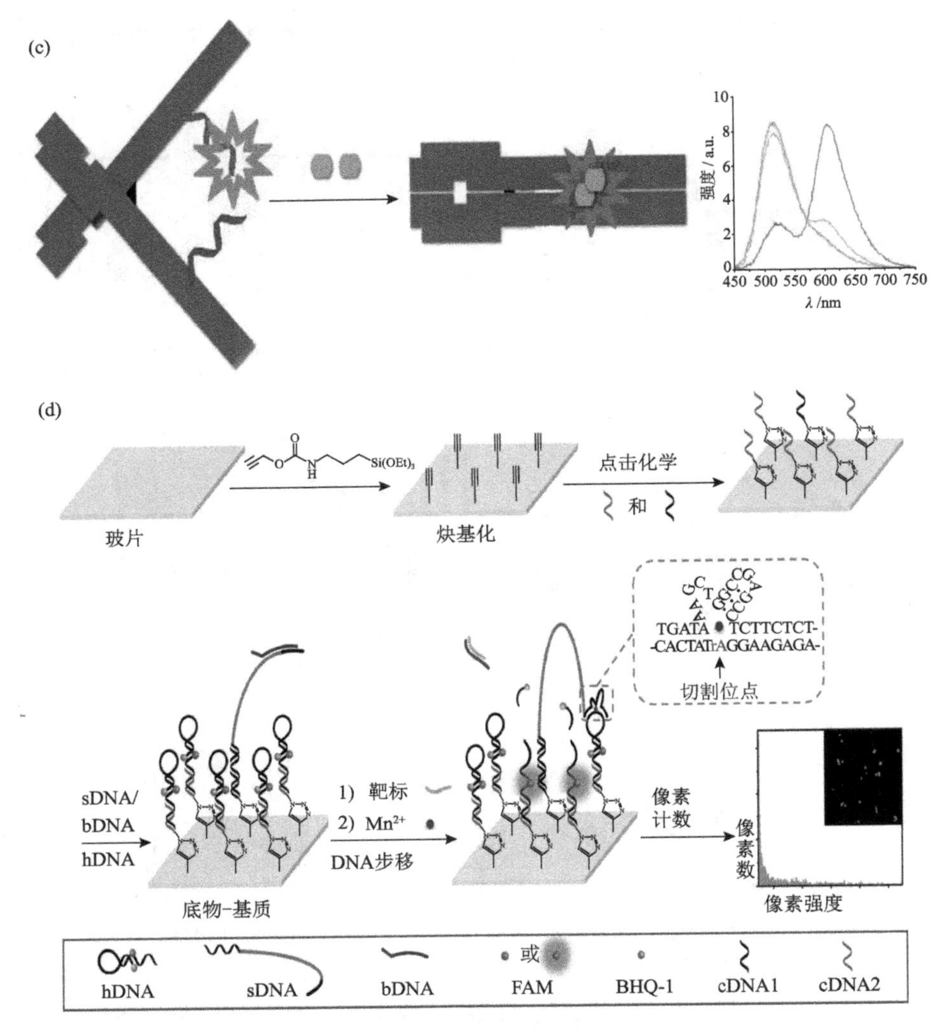

图 5.5　（a）基于 CuAAC 检测靶标 DNA 的荧光传感器示意图；（b）一种用于检测 ALP 活性的荧光生物传感器原理图；（c）带有劈裂适配体传感器（绿色和红色标记）的“DNA 折纸交通灯”原理设计；（d）DNA 步移触发的荧光点超灵敏检测核酸的像素计数示意图

Zhao 等[19]提出了一种简单、选择性好、灵敏度高的荧光生物传感器用于测定碱性磷酸酶（ALP）活性，原理如图 5.5（b）所示。Cu^{2+}依赖性 DNAzyme 被分为两部分：Cu-酶 1 和 Cu-酶 2，并分别用炔基和叠氮基标记。ALP 的加入可以将 2-磷酸抗坏血酸酯水解成抗坏血酸（ascorbic acid，AA），AA 进一步将 Cu^{2+}还原成 Cu^{+}，进而通过 CuAAC 反应形成改性的 Cu^{2+}依赖性 DNAzyme，切割底物链，释放 FAM 荧光基团，实现 turn-on 型荧光测定。Yang

等[35]通过点击化学将靶向核的 Hoechst 单元与萘酰亚胺连接形成复合物 Hoe-NI，利用复合物与 dsDNA 结合可导致荧光的变化从而开发出比率荧光传感器用于监测核 DNA 损伤。2017 年，Walter 等[28]通过延伸和修饰所选择的短链，将 ATP 的劈裂适配体作为识别单元嵌入纳米机器 DNA 折纸构建体的两个杠杆中；再分别在两条适配体的茎部通过 CuAAC 反应修饰两种不同的花青-苯乙烯基染料。当两个 ATP 分子作为靶标分子结合到识别单元时，触发 DNA 折纸形状变化，使两种染料靠近，发生荧光共振能量转移，产生从绿色到红色的荧光颜色变化[图 5.5（c）]。可根据荧光颜色比率的变化，或在原子力显微镜下观察 DNA 折纸单元形状的变化，实现 ATP 分子的测定分析。2017 年，Chen 等[26]首次通过 CuAAC 反应将修饰炔烃基的寡核酸链固定在修饰叠氮基的介孔二氧化硅纳米粒子上，并用适配体封闭孔洞，构建了荧光生物传感器来定量检测凝血酶。Zhou 等[17]将 5′-炔烃和 3′-叠氮基团分别标记在两个寡核苷酸探针上，在靶标 DNA 诱导的 CuAAC 反应下产生具有三唑骨架(磷酸二酯键模拟物)的新 DNA 链，利用毛细管凝胶电泳与激光诱导荧光检测实现多重单核苷酸多态性检测。Zhu 等[27]设计了一种基于 DNA 步移触发的荧光点超灵敏检测核酸的像素计数策略。以 sDNA-摆动链为 DNAzyme 与两种通过 CuAAC 反应共价修饰在玻片上的 cDNA-捕获 DNA 进行杂交来构建二维 DNA 步移[图 5.5（d）]。

对于比色生物传感器，Zhang 等[31]基于 CuS 纳米粒子的阳离子交换、叠氮基和炔烃基修饰的 DNA 功能化的金纳米粒子以及基于 Cu（I）点击化学反应提出了一种新的测定单核苷酸多态性（single nucleotide polymorphisms，SNP）和 DNA 甲基转移酶（methyltransferase，MTase）活性的策略，其原理如图 5.6（a）和（b）所示。2017 年，Li 等[30]开发了一种功能核酸生物传感器

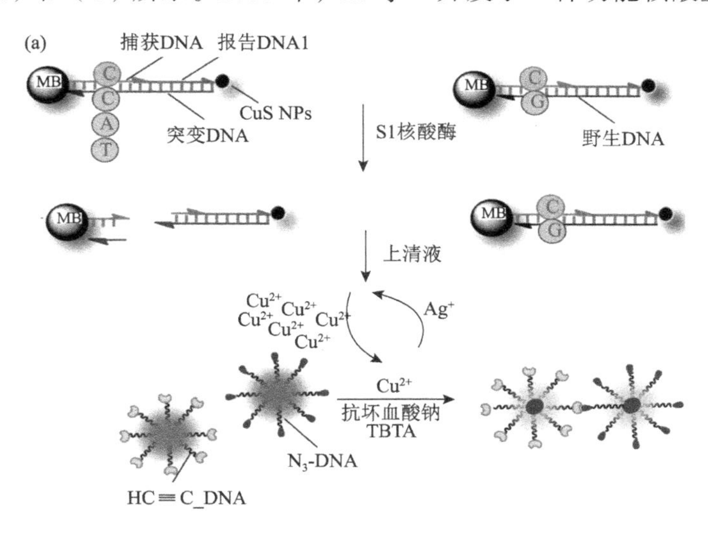

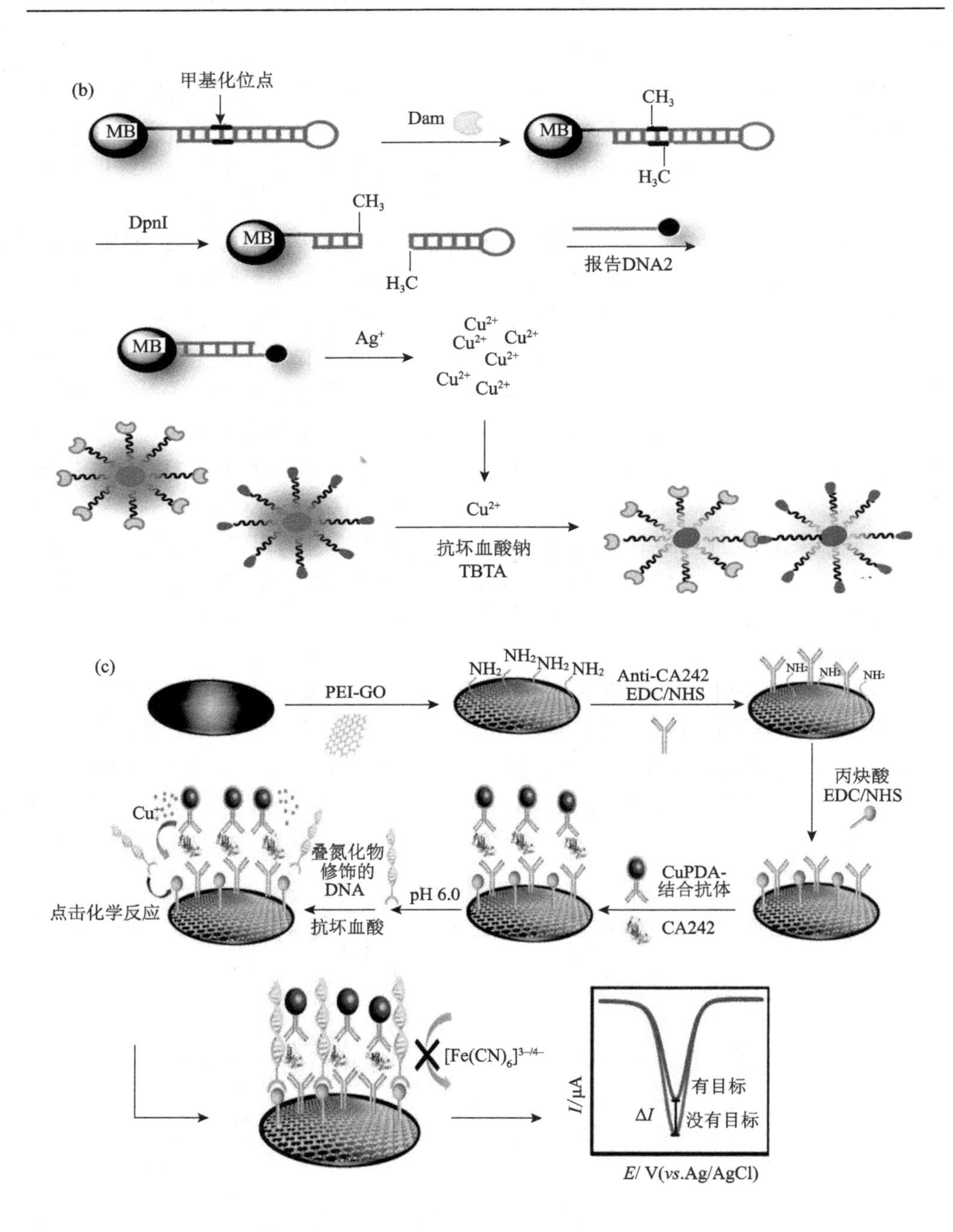
(b)
甲基化位点
MB
Dam
CH3
H3C
DpnI
报告DNA2
Ag+
Cu2+
抗坏血酸钠
TBTA
(c)
PEI-GO
NH2
Anti-CA242
EDC/NHS
丙炔酸
EDC/NHS
CuPDA-
结合抗体
CA242
pH 6.0
抗坏血酸
叠氮化物
修饰的
DNA
点击化学反应
[Fe(CN)6]3-/4-
I/μA
有目标
没有目标
ΔI
E/ V(vs.Ag/AgCl)

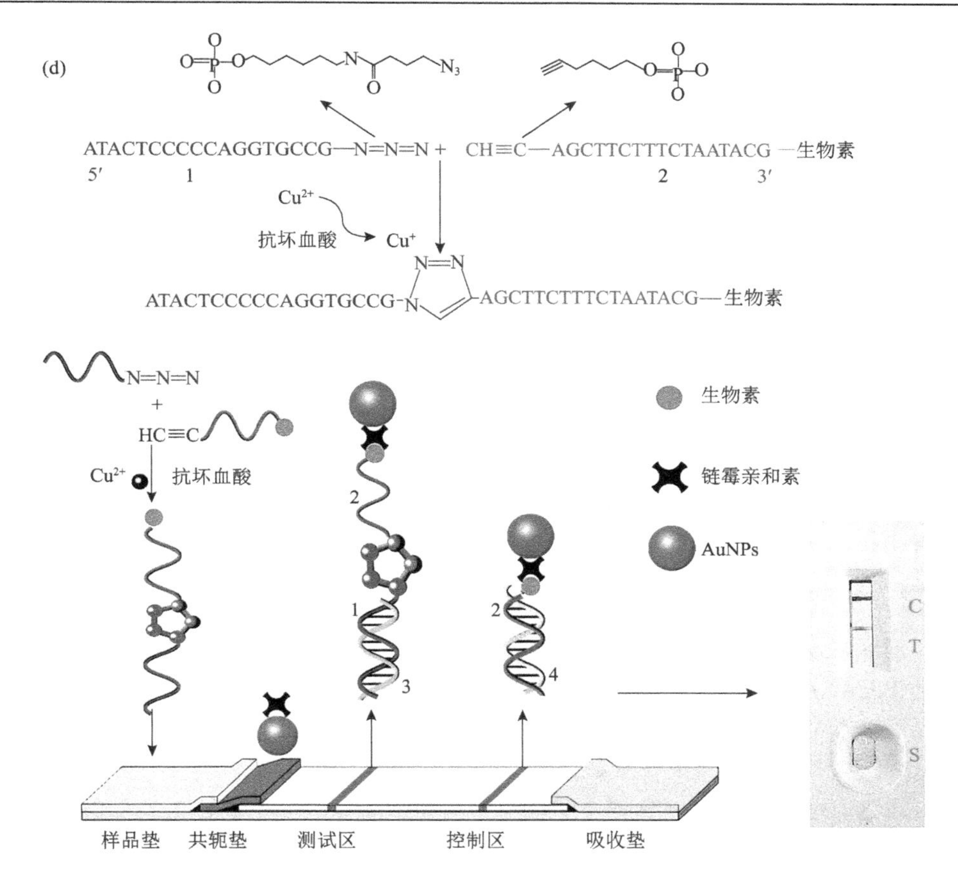

图 5.6　（a，b）比色检测 SNPs 和 DNA MTase 活性；（c）pH 响应的标记辅助的点击化学触发的灵敏度提高用于三明治型电化学免疫传感器示意图；（d）用于 Cu^{2+}检测的侧流层析生物传感器示意图

用于比色检测人血清中的 Cu^{2+}。他们通过抗坏血酸盐将靶标 Cu^{2+}还原为 Cu^{+}，利用 Cu^{+}催化的点击化学反应介导 Mg^{2+}依赖性 DNAzyme 的形成并循环切割含有富 G 序列的发夹 DNA，产生大量游离的富 G 序列；富 G 序列与氯化血红素作用形成具有过氧化物酶催化活性的复合物，使体系发生明显的颜色变化，用于 Cu^{2+}比色测定。

在电化学传感器构建方面，Zhao 等[29]设计了一种新型的电化学发光（ECL）生物传感器来定量 DNA 腺嘌呤 MTase，利用氧化石墨烯/AgNPs/鲁米诺复合材料—GO/AgNPs/鲁米诺的信号放大来提高检测灵敏度。其中，通过 Cu^{+}催化的点击化学反应将炔基官能化的 GO/AgNPs/鲁米诺作为 ECL 信号探针固定到叠氮化物封端的 dsDNA 修饰电极上，可产生强 ECL 信号。2018 年，Zheng 等[36]发现在生物传感界面构建中应用点击化学可以有效地提高免疫传感器的性能。

基于此，Zheng 研究团队开发了一种夹心型安培免疫传感器，用于糖类抗原 24-2（CA242）的超灵敏检测。在该实验中，使用与检测抗体缀合的 pH 响应性 Cu^{2+} 负载的聚多巴胺颗粒作为标记，其可通过调节 pH 释放 Cu^{2+}。在抗坏血酸（还原剂）存在下，Cu^{2+}被还原成 Cu^{+}。通过 CuAAC 反应将作为信号增强剂的叠氮化物官能化的 dsDNA 固定在基质上[图 5.6（c）]。在点击化学反应的帮助下，靶标引起的 ΔI 显著升高，导致免疫传感器的灵敏度提高，检测限低至 20.74 μU/mL。

将点击化学反应应用于构建侧流层析生物传感器来进行靶标物质检测的研究相对较少。2015 年，Wang 等[32]首次构建了一种基于 CuAAC 反应的快速检测 Cu^{2+}的简单无酶侧流生物传感器。如图 5.6（d）所示，在抗坏血酸钠的存在下，Cu^{2+} 被还原成 Cu^{+}，Cu^{+}进一步催化叠氮化物-DNA 和炔烃/生物素-DNA 在水溶液中的环加成，然后连接的 DNA 产物被捕获在侧流生物传感器的测试区上，形成红色条带，肉眼可以清晰地读取。利用 AuNPs 的光学性质和 Cu^{+}催化点击化学的高效率和选择性，该方法使得 Cu^{2+}的可视化检测低至 100 nmol/L，具有优异的特异性。

4. 无 CuAAC 反应介导的功能核酸生物传感器

对于荧光生物传感器的构建，Oishi[22]在核酸链末端修饰 DBCO 和叠氮基，并基于CuAAC反应连接辅助的核酸杂交和磁珠介导的杂交链式反应开发了一种无酶和恒温的超灵敏 miRNA 荧光检测方法，检测限低至 0.55 fmol/L。2017 年，Chen 等[37]介绍了使用无 CuAAC 反应将 pH 或金属离子响应性核酸修饰在 NMOFs 上的通用方法[图 5.7（a）]。将荧光染料或阿霉素抗癌药物包封在 NMOFs 可用于靶向药物递送和多重离子传感。2018 年，该课题组采用相同的方法，通过点击化学反应将寡核苷酸片段修饰在 NMOFs 上，合成了一种加载了荧光染料或药物的基于刺激响应性核酸/聚丙烯酰胺水凝胶包裹的 NMOFs，用于 ATP 的定量测定或靶向药物递送[38]。同样，Liu 及其团队在 2017 年将多功能流式细胞术与完全无酶信号放大机制相结合用于灵敏检测 miRNA。这一新的策略将叠氮基-炔烃环加成点击化学反应介导的连接链式反应与 HCR 整合在 MBs 上，并进行无酶信号扩增，最后通过流式细胞仪对磁珠进行荧光读数[图 5.7（b）]。这一方法可将 Let-7a miRNA 的检测限降低到飞摩尔级[20]。随后该团队通过将靶标为模板的点击核酸连接和磁珠末端 TdT 促 DNA 聚合偶联构建了通用流式细胞术策略来检测植物 miRNA[39]。

对于电化学传感器，2015 年，南京大学生物化学系的 Yang 等[21]提出了一种无酶的电化学分析方法，可以通过双重放大超灵敏检测靶标蛋白质[图 5.7（c）]。其中，靶标蛋白质被其适配体特异性捕获后，暴露的小立足点可介导叠氮基-炔烃点击化学将两条分别修饰了叠氮基和炔基的 DNA 链连接，通过 DNA 链置换反应被释放，实现了第一轮信号放大。

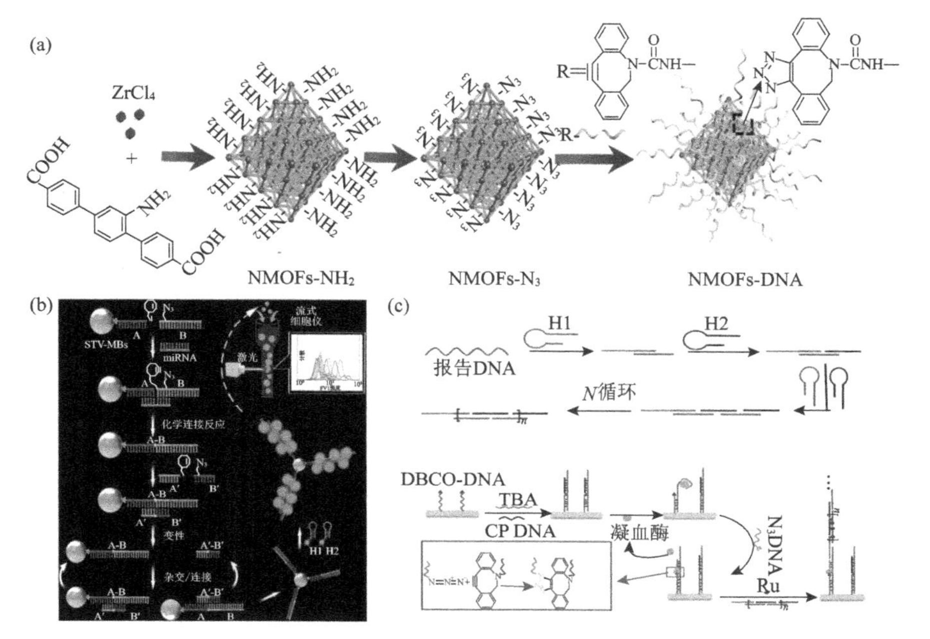

图 5.7　（a）核酸功能化 UiO-68 NMOFs 粒子的合成；（b）基于 CLCR-HCR 的流式细胞法用于 miRNA 分析的原理图；（c）双重放大无酶的电化学分析方法超灵敏检测靶标蛋白质

5.2.2　巯基-烯基反应

1. 巯基-烯基反应特性

2007 年，Schlaad 等[40]首次将巯基-烯基反应定义为点击化学反应，报道了 2-（3-丁烯基）-2-噁唑啉的首次合成及阳离子异构化聚合。将硫醇通过自由基加成到聚[2-（3-丁烯基）-2-噁唑啉]均聚物和共聚物上，从而具有点击化学反应的特征，该反应可在[RSH]/[CdC] = 1.2～1.5，无过渡金属添加剂和温和的条件下进行（在室温下用紫外光照射原位生成自由基），并在 1 天内完成。

硫醇与烯烃的反应，无论是通过自由基（称为硫醇-烯反应）还是通过阴离子链（称为硫醇-迈克尔加成）进行，都具有点击化学反应的诸多特性，包括：实现定量产率，仅需要小浓度的相对良性催化剂，反应速率快速（反应式如图 5.8 所示），对环境氧气或水不敏感，产生单一的特定选择性产物，硫醇和烯易获取等。硫醇的化学性质，无论是自由基介导的还是催化介导的，都受到硫醇基本结构的影响。在文献中常见的主要硫醇类型包括四种：烷基硫醇、硫酚、丙酸硫醇和乙醇硫醇[41]。

任何非空间位阻的末端烯都能参与自由基介导的硫醇-烯过程，富电子（乙烯基醚）和/或链烯（非苯）的反应比缺电子烯快。尽管硫醇-烯反应主要是由光引发的，但该反应是一个自由基介导的过程，因此，任何在常规聚合反应中可生成自由基的技术也适用于光引发反应。对于硫醇-迈克尔加成，一个附加条件是烯是缺电子的，如（甲基）丙烯酸酯、马来酰亚胺、α-不饱和酮、β-不饱和酮、富马酸酯、丙烯腈、肉桂酸酯和巴豆酸酯等[41]。各种催化剂被用来启动硫醇-迈克尔加成反应，包括强碱、有机金属和路易斯酸等[42]。在强亲核催化剂的作用下，硫醇-迈克尔加成反应的效率也很高，而这些加成反应被认为是通过阴离子链反应进行的，这种反应很少或根本没有终止反应，否则会降低反应的效率和速率。

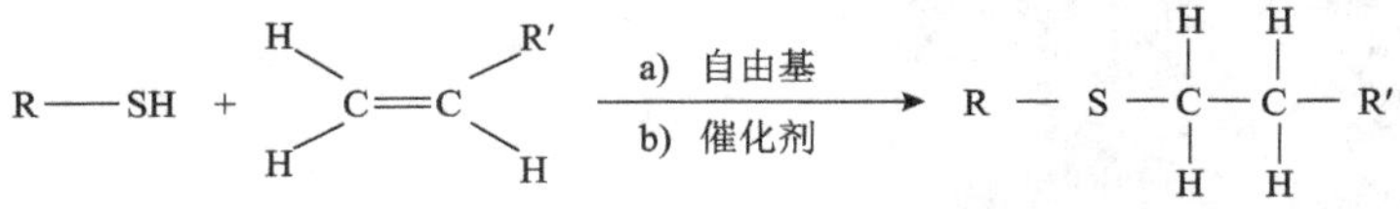

$$R\text{—}SH + H_2C{=}CHR' \xrightarrow[\text{b) 催化剂}]{\text{a) 自由基}} R\text{—}S\text{—}CH_2\text{—}CH_2\text{—}R'$$

图 5.8　（a）硫醇-烯反应；（b）硫醇-迈克尔加成反应

在这两种理想反应中，单一的硫醇和单一烯反应生成产物

2. 功能基团在寡核苷酸链上的修饰

巯基和烯烃基是触发巯基-烯基点击化学反应的基础。对于巯基修饰的寡核苷酸链，引物合成公司一般都可直接合成和纯化，例如，上海生工生物工程股份有限公司、宁波康贝生化有限公司、北京睿博兴科生物技术有限公司等。很少有研究者自己在核酸链末端修饰巯基用于实验。Zhang 等[43]实验采用的 5′端丙烯酸酯标记的 DNA 链是意大利 FASMAC 有限公司直接合成和纯化得到的。

3. 巯基-烯基反应介导的功能核酸生物传感器

相较于叠氮基-炔烃环加成反应介导的功能核酸生物传感器，利用巯基-烯基点击化学反应来构建功能核酸生物传感器的研究相对较少。Paiphansiri 等[44]通过将 5′和 3′末端共同修饰巯基的 DNA 链与溴酚蓝和荧光二马来酰亚胺 BODIPY 染料进行反相细乳液中界面硫醇-二硫化物交换和硫醇-烯界面点击化学反应，成功地合成了一组尺寸范围在 190～220 nm 之间，壳内含有不同量的二硫键的基于生物相容 DNA 的纳米胶囊。获得的胶囊显示特异性的谷胱甘肽触发的切割行为，调控荧光的有无。这些胶囊为用作生物传感器提供了巨大的潜力。2015 年，Wang 等[45]提出了一种通过简单的硫醇-烯点击化学反应将 5′端修饰巯基的靶向人 α-凝血酶的适配体固定在有机-无机杂化二氧化硅整体毛细管柱上的有效方法，用于凝血酶的富集和检测。2017 年，Zhang 等[43]通过结合双正交点击化学和核酸杂交，巧妙地设计了具有用于蛋白质捕获和释放的 DNA 适配体的聚乙二醇（PEG）水凝胶（图 5.9）。首先，将四臂硫醇和四臂马来酰亚胺官能化的 PEG 混合，通过硫醇-迈克尔加成反应以形成 PEG 水凝胶；然后将 PEG 水凝胶浸入丙烯酸酯标记的 DNA 适配体缓冲液中以达到溶胀平衡，通过紫外光引发的丙烯酸酯和硫醇基团之间的硫醇-烯反应将丙烯酸酯-适配体嵌入水凝胶中；由于适配体和蛋白质之间的特异性相互作用，嵌入了适配体的水凝胶可以吸附和捕获靶标蛋白质，通过引入适配体的互补 DNA 链，互补 DNA 链与适配体互补配对实现蛋白质的可控释放。在修饰丙烯酸酯的适配体链的末端标记 TAMRA 荧光基团，在互补 DNA 链标记 DABCYL 猝灭基团，当适配体与互补 DNA 链完全杂交时，由于 FRET 效应，TAMRA 标记的适配体的荧光被猝灭，可以通过荧光显微镜来观察靶标蛋白质的捕获和释放情况。

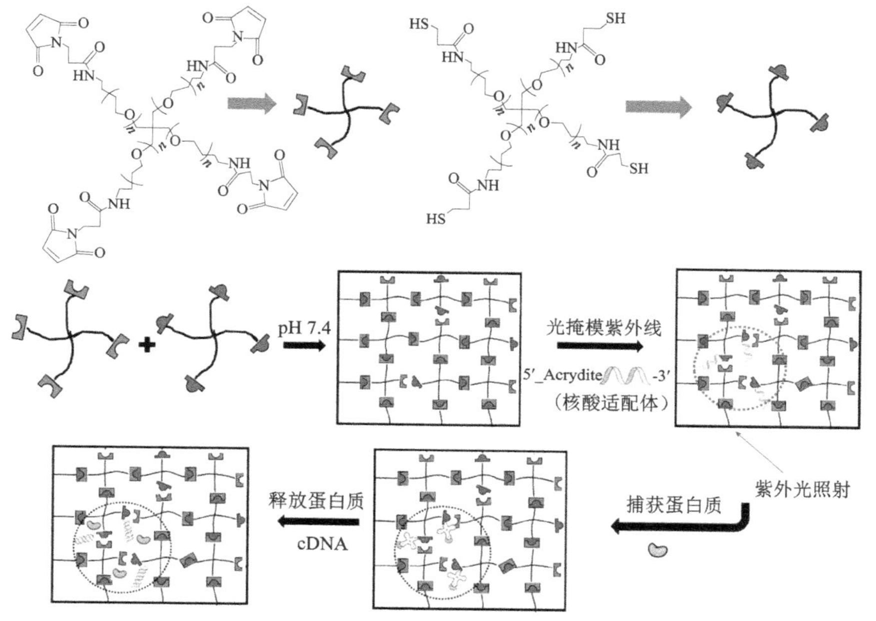

图 5.9　结合双正交点击化学和核酸杂交技术，采用 DNA 适配体制备 PEG 水凝胶用于可控蛋白质捕获和释放

5.2.3　施陶丁格反应

1. 施陶丁格反应特性

1919 年，Staudinger 和 Meyer[46]发现并提出了施陶丁格反应（Staudinger reaction）：有机叠氮化物与三烷基或三苯基膦反应生成叠氮膦中间产物，随后叠氮膦失去一分子氮气得到膦亚胺。2000 年，改进的施陶丁格反应被报道，被称为施陶丁格连接（Staudinger ligation），是有机叠氮化物与膦在室温和水溶液等温和的条件下直接发生的一类点击化学反应，该反应可以选择性地生成酰胺键[47]。其中，膦是一类磷化氢分子（PH_3）中的 H 原子部分或全部被烃基取代所生成的化合物。施陶丁格连接具有生物正交性，即可在生命系统中在不干扰生物自身生化过程的前提下进行[48]。随后，在施陶丁格连接的基础上，

科学家又进一步改进，提出无痕施陶丁格连接（traceless Staudinger ligation）反应，该反应生成的连接产物中不含有残留原子[49, 50]。

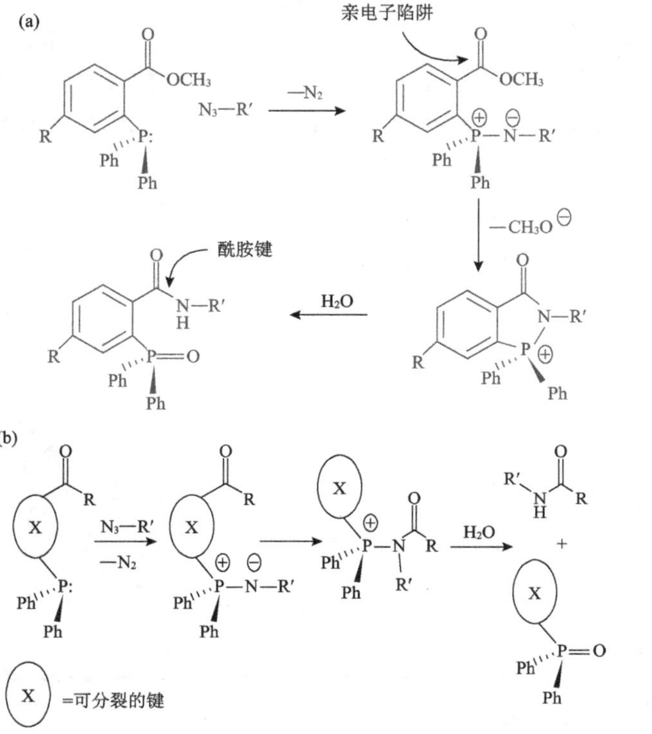

图 5.10　（a）施陶丁格连接反应；（b）无痕施陶丁格连接反应

2. 功能基团在寡核苷酸链上的修饰

在施陶丁格反应介导的功能核酸生物传感器中，基本采用化学反应将三苯基膦（TPP）或修饰有叠氮基的有机物通过酰胺键修饰在核酸链末端。Yu 等[51]采用 1-乙基-3-（3-二甲基氨基丙基）碳二亚胺-*N*-羟基-琥珀酰亚胺（EDC-NHS）偶联法分别在寡核苷酸链的 5′和 3′端通过酰胺键修饰叠氮化香豆素和 TPP，可触发施陶丁格反应。Franzini 和 Kool[52]利用 5′-氨基修饰的标准寡核苷酸来制备 TPP 修饰的核酸探针。首先，使用脱保护试剂（3%三氯乙酸的二氯甲烷）和二氯甲烷交替循环在合成仪上除去单甲氧基-三苯甲基保护基团，然后将固体载体加入含有 4-（二苯基膦基）苯甲酸（0.1 mol/L）、EDC•HCl（0.1 mol/L）和二异丙基乙胺（0.2 mol/L）的 DMF 溶液中，将混合物置于真空下，并用氩气回填以除去捕获在固体支持物中的空气，并在 37℃下孵育 2.5h。将 DMF 轻轻倒出，用 MeCN 洗涤树脂两次，并分散在含有氧清除剂三-（2-羧乙基）膦

（4 mg）的 $NH_4OH/MeNH_2$ 脱保护/裂解溶液（1 mL）中，并在 55℃下孵育 2h。过滤除去珠子，通过反相 HPLC 得到纯化的 TPP-DNA，并在−78℃下储存。Abe 和 Jin[53]将 135 μL 93 mmol/L 四硼酸钠（pH 8.5）中的 50 nmol 5′-氨基修饰的寡核苷酸在室温下与在 115 μL 二甲基甲酰胺中的 2 μmol TPP-NHS 酯一起摇动反应 5h，通过乙醇沉淀收集反应的产物，然后通过反相 HPLC（0%～50% 乙腈/50 mmol/L 三乙铵乙酸酯梯度）纯化收集产物。

3. 施陶丁格反应介导的功能核酸生物传感器

施陶丁格反应介导的功能核酸生物传感器基本上均为 turn-on 型荧光生物传感器，利用施陶丁格反应将无荧光物质转化为荧光产物，或通过该反应使猝灭基团从探针脱离，使荧光恢复来实现靶标物质的检测。

2008 年，Abe 和 Jin[53]报道了一种还原反应触发的荧光探针用于寡核苷酸检测，具有高的信噪比。如图 5.11（a）所示，在检测体系中含有两个 DNA 探针，其中一个探针携带可还原的荧光复合物：叠氮化罗丹明（无荧光）；另一个探针携带还原剂：二硫苏糖醇（DTT）或 TPP。当靶标寡核苷酸链存在时，两个探针与其杂交，叠氮化罗丹明与还原剂靠近，叠氮基团被 DTT 或 TPP（施陶丁格反应）还原为胺基，发出强烈的荧光，可根据荧光的强弱来定量检测靶标寡核苷酸链。在生理条件下，该反应可在无任何酶或试剂的情况下自动进行，靶标 DNA 或 RNA 存在时在 10～20 min 内即可产生荧光信号。最近，Yu 等[54]也应用类似的原理，构建了一个荧光传感器用于 ATP 的检测。他们将一段 ATP 的劈裂适配体嵌入模板 DNA，另一段适配体连接无荧光的叠氮化香豆素衍生物作为探针，只有 ATP 存在的情况下才能利用适配体与 ATP 的相互作用形成三明治结构，将叠氮化香豆素衍生物与还原剂 TPP 靠近，触发施陶丁格反应，产生 7-氨基香豆素，发出荧光，从而实现 ATP 的痕量测定。

2009 年，Franzini 和 Kool [55]提出了一种新颖的通用探针设计（猝灭施陶丁格反应，触发 α-叠氮基醚释放探针，Q-STAR）用于模板荧光激活。该探针是含有荧光基团的 DNA 探针，荧光基团的荧光被通过 α-叠氮基醚接头连接在 DNA 上的猝灭基团猝灭，当引入修饰 TPP 的 DNA 时，通过施陶丁格还原反应触发接头的切割，猝灭基团释放，荧光恢复[图 5.11（b）]。随后在 2011 年，其团队基于相同的原理通过改变荧光基团和猝灭基团设计了两种双色荧光探针（近红外荧光探针和绿色荧光探针），当模板寡核苷酸链不同时，与之杂交的探针不同，通过施陶丁格还原反应恢复的荧光也不同[56]。2017 年，Velema 和 Kool 又提出了获得更高级信号放大的新策略，采用双重模板化反应：其中靶标序列作为一级模板进行化学连接，该反应产生的连接 DNA 反过来作为二级模板用于施陶丁格还原反应触发猝灭基团释放，荧光信号增强，进而实现靶标灵敏检测[57]。

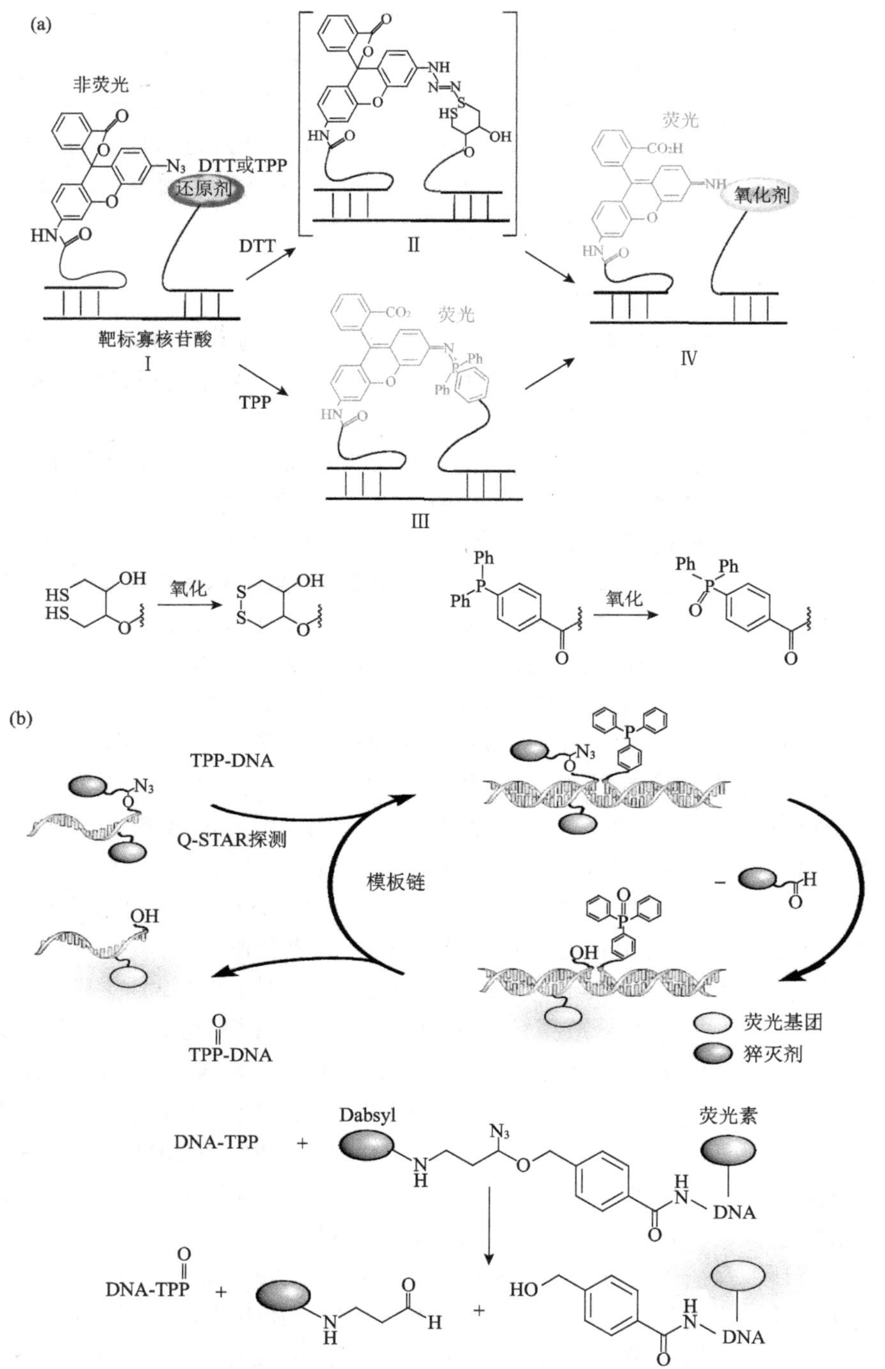

图 5.11　（a）还原反应触发的荧光探针用于寡核苷酸检测原理图；（b）Q-STAR 探针模板化荧光激活检测核酸

5.2.4 Diels-Alder 环加成反应

1. Diels-Alder 环加成反应特性

Diels-Alder 反应由 Diels 和 Alder 于 1928 年首次提出，又称双烯加成，是由共轭双烯和烯烃或炔烃反应生成六元环的反应（图 5.12）。该反应只需要很少的能量，因此即使在室温下也能成功发生。在 Diels-Alder 反应中，C—C 键的形成和破坏是同时发生的。与共轭双烯作用的烯烃或炔烃称为亲双烯体，亲双烯体上的亲电取代基（如羰基、氰基、硝基、羧基等）和共轭双烯上的给电子取代基都有使反应加速的作用。若双烯体上带有吸电子基和亲双烯体上带有给电子基则称该反应为反电子需求的 Diels-Alder 反应。Diels-Alder 反应具有良好的化学选择性、水相容性、温和条件下高产、没有可检测的副反应、除二烯和亲双烯体试剂外没有其他试剂等优点；此外，亲双烯体试剂是可商购的，包括荧光团或亲和标记物标记的马来酰亚胺衍生物[58]。

图 5.12　Diels-Alder 反应

2. 功能基团在寡核苷酸链上的修饰

对于 Diels-Alder 反应所需的二烯或亲双烯体在寡核苷酸链上的标记，研究者倾向于通过化学反应将含有具有生物正交性的基团修饰在碱基上，通过 DNA 链延伸将基团引入 DNA 链；或在 DNA 链的末端修饰氨基，通过酰胺键将含有特定官能团的有机分子连在 DNA 链上。

在固相合成过程中，采用标准氨基连接剂对寡核苷酸的 5′端进行功能化，然后用这种胺与羧酸呋喃衍生物（由丁二酸酐与呋喃胺加成得到）形成酰胺键；改性后，固相载体上的寡核苷酸被裂解，保护基团被氨加热去除，最后以呋喃残基作为二烯[59]。El-Sagheer 等[60]采用 5′-氨基连接亚磷酰胺单体，使用标准酸催化的脱三苯甲基，偶联、封端和碘氧化的亚磷酰胺循环合成修饰有氨基的寡核苷酸链。随后修饰氨基的寡核苷酸与 3（2-呋喃基）丙酸 NHS 酯或 6-马来酰亚胺基己酸 NHS 酯反应，在核酸链的 5′-或 3′-末端修饰呋喃（双烯）或马来酰亚胺（亲双烯体）。Zhang 等[61]采用 SBS 基因科技有限公司直接合成的 5′端带有氨基的寡核苷酸链，将链与事先 EDC 活化的山梨酸或顺丁烯二酸溶液混合反应，即可得到山梨酸或顺丁烯二酸标记的 DNA。同样，Wilks 和 O'Reilly [62]采用 IDT 公司直接合成的 5′端修饰有氨基（$s0$-NH_2）或甲基丙烯酰胺基团的 DNA 链，以

s0-NH_2 DNA 和丙烯酸/含酸的冰片烯为原料，1-乙基-（3-二甲基氨基丙基）碳酰二亚胺和 1-羟基苯并三氮唑（HOBt）为偶联剂合成了丙烯酰胺功能化 DNA 或冰片烯官能化的 DNA。Tona 和 Häner[63]在氧化步骤中使用 I_2/吡啶/水通过标准自动寡核苷酸合成将 1,3-丁二烯结构单元掺入寡核苷酸中形成发夹 DNA 模拟物（图 5.13），其可以通过 Diels-Alder 反应与携带不同侧基的马来酰亚胺亲双烯体进一步衍生。也有研究者在固相合成期间将冰片烯作为亲双烯体引入寡核苷酸中，然后将脱保护的低聚物与水稳定的四嗪二烯缀合[64]。

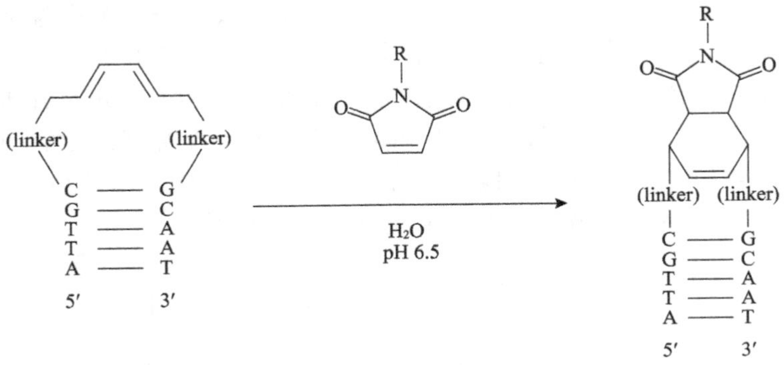

图 5.13　1,3-丁二烯发夹模拟物与取代马来酰亚胺的 Diers-Alder 反应

许多核苷酸衍生物在嘧啶碱基的第 5 位或在脱氮尿嘧啶类似物的第 7 位带有人工标记，因为酶在这些位点可耐受非生物取代[65]。Vinciane 和 Stefan[58]采用两步法合成了一种脱氧尿苷三磷酸衍生物，该衍生物在嘧啶碱基的第 5 位含有二烯。以 DNA 为模板在聚合酶作用下，该衍生物可与正常的 dNTP 一样参与 DNA 链延伸，合成链中修饰有二烯的 DNA 链，可调节模板 DNA 中腺嘌呤个数，调节 DNA 链上二烯的含量。Winz 等[66]首次使用 TdT 和修饰的核苷酸，在核酸链的 3′端引入一系列经过修饰（如炔烃基、叠氮基、烯烃基等）的核苷酸；在 TdT 作用后，利用连接或引物延伸，可得到内部修饰的寡核苷酸链，实现多重标记。Merkel 等[67]利用有机反应在 2′-脱氧尿苷三磷酸的第 5 位引入生物正交反应基团——四嗪、四唑或环丙烯基合成新的核苷酸衍生物；再在 DNA 聚合酶的作用下进行引物延伸，产生特异性标记的双链 DNA 用于后续点击化学反应标记。

3. Diels-Alder 环加成介导的功能核酸生物传感器

基于 Diels-Alder 环加成介导的功能核酸生物传感器研究较少。2016 年，van Buggenum 等[24]构建了一个免疫-PCR 策略用于敏感性检测蛋白质。首先用化学可裂解的 NHS-s-s-四嗪功能化抗体，然后通过酶促添加 N_3-dATP，并与反式环辛烯-PEG_{12}-二苯并环辛炔（TCO-PEG_{12}-DBCO）偶联，合成 TCO 官能化双链 DNA。最后，以 1∶2 的低摩尔比混合功能化抗体和 dsDNA，利用反电子需求的 Diels-Alder 反应快速且有效地获得缀合物。该缀合物可靶向靶标抗原，在强还原剂 DTT 作用下，二硫键断裂，DNA 被释放，通过定量 PCR 进行分析。

5.2.5 腙化反应

1. 腙化反应特性

肼与醛或酮发生反应生成腙也是很重要的一类点击化学反应（图 5.14）。肼和醛或酮在很大程度上是生物正交的，且反应条件温和，具有高的化学选择性和反应活性[68]。这种化学过程被认为是稳定的、不可逆的，易于使用，不受非特异性结合的影响。而相较于非催化型腙化反应，苯胺及其相关化合物作为催化剂能显著提高该反应产物的生成速率[69]。腙化反应是近年来发展起来的一种生物正交的方法，可将各种标记修饰到感兴趣的分子上，即使在细胞条件下也是如此。腙和肟在室温下在用于杂交实验的生物学相关 pH 中是稳定的，并且在用于动力学实验的 pH 4.5 下也是稳定的[70]。

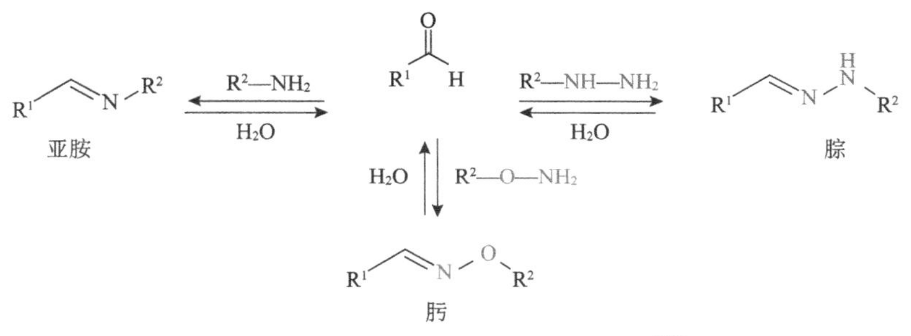

图 5.14　亚胺、腙和肟的形成反应[71]

2. 功能基团在寡核苷酸链上的修饰

大部分研究者采用亚磷酸酰胺法固相自动合成修饰特定基团的寡核苷酸链，再通过后续的氧化和去保护得到修饰醛基或肼基的寡核苷酸链用于腙化反应。

可利用酒石酸酰胺基在固相上功能化寡核苷酸，经过温和的周期性氧化，酒石酸酰胺基可以在溶液中有效地转化为乙醛基[72]。有研究者先制备 1 mmol/L 溶于 1×PBS、pH 7.4 的修饰氨基的 DNA 溶液和 100 mmol/L 的含有对甲酰基苯甲酸-*N*-羟基琥珀酰亚胺酯（NHS 酯）的储备液。在 0.45 mmol/L DNA 和 9.09 mmol/L NHS 酯的终浓度下反应过夜，并使用 PD-10 凝胶渗透柱纯化，可得到含有醛基标记的 DNA[图 5.15（a）][73]。Varela 和 Gates[74]采用

IDT 公司合成的含有单个胞嘧啶的寡核苷酸链，利用“合成后修饰”的方法将核酸链与亚硫酸氢盐和肼进行反应，生成含有单个 4*N*-氨基-2′-脱氧胞苷残基（dC*，含肼基）的核酸链[图 5.15（b）]。对于含有尿嘧啶的 DNA，可在尿嘧啶 DNA 糖基化酶（UDG）的作用下形成 AP 位点（含醛基）[图 5.15（c）]，通过腙化学反应即可形成 DNA-DNA 交联复合物，交联复合物的产率高达 90%。也可采用 IDT 公司直接合成的 5′端修饰有酰肼基或 3′端修饰有苯胺催化剂的 DNA 链[75]。也可利用 3-甲酰基吲哚亚磷酰胺、酰肼基亚磷酰胺、甲氧基亚磷酰胺，在 DNA 合成仪上采用亚磷酰胺法合成 5′端含有醛基或保护基团保护的氨氧基、酰肼基 DNA，然后通过化学反应去除保护基团，即可得到修饰游离氨氧基、酰肼基的 DNA，用于后续腙或肟化学反应连接小分子有机物[70]。

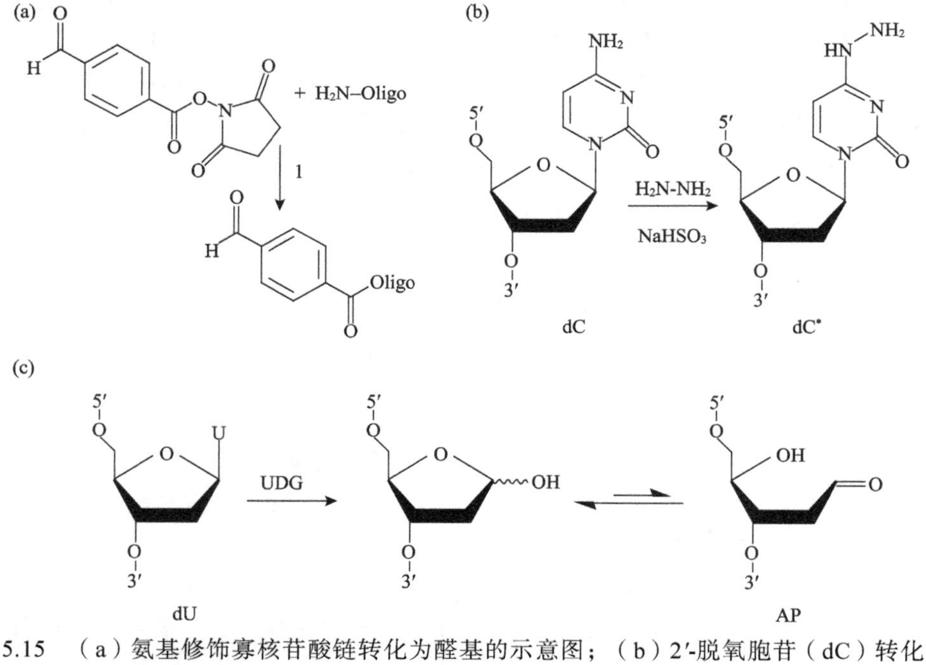

(a) + H_2N–Oligo　1　Oligo

(b) NH_2　HN　NH_2　5′　3′　H_2N-NH_2　$NaHSO_3$　dC　dC*

(c) 5′　U　3′　UDG　OH　dU　AP

图 5.15　（a）氨基修饰寡核苷酸链转化为醛基的示意图；（b）2′-脱氧胞苷（dC）转化为 4*N*-氨基-2′-脱氧胞苷（dC*）；（c）2′-脱氧尿苷（dU）转化为脱碱基位点（AP）

对于 3′端修饰醛基和肼基寡核苷酸链，Achilles 和 Kiedrowski[76]采用改性的亚磷酰胺，通过固相自动合成方法产生 5′-（4,4′-二甲氧基三苯甲基）保护的修饰 3′-肼的寡核苷酸链和修饰 3′-二醇的寡核苷酸链（作为 3′-醛基的前体物）。后续通过高碘酸钠氧化产生醛基，去保护产生酰肼基。对于 5′端修饰肼基的寡核苷酸链，同样用含有保护酰肼或酰肼前体物的亚磷酰胺合成长链，乙酸处理除去保护基团得到肼基。在无保护的芳香族醛和不可烯醇化的脂族醛制备结构单元，可直接获得 5′端修饰醛基的寡核苷酸链。由 5′-缩醛或 5′-羰基保护的二醇作为前体制备，缩醛用乙酸进行裂解，用氢氧化锂/三乙胺在甲醇中进行脱保护，可获得 5′端修饰二醇的寡核苷酸链，再进一步氧化可得到醛基。

3. 腙化反应介导的功能核酸生物传感器

Crisalli 等[70]描述了含有醛、肼和氨氧基的新型荧光猝灭剂的合成及其性能，以便进行腙或肟的生物偶联。将两条 5′端修饰醛、肼和氨氧基和 3′端标记荧光基团 FAM 的 DNA 进行杂交时，FAM 的荧光无变化，当通过腙或肟键在 5′端引入新型荧光猝灭剂时，荧光猝灭[图 5.16（a）]。研究结果表明，与 Dabcyl 猝灭剂相比，新型猝灭剂具有略有不同的吸光度特性，在猝灭荧光基团发射方面与普通猝灭剂一样有效。在体外单核苷酸多态性检测中，肼基猝灭剂进一步被成功地整合到分子信标中，显示出较高的信噪比。此外，在苯胺催化作用下，猝灭剂可以形成稳定 DNA 腙加合物，在 5 min 内就可获得高产率。2014 年，Domaille 和 Cha[75]报道了 DNA 模板化对苯胺催化形成 *N*-酰腙的影响。他们利用 DNA 作为模板，通过 DNA 杂交，使分别修饰在两条 DNA 链的 5′端的酰肼基和 3′端的苯胺基靠近，苯胺基作为催化剂，高效催化酰肼基与游离的 4-硝基苯甲醛之间的腙化反应而形成 DNA-*N*-酰腙[图 5.16（b）]。所得酰腙的吸收和消光系数适合于通过紫外-可见吸收光谱来监测产物形成速率。该系统可以用于灵敏检测细菌核糖体 RNA。Han 等[77]开发了一种新的化学发光成像方法，用于肿瘤细胞的高通量检测和细胞表面唾液酸表达的原位监测。采用高碘酸盐和半乳糖氧化酶选择性地将细胞表面唾液酸和半乳糖基羟基氧化成醛，在苯胺催化的腙化反应下将生物素连在细胞表面，再通过生物素链霉亲和素系统将多功能纳米探针选择性标记在细胞表面进行化学发光成像。

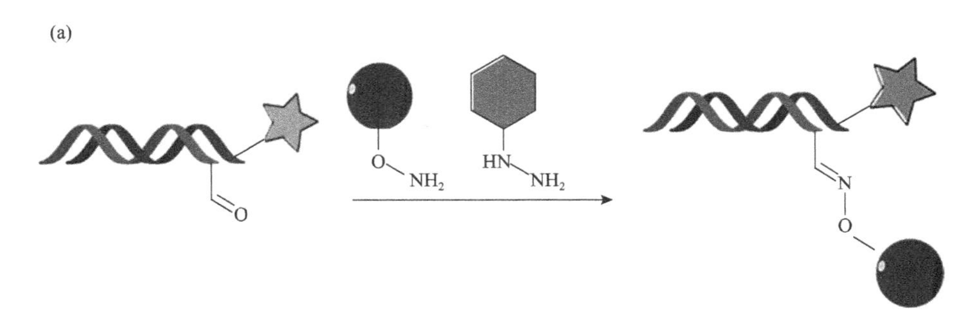

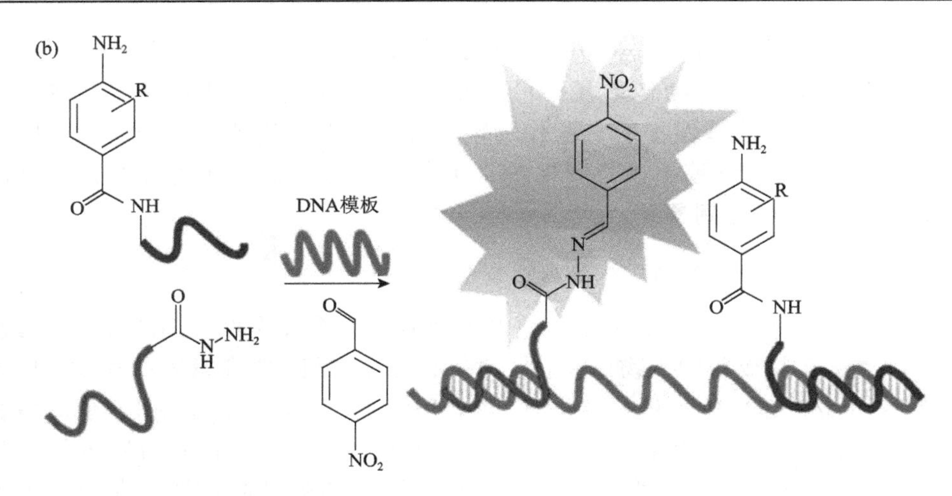

图 5.16　（a）基于 DNA 的荧光猝灭示意图；（b）将 DNA-催化剂（蓝链）与 DNA-酰肼（绿链）紧密结合，形成有机催化反应模板示意图

5.2.6　肟化反应

1. 肟化反应特性

肟化反应是氨氧基与醛或酮之间发生的一类反应。该反应速率快，生物正交性好，副产物只有水以及不需要催化剂[78]。肟化反应比其他点击化学反应（如 CuAAC）受到的关注要少，最可能的原因是合成、操作和储存含有醛或氨氧基的改性生物分子较困难[71]。醛类可自发氧化，或与其他亲核试剂或自身进行偶联；氨氧基可与亲电试剂（如活化的酯类）发生反应，或与微量含羰基的溶剂发生反应[79]。与三唑衍生物不同的是，肟在水介质中可能表现出一些水解不稳定性，类似于其他缩合产物（亚胺、腙）[71]。但是，肟比相应的亚胺更稳定，肟交换很缓慢，特别是在中性 pH 下，而且需要如热、酸和亲核试剂等的催化[80]。中性 pH 和亚毫摩尔浓度是肟化反应必要的，在弱酸性 pH 和浓度高于毫摩尔时，肟键的形成速度可加快，此外，亲核试剂可以用来催化反应。

2. 功能基团在寡核苷酸链上的修饰

与腙化反应类似，对于醛基和氨氧基在寡核苷酸链上的标记，一般采用亚磷酰胺法，通过固相合成在 DNA 链中引入功能基团。

Pujari 等[81]使用市售（弗吉尼亚州斯特林 Glen Research 公司）的 5′-甲酰基脱氧胞苷亚磷酰胺，通过固相合成（亚磷酰胺化学方法）制备含有位点特异性 5′-甲酰基-dC 的 12 个核苷酸的 DNA，并与含有非天然含氧赖氨酸的多肽或蛋白质通过苯胺催化的肟化连接进行交联，形成 DNA-蛋白质复合物。也利用类似的方法通过肟化连接将含有位点特异性 7-脱氮-7-(2-氧代乙基)-dG 的 DNA 与含有含氧赖氨酸的肽之间进行缀合（图 5.17）。首先，通过固相合成方法将 7-脱氮-7-（2,3-二氢丙-1-基）-dG 引入 DNA 中，将活性醛掩蔽为邻位二醇。鸟嘌呤的 N7 被碳取代以防止自发脱嘌呤。含有 7-脱氮-7-（2,3-二氢丙-1-基）-dG 的 DNA 用高碘酸钠氧化，即可得到相应的含 7-脱氮-7-（2-氧代乙基）-dG 的 DNA。Edupuganti 等[82]根据标准的 β-氰乙基亚磷酰胺化学，通过自动 DNA 合成制备 3′和 5′双官能化的十一聚体 d（5′XCGCACACACGCY3′），其中 X 代表 5′-二醇连接基，Y 代表 3′-二醇连接基。以高碘酸钠为氧化剂进一步氧化，制得在 3′-和 5′-末端具有醛官能团的寡核苷酸链。同样，根据标准的 β-氰乙基亚磷酰胺化学，通过自动 DNA 合成制备 3′和 5′双功能化的寡核苷酸链 d（5′XCGCACACACGCY3′），其中 X 代表 5′-三苯甲基保护的氨氧基连接基，Y 代表 3′-二醇连接基。在使用标准方法从支持物分离和碱基去保护后，通过反相 HPLC 纯化得到双功能化的 3′-二醇、5′-三苯甲基保护的氨氧基寡核苷酸。同样可利用高碘酸钠将二醇转化为醛基，或将三苯甲基去除得到 3′端修饰醛基、5′端修饰氨氧基的寡核苷酸链，通过肟化反应与修饰氨氧基或醛基的分子进行耦联。

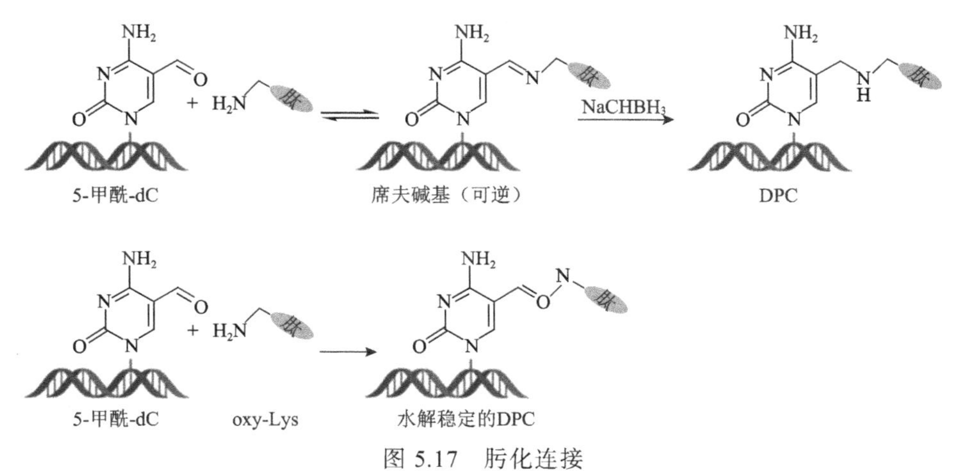

图 5.17　肟化连接

5.2.7　Aza-Wittig 反应

Aza-Wittig 反应是磷腈与不同的化合物如醛类、酮类、酯类、硫代酯类、酰胺类、酸酐类或亚胺类等发生的分子间或分子内的反应。1919 年，Staudinger 和 Meyer 制备了 PhN═PPh$_3$，这是一种 Wittig 试剂的氮类似物（图 5.18），是 Aza-Wittig 试剂的第一个例子[83]。磷腈在 20 世纪初首次被制备出来，直到 30 多年后，Wittig 的研究成果才被人们所接受，并已成为有机合成策略中用于构建非环状或环状化合物的有力工具。该反应可在无催化剂的情况下在中性溶剂中进行，一般反应温度温和、产率高。磷腈的氮原子上的取代基会发生差异变化，磷腈的合成多功能性有待进一步研究。最常用的取代的磷基团是三苯基亚膦基，但可被其他三取代的亚正膦基取代，使得磷腈部分的亲核性或其他效应增加或降低，进而影响反应速率。磷腈与羰基化合物反应，是一种提供C═N 双键的优异方法[84]。首先报道是在 *N*-苯基三苯基膦腈与二苯基乙烯酮和二氧化碳的反应中[83]，后来扩展到与醛、酮、二硫化碳和异氰酸酯的反应。

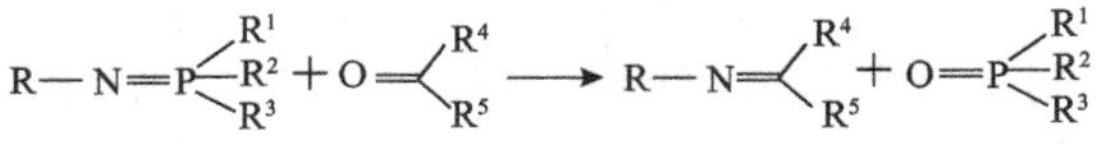

$$R-N=P(R^1)(R^2)(R^3) + O=C(R^4)(R^5) \longrightarrow R-N=C(R^4)(R^5) + O=P(R^1)(R^2)(R^3)$$

图 5.18　Aza-Wittig 反应

5.3　功能核酸恒温扩增技术

5.3.1　恒温技术介导的信号识别技术

1. 核酸靶标物质识别技术

使用功能核酸生物传感器进行核酸靶标物质检测时，最常用的就是引物和探针。引物和探针都是基于碱基互补配对原则来识别特定核酸序列的。不同之处在于，引物与核酸结合后要进行延伸，所以引物的 3′端必须有羟基，为引物延伸做准备。探针通过多年的发展和改进，已经与多种技术进行结合，可以实现信号识别和信号输出双重功能。最常用的是荧光探针，在核酸两端分别标记荧光基团和猝灭基团，通过改变标记的基团之间的距离产生荧光信号的变化，如 Taqman 探针、小沟结合物探针和分子信标等。引物和探针在核酸识别中最为经典，但是其特异性有待提升，未来可以与新兴纳米材料进行结合，在生物传感器中实现更多功能[85]。

2. 非核酸靶标物质识别技术

1）适配体

适配体是一类能够特异性结合靶标物质的 DNA 或者 RNA 片段。适配体的特异性主要是由核酸序列决定的。相比于抗体，适配体具有稳定性高、成本低、不存在批次差异和便于保存等特点。除此之外，适配体在实际检测应用中便于被修饰和固定，并且适配体信号识别模式容易与核酸扩增相结合，实现信号放大，提高检测灵敏度。

适配体通常是由体外筛选得到的，其中指数富集的配基系统进化技术

（SELEX）筛选方法的应用最为广泛。SELEX 方法是 Ellington 和 Szostak 于 1990 年发明的[86]。SELEX 筛选大致过程如下：构建寡核苷酸随机单链文库，寡核苷酸单链中间部分为随机序列，两端为固定序列，主要用于后续聚合酶链式反应扩增引物的结合。通常文库中约含 10^{15} 个随机序列。将文库中的单链转录成 RNA 用于 RNA 适配体的筛选或者进行链分离用于 DNA 适配体的筛选。在此基础上，多种 SELEX 的改进方法被发展，如转换 SELEX[87]、毛细管电泳 SELEX[88]和微流控 SELEX[89]。

目前适配体在多个检测方法中有广泛应用，如光学、电化学和质量测定。除了检测应用之外，还有适配体的临床应用，可以作为治疗剂[90]、抗感染药[91]和药物递送分子[92]，并且可以用于癌症检测[93]。适配体的性能优越，更多物质的适配体将会出现，筛选特异性高、亲和力强的适配体的相关研究将会增加。

2）DNAzyme

第一个 DNAzyme 是于 1994 年用 Pb^{2+}筛选的 RNA 切割核酶[94]。切割核酶由两部分组成：酶链和底物链。当特定的物质存在时，与酶链相互作用，切割核酶的切割特性被激活，底物链在特定位点被切割。RNA 切割核酶的底物链中插入了核糖核苷酸，并在核糖核苷酸处被切割。切割核酶识别靶标物质的特异性主要是由酶链的序列决定的。RNA 切割核酶的切割效率比 DNA 切割核酶更高，所以应用更加广泛。

根据激活切割活性的物质不同，切割核酶可以分为金属核酶和非金属核酶。以金属离子作为切割活性激活物质的 RNA 切割核酶在功能核酸生物传感器中被广泛应用。多种金属离子的切割核酶被筛选，如 Mg^{2+}[95]、Zn^{2+}[96]等。另外，微生物分泌物[97]、转录因子 TcdC[98]、组氨酸[99]等也可以激活核酶的切割活性。部分 RNA 切割核酶能够被不同物质激活切割活性，RNA 切割核酶的特异性需要在今后的研究中进一步加强。

3）点击化学反应

点击化学，又译为链接化学、动态组合化学、速配接合组合式化学，是由化学家 Sharpless 在 2001 年引入的一个合成概念，主旨是通过小单元的拼接，快速可靠地完成形形色色分子的化学合成。点击化学的代表反应为铜催化的叠氮-炔基环加成反应，此原理广泛应用于铜离子的检测。

Ge 等开发了一种基于点击化学反应的铜离子检测方法[100]。他们将 G 四联体序列进行劈裂，将两段 G 四联体序列的 3′端和 5′端分别修饰叠氮基和炔基。当无铜离子时，不能发生点击化学反应，G 四联体无法发挥过氧化物酶催化活性。当铜离子存在时，在铜离子的催化作用下，发生点击化学反应，形成完整的 G 四联体序列，在氯化血红素和过氧化氢存在时，催化 TMB 产生有色物质。借助酶标仪，最低检测限可达 5.9 nmol/L。此外，还可以通过金纳米粒子的颜色特性，利用铜离子催化点击化学反应的性质检测铜离子[101]。点击化学反应原理简单，容易实现，今后的研究中可以将其与更多功能核酸结合应用于传感器检测中。

4）错配

通常，单链 DNA 可以基于碱基互补配对原则通过形成氢键产生稳定的 DNA 双链结构。但是，近年来研究发现，若两条链都为胸腺嘧啶（T），在汞离子（Hg^{2+}）存在时，可以形成 T-Hg^{2+}-T 错配结构，稳定 DNA 双链结构。能够形成相似结构的还有胞嘧啶（C）和银离子（Ag^{+}），形成 C-Ag^{+}-C 结构。基于上述原理，多种银离子和汞离子的检测方法被开发。

错配结构可以与不同的核酸结构结合，如发夹和 G 四联体。Stobiecka 等利用 T-Hg^{2+}-T 错配开发了一种由汞离子和半胱氨酸作为开关的检测方法[102]。他们在发夹颈部的序列中插入一个 T-T 错配，发夹序列两端分别标记荧光基团和猝灭基团。起始为发夹打开的状态，有荧光信号，当汞离子存在时，发夹结构形成，荧光猝灭。当再加入半胱氨酸时，半胱氨酸能够与汞离子结合，导致发夹结构被破坏，荧光信号再次产生。

Li 等将 C-C 错配设计在 G 四联体序列中，银离子的存在与否会影响 G 四联体结构的形成。当环境中存在游离的银离子，形成的 G 四联体可以在氯化血红素存在时催化 ABTS 反应，实现可视化检测[103]。

5.3.2 恒温技术介导的信号放大技术

1. 非酶依赖的信号放大技术

1）HCR

HCR 是一个无酶参与的扩增过程，于 2004 年被 Dirks 等报道[104]。首先，需要设计合理的发夹引物（H1 和 H2）和核酸促发因子。发夹通常由三部分构成：颈、环、小立足点（toehold）序列。小立足点序列的长度是 HCR 的决定性因素，如果太短，则不足以启动 HCR。研究表明，当小立足点序列为 6～10 bp 时，HCR 的速率比较稳定[105]。基于立足点原理，触发子可以破坏发夹 1 结构，将发夹 1 部分单链暴露出来，继而打开发夹 2，实现相互杂交，得到长双链 DNA 产物（图 5.19）。通过与荧光染料、G 四联体、纳米粒子、电化学信号物质等结合，可以实现 HCR 扩增产物的荧光信号输出、电化学信号输出、化学发光信号输出、可视化信号输出等。目前 HCR 已经应用于多种靶标物质的检测，如核酸（DNA 或 RNA）[106]、小分子[107]、蛋白质[108]、金属离子[109]甚至癌细胞[110]。在今后的研究中将进一步与纳米材料结合，实现信号放大和信号输出。

2）三明治结构

三明治结构在生物检测、临床分析、环境监测等领域发挥重要作用。相比于普通的识别模式，三明治结构需要分析物质与两个识别物结合，这大大提高了其特异性。运用功能核酸可以实现对核酸、蛋白质、金属离子等的检测。由于其信号输出一般为酶催化方式或者核酸扩增方式，所以其信号会被放大。在核酸检测中，普通三明治结构只有一个信号分子，为了实现信号放大的目的，核酸检测中在三明治结构的基础上增加了多重信号探针，这种技术即为超级三

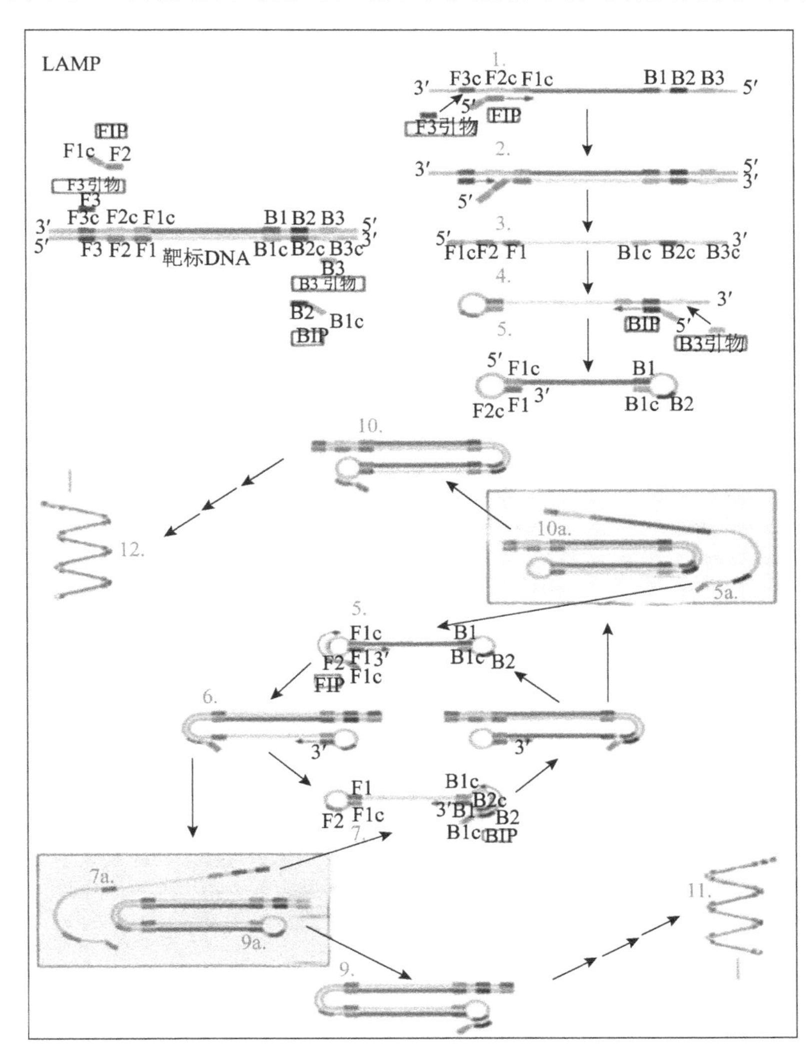

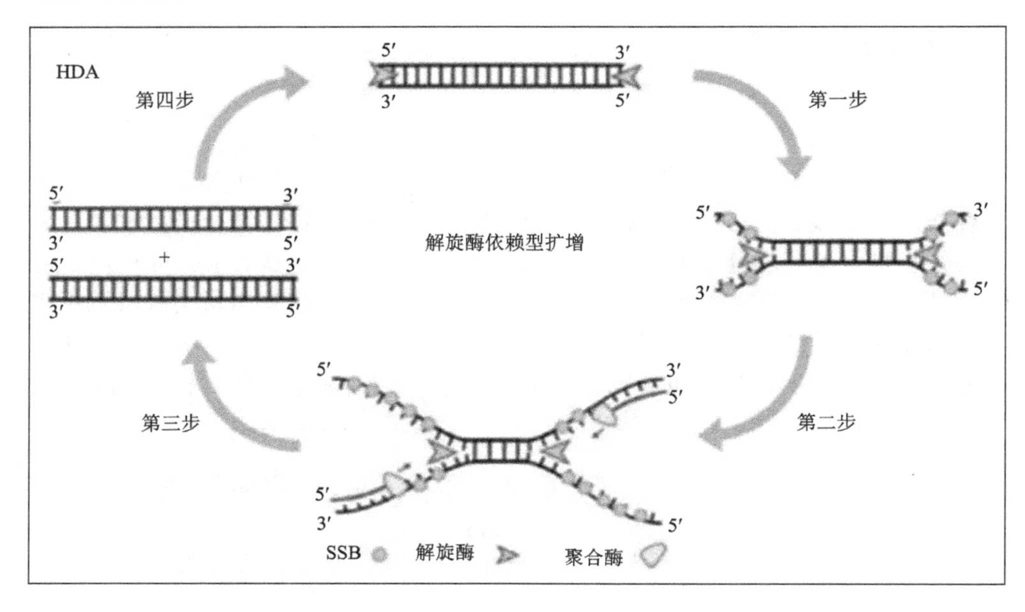
HDA
第四步
第一步
第二步
第三步
解旋酶依赖型扩增
5′
3′
SSB
解旋酶
聚合酶

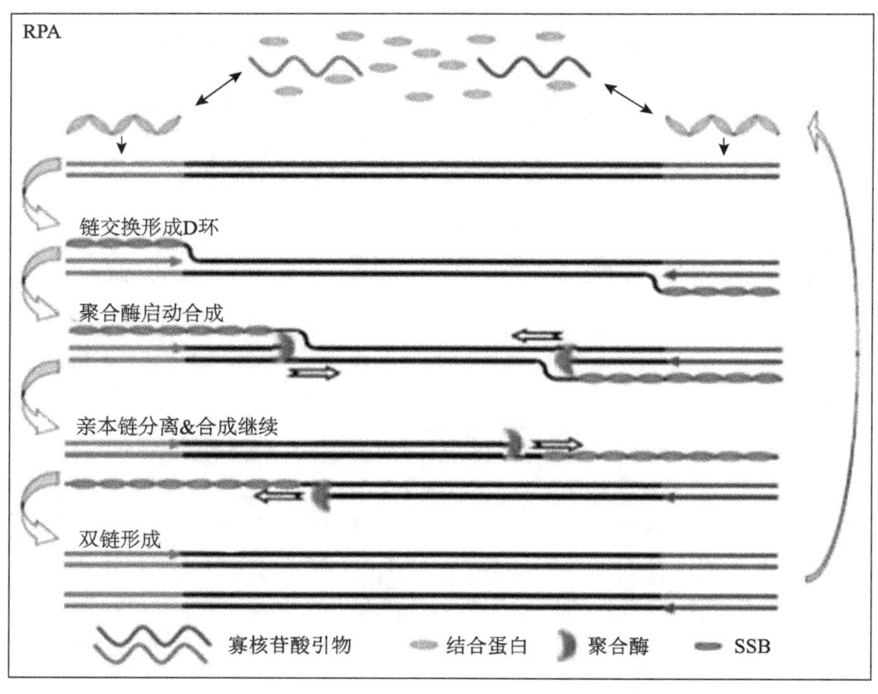
RPA
链交换形成D环
聚合酶启动合成
亲本链分离&合成继续
双链形成
寡核苷酸引物
结合蛋白
聚合酶
SSB

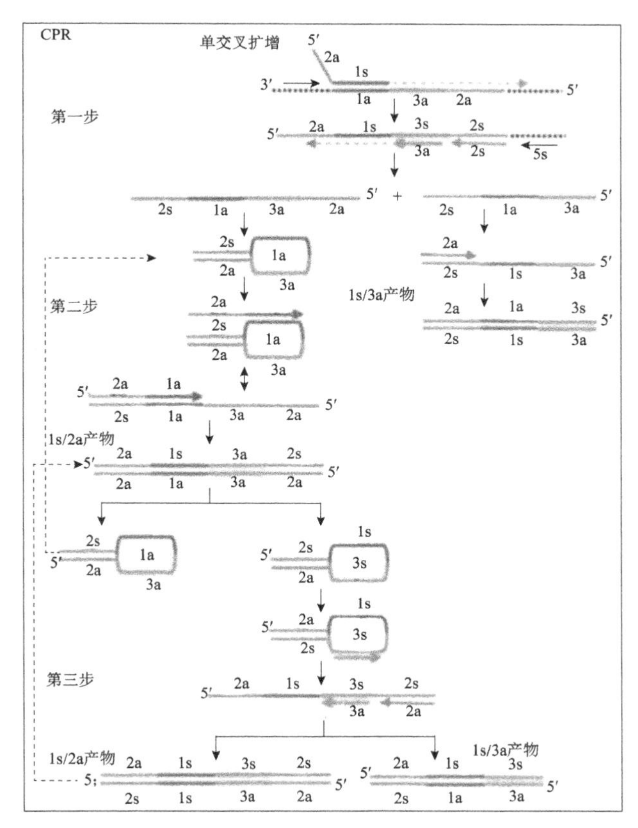
CPR
单交叉扩增
第一步
第二步
第三步
1s/3a产物
1s/2a产物

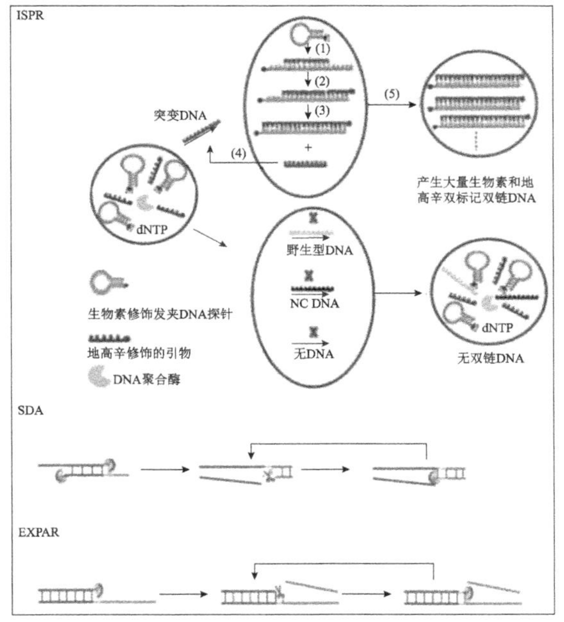
ISPR
突变DNA
产生大量生物素和地高辛双标记双链DNA
dNTP
野生型DNA
NC DNA
无DNA
无双链DNA
生物素修饰发夹DNA探针
地高辛修饰的引物
DNA聚合酶
SDA
EXPAR

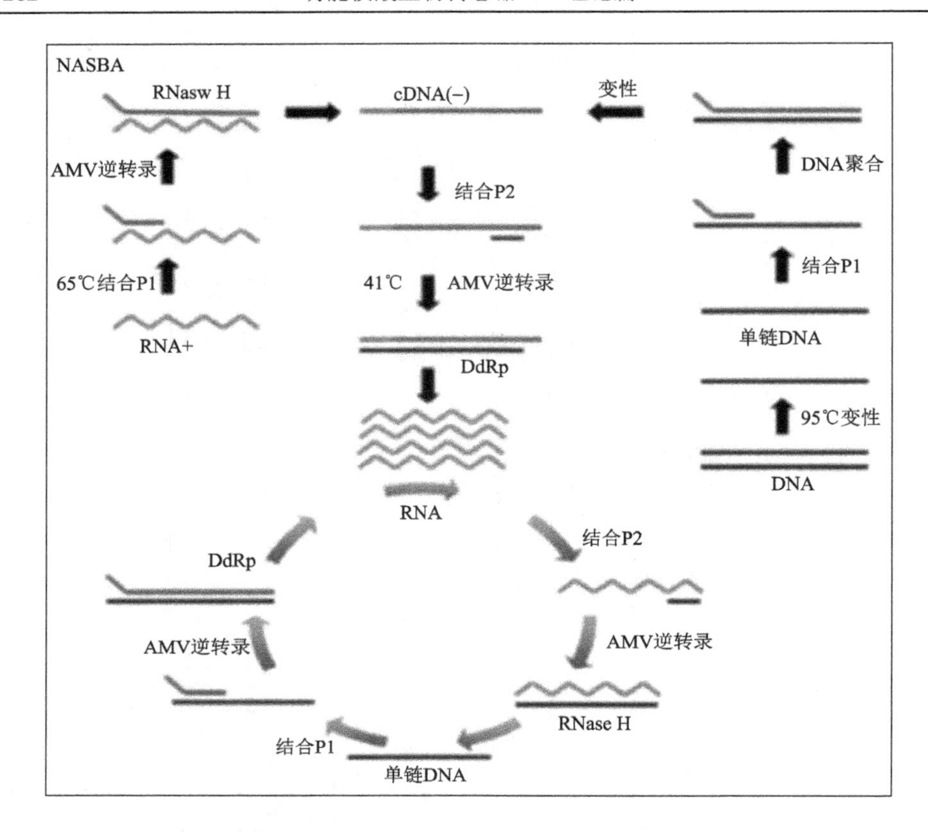
NASBA
RNasw H
cDNA(–)
变性
AMV逆转录
DNA聚合
结合P2
65℃结合P1
41℃
AMV逆转录
结合P1
RNA+
单链DNA
DdRp
95℃变性
DNA
RNA
结合P2
DdRp
AMV逆转录
AMV逆转录
RNase H
结合P1
单链DNA

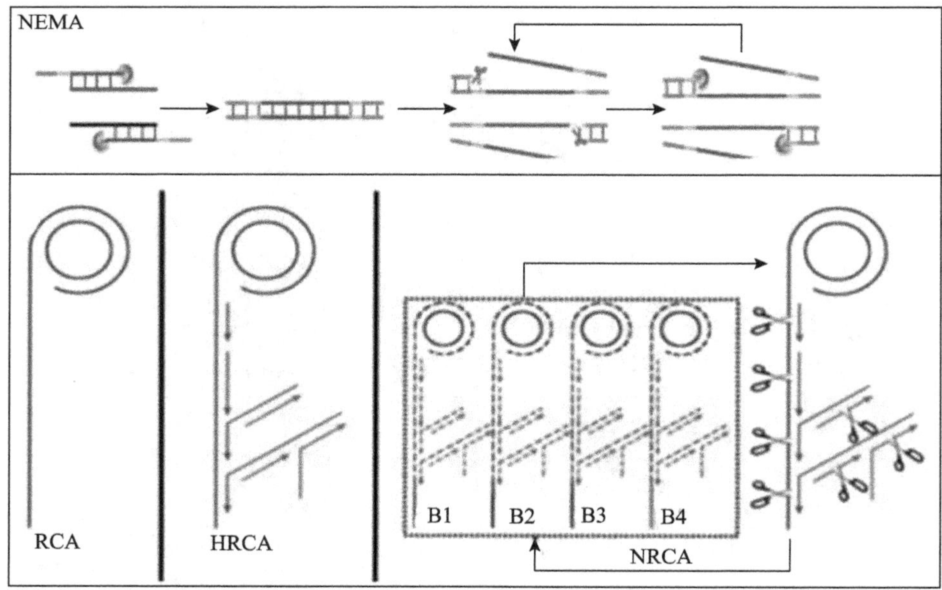
NEMA
RCA
HRCA
B1
B2
B3
B4
NRCA

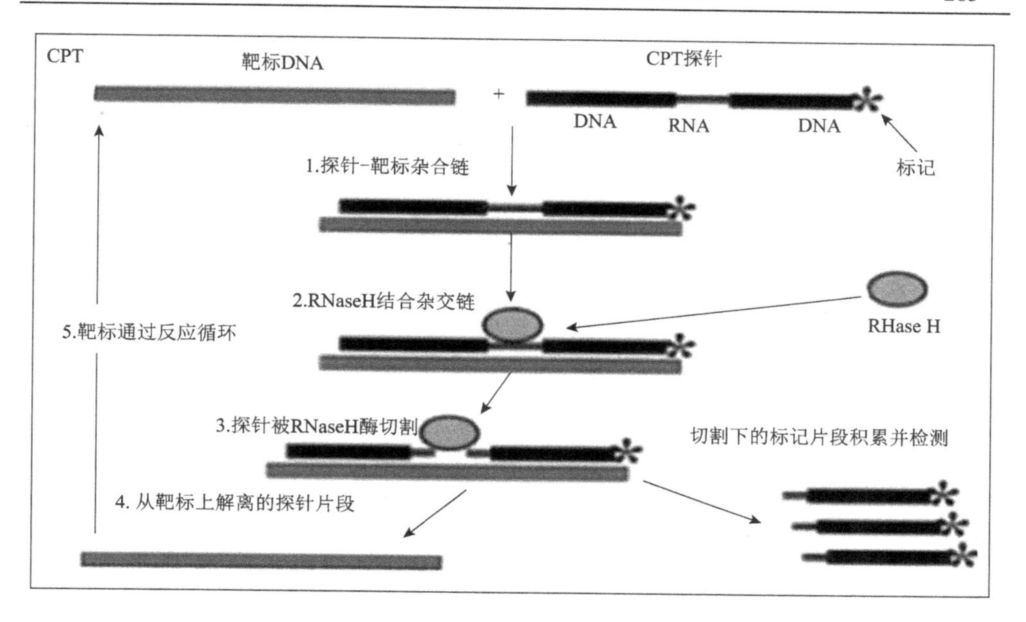

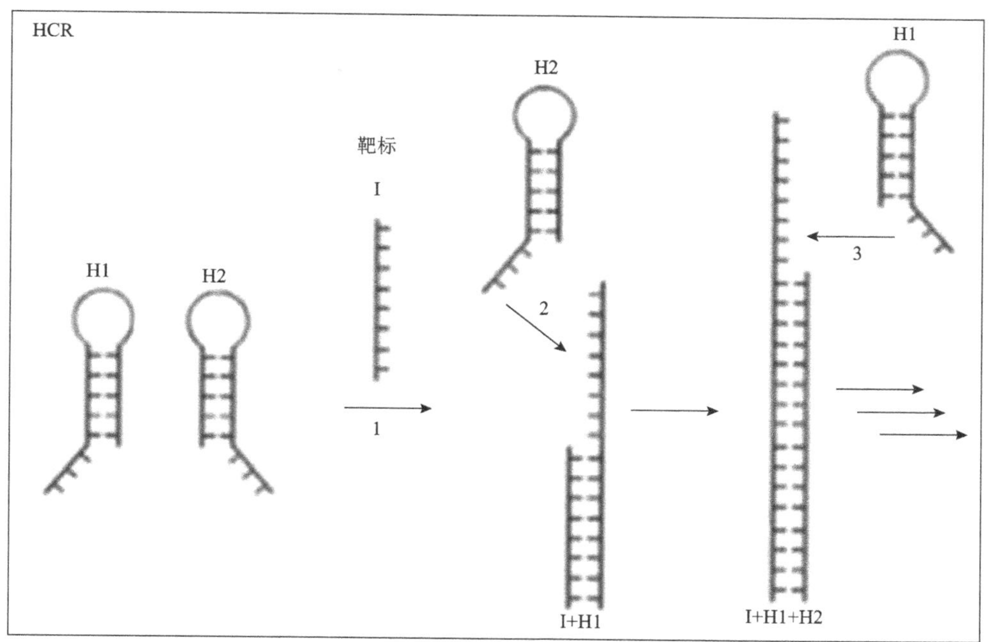

图 5.19　功能核酸恒温扩增技术原理图

明治结构。Xia 等[111]率先开展了相关研究工作。他们采用了标记亚甲基蓝的探针，当靶标物质存在时，可与信号探针杂交形成黏性末端，暴露出的单链可继续结合靶标物质，进而结合信号探针，如此循环形成超级三明治结构。这种方法的检测限（100 fmol/L）明显低于普通三明治结构的检测限（100 pmol/L）。在此基础上，Chen 等[112]引入辅助探针，与信号探针的两个部分互补配对，当靶标物质存在时，结合信号探针形成黏性末端，结合辅助探针，进而再次结合信号探针，如此循环，实现仅一个靶标物质分子就可以生成带有多个信号探针的 DNA 长双链。此方法检测限低至 100 amol/L。

2. 酶依赖的信号扩增技术

1）LAMP 技术

LAMP 技术最早由 Notomi 等[113]在 2000 年提出，是一种简单（一步式）、快速、高灵敏（6 拷贝数）的核酸扩增技术。LAMP 的实现依赖于其特殊的引物（每次扩增需 4～6 条引物）和有链置换作用的 Bst DNA 聚合酶。在扩增过程中，引物识别模板链特定的 DNA 片段。在扩增初期，使用四条引物，分别为上游引物、下游引物、内引物和外引物，在 Bst DNA 聚合酶的作用下延伸，形成哑铃形的 DNA 结构，然后进行延伸和链替代，得到双链 DNA 产物。整个扩增过程在 60～65℃，45～60 min 内即可完成。

LAMP 灵敏度高，可以扩增 6 个拷贝数的 DNA 片段，但是也容易被污染，产生假阳性。扩增产物可以通过浊度检测、电泳检测、荧光检测（荧光染料）等多种方式表征。随着 LAMP 技术的发展，多重 LAMP 方法目前已与多种技术结合，应用于检测领域，如多重微流控 LAMP[114]、实时多重 LAMP[115]。Chen 等[116]将多重 LAMP 与核酸侧流层析传感器进行结合。LAMP 过程中采用 2 条内引物作半抗原标记，靶标物质的两端通过“半抗原标记-抗体”识别体系进行检测，最后通过金纳米粒子进行信号输出。使用该方法，可在 50 min 内完成铜绿假单胞菌及其毒素基因的检测，最低检测限可达 20 cfu/mL。

2）依赖解旋酶扩增技术

依赖解旋酶扩增（helicase-dependent amplification，HDA）技术在 2004 年被首次报道，是一种类似于体内 DNA 复制的扩增方式[117]。HDA 利用解旋酶在腺苷三磷酸存在情况下的解旋活性，将 DNA 双链打开，无需热熔解步骤[118]。为了防止 DNA 链再次结合，加入单链结合蛋白与解旋的 DNA 单链结合。上游引物和下游引物与 DNA 单链结合，在 DNA 聚合酶的作用下延伸形成新链，新链又会被解旋酶打开并被单链结合蛋白结合，从而进入新一轮的解旋扩增循环，如此反复循环。在 60～65℃的单一温度下，60～120 min 内即可达到指数扩增。HDA 系统中使用热稳定 UvrD 解旋酶极大地提高了该方法在更高温度（60～65℃）下的特异性和灵敏度。但是解旋酶 UvrD 的解旋速度（20 bp/s）和持续性（每个结合解旋少于 100 bp）导致 HDA 不适用于长链扩增[117]。

HDA 已经被应用于多种靶标物质的检测，如致病菌[119]、埃博拉病毒

RNA[120]、单碱基突变[121]等。在与功能核酸侧流层析传感器联用时，通常将 HDA 反应体系中的上、下游引物分别作半抗原标记，通过 HDA 获得两端有不同半抗原标记的双链 DNA 产物[122]。HDA 中解旋酶使双链 DNA 解旋的过程不具有针对靶标物质进行检测的特异性，仅依赖于上、下游引物的特异识别，是扩增过程的限速因素，因此，Tong 等[123]结合限制性切克内切酶来提高检测过程中的特异性，减少扩增反应所需的时间。

3）重组酶聚合酶扩增技术

重组酶聚合酶扩增（recombinase polymerase amplification，RPA）技术首次于 2006 年被 Piepenburg 等报道[124]。在核酸扩增技术中，RPA 技术引起格外的注意。RPA 没有初始 DNA 双链熔解步骤，在 37～42℃时，20 min 内即可完成扩增。RPA 技术包括三种核心成分：结合单链核酸的重组酶、单链结合蛋白以及具有链置换活性的 DNA 聚合酶。重组酶在活细胞中用于修复和维护 DNA，在扩增过程中，重组酶与引物结合形成复合物定向寻找同源序列。当找到靶标序列时，在重组酶的作用下双链 DNA 被打开，引物插入。为了防止双链重新结合，单链结合蛋白与被打开的 DNA 单链结合。在 DNA 聚合酶的作用下，引物延伸得到新链，完成 DNA 模板链的指数型扩增（图 5.19）。

在进行 RPA 引物设计时，鸟嘌呤和胞嘧啶总含量应该为 30%～70%。最初报道 RPA 引物长度为 30～35 nt，但是，有文献使用 18～26 nt 的引物，也成功实现了 RPA[125, 126]。RPA 在室温到 45℃之间均可实现，其中报道最多的温度在 37～42℃之间。RPA 中不需要严格的温度控制，甚至人体加热都可以满足需求[127]。通常 20 min 内即可完成 RPA，因为 25 min 内重组酶就会消耗尽 ATP。但是在多重反应的情况下，延长反应时间是必要的，通常反应时间也不会超过 45 min[128]。

RPA 可以有效扩增 DNA 和 RNA 模板，已经广泛应用于多种目标的检测，包括细菌[129]、真菌[130]、寄生虫[131]、癌细胞[132]、病毒[133]和转基因[134]。检测和扩增时间的限制不同，这可能与靶标物质序列、样品种类、引物和扩增子长度等有关系。RPA 在终点检测和实时检测中都有应用，其中具有代表性的是试纸条检测[135]和实时荧光检测[136]。试纸条检测是一种低成本、可视的定性/半定量检测方法。相反，实时荧光检测能够实现扩增过程的实时检测，但需要特定的信号读取设备。

4）交叉引物扩增技术

交叉引物扩增（cross-priming amplification，CPA）技术是由杭州优思达生物技术有限公司独立研发成功的一种新的核酸恒温扩增技术，也是中国首个具有自主知识产权的核酸扩增技术。CPA 体系中除包含具有链置换功能的 Bst

DNA 聚合酶大片段外，还包括多条扩增引物，在 Bst DNA 聚合酶的作用下，不同位置的引物发生连续的循环扩增[137]。该反应通常在 65℃恒温下进行，得到双链 DNA 产物，反应时间约 1 h。

CPA 成本低，操作简单，在致病菌检测[138]、转基因检测[139]、病毒检测[140]等都有应用。CPA 产物可以通过浊度、扩增子电泳、双链 DNA 特异性荧光染料或环磷酸荧光试剂等进行检测。另外，也可以与试纸条检测传感器联合使用。Wang 等 [141]报道的多重 CPA 结合多重核酸侧流层析传感器，通过引物设计和侧流层析传感器检测线数量调整实现了多重检测。

5）恒温链置换聚合酶反应

恒温链置换聚合酶反应（isothermal strand-displacement polymerase reaction，ISDPR）是基于一条发夹模板、一条线性引物和具有链置换活性的 DNA 聚合酶，发夹与单链靶标 DNA 杂交后被打开，暴露出单链模板，线性引物进一步与模板 DNA 杂交，并在 DNA 聚合酶延伸后替代靶标 DNA，得到双链 DNA 产物，而被替代的靶标 DNA 可以继续打开新的发夹模板实现循环扩增，从而达到大量扩增的目的，该反应通常在 42℃恒温下进行。

此恒温扩增方式设计简单，操作方便。He 等 [142]将 ISDPR 技术与试纸条检测进行联合使用，实现核酸的可视化检测。他们将发夹和引物分别标记生物素和地高辛，所以扩增产物的两端分别被标记了生物素和地高辛。在试纸条检测线标记生物素抗体，扩增产物可以被固定在试纸条上，然后标记地高辛抗体的金纳米粒子与扩增产物结合，实现颜色信号的输出。

6）切克内切酶介导恒温扩增技术

切克内切酶介导恒温扩增（nicking endonuclease mediated isothermal amplification，NEMA）技术是利用切克内切酶和 Bst DNA 聚合酶实现的扩增反应。切克内切酶能够识别 DNA 双链特定的序列，并在特定位置切割其中的一条 DNA 链。DNA 链首先被普通引物和带有切割位点的引物扩增，得到带有切割位点的 DNA 双链产物。双链 DNA 的其中一条链被切克内切酶切割，在其他引物的作用下延伸，发生链替代扩增反应。NEMA 的扩增产物为 DNA 单链。

通常切克内切酶的最适孵育温度为 55～65℃。另外，NEMA 可以扩增 400～500 bp 的 DNA 序列，可以满足日常分子诊断需求。NEMA 被报道可以用于定量检测。如 Xu 等[143]开发出 NEMA-SMB 扩增方式，将 NEMA 与分子信标进行结合，分子信标使扩增过程以荧光信号的方式被表征出来，实现高特异性和高灵敏度的定量检测。虽然 NEMA 用于全基因组扩增时反应体系不够稳定，但是仍可作为链置换扩增反应的一个替代选择。

7）核酸序列依赖扩增技术

核酸序列依赖扩增（nucleic acid sequence-based amplification，NASBA）技术通过 AMV 逆转录酶、T7RNA 聚合酶、RNase H 三种酶和一对引物（下游引物 5′端带有 T7RNA 聚合酶启动子序列），得到 RNA 单链产物[144]。NASBA 被设计用于 RNA 扩增，但是某些情况下也可用于 DNA 扩增。NASBA 反应温度通常为 41℃，反应前需要双链高温分离步骤，若为 DNA 双链，则需 95℃处理，若为 RNA，则需 65℃处理。反应时间从 90 min 到 3 h 不等。NASBA 技术能够直接使用 RNA 单链作模板，不需要通过反转录合成 cDNA 模板，有效降低了核酸污染。

多重 NASBA 在 1999 年被首次报道，van Deursen 等在一个 NASBA 反应中使用生物素和 ECL 标记定量检测两个 mRNA [145]。另外，通过使用不同的荧光素基团标记的分子信标，可以实现多重实时 NASBA[146, 147]，可以使用特定的激发光和发射光滤光片同时测量不同的荧光团。

8）滚环扩增技术

滚环扩增（rolling cycling amplification，RCA）技术通过使用环状 DNA 模板和高度持续的 DNA 或 RNA 聚合酶实现短核酸靶标（DNA 或 RNA）的扩增，扩增产物为含有与环状模板互补的串联序列的长单链核酸。当短核酸链与环状 DNA 模板结合时，在聚合酶的作用下开始延伸，并替代已合成的链，形成长单链产物，长度可达 10^5 nt[148]。用于扩增 RNA 靶标时，通常使用 T7 RNA 聚合酶；用于扩增 DNA 靶标时，通常使用噬菌体 Φ29 酶、Bst 和 Vent exo-DNA 聚合酶。RCA 通常在 30～65℃温度下进行，在 30～90 min 内即可完成扩增[149]，并且在 10 个拷贝数 DNA 存在时即可启动反应[150]。

为了提高 RCA 反应的扩增效率，超支化 RCA 和网状 RCA 被开发（图 5.19）[151]。超支化 RCA 是在单一 RCA 的基础上，增加两种引物，使 RCA 产物又可以作为模板进行扩增。网状 RCA 是在超支化 RCA 的基础上，引入切口酶，切割下来的 DNA 单链又可以作为新的超支化 RCA 的引物，实现进一步的扩增。

将 RCA 应用于生物检测在 1998 年首次被报道。作为最受欢迎的恒温核酸扩增方式之一，RCA 在生物传感器和生物检测领域展现出巨大的潜力。目前被应用于 DNA 或者 RNA 的单碱基突变检测、miRNA、蛋白质、腺苷三磷酸等的检测。大多数检测技术被尝试应用于检测 RCA 产物，如微阵列[152]、伏安法[153]、荧光法[154]、表面增强拉曼光谱[155]、比色法[156]和化学发光法[157]。

9）恒温指数扩增反应

恒温指数扩增反应（isothermal exponential amplification reaction，IEXPAR）首次于 2003 年被报道，此扩增方式能够实现高灵敏度检测，其扩增的特异性取决于引物延伸和替代[158]。IEXPAR 技术以单链靶标为引物，通过基于切克内切酶和 Bst DNA 聚合酶实现链置换反应。根据靶标自主设计含有酶切位点的单链模板，引物经过 DNA 聚合酶延伸后与模板形成完整的切克内切酶识别位点，单链切割后发生链置换反应。该反应通常在 65℃恒温下进行。

IEXPAR 与其他链置换方法的不同之处在于其可以通过计算双链体稳定性评估引物与靶标结合和扩增的可能性，确保一旦引物与靶标结合，就可以进行扩增反应。通过对模板链的进一步设计，可以实现更高效的扩增。如 Wang 等[159]运用 IEXPAR 进行 mRNA 扩增时，将第一轮 IEXPAR 产物设计为新的 IEXPAR 的引物，实现进一步的扩增。但是 IEXPAR 不能用于长核酸链的扩增，这限制了其应用。

10）SDA 反应

SDA 反应最早于 1992 年被 Walker 等报道。SDA 需要热前处理解开双链 DNA，并采用 *Hinc*II 限制性切割酶和具有链置换作用的聚合酶。SDA 反应过程中所需引物 5′端含有 *Hinc*II 限制性内切酶识别的特定序列。因为合成中使用巯基修饰的脱氧腺苷三磷（dATP）酸代替 dATP，所以新合成的 DNA 链有硫代磷酸酯修饰，不能被 *Hinc*II 切割。原有引物在切割位点处被切割，在聚合酶作用下延伸 3′末端并取代下游 DNA 链，以此达到扩增目的。反应温度通常为 30～55℃。

SDA 被应用于检测多种靶标物质。SDA 可以与荧光基团结合用于致病菌的检测（如结核分枝杆菌），在扩增过程中，荧光标记探针与扩增产物结合，使荧光强度增强。另外，SDA 通过与适配体结合，也被应用于可卡因的检测[160]。基于 SDA 原理，利用 SYBR Green I 表征扩增产物，同样可以实现 miRNA 的检测。

11）循环探针技术

循环探针技术（cyclic probe technology，CPT）与上述信号放大方式不同，CPT 不扩增靶标序列，而是通过探针和酶的作用原理实现信号放大。循环探针为 25～30nt 的单链多核苷酸，包括三部分：3′端 DNA、中间 4～6 个碱基的 RNA 和 5′端 DNA。循环探针可以与靶标物质杂交形成双链。*RNase* H 酶仅能切割探针-靶标物质杂合物的磷酸-核糖核苷酸化学键，所以探针被切割为两段序列，靶标物质可以重新和未切割探针结合，循环后获得大量切割后的探针片段 DNA。此方法仅能应用于 DNA 靶标物质。CPT 反应温度为 55～65℃。CPT 产物可以通过多种方式检测，最常见的是使用放射性同位素标记探针的聚丙烯酰胺凝胶电泳[161]、抗体介导的比色酶测定[162]、试纸条检测[163]和磁性分离[164]。CPT 可以在某些条件下显示线性响应，便于定量。

12）TdT

TdT 是一种催化脱氧核苷酸结合到 DNA 或 RNA 分子的 3′羟基端的无需模板的 DNA 聚合酶，最早于 1958 年在牛胸腺中被发现[165]。TdT 可以催化 dNTP 或标记了小分子的 dNTP，如 Cy3-dNTP、生物素-dNTP，聚合于 RNA 或单双链 DNA 的 3′-OH 末端的反应，该反应不需要特定模板，但引物必须是至少有 3 个以上碱基的寡核苷酸。一般来说，TdT 对 RNA 模板的作用效率比 DNA 模板低，目前的研究也多以 DNA 为模板进行。TdT 对于引物分子的具体序列没有特殊要求，凡是带有突出、凹陷或平滑的 3′末端的单双链 DNA 分子均可作为引物，其中 3′突出末端掺入效率最高，而延伸产物的碱基序列则由反应池中 dNTP 的成分所决定[166]，TdT 已广泛用于溶液中 DNA 的延伸或在表面制备 DNA 纳米结构[167]。

当被用于检测中信号放大时，TdT 通常与 dGTP 相结合，增加 G 四联体的含量。Liu 等[166]通过 TdT 聚合制备富含 G 的随机 DNA 序列，并证明了这种随机富含 G 的 DNA 序列能够形成 G 四联体，通过实验得出，当 dNTP 池中有 60% dGTP 和 40% dATP 时扩增出的 G 四联体活性最高。此外，这些 G 四联体可以与氯化血红素结合以形成模拟过氧化物酶，并与 G 四联体特异性染料产生荧光配合物，实验原理如图 5.20 所示。基于以上原理，Liu 等研发了两种检测简单且无标记的检测 TdT 活性的策略，包括基于脱氧核糖核酸酶的比色测定法和实时荧光测定法，后者的检测限为 0.05 U。该实验的实时检测方法为临床诊断中关键酶的生化分析提供了一种可行的方法，且操作相对传统方法更加简便。

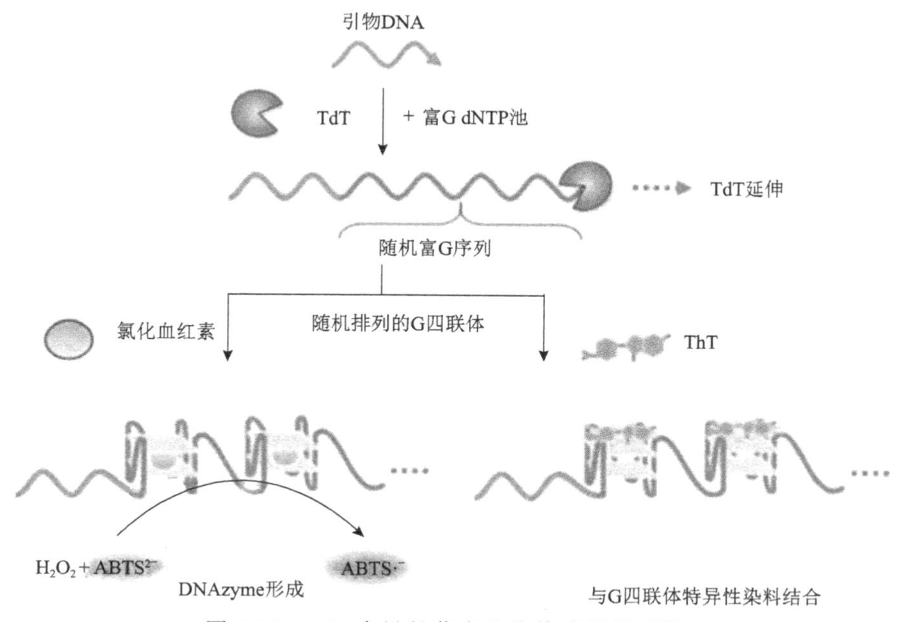

图 5.20　TdT 介导的荧光生物传感器原理图

5.3.3 恒温技术介导的信号输出技术

1. 恒温技术介导的荧光信号输出技术

荧光信号是比较灵敏的信号输出方式，在功能核酸生物传感器中应用广泛。荧光产生机理有所不同，最为经典的是荧光共振能量转移原理。荧光共振能量转移是指一个体系含有能量供体与能量受体两个荧光团，在供体被激发光激发后可以向受体发生能量转移，进而受体被激发，发出荧光，该种能量的属性是非辐射的[168]。另外，荧光共振能量转移机理对供体和受体的激发和发射光谱、两者间的距离和排列方式均有一定要求。

根据荧光信号分子与核酸的作用方式不同，可以大致分为标记型和无标记型。标记型是指将荧光信号分子通过共价键的方式，标记在核酸链上，通过核酸结构或位置的改变，对荧光信号产生影响。可以标记在核酸链上的荧光基团有罗丹明类、荧光素类、多环芳烃类等。无标记型中最具有代表性的是核酸染料，如单链核酸结合染料 SYBR Gold、SYBR Green Ⅱ等，双链核酸结合染料 SYBR Green Ⅰ、TOTO-3 等。纳米材料在荧光信号输出方面也有不同形式的应用，如金属纳米簇、量子点等。

2. 恒温技术介导的可视化信号输出技术

可视化检测主要是通过颜色的变化来实现的，无需借助任何仪器设备就可以获得检测结果。也可以借助酶标仪等仪器，进行更加准确的实验结果分析和定量检测。颜色信号一方面可以通过纳米材料在溶液中的状态发生变化，另一方面可以通过物质的催化活性催化底物产生有色物质而发生颜色变化。

在溶液中的不同状态来发生颜色变化最具有代表性的是金纳米粒子。金纳米粒子有灵敏度高、颜色变化明显、便于修饰核酸链等优势。基本原理为：金纳米粒子在分散状态呈现红色，在聚集状态时呈现蓝色。用柠檬酸盐法制备的金纳米粒子表面吸附了带负电荷的柠檬酸根离子，所以相互排斥形成分散体系，但是当加入盐时，其稳定性被破坏，由红色变为蓝色。当加入 DNA 单链时，可以稳定金纳米粒子的分散状态，溶液呈现红色。而当加入 DNA 双链时，由于其刚性的特点，可以促进金纳米粒子聚集，溶液呈现蓝色。除此之外，还可以通过金硫键将核酸链修饰到金纳米粒子的表面，通过核酸链的碱基互补，拉近金纳米粒子的距离，形成聚集状态。此反应可逆，当核酸解链后，金纳米粒子还可以形成分散状态。

目前被发现的很多纳米材料都有催化活性，通过催化底物产生有色物质也可以实现可视化检测。例如，DNA-Ag/Pt 纳米簇具有过氧化物酶的催化活性。Wu 等[169]利用此原理进行 L-半胱氨酸的检测。他们首先使用富胞嘧啶序列的

DNA 制备了 DNA-Ag/Pt 纳米簇，尺寸小、比表面积大的纳米结构能够有更多的活性位点，有更强的催化活性。当加入 L-半胱氨酸后，可以促进纳米簇聚集，减少活性位点，催化活性降低，催化 TMB 产生的有色物质变少，颜色变浅，实现 L-半胱氨酸的检测，检测限为 2.0 nmol/L。

3. 恒温技术介导的电信号输出技术

电化学生物传感器具有灵敏度高、操作简便、便于携带等优点。根据电化学信号产生的机理不同，可以大致分为两大类，一是通过改变电极表面的电荷分布产生电信号，二是通过催化氧化还原反应产生电信号。通常，第一种机理所使用的电信号物质通过直接标记在核酸末端、与单双链核酸结合、嵌入具有特殊构象的核酸中、游离于溶液中检测等方式表征电化学信号的产生，包括亚甲基蓝[170]、六氨合钌[171]、二茂铁[172]、铁氰化钾[173]等。第二种则通过与底物相互作用，促进氧化还原反应和电子转移产生电化学信号，常用的有 G 四联体、金属-有机骨架等。

4. G 四联体介导的信号输出技术

G 四联体是由 DNA 单链在空间内形成的构象，可以由一条、两条、三条或者四条 DNA 链组成。根据其链的方向不同，可以分为平行结构、反平行结构和混合平行结构。其稳定性受到环序列[174]、环长度[175]、离子环境[176]等多种因素的影响。利用其特殊的结构、与其他物质的相互作用以及强化过氧化物酶催化活性的特性可以进行多种信号的输出，应用最广泛的包括荧光信号、颜色信号、化学发光信号和电化学信号。

G 四联体主要可以通过三种方式产生荧光信号。第一种方式是通过其单链和四联体结构之间的空间结构变化实现荧光信号的输出。在 G 四联体核酸链的两端分别标记荧光基团和猝灭基团，当形成 G 四联体结构时，两个基团距离较近，可以实现荧光猝灭。当 G 四联体结构被破坏时，荧光基团和猝灭基团距离较远，荧光基团的荧光不能被猝灭，有荧光产生[177]。第二种方法是 G 四联体通过与多种物质结合，产生荧光信号，如中卟啉[178]、苯乙烯基喹啉[179]、原卟啉 IX[180]、四（二异丙基胍基）酞氰锌[181]、硫黄素[182]、噻唑橙[183]、结晶紫[184]等。第三种方法是通过增强氯化血红素或者铜离子过氧化物酶催化活性的特性，催化 ABTS[185]或者 TMB[186]产生荧光信号。此外，通过催化 ABTS[185]或者 TMB[186]也可以实现颜色信号的输出。应用鲁米诺发光原理可以实现化学发光信号的输出[187]。最后，通过两种方法也可以实现 G 四联体电化学信号的输出。第一，通过在电极表面 G 四联体结构的形成，结合氯化血红素，即产生电化学信号，在这种方法中氯化血红素作为电化学信号物质[188]。

第二，通过 G 四联体结合氯化血红素之后的过氧化物酶催化活性，催化氧化还原反应产生电化学信号，这种方法比第一种方法的灵敏度更高[189]。

5. 拉曼光谱信号输出技术

1928 年，Raman 发现了拉曼散射现象。拉曼光谱属于分子振动光谱，可以反映分子的特征结构。但是拉曼散射效应是个非常弱的过程，目前应用比较多的是表面增强拉曼光谱（SERS），用通常的拉曼光谱法测定吸附在胶质金属颗粒如银、金或铜表面的样品，或吸附在这些金属片的粗糙表面上的样品，其拉曼光谱的强度可提高 10^3～10^6 倍。关于增强机理的本质，学术界目前仍未达成共识，大多数学者认为 SERS 增强主要由物理增强和化学增强两个方面构成，并认为前者占主导地位，而后者在增强效应中只贡献 1～2 个数量级。

Qian 等[190]在玻璃基质标记肽核酸发夹，当靶标物质存在时，发夹结构被打开，并且复合物带有负电荷，可以与银纳米粒子静电吸附，增强拉曼光谱信号。检测限可以达到 34 pmol/L。

6. 表面等离激元共振信号输出技术

1902 年，Wood 在一次光学实验中，首次发现了 SPR 现象并对其做了简单的记录，但直到 1941 年，一位名叫 Fano 的科学家才真正解释了 SPR 现象。光在棱镜与金属膜表面上发生全反射现象时，会形成消逝波进入光疏介质中，而在介质（假设为金属介质）中又存在一定的等离子波，当两波相遇时可能会发生共振。当消逝波与表面等离子波发生共振时，检测到的反射光强会大幅度地减弱。当反射光完全消失时入射角就是 SPR 角。SPR 角随金属表面折射率变化而变化，而折射率的变化又与金属表面结合的分子量成正比。因此可以通过对生物反应过程中 SPR 角的动态变化获取生物分子之间相互作用的特异信号。

Wang 等[191]基于 SPR 原理利用金纳米粒子作为信号放大策略检测 miRNA。首先，将 DNA 探针标记在金芯片上，当靶标物质存在时可以引发三明治结构的形成，与标记核酸链的金纳米粒子杂交。标记金纳米粒子的核酸链可以在此基础上不断结合，实现信号放大的效果，此方法检测限达到 45 pmol/L。

5.4 荧光物质及功能核酸荧光生物传感器

5.4.1 荧光生物传感器的分子识别与发光机制

荧光生物传感器是以紫外或可见光作为激发光源，照射处于基态的分子，使其吸收能量，跃迁至激发态，进而由于激发态不稳定物质分子返回基态过程会散失部分能量，这部分能量转化为光能，这种光被称为荧光，即可用于检测荧光信号[192]。

荧光生物传感器广义上是由识别部分、转化部分以及荧光物质部分构成，其检测原理是待检测物被识别部分与转化部分特异性识别、结合、相互作用并转化为可引起荧光物质敏感的信号[193]，进而导致其光物理性质发生变化，主要包括，荧光的增强、猝灭、光谱位移等，其发光机制主要有光诱导电子转移（photo-induced electron transfer, PET）、分子内电荷转移(intramolecular charge transfer，ICT）、荧光共振能量转移、π-π 堆积激基缔合物/复合物的形成（excimer/exciplex formation）、化学发光（chemical emission）、激发态分子内质子转移（excited-state intramolecular proton transfer，ESIPT）、聚集诱导发光（aggregation induced emission，AIE）、上转换发光（upconversion luminescence，UCL）以及生物正交化学发光等。

1. 光诱导电子转移

光诱导电子转移是指电子给体或电子受体的电荷在激发光的作用下发生电子给予或者电子接受的过程，该过程会阻碍荧光基团的电子从激发态返回基态，引起荧光猝灭，若结合待检测物质时，荧光团被氧化或还原，可以阻止光诱导电子转移过程，使得荧光团恢复荧光。该过程可以分为两种类型，分别是 a-PET（reductive-PET）、d-PET（oxidative-PET），经常用于荧光增强型传感器设计，因此它也被称为配位增强型荧光，通常利用含孤对电子的原子作为识别物质，如氧原子、氮原子，检测对象可以是可进行配位识别的金属离子等被检测物。

2. 分子内电荷转移

分子内电荷转移,也称光致电荷转移(photo-induced charge transfer, PCT)，指分子在激发光的激发下，电子在分子内部发生转移，形成正负电荷分离的状态。荧光物质以耦合形式连接着给电子基团和吸电子基团，π 键可作为电子转移通道使整个荧光团分子成为一个共轭体，其中电子所受的力越强，分子内电荷转移效益就越强，荧光强度越强，光谱波长越长，当待检测物分别与吸电子基团和给电子基团结合时，分别会增强和减弱分子内的电子势，对应分子内电荷转移效应增强和减弱，波长红移和蓝移。

3. 荧光共振能量转移

荧光共振能量转移是指一个体系含有能量供体与能量受体两个荧光团,在供体被激发光激发后可以向受体发生能量转移，进而受体被激发，发出荧光，该种能量的属性是非辐射的。另外，荧光共振能量转移机理对供体和受体的激发和发射光谱、两者间的距离和排列方式均有一定要求。

4. π-π 堆积激基缔合物/复合物的形成

激基缔合物（excimer，简称 Er）和激基复合物（exicplex，简称 Ex）分别指激发态荧光基团与相同的和不同的基态荧光基团形成物质。激基复合物与缔合物的发射光谱与基态和激发态的荧光单体大有不同，会产生红移，同时其发射峰呈现强而宽且无精细结构的状态。蒽和芘等多环芳烃荧光团常用于此类探针的设计。

5. 聚集诱导发光

基于聚集诱导发光的荧光分子是一类具有螺旋结构的分子，具有游离状态不发荧光、聚集状态发射较强荧光的性质。具体机理是当这类分子以单体游离态被激发光激发后，被激发电子不以辐射跃迁的形式，而以分子内振动旋转形式回到基态，无法释放多余能量，不产生荧光；而当该类分子聚集时，被激发的电子无法通过分子内振动旋转释放能量回到基态，而是通过辐射方式释放多余能量，产生荧光。该类荧光分子可以很巧妙地结合分子溶解性来进行荧光传感策略的设计，基于该类荧光分子的荧光传感器具有信噪比高的特点。

6. 激发态分子内质子转移

基于激发态分子内质子转移的荧光分子是一类同时含有质子受体和质子供体的分子，具体转移过程是在激发光的作用下，质子以氢键作为通道到达质子受体氮、氧、硫等原子，使其发生异构化。目前，已有诸多荧光传感器基于此种机制设计。

7. 化学发光

化学发光是指物质在进行化学反应过程中发生的一种光辐射现象。两种可发生自发反应的物质发生化学反应后所释放的能量激发另一类物质从基态跃迁至激发态，这种被激发物质从激发态回到基态的过程中会释放能量，该部分能量以辐射形式释放出来，形成荧光。

5.4.2 荧光物质与功能核酸荧光生物传感器的分类

荧光生物传感器是一类最为灵敏的光学生物传感器之一，检测限往往能够达到单分子水平[194]。在设计功能核酸荧光生物传感器时，传统方法一般会在核酸等生物识别分子上标记荧光基团，常用的荧光物质有荧光素类、罗丹明类、氟硼类染料、香豆素类、萘酰亚胺、芘类、萘类、蒽类以及新型荧光物质等；为了减少标记所需的烦琐操作以及较高的成本，基于核酸染料的一些无标记荧光传感器也应运而生，如利用 DNA 嵌入染料 SYBR Green Ⅰ、TOTO 等；随着纳米技术和纳米材料的迅猛发展，荧光纳米材料如金属纳米簇、量子点等的引入开阔了荧光生物传感器的设计思路，将荧光传感与功能核酸结合后，可利用功能核酸稳定性好、灵敏度高，并可以将多种待检信号转为稳定的核酸信号的特点，扩大和增强荧光传感器检测范围与检测效率。

根据不同的荧光物质特点以及其与多种功能核酸作用后的发光响应机制，将功能核酸荧光生物传感器分为核酸链标记型功能核酸荧光生物传感器、G 四联体功能核酸荧光染料结合型荧光生物传感器、金属离子诱导 G 四联体功能核酸结合型荧光生物传感器、单链核酸荧光染料结合型荧光生物传感器、双链核酸荧光染料结合型荧光生物传感器、特定序列核酸荧光染料结合型荧光生物传感器、碱基类似物介导的功能核酸构象诱导型荧光生物传感器、金属功能核酸纳米簇荧光生物传感器、非金属功能核酸纳米荧光生物传感器、水溶性功能核酸共轭聚合物荧光生物传感器等，并就其原理特点与应用方式进行介绍与评价。

5.4.3　核酸链标记型功能核酸荧光生物传感器

通常，在功能核酸荧光生物传感器的构建过程中，需要在核酸上面标记荧光物质，这些荧光物质可以分为荧光素类、罗丹明类、氟硼类染料、香豆素类、萘酰亚胺、芘类、萘类、蒽类以及新型荧光物质等，根据检测对象不同选择不同的荧光报告基团以共价键形式标记在核酸上。这类核酸链标记型功能核酸荧光生物传感器的检测原理是通过核酸结构改变而改变猝灭基团与荧光基团的距离引起荧光信号的变化，或通过核酸扩增等变化引起标记物质的相对位置或性质发生变化，满足其发射荧光条件，进而引起荧光信号的变化。另外，核酸链标记型功能核酸荧光生物传感器还可以根据荧光物质所标记核酸链的状态、数量将其分为单标记荧光生物传感器、双标记荧光生物传感器、序列内部荧光标记传感器以及 HCR 结构标记型荧光生物传感器等，以下结合荧光物质特点以及与核酸的标记方式进行介绍。

1. TAMRA 罗丹明类

罗丹明类染料是生物技术中常用的荧光染料之一，主要包括 R101、四乙基罗丹明 RB200 和羧基四甲基罗丹明（TAMRA）等。其中 TAMRA 是罗丹明类荧光素衍生物的一种，6-TAMRA 被广泛使用于荧光标记试剂盒中，它与荧光素相比具有较多优势，如 TAMRA 具有更好的光稳定性，另外，TAMRA 在 pH 4～10 之间其光谱也不会受到影响，易于被水银弧光灯的 546 nm 光谱线、全内腔绿光 He-Ne 激光器的 543 nm 光谱线等激发光所激发，另外，TAMRA 除可用于寡核苷酸标记外还可用于蛋白标记。

铅离子是一类被广泛应用于工业生产的剧毒重金属，对环境和人类健康具有重要影响，铅中毒的主要来源有含铅油漆、汽油以及受铅污染的土壤，铅进入人体后，可引发消化系统、泌尿系统以及神经系统疾病，因此对铅离子的识别和检测受到广泛关注。Lu 和 Li[195]于 2000 年报道了一种用于检测铅离子的 TAMRA 单标记功能核酸荧光生物传感器。该传感器设计了一条 5′端以共价键形式标有 TAMRA 荧光基团的 8-17 DNAzyme 底物链与一条 3′端标有 Dabcyl 猝灭基团的 8-17 DNAzyme 酶链，在无铅离子存在以及解链温度高于室温的情况下，该条底物链会通过 Watson-Crick 键碱基对与其酶链相连，呈惰性，另外在猝灭基团的猝灭作用下体系呈低荧光状态。当铅离子存在时，8-17 DNAzyme 被激活，催化切割底物链，使其解链温度变低在室温下呈不稳定状态，进而标有荧光基团的底物链从酶链脱离，同时与标有猝灭基团的序列分离，荧光基团重新发出荧光。测试结果表明该种 DNA 传感器的检测限为 10^{-8} mol/L。此后，另一种铅离子 GR-5 DNAzyme 也被应用于荧光生物传感器并显示出更好的的选择性[图 5.21（a）]。

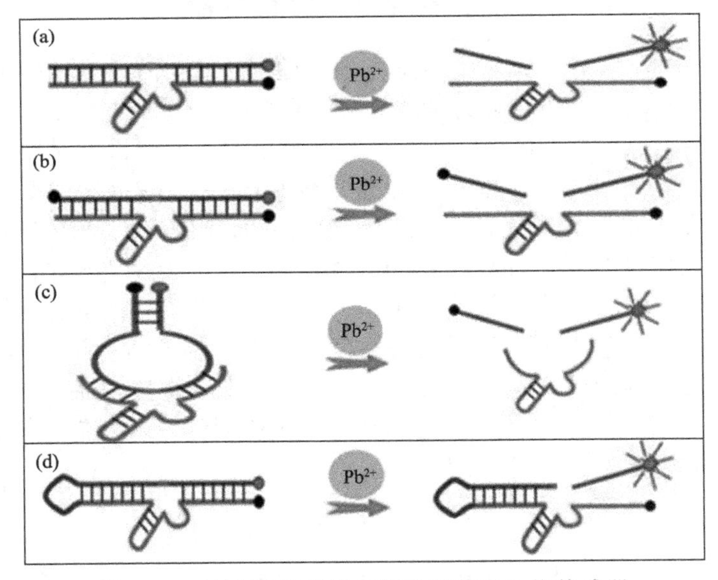

图 5.21　核酸链标记型功能核酸荧光生物传感器

（a）核酸链单标记型荧光生物传感器；（b）核酸链双标记型荧光生物传感器；（c）核酸分子信标标记型荧光生物传感器；（d）核酸发夹标记型荧光生物传感器

2. 荧光素类

荧光素类荧光物质包括异硫氰酸标准荧光素（FITC）以及羧基荧光素（FAM）、四氯荧光素（TET）等衍生物。其中，FAM 是一种常用的荧光素衍生物，5-FAM 与 6-FAM 应用较为普遍，其中 5-FAM（NH_4）更是广泛应用于荧光标记试剂盒中，FAM 具有荧光素衍生物的普遍特性，在水中稳定，可被氩离子激光器的 488 nm 的光谱线所激发。与 FITC 相比，FAM 与氨基反应更快，产物也更稳定，适宜用于 DNA 自动测序、核酸探针等领域。

为了提高功能核酸荧光生物传感器的相关性能，Lan 等[196]同样针对铅离子检测，设计了一种双标记功能核酸 FAM 荧光传感器，其设计是在单标记荧光生物传感器的结构基础上，在底物链的 3′端加标了一个猝灭基团，以降低底物链未切割时的荧光背景值。除了在酶链和底物链的终端修饰荧光基团外，Chiuman 等[197]设计了多种荧光基团被修饰于序列内部不同位置的荧光传感器，测试得到的荧光信号最高获得 85 倍的提升。另外，更多种类的酶底物链结构也不断被引入，Nagraj[198]和他的团队将标有 FAM 荧光和猝灭基团的铅离子 8-17 DNAzyme 底物链设计为分子信标形式，该传感器同样利用铅离子 DNAzyme 切割底物链使体系荧光增强的原理，但在无靶标物质时，分子信标荧光探针的荧光猝灭率更高，体系背景值也更低，其检测限达到了 600 pmol/L。Wang 等[199]将 8-17 DNAzyme 酶链与底物链设计成一条发夹状长链以加强其结合率，同时将 FAM 荧光基团与猝灭基团标记于核酸链的两端，该传感器的检测限可达到 2 nmol/L[图 5.21（b）～（d）]。

3. 多环芳烃类

除上述荧光基团外，萘、蒽、芘等多环芳烃也是一类重要的荧光物质，两个相同的多环芳烃在一定距离下可形成激基缔合物，进而引起发射光谱的变化，利用此种荧光信号的变化可进行检测。杂交链式反应是由 Dirks 和 Pierce 于 2004 年提出的一种新型体外核酸恒温扩增技术，不需要酶和温度循环辅助，仅依靠核酸发夹中储存的能量，在催化链的存在下，触发 DNA 核酸发夹自组装成一种核酸纳米结构，实现信号的放大。该方法在常温下即可进行，操作简单，实验成本低。

由于功能核酸可以将多种检测信号转为核酸信号，因此针对核苷酸检测的检测原理具有一定的通用意义。2011 年，利用两末端标有芘分子 H1 与 H2 核酸发夹探针结合 HCR 扩增技术设计一种高灵敏检测目标核酸序列的荧光生物传感器[200]，该种传感器还可根据不同的核酸序列设计相应的检测探针，其基本原理是两个核酸发夹探针两端均用芘分子标记，当靶标 DNA 不存在时，两个探针呈发夹结构，此时芘分子以单体形式存在，只能检测到波长为 375 nm 和 398 nm 的荧光；当靶标 DNA 存在时，引发杂交链式反应，相邻两个芘分子以二聚体形式结合，在 485 nm 处可检测到芘分子二聚体荧光信号，此时，芘分子二聚体在 485 nm 处的荧光强度可表示靶标 DNA 的浓度。

5.4.4　G 四联体功能核酸荧光染料结合型荧光生物传感器

G 四联体功能核酸荧光染料结合型荧光生物传感器是一类选用可与 G 四联体核酸结构结合的核酸荧光染料的无标记型功能核酸荧光生物传感器。利用其进行检测时，随着目标物的加入，核酸发生 G 四联体结构化或去结构化的改变，影响核酸染料与核酸结合，从而引起荧光信号发生变化。该类核酸荧光染料通常是核酸嵌入型染料或纳米簇等，主要包括三苯甲烷类（TPM）染料、*N*-甲基卟啉二丙酸 IX（NMM）、苯乙烯基喹啉（SQ）等。目前将荧光染料与 G 四联体相结合的荧光生物传感器已被广泛应用。

1. 三苯甲烷类染料

三苯甲烷类（TPM）染料是一种重要的有机试剂，其结构的主要特征是在中心碳原子周围连接三个苯环，其中一个苯环与碳原子以双键相连。根据连接的助色团的不同，TPM 染料分为酸性染料与碱性染料，酸性染料中多含有磺酸基，而碱性染料则多以季铵盐形式存在，常见的碱性 TPM 染料有孔雀石绿、甲基紫、结晶紫、乙基紫和甲基绿等，这几种染料的主要区别是苯环上取代基的数目和大小不同。TPM 染料在荧光显色过程中，独立存在时由于振动去激发，仅显示很微弱的荧光，但是通过降低温度、与核酸适配体结合等途径可以限制振动从而使荧光增强。

银是人体内的微量元素之一，广泛应用于医药、摄影、电子等工业中，银离子具有很强的氧化性，高浓度的银离子进入生物体后会产生严重危害，如引起人体内脏器官水肿等症状，严重时致人死亡，而半胱氨酸、同型半胱氨酸和还原型谷胱甘肽等生物硫醇在人体的生理活动中起着重要的作用，生物硫醇的异常显示与人体多种疾病有关，因此，这两种物质的检测具有重要意义。Guo 等[201]和 Lu 等[202]设计了两种基于 G 四联体，能够极大提高 TPM 染料和 SQ 染料荧光强度的分别用于检测银离子与半胱氨酸的功能核酸荧光传感器。其检测机理是自由态的 TPM 染料和 SQ 染料发出极其微弱的荧光而结合 G 四联体后荧光强度大大增强，但是，当加入银离子后，银离子由于鸟嘌呤的作用，将会破坏 G 四联体与荧光染料的配合物结构，从而导致荧光强度减弱；而半胱氨酸能与银离子作用，因而加入半胱氨酸时，银离子被半胱氨酸从富 G 寡核苷酸链置换出来，G 四联体重新形成，TPM 染料或 SQ 染料荧光强度恢复，通过这种银离子与半胱氨酸的交替加入实现对 G 四联体的破坏与荧光强度的改变，进而达到双重检测的目的[图 5.22（a）]。

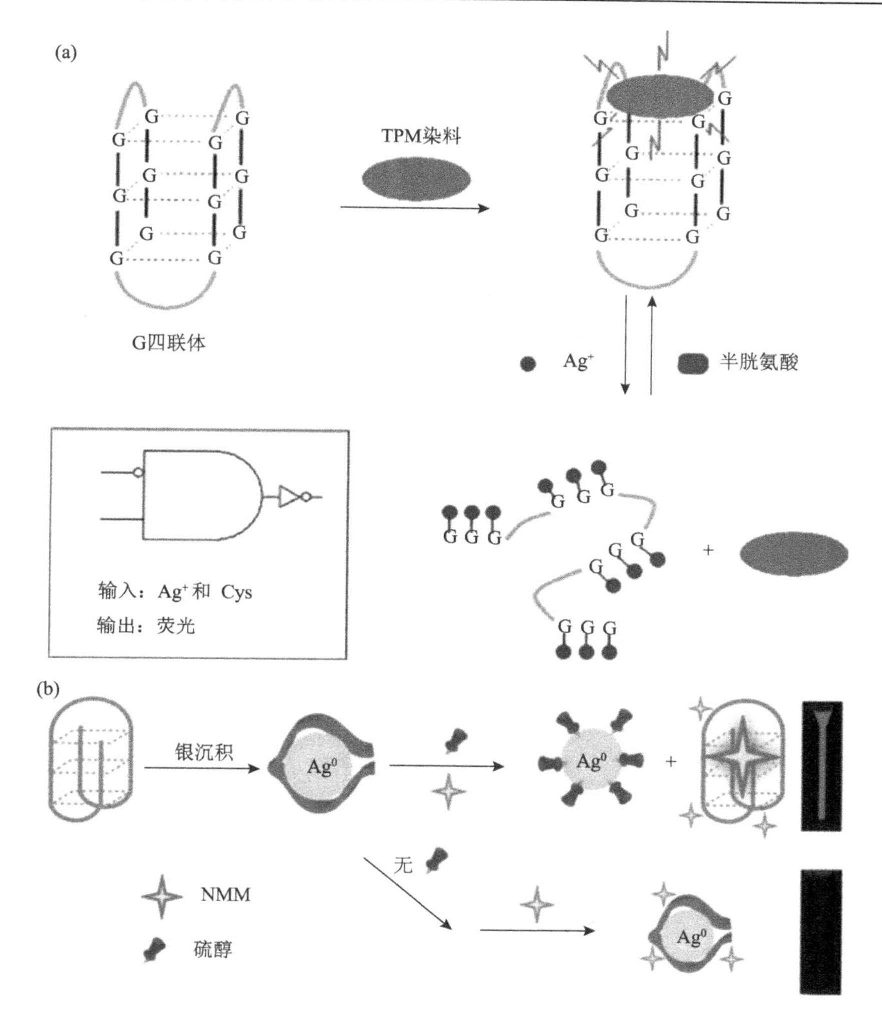

图 5.22　G 四联体功能核酸荧光染料结合型荧光生物传感器

（a）G 四联体功能核酸三苯甲烷类荧光染料结合型荧光生物传感器；（b）G 四联体功能核酸 *N*-甲基卟啉二丙酸 IX 荧光染料结合型荧光生物传感器

2. *N*-甲基卟啉二丙酸 IX

N-甲基卟啉二丙酸 IX（NMM）荧光染料于 1998 年被 Arthanari 等[203]报道。这种荧光染料可以和 G 四联体结构发生特异性结合，但不与单链 DNA、双螺旋结构 DNA 结合，与 G 四联体结构结合后荧光强度有显著的增强。荧光染料 NMM 由于对 G 四联体结构特异性识别、无需标记、成本较低、对实验条件要求低、稳定性高，已被广泛用于 DNA[204, 205]、重金属离子[206, 207]及核糖核酸酶等检测。

Chen 等[208]同样设计了一种可以同时检测硫醇类物质与银离子的功能核酸荧

光生物传感器，该传感器同样基于 NMM 可与 G 四联体特异性结合的特性，首先，设计了一条含有 G 四联体序列的 DNA 链，然后再加入 Ag^+，DNA 链与 Ag^+相结合；当加入生物硫醇与 NMM 后，Ag^+与生物硫醇间生成更稳定的 Ag—S 键，剩下一条含有 G 四联体序列的 DNA 链与 NMM 结合，产生强烈的荧光信号，从而实现对生物硫醇的检测。反之，只加入 NMM 时，DNA 链与 Ag^+相结合，此时，并没有明显的荧光信号产生。另外，Ren 等[209]和 Wang 等[210]基于 G 四联体结构和 NMM 的特异性识别与核酸杂交链式扩增技术的结合设计了分别用于检测 DNA 与腺苷的无标记荧光传感器[图 5.22（b）]。

5.4.5　金属离子诱导 G 四联体功能核酸结合型荧光生物传感器

金属离子诱导 G 四联体功能核酸结合型荧光生物传感器主要分为两类，一类借助金属离子诱导核酸单链形成 G 四联体，进而与核酸荧光染料结合引起荧光信号增强或金属离子与核酸染料竞争结合 G 四联体，破坏原染料与 G 四联体结合状态，引起荧光信号减弱的无标记型功能核酸荧光生物传感器。该类荧光传感器较为巧妙地应用于金属离子检测，其中 G 四联体也是金属离子的特异性配体。该类核酸荧光染料主要包括硫磺素 T、噻唑橙、原卟啉等。

1. 硫磺素 T

硫磺素 T（thioflavin T，ThT）又称碱性黄，是一种苯并噻唑荧光染料，可与 G 四联体结合形成配体，增强荧光强度。锌是生物体中含量仅次于铁的微量元素，在基因表达、细胞凋亡、酶的调节、免疫、神经传递等多种生命进程扮演重要角色，Shen 和他的团队[182]报道了一种针对锌离子检测的荧光生物传感器。其设计基于锌离子与核酸染料竞争诱导结合 G 四联体，其检测基本原理是，当锌离子不存在时，硫磺素 T 可与 G 四联体结合，荧光强度显著增强；然而当锌离子存在时，硫磺素 T 与锌离子竞争结合核酸，硫磺素 T 将被锌离子诱导形成的 G 四联体配合物释放出来，导致荧光强度显著减小，检测限可达 0.91 μmol/L，如图 5.23（a）所示。

2. 噻唑橙

噻唑橙（TO）单体时荧光强度较低，可与锌离子诱导 G 四联体配合物结合，荧光增强。利用该种染料可设计另一类金属离子诱导 G 四联体结合型荧光生物传感器，即借助金属离子诱导核酸单链形成 G 四联体，进而与核酸荧光染料结合引起荧光信号增强的荧光传感器。2015 年，Shen 和他的团队[211]设计了一种针对锌离子检测的无标记荧光生物传感器，其检测限可达 0.71 μmol/L，在 0～

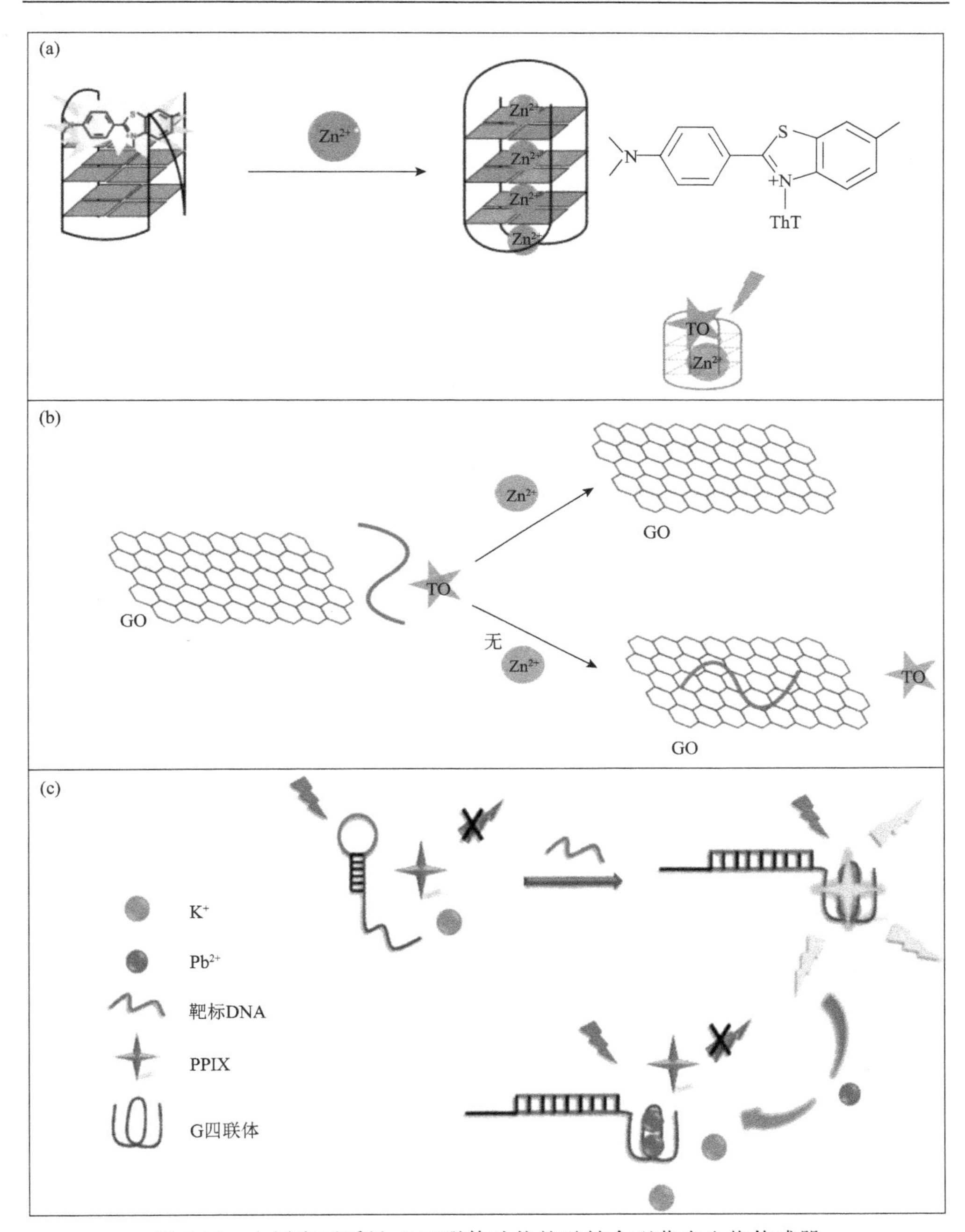

图 5.23　金属离子诱导 G 四联体功能核酸结合型荧光生物传感器

（a）金属离子诱导 G 四联体结合型硫磺素 T 荧光生物传感器；（b）金属离子诱导 G 四联体结合型噻唑橙荧光生物传感器；（c）金属离子诱导 G 四联体结合型 PPIX 荧光生物传感器

30 μmol/L 呈线性相关。该传感器设计时，TO 作为荧光探针，可与锌离子诱导形成的 G 四联体进行结合，而氧化石墨烯则用于减弱 TO/功能核酸检测系统的荧光背景。当锌离子不存在时，单链适配体被氧化石墨烯所吸附，体系呈低荧光状态；然而当锌离子存在时，锌离子诱导核酸单链形成 G 四联体，并使其与氧化石墨烯分离，TO 进而与锌离子诱导形成的 G 四联体结合，荧光强度显著增强[图 5.23（b）]。

3. 原卟啉

Cui 和他的团队[212]设计了一种 DNA 和铅离子双重检测的荧光传感器，并且铅离子检测限可以达到 2.6 nmol/L，检测原理基于金属离子与核酸染料竞争诱导结合 G 四联体。检测过程中，当靶标 DNA 存在时，发夹结构打开并且释放 G 四联体序列，原卟啉（PPIX）诱导序列形成 G 四联体结构并与之结合，引起荧光信号显著增强；然而当铅离子存在时，与 PPIX 竞争诱导 G 四联体结构，形成更稳定的铅离子诱导型 G 四联体，并且该结构无法与 PPIX 结合，进而引起荧光信号减弱。另外，最近几年，研究人员也在探索更多不同种类的荧光物质与 G 四联体（如 T30695 和 AGRO100）的特异性结合对，进而开发更多种类的金属离子诱导 G 四联体结合型荧光生物传感器[图 5.23（c）]。

5.4.6　单链核酸荧光染料结合型荧光生物传感器

单链核酸荧光染料结合型荧光生物传感器是一类基于可与单链核酸结合的荧光染料的无标记型功能核酸荧光生物传感器。其基本原理是当核酸分子构型为非单链构型时，荧光染料呈游离状态，荧光强度较弱，反之，核酸分子变为单链结构时，荧光染料分子与单链核酸结合，荧光强度大大增强，可用于特异性的检测与单链核酸的形成有关的靶标物质。该类核酸荧光染料通常是核酸嵌入型染料，主要包括 SYBR Gold、SYBR Green II 等。

SYBR Gold、SYBR Green II 属于 1995 年由 Molecular Probes 公司推出的 SYBR 系列荧光染料。SYBR 系列荧光染料本质是一种非对称花菁类化合物，与核酸具有极高亲和力，同时具有高灵敏度的特性，自推出后在国内外实验中备受推崇并已很大程度上商业化。SYBR Gold、SYBR Green II 主要在核酸检测中作为核酸凝胶染色试剂，用于 RNA 或 DNA 单链的染色，SYBR Green II 在紫外激发光激发下发出亮绿色，SYBR Gold 发出显眼的亮金黄色。其单体在水溶液中的荧光强度很弱，但是当与单链核苷酸相互作用时，可观察到明显增强的荧光信号，具有高灵敏性、信噪比高、使用方便、成本低等优点。

Xu 等[213]报道了一种针对叶酸受体蛋白的荧光传感器，该传感器基于叶酸受体蛋白对核酸链的保护作用和 SYBR Gold 可结合单链核酸的特点进行设计，设计了一条 3′末端标记叶酸的单链 DNA，没有目标待测物时，外切酶 I 会将核酸单链切割，SG 染料不与单个碱基结合，荧光强度较弱；当靶标蛋白加入时，与叶酸结合，叶酸蛋白与叶酸的结合物可保护核酸单链不被外切酶 I 切割，保持单链状态，进而结合荧光染料，使体系荧光信号增强（图 5.24）。

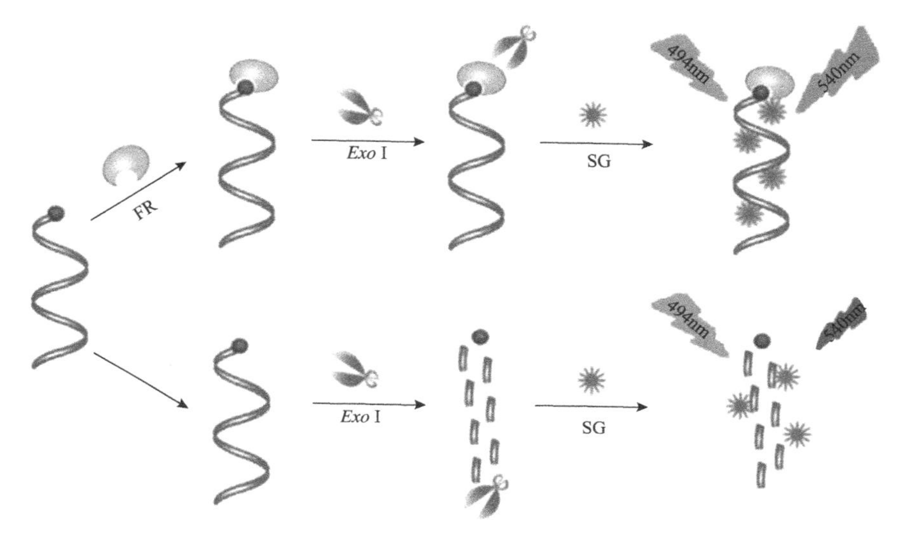

图 5.24　单链核酸荧光染料结合型荧光生物传感器

5.4.7　双链核酸荧光染料结合型荧光生物传感器

双链核酸荧光染料结合型荧光生物传感器是一类基于可与双链核酸结合的荧光染料的无标记型功能核酸荧光生物传感器。其基本原理是当核酸分子构型为非双链构型时，荧光染料呈游离状态，荧光较弱，反之，变为双链结构时，荧光染料分子与核酸结合，荧光强度大大增强，用于特异性检测可与双链核酸的形成与稳定有关的靶标物质。该类核酸荧光染料通常是核酸嵌入型染料，主要包括 SYBR Green I、YOYO、TOTO 等。

1. SYBR Green I

SYBR Green Ⅰ，也是 SYBR 系列荧光染料的一种核酸嵌入型染料，发绿色荧光，可在双链核酸双螺旋小沟结构区域与核酸结合。该种荧光染料在游离状态时，只能发出微弱荧光，而与双链 DNA 结合后，荧光强度大大增强，这种性质已经被广泛应用于特异性检测与 DNA 双链的形成有关的靶标物质。Kong 等[214]发展了一种针对凝血酶和 ATP 等小分子检测的双链核酸 SYBR Green I 结合型荧光生物传感器，该传感器主要依据该核酸染料与适配体可结合其靶标物质的特点，首先，检测物的适配体核酸链与其互补链互补配对形成双链结构，可结合

SYBR Green I 染料形成较强荧光，当加入靶标物质后，核酸链解离，荧光染料被释放，荧光强度减小[图 5.25（a）]。

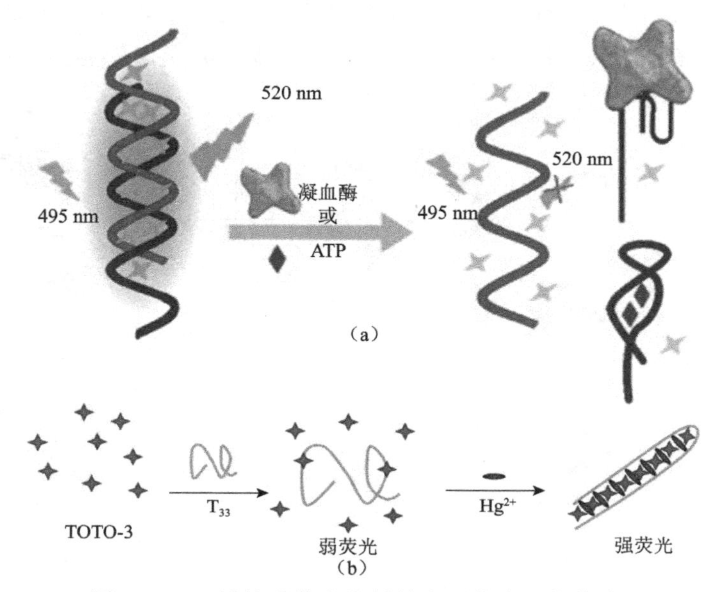

图 5.25　双链核酸荧光染料结合型荧光生物传感器

（a）双链核酸 SYBR Green I 结合型荧光生物传感器；（b）双链核酸 TOTO-3 结合型荧光生物传感器

2. TOTO-3

TOTO-3 是一种游离态荧光较弱，而结合双链核酸后荧光显著增强的核酸嵌入型荧光染料。结合信号放大与荧光传感理论，该种荧光染料较为广泛地应用于双链核酸相关的靶标物质检测中。汞离子具有高毒性和易于在生命体积累的特点，汞中毒会引起心血管、神经系统、生殖系统等系统疾病，因此汞离子的检测对人类的健康具有重大意义。Chiang 等[215]设计了一种汞离子无标记型功能核酸荧光检测技术，基于富含 T 碱基核酸单链/TOTO-3 荧光探针的设计中，当无汞离子存在时，由于富 T 探针序列单链呈游离状态，TOTO-3 呈现很微弱荧光；当向体系加入汞离子后，T-Hg^{2+}-T 错配诱导富 T 探针序列分子内折叠形成双链，此时，TOTO-3 与双链探针结合，荧光强度显著增加。该方法可在 15 min 内完成检测，灵敏度 0.6 μg/L，并且荧光强度与汞离子浓度在一定范围内呈线性相关，因此可以在一定程度上实现离子浓度监控[图 5.25（b）]。

5.4.8　特定序列核酸荧光染料结合型荧光生物传感器

特定序列核酸荧光染料结合型荧光生物传感器是一类基于可与特定序列结合的荧光染料的无标记型功能核酸荧光生物传感器。其基本原理是当核酸分列时，荧光染料呈游离状态，荧光较弱；而当核酸序列是核酸染料的适配体序列时，荧光染料分子将与单链核酸结合，荧光强度大大增强，可用于特异性检测与特定序列的产生有关的靶标物质。该类核酸荧光染料主要包括孔雀石绿等。

Xu 课题组[216]设计了一种针对腺苷检测的无标记的荧光传感器，它利用孔雀石绿与特定的 DNA 序列结合，产生强烈的荧光信号的原理，首先设计了一条包含腺苷的 DNA 适配体序列（蓝色部分）和包含孔雀石绿的 RNA 适配体序列（红色部分）的适配体链，另一条是被称桥接链的含有与腺苷和孔雀石绿都部分互补的 DNA 链（棕色部分）。桥接链的作用是：无腺苷存在时，在室温的缓冲液中，适配体和桥接链形成稳定的络合物，以防止孔雀石绿适配体链与孔雀石绿结合产生强烈的荧光信号。此时，被保留在溶液中的游离孔雀石绿几乎没有荧光信号。当存在腺苷时，适配体链与腺苷结合，留下的适配体链与桥接链之间碱基互补的数量减少，此时在室温下不太稳定，从而释放出桥接链。最后，孔雀石绿与其适配体链相结合，荧光信号明显增强（图 5.26）。

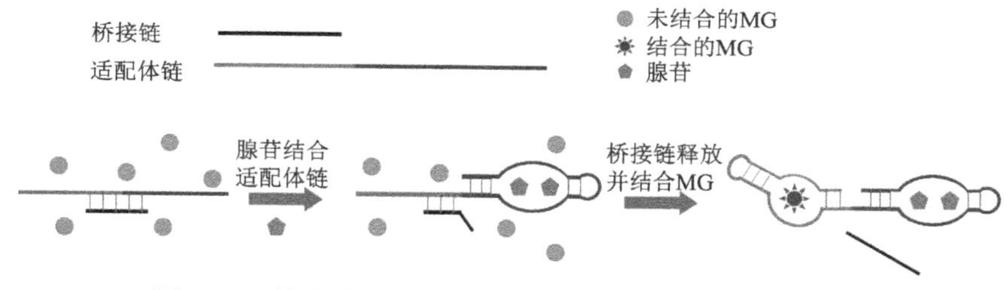

图 5.26　特定序列核酸荧光染料结合型荧光生物传感器

5.4.9　碱基类似物介导的功能核酸构象诱导型荧光生物传感器

荧光技术在核酸体系的研究中具有重要作用，天然碱基结合对内荧光弱，荧光量子产率低，因此需要通过共价或非共价键将荧光团引入到核酸体系，以非共价形式引入的荧光基团多数是诸如溴化乙锭、二聚噁唑黄等核酸嵌入物，而以共价键连接入寡核苷酸序列骨架末端或者内部的荧光团也都仅作为外部修饰，处于碱基堆积外部。而荧光碱基类似物是一种内部修饰的荧光团，修饰时处于碱基堆积内部，这是由于它与天然碱基形状类似，具有天然碱基的氢键面，可与互补碱基形成氢键并且对核酸结构扰动较小，因此使用荧光碱基类似物测量核酸系统的性质，其结果干扰度更小。该类核酸荧光染料主要包括 2-氨基嘌呤等嘌呤类荧光碱基类似物、吡咯-dC 等嘧啶类荧光碱基类似物。

碱基类似物介导的核酸构象诱导型生物传感器是一类基于荧光强度可

随核酸形态变化而变化的荧光碱基类似物的标记型功能核酸荧光生物传感器。其检测基本原理是荧光碱基类似物作为核酸标记物，当核酸分子为一般形态时，荧光染料分子荧光强度较弱，而当核酸链发生特定形态变化时，荧光染料分子荧光强度大大增强，可用于特异性检测与特定核酸形态产生有关的靶标物质。

1. 2AP

2-氨基嘌呤（2AP）是腺嘌呤的结构类似物，它具有很强的荧光，其荧光强度与核酸结构变化的相关性很强。当 2AP 标记在 DNA 分子结构内部时，由于邻近碱基的堆叠以及其他碱基的碰撞，其荧光被很大程度地猝灭，当 DNA 分子结构发生折叠时，2AP 碱基被释放，邻近碱基对其的堆叠作用减弱，荧光强度增强。根据这种原理，Zhou 等[217]报道了两种分别针对汞离子与银离子检测的荧光传感器，在该种传感器中，2AP 分别从聚胸腺嘧啶寡核苷酸链与聚胞嘧啶寡核苷酸链的中间部位嵌入作为标记，这两种传感器在对应的汞、银两种离子存在的情况下，2AP 两侧的 DNA 分子结构发生折叠时，2AP 碱基被释放，邻近碱基对其的堆叠作用减弱，荧光强度分别增强 4 倍和 10 倍，检测限都可达到 3 nmol/L[图 5.27（a）和（b）]。

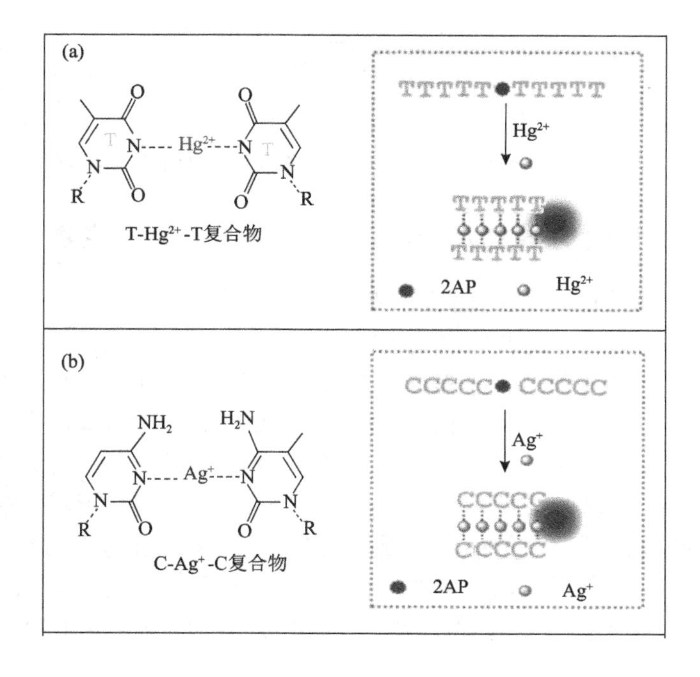

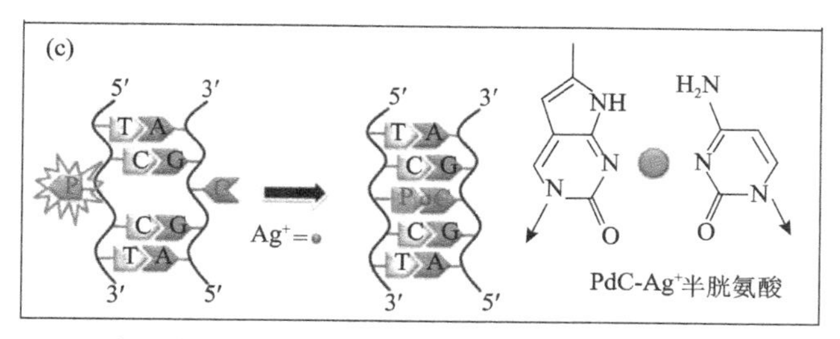

图 5.27　碱基类似物介导的功能核酸构象诱导型荧光生物传感器
（a）核酸链形态调控型 2AP 荧光汞离子生物传感器；（b）核酸链形态调控型 2AP 荧光银离子生物传感器；（c）核酸链形态调控型 PdC 荧光银离子生物传感器

2. 吡咯-dC

吡咯-dC，即吡咯胞嘧啶类似物，简称 PdC，是一种环境敏感型荧光碱基类似物，在双链中 PdC 代替 C 的位置，和天然胞嘧啶有相同的稳定性。其荧光特性是当其标记的核酸为单链状态时，可以发出固有的荧光，但当其与互补链结合时荧光效率将被大大降低。一种基于该种 PdC 的荧光特性且无需借助任何信号调节元素的新型银离子传感系统被设计[218]。在该系统中，PdC 被标记在一段 24-mer 的寡核苷酸链的内部，由于银离子可以作用 C-C 错配碱基形成 $C-Ag^{+}-C$ 错配结构，PdC 与互补链的对应胞嘧啶碱基所形成的 PdC-C 错配碱基也可以在银离子的作用下形成 $PdC-Ag^{+}-C$ 稳定的错配结构。这种在银离子作用下发生碱基类似物与碱基错配结合形成的双链结构大大减小荧光效率，引起荧光信号变弱[图 5.27（c）]。

5.4.10　金属功能核酸纳米簇荧光生物传感器

金属纳米簇是近年来在纳米科学中逐渐发展起来的一种重要的自发荧光纳米材料[219, 220]。它是由 Au、Ag、Pt 等金属元素的几个到几十个原子组成的具有荧光、水溶性的分子级聚集体，其粒径大小一般在 2 nm 以下。金属纳米簇具有诸多特性，如小尺寸效应、量子尺寸效应、表面效应等，这使其拥有相比于普通材料更独特的光学、电学、磁学和良好的生物兼容性，并成为生物、医学、化工、电子等多个领域的重要发展方向。

1. 银纳米簇

银纳米簇是金属纳米簇家族重要的一员，银纳米簇具有诸多优良特性。例如，可发出较强的荧光，且不同粒径纳米簇的荧光光谱不同，因此可通过改变数目改变粒径大小，调控荧光光谱；且银元素本身具有高化学惰性与低毒性，生物检测应用时可以避免对生物体的损伤以及对本身结构的破坏。银纳米簇引入荧光生物传感领域后，被广泛应用于金属离子、生物小分子、蛋白质、核酸等多种风险因子的检测，极大程度地推动了荧光生物传感的发展[221, 222]。银纳米簇的合成可利用多种模板，如聚合物、蛋白质以及核酸等，其中，以核酸为模板合成银纳米簇不仅实验操作简单，还可以通过改变核酸序列调节荧光发射光谱，因此，以核酸为模板合成的银纳米簇在针对多种不同物质的检测领域中逐渐得到广泛应用。

针对生物小分子巯基化合物，Han 和 Wang [223]基于巯基化合物可猝灭银纳米簇荧光的性质设计了针对谷胱甘肽、半胱氨酸和同型半胱氨酸超灵敏检测的荧光生物传感器；在针对金属离子检测时，Wang 实验小组[224]利用汞离子可猝灭以银纳米簇荧光的性质实现以荧光银纳米簇作为探针对 Hg^{2+}的检测，Chang 实验小组[225]利用 Cu^{2+}对 DNA 合成银纳米簇的荧光增敏作用实现了对 Cu^{2+}的检测；另外，Werner 小组[226]在 2010 年研究发现，在富含鸟嘌呤的 DNA 序列（富 G 序列）接近时银纳米簇的荧光光谱红移，荧光强度也大大增强，约 500 倍，这种银纳米簇结合功能核酸所具有的性质，被应用于多种生物传感器的设计中，也是银纳米簇在传感器应用中最重要的特性。在针对蛋白检测中，Cai 课题组[227]利用该性质设计了一种特异性检测限制性内切酶 *EcoR* I 的方法，其原理是，首先，富 G 序列接近银纳米簇模板，并互补配对，使得银纳米簇荧光增强，若存在限制性内切酶 *EcoR* I 时，*EcoR* I 会对结合链中特定位点进行切割，使得银纳米簇模板与富 G 序列分离，荧光强度就会降低，而荧光强度降低的程度在一定范围内与 *EcoR* I 酶的浓度呈正相关（图 5.28）。

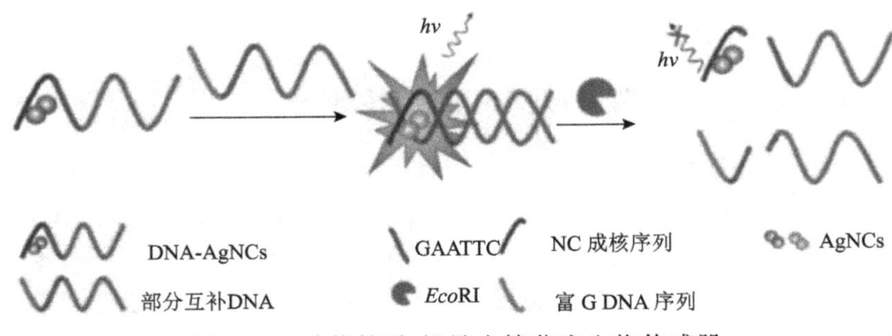

图 5.28　功能核酸-银纳米簇荧光生物传感器

2. 铜纳米簇

铜纳米簇是另一个重要的金属纳米簇家族的成员，铜纳米簇的荧光强度与稳定性较好，光谱可由铜纳米粒子粒径大小调节，另外，铜纳米簇还具有成本较低、合成时间较短等优势。生成铜纳米簇的方法较多，包括溶剂热法[228]、微乳液法[229]、液相还原法[230]以及核酸模板合成法等，其中，以核酸为模板合成铜纳米簇不仅实验操作简单，还可以通过改变核酸序列调节荧光发射光谱，改变核酸序列长度而调节荧光强度，并且可直接应用功能核酸相关方法进行检测。DNA 模板合成法可以分别以双链 DNA 或聚胸腺嘧啶寡核苷酸（polyT）作为模板进行铜纳米簇的合成，根据这两种铜纳米簇及其功能核酸模板的性质，研究人员设计了多种荧光生物传感器。

针对离子检测，Zeng 等[231]设计了一种铜纳米簇功能核酸铅离子检测荧光传感器，该传感器基于铅离子可以猝灭以双链为模板合成的铜纳米簇的荧光，该种性质可能的产生机理是铅离子可以与铜纳米粒子附近的铜离子结合生成 $5d_{10}$（Pb^{2+}）-$3d_{10}$（Cu^{+}），通过 $5d_{10}$（Pb^{2+}）-$3d_{10}$（Cu^{+}）作用，荧光被猝灭[232]。另外，Zeng 等[233]报道了一种基于硫离子抑制双链核酸模板合成铜纳米簇的硫离子检测荧光传感器。针对小分子检测，L-组氨酸可与铜离子结合，形成络合物猝灭其荧光，Tan 等[234]利用此性质设计了一种基于双链核酸介导合成的铜纳米簇的 L-组氨酸荧光生物传感器，Chu 小组[235]设计了针对巯基化合物检测的铜纳米簇功能核酸荧光生物传感器，该传感器的原理是巯基化合物可以猝灭双链合成的铜纳米簇荧光。另外，铜纳米簇探针还可用于碱基错配的检测中，Wang 等[236]通过对遗传性酪氨酸血症 I 型患者的基因组中的典型热点突变进行研究，最后发现突变后的双链核酸模板形成的铜纳米簇是野生型模板形成的铜纳米簇荧光的三倍，该种现象表明突变型模板更适合铜纳米粒子的形成，反之，这一发现也为基因突变与碱基错配检测提供了新的研究思路。

5.4.11　非金属功能核酸纳米荧光生物传感器

纳米材料是指三维空间中至少有一种维度为纳米级别的分子材料的总称，它通常由一种基本物质组成，该种物质的尺寸也必须在纳米级并且占整个纳米材料的 50%以上。非金属纳米材料包括碳纳米材料、硫纳米材料等，结构形态主要有颗粒状、棒状、管状、薄膜状、孔状以及由这些结构单元构建的功能自组装体系。其中纳米荧光探针具有生物相容性好、易于化学和生物学修饰、可猝灭多种荧光物质荧光等优点，已经被广泛用于功能核酸传感领域，有力地推动了人们对功能核酸进一步的研究和探索。

1. 量子点

量子点，也称半导体纳米晶体，是一种由Ⅱ～Ⅵ族（如 CdSe、CdTe、CdS、ZnSe 等）或Ⅲ～Ⅴ族（如 InP、InAs 等）元素组成的可以被激发光激发产生荧光的物质。与传统荧光物质相比具有诸多优势，如稳定性高、荧光强度较强、在检测时可读取结果时间更长；量子点的颜色取决于其颗粒的大小，可以通过调节颗粒大小改变颜色，在检测时可以降低背景干扰；量子点具有较宽并且连续的激发光谱，使用同种激发光可以激发多种量子点发射不同波长且发射峰重叠较小的荧光，这一特点在检测时有利于提高灵敏度与选择性；另外，量子点较于传统荧光染料在生物相容性方面也具有较好的优越性，量子点偶联适配体可以实现对不同致病菌的特异性识别和标记。Bruno 等[237]筛选空肠弯曲杆菌表面蛋白的DNA 适配体，建立 DNA 适配体-磁珠和量子点夹心分析法，对食品基质中空肠弯曲杆菌检测限达到 10～250 cfu/mL。Bruno[238]建立高亲和性的 DNA 适配体偶联量子点侧向层析试纸条法，用于大肠杆菌、单增李斯特氏菌和沙门氏菌的检测，该方法测得的灵敏度方面的性能高于胶体金试纸。

2. 氧化石墨烯

氧化石墨烯是石墨烯的氧化物，是由 sp^2 碳原子与 sp^3 碳原子以及分布于平面的环氧基、羟基和分布于边缘的羧基等含氧功能基团组成的原子纳米薄膜结构。应用于功能核酸荧光传感技术时，由于其表面的 π 电子结构可以通过非共价键较好地吸附核酸单链，并且基于荧光共振转移机理可以很好地猝灭荧光物质的荧光。Bruno 等[238]设计了针对汞离子检测的功能核酸氧化石墨烯荧光传感器，该传感器设计了一段可特异性结合汞离子的标有荧光基团的富 T 序列，当汞离子不存在时，这段单链会被氧化石墨烯结合，荧光被猝灭，当汞离子存在时，汞离子可以以 T-Hg-T 结构与该单链结合使单链折叠形成双链，核酸单链与氧化石墨烯分离，荧光恢复。另外，Adachi 等[239]制备了针对水中铜离子检测的功能核酸氧化石墨烯荧光传感器，该种传感器基于水溶性聚对亚苯基亚乙炔/氧化石墨烯复合材料。

3. 碳纳米管

碳纳米管，又称巴基管，它的径向长度是纳米级，一般由呈六边形排列的碳原子构成的数层到数十层的同轴圆管组成。碳纳米管具有可以结合核酸单链并且可猝灭诸多荧光基团的优良特性，在荧光传感领域逐渐得到广泛应用。Wang 和 Si[240]报道了一种检测金属离子的功能核酸多壁碳纳米管荧光传感器，该传感器基于荧光共振能量转移原理，首先，标有荧光基团的适配体核酸单链结合碳纳米管，荧光被猝灭，当汞离子、银离子与铅离子存在时，可以与其相对应的标有荧光基团的核酸适配体结合，使之与多壁碳纳米管分离，荧光恢复，通过荧光信号的变化检测离子。Zhao 等[241]设计了一种针对水中银离子和半胱氨酸检测的高灵敏的功能核酸单壁碳纳米管荧光传感器，由于单壁碳纳米管的 π-π 堆叠作用，单链核酸可以与其结合并且其上标记的荧光基团荧光被猝灭，银离子和另一条富 C 序列加入后，银离子可以通过形成 C-Ag-C 错配使两条单链结合为双链，被碳纳米管结合的单链与碳纳米管分离，荧光恢复；而加入半胱氨酸后，半胱氨酸与银离子作用，破坏银离子与核酸形成的双链结构，核酸单链重新被碳纳米管结合，荧光被猝灭（图 5.29）。

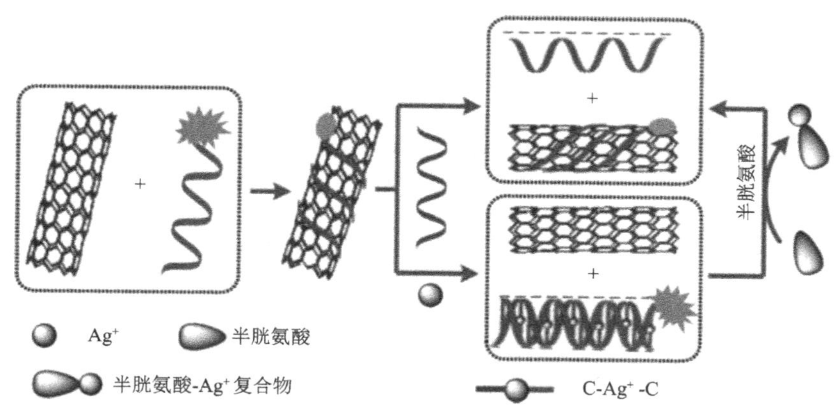

图 5.29　功能核酸-碳纳米管荧光传感器

5.4.12　水溶性功能核酸共轭聚合物荧光传感器

共轭聚合物是一类主链由碳-碳单键、碳-碳双键和碳-碳三键交替连接而成的高分子聚合物，其离域的 π 电子共轭体系，使得电子或能量在共轭骨架上自由移动，从而具有“分子导线”功能，使聚合物从一般的绝缘体变为半导体甚至导体。而其水溶性状态则是在主链上引入一些可以提供较好水溶性以及静电力的离子官能团，这些官能团可能是铵根、吡啶、咪唑等一些阳离子基团，也可能是羧酸根、磺酸根、磷酸根等一些阴离子基团，这类水溶性共聚物一方面保留着普通共轭聚合物在半导体性能[242]、消光性能[243]以及荧光放大[244]等方面的优良特性，另一方面由于其携带电荷还可与环境中携带相反电荷的物质在静电力下相互作用，对其进行微量或者痕量检测。

1. 聚合物 P1

2005 年，He 等[245]报道了一种利用水溶性聚合物 P1 检测钾离子的功能核酸荧光传感器，该传感器主要基于水溶性聚合物的性质和金属离子可诱导 G 四联体形成以及荧光共振能量转移的特点设计，在检测过程中，钾离子不存在时，核酸单链呈游离状态，荧光较弱，空间电荷密度也较低，而加入钾离子后，钾离子特异性诱导核酸单链形成 G 四联体结构，使得空间电荷密度大大增加，进而在静电力作用下与聚合物距离减小，使得核酸链上标记的荧光基团与聚合物发生荧光共振能量转移，荧光信号增强，通过这种荧光信号的变化对钾离子进行检测[图 5.30（a）]。

2. 阳离子共轭聚合物 CP1

Gaylord 研究小组[246]设计了一种针对单链 DNA 特异性检测的水溶性功能核酸共轭聚合物荧光传感器，该设计选用了两种符合荧光共振能量转移原理的发色团（C^*）和阳离子共轭聚合物 CP1，其中 C^*被标记在肽核酸（PNA）链末端，肽核酸是一种在特异性、稳定性以及灵敏度方面优于自然核酸，并同时具有核酸互补配对性质的人工核酸，PNA 与 DNA 或者 RNA 的聚合物更稳定[247]。检测时，在溶液中首先加入水溶性共轭聚合物以及标记发色团的肽核酸链，此时，呈电中性的肽核酸不与水溶性共聚物相互作用，距离较大使得发色团与共聚物之间不满足荧光共振能量转移的条件，体系不产生荧光；当存在与肽核酸特异性配对的核酸单链时，肽核酸与核酸单链互补配对，形成 DNA/PNA 复合体，复合体带负电，可与 CP1 在静电力的作用下，缩短距离，在有效距离下发生荧光共振能量转移，使得体系产生较强荧光，该方法的检测下限是 10 pmol[图 5.30（b）]。

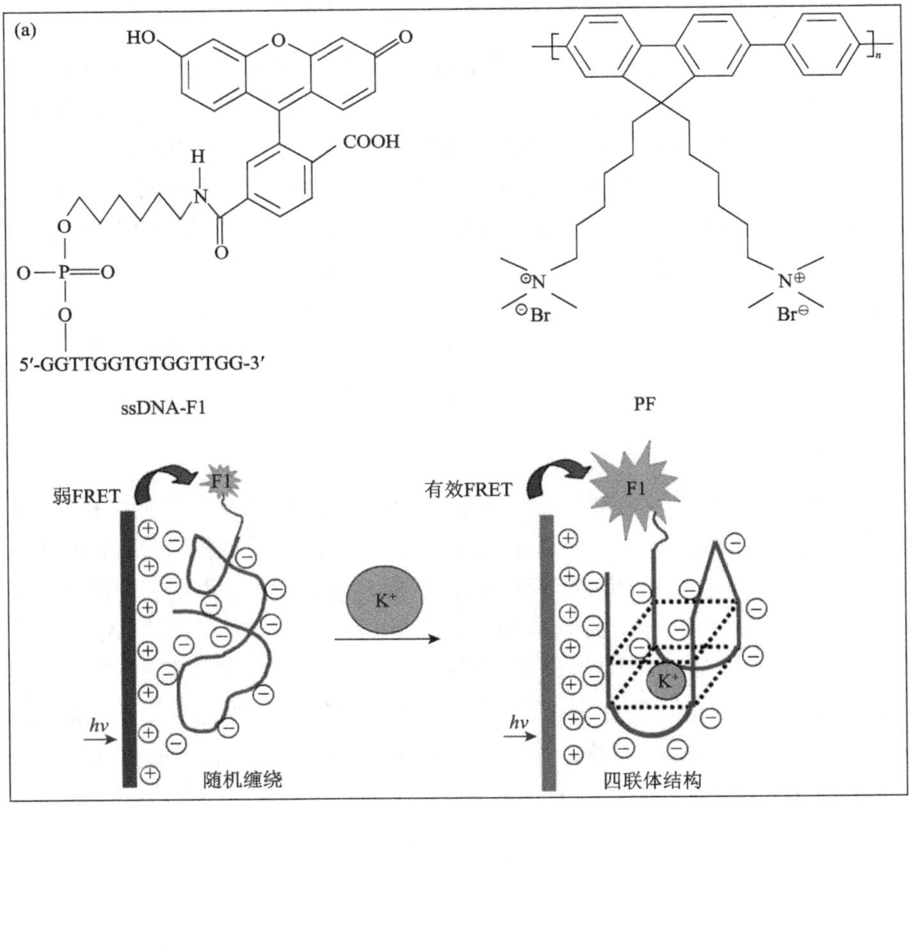

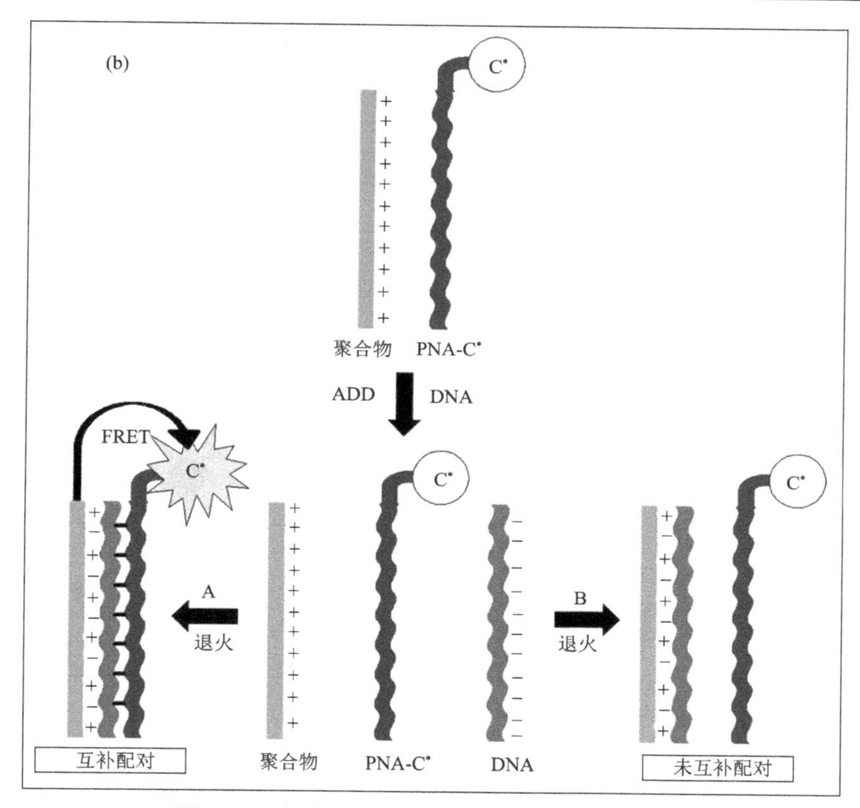

图 5.31　水溶性功能核酸共轭聚合物荧光传感器

（a）水溶性功能核酸共轭聚合物 P1 钾离子检测荧光传感器；（b）水溶性共聚物 CP1 核酸分子检测荧光传感器

5.5　电信号物质及电化学功能核酸生物传感器

FNA-EB 中的电信号分子主要包括染料类、金属有机配合物类、纳米材料类、类过氧化氢酶类和有机小分子类。每一大类下都有具体的分类，具体见表 5.1。表 5.1 主要从电信号分子的使用情况、电化学检测方法、出峰电位区间以及电信号输出方式对电信号分子进行汇总。

表 5.1　电信号分子汇总表

电信号分子类别	电信号分子名称	使用情况	电化学检测方法	出峰电位区间	电信号输出方式
染料类	亚甲基蓝（MB）	普遍，可用于嵌入、标记、释放到溶液中检测	ACV、SWV、ASV、DPV、计时库仑法、CV、EIS	出峰位置落在负电位，大部分位于 −0.4～−0.2V 之间	电流、阻抗

续表

电信号分子类别	电信号分子名称	使用情况	电化学检测方法	出峰电位区间	电信号输出方式
染料类	结晶紫（CV）	使用较少	DPV	DPV 检测时出峰位置落在负电位 −0.6～−0.4V 之间	电流
	乙基绿（EG）	使用较少	DPV	DPV 检测时出峰位置落在负电位 −0.6～−0.4V 之间	电流
	苏木精	使用较少	DPV	DPV 检测时电位落在 0.1～0.3 V 之间	电流
	Hoechst 33258	使用较少，多用于 DNA 序列的检测中	SWV、LSV	电位落在 0.4～0.7V 之间	电流
	尼罗蓝（NB）	使用不多	CV、DPV	电位落在−0.5～−0.3 V 之间	电流
金属有机配合物类	$[Fe(CN)_6]^{3-/4-}$	含有半个氧化还原反应的电信号分子，使用很多，更多用于表征，且基本所有的电化学功能核酸生物传感器中都需要使用	EIS、安培检测法	—	阻抗、电流
	二茂铁（Fc）	经典电信号分子，使用普遍，主要用于标记核酸链	DPV、SWV、CV	出峰位置落在正电位，大部分位于 0.1～0.4V 之间	电流、阻抗
	$[Ru(NH_3)_6]^{3+}$	使用较普遍，通常溶于溶液中后进行电化学检测，主要与单双链的结合量不同	DPV、计时库仑法、SWV、CV	DPV 和 SWV 检测时出峰位置均落在负电位，分别是−0.4～−0.1V 和 0.3～0.6V	电流、电量
	$[Ru(phen)_3]^{2+}$	使用较少，且通常和电化学发光检测结合使用	CV、ECL、DPV	DPV 检测时出峰位置落在负电位 −0.4～−0.2V 之间	电流、电化学发光强度
	铜类有机配合物	使用较多	CV、DPV	Cu^{2+}与不同的有机分子结合，其检测电位各不相同	电流
	$[OsO_4(bipy)]$	使用较少	SWV	电位落在−0.30～−0.20V 之间	电流
	$[Co(phen)_3]^{3+}$	使用不多	SWV	电位落在 0～0.20V 之间	电流
纳米材料类	量子点（QDs）	使用较多，通常先富集再硝酸溶解检测	DPASV、DPV、SWSV	检测时电位均落在 −0.7～−0.6V 之间	电流
	氧化石墨烯（GO）	使用较多，但多作为增加核酸搭载量而使用，作为电信号分子使用较少。其还原产物使用更多	DPSV、DPV、EIS、CV	DPSV 和 DPV 检测时电位落在 0～0.30V 之间；CV 检测时电位落在 −1.0～−0.70V 之间	电流、阻抗

续表

电信号分子类别	电信号分子名称	使用情况	电化学检测方法	出峰电位区间	电信号输出方式
纳米材料类	金属-有机骨架（MOFs）	电化学中使用不多，主要修饰在电极上增加搭载量同时增加导电性	计时库仑法	—	电流
	银纳米粒子（AgNPs）	作为电信号分子使用不多	DPV、LSV	DPV 检测时电位落在−0.1～0V 之间，LSV 检测时电位落在 0～0.25V 之间	电流
类过氧化氢酶类	氯化血红素/G 四联体	使用较多，可以直接作为电信号分子使用，也可以与酶作用的底物结合	SWV、DPV	SWV 检测时电位落在 0.2～0.3V 之间，DPV 检测时电位落在−0.40～−0.10V 之间	电流
有机小分子类	蒽醌（AQ）类物质	使用较少	CV、SWV、EIS	CV 和 SWV 检测时电位均落在−0.5～−0.3V 之间	电流、阻抗
	α-环糊精和 4-[4-（二甲基氨基）苯偶氮]苯甲酸	使用不多	DPV	DPV 检测时电位落在−0.6～−0.4V 之间	电流

注 1：电极表面修饰不同的材料，其出峰电位也会发生变化。出峰位置主要由电极表面发生的氧化还原反应所决定的，但是电极表面的修饰材料发生变化，其出峰位置也会发生变化，表中的出峰位置只是一个大概的范围。

注 2：DPV-差示脉冲伏安法、SWV-方波伏安法、CV-循环伏安法、EIS-电化学阻抗图谱法、LSV-线性扫描伏安法、ACV-交流伏安法、ASV-阳极溶出伏安法。

5.5.1　染料类电信号分子

1. 亚甲基蓝

亚甲基蓝（methylene blue，MB），也称次甲基蓝，是一种芳香杂环化合物，被用作化学指示剂、染料、生物染色剂和药物使用[图 5.31（a）]。MB 用作氧化还原指示剂通常用于电化学生物传感器检测，其产生电信号的方式主要有 3 种。

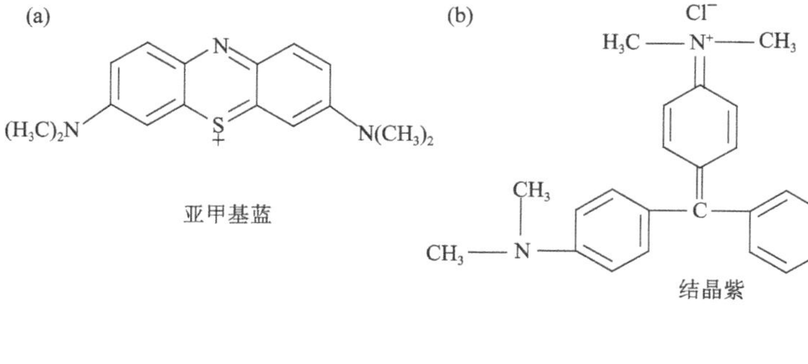

(a)

$(H_3C)_2N$　N　S+　$N(CH_3)_2$

亚甲基蓝

(b)

Cl^-　H_3C—N^+—CH_3　C　CH_3—N　N—CH_3

结晶紫

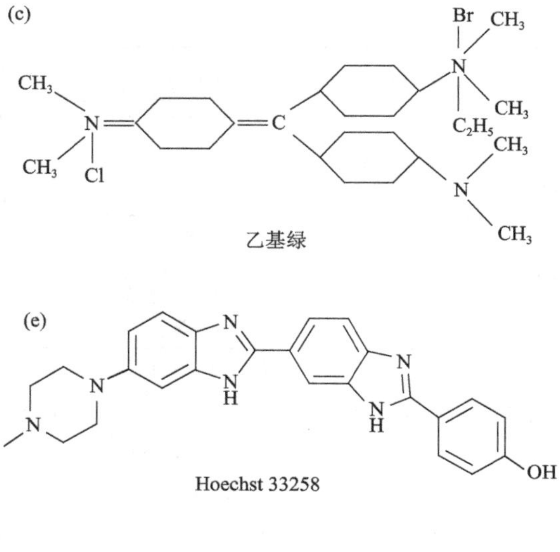

(c) 乙基绿

(d) 苏木精

(e) Hoechst 33258

(f) 尼罗蓝

图 5.31　染料类电信号分子

把电信号分子标签标记在核酸链上，通过核酸构象的改变来调节亚甲基蓝和电极表面距离，从而通过峰电流或者阻抗的变化来表示靶标物质的存在与否及靶标物质的多少。Mao 等[170]将 MB 标记在三核酸链上，靶标物质的存在将适配体分离，从而导致三核酸的形成，MB 与电极表面距离拉近，电流增加，其检测限是 0.86 nmol/L。这种方式是最常见 MB 的使用方式，标记方式简单且通用，但是容易受到溶液环境的干扰且合成价格较贵。

研究表明，亚甲基蓝与单双链 DNA（ssDNA/dsDNA）的结合能力不同，与 dsDNA 结合较多而与 ssDNA 作用较少[248]。因此在利用 FNA 进行检测的过程中，可以通过从 ssDNA 到 dsDNA 的转换或从 dsDNA 到 ssDNA 的转换而引起的电信号的变化来进行电化学检测。Yun 等[249]利用铀酰离子（UO_2^{2+}）的切割核酶和 HCR，当靶标物质 UO_2^{2+} 存在时，发生切割，裸露的 ssDNA 触发 HCR，形成长双链，在溶液中加入 MB，MB 与 dsDNA 结合，电化学检测显示电流明显增加。这种方法虽然使用简单，但是背景信号容易过高。

有研究人员将标记在核酸链上的 MB 通过酶切等作用释放到溶液中，然后进行电化学方法检测[250]。如 Liu 等[251]通过形成 G 四联体把 MB 封闭到纳米介孔二氧化硅中，在碱性环境中 G 四联体结构打开，释放 MB 到溶液中，然后进行电化学检测，实现对甲基转移酶活性的检测。该方法使用较少。

2. 结晶紫

结晶紫（crystal violet，CV）是三苯甲烷染料家族的成员，已被广泛用于纺织品、纸张、食品和药物的染色，同时也是生化调查中重要的生物染色剂和探针[图 5.31（b）]。有研究发现 CV 具有与带负电荷的磷酸骨架和 G 四联体环的氢键而发生阳离子-偶极相互作用的能力。Kong 等[252]则进一步证明 CV 对 G 四联体的选择性比 dsDNA 或 ssDNA 显著。Li 等[253]设计了一种利用 Pb^{2+}诱导富含 G 的序列形成 G 四联体结构，当 CV 嵌入 G 四联体结构中时，发生 CV 的还原，导致电流增加，从而实现对 Pb^{2+}的检测，其检测限为 0.4 nmol/L。CV 在功能核酸介导的电化学生物传感器中使用较少，可能是由于其使用范围太窄。

3. 乙基绿

乙基绿（ethyl green，EG）也属三苯甲烷家族，是一种染料，金黄色闪光结晶，可溶于水和乙醇，由 CV 加入乙基制成[图 5.31（c）]。有研究的光谱和电化学结果表明，DNA 和 EG 的主要相互作用模式是选择性条件下的静电结合[254]。Ebrahimi 等[255]利用 EG 作为电信号物质基于 C-Ag^{+}-C 错配检测 Ag^{+}。当 Ag^{+}存在时，富含 C 的核酸序列与之结合，使得原本与核酸链结合的 EG 部分脱去而导致峰电流降低，从而实现对 Ag^{+}的检测，检测限是 26 pmol/L。该方法是一个阳性组信号减小的模型，这对于其线性检测范围的上限是一个很大的限制。

4. 苏木精

苏木精是一种天然染料，可以和核酸链结合用于电化学生物传感器中[图 5.31（d）]。苏木精与单双链 DNA 的结合能力不同，但都是与 DNA 链的大沟穴结合且更倾向于和 dsDNA 结合，其结合的差异性可以通过电信号的差异显示。Aghili 等[256]利用苏木精作为电信号分子设计了一个检测转基因的电化学生物传感器，该方法实现了较高的灵敏度，其检测限是 13.0×10^{-15} mol/L。

5. Hoechst 33258

Hoechst 33258，是一种荧光染料，常用于细胞中的 DNA 染色，可在 DNA 链中富含腺嘌呤-胸腺嘧啶（A-T）的区域，与 DNA 中的小沟穴结合[图 5.31（e）]。有研究人员把 Hoechst 33258 用于电化学生物传感器中作为电信号分子[257]，Ahmed 等[258]基于环介导的恒温扩增反应构建了检测转基因玉米的电化学传感器，利用 Hoechst 33258 氧化产生的电子转移来产生电信号。Hoechst 33258 在电化学生物传感器中应用较少，且多用于转基因的检测。

6. 尼罗蓝

尼罗蓝（nile blue，NB），又称耐尔蓝、尼罗蓝硫酸盐[图 5.31（f）]。绿色结晶性粉末，具有金属光泽。溶于热水呈蓝色，微溶于冷水和乙醇，常用于配制酸碱混合指示剂，也用作生物染色剂。NB 是具有杂环平面和刚性结构的阳离子吩噁嗪染料，其平面疏水性吩噁嗪部分会促进 NB 嵌入 DNA 螺旋的相对非平面内部，其结合常数约 10^{-3} mol/L。NB 与 ssDNA 的结合是通过静电相互作用，而与 dsDNA 的结合是嵌入和静电相互作用的双重作用，根据这种结合的差异性，可以把 NB 用于功能核酸电化学生物传感器中[259]。Alipour 等[260]利用 NB 作为电信号分子用于检测丙型肝炎病毒，NB 与靶分子和探针所形成的 dsDNA 结合，导致 NB 在 dsDNA 上积累而实现电信号的增强。由于 NB 与单双链均可结合，这种方法的背景信号会比较高。

5.5.2 金属有机配合物类电信号分子

过渡金属配合物具有低毒性、易制备、化学稳定性好、氧化还原信号强、结构灵活性高等优点，因此，金属基配合物经常被设计用作电化学 DNA 杂交指示剂。常用于功能核酸电化学生物传感器的过渡金属有机配合物主要包括：铁类有机配合物、钌类有机配合物、铜类有机配合物、锇类有机配合物、钴类有机配合物等。

1. 铁类有机配合物

1）铁氰化钾和亚铁氰化钾

铁氰化钾{$K_3[Fe(CN)_6]$}，别名赤血盐，深红色或红色单斜晶系柱状结晶或粉末。$K_4[Fe(CN)_6]$俗称黄血盐，是化学式为 $K_4[Fe(CN)_6]\cdot 3H_2O$ 的配位化合物（图 5.32）。室温下为柠檬黄色单斜晶体，于沸点分解。两者均可溶于水。$K_3[Fe(CN)_6]$和 $K_4[Fe(CN)_6]$的酸根离子两者本身就是一组可以发生半个氧化还原反应的离子对，其在功能核酸电化学生物传感器中的应用主要是 EIS 检测，通过检测带负电的$[Fe(CN)_6]^{3-/4-}$离子和带负电的核酸的磷酸骨架的静电排斥作用的阻抗值，然后根据 EIS 图谱判断电极表面的核酸修饰情况。Huang 等[173]构建了一个基于腺嘌呤纳米线的 Hg^{2+}电化学生物传感器，并用含$[Fe(CN)_6]^{3-/4-}$的溶液对核酸修饰的电极进行表征，而 Cai 等[261]构建了一种基于 DNA 水凝胶和切割核酶介导的靶循环及 HCR 检测 Hg^{2+}的传感器，并用 EIS 直接进行定性和定量检测，并获得线性检测范围和检测限。

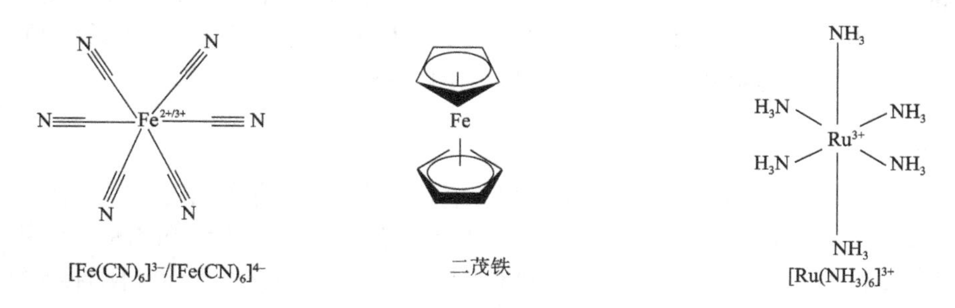

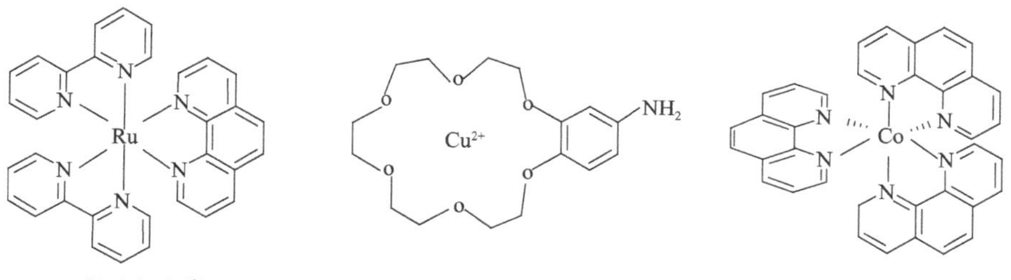

$[Ru(phen)_3]^{2+}$　　AbC-Cu^{2+}　　$[Co(phen)_3]^{3+}$

图 5.32　金属有机配合物类电信号分子

2）二茂铁及其衍生物

二茂铁（ferrocene，Fc）也称双环茂二烯合铁，是一种具有芳香族性质的有机过渡金属化合物（图 5.32），常温下为橙黄色粉末，有樟脑气味。Fc 作为电信号分子,其产生电信号的方式主要是被标记在核酸链的末端或者茎环核酸的一端，通过切割核酶的切割作用或核酸链之间的相互作用改变 Fc 与电极表面之间的距离，从而实现电信号的改变，达到检测的目的。Wei 等[262]基于三核酸结构和抗原抗体杂交构建了一种检测地高辛抗体的生物传感器,抗原与抗体结合之后，三核酸结构打开，形成茎环，Fc 与电极之间距离减小，电流增加。Zhang 等[263]基于 Pb^{2+}的切割核酶和发夹的结构设计了一种检测 Pb^{2+}的生物传感器，当靶标物质 Pb^{2+}存在时，发夹的一部分被切割，Fc 远离电极，电流减小，从而实现对 Pb^{2+}的检测，检测限是 0.25 nmol/L。Fc 作为电信号分子在功能核酸电化学生物传感器中使用较多，和 MB 一样都是经典的电信号分子，且会与 MB 结合用在比率电化学传感器中[264, 265]，双电信号分子的结合使用相当于引进了内参，排除了背景信号的干扰。

2. 钌类有机配合物

1）氯化六氨合钌

氯化六氨合钌{$[Ru(NH_3)_6]Cl_3$}作为电信号物质主要是$[Ru(NH_3)_6]^{3+}$在起作用，$[Ru(NH_3)_6]^{3+}$只与 DNA 双链结合而不与 DNA 单链结合，它与 DNA 序列中带负电的磷酸骨架静电结合之后通过电化学方法（DPV、CV 等）检测电信号（图 5.32）。Cui 等[266]基于金纳米粒子和发夹 DNA 构建了检测 DNA 的电化学生物传感器，当靶标序列存在时，将连有发夹的金纳米粒子连接在电极表面，基于$[Ru(NH_3)_6]^{3+}$进行差示脉冲伏安检测，检测限为 1×10^{-15} mol/L。值得一提的是，DNA 磷酸骨架的结合会受到检测溶液中电介质的影响，尤其是其中的阳离子浓度，$[Ru(NH_3)_6]^{3+}$本身的浓度也会影响最终检测的电信号，所以实验过程需要优化[267]。

2）1,10-菲咯啉二氯化钌

1,10-菲咯啉二氯化钌{[Ru（phen）$_3$]Cl_2}在电化学检测中的应用主要是通过带正电的钌配合物{[Ru（phen）$_3$]$^{2+}$}与带负电的磷酸骨架之间的静电吸引作用，由于DNA的单双链的阴离子密度不同，可以结合的钌配合物分子的数量也不同，结合的钌配合物分子越多，峰电流越大（图5.32）。Huang等[268]利用石墨烯、金纳米棒及聚硫堇的复合物和超级三明治的放大方法设计了一种检测人乳头瘤病毒DNA的电化学生物传感器，当靶标物质存在时引发超级三明治的发生，产生长双链，[Ru（phen）$_3$]$^{2+}$与长双链结合，有明显的电流增加。Liu等[269]基于劈裂适配体设计了一种检测ATP的电化学生物传感器，当靶标物质ATP存在时形成双链，[Ru（phen）$_3$]$^{2+}$与长双链结合引起电流的增加。这种与单双链均可结合的电信号分子存在一个共性的问题，即背景信号过高。

3. 铜类有机配合物

铜是价格相对低廉的、化学稳定的和低毒性的过渡金属，并且在电化学方面，Cu^{2+}表现出合适的氧化还原电位、高的电子转移可逆性（Cu^{2+}/Cu^+）和强响应信号。因此，它常常被选作电化学信号源，与某些功能性配体结合，然后作为生物传感应用的电化学探针。

1）4′-氨基苯并-18-冠醚-6-Cu^{2+}

冠醚具有与金属离子选择性络合的优异能力，因此经常用作选择性测定各种金属离子的功能材料。18-冠醚-6是重要的主体冠醚，其空腔尺寸与一系列金属离子的大小相当，在溶液和固态中形成稳定的“金属空腔”型络合物。Zhan等[270]设计了一种以4′-氨基苯并-18-冠醚-6-Cu^{2+}配合物（AbC-Cu^{2+}，结构如图5.32所示）作为电信号分子的电化学生物传感器检测花椰菜花叶病毒启动子（CaMV 35s），冠醚环通过羧基与氨基之间形成共价键连接至茎环核酸末端，而Cu^{2+}与环之间通过配位键结合，此时有一个较高的电流信号产生，当茎环被靶标物质打开后，电流信号降低，两者之间的电子转移是通过Cu^{2+}/Cu^+产生的。该方法实现了一个较低的灵敏度，检测限是0.060 pmol/L。这种电信号分子对于检测核酸的电化学生物传感器具有通用性。

2）三聚氰胺-Cu^{2+}

作为具有1,3,5-三嗪骨架的氰胺三聚物，三聚氰胺（Mel）具有非常好的稳定性和较差的电活性。即使在强碱性条件下，由于氨基的电氧化带来的电化学响应也非常弱，因此不适用于Mel的电化学分析。而Cu^{2+}的加入可以改善其电活性，由于Mel的pK_a约为6，所以中性或弱碱性条件适合于通过将Cu^+与中性Mel配位而形成Cu-Mel络合物。H. Zhu和Z. Zhu[271]利用Cu^{2+}与Mel的结合设计了一种可以快速检测污染的奶制品中 Mel 浓度的传感器。当 Mel 浓度大于 Cu^{2+}浓度时，会形成 $CuCl_2$（Mel）$_2H_2O$ 配合物；当 Cu^{2+}浓度大于 Mel 的浓度时，会形成 $CuCl_2Mel$（H_2O）$_2$ 配合物。该检测体系检测限为 0.25 μg/L。Wang 等[272]基于茎环结构和 Mel-Cu^{2+}作为电信号物质以及金纳米粒子设计了检测核酸序列的电化学生物传感器，检测限低至 1.2×10^{-19} mol/L。但是这种针对某种特殊非法添加物设计的检测方法不具有通用性。

3）L-天门冬氨酸-Cu^{2+}

Cu^{2+}与很多氨基酸具有很强的结合能力，Wang 等[273]基于 Cu^{2+}与 L-天门冬氨酸结合和分子信标设计了一种检测 DNA 的电化学生物传感器，电信号的产生主要来自 Cu^{2+}/Cu^{+}之间的氧化还原反应，其检测限最低可达 0.17 fmol/L。这种电信号产生的方式也可用于其他类似的电化学生物传感器中。

4. 锇类有机配合物

四氧化锇联吡啶{[OsO_4（bipy）]}不与完全互补的双链结合，且当[OsO_4（bipy）]与单链 DNA 结合时，该单链 DNA 无法和其互补链结合，因此可用于检测单碱基错配。Mix 等[274]利用[OsO_4（bipy）]作为电信号分子构建了检测实际转基因玉米样品的电化学传感器，可以检测到混合样品中 0.6%的转基因样品。[OsO_4（bipy）]作为电信号分子使用较少，且多用于转基因的检测。这种与单链结合而不与完全互补的双链结合的电信号分子比较少见,适合用于关闭型的生物传感器的构建。

5. 钴类有机配合物

1,10-邻菲咯啉合钴{[Co（phen）$_3$]$^{3+}$}被用作电化学传感器的电信号分子，原理与[Ru（phen）$_3$]$^{2+}$类似（结构见图 5.32）。Wang 等[275]利用[Co（phen）$_3$]$^{3+}$作为电信号分子构建了检测转基因大豆的电化学传感器，并实现了 1.0×10^{-9} mol/L 的检测限。同样，以[Co（phen）$_3$]$^{3+}$作为电信号分子设计的功能核酸电化学生物传感器的背景信号会比较高。

5.5.3 纳米材料类电信号分子

1. 量子点

量子点（quantum dots，QDs）是一种纳米材料，电化学生物传感器中最常用的是硒化镉量子点。QDs 作为电信号分子主要用来标记核酸链，当识别和杂交过程结束之后，用硝酸将标记在核酸链上的量子点溶解出 Cd^{2+}，再采用电化学方法检测 Cd^{2+}的峰电流，根据 Cd^{2+}的浓度与靶标物质的关系得出靶标物质的浓度[276]。Tang 等[277] 在磁珠表面修饰了 Pb^{2+}的切割核酶序列，并利用滚环扩增反应和标记 CdS QDs 的信号探针设计了检测 Pb^{2+}的电化学生物传感器，当 Pb^{2+}存在时发生切割从而引发滚环扩增反应，扩增出来的重复序列与 CdS QDs 信号探针互补，再利用磁珠分离，硝酸溶解之后进行电化学检测，其检测限可达 7.8 pmol/L。Yang 等[278]基于 Ni^{2+}的切割核酶和 CdSe QDs 检测 Ni^{2+}，检测限是 6.67 nmol/L。QDs 作为电信号分子具有通用性，且背景信号不高，具有很大的应用前景。

2. GO 及其复合物

GO 是石墨烯的氧化物，氧化后其表面含氧官能团增多，其性质较石墨烯更加活泼（图 5.33）。GO 的亲水性很强，而且在水中有良好的分散性。GO 和还原性氧化石墨烯（reduced graphene oxide，rGO）具有高导电性、生物兼容性和表面修饰功能。GO 可与单链 DNA 通过 π-π 作用结合，而对于双链 DNA 没有该作用。GO 中具有一些可还原的基团，因此 Park 等[279]把 GO 作为电信号物质，通过测量电化学还原 GO 的过程中产生的电流来检测 Hg^{2+}浓度。但是 GO 和 rGO 更多的是与金纳米粒子等纳米材料结合使用，用于电极的修饰，通过增加核酸探针的搭载量来实现信号放大的作用[280, 281]。该方法使用较多，但是修饰的过程复杂且价格较高，不利于普及。

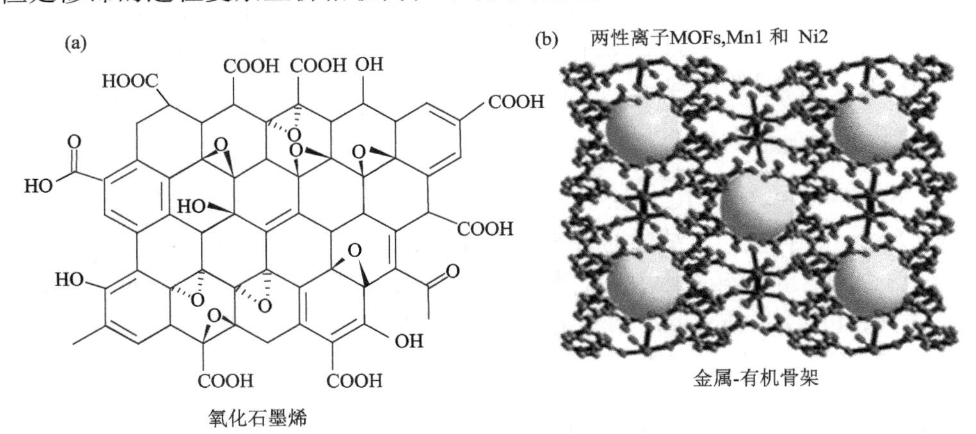

图 5.33　纳米材料类电信号分子

3. MOFs

金属有机骨架（metal-organic frameworks，MOFs）是指以过渡态的多价金属离子（Cu^{2+}、Fe^{3+}等）为中心离子，与有机配体小分子结合所形成的具有良好的稳定性、巨大的孔隙率和比表面积的纳米材料，它在气体储存、药物输送和传感器方面受到极大的关注（图 5.33）。此外，MOFs 具有内在的过氧化物酶催化活性，所以在电化学生物传感器中也有应用。Xu 等[282]基于以 Fe 制备的 MOFs 即 MIL-101(Fe)和 Pb^{2+}适配体构建了一种 Pb^{2+}电化学生物传感器，MIL-101（Fe）作为电信号分子，与双金属银铂纳米粒子联用，增加了其电导率和电催化活性，灵敏度达到 0.032 pmol/L。MOFs 虽具有酶的活性有利于提高灵敏度，但是其合成过程较为复杂，且修饰过程的表征也很复杂，因此不适于常规使用。

4. AgNPs

基于 AgNPs 的功能核酸电化学生物传感器电信号的产生主要是源于 Ag/AgCl 之间的反应。Tang 等[283]利用在羟胺存在下 T-Hg^{2+}-T 的结合将金酸还原，并生成金汞齐，而金汞齐可以将 Ag^{+}还原并形成 AgNPs，增强其电化学信号，基于此设计的 Hg^{2+}电化学生物传感器的检测限达到 0.002 nmol/L 并且具有很高的特异性。Miao 等[284]基于正四面体 DNA 和茎环结构构建了一种检测 miRNA 的电化学传感器，并用 AgNPs 标记在信号探针上，当靶标物质存在时，打开的茎环结构导致体系的电化学阻抗显著增加，但是由于 AgNPs 的存在，其与 AgCl 电极之间的氧化还原反应使得阻抗大幅度降低，从而实现高灵敏度检测 miRNA，其检测限可达 0.4 fmol/L。AgNPs 作为电信号分子，其背景信号低，且修饰过程相对于其他的纳米材料较为简单。

5.5.4　类过氧化氢酶类电信号分子

当氯化血红素（hemin）嵌入由富含鸟嘌呤的核酸链形成的四联体结构中，该复合物氯化血红素/G 四联体会具有辣根过氧化物酶的催化活性[285]。氯化血红素/G 四联体与一些底物结合会触发一些氧化还原反应发生，并发生电子的转移。

1. 氯化血红素/G 四联体+H_2O_2+苯胺

苯胺在氯化血红素/G 四联体的催化活性下在 H_2O_2溶液中即使在温和条件下也会形成聚苯胺。聚苯胺是一种有用的导电聚合物，其优良的导电性和氧化还原性在电催化和电化学传感器领域得到了广泛的研究。Zhu 等[286]通过苯胺到聚苯胺的反应将聚苯胺沉积到电极表面形成纳米膜，吸附核酸至电极表面，之后进行电催化反应以此来检测靶标 DNA。Zhang 等[287]基于 HCR、苯胺和氯化血红素/G 四联体形成的长纳米线构建了一种检测 Pb^{2+}的电化学生物传感器，其检测限可达 32 pmol/L。

2. 氯化血红素/G 四联体+H_2O_2+硫堇

硫堇是一种芳香族氧化还原染料，由于其独特的优势，如高水溶性、可逆的电化学响应和合适的氧化还原电位，已被广泛用作电分析化学领域的电活性探针。Gao 等[288]利用硫堇和 Pb^{2+}适配体构建了 Pb^{2+}电化学传感器，并利用硫堇与石墨烯的结合放大了电信号，实现了较高的灵敏度，其检测限可达 3.2×10^{-14} mol/L，且具有良好的重建性和选择性。Zhou 等[289]基于 Pb^{2+}的 DNAzyme 和氯化血红素/G 四联体及硫堇构建了一种检测 Pb^{2+}的电化学传感器。氯化血红素/G 四联体复合物具有过氧化物酶活性，可以催化硫堇的氧化态与还原态之间的转换，从而产生电子的转移，他们还采用金钯双纳米粒子进行信号放大，而实现灵敏度的提高。

3. 氯化血红素/G 四联体

除了上述的一些与氯化血红素/G 四联体联用的电信号分子之外，由于氯化血红素本身也存在电子转移，有研究人员仅通过氯化血红素/G 四联体复合物的产生检测一些靶生物分子（凝血酶、miRNA 等）[290, 291]。

这些基于氯化血红素/G 四联体所构建的电化学生物传感器，首先面临的问题就是氯化血红素本身的非特异性吸附会导致背景信号过高；其次，若结合了其他底物的氧化还原反应，底物本身的特异性吸附也会影响实验结果。

5.5.5　有机小分子类电信号分子

1. 蒽醌类物质

蒽醌（AQ）是经常用于生物分子电化学标记的氧化还原活性分子（图 5.34）。通过直接连接或通过乙炔或更长的柔性连接物连接的多种 AQ 衍生物被多次用于嘌呤或嘧啶核苷的标记，甚至通过亚磷酰胺合成化学掺入 DNA 中以研究电荷转移[292]。

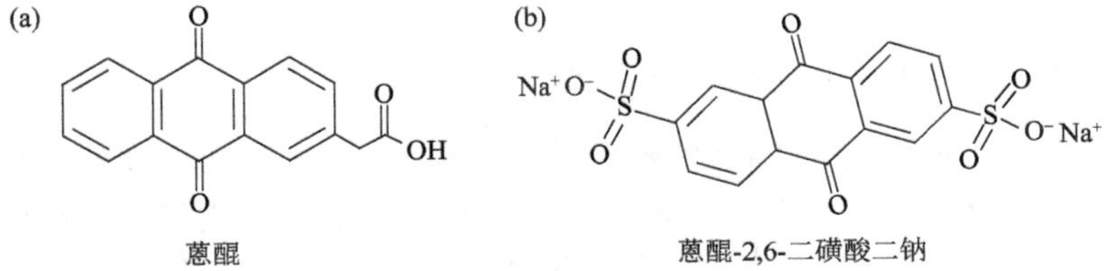

(a) 蒽醌　　(b) 蒽醌-2,6-二磺酸二钠

图 5.34　蒽醌类电信号分子

Zhang 等[293]用 AQ 的衍生物蒽醌-2,6-二磺酸二钠作为电活性物质，结合金纳米簇设计了检测痕量汞的电化学生物传感器。蒽醌-2,6-二磺酸二钠具有独特的蒽环结构，可以嵌入双链 DNA 中，电化学检测中有醌/氢醌氧化还原电对的可逆双电子转移过程。Zhou 等[294]也利用蒽醌-2,6-二磺酸二钠和多孔纳米金设计了检测 Ag^{+}的电化学生物传感器。

蒽醌-2-磺酸钠盐作为 AQ 的衍生物，也作为电活性物质被用在电化学生物传感器中（蒽醌-2,6-二磺酸二钠结构见图 5.34）。Bala 等[295]把亚甲基蓝和蒽醌-2-磺酸钠盐作为电信号分子分别标记在核酸上用于检测 Pb^{2+}，发现阴离子嵌入剂的检测效果要比阳离子嵌入剂亚甲基蓝的检测效果好，这是因为 dsDNA 和 ssDNA 都带有负电荷，会与阳离子嵌入剂由于静电吸引作用而结合在一起。而阳离子嵌入剂和 dsDNA 之间的相互作用是静电吸引、嵌入和可能的物理吸附的协同作用的结果，因此会有很高的背景信号。特别是当静电引力成为相互作用中的主导力时，很难区分 dsDNA 和 ssDNA。

值得一提的是，蒽醌-2-磺酸钠盐属于阴离子嵌入剂，其产生的背景信号要比阳离子嵌入剂低。由于 AQ 与 DNA 都是带负电的分子，因此 AQ 的嵌入过程很慢，但是高盐浓度的缓冲液可以暂时屏蔽其静电排斥而加快其嵌入。

2. α-环糊精和 4-[4-（二甲基氨基）苯偶氮]苯甲酸

环糊精（CD）又称环状直链淀粉，它是由 6～8 个 D-葡萄糖以 α-1,4-糖苷键连接成环状的低聚糖，分别称为 α-环糊精、β-环糊精或 γ-环糊精。环糊精分子呈环形圆筒状。由于具有内疏水、外亲水的特殊分子结构，能作为宿主包络众多不同种类的客体化合物，形成包络物。目前 CD 已经发展成为超分子化学最重要的主体。Dabcyl 是最常用的深色猝灭剂之一，用于标记寡核苷酸和多肽。它所形成的偶联物广泛地用于制备诊断探针，如分子标记和蛋白酶底物。Fan 等[296]利用 α-CD 与 Dabcyl 的分子识别作用和 PbS 纳米粒子构建了电化学生物传感器来检测 DNA，并具有良好的选择性，可识别单碱基错配。这种基于主客体识别应用于功能核酸电化学生物传感器中的研究较少，而 CD 可与很多分子实现主客体识别，因此具有很广阔的应用前景。

5.6　总结与展望

CuAAC 反应是第一个被称为点击化学的反应。将 CuAAC 反应用于生物偶联是有利的，因为叠氮基修饰的分子可以通过三唑键与含烃分子特异性反应，并且这两个反应基团对生物系统中遇到的其他官能团通常是惰性的。但在有机合成中金属催化剂的潜在毒性是设计用于生物应用的主要问题，虽然 CuAAC 反应可以合成多种化合物，但在纯化后的产物中，铜含量仍然保持在 mg/L 的水平，这极大地限制了 CuAAC 在生物领域的应用[297]。

虽然点击化学反应类型多种多样，但截至目前，点击化学反应介导的功能核酸生物传感器大多数利用叠氮基与炔烃基之间的反应来设计构建，种类多样，包括：荧光、电化学、比色、侧流层析生物传感器等，但主要还是集中于荧光、比色传感器的构建，其他类型相对较少。对于其他点击化学反应介导的功能核酸生物传感器研究也相对较少，且施陶丁格反应介导的功能核酸生物传感器均为 turn-on 型荧光传感器，种类较单一。因此，若将点击化学应用于生物体内的传感，利用无金属催化的点击化学反应是不错的选择。表 5.2 对目前应用较广的点击化学反应功能基团的修饰进行了汇总，对于羰基、肼基、烯烃基以及 TPP 等一些活性官能团在 DNA 上的修饰主要还是在实验室通过较复杂的化学反应进行标记，需要找到更加简便的方法，这可以促进点击化学反应在功能核酸生物传感器上的应用。对 DNA 链进行多重功能基团的标记，以及利用巯基-烯基、施陶丁格、Diels-Alder 或其他应用较少的点击化学反应的不同特性与功能核酸恒温信号放大技术结合来构建不同类型的功能核酸生物传感器，如电化学生物传感器、比色生物传感器、侧流层析生物传感器等都将成为未来的发展方向，点击化学反应介导的功能核酸生物传感器具有广泛的应用前景。

表 5.2　点击化学反应的类型及功能基团修饰汇总

点击化学反应类型	功能基团	可修饰公司
叠氮化物-炔烃环加成	叠氮基	Sangon Biotech、Takara、Tsukuba、IDT 等
	炔烃基	Sangon Biotech、Takara、Tsukuba、IDT 等
巯基-烯基反应	巯基	Sangon Biotech、Kangbei、睿博兴科等
	烯烃基	FASMAC、Sangon Biotech 等
施陶丁格反应	叠氮基	Sangon Biotech、Takara、Tsukuba、IDT 等
	三苯基膦	实验室化学修饰
Diels-Alder 环加成	二烯	实验室化学修饰
	亲双烯体	FASMAC、Sangon Biotech、Takara 等
腙化反应	氨氧基	实验室化学修饰
	肼	IDT 等
肟化反应	氨氧基	实验室化学修饰
	羰基	Sangon Biotech、Takara 等
Aza-Wittig 反应	磷腈	实验室化学修饰
	羰基	Sangon Biotech、Takara 等

恒温技术介导的功能核酸生物传感器发展迅速，在信号识别、信号放大和信号输出方面都展现了巨大的优势。在信号识别方面，恒温技术介导的功能核酸生物传感器通过适配体、RNA 切割核酶、点击化学反应等方式实现靶标物质的高特异性识别；在信号扩增方面，恒温技术发挥了无需变温设备的优势，同时兼具扩增时间短、扩增产物多样等特点，无酶扩增方式不仅降低了检测成

本，也避免了酶抑制剂对扩增效果的影响；在信号输出方面，荧光信号、可视化信号、电化学信号等灵敏度较高，可以提高传感器检测性能。恒温介导的功能核酸生物传感器具有巨大的发展潜力，需要更深入的研究。一方面，恒温技术介导的功能核酸生物传感器需要强有力的理论支持，相关恒温技术需要得到更加深入的理论研究，以便为后续的优化和应用提供基础，如适配体的结合机制和全细胞适配体特异性结合位点研究、功能核酸和纳米材料结合产生荧光机制和影响因素研究等。另一方面，恒温技术介导的功能核酸生物传感器需要进一步与实际应用相结合，并且从实际应用的角度出发，进行相关性能的优化。如食品安全监测过程中，既有对食品安全风险因子进行筛查的需求，又有对食品安全风险因子准确定量的需求。实际应用要求检测技术往高通量、高特异性、准确定量、现场检测、可视化检测等方向发展。此外，交叉学科是一个重要的发展趋势，通过将生物学、纳米材料学、化学等学科综合应用，可以开发性能更加优越的检测技术。如应用纳米材料具有尺寸效应、磁性、酶催化活性等特点，将其与功能核酸相结合，可以实现信号扩增或信号输出的目的。通过将其他学科的技术与恒温技术介导的功能核酸生物传感器结合，可以实现更高灵敏度和更高特异性的检测。

功能核酸作为一种可执行特异生物功能的核酸分子，不仅具有非常高的特异性，而且稳定、易于修饰，更可以将各种风险因子信号统一转化为核酸信号进行功能核酸荧光生物传感系统的搭建，而功能核酸荧光生物传感器由于高灵敏度、高选择性、高响应速度等优点获得迅猛发展，同时，在化学、生命科学和环境科学等多方面具有重要的科学意义。虽然功能核酸荧光生物传感器具有许多优点，但是就目前的研究来说仍存在一些不足，如目前的功能核酸荧光传感相关研究主要集中在一些常见物质的检测，一些传感策略只能实现在特定环境中对待测物检测等，没有做到完全的筛查和普及；部分荧光传感系统的背景荧光较高，干扰检测结果；性质稳定、荧光产率高的纳米荧光材料的合成与核酸表面修饰等方面有待提高；另外，现在研究的生物传感器大多停留在实验理论阶段，真正的商业化还需要进一步完善性能等。因此，不断探索更多、更新型的荧光物质与功能核酸的作用方式，提出新的传感思路是将传感检测的特异性与灵敏度提高的有力方式，同时也是传感技术发展的重要趋势；同时还应在诸多方面进行改进与提高，如针对更多更广的风险因子开发更多的功能核酸荧光生物传感器，不断拓展检测范围；在功能核酸荧光生物传感器涉及的分子识别方式、核酸扩增技术以及荧光信号输出机制方面进行不断的探索和优化，降低检测系统的背景干扰，优化性能；在量子点、纳米簇等多种纳米材料的合成工艺、表面修饰技术以及功能核酸的亲和性与敏感性等方面不断发展成熟与完善，提高荧光产率与特异性结合率等传感系统性能；另外，开发高灵敏、高特异性、重复性好、便携式的实时定量原位检测的生物传感器以及设计多种风险因子可同时检测的高通量功能核酸荧光生物传感器也是其重要的发展趋势。

此外，电信号分子的选择直接关系到电化学功能核酸生物传感器的检测限的高低、线性检测范围的大小、成本及应用范围。因此，电信号分子的发展对于 FNA-EB 发展具有很重要的推动和促进作用。目前文献中所提到的电信号分子都存在各种各样的问题，导致其不能应用在实际生活中的现场检测、实时检测以及快速检测。对于那些与单双链均可结合的电信号分子（如 NB、$[Ru(NH_3)_6]^{3+}$、$[Ru(phen)_3]^{2+}$等），将其用于构建 FNA-EB，存在着一个共性的问题，即背景信号过高；对于基于氯化血红素/G 四联体的电信号分子，氯化血红素本身的非特异性吸附问题所带来的电信号对于阳性组本身的电信号干扰太大，也是目前一个亟待解决的问题；对于一些小众的电信号分子（三聚氰胺-Cu^{2+}、CV 等），它们使用的局限性导致其通用性有限。这些问题目前是构建 FNA-EB 亟待解决的问题，解决这些问题对于功能核酸介导的电化学生物传感器的发展将是一个很大的突破。

当前，基于功能核酸的电化学生物传感器存在着一个很大的问题，即核酸在界面修饰的不稳定性，这种不稳定性主要来源于非均相界面的特异性吸附导致无法确保核酸链在电极表面时处于直立状态；再者，单链 DNA 是非刚性的结构，在电极表面的形态也具有不确定性。这些不确定性导致所产生的电信号的不稳定性，同时也导致所构建的电化学生物传感器不具有可重复性。解决电化学的稳定性问题对于电化学生物传感器的发展将是一个质的飞跃。很多学者通过改变在电极表面固定的核酸的结构来提高电极的稳定性，如 Li 等[298]把具有刚性结构的 DNA 纳米结构（正四面体 DNA）固定在电极表面以降低电极表面的非特异性吸附和提高电极的稳定性，实验结果表明电极表面固定正四面体 DNA 确实可以降低背景信号。电信号分子同样是 FNA-EB 的重要组成部分，能否通过对电信号分子进行化学修饰改善电极的稳定性也是我们需要探究的地方。并且目前文献中所提到的电信号分子既有无机分子，又有有机分子，既有普通材料又有纳米材料。电信号分子的多样性为电化学生物传感器的多重检测提供了可能，可以利用不同电信号分子的出峰电位不同开发用于多重检测的电化学生物传感器，也可以利用电信号分子产生电信号的方式的差异性来进行多重传感设计。

微型电极是近些年来比较热门的一个话题，微型电极的发展对于发展用于快速检测、现场检测的电化学生物传感器至关重要。而微型电极由于其“微”的特性，其表面可以修饰的核酸的量便受到了限制，因此电极材料就必须选择比表面积大且能够搭载更多核酸的材料，因此多孔的纳米材料（石墨烯或氧化石墨烯等）就成为一个优先选择。除了电极材料之外，选择适用于微型电极的电信号分子也是增强其电信号提高灵敏度的一种方法。微型电极的发展是将电化学生物传感器用于高通量检测、细胞检测或体内检测的前提。因此，寻找更适合微型电极的电信号分子至关重要。目前，关于电信号分子的专门研究仍较少，而且很多具有氧化还原电活性的信号分子尚未应用在电化学中。很多过渡金属离子具有多种价态，将其与环状分子（如环糊精）结合构建新的电信号分子也许是有可能的；对于一些有颜色变化的氧化还原反应，如果可以将其用作电信号分子，那么便可实现可视化与电信号的两种输出方式；许多金属有机配合物离子尚未应用于电化学领域中，筛选出具有电化学活性的其他金属有机配合物离子作为电信号分子也是有可能的。电信号的产生主要是由于发生了氧化还原反应，因此，对于那些可以发生氧化还原反应的且可以和核酸作用的化学小分子都可能应用在 FNA-EB 中，这在发展低成本的电化学生物传感器方面具有广阔前景。

参 考 文 献

[1] Kolb H C, Finn M G, Sharpless K B. Click chemistry: diverse chemical function from a few good reactions. Angewandte Chemie International Edition, 2010, 32(35): 2005-2021.

[2] Zhao D, Tan S, Yuan D, et al. Surface functionalization of porous coordination nanocages via click chemistry and their application in drug delivery. Advanced Materials, 2011, 23(1): 90-93.

[3] Hu X, Li D, Zhou F, et al. Biological hydrogel synthesized from hyaluronic acid, gelatin and chondroitin sulfate by click chemistry. Acta Biomaterialia, 2011, 7(4): 1618-1626.

[4] Li L, Dong W, Lei W, et al. The photoacoustic effect of near-infrared absorbing porphyrin derivatives prepared via click chemistry. Dyes & Pigments, 2018, 148: 501-507.

[5] Mariani S, Scarano S, Spadavecchia J, et al. A reusable optical biosensor for the ultrasensitive and selective detection of unamplified human genomic DNA with gold nanostars. Biosensors & Bioelectronics, 2015, 74: 981-988.

[6] Guan B O, Sun D, Li J, et al. High-sensitivity DNA biosensor based on optical fiber taper interferometer coated with conjugated polymer tentacle. Optics Express, 2015, 23(21): 26962-26968.

[7] Li S, Qiu W, Zhang X, et al. A high-performance DNA biosensor based on the assembly of gold nanoparticles on the terminal of hairpin-structured probe DNA. Sensors & Actuators B: Chemical, 2016, 223: 861-867.

[8] Kim S, Choi S J. A lipid-based method for the preparation of a piezoelectric DNA biosensor. Analytical Biochemistry, 2014, 458(5): 1-3.

[9] Xuan F, Luo X, Hsing I M. Conformation-dependent exonuclease III activity mediated by metal ions reshuffling on thymine-rich DNA duplexes for an ultrasensitive electrochemical method for Hg^{2+} detection. Analytical Chemistry, 2013, 85(9): 4586-4593.

[10] Hu W, Min X, Li X, et al. DNAzyme catalytic beacons-based a label-free biosensor for copper using electrochemical impedance spectroscopy. RSC Advances, 2016, 6(8): 6679-6685.

[11] Liu A, Wang K, Weng S, et al. Development of electrochemical DNA biosensors. Trends in Analytical Chemistry, 2009, 37(7): 101-111.

[12] Hein J E, Fokin V V. Copper-catalyzed azide-alkyne cycloaddition (CuAAC) and beyond: new reactivity of copper(I) acetylides. Chemical Society Reviews, 2010, 39(4): 1302-1315.

[13] Tornøe C W, Christensen C, Meldal M. Peptidotriazoles on solid phase: [1,2,3]-triazoles by regiospecific copper(i)-catalyzed 1,3-dipolar cycloadditions of terminal alkynes to azides. Journal of Organic Chemistry, 2002, 67(9): 3057-3064.

[14] Rostovtsev V V, Green L G, Fokin V V, et al. A stepwise huisgen cycloaddition process: copper (I)-catalyzed regioselective "ligation" of azides and terminal alkynes. Angewandte Chemie International Edition, 2002, 41(14): 2596-2599.

[15] Zhang L, Chen X, Xue P, et al. Ruthenium-catalyzed cycloaddition of alkynes and organic azides. Journal of the American Chemical Society, 2005, 127(46): 15998-15999.

[16] Chen W H, Liao W C, Yang S S, et al. Drug carriers: stimuli-responsive nucleic acid-based polyacrylamide hydrogel-coated metal-organic framework nanoparticles for controlled drug release . Advanced Functional Materials, 2018, 28(8): 1870053.

[17] Zhou Q, Yuan F, Zhang X, et al. Simultaneous multiple single nucleotide polymorphism detection based on click chemistry combined with DNA-encoded probes. Chemical Science, 2018, 9(13): 3335-3340.

[18] Chen Z, Sun M, Luo F, et al. Stimulus-response click chemistry based aptamer-functionalized mesoporous silica nanoparticles for fluorescence detection of thrombin. Talanta, 2018, 178: 563-568.

[19] Zhao M, Guo Y, Wang L, et al. A sensitive fluorescence biosensor for alkaline phosphatase activity based on the Cu(II)-dependent DNAzyme. Analytica Chimica Acta, 2016, 948: 98-103.

[20] Qi Y, Qiu L, Fan W, et al. An enzyme-free flow cytometric bead assay for the sensitive detection of microRNAs based on click nucleic acid ligation-mediated signal amplification. Analyst, 2017, 142(16): 2967-2973.

[21] Yang D, Ning L, Tao G, et al. Enzyme-free dual amplification strategy for protein assay by coupling toehold-mediated DNA strand displacement reaction with hybridization chain reaction. Electrochemistry Communications, 2015, 58: 33-36.

[22] Oishi M. Enzyme-free and isothermal detection of microRNA based on click-chemical ligation-assisted hybridization coupled with hybridization chain reaction signal amplification. Analytical & Bioanalytical Chemistry, 2015, 407(14): 4165-4172.

[23] Abel G R, Calabrese Z, Ayco J, et al. Measuring and suppressing the oxidative damage to DNA during Cu(I)-catalyzed azide-alkyne cycloaddition. Bioconjugate Chemistry, 2016, 27(3): 698-704.

[24] van Buggenum J A G L, Gerlach J P, Eising S, et al. A covalent and cleavable antibody-

DNA conjugation strategy for sensitive protein detection via immuno-PCR. Scientific Reports, 2016, 6(1): 22675.

[25] Winz M L, Linder E C, Becker J, et al. Site-specific one-pot triple click labeling for DNA and RNA. Chemical Communications, 2018, 54(83): 11781-11784.

[26] Chen Z, Sun M, Luo F, et al. Stimulus-response click chemistry based aptamer-functionalized mesoporous silica nanoparticles for fluorescence detection of thrombin. Talanta, 2017, 178: 563-568.

[27] Zhu L, Liu Q, Yang B, et al. Pixel counting of fluorescence spots triggered by DNA walkers for ultrasensitive quantification of nucleic acid. Analytical Chemistry, 2018, 90(11): 6357-6361.

[28] Walter H K, Bauer J, Steinmeyer J, et al. "DNA origami traffic lights" with a split aptamer sensor for a bicolor fluorescence readout. Nano Letters, 2017, 17(4): 2467-2472.

[29] Zhao H F, Liang R P, Wang J W, et al. One-pot synthesis of GO/AgNPs/luminol composites with electrochemiluminescence activity for sensitive detection of DNA methyltransferase activity. Biosensors & Bioelectronics, 2015, 63: 458-464.

[30] Li D, Xie J, Zhou W, et al. Click chemistry-mediated cyclic cleavage of metal ion-dependent DNAzymes for amplified and colorimetric detection of human serum copper(II). Analytical & Bioanalytical Chemistry, 2017, 409(27): 1-7.

[31] Zhang X R, Zhang Y, Chen F T, et al. Visual detection of single-nucleotide polymorphisms and DNA methyltransferase based on cation-exchange of CuS nanoparticles and click chemistry of functionalized gold nanoparticles. Chemical Communications, 2016, 52(90): 13261-13264.

[32] Zeng L, Wang D, Wang L, et al. A simple lateral flow biosensor for the rapid detection of copper(II) ion based on click chemistry. RSC Advances, 2015, 5(92): 75722-75727.

[33] Yue G Y, Ye H Z, Huang X J, et al. Quantification of DNA through a fluorescence biosensor based on click chemistry. Analyst, 2014, 139(22): 5669-5673.

[34] Balogh D, Garcia M A A, Albada H B, et al. Programmed synthesis by stimuli-responsive DNAzyme-modified mesoporous SiO_2 nanoparticles. Angewandte Chemie International Edition, 2015, 54(40): 11652-11656.

[35] Yang F, Wang C, Wang L, et al. Hoechst-naphthalimide dyad with dual emissions as specific and ratiometric sensor for nucleus DNA damage. Chinese Chemical Letters, 2017, 28(10): 120-123.

[36] Zheng Y, Zhao L, Ma Z. pH responsive label-assisted click chemistry triggered sensitivity amplification for ultrasensitive electrochemical detection of carbohydrate antigen 24-2. Biosensors & Bioelectronics, 2018, 115: 30-36.

[37] Chen W H, Yu X, Cecconello A, et al. Stimuli-responsive nucleic acid-functionalized metal-organic framework nanoparticles using pH-and metal-ion-dependent DNAzymes as locks. Chemical Science, 2017, 8(8): 5769-5780.

[38] Chen W H, Liao W C, Yang S S, et al. Stimuli-responsive nucleic acid-based polyacrylamide hydrogel-coated metal-organic framework nanoparticles for controlled drug release. Advanced Functional Materials, 2018, 28(8): 1870053.

[39] Fan W, Qi Y, Qiu L, et al. Click chemical ligation-initiated on-bead DNA polymerization for the sensitive flow cytometric detection of 3′-terminal 2′-*O*-methylated plant microRNA. Analytical Chemistry, 2018, 90(8): 5390-5397.

[40]Gress A, Völkel A, Schlaad H. Thio-click modification of poly[2-(3-butenyl)-2-oxazoline]. Macromolecules, 2007, 40(22): 7928-7933.

[41] Hoyle C E, Bowman C N. Thiol-ene click chemistry. Angewandte Chemie International Edition, 2010, 49(9): 1540-1573.

[42] Mather B D, Viswanathan K, Miller K M, et al. Michael addition reactions in macromolecular design for emerging technologies. Progress in Polymer Science, 2006, 31(5): 487-531.

[43] Zhang Z, Du J, Li Y, et al. An aptamer-patterned hydrogel for the controlled capture and release of protein via biorthogonal click chemistry and DNA hybridization. Journal of Materials Chemistry B, 2017, 5(30): 5974-5982.

[44] Paiphansiri U, Baier G, Kreyes A, et al. Glutathione-responsive DNA-based nanocontainers through an "interfacial click" reaction in inverse miniemulsion. Macromolecular Chemistry & Physics, 2015, 215(24): 2457-2462.

[45] Wang Z, Zhao J C, Lian H Z, et al. Aptamer-based organic-silica hybrid affinity monolith prepared via "thiol-ene" click reaction for extraction of thrombin. Talanta, 2015, 138: 52-58.

[46] Staudinger H, Meyer J. Ueber neue organische Phosphorverbindungen II. Phosphazine. Helvetica Chimica Acta, 1919, 2(1): 619-635.

[47] Saxon E, Bertozzi C R. Cell surface engineering by a modified Staudinger reaction. Science, 2000, 287(5460): 2007-2010.

[48] Laurence C, Evans H L, Aboagye E O, et al. Bioorthogonal chemistry for pre-targeted molecular imaging-progress and prospects. Organic & Biomolecular Chemistry, 2013, 11(35): 5772-5781.

[49] Nilsson B L, Kiessling L L, Raines R T. Staudinger ligation: a peptide from a thioester and azide. Organic Letters, 2000, 2(13): 1939-1941.

[50] Saxon E, Armstrong J I, Bertozzi C R. A "traceless" Staudinger ligation for the chemoselective synthesis of amide bonds. Organic Letters, 2000, 2(14): 2141-2143.

[51] Yu H, Zheng J, Yang S, et al. Use of a small molecule as an initiator for interchain Staudinger reaction: a new ATP sensing platform using product fluorescence. Talanta, 2018, 178: 282-286.

[52] Franzini R M, Kool E T. 7-Azidomethoxy-coumarins as profluorophores for templated nucleic acid detection. ChemBioChem, 2010, 9(18): 2981-2988.

[53] Abe H, Jin W K F. A reduction-triggered fluorescence probe for sensing nucleic acids. Bioconjugate Chemistry, 2008, 19(6): 1219-1226.

[54] Yu H, Zheng J, Yang S, et al. Use of a small molecule as an initiator for interchain Staudinger reaction: a new ATP sensing platform using product fluorescence. Talanta, 2017, 178: 282-286.

[55] Franzini R M, Kool E T. Efficient nucleic acid detection by templated reductive quencher

release. Journal of the American Chemical Society, 2009, 131(44): 16021-16023.

[56] Franzini R M, Kool E T. Improved templated fluorogenic probes enhance the analysis of closely related pathogenic bacteria by microscopy and flow cytometry. Bioconjugate Chemistry, 2011, 22(9): 1869.

[57] Velema W A, Kool E T. Fluorogenic templated reaction cascades for RNA detection. Journal of the American Chemical Society, 2017, 139(15): 5405-5411.

[58] Vinciane B, Stefan H. Diene-modified nucleotides for the Diels-Alder-mediated functional tagging of DNA. Nucleic Acids Research, 2009, 37(5): 1477-1485.

[59] Graham D, Fruk L, Smith W E. Detection of DNA probes using Diels-Alder cycloaddition and SERRS. Analyst, 2003, 128(6): 692-699.

[60] El-Sagheer A H, Cheong V V, Brown T. Rapid chemical ligation of oligonucleotides by the Diels-Alder reaction. Organic & Biomolecular Chemistry, 2011, 9(1): 232-235.

[61] Zhang H, Fan Y, Zhong H. Construction of DNA-templated nanoparticle assemblies using click DNA ligation. Biosensors & Bioelectronics, 2013, 41: 884-888.

[62] Wilks T R, O'Reilly R K. Efficient DNA-polymer coupling in organic solvents: a survey of amide coupling, thiol-ene and tetrazine-norbornene chemistries applied to conjugation of poly(*N*-isopropylacrylamide). Scientific Reports, 2016, 6: 39192.

[63] Tona R, Häner R. Functionalisation of a diene-modified hairpin mimic via the Diels-Alder reaction. Cheminform, 2004, 35(17): 1908-1909.

[64] Juliane S, Manfred W, Andres J S. Post-synthetic modification of DNA by inverse-electron-demand Diels-Alder reaction. Journal of the American Chemical Society, 2010, 132(26): 8846-8847.

[65] Tasara T, Angerer B, Damond M, et al. Incorporation of reporter molecule-labeled nucleotides by DNA polymerases. II. High-density labeling of natural DNA. Nucleic Acids Research, 2003, 31(10): 2636-2646.

[66] Winz M L, Linder E C, Andre T, et al. Nucleotidyl transferase assisted DNA labeling with different click chemistries. Nucleic Acids Research, 2015, 43(17): e110.

[67] Merkel M, Arndt S, Ploschik D, et al. Scope and limitations of typical copper-free bioorthogonal reactions with DNA: reactive 2′-deoxyuridine triphosphates for postsynthetic labeling. Journal of Organic Chemistry, 2016, 81(17): 7527-7538.

[68] Hun L J, Domaille D W, Hyunwoo N, et al. High-yielding and photolabile approaches to the covalent attachment of biomolecules to surfaces via hydrazone chemistry. Langmuir the ACS Journal of Surfaces & Colloids, 2014, 30(28): 8452-8460.

[69] Pete C, Kool E T. Importance of ortho proton donors in catalysis of hydrazone formation. Organic Letters, 2013, 15(7): 1646-1649.

[70] Crisalli P, Hernández A R, Kool E T. Fluorescence quenchers for hydrazone and oxime orthogonal bioconjugation. Bioconjugate Chemistry, 2012, 23(9): 1969.

[71] Sébastien U, Didier B, Alberto M, et al. Oxime ligation: a chemoselective click-type reaction for accessing multifunctional biomolecular constructs. Chemistry, 2014, 20(1): 34-41.

[72] Melnyk O, Ollivier N, Olivier C, et al. Synthesis of oligodeoxynucleotide-peptide

conjugates using hydrazone chemical ligation. Tetrahedron Letters, 2002, 43(6): 997-999.
[73] Prasuhn D E, Blanco-Canosa J B, Vora G J, et al. Multivalent display of DNA conjugates on semiconductor quantum dots utilizing a novel conjugation method. Proceedings of SPIE-the International Society for Optical Engineering, 2009, 7189: 1-7.
[74] Varela J G, Gates K S. Simple, high-yield syntheses of DNA duplexes containing interstrand DNA-DNA cross-links between an *N*(4) -aminocytidine residue and an abasic site. Current Protocols in Nucleic Acid Chemistry, 2016, 65: 5.16.1-5.16.15.
[75] Domaille D W, Cha J N. Aniline-terminated DNA catalyzes rapid DNA-hydrazone formation at physiological pH. Chemical Communications, 2014, 50(29): 3831-3833.
[76] Achilles K, Kiedrowski G V. Kinetic model studies on the chemical ligation of oligonucleotides via hydrazone formation. Bioorganic & Medicinal Chemistry Letters, 2005, 15(4): 1229-1233.
[77] Han E, Ding L, Qian R, et al. Sensitive chemiluminescent imaging for chemoselective analysis of glycan expression on living cells using a multifunctional nanoprobe. Analytical Chemistry, 2012, 84(3): 1452-1458.
[78] Grover G N, Jonathan L, Nguyen T H, et al. Biocompatible hydrogels by oxime click chemistry. Biomacromolecules, 2012, 13(10): 3013-3017.
[79] Foillard S, Rasmussen M O, Razkin J, et al. 1-Ethoxyethylidene, a new group for the stepwise SPPS of aminooxyacetic acid containing peptides. Journal of Organic Chemistry, 2008, 73(3): 983-991.
[80] Perry D. The number of structural isomers of certain homologs of methane and methanol. Journal of the American Chemical Society, 1932, 54(7): 2918-2920.
[81] Pujari S S, Zhang Y, Ji S, et al. Site-specific cross-linking of proteins to DNA via a new bioorthogonal approach employing oxime ligation. Chemical Communications, 2018, 54(49): 6296-6299.
[82] Edupuganti O P, Singh Y, Defrancq E, et al. New strategy for the synthesis of 3′,5′-bifunctionalized oligonucleotide conjugates through sequential formation of chemoselective oxime bonds. Chemistry, 2004, 10(23): 5988.
[83] Staudinger H, Meyer J. On new organic phosphorus bonding III phosphine methylene derivatives and phosphinimine. Helvetica Chimica Acta, 1919, 2: 635-646.
[84] Palacios F, Alonso C, Aparicio D, et al. The Aza-Wittig reaction: an efficient tool for the construction of carbon-nitrogen double bonds. Tetrahedron, 2007, 63(3): 523-575.
[85] 张园, 肖冰, 田晶晶, 等. 恒温技术介导的功能核酸生物传感器研究进展. 生物技术通报, 2018, 34(9): 29-38.
[86]Ellington A D, Szostak J W. *In vitro* selection of RNA molecules that bind specific ligands. Nature, 1990, 346(6287): 818-822.
[87] White R, Rusconi C, Scardino E, et al. Generation of species cross-reactive aptamers using "toggle" SELEX. Molecular Therapy, 2001, 4(6): 567-573.
[88] Mendonsa S D, Bowser M T. *In vitro* evolution of functional DNA using capillary electrophoresis. Journal of the American Chemical Society, 2004, 126(1): 20-21.
[89] Qian J, Lou X, Zhang Y, et al. Generation of highly specific aptamers via micromagnetic

selection. Analytical Chemistry, 2009, 81(13): 5490-5495.

[90] Lee J F, Stovall G M, Ellington A D. Aptamer therapeutics advance. Current Opinion in Chemical Biology, 2006, 10(3): 282-289.

[91] Ulrich H, Magdesian M H, Alves M J, et al. *In vitro* selection of RNA aptamers that bind to cell adhesion receptors of Trypanosoma cruzi and inhibit cell invasion. Journal of Biological Chemistry, 2002, 277(23): 20756-20762.

[92] Bagalkot V, Zhang L, Levynissenbaum E, et al. Quantum dot-aptamer conjugates for synchronous cancer imaging, therapy, and sensing of drug delivery based on bi-fluorescence resonance energy transfer. Nano Letters, 2007, 7(10): 3065-3070.

[93] Tang Z, Shangguan D, Wang K, et al. Selection of aptamers for molecular recognition and characterization of cancer cells. Analytical Chemistry, 2007, 36(34): 4900-4907.

[94] Breaker R R, Joyce G F. A DNA enzyme that cleaves RNA. Chemistry & Biology, 1994, 1(4): 223-229.

[95] Zheng H, Shabalin I G, Handing K B, et al. Magnesium-binding architectures in RNA crystal structures: validation, binding preferences, classification and motif detection. Nucleic Acids Research, 2015, 43(7): 3789-3801.

[96] Li J, Zheng W, Kwon A H, et al. *In vitro* selection and characterization of a highly efficient Zn(II)-dependent RNA-cleaving deoxyribozyme. Nucleic Acids Research, 2000, 28(2): 481-488.

[97] Ali M M, Aguirre S D, Lazim H, et al. Fluorogenic DNAzyme probes as bacterial indicators. Angewandte Chemie International Edition, 2011, 50(16): 3751-3754.

[98] Shen Z, Wu Z, Chang D, et al. A catalytic DNA activated by a specific strain of bacterial pathogen. Angewandte Chemie International Edition, 2016, 55(7): 2431-2434.

[99] Ye S, Guo Y, Xiao J, et al. A sensitive SERS assay of L-histidine via a DNAzyme-activated target recycling cascade amplification strategy. Chemical Communications, 2013, 49(35): 3643-3645.

[100]Ge C, Luo Q, Wang D, et al. Colorimetric detection of copper(II) ion using click chemistry and hemin/G-quadruplex horseradish peroxidase-mimicking DNAzyme. Analytical Chemistry, 2014, 86(13): 6387-6392.

[101]Shen Q, Li W, Tang S, et al. A simple "clickable" biosensor for colorimetric detection of copper(II) ions based on unmodified gold nanoparticles. Biosensors & Bioelectronics, 2013, 41(1): 663-668.

[102]Stobiecka M, Molinero A A, Chałupa A, et al. Mercury/homocysteine ligation-induced on/off-switching of a T-T mismatch-based oligonucleotide molecular beacon. Analytical Chemistry, 2012, 84(11): 4970-4978.

[103]Li T, Shi L, Wang E, et al. Silver-ion-mediated DNAzyme switch for the ultrasensitive and selective colorimetric detection of aqueous Ag^+ and cysteine. Chemistry-A European Journal, 2009, 15(14): 3347-3350.

[104]Dirks R M, Pierce N A, Mayo S L. Triggered amplification by hybridization chain reaction. Proceedings of the National Academy of Sciences of the United States of America, 2004, 101(43): 15275-15278.

[105]Zhang D Y, Winfree E. Control of DNA strand displacement kinetics using toehold exchange. Journal of the American Chemical Society, 2009, 131(47): 17303.

[106]Ikbal J, Lim G S, Gao Z. The hybridization chain reaction in the development of ultrasensitive nucleic acid assays. TrAC Trends in Analytical Chemistry, 2015, 64: 86-99.

[107]Ge J, Huang Z M, Xi Q, et al. A novel graphene oxide based fluorescent nanosensing strategy with hybridization chain reaction signal amplification for highly sensitive biothiol detection. Chemical Communications, 2014, 50(80): 11879-11882.

[108]Zhou J, Xu M, Tang D, et al. Nanogold-based bio-bar codes for label-free immunosensing of proteins coupling with an *in situ* DNA-based hybridization chain reaction. Chemical Communications, 2012, 48(100): 12207-12209.

[109]Huang J, Gao X, Jia J, et al. Graphene oxide-based amplified fluorescent biosensor for Hg^{2+} detection through hybridization chain reactions. Analytical Chemistry, 2014, 86(6): 3209-3215.

[110]Zhou G, Lin M, Song P, et al. Multivalent capture and detection of cancer cells with DNA nanostructured biosensors and multibranched hybridization chain reaction amplification. Analytical Chemistry, 2014, 86(15): 7843-7848.

[111]Xia F, White R J, Zuo X, et al. An electrochemical supersandwich assay for sensitive and selective DNA detection in complex matrices. Journal of the American Chemical Society, 2010, 132(41): 14346-14348.

[112]Chen X, Lin Y H, Li J, et al. A simple and ultrasensitive electrochemical DNA biosensor based on DNA concatamers. Chemical Communications, 2011, 47(44): 12116-12118.

[113]Notomi T, Okayama H, Masubuchi H, et al. Loop-mediated isothermal amplification of DNA. Nucleic Acids Research, 2000, 28(12): e63.

[114]Fang X, Chen H, Yu S, et al. Predicting viruses accurately by a multiplex microfluidic loop-mediated isothermal amplification chip. Analytical Chemistry, 2010, 83(3): 690-695.

[115]Tanner N A, Zhang Y, Evans T C. Simultaneous multiple target detection in real-time loop-mediated isothermal amplification. Biotechniques, 2012, 53(2): 81-89.

[116]Chen Y, Cheng N, Xu Y, et al. Point-of-care and visual detection of *P. aeruginosa* and its toxin genes by multiple LAMP and lateral flow nucleic acid biosensor. Biosensors & Bioelectronics, 2016, 81: 317-323.

[117]Vincent M, Xu Y, Kong H. Helicase-dependent isothermal DNA amplification. Embo Reports, 2004, 5(8): 795-800.

[118]An L, Tang W, Ranalli T A, et al. Characterization of a thermostable UvrD helicase and its participation in helicase-dependent amplification. Journal of Biological Chemistry, 2005, 280(32): 28952-28958.

[119]Mahalanabis M, Do J, Almuayad H, et al. An integrated disposable device for DNA extraction and helicase dependent amplification. Biomedical Microdevices, 2010, 12(2): 353-359.

[120]Goldmeyer J, Kong H, Tang W. Development of a novel one-tube isothermal reverse transcription thermophilic helicase-dependent amplification platform for rapid RNA detection. The Journal of Molecular Diagnostics, 2007, 9(5): 639-644.

[121]Li Y, Jortani S A, Ramey-Hartung B, et al. Genotyping three SNPs affecting warfarin drug response by isothermal real-time HDA assays. Clinica Chimica Acta, 2011, 412(1-2): 79-85.

[122]Kolm C, Mach R L, Krska R, et al. A rapid DNA lateral flow test for the detection of transgenic maize by isothermal amplification of the 35S promoter. Analytical Methods, 2015, 7(1): 129-134.

[123]Tong Y, Lemieux B, Kong H. Multiple strategies to improve sensitivity, speed and robustness of isothermal nucleic acid amplification for rapid pathogen detection. BMC Biotechnology, 2011, 11(1): 50.

[124]Piepenburg O, Williams C H, Stemple D L, et al. DNA detection using recombination proteins. PloS Biology, 2006, 4(7): e204.

[125]Santiago-Felipe S, Tortajada-Genaro L A, Morais S, et al. One-pot isothermal DNA amplification-hybridisation and detection by a disc-based method. Sensors and Actuators B: Chemical, 2014, 204: 273-281.

[126]Koo K M, Wee E J H, Trau M. High-speed biosensing strategy for non-invasive profiling of multiple cancer fusion genes in urine. Biosensors & Bioelectronics, 2017, 89(2): 715-720.

[127]Liu L, Wang J, Geng Y, et al. Equipment-free recombinase polymerase amplification assay using body heat for visual and rapid point-of-need detection of canine parvovirus 2. Molecular & Cellular Probes, 2018, 39: 41-46.

[128]Kunze A, Dilcher M, Wahed A A E, et al. On-chip isothermal nucleic acid amplification on flow-based chemiluminescence microarray analysis platform for the detection of viruses and bacteria. Analytical Chemistry, 2015, 88(1): 898-905.

[129]Valiadi M, Kalsi S, Jones I G F, et al. Simple and rapid sample preparation system for the molecular detection of antibiotic resistant pathogens in human urine. Biomedical Microdevices, 2016, 18(1): 18.

[130]Sakai K, Trabasso P, Moretti M L, et al. Identification of fungal pathogens by visible microarray system in combination with isothermal gene amplification. Mycopathologia, 2014, 178(1-2): 11-26.

[131]Lai M Y, Ooi C H, Lau Y L. Rapid detection of plasmodium knowlesi by isothermal recombinase polymerase amplification assay. The American Journal of Tropical Medicine and Hygiene, 2017, 97(5): 1597-1599.

[132]Wang J, Koo K M, Wee E J, et al. A nanoplasmonic label-free surface-enhanced Raman scattering strategy for non-invasive cancer genetic subtyping in patient samples. Nanoscale, 2017, 9(10): 3496-3503.

[133]Moore M D, Jaykus L A. Development of a recombinase polymerase amplification assay for detection of epidemic human noroviruses. Scientific Reports, 2017, 7: 40244.

[134]Xu C, Li L, Jin W, et al. Recombinase polymerase amplification (RPA) of CaMV-35S promoter and nos terminator for rapid detection of genetically modified crops. International Journal of Molecular Sciences, 2014, 15(10): 18197-18205.

[135]Tu P A, Shiu J S, Lee S H, et al. Development of a recombinase polymerase amplification

lateral flow dipstick (RPA-LFD) for the field diagnosis of caprine arthritis-encephalitis virus (CAEV) infection. Journal of Virological Methods, 2017, 243: 98-104.

[136]Ahmed A, Linden H V D, Hartskeerl R A. Development of a recombinase polymerase amplification assay for the detection of pathogenic leptospira. International Journal of Environmental Research & Public Health, 2014, 11(5): 4953-4964.

[137]Fang R, Li X, Hu L, et al. Cross-priming amplification for rapid detection of *Mycobacterium tuberculosis* in sputum specimens. Journal of Clinical Microbiology, 2009, 47(3): 845-847.

[138]Wang Y, Wang Y, Ma A, et al. Rapid and sensitive detection of *Listeria* monocytogenes by cross-priming amplification of lmo0733 gene. FEMS Microbiology Letters, 2014, 361(1): 43-51.

[139]Huang X, Zhai C, You Q, et al. Potential of cross-priming amplification and DNA-based lateral-flow strip biosensor for rapid on-site GMO screening. Analytical & Bioanalytical Chemistry, 2014, 406(17): 4243-4249.

[140]Woźniakowski G, Niczyporuk J S, Samorek-Salamonowicz E, et al. The development and evaluation of cross-priming amplification for the detection of avian reovirus. Journal of Applied Microbiology, 2015, 118(2): 528-536.

[141]Wang Y, Wang Y, Zhang L, et al. Visual and multiplex detection of nucleic acid sequence by multiple cross displacement amplification coupled with gold nanoparticle-based lateral flow biosensor. Sensors & Actuators B: Chemical, 2017, 241: 1283-1293.

[142]He Y, Zeng K, Zhang S, et al. Visual detection of gene mutations based on isothermal strand-displacement polymerase reaction and lateral flow strip. Biosensors & Bioelectronics, 2012, 31(1): 310-315.

[143]Xu W, Wang C, Zhu P, et al. Real-time quantitative nicking endonuclease-mediated isothermal amplification with small molecular beacons. Analyst, 2016, 141(8): 2542-2552.

[144]Deiman B, van Aarle P, Sillekens P. Characteristics and applications of nucleic acid sequence-based amplification (NASBA). Molecular Biotechnology, 2002, 20(2): 163-179.

[145]van Deursen P B, Gunther A W, van Riel C C, et al. A novel quantitative multiplex NASBA method: application to measuring tissue factor and CD14 mRNA levels in human monocytes. Nucleic Acids Research, 1999, 27(17): e15.

[146]Greijer A E, Adriaanse H M, Dekkers C A, et al. Multiplex real-time NASBA for monitoring expression dynamics of human cytomegalovirus encoded IE1 and pp67 RNA. Journal of Clinical Virology, 2002, 24(1): 57-66.

[147]Mohammadi-Yeganeh S, Paryan M, Samiee S M, et al. Molecular beacon probes-base multiplex NASBA Real-time for detection of HIV-1 and HCV. Iranian Journal of Microbiology, 2012, 4(2): 47-54.

[148]Banér J, Nilsson M, Mendelhartvig M, et al. Signal amplification of padlock probes by rolling circle replication. Nucleic Acids Research, 1998, 26(22): 5073-5078.

[149]Kaocharoen S, Wang B, Tsui K M, et al. Hyperbranched rolling circle amplification as a rapid and sensitive method for species identification within the *Cryptococcus* species complex. Electrophoresis, 2008, 29(15): 3183-3191.

[150]Zhang D Y, Zhang W, Li X, et al. Detection of rare DNA targets by isothermal ramification amplification. Gene, 2001, 274(1): 209-216.

[151]Zhu X, Feng C, Zhang B, et al. A netlike rolling circle nucleic acid amplification technique. Analyst, 2015, 140(1): 74-78.

[152]Dahl F, Banér J, Gullberg M, et al. Circle-to-circle amplification for precise and sensitive DNA analysis. Proceedings of the National Academy of Sciences of the United States of America, 2004, 101(13): 4548.

[153]Niu S, Jiang Y, Zhang S. Fluorescence detection for DNA using hybridization chain reaction with enzyme-amplification. Chemical Communications, 2010, 46(18): 3089-3091.

[154]Cheng Y, Zhang X, Li Z, et al. Highly sensitive determination of microRNA using target-primed and branched rolling-circle amplification. Angewandte Chemie International Edition, 2009, 48(18): 3268-3272.

[155]Hu J, Zhang C. Sensitive detection of nucleic acids with rolling circle amplification and surface-enhanced Raman scattering spectroscopy. Analytical Chemistry, 2010, 82(21): 8991-8997.

[156]Ali M M, Li Y. Colorimetric sensing by using allosteric-DNAzyme-coupled rolling circle amplification and a peptide nucleic acid-organic dye probe. Angewandte Chemie International Edition, 2009, 121(19): 3564-3567.

[157]Zeng Y, Hu J, Long Y, et al. Sensitive detection of DNA methyltransferase using hairpin probe-based primer generation rolling circle amplification-induced chemiluminescence. Analytical Chemistry, 2013, 85(12): 6143-6150.

[158]van Ness J, van Ness L K, Galas D J. Isothermal reactions for the amplification of oligonucleotides. Proceedings of the National Academy of Sciences of the United States of America, 2003, 100(8): 4504-4509.

[159]Wang H, Wang H, Duan X, et al. Sensitive detection of mRNA by using specific cleavage-mediated isothermal exponential amplification reaction. Sensors and Actuators B: Chemical, 2017, 252: 215-221.

[160]He J L, Wu Z S, Zhou H, et al. Fluorescence aptameric sensor for strand displacement amplification detection of cocaine. Analytical Chemistry, 2010, 82(4): 1358-1364.

[161]Duck P, Alvaradourbina G, Burdick B, et al. Probe amplifier system based on chimeric cycling oligonucleotides. Biotechniques, 1990, 9(2): 142-148.

[162]Warnon S, Zammatteo N, Alexandre I, et al. Colorimetric detection of the tuberculosis complex using cycling probe technology and hybridization in microplates. Biotechniques, 2000, 28(6): 1152-1156, 9-60.

[163]Fong W K, Modrusan Z, Mcnevin J P, et al. Rapid solid-phase immunoassay for detection of methicillin-resistant *Staphylococcus aureus* using cycling probe technology. Journal of Clinical Microbiology, 2000, 38(7): 2525-2529.

[164]Bhatt R, Scott B, Whitney S, et al. Detection of nucleic acids by cycling probe technology on magnetic particles: high sensitivity and ease of separation. Nucleosides & Nucleotides, 1999, 18(6-7): 1297-1299.

[165]Bollum F J, Potter V R. Incorporation of thymidine into deoxyribonucleic acid by

enzymes from rat tissues. Journal of Biological Chemistry, 1958, 233(2): 478-482.

[166]Liu Z, Li W, Nie Z, et al. Randomly arrayed G-quadruplexes for label-free and real-time assay of enzyme activity. Chemical Communications, 2014, 50(52): 6875-6878.

[167]Chi B Z, Liang R P, Zhang L, et al. Sensitive and homogeneous microRNA detection using branched cascade enzymatic amplification. Chemical Communications, 2015, 51(52): 10543-10546.

[168]Selvin P R. Fluorescence resonance energy transfer. Current Opinion in Biotechnology, 1995, 6(1): 103-110.

[169]Wu L L, Wang L Y, Xie Z J, et al. Colorimetric assay of L-cysteine based on peroxidase-mimicking DNA-Ag/Pt nanoclusters. Sensors & Actuators B: Chemical, 2016, 235: 110-116.

[170]Mao Y, Liu J, He D, et al. Aptamer/target binding-induced triple helix forming for signal-on electrochemical biosensing. Talanta, 2015, 143: 381-387.

[171]Cui H F, Xu T B, Sun Y L, et al. Hairpin DNA as a biobarcode modified on gold nanoparticles for electrochemical DNA detection. Analytical Chemistry, 2015, 87(2): 1358-1365.

[172]Zhuang J, Fu L, Tang D, et al. Target-induced structure-switching DNA hairpins for sensitive electrochemical monitoring of mercury(II). Biosensors & Bioelectronics, 2013, 39(1): 315-319.

[173]Huang Y L, Gao Z F, Jia J, et al. A label-free electrochemical sensor for detection of mercury(II) ions based on the direct growth of guanine nanowire. Journal of Hazardous Materials, 2016, 308: 173-178.

[174]Guedin A, de Cian A, Gros J, et al. Sequence effects in single-base loops for quadruplexes. Biochimie, 2008, 90(5): 686-696.

[175]Bugaut A, Balasubramanian S. A sequence-independent study of the influence of short loop lengths on the stability and topology of intramolecular DNA G-quadruplexes. Biochemistry, 2008, 47(2): 689-697.

[176]Georgiades S N, Abd Karim N H, Suntharalingam K, et al. Interaction of metal complexes with G-quadruplex DNA. Angewandte Chemie International Edition, 2010, 49(24): 4020-4034.

[177]Zhou H, Yang C, Chen H, et al. A simple G-quadruplex molecular beacon-based biosensor for highly selective detection of microRNA. Biosensors and Bioelectronics, 2017, 87: 552-557.

[178]Hu D, Huang Z, Pu F, et al. A label-free, quadruplex-based functional molecular beacon(LFG4-MB) for bluorescence turn-on detection of DNA and nuclease. Chemistry-A European Journal, 2011, 17(5): 1635-1641.

[179]Lu Y J, Ma N, Li Y J, et al. Styryl quinolinium/G-quadruplex complex for dual-channel fluorescent sensing of Ag^+ and cysteine. Sensors & Actuators B: Chemical, 2012, 173(10): 295-299.

[180]Zhang L, Zhu J, Ai J, et al. Label-free G-quadruplex-specific fluorescent probe for sensitive detection of copper(II) ion. Biosensors & Bioelectronics, 2013, 39(1): 268-273.

[181]Qin H, Ren J, Wang J, et al. G-quadruplex-modulated fluorescence detection of potassium in the presence of a 3500-fold excess of sodium ions. Analytical Chemistry, 2010, 82(19): 8356-8360.

[182]Guo Y, Sun Y, Shen X, et al. Label-free detection of Zn^{2+} based on G-quadruplex. Analytical Sciences, 2015, 31(10): 1041-1045.

[183]Guo Y, Sun Y, Shen X, et al. Quantification of Zn(II) using a label-free sensor based on graphene oxide and G-quadruplex. Analytical Methods, 2015, 7(22): 9615-9618.

[184]Shen Q, Zhou L, Yuan Y, et al. Intra-molecular G-quadruplex structure generated by DNA-templated click chemistry: "turn-on" fluorescent probe for copper ions. Biosensors & Bioelectronics, 2014, 55: 187-194.

[185]Zhou X H, Kong D M, Shen H X. Ag^+ and cysteine quantitation based on G-quadruplex-hemin DNAzymes disruption by Ag^+. Analytical Chemistry, 2009, 82(3): 789-793.

[186]Yang X, Li T, Li B, et al. Potassium-sensitive G-quadruplex DNA for sensitive visible potassium detection. Analyst, 2010, 135(1): 71-75.

[187]Xiao Y, Pavlov V, Gill R, et al. Lighting up biochemiluminescence by the surface self-assembly of DNA-hemin complexes. ChemBioChem A European Journal of Chemical Biology, 2004, 5(3): 374-379.

[188]Yang J, Dou B, Yuan R, et al. Proximity binding and metal ion-dependent DNAzyme cyclic amplification-integrated aptasensor for label-free and sensitive electrochemical detection of thrombin. Analytical chemistry, 2016, 88(16): 8218-8223.

[189]Wang Y, Wu Y, Liu W, et al. Electrochemical strategy for pyrophosphatase detection based on the peroxidase-like activity of G-quadruplex-Cu^{2+} DNAzyme. Talanta, 2018, 178: 491-497.

[190]Qian Y, Fan T, Yao Y, et al. Label-free and Raman dyes-free surface-enhanced Raman spectroscopy for detection of DNA. Sensors and Actuators B: Chemical, 2018, 254: 483-489.

[191]Wang Q, Liu R, Yang X, et al. Surface plasmon resonance biosensor for enzyme-free amplified microRNA detection based on gold nanoparticles and DNA supersandwich. Sensors & Actuators B: Chemical, 2016, 223: 613-620.

[192]Zhang H, Zhang H, Aldalbahi A, et al. Fluorescent biosensors enabled by graphene and graphene oxide. Biosensors & Bioelectronics, 2017, 89(1): 96-106.

[193]Song M S, Sekhon S S, Shin W R, et al. Detecting and discriminating *Shigella sonnei* using an aptamer-based fluorescent biosensor platform. Molecules, 2017, 22(5): 825.

[194]Prodi L, Bolletta F, Montalti M, et al. Luminescent chemosensors for transition metal ions. Coordination Chemistry Reviews, 2000, 205(1): 59-83.

[195]Li J, Lu Y. A highly sensitive and selective catalytic DNA biosensor for lead ions. Journal of the American Chemical Society, 2000, 122(42): 10466-10467.

[196]Lan T, Furuya K, Lu Y. A highly selective lead sensor based on a classic lead DNAzyme. Chemical Communications, 2010, 46(22): 3896-3898.

[197]Chiuman W, Li Y. Efficient signaling platforms built from a small catalytic DNA and doubly labeled fluorogenic substrates. Nucleic Acids Research, 2007, 35(2): 401-405.

[198]Nagraj N, Liu J, Sterling S, et al. DNAzyme catalytic beacon sensors that resist temperature-dependent variations. Chemical Communications, 2009, 27(27): 4103-4105.

[199]Wang H, Kim Y, Liu H, et al. Engineering a unimolecular DNA-catalytic probe for single lead ion monitoring. Journal of the American Chemical Society, 2009, 131(23): 8221-8226.

[200]Huang J, Wu Y, Chen Y, et al. Pyrene-excimer probes based on the hybridization chain reaction for the detection of nucleic acids in complex biological fluids. Angewandte Chemie International Edition, 2011, 50(2): 401-404.

[201]Guo J H, Kong D M, Shen H X. Design of a fluorescent DNA IMPLICATION logic gate and detection of Ag^{+} and cysteine with triphenylmethane dye/G-quadruplex complexes. Biosensors and Bioelectronics, 2010, 26(2): 327-332.

[202]Lu Y J, Ma N, Li Y, et al. Styryl quinolinium/G-quadruplex complex for dual-channel fluorescent sensing of Ag^{+} and cysteine. Sensors and Actuators B: Chemical, 2012, 173: 295-299.

[203]Arthanari H, Basu S, Kawano T L, et al. Fluorescent dyes specific for quadruplex DNA. Nucleic Acids Research, 1998, 26(16): 3724-3728.

[204]Zhao C, Wu L, Ren J, et al. A label-free fluorescent turn-on enzymatic amplification assay for DNA detection using ligand-responsive G-quadruplex formation. Chemical Communications, 2011, 47(19): 5461-5463.

[205]Wang F, Lu C H, Willner I. From cascaded catalytic nucleic acids to enzyme-DNA nanostructures: controlling reactivity, sensing, logic operations, and assembly of complex structures. Chemical Reviews, 2014, 114(5): 2881-2941.

[206]Qin H, Ren J, Wang J, et al. G-quadruplex facilitated turn-off fluorescent chemosensor for selective detection of cupric ion. Chemical Communications, 2010, 46(39): 7385-7387.

[207]Guo L, Nie D, Qiu C, et al. A G-quadruplex based label-free fluorescent biosensor for lead ion. Biosensors and Bioelectronics, 2012, 35(1): 123-127.

[208]Chen Z, Lin Y, Zhao C, et al. Silver metallization engineered conformational switch of G-quadruplex for fluorescence turn-on detection of biothiols. Chemical Communications, 2012, 48(93): 11428-11430.

[209]Ren J, Wang J, Han L, et al. Kinetically grafting G-quadruplexes onto DNA nanostructures for structure and function encoding via a DNA machine. Chemical Communications, 2011, 47(38): 10563-10565.

[210]Fu B, Cao J, Jiang W, et al. A novel enzyme-free and label-free fluorescence aptasensor for amplified detection of adenosine. Biosensors and Bioelectronics, 2013, 44: 52-56.

[211]Guo Y, Sun Y, Shen X, et al. Quantification of Zn(II) using a label-free sensor based on graphene oxide and G-quadruplex. Analytical Methods, 2015, 7(22): 9615-9618.

[212]Hou R, Niu X, Cui F. A label-free biosensor for selective detection of DNA and Pb^{2+} based on a G-quadruplex. RSC Advances, 2016, 6(10): 7765-7771.

[213]Xu Y, Jiang B, Xie J, et al. Terminal protection of small molecule-linked ssDNA for label-free and sensitive fluorescent detection of folate receptor. Talanta, 2014, 128: 237-241.

[214]Kong L, Xu J, Xu Y, et al. A universal and label-free aptasensor for fluorescent detection of ATP and thrombin based on SYBR green idye. Biosensors and Bioelectronics, 2013, 42: 193-197.

[215]Chiang C K, Huang C C, Liu C W, et al. Oligonucleotide-based fluorescence probe for sensitive and selective detection of mercury(II) in aqueous solution. Analytical Chemistry, 2008, 80(10): 3716-3721.

[216]Xu W, Lu Y. Label-free fluorescent aptamer sensor based on regulation of malachite green fluorescence. Analytical Chemistry, 2010, 82(2): 574-578.

[217]Zhou W, Ding J, Liu J. 2-Aminopurine-modified DNA homopolymers for robust and sensitive detection of mercury and silver. Biosensors & Bioelectronics, 2017, 87: 171-177.

[218]Park K S, Lee J Y, Park H G. Mismatched pyrrolo-dC-modified duplex DNA as a novel probe for sensitive detection of silver ions. Chemical Communications, 2012, 48(38): 4549-4551.

[219]Chen T, Hu Y, Cen Y, et al. A dual-emission fluorescent nanocomplex of gold-cluster-decorated silica particles for live cell imaging of highly reactive oxygen species. Journal of the American Chemical Society, 2013, 135(31): 11595-1602.

[220]Hostetler M J, Wingate J E, Zhong C J, et al. Alkanethiolate gold cluster molecules with core diameters from 1.5 to 5.2 nm: core and monolayer properties as a function of core size. Langmuir, 1998, 14(1): 17-30.

[221]Lamberti M. Carbon nanotubes: properties, biomedical applications, advantages and risks in patients and occupationallyexposed workers. International Journal of Immunopathology & Pharmacology, 2015, 28(1): 4-13.

[222]Chen T T, Tian X, Liu C L, et al. Fluorescence activation imaging of cytochrome c released from mitochondria using aptameric nanosensor. Journal of the American Chemical Society, 2015, 137(2): 982-989.

[223]Han B, Wang E. Oligonucleotide-stabilized fluorescent silver nanoclusters for sensitive detection of biothiols in biological fluids. Biosensors and Bioelectronics, 2011, 26(5): 2585-2589.

[224]Guo W, Yuan J, Dong Q, et al. Highly sequence-dependent formation of fluorescent silver nanoclusters in hybridized DNA duplexes for single nucleotide mutation identification. Journal of the American Chemical Society, 2010, 132(3): 932-934.

[225]Lan G Y, Huang C C, Chang H T. Silver nanoclusters as fluorescent probes for selective and sensitive detection of copper ions. Chemical Communications, 2010, 46(8): 1257-1259.

[226]Yeh H C, Sharma J, Han J J, et al. A DNA-silver nanocluster probe that fluoresces upon hybridization. Nano Letters, 2010, 10(8): 3106-3110.

[227]Qian Y, Zhang Y, Lu L, et al. A label-free DNA-templated silver nanocluster probe for fluorescence on-off detection of endonuclease activity and inhibition. Biosensors & Bioelectronics, 2014, 51(2): 408-412.

[228]Xu L, Xia J, Li H, et al. Ionic liquid assisted solvothermal synthesis of Cu polyhedron-pattern nanostructures and their application as enhanced nanoelectrocatalysts for glucose

detection. European Journal of Inorganic Chemistry, 2011, 2011(9): 1361-1365.
[229]Sun L, Zhao Y, Guo W, et al. Microemulsion-based synthesis of copper nanodisk superlattices. Applied Physics A, 2011, 103(4): 983-988.
[230]He T, Chen D, Jiao X. Controlled synthesis of Co_3O_4 nanoparticles through oriented aggregation. Chemistry of Materials, 2004, 16(4): 737-743.
[231]Chen J, Liu J, Fang Z, et al. Random dsDNA-templated formation of copper nanoparticles as novel fluorescence probes for label-free lead ions detection. Chemical Communications, 2012, 48(7): 1057-1059.
[232]Xie J, Zheng Y, Ying J Y. Highly selective and ultrasensitive detection of Hg(2+) based on fluorescence quenching of Au nanoclusters by Hg(2+)-Au(+) interactions. Chemical Communications, 2010, 46(6): 961-963.
[233]Liu J, Chen J, Fang Z, et al. A simple and sensitive sensor for rapid detection of sulfide anions using DNA-templated copper nanoparticles as fluorescent probes. Analyst, 2012, 137(23): 5502-5505.
[234]Liu Y R, Hu R, Liu T, et al. Label-free dsDNA-Cu NPs-based fluorescent probe for highly sensitive detection of l-histidine. Talanta, 2013, 107(2): 402-407.
[235]Hu Y, Wu Y, Chen T, et al. Double-strand DNA-templated synthesis of copper nanoclusters as novel fluorescence probe for label-free detection of biothiols. Analytical Methods, 2013, 5(14): 3577-3581.
[236]Jia X, Li J, Han L, et al. DNA-hosted copper nanoclusters for fluorescent identification of single nucleotide polymorphisms. ACS Nano, 2012, 6(4): 3311-3317.
[237]Bruno J G, Phillips T, Carrillo M P, et al. Plastic-adherent DNA aptamer-magnetic bead and quantum dot sandwich assay for *Campylobacter* detection. Journal of Fluorescence, 2009, 19(3): 427.
[238]Bruno J G. Application of DNA aptamers and quantum dots to lateral flow test strips for detection of foodborne pathogens with improved sensitivity versus colloidal gold. Pathogens, 2014, 3(2): 341-355.
[239]Adachi N, Nakajima M, Okada M, et al. Fluorescence chemical sensor based on water-soluble poly(*p*-phenylene ethynylene)-graphene oxide composite for Cu^{2+}. Polymers for Advanced Technologies, 2016, 27(3): 284-289.
[240]Wang S, Si S. Aptamer biosensing platform based on carbon nanotube long-range energy transfer for sensitive, selective and multicolor fluorescent heavy metal ion analysis. Analytical Methods, 2013, 5(12): 2947-2953.
[241]Zhao C, Qu K, Song Y, et al. A reusable DNA single-walled carbon-nanotube-based fluorescent sensor for highly sensitive and selective detection of Ag^+ and cysteine in aqueous solutions. Chemistry-A European Journal, 2010, 16(27): 8147-8154.
[242]Pu K Y, Liu B. Fluorescence reporting based on FRET between conjugated polyelectrolyte and organic dye for biosensor applications. Advanced Fluorescence Reporters in Chemistry and Biology II: Springer, 2010, 9, 417-453.
[243]Kim B, Jung I H, Kang M, et al. Cationic conjugated polyelectrolytes-triggered conformational change of molecular beacon aptamer for highly sensitive and selective

potassium ion detection. Journal of the American Chemical Society, 2012, 134(6): 3133-3138.

[244]Zhou Q, Swager T M. Method for enhancing the sensitivity of fluorescent chemosensors: energy migration in conjugated polymers. Journal of the American Chemical Society, 1995, 117(26): 7017-7018.

[245]He F, Tang Y, Wang S, et al. Fluorescent amplifying recognition for DNA G-quadruplex folding with a cationic conjugated polymer: a platform for homogeneous potassium detection. Journal of the American Chemical Society, 2005, 127(35): 12343-12346.

[246]Gaylord B S, Heeger A J, Bazan G C. DNA detection using water-soluble conjugated polymers and peptide nucleic acid probes. Proceedings of the National Academy of Sciences of the United States of America, 2002, 99(17): 10954-10957.

[247]Egholm M, Buchardt O, Christensen L, et al. PNA hybridizes to complementary oligonucleotides obeying the Watson-Crick hydrogen-bonding rules. Nature, 1993, 365(6446): 566-568.

[248]Kerman K, Ozkan D, Kara P, et al. Voltammetric determination of DNA hybridization using methylene blue and self-assembled alkanethiol monolayer on gold electrodes. Analytica Chimica Acta, 2002, 462(1): 39-47.

[249]Yun W, Jiang J, Cai D, et al. Ultrasensitive electrochemical detection of UO_2^{2+} based on DNAzyme and isothermal enzyme-free amplification. RSC Advances, 2016, 6(5): 3960-3966.

[250]Zhu Y, Zeng G M, Zhang Y, et al. Highly sensitive electrochemical sensor using a MWCNTs/GNPs-modified electrode for lead(II) detection based on Pb(2+)-induced G-rich DNA conformation. Analyst, 2014, 139(19): 5014-5020.

[251]Liu P, Pang J, Yin H, et al. G-quadruplex functionalized nano mesoporous silica for assay of the DNA methyltransferase activity. Analytica Chimica Acta, 2015, 879: 34-40.

[252]Kong D M, Ma Y E, Wu J, et al. Discrimination of G-quadruplexes from duplex and single-stranded DNAs with fluorescence and energy-transfer fluorescence spectra of crystal violet. Chemistry, 2009, 15(4): 901-909.

[253]Li F, Feng Y, Zhao C, et al. Crystal violet as a G-quadruplex-selective probe for sensitive amperometric sensing of lead. Chemical Communications, 2011, 47(43): 11909-11911.

[254]Raoof J B, Ojani R, Ebrahimi M, et al. Developing a nano-biosensor for DNA hybridization using a new electroactive label. Chinese Journal of Chemistry, 2011, 29(11): 2541-2551.

[255]Ebrahimi M, Raoof J B, Ojani R. Novel electrochemical DNA hybridization biosensors for selective determination of silver ions. Talanta, 2015, 144: 619-626.

[256]Aghili Z, Nasirizadeh N, Divsalar A, et al. A nanobiosensor composed of exfoliated graphene oxide and gold nano-urchins, for detection of GMO products. Biosensors and Bioelectronics, 2017, 95: 72-80.

[257]Ligaj M, Tichoniuk M, Gwiazdowska D, et al. Electrochemical DNA biosensor for the detection of pathogenic bacteria *Aeromonas hydrophila*. Electrochimica Acta, 2014, 128: 67-74.

[258]Ahmed M U, Saito M, Hossain M M, et al. Electrochemical genosensor for the rapid detection of GMO using loop-mediated isothermal amplification. Analyst, 2009, 134(5): 966-972.

[259]Ju H, Ye Y, Zhu Y. Interaction between nile blue and immobilized single- or double-stranded DNA and its application in electrochemical recognition. Electrochimica Acta, 2005, 50(6): 1361-1367.

[260]Alipour E, Allaf F N, Mahmoudi-Badiki T. Investigation of specific interactions between Nile blue and single type oligonucleotides and its application in electrochemical detection of hepatitis C 3a virus. Journal of Solid State Electrochemistry, 2016, 20(1): 183-192.

[261]Cai W, Xie S, Zhang J, et al. An electrochemical impedance biosensor for Hg(2+) detection based on DNA hydrogel by coupling with DNAzyme-assisted target recycling and hybridization chain reaction. Biosensors & Bioelectronics, 2017, 98: 466-472.

[262]Wei W, Zhang L, Ni Q, et al. Fabricating a reversible and regenerable electrochemical biosensor for quantitative detection of antibody by using "triplex-stem" DNA molecular switch. Analytica Chimica Acta, 2014, 845: 38-44.

[263]Zhang Y, Xiao S, Li H, et al. A Pb^{2+}-ion electrochemical biosensor based on single-stranded DNAzyme catalytic beacon. Sensors & Actuators B: Chemical, 2016, 222: 1083-1089.

[264]Xiong E, Wu L, Zhou J, et al. A ratiometric electrochemical biosensor for sensitive detection of Hg^{2+} based on thymine-Hg^{2+}-thymine structure. Analytica Chimica Acta, 2015, 853(1): 242-248.

[265]Jing J, Hong G C, Ji F, et al. A regenerative ratiometric electrochemical biosensor for selective detecting Hg^{2+} based on Y-shaped/hairpin DNA transformation. Analytica Chimica Acta, 2016, 908: 95-101.

[266]Cui H F, Xu T B, Sun Y L, et al. Hairpin DNA as a novel biobarcode modified on gold nanoparticles for electrochemical DNA detection. Analytical Chemistry, 2015, 87(2): 1358-1365.

[267]Shen L, Chen Z, Li Y, et al. Electrochemical DNAzyme sensor for lead based on amplification of DNA-Au bio-bar codes. Analytical Chemistry, 2008, 80(16): 6323-6328.

[268]Huang H, Bai W, Dong C, et al. An ultrasensitive electrochemical DNA biosensor based on graphene/Au nanorod/polythionine for human papillomavirus DNA detection. Biosensors & Bioelectronics, 2015, 68: 442-446.

[269]Liu Z, Zhang W, Hu L, et al. Label-free and signal-on electrochemiluminescence aptasensor for ATP based on target-induced linkage of split aptamer fragments by using $[Ru(phen)_3]^{2+}$ intercalated into double-strand DNA as a probe. Chemistry-A European Journal, 2010, 16(45): 13356-13359.

[270]Zhan F, Liao X, Gao F, et al. Electroactive crown ester-Cu^{2+} complex with *in-situ* modification at molecular beacon probe serving as a facile electrochemical DNA biosensor for the detection of CaMV 35s. Biosensors and Bioelectronics, 2017, 92: 589-595.

[271]Zhu H, Zhu Z. Electrochemical sensor for melamine based on its copper complex. Chemical Communications, 2010, 46(13): 2259-2261.

[272]Wang Q, Gao F, Ni J, et al. Facile construction of a highly sensitive DNA biosensor by *in-situ* assembly of electro-active tags on hairpin-structured probe fragment. Scientific Reports, 2016, 6: 22441.

[273]Wang X, Zhang X, Gao C, et al. A novel DNA electrochemical sensor based on grafting of L-aspartic acid and Cu^{2+} ions on the terminal of molecule beacons. International Journal of Electrochemical Science, 2013, 8(6): 7529-7541.

[274]Mix M, Rüger J, Krüger S, et al. Electrochemical detection of 0.6% genetically modified maize MON810 in real flour samples. Electrochemistry Communications, 2012, 22(1): 137-140.

[275]Wang M Q, Du X Y, Liu L Y, et al. DNA biosensor prepared by electrodeposited Pt-nanoparticles for the detection of specific deoxyribonucleic acid sequence in genetically modified soybean. Chinese Journal of Analytical Chemistry, 2008, 36(7): 890-894.

[276]Fan H, Chang Z, Xing R, et al. An electrochemical aptasensor for detection of thrombin based on target protein-induced strand displacement. Electroanalysis: An International Journal Devoted to Fundamental and Practical Aspects of Electroanalysis, 2008, 20(19): 2113-2117.

[277]Tang S, Wei L, Fang G, et al. A novel electrochemical sensor for lead ion based on cascade DNA and quantum dots amplification. Electrochimica Acta, 2014, 134(21): 1-7.

[278]Yang Y, Yuan Z, Liu X P, et al. Electrochemical biosensor for Ni^{2+} detection based on a DNAzyme-CdSe nanocomposite. Biosensors and Bioelectronics, 2016, 77: 13-18.

[279]Park H, Hwang S J, Kim K. An electrochemical detection of Hg^{2+} ion using graphene oxide as an electrochemically active indicator. Electrochemistry Communications, 2012, 24: 100-103.

[280]Zhang Z, Fu X, Li K, et al. One-step fabrication of electrochemical biosensor based on DNA-modified three-dimensional reduced graphene oxide and chitosan nanocomposite for highly sensitive detection of Hg(II). Sensors and Actuators B: Chemical, 2016, 225: 453-462.

[281]Wang N, Lin M, Dai H, et al. Functionalized gold nanoparticles/reduced graphene oxide nanocomposites for ultrasensitive electrochemical sensing of mercury ions based on thymine-mercury-thymine structure. Biosensors and Bioelectronics, 2016, 79: 320-326.

[282]Xu W, Zhou X, Gao J, et al. Label-free and enzyme-free strategy for sensitive electrochemical lead aptasensor by using metal-organic frameworks loaded with AgPt nanoparticles as signal probes and electrocatalytic enhancers. Electrochimica Acta, 2017, 251: 25-31.

[283]Tang J, Huang Y, Zhang C, et al. DNA-based electrochemical determination of mercury(II) by exploiting the catalytic formation of gold amalgam and of silver nanoparticles. Microchimica Acta, 2016, 183(6): 1805-1812.

[284]Miao P, Wang B, Chen X, et al. Tetrahedral DNA nanostructure-based microRNA biosensor coupled with catalytic recycling of the analyte. ACS Applied Materials & Interfaces, 2015, 7(11): 6238-6243.

[285]Yuan Y, Chai Y, Yuan R, et al. An ultrasensitive electrochemical aptasensor with

autonomous assembly of hemin-G-quadruplex DNAzyme nanowires for pseudo triple-enzyme cascade electrocatalytic amplification. Chemical Communications, 2013, 49(66): 7328-7330.

[286]Zhu Q, Gao F, Yang Y, et al. Electrochemical preparation of polyaniline capped Bi_2S_3 nanocomposite and its application in impedimetric DNA biosensor. Sensors & Actuators B: Chemical, 2015, 207: 819-826.

[287]Zhang B, Chen J, Liu B, et al. Amplified electrochemical sensing of lead ion based on DNA-mediated self-assembly-catalyzed polymerization. Biosensors & Bioelectronics, 2015, 69: 230-234.

[288]Gao F, Gao C, He S, et al. Label-free electrochemical lead(II) aptasensor using thionine as the signaling molecule and graphene as signal-enhancing platform. Biosensors & Bioelectronics, 2016, 81: 15-22.

[289]Zhou Q, Lin Y, Lin Y, et al. Highly sensitive electrochemical sensing platform for lead ion based on synergetic catalysis of DNAzyme and Au-Pd porous bimetallic nanostructures. Biosensors and Bioelectronics, 2016, 78: 236-243..

[290]Jiang B, Wang M, Li C, et al. Label-free and amplified aptasensor for thrombin detection based on background reduction and direct electron transfer of hemin. Biosensors & Bioelectronics, 2013, 43: 289-292.

[291]Yu Y, Chen Z, Shi L, et al. Ultrasensitive electrochemical detection of microRNA based on an arched probe mediated isothermal exponential amplification. Analytical Chemistry, 2014, 86(16): 8200-8205.

[292]Balintová J, Pohl R, Horáková P, et al. Anthraquinone as a redox label for DNA: synthesis, enzymatic incorporation, and electrochemistry of anthraquinone-modified nucleosides, nucleotides, and DNA. Chemistry-A European Journal, 2011, 17(50): 14063-14073.

[293]Zhang Y, Zeng G M, Tang L, et al. Quantitative detection of trace mercury in environmental media using a three-dimensional electrochemical sensor with an anionic intercalator. RSC Advances, 2014, 4(36): 18485-18492.

[294]Zhou Y, Tang L, Zeng G, et al. A novel biosensor for silver(I) ion detection based on nanoporous gold and duplex-like DNA scaffolds with anionic intercalator. RSC Advances, 2015, 5(85): 69738-69744.

[295]Bala A, Pietrzak M, Górski Ł, et al. Electrochemical determination of lead ion with DNA oligonucleotide-based biosensor using anionic redox marker. Electrochimica Acta, 2015, 180: 763-769.

[296]Fan H, Zhao K, Lin Y, et al. A new electrochemical biosensor for DNA detection based on molecular recognition and lead sulfide nanoparticles. Analytical Biochemistry, 2011, 419(2): 168-172.

[297]Becer C R , Hoogenboom R, Schubert U S. Click chemistry beyond metal-catalyzed cycloaddition. Angewandte Chemie International Edition, 2009, 48(27): 4900.

[298]Li C, Hu X, Lu J, et al. Design of DNA nanostructure-based interfacial probes for the electrochemical detection of nucleic acids directly in whole blood. Chemical Science, 2018, 9(4): 979-984.

第 6 章　功能核酸侧流层析传感器

免疫侧流层析传感器是为了实现即时检测而衍生出的一种高精度、低价格、易操作的检测方法[1]。其检测原理与酶联免疫吸附测定类似，但是检测过程中并不需要复杂的仪器，检测人员也不需要经过特殊的培训。而功能核酸侧流层析传感器集成了功能纳米技术和功能核酸技术，其中核酸既可以作为靶标识别物质进行检测，也可以作为靶标物质被检测，改善了免疫侧流层析传感器应用中靶标范围局限、灵敏度不足、热稳定性差等问题，为更多靶标物质的快速检测提供了一个良好的选择与分析平台，并广泛应用于食品安全快速检测领域。本章将着重介绍功能核酸侧流层析传感器的构建，其中包括检测形式、靶标识别技术、信号转导技术、核酸扩增技术；并归纳了其在食品安全中的应用进展。最后，对提高功能核酸侧流层析传感器的性能提出了几点建议，展望了其未来的发展前景。

6.1　引　　言

免疫侧流层析传感器相关报道最早见于 1957 年，该技术仅需要滴加含有目标检测物的液体样本在样品垫处，即可通过免疫识别体系和层析作用实现对靶标物质的检测[2, 3]。20 世纪 80 年代，科学家们将免疫侧流层析传感器用于人绒毛膜促性腺激素的测定[4]，而后发展为在全球范围内大规模生产、销售的验孕试纸，使此项技术“飞入寻常百姓家”。迄今为止，免疫侧流层析传感器已广泛地应用于医学、农业与环境安全检测中，靶标物质涉及对恶性肿瘤、病毒性感染、细菌性感染、毒品、食品与环境中污染物的快速检测[1, 4]。

功能核酸侧流层析传感器相较于传统的免疫侧流层析传感器，最大的区别在于立足功能核酸，具体包括两个层面：其一是将核酸作为检测的靶标物质，其二是将功能化的核酸作为靶标识别，两个层面的不同特点均为功能核酸侧流层析传感器带来了新的机遇。

6.1.1　将核酸作为检测的靶标物质的功能核酸侧流层析传感器

1. 新靶标范畴性

传统的免疫侧流层析传感器无法检测 DNA、RNA 等核酸类靶标物质；功能核酸侧流层析传感器在获得靶标生物特异性分子标识基因的前提下，可用于检测所有生物源类靶标物质，开辟了侧流层析传感器检测的全新靶标范畴。

2. 实质化检测性

在某些检测项目中因传统免疫侧流层析传感器只能进行蛋白水平测定而易出现假阴性或无法承担检测任务，如转基因食品检测、肉类掺假检测等；功能核酸侧流层析传感器可通过结合相应扩增技术实现基因层面的实质化检测，使检测结果更为可靠。

6.1.2　将功能化的核酸作为靶标识别的功能核酸侧流层析传感器[5, 6]

1. 全靶标范畴性

得益于功能核酸领域的发展，功能核酸作为识别元件时，其靶标物质的范畴将不局限于生物源类，通过人工筛选技术获得的功能核酸可用于特异性识别非生物源类靶标物质，如农药、兽药、化学污染物、重金属等，实现了生物源靶标和非生物源靶标的全覆盖。

2. 耐高温稳定性

传统免疫侧流层析传感器在商品化过程中，因抗体的蛋白属性具有热稳定性较差且对储运环境要求较高等弊端；将功能核酸代替抗体作为靶标识别后，功能核酸侧流层析传感器具有 DNA 自身耐高温、易储运、水化后立即恢复活性和热复性等优势。

3. 耐基质复杂性

传统免疫侧流层析传感器中抗体与靶标物质的结合易受到 pH、盐离子和其他干扰成分的影响，从而在复杂基质中表现出亲和性较差的弊端；将功能核酸代替抗体作为靶标识别后，功能核酸侧流层析传感器体现了对 pH、盐离子和其他干扰成分更强的耐性，即便在变性或存在抑制因子的条件下也可在变性和抑制因子去除后恢复活性，适用于食品、尿液、唾液、血液等复杂基质的检测。

4. 高重复平行性

传统免疫侧流层析传感器的抗体来源于动物免疫和细胞培养，在一定程度上存在着不可避免的批次差异；将功能核酸代替抗体作为靶标识别后，由于来自于纯粹的人工化学合成、无需免疫原性、无需免疫动物或细胞培养等特点有效避免了批次差异，使其具备了更高的重复平行性。

5. 可劈裂夹心性

小分子靶标仅有一个抗原表位，使得传统免疫侧流层析传感器无法通过获得两个独立抗原表位的抗体来构建三层夹心结构，致使小分子物质检测时只能采用负相关信号的竞争性结构；将功能核酸代替抗体作为靶标识别后，功能核酸的可劈裂性促使对小分子物质进行检测时，可采用劈裂识别探针的方式构建三层夹心结构，得到正向相关的信号结果。

6. 超高效利用性

传统免疫侧流层析传感器中抗体的利用效率较差，原因在于抗体通常由 20 种氨基酸组成，体积较大，且在修饰到纳米粒子和硝酸纤维素膜后活性部位暴露程度有限；将功能核酸代替抗体作为靶标识别后，因核酸体积更小、修饰后密度更高、水化后可自组装、构建空间结构的活性强等优势，可以接近抗体很难接近的区域，使功能核酸侧流层析传感器具有更为高效的识别元件利用率。

7. 超低价平易性

传统免疫侧流层析传感器作为快速、便携检测的平台，其价格瓶颈一直受限于昂贵的抗体成本；将功能核酸代替抗体作为靶标识别后，由于来自于纯粹的人工化学合成、无需免疫原性、无需免疫动物或细胞培养、合成周期短等特点也降低了成本，使商品化的功能核酸侧流层析传感器能够具有更为亲民的价格。

8. 易化学修饰性

传统免疫侧流层析传感器中，若对抗体进行荧光标记、酶标记或结构可变性设计时，将会面临复杂的修饰、纯化等操作步骤；将功能核酸代替抗体作为靶标识别后，成熟的商品化标记体系对构建异彩纷呈的侧流层析传感器起到了重要作用。

6.2　功能核酸侧流层析传感器的构建

从技术上分析，功能核酸侧流层析传感器的构建有赖于划线仪和切条机等专业仪器。如图 6.1 所示，通过各部件的组装[图 6.1（a）]、划线[图 6.1（b）]、切条[图 6.1（c）]等操作来构建功能核酸侧流层析传感器[图 6.1（d）]。

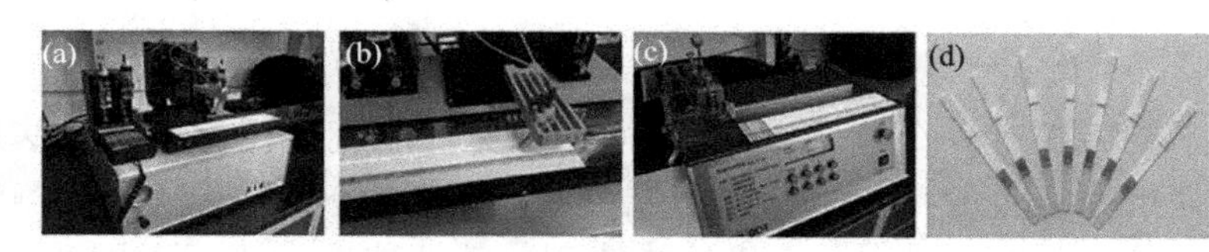

图 6.1　功能核酸侧流层析传感器的构建技术分析图示

从理论上分析，功能核酸侧流层析传感器的构建分为五个环节。如图 6.2 所示，通过检测形式[图 6.2（a）]、靶标识别技术[图 6.2（b）]、信号转导技术[图 6.2（c）]、核酸扩增技术[图 6.2（d）]、定量分析系统[图 6.2（ e）]来构建功能核酸侧流层析传感器。

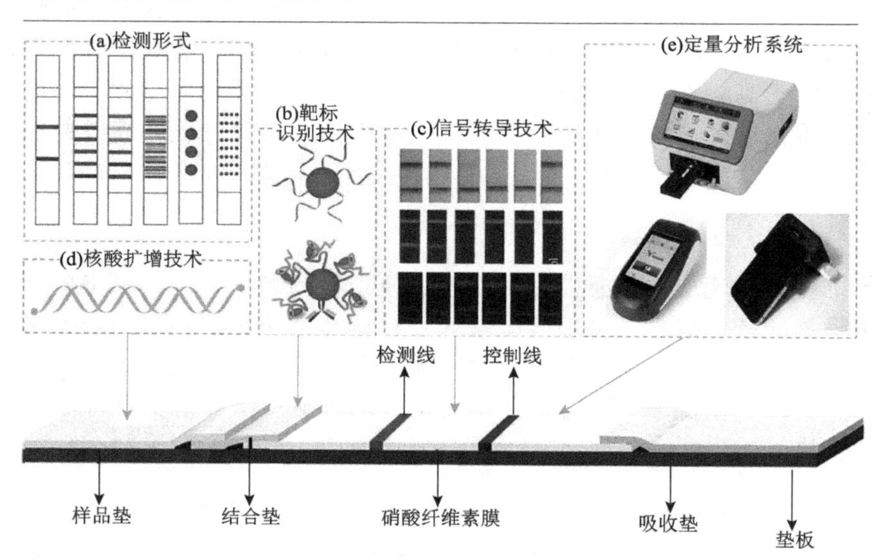

图 6.2　功能核酸侧流层析传感器的构建理论分析图示

6.2.1　检测形式

功能核酸侧流层析传感器的检测形式多种多样，主体形式上可以分为五种：极简型单重检测形式、多线型多重检测形式、多条型多重检测形式、多点型多重检测形式以及密闭性集成检测形式，典型图样和经典文献举例见图 6.3。

1. 极简型单重检测形式

极简型单重检测形式形式为功能核酸侧流层析传感器的基础形式，如图 6.3（a）所示，一般由四部分组成：样品垫、结合垫、硝酸纤维素膜与吸收垫，将这四个组成部分均按照一定的叠加顺序组装在聚氯乙烯（PVC）背板上来增强机械强度。所谓极简型单重检测形式，特点在于硝酸纤维素膜上只喷涂一条检测线和一条质控线，在三层夹心结构中得到正向相关的信号结果，在竞争性结构中得到负向相关的信号结果，以此用于单重靶标物质的检测。

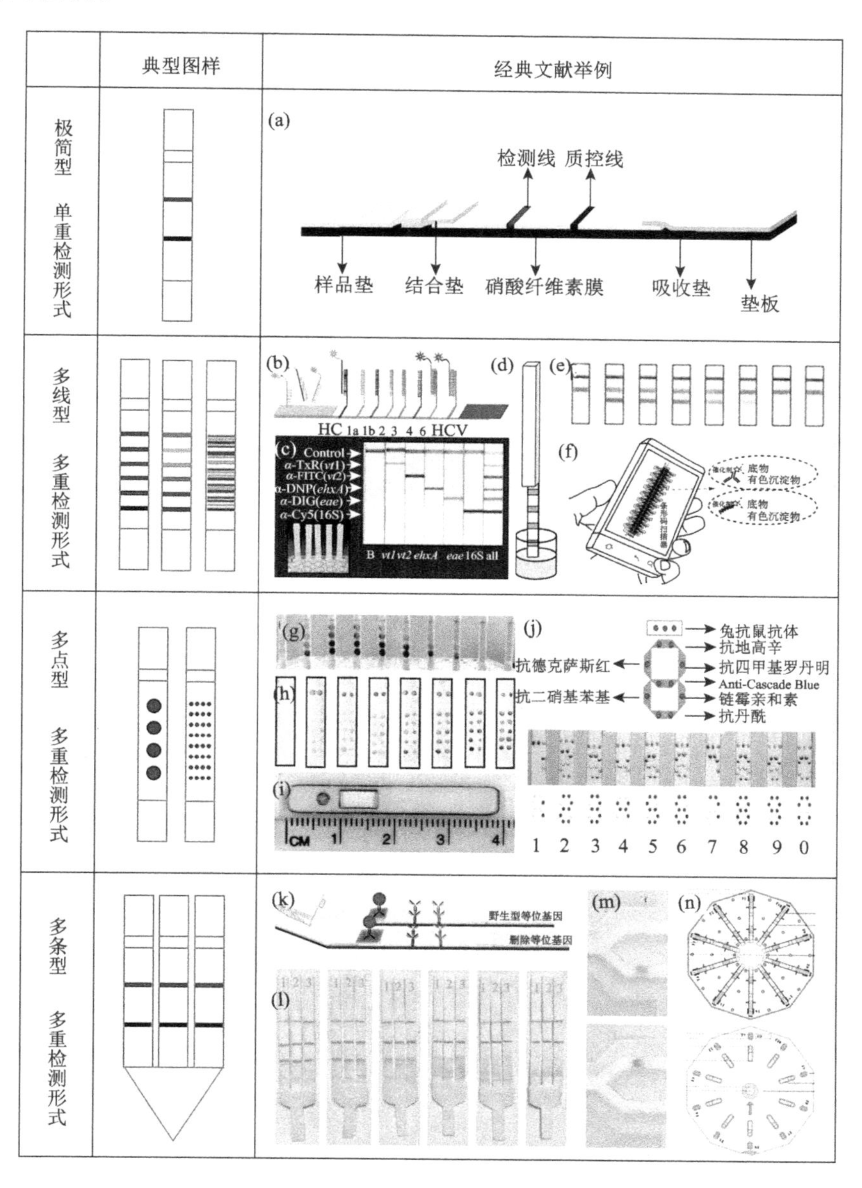

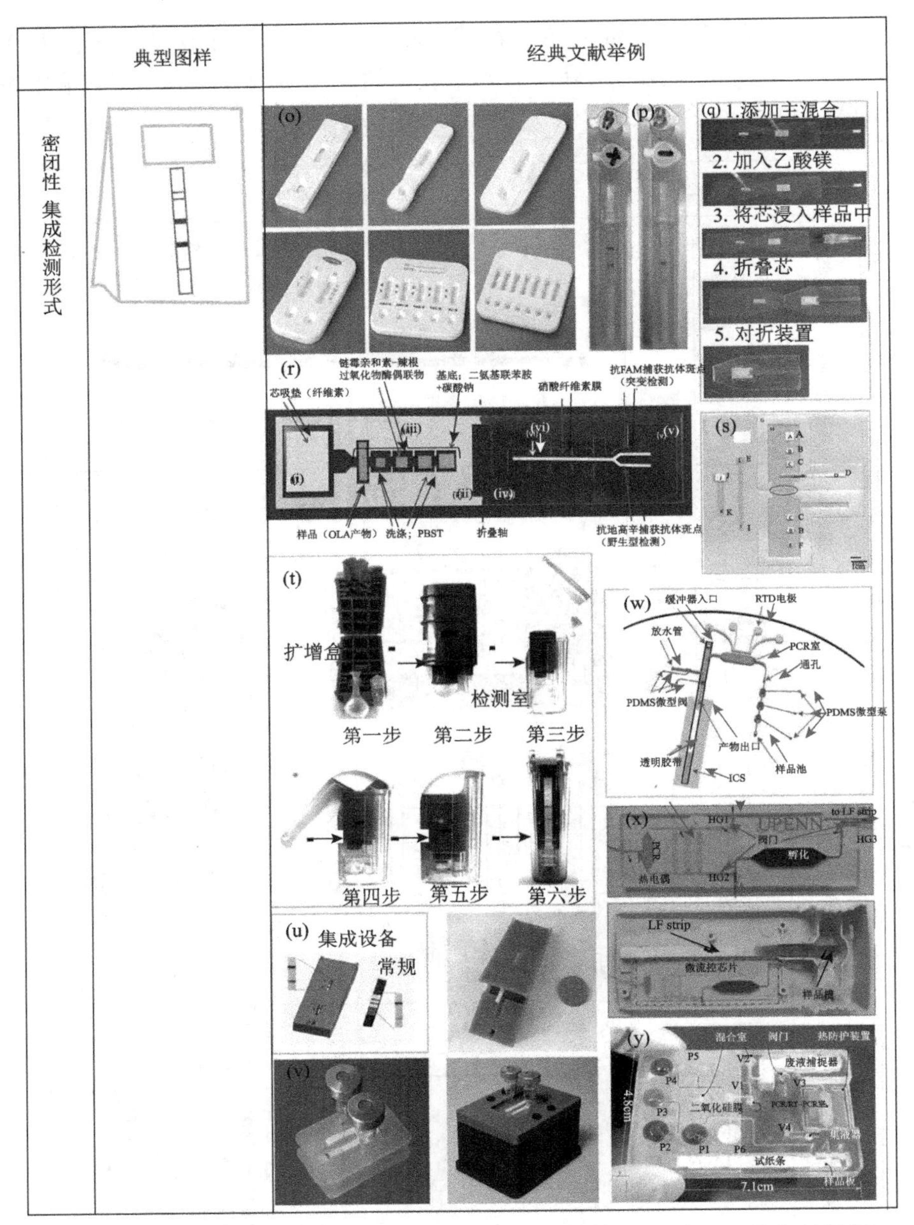

图 6.3　功能核酸侧流层析传感器不同检测形式的典型图样和经典文献举例

2. 多线型多重检测形式

多线型多重检测形式为功能核酸侧流层析传感器的初步升级模式，如图 6.3（b）～（f）所示，在极简型单重检测形式的基础上，通过喷涂更多条检测线来实现更多重靶标物质的检测。目前，侧流层析传感器以荧光信号输出和比色信号输出的多线型多重检测形式都较为常见[7-19]，如图 6.3（b）为 Chantratita 等[8]报道的荧光信号输出的 8 条线检测、图 6.3（c）所示为 Noguera 等[13]报道的碳纳米粒子比色信号输出的 5 条线检测、图 6.3（d）为 Nihonyanagi 等[14]报道的金纳米粒子比色信号输出的 3 条线检测、图 6.3（e）为 Ang 等[15]报道的金纳米粒子比色信号输出的 2 条线检测。另外，图 6.3（f）为 Zhang 等[20]报道的条形码微流控，如果以此理论为基础，将该模型喷涂在功能核酸侧流层析传感器上构建出可读的条形码图样，将会对其实际应用起到极大的拓展。但是像这样通过继续添加更多的检测线来拓展多重检测能力，将会受到两方面的制约[21,22]：其一是盲目地放大设备会增加试剂的消耗，从而提高不必要的成本；其二是在物理学沃什伯恩方程中，描述了毛细管流动规律，即毛细通道中流体传导距离正比于时间的平方根，因此样品从样品垫层析流经更多的检测线意味着将会消耗指数级增长的时间。因此，在多线型多重检测形式构建中必须权衡传感器的尺寸、检测线数量、试剂用量和分析时间等因素。

3. 多点型多重检测形式

多点型多重检测形式为功能核酸侧流层析传感器的创意升级模式，如图 6.3（g）～（j）所示，在多线型多重检测形式的基础上，将喷涂更多条检测线替换为喷涂检测点来实现更多重靶标物质的检测。因为检测点的面积更小，使多重检测能力进一步得到提高，目前相关报道数量不多[23-30]。如图 6.3（g）为 Hu 等[28]报道的 4 点检测、图 6.3（h）为 Elenis 等[29]报道的 10 点检测、图 6.3（i）为 Carter 和 Cary[27]报道的 20 点检测。之所以称之为创意上的升级模式，是因为多点型多重检测形式往往可以将很多科学家的设计巧思融合于其中，如 Taranova 等[31]报道了一种以红、黄、绿三点模拟交通信号灯的多点型多重检测形式；如图 6.3（j）为 Li 和 Macdonald[30]报道的以点阵构建数字 1、2、3、4、5、6、7、8、9、0，这种输出模拟数字化的检测结果目前可以用于 7 种靶标物质的检测，并且有望实现 127 种靶标物质的检测。

4. 多条型多重检测形式

多条型多重检测形式为功能核酸侧流层析传感器的再次升级模式，如图 6.3（k）～（n）所示，通过组合更多的单条传感器来实现更多重靶标物质的检测。该设计避免了多线界面交叉反应，起到了提高检测特异性的作用，目前多条型多重检测形式丰富多彩[32-35]，如图 6.3（k）为 Cheng 等报道的一种 Y 字形 2 条并列设计。图 6.3（l）为 Cheng 等[33, 35]报道的一种山字形 3 条并列设计（详见第 3 章和第 4 章），图 6.3（m）为 Hong 等[34]报道的一种人字形 2 条并列设计，图 6.3（n）为 Hong 等[32]报道的一种花形 10 条转盘设计。

5. 密闭性集成检测形式

密闭性集成检测形式为功能核酸侧流层析传感器的商品化集成模式，如图 6.3（o）～（y）所示，将功能核酸侧流层析传感器密封起来，起到了便于加样操作、便于结果观察、避免环境污染、减少检测误差、利于储存和运输等作用。如国内外许多公司都在售的基础版白色塑料卡壳装置，分为长卡壳、短卡壳、单重卡壳、多重卡壳等各种样式，如图 6.3（o）为我国沧州一家塑料厂的几款代表性塑料卡壳产品，其公司网址为 http://www.xysjcz.com/。如图 6.3（p）为我国上海快灵生物科技有限公司[36]研发的一种密闭性集成检测装置，它由三个塑料管组成，即溶液管、连接管、试纸管，特点在于可以在溶液管上叠套其他溶液管而形成多个套管，以减少样品添加到功能核酸侧流层析传感器的过程中造成操作误差和污染。如图 6.3（t）所示，美国 BioHelix 公司和杭州优思达生物技术有限公司推出了一种一次性核酸检测装置[37-42]，将体系缓冲液瓶胆和扩增产物管内置于卡槽中，经挤压刺破体系缓冲液瓶胆并划开扩增产物管后，溶液在密闭装置内混合流向功能核酸侧流层析传感器，该过程实现了半自动化，使检测过程更为规范、检测结果更为可靠，被广泛应用于恒温扩增产物检测的研究中。除了功能核酸侧流层析传感器自身的密闭性集成，将扩增反应也纳入集成体系是新的发展趋势，如图 6.3（q）～（s）[34, 43, 44]为基于塑料卡片折叠后实现对应位置的重叠启动各级反应，图 6.3（u）～（y）[45-49]为基于自主研发的小型装置或微流控芯片将扩增反应与功能核酸侧流层析传感器整合到一起。这些集成过程随着市场需求的不断升级而发生着日新月异的变化，从单重到多重、从简单到精致，都体现着科技产业化之路的发展进程。

6.2.2 靶标识别技术

功能核酸侧流层析传感器的靶标识别技术分为 Part A 核酸类靶标物质和 Part B 非核酸类靶标物质。Part A 核酸类靶标物质主要有四种识别体系：半抗原标记-抗体识别体系、单链 DNA-双链 DNA 识别体系、茎环 DNA 识别体系、人工核酸-普通核酸识别体系；Part B 非核酸类靶标物质主要有四种识别体系：核酸适配体识别体系、核酸碱基错配识别体系、核酸酶识别体系、点击化学识别体系。典型图样见图 6.4。

1. 半抗原标记-抗体识别体系

半抗原标记-抗体识别体系是指用抗体去识别核酸扩增产物，该核酸扩增产物至少有一个可识别的半抗原标记。所谓半抗原标记，是指能与对应抗体结

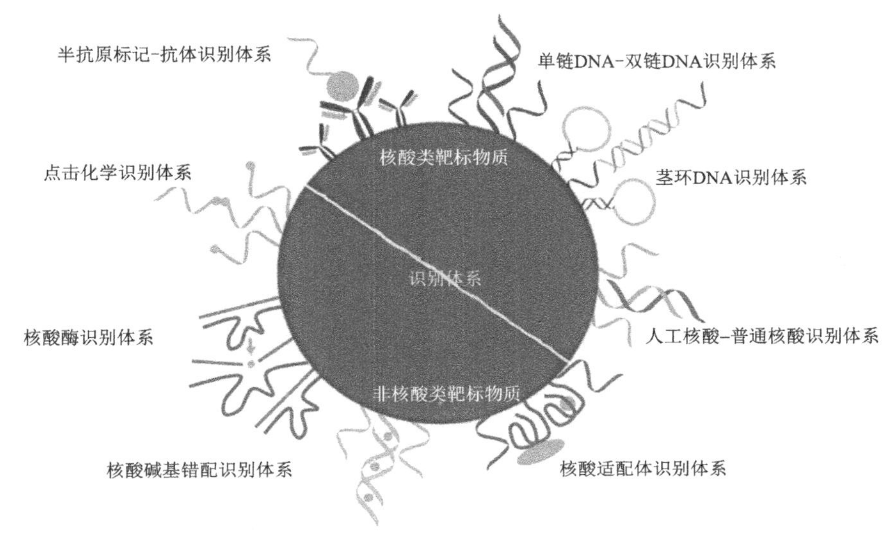

图 6.4　功能核酸侧流层析传感器不同靶标识别技术的典型图样

合出现抗原-抗体反应，又不能单独激发人或动物体产生抗体的小分子物质，即只有反应原性、不具免疫原性，又称不完全抗原。当靶标物质为至少有一个可识别的半抗原标记的核酸扩增产物时，可以采用半抗原标记-抗体识别体系，常用体系搭配见表 6.1。

表 6.1　功能核酸侧流层析传感器半抗原标记-抗体识别常用体系搭配

半抗原标记	抗体	参考文献
Bio	Anti-biotin Antibody（Streptavidin/Avidin）	[9, 12, 16, 18, 36, 47, 50～59]
Dig	Anti-digoxigenin Antibody	[9, 16～18, 47, 51, 52, 54, 56, 57, 59]
FITC	Anti-fluorescein isothiocyanate Antibody	[9, 16, 18, 22, 36, 47, 50, 53, 55～58]
Hex	Anti-hex Antibody	[9, 16]
Rhodamine	Anti-rhodamine Antibody	[9]
Alexa	Anti-alexa antibodies	[18]
TxR	Anti-Texas Red Antibody	[13, 49, 60～62]
FAM	Anti-FAM AAntibody	[63]
DNP	Anti-dinitrophenyl Antibody	[13, 63]
Cy5	Anti-Cy5 Antibody	[13]

半抗原标记-抗体识别是应用最为广泛的功能核酸侧流层析传感器体系，常与 PCR 扩增技术和一些产物为双链的恒温扩增技术结合使用。图 6.5 所示为功能核酸侧流层析传感器半抗原标记-抗体识别体系经典文献举例。图 6.5（a）为 He

等[59]报道的功能核酸侧流层析传感器采用Biotin和FITC两种半抗原标记靶标扩增子和相应抗体捕获；图6.5（b）为Chua等[57]报道的功能核酸侧流层析传感器采用生物素、地高辛和FITC三种半抗原标记靶标扩增子、链霉亲和素和相应抗体捕获；图6.5（c）为Chen等[16]报道的功能核酸侧流层析传感器采用生物素、FITC、HEX和地高辛四种半抗原标记靶标扩增子和相应抗体捕获；图6.5（d）为Cheng等报道的功能核酸侧流层析传感器采用生物素、地高辛和FITC三种半抗原标记靶标扩增子和相应抗体捕获；图6.5（e）为Zhang等[58]报道的功能核酸侧流层析传感器，与图6.5（a）类似，但该图更清晰地呈现了半抗原标记-抗体识别过程。可见，只要将半抗原标记通过有效的核酸扩增技术修饰到扩增产物后，便可通过半抗原标记-抗体识别体系构建功能核酸侧流层析传感器。

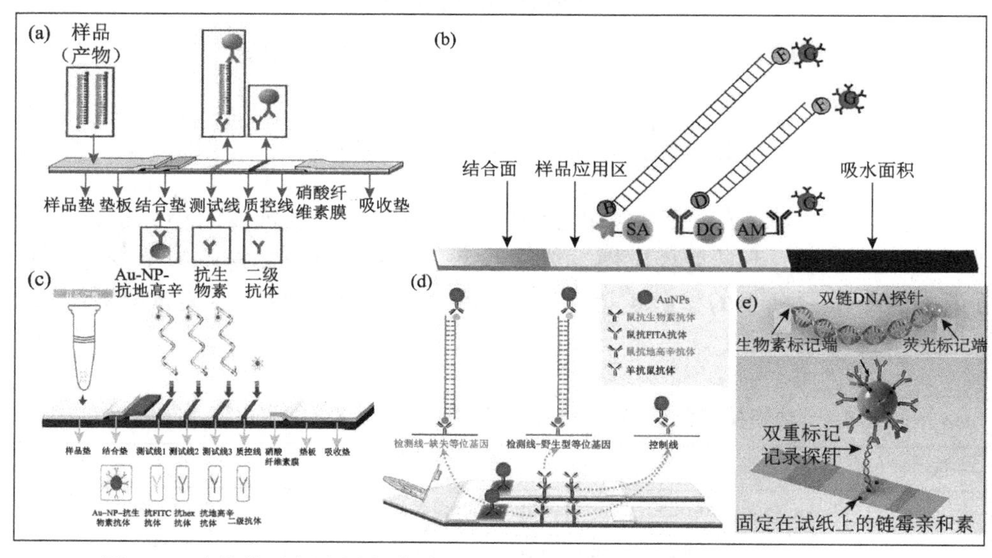

图6.5　功能核酸侧流层析传感器半抗原标记-抗体识别体系经典文献举例

2. 单链DNA-双链DNA识别体系

单链DNA-双链DNA识别体系是指用一条单链DNA通过Watson-Crick碱基互补配对去识别另一条单链DNA，以形成稳定的双螺旋结构DNA形式。当靶标物质为至少有一端可互补的游离单链DNA时，可以采用单链DNA-双链DNA识别体系。该体系在功能核酸侧流层析传感器构建中的应用也非常广泛[10, 15, 19, 64-72]，常与一些产物为单链或有一端游离单链的核酸扩增技术结合使用，也常用来直接检测ssDNA或miRNA等单链核酸。如图6.6所示为功能核酸侧流层析传感器单链DNA-双链DNA识别体系经典文献举例。图6.6（a）为Mao等[73]报道的功能核酸侧流层析传感器，一端通过Au—S共价键将单链

DNA 修饰到金纳米粒子上，一端通过链霉亲和素-生物素系统将单链 DNA 固定在硝酸纤维素膜上，两端单链 DNA 与人工合成的单链 DNA 靶标序列分别结合形成了三层夹心结构，实现了检测；图 6.6（b）为 Leautaud 等[74]报道的功能核酸侧流层析传感器，一端通过 Au—S 共价键将单链 DNA 修饰到金纳米粒子上，一端通过静电吸附将单链 DNA 固定在硝酸纤维素膜上，两端单链 DNA 与扩增得到的大量产物分别结合形成了三层夹心结构，实现了 HIV-1 的 RNA 检测；图 6.7（c）为 He 等[75]报道的功能核酸侧流层析感器，与图 6.6（a）相似，但该图更清晰地呈现了三层夹心结构的形成状态；图 6.6(d)为 Asalapuram 等[76]报道的功能核酸侧流层析传感器，与图 6.6（a）相似，但该图为多线型多重检测形式且清晰地呈现了三层夹心结构的形成状态；图 6.6（e）为 Javani 等[77]以不通过链霉亲和素-生物素系统、不进行任何核酸修饰为前提，探讨功能核酸侧流层析传感器构建过程中如何更好地在硝酸纤维素膜上固定单链 DNA 探针，结果表明，有一个小尾巴的 40 nt 核酸在优化的离子浓度和 pH 值，且同时存在十二烷基硫酸钠和牛血清白蛋白的条件下可以较稳定、灵敏地实现核酸探针固定，并进行靶标检测；图 6.6（f）为 Pöhlmann 等[78]探讨各种不同单链 DNA-双链 DNA 形态的影响，结果表明，第 1 种、第 2 种和第 4 种多构建的三层夹心结构和四层夹心结构效果一致，第 3 种碱基堆积缺失导致约 30%信号强度降低，第 5 种未因更多的金纳米粒子聚集带来信号增加。可见，只要靶标物质至少有一端是游离单链 DNA 时，便可通过单链 DNA-双链 DNA 识别体系和不同的探针修饰方式构建功能核酸侧流层析传感器。

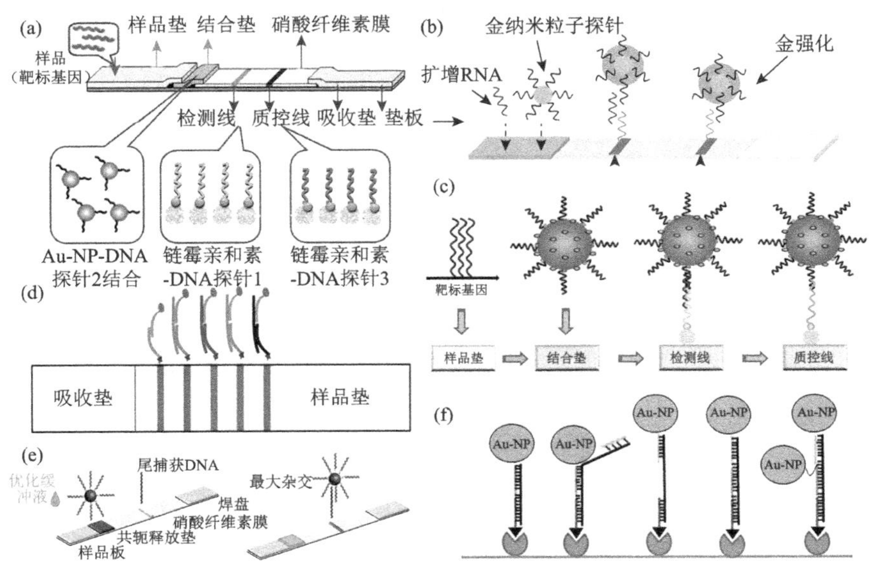

图 6.6　功能核酸侧流层析传感器单链 DNA-双链 DNA 识别体系经典文献举例

3. 茎环 DNA 识别体系

茎环 DNA 识别体系是指使用一条存在分子内碱基配对的茎环 DNA 进行识别检测，当靶标序列不存在时以茎环结构存在；当靶标序列存在时将其与靶标序列配对以链状结构存在。当靶标物质为游离单链 DNA 或 miRNA 等单链核酸时，可以采用茎环 DNA 识别体系。如图 6.7 为功能核酸侧流层析传感器茎环 DNA 识别体系经典文献举例，其中图 6.7（a）～（c）为金上茎环 DNA，图 6.7（d）为线上茎环 DNA：图 6.7（a）为 He 等[79]报道的功能核酸侧流层析传感器通过 Au—S 共价键将生物素标记的茎环 DNA 修饰到金纳米粒子上，当靶标序列存在时将茎环打开以链状结构存在，暴露的生物素标记将与线上的链霉亲和素结合，实现对单链 DNA 的检测，该形式为茎环 DNA 识别体系的主流形式，与该形式类似的文献报道较多[80-83]；图 6.7（b）为 Lie 等[84]报道的功能核酸侧流层析传感器，与图 6.7（a）相似，但该图中修饰到金纳米粒子上的茎环 DNA 在遇到靶标序列打开后可继续与小引物结合，在聚合酶的作用下发生链替代反应，剥离的靶标序列重新打开新的茎环 DNA，实现了循环放大和灵敏度的提升；图 6.7（c）为 Huang 等[85]报道的功能核酸侧流层析传感器，与图 6.7（a）相似，但该图还结合了癌胚抗原的适配体设计的茎环 DNA，共同搭建了逻辑门，实现了生物传感器的逻辑化；图 6.7（d）为 Javani 等[86]报道的功能核酸侧流层析传感器，将茎环 DNA 固定在检测线上，当 miRNA 存在时将茎环打开，并进一步与金纳米粒子上的 DNA 探针结合实现信号输出。可见，只要茎环能够被靶标序列打开，便可通过茎环 DNA 识别体系和不同的茎环修饰位置构建功能核酸侧流层析传感器。

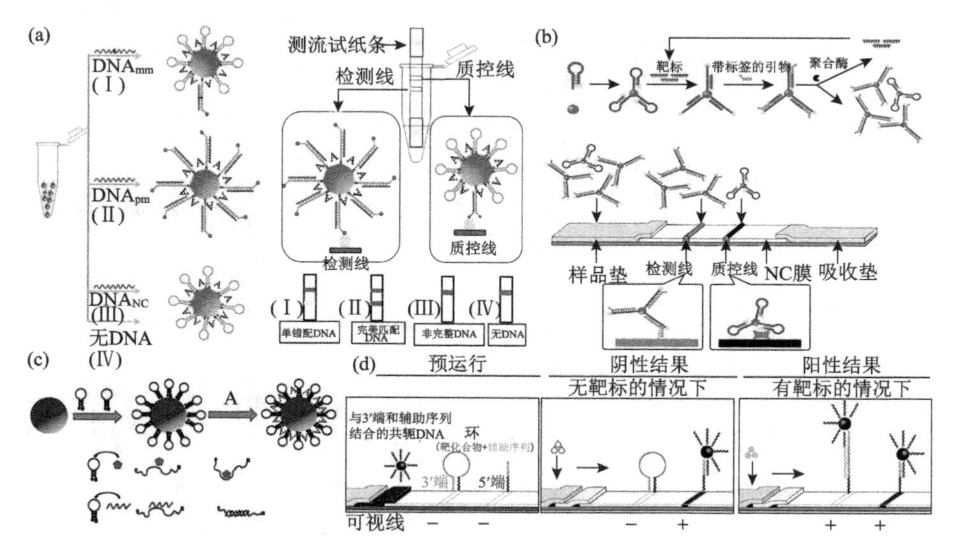

图 6.7　功能核酸侧流层析传感器茎环 DNA 识别体系经典文献举例

4. 人工核酸-普通核酸识别体系

人工核酸-普通核酸识别体系是指用一条单链人工核酸通过 Watson-Crick 碱基互补配对去识别另一条单链普通 DNA，以形成稳定的双螺旋结构形式。以肽核酸（PNA）为例，所形成的 PNA-DNA 结构比传统的 DNA-DNA 具有热稳定性好、盐离子耐受能力更强、无静电斥力、每个碱基的解链温度高 1℃、室温下杂交速度更快、作为探针时更短的碱基数量（10～15）以及更强的单碱基错配识别能力。这是源于 PNA 是中性非手性分子，采用肽链酰胺 2-氨基乙基甘氨酸键取代 DNA 的戊糖磷酸二酯键，采用多肽骨架取代核糖磷酸骨架，其生物稳定性极高以及其对核酸结合的高度特异性和亲和力，故在分子生物学应用和诊断检测领域中显示了广阔的前景，尤其在核酸传感器构建中大有取代 DNA 探针成为首选材料的趋势。当靶标物质为游离单链 DNA 或 miRNA 等单链核酸时，可以采用人工核酸-普通核酸识别体系。如图 6.8 为功能核酸侧流层析传感器人工核酸-普通核酸识别体系经典文献举例。图 6.8（a）为 Sayers 等[87]报道的功能核酸侧流层析传感器通过 PNA 探针特异性识别 miRNA 31；图 6.8（b）为 Cheng 等[35]报道的功能核酸侧流层析传感器，将购买的 PNA 探针固定于检测线和质控线上以提高 miRNA 检测的特异性。可见，只要获得与靶标序列互补配对的 PNA 探针，便可通过人工核酸-普通核酸识别体系构建高特异性的功能核酸侧流层析传感器。

5. 核酸适配体识别体系

核酸适配体识别体系是指用适配体去识别靶标物质，因此要求该靶标物质至少有一个可被适配体识别的表位。所谓适配体，是指一小段经体外筛选得到

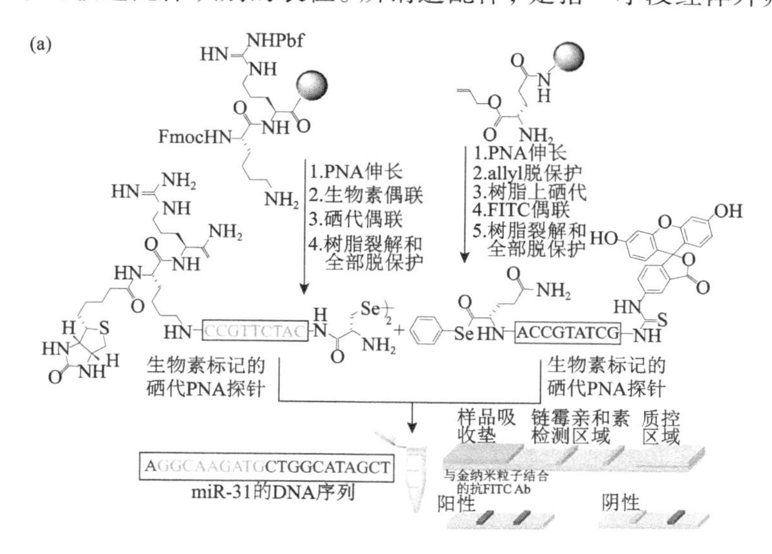

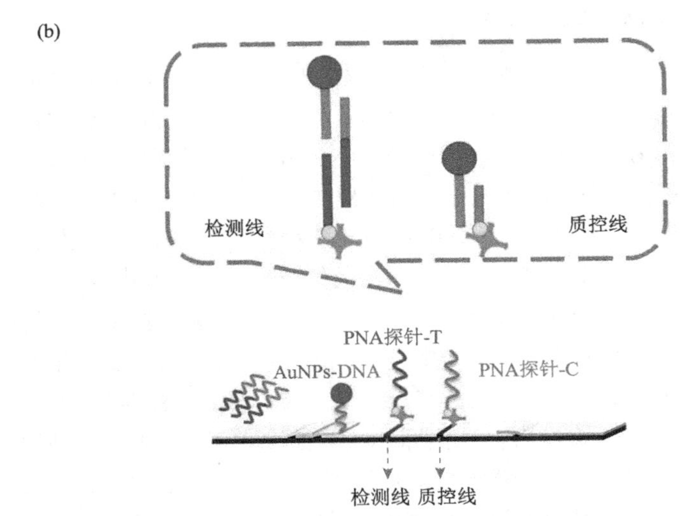

图 6.8 功能核酸侧流层析传感器人工核酸-普通核酸识别体系经典文献举例

的寡核苷酸序列，因其与靶标物质具有高特异性和高亲和性，也被称为化学抗体[88, 89]。图 6.9 为功能核酸侧流层析传感器核酸适配体识别体系经典文献举例。其中图 6.9（a）～（f）为大分子靶标物质的检测：图 6.9（a）为核酸适配体识别体系下功能核酸侧流层析传感器检测大分子靶标物质的主流策略[90]，通过 Au—S 共价键将一条核酸适配体修饰到金纳米粒子上，将另一条核酸适配体修饰到检测线上，当大分子靶标物质存在时将会形成两条适配体夹裹着靶标物质的三层夹心结构；图 6.9（b）、图 6.9（d）和图 6.9（e）分别为 Bruno[91]、Xu 等[90]、Liu 等[88]报道的功能核酸侧流层析传感器原理，与图 6.9（a）相似，应用于食源性致病微生物、凝血酶、癌细胞的检测；图 6.9（f）为 Le 等[92]报道的功能核酸侧流层析传感器，与图 6.9（a）略有差异，该图采用一端为适配体、另一端为抗体的形式构成三层夹心结构；图 6.9（c）为 Wu 等[93]报道的功能核酸侧流层析传感器，基于核酸适配体识别后，用磁珠将适配体分离下来，并通过核酸扩增进行信号放大和灵敏度提升，以此构建正向相关的信号结果输出。图 6.9（g）～（k）为小分子靶标物质的检测，所构建的功能核酸侧流层析传感器形式各异：图 6.9（g）为 Zhu 等[94]报道的功能核酸侧流层析传感器,基于竞争法，靶标物质与适配体结合之后将无法与其检测线的互补序列进一步反应，以此构建负向相关的信号结果输出；图 6.9（h）为 Qin 等[95]报道的功能核酸侧流层析传感器，基于茎环法，靶标物质与适配体结合之后将适配体所在茎环结构一端的生物素标记暴露，进一步与检测线上的链霉亲和素结合，以此构建正向相关的信号结果输出；图 6.9（i）

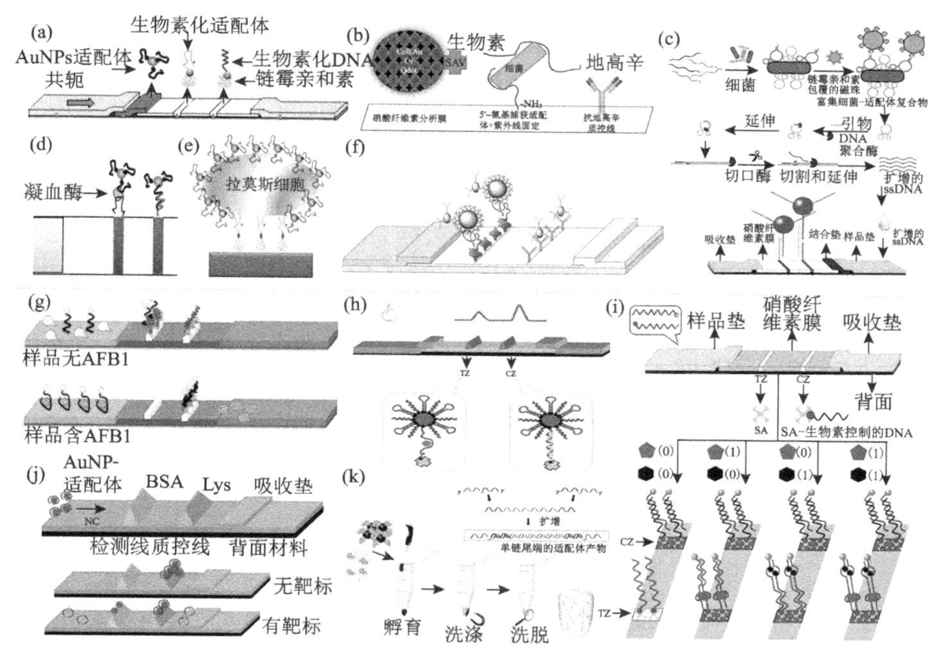

图 6.9　功能核酸侧流层析传感器核酸适配体识别体系经典文献举例

为 Chen 等[96]报道的功能核酸侧流层析传感器，基于夹心法，靶标物质与两段劈裂开的适配体结合之后构成三层夹心结构，以此构建正向相关的信号结果输出，并通过巧妙设计实现了生物传感器的逻辑化；图 6.9（j）为 Alsager 等[97]报道的功能核酸侧流层析传感器，基于剥离法，靶标物质与金纳米粒子表面包裹的适配体结合之后将其剥离，裸露的金纳米粒子可以被检测线上的牛血清白蛋白捕获，以此构建正向相关的信号结果输出；图 6.9（k）为 Jausetrubio 等[89]报道的功能核酸侧流层析传感器，基于扩增法，靶标物质与适配结合之后，用修饰靶标物质的磁珠将剩余的适配体捕获并分离下来，通过核酸扩增进行信号放大和灵敏度提升，此方法与图 6.9（c）相似但信号输出相反，此为负向相关的信号结果输出。可见，只要靶标物质至少有一个可被适配体识别的表位，便可通过核酸适配体识别体系和靶标物质的特点来构建功能核酸侧流层析传感器。

6. 核酸碱基错配识别体系

核酸碱基错配识别体系是指 DNA 的两个胸腺嘧啶和两个胞嘧啶可以错配，分别结合 Hg（II）和 Ag（I）形成稳定的 T-Hg（II）-T 和 C-Ag（I）-C 结构。当靶标物质为 Hg（II）或 Ag（I）时，可以采用核酸碱基错配识别体系。图 6.10 为功能核酸侧流层析传感器核酸碱基错配识别体系经典文献举例。图 6.10（a）为 Guo 等[98]报道的功能核酸侧流层析传感器，基于夹心法，一条富含胸腺嘧啶的探针修饰于金纳米粒子上，另一条富含胸腺嘧啶的探针修饰于检测线上，靶标物质 Hg（II）可以与两条富含胸腺嘧啶的序列结合形成三层夹心结构，以此构建正向相关的信号结果输出；图 6.10（b）为 Yao 等[99]报道的功能核酸侧流层析传感器，与图 6.10（a）相似，但是将信号元件从金纳米粒子替换为碳纳米管可以提高灵敏度和稳定性；图 6.10（c）为 Cheng 等[100]报道的功能核酸侧流层析传感器，基于竞争法，分为金上竞争和线上竞争两种情况，仅需要一条富含错配胸腺嘧啶的探针即可完成 Hg（II）的检测，以此构建负向相关的信号结果输出；图 6.10（d）和图 6.10（e）分别为 Liu 等[101]和 Chen 等[102]报道的功能核酸侧流层析传感器，基于扩增法，Hg（II）与富含胸腺嘧啶的序列结合后，触发一系列核酸扩增反应进行信号放大和灵敏度提升，以此构建正向相关的信号结果输出。可见，只要设计适宜的富含胸腺嘧啶或胞嘧啶的探针序列，便可通过核酸碱基错配识别体系来构建用于 Hg（II）和 Ag（I）检测的功能核酸侧流层析传感器。

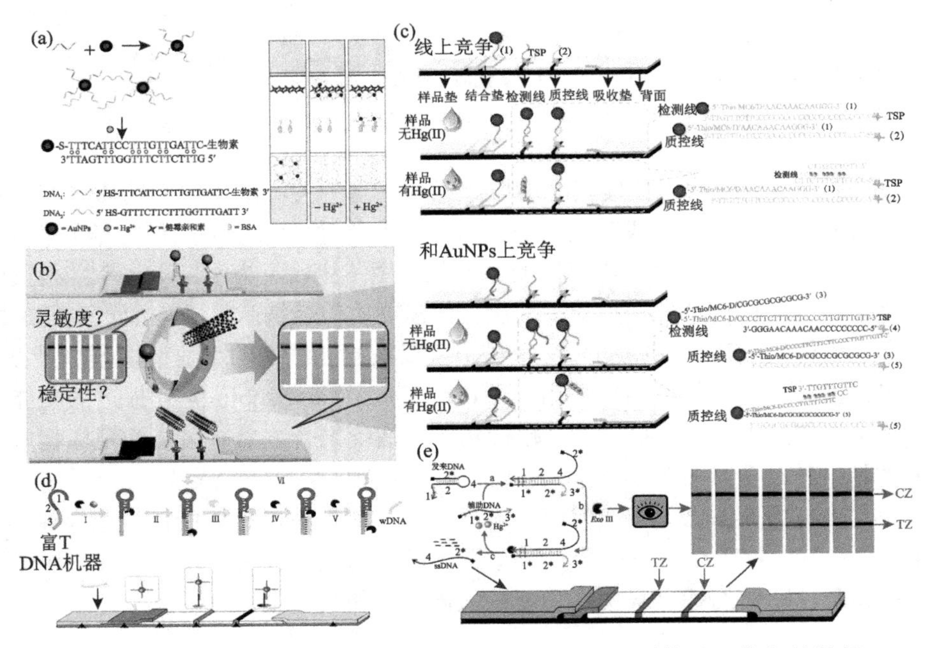

图 6.10　功能核酸侧流层析传感器核酸碱基错配识别体系经典文献举例

7. 核酸酶识别体系

核酸酶识别体系是指一部分具有催化活性的 DNA 分子单独存在时催化作用很弱，只有在特异性的辅因子存在时才能激活其核酸酶的活性表现出较强的催化活性，激活切割底物的核酸酶常见的辅因子为金属离子 Pb（II）和 Cu（II）[103-105]。

当靶标物质为 Pb（II）和 Cu（II）时，可以采用核酸酶识别体系。图 6.11 为功能核酸侧流层析传感器核酸酶识别体系经典文献举例。图 6.11（a）为 Mazumdar 等[105]报道的功能核酸侧流层析传感器，用于 Pb（II）检测，将核酸酶链的一端固定在金纳米粒子上，当 Pb（II）存在时核酸酶链被切断并释放另一端和底物链，得到了金纳米粒子和一段单链核酸的复合物，与检测线上的互补序列杂交完成检测；图 6.11（b）为 Fang 等[104]报道的功能核酸侧流层析传感器，用于 Cu（II）检测，与图 6.11（a）类似，但并未将核酸酶固定于金纳米粒子上，而是将释放的一段核酸酶单链 DNA 作为检测靶完成检测；图 6.11（c）为 Chen 等[103]报道的功能核酸侧流层析传感器，在 Pb（II）切割后将所释放的一段核酸酶单链 DNA 作为模板，触发一系列核酸扩增反应进行信号放大和灵敏度提升。可见，只要通过恰当的序列设计和探针修饰，便可通过核酸酶识别体系来构建用于 Pb（II）和 Cu（II）检测的功能核酸侧流层析传感器。

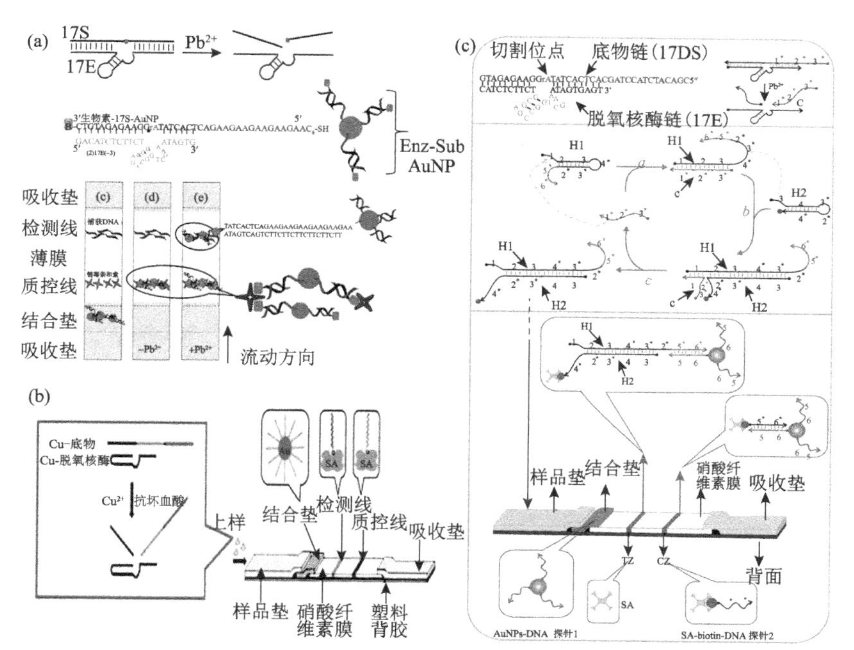

图 6.11　功能核酸侧流层析传感器核酸酶识别体系经典文献举例

步骤 a：以切割底物链 C 为“立足点”引发的分支迁移打开 H1 的发夹结构，形成“C-H1”复合物；步骤 b：以“C-H1 中间体”黏性末端中的区域 3*为“立足点”引发分支迁移打开 H2 的发夹结构，进一步形成“C-H1-H2”复合物；步骤 c：C 链从“C-H1-H2”复合物中自发解离，进入下一个扩增循环

8. 点击化学识别体系

点击化学识别体系是指小的单元以快速、可靠的方式完成形形色色分子的化学拼接，其中亚铜离子催化叠氮-炔基环加成是最典型的一类典型点击化学

反应，具有非常良好的选择性和有效性[106]。当靶标物质为 Cu（II）和 Cu（I）时，可以采用点击化学识别体系。图 6.12 为功能核酸侧流层析传感器点击化学识别体系经典文献举例，Wang 等 [106]报道的功能核酸侧流层析传感器用于 Cu（II）检测，首先用抗坏血酸钠将样品中的 Cu（II）还原为 Cu（I），然后通过点击化学在 Cu（I）存在的情况下将两段分别修饰了叠氮和炔基/生物素的单链核酸连接，所得产物通过生物素-链霉亲和素系统与金纳米粒子相连，通过核酸互补配对固定在检测线上以实现 Cu（II）检测。可见，只要通过恰当的序列设计和探针修饰，便可通过点击化学识别体系构建用于 Cu（II）和 Cu（I）检测的功能核酸侧流层析传感器。

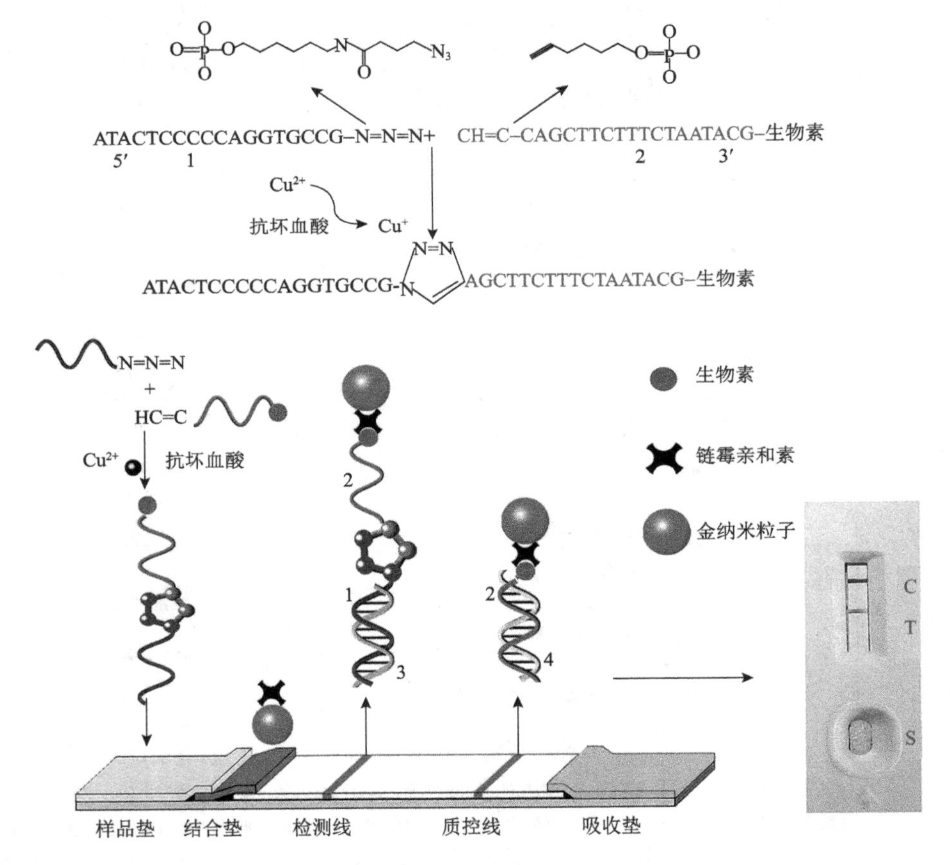

图 6.12　功能核酸侧流层析传感器点击化学识别体系经典文献举例

6.2.3　信号转导技术

功能核酸侧流层析传感器的信号转导技术分为比色信号、荧光信号、磷光信号、化学发光信号、电化学信号、表面增强拉曼信号、热信号和磁信号等，每种信号都基于相应的纳米粒子或基团作为信号元件，各种信号及其对应纳米粒子或基团的典型图样和经典文献举例见图 6.13。

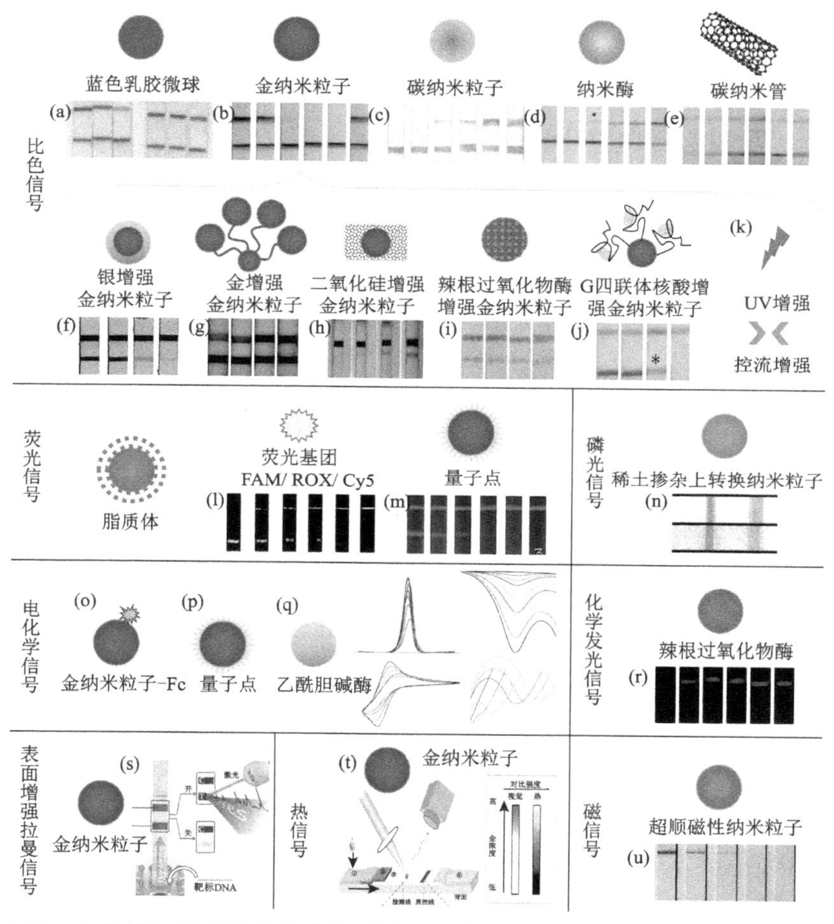

图 6.13　功能核酸侧流层析传感器不同信号转导技术的典型图样和经典文献举例

1. 比色信号

1）蓝色乳胶微球

乳胶微球又称聚苯乙烯微球，外观为蓝色液体状，颗粒尺寸通常为 10～1000 nm，表面可以功能化修饰羧基、氨基、羟基等活性基团，具有分散性好、粒径分散窄、色彩鲜艳、价格低廉等优点，在功能核酸侧流层析传感器比色信号的构建较为常见[107-111]。图 6.13(a)为 Toley 等[107]报道的用蓝色乳胶微球作为功能核酸侧流层析传感器比色信号的典型图样，可见检测线和质控线呈现清晰、鲜艳的蓝色。

2）金纳米粒子

金纳米粒子是氯金酸在白磷、抗坏血酸、柠檬酸钠或鞣酸等还原剂的作用下聚合而成的酒红色液体，由一个金核及其周围包裹的双离子层构成，颗粒尺寸通常为 10～100 nm，具有特殊的光学性质，在碱性环境下带负电荷，可以与抗体等蛋白质分子的正电荷基团通过静电吸附作用结合，该过程为物理过程，极少引起蛋白质活性改变，具有很好的生物相容性与稳定性，这些优点使金纳米粒子成为目前侧流层析传感器比色信号构建中最主要的修饰材料[9, 16, 17, 33, 36, 38, 41-44, 48, 59, 69-72, 79, 93, 100, 106]。图 6.13（b）为 He 等[59]报道的用金纳米粒子作为功能核酸侧流层析传感器比色信号的典型图样，可见检测线和质控线呈现清晰、鲜艳的红色。

3）碳纳米粒子

碳纳米材料也是近年来材料领域的一大研究热点，碳纳米粒子主要由碳原子组成，通过电弧放电法、电子束辐照法、机械球磨法、激光蒸发石墨法等制备，颗粒尺寸通常为 10～100 nm，具有分散性好、稳定性好、价格低廉、易于制备、无需活化等优点。碳纳米粒子呈现黑色，与金纳米粒子的红色相比具有更好的肉眼辨识度和更强的信噪对比度，因此以碳纳米粒子为比色信号构建的核酸侧流层析传感器会具有更灵敏的检测性能，该方式也较为新颖[7, 13, 23, 112-115]。图 6.13（c）为 Kalogianni 等[112]报道的用碳纳米粒子作为功能核酸侧流层析传感器比色信号的典型图样，可见检测线和质控线呈现清晰、鲜艳的黑色。

4）纳米酶

纳米酶是一类具有类酶活性的纳米材料，自 1993 年首次报道以来，目前有 50 多种不同材料、不同结构的纳米酶被陆续报道。它们与天然酶一样能够在温和条件下高效催化酶的底物，呈现出类似天然酶的催化反应；但是比天然酶具有更强的稳定性，在强酸强碱和较大温度范围内仍保持较高的酶活性，此外还具有光学信号强、易于化学修饰等特点，因此可以用来代替金纳米粒子成为新型功能核酸侧流层析传感器的信号输出，提高检测灵敏度[116, 117]。图 6.13（d）为 Duan 等[117]报道的用四氧化三铁纳米酶作为功能核酸侧流层析传感器比色信号的典型图样，可见检测线和质控线呈现清晰、鲜艳的棕黄色。其他新型纳米粒子，如铂钯纳米酶、铂金纳米酶等已经应用到免疫侧流层析传感器，但是未见核酸侧流层析传感器的相关报道。

5）碳纳米管

碳纳米管又称巴基管，是典型的层状中空结构，可通过蒸发冷凝法、离子溅射法、机械研磨法、低温等离子法、爆炸法、水热法、水解法、离子气相沉积法、激光化学沉积法制备，所得产物的碳原子主要通过 sp^2 杂化形式存在，管身由六边形碳环微结构单元组成，端帽由含五边形的碳环组成，单壁纳米管的直径为 1.6～3.5 nm，多壁碳纳米管的直径约为 30 nm。碳纳米管属于一维纳米材料，与上述所有零维的纳米粒子不同，在功能核酸侧流层析传感器的设计中具有更大的比表面积、更慢的迁移速度（约 20 min），由此明显提高了传感器的灵敏度[66, 73]。图 6.13（e）为 Yao 等[99]报道的用碳纳米管作为功能核酸侧流层析传感器比色信号的典型图样，可见检测线和质控线呈现清晰、鲜艳的黑色。

6）增强型金纳米粒子

为了进一步提高金纳米粒子的检测性能，很多研究聚焦在增强型金纳米粒子的研究上。图 6.13（f）为 Shyu 等[118]报道的用银增强金纳米粒子作为侧流层析传感器比色信号的典型图样，可见检测线和质控线呈现清晰、鲜艳的黑色，这是因为将溶液中的银离子催化还原成银附着在金纳米粒子表面形成银壳，呈现出黑色的银染放大信号，从而起到提升信号强度的作用。图 6.13（g）为 Gao 等[119]报道的用金增强金纳米粒子作为功能核酸侧流层析传感器比色信号的典型图样，可见检测线和质控线呈现清晰、鲜艳的深红色，这是因为金纳米粒子通过核酸碱基互补配对修饰了更多相同尺寸或不同尺寸的金纳米粒子成为一种“金上加金”的复合物，呈现出红色放大信号，也可以大大提高检测灵敏度，是近年来研究较多的一种增强方式。图 6.13（h）为 Takalkar 等[120]报道的用二氧化硅增强金纳米粒子作为功能核酸侧流层析传感器比色信号的典型图样，可见检测线和质控线呈现清晰、鲜艳的蓝黑色，这是因为二氧化硅附着在金纳米粒子表面形成硅壳，呈现出蓝黑色的放大信号，从而起到提高信号强度的作用。图 6.13（i）为 Gao 等[65]报道的用 HRP 增强金纳米粒子作为功能核酸侧流层析传感器比色信号的典型图样，可见检测线和质控线呈现清晰、鲜艳的蓝紫色，这是因为 TMB/H_2O_2 与 HRP 的酶免疫反应所产生的特异性蓝色非溶解性产物沉积于金纳米粒子上，从而起到提高检测线颜色信号强度的作用，这也是近年来研究较多的一种增强方式。图 6.13（j）为 Cheng 等[33]报道的用 G 四联体核酸增强金纳米粒子作为侧流层析传感器比色信号的典型图样，可见检测线和质控线呈现清晰、鲜艳的深红色，这是因为 AEC/H_2O_2 与 HRP 的酶免疫反应所产生的特异性红色非溶解性产物沉积于金纳米粒子上，从而起到提高检测线颜色信号强度的作用。此外，还有如图 6.13（k）所示紫外增强和控流增强信号等巧妙的方式：紫外增强比色信号是受到 Southern 印迹杂交中 DNA 探针在硝酸纤维素膜上固定方式的启发，通过紫外照射增强 DNA 探针的固定，从而起到提高检测线颜色信号强度的作用[121]；控流增强比色信号是通过改变功能核酸侧流层析传感器形态、增设缓释垫、增设疏水通道、增设电润湿阀门等方式控制流速，从而起到延长反应时间、提高检测线颜色信号强度的作用[122]。

值得注意的是，上述多种增强方式可以巧妙地组合在一起实现双增强，如 Qin 等[95]报道了用辣根过氧化物酶和金纳米粒子双增强的金纳米粒子作为比色信号，显著提高了功能核酸侧流层析传感器的检测灵敏度。

2. 荧光信号

1）脂质体

脂质体是由两层磷脂/胆固醇外壳组成的纳米级球体，里面的空腔可以包埋各种荧光染料以输出荧光信号。在功能核酸侧流层析传感器的构建中，脂质体中包埋罗丹明 B 的荧光信号较为常见，荧光呈桃红色。但是，以脂质体作为荧光信号输出的功能核酸侧流层析传感器大多为早期报道，未见典型图样[123, 124]。

2）荧光基团

荧光基团是指一种光致发光的冷发光基团，经紫外光或 X 射线照射，吸收光能后进入激发态立即退激发并发出比入射光的波长长的出射光；一旦停止入射光，发光现象也随之立即消失，具有这种性质的基团就被称为荧光基团。因这些基团具有灵敏度高、成本低廉、稳定性好、使用方法简便、重复性好等诸多优点，FAM、ROX、Cy5 等荧光基团被广泛用于功能核酸侧流层析传感器的构建中[8, 19, 24, 94]。图 6.13（l）为 Zhu 等[94]报道的用荧光基团作为功能核酸侧流层析传感器荧光信号的典型图样，所采用的荧光基团为 Cy5，可见检测线和质控线呈现清晰、鲜艳的荧光黄色。

3）量子点

量子点是一种新型的荧光纳米粒子，一般由Ⅱ-Ⅵ族、Ⅲ-Ⅴ族或Ⅳ-Ⅵ族元素构成（如 CdSe、CdTe、PbS、ZnS、InP、InAs），可通过物理方法（碾磨法、气相沉积法、超声法）、化学方法（金属有机法、水相合成法）等不同策略合成，颗粒尺寸通常为 2～10 nm，形态为核结构或核@壳结构[67, 91, 108, 125]。在 2003 年被 *Science* 杂志评为年度十大科学突破之一，与传统荧光染料相比，具有尺寸可控性强、激发光谱宽、发射光谱窄、抗光漂白能力强、分散性强、易与生物大分子通过化学键合或静电吸引等作用进行偶联，这些优点使量子点成为目前侧流层析传感器荧光信号构建中最主要的修饰材料[67]。粒径大小不同的量子点紫外激发产生不同色彩的荧光，但是在功能核酸侧流层析传感器的构建中以采用红色荧光为主。图 6.13（m）为 Deng 等[125]报道的用量子点-605 作为功能核酸侧流层析传感器荧光信号的典型图样，可见检测线和质控线呈现清晰、鲜艳的荧光红色。

3. 磷光信号

稀土掺杂上转换纳米粒子是为功能核酸侧流层析传感器提供磷光信号的首选，它与上述荧光（下转换发光）不同，吸收能量后的发射光能量高于激发光能量（上转换发光），主要是由氧化物、氟化物卤氧化物等基质掺杂三价稀土离子得到，通过溶胶-凝胶法、微乳液法、水热合成法、热分解法制备，颗粒尺寸通常为 10～1000 nm，具有毒性低、化学稳定性高、光稳定性强、磷光寿命长、无光闪烁和光漂白、可消除待测物自发荧光等优点，许多研究报道了基于稀土掺杂上转换纳米粒子的磷光信号功能核酸侧流层析传感器[46, 47, 52, 126-129]。图 6.13（n）为 Corstjens 等[54]报道的用稀土掺杂上转换纳米粒子作为功能核酸侧流层析传感器磷光信号的典型图样，通过计算机软件拟合可见检测线和质控线的位置和强度。

4. 化学发光信号

在氧化还原反应过程中，其中某种物质吸收反应过程中产生的能量跃迁至激发态并以光的形式释放出能量返回基态，该过程释放出的光即为化学发光。可见，与荧光信号和磷光信号不同，化学发光信号并不需要外部的激发光源，而是在温和的氧化还原反应过程中产生冷光，发射强度仅与发光体系量子产率、发光速率相关。鲁米诺类化合物是最常见的化学发光信号体系，以辣根过氧化物酶为增敏剂的检测常被用于功能核酸侧流层析传感器的构建中[130, 131]。图 6.13（r）为 Zangheri 等[131]报道的用鲁米诺-辣根过氧化物酶体系作为功能核酸侧流层析传感器化学发光信号的典型图样，可见检测线和质控线呈现清晰的冷光。

5. 电化学信号

通过一定的换能元件把生物分子之间的识别过程以电流、阻抗、电压或电量等方式输出，这些信号形式即为电化学信号。侧流层析传感器的电化学信号将比光学信号具有更好的灵敏度，同时也可以消除可视化检测带来的假阳性。电极可以通过丝网印刷、喷墨印刷或光刻等不同方法轻松实现小型化，从而轻松纳入侧流层析传感器的设计中[132]。在以往的报道中，关于电化学信号的侧流层析传感器均基于免疫学原理，如 Zhu 等[132]报道了以碳纳米管导电纸作为纸基电极输出电流信号的免疫侧流层析电化学传感器，该设计中利用 8-OhdG 在被氧化为氧化型 8-OhdG 时会发生两个电子转移而产生电信号；图 6.13（o）为 Sinawang 等[133]设计的一种基于丝网印刷电极和金纳米粒子的免疫侧流层析电化学传感器，其电信号主要来源于金纳米粒子-抗体复合物上标记的二茂铁；图 6.13（p）为 Nian 等[134]报道的一种基于量子点的免疫侧流层析电化学传感器，通过酸溶解后扫描量子点中 Cd^{2+}的峰电流实现对于靶标物质的定量分析；图 6.13（q）为 Du 等[135]报道的一种基于丝网印刷电极和胆碱酯酶氧化还原反应中产生的电子转移生成电化学信号的免疫侧流层析电化学传感器，用于有机磷农药的检测。目前，未见以电化学信号为输出的功能核酸侧流层析传感器，希望尽快有这方面的研究工作来填补该领域的空白。

6. 表面增强拉曼信号

表面增强拉曼信号与功能核酸侧流层析传感器联用主要是通过均匀聚集了金纳米粒子的检测线的拉曼散射比未聚集情况下显著增强来实现，增强效果比传统拉曼强 10～14 个数量级。该现象是金纳米粒子受到激光的激发使局部电磁场增强所引起的，信号的强弱取决于与光波长相对应的表面粗糙度的大小，即金纳米粒子在检测线上的聚集度[136]。基于表面增强拉曼信号的功能核酸侧流层析传感器比基于其他光学信号的具有更高的灵敏度和准确性，图 6.13（s）为 Fu 等[136]报道的表面增强拉曼信号原理的典型图样，以激光作为激发读取表面增强拉曼信号，比传统可视化观察的比色信号灵敏度高 1 个数量级。

7. 热信号

热信号与侧流层析传感器联用主要是通过均匀聚集了金纳米粒子的检测线在激光的激发下产热，该现象是由金纳米粒子受到激光的激发具有一定过程的光热转换效应产生高温，热信号的强弱取决于金纳米粒子在检测线上的聚集度[137]。基于热信号的免疫侧流层析传感器比其他光学信号具有更高的灵敏度和准确性，图 6.13（t）为 Qin 等[137]报道的热信号原理的典型图样，以激光作为激发读取热信号，比传统可视化观察的比色信号灵敏度高 32 倍。目前，未见以热信号为输出的功能核酸侧流层析传感器，希望尽快有这方面的研究工作来填补该领域的空白。

8. 磁信号

磁信号与侧流层析传感器联用主要是通过均匀聚集了超顺磁性纳米粒子的检测线产生可被读取的磁信号，磁信号的强弱取决于超顺磁性纳米粒子在检测线上的聚集度。因实际样品中磁性背景信号较低，且能够读取整个贯穿检测线处全部磁性纳米粒子产生的磁信号，不同于光学设备只能读取表面检测线处表层纳米粒子的光学信号，因此具有更好的灵敏度和实用性。目前，与磁信号联用的侧流层析传感器均为免疫侧流层析传感器，如图 6.13（u）为 Wang 等[138]报道的磁信号原理的免疫侧流层析传感器典型图样，未见以磁信号为输出的功能核酸侧流层析传感器，希望尽快有这方面的研究工作来填补该领域的空白。

6.2.4 核酸扩增技术

与功能核酸侧流层析传感器联用的核酸扩增技术分为变温扩增技术和恒

温扩增技术两大类，均可通过扩增得到大量产物作为功能核酸侧流层析传感器检测的靶标物质，区别在于扩增过程所需要的温度条件有所不同，致使与功能核酸侧流层析传感器联用检测过程中的快捷性、便携性也有所差异。

1. 变温扩增技术

与功能核酸侧流层析传感器联用的变温扩增技术主要包括 PCR、巢式 PCR/半巢式非对称 PCR（nested PCR/semi-nested asymmetrical PCR）、连接探针 PCR（ligation-dependent probe amplification）、比例竞争定量 PCR（proportion competitive quantitative PCR）、非对称 PCR，各种扩增技术应用于功能核酸侧流层析传感器涉及的模板、扩增过程和产物特点的典型图样见图 6.14。

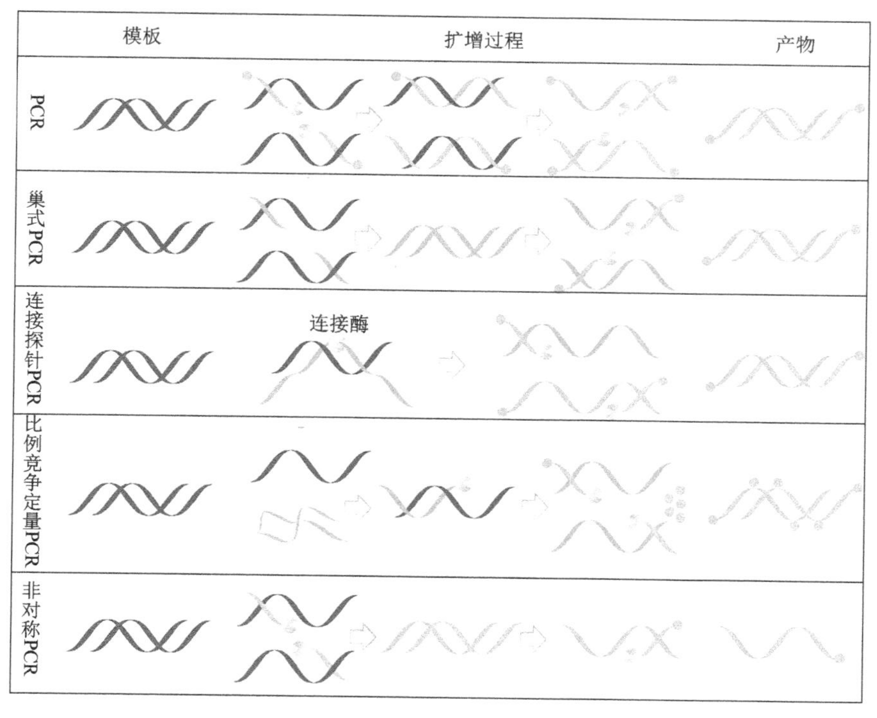

图 6.14　功能核酸侧流层析传感器不同变温扩增技术的典型图样

1）聚合酶链式扩增

常规的 PCR 是利用 DNA 在高温（95℃左右）下变性生成单链模板，降温至引物 T_m 值时引物与单链模板按碱基互补配对的原则退火结合，再升温至 DNA 聚合酶最适反应温度（72℃左右）使 DNA 聚合酶沿着磷酸到五碳糖（5′-3′）的方向延伸合成互补链，通过此半保留复制原理重复循环变性-退火-延伸三个过程可获得更多的半保留复制链。每完成一个循环需 2～4 min，经过 2～3h 的扩增就能将靶标基因扩增放大几百万倍。在与功能核酸侧流层析传感器联用时，通常将 PCR 体系中的上、下游引物分别做半抗原标记，通过 PCR 扩增获得两端有不同半抗原标记的双链 DNA 产物。PCR 结合核酸侧流层析传感器的报道较为基础、数量也较多[7, 12-14, 53-55, 112, 118, 139, 140]。图 6.15（a）和图 6.15（b）分别为 Wang 等[138]和 Aissa 等[12]报道的 PCR 结合核酸侧流层析传感器的典型案例，靶标物质的两端均通过半抗原标记-抗体识别体系进行检测；图 6.15（c）和图 6.15（d）分别为 Toubanaki 等[139,140]报道的变形 PCR 结合核酸侧流层析传感器的典型案例，所谓变形是指通过将 PCR 产物加 Poly A 尾巴的方式获得一端有半抗原标记、一端有单链 DNA 的靶标物质，分别通过半抗原标记-抗体识别体系和单链 DNA-双链 DNA 识别体系进行检测；图 6.15（e）和图 6.15（f）分别为 Nagatani 等[53]和 Liu 等[51]报道的芯片 PCR 结合核酸侧流层析传感器的典型案例，将整个扩增过程集成到芯片中，以更小的体积、更便携的方式实现了快速扩增和快速检测。

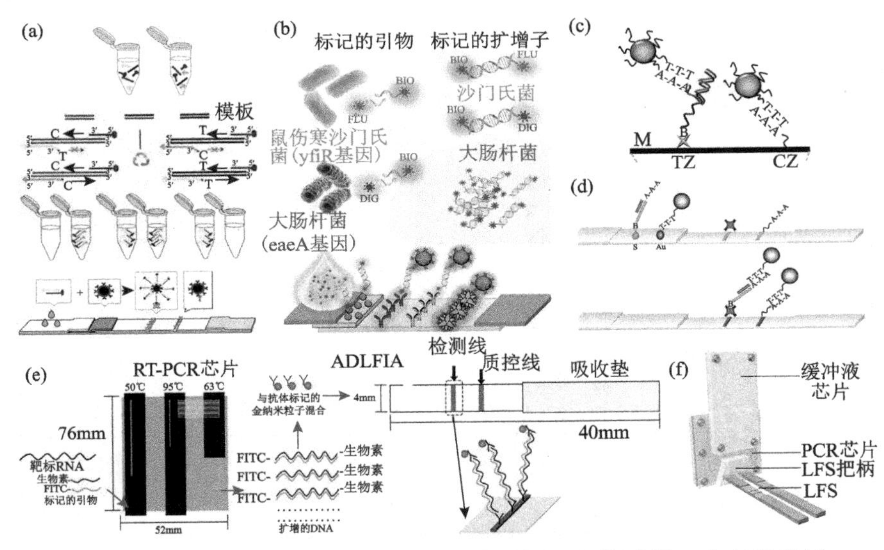

图 6.15　聚合酶链式扩增结合功能核酸侧流层析传感器经典文献举例

2）巢式 PCR/半巢式非对称 PCR 扩增

巢式 PCR 是传统 PCR 的一个升级，采用两对引物进行扩增：第一对引物与传统 PCR 相似，第二对引物称为巢式引物设计在第一次 PCR 产物的内部，使得第二对引物的扩增产物短于第一次的扩增产物。巢式 PCR 的优势在于当第一次扩增生成非特异产物时，可以通过第二次扩增纠正，因为巢式引物无法在非特异模板上配对并扩增，因此巢式 PCR 比传统 PCR 具有更高的特异性。

巢式非对称 PCR 扩增又是在巢式 PCR 基础上的一个升级，通过设计单侧的第二级引物获得同样特异性强的扩增产物，该反应仅在一管中发生不需要像传统巢式 PCR 一样将两级反应分管进行。在与功能核酸侧流层析传感器联用时，通常将巢式 PCR 体系中巢式引物分别做半抗原标记，通过巢式 PCR 扩增获得两端有不同半抗原标记的双链 DNA 产物。巢式 PCR 结合核酸侧流层析传感器的报道较少[56, 129, 141]：图 6.16（a）为 Soo 等[56]报道的巢式 PCR 结合核酸侧流层析传感器的典型案例；图 6.16（b）为 Ongagna-Yhombi 等[129]报道的半巢式非对称 PCR 结合核酸侧流层析传感器的典型案例。

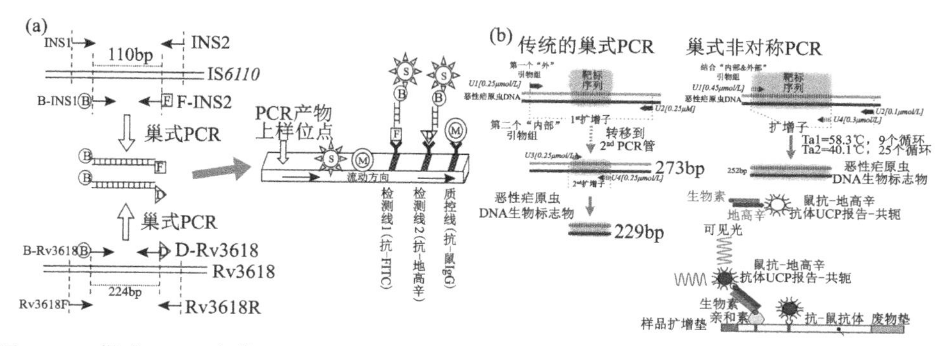

图 6.16　巢式 PCR/半巢式非对称 PCR 扩增结合功能核酸侧流层析传感器经典文献举例

3）连接探针 PCR 扩增

连接探针 PCR 扩增是基于传统 PCR 的一种精准扩增技术，检测对象为短片段的 DNA 或者含有突变位点的 DNA。两条连接探针与模板 DNA 序列完全配对时，由连接酶连接形成二级模板，然后在二级模板上进行 PCR 扩增生成产物，与传统 PCR 相比具有更高的特异性和单碱基差异识别能力。在与功能核酸侧流层析传感器联用时，通常将 PCR 体系中的上、下游引物分别做半抗原标记，通过 PCR 扩增获得两端有不同半抗原标记的双链 DNA 产物。连接探针 PCR 扩增结合核酸侧流层析传感器的报道较少。图 6.17 为 Cheng 等报道的快速 MLPA 结合核酸侧流层析传感器的典型案例。

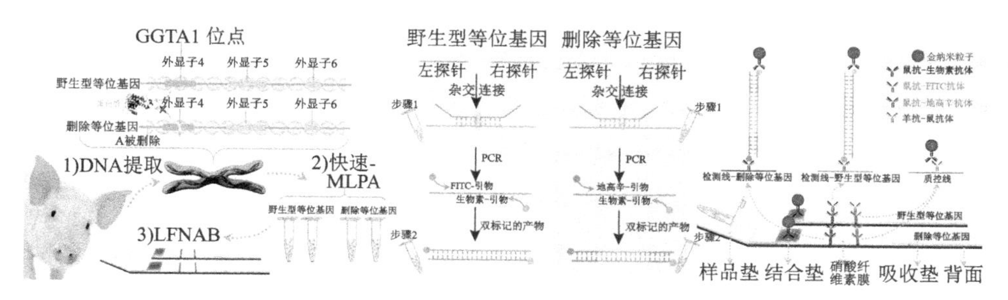

图 6.17　连接探针 PCR 扩增结合功能核酸侧流层析传感器经典文献举例

4）比例竞争定量 PCR 扩增

比例竞争定量 PCR 是传统 PCR 的另一个升级。首先，发夹引物与模板 DNA 序列完全配对并延伸生成互补单链，随后以此为模板进行第二步 PCR 扩增，同样比传统 PCR 具有更高的特异性和单碱基差异识别能力。在与功能核酸侧流层析传感器联用时，通常将连接以后进入第二步 PCR 体系中的一条引物做半抗原标记，并添加生物素-dUTP，通过 PCR 扩增获得一端有半抗原标记、内嵌有生物素的双链 DNA 产物。比例竞争定量 PCR 扩增结合核酸侧流层析传感器的报道较少[9]。图 6.18 为 Cheng 等[9]报道的比例竞争定量 PCR 扩增结合核酸侧流层析传感器的典型案例。

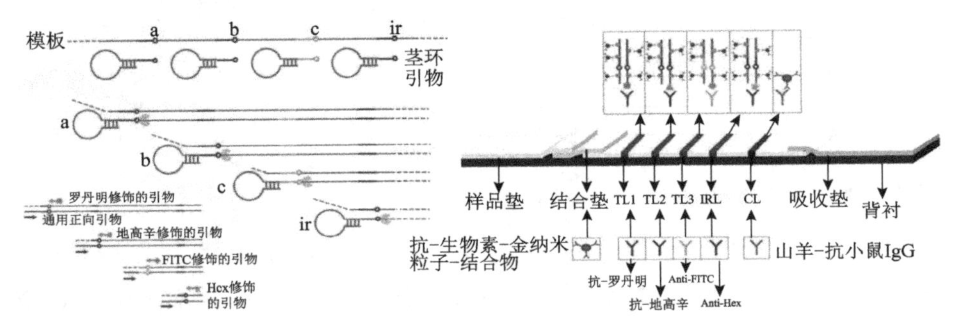

图 6.18　比例竞争定量 PCR 扩增结合功能核酸侧流层析传感器经典文献举例

5）非对称 PCR 扩增

非对称 PCR 扩增是传统 PCR 的另一个升级，通过不等量的上、下游引物来产生大量单链 DNA。在与功能核酸侧流层析传感器联用时，通常将过量的引物做半抗原标记，通过非对称 PCR 扩增获得一端有半抗原标记的单链 DNA 产物。非对称 PCR 扩增结合核酸侧流层析传感器的报道较少[10, 15]，且相关报道中未体现具体的扩增过程，因此不列举典型案例，可参考图 6.14 中的典型图样。

2. 恒温扩增技术

20 世纪 90 年代初，科学家们在 PCR 扩增领域发起变革，创新发展出一系列无须热变性的恒温扩增技术，这些新技术不仅大大简化了实验过程，而且恒温条件摆脱了对 PCR 仪的依赖，极大地满足了现场检测的对便携性的需求。到目前为止，与功能核酸侧流层析传感器联用的恒温扩增技术主要包括环介导恒温扩增技术、依赖解旋酶扩增技术、重组酶聚合酶扩增技术、交叉引物扩增技术、恒温链置换聚合酶扩增技术、杂交链式反应、切克内切酶介导恒温扩增技术、核酸序列依赖扩增技术、滚环扩增技术、恒温指数扩增技术，各种扩增技术涉及的模板、扩增过程和产物特点的典型图样见图 6.19。

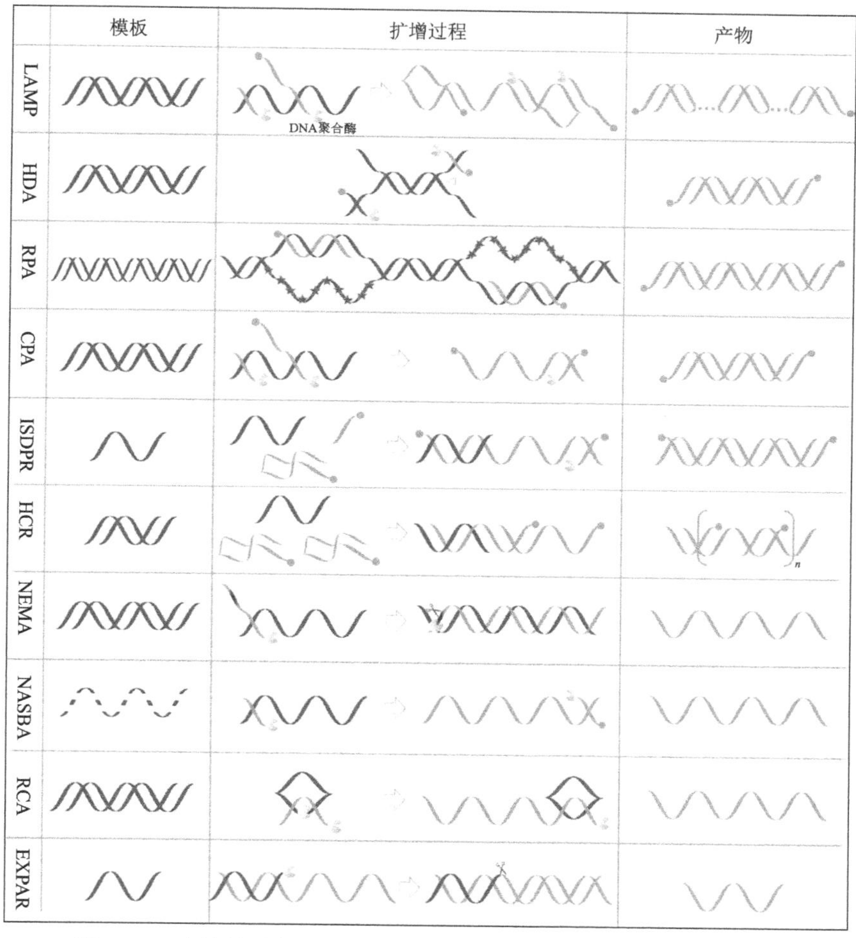

图 6.19　功能核酸侧流层析传感器不同恒温扩增技术的典型图样

1）LAMP 技术

LAMP 技术是在模板 DNA 的 6 个特异区域设计 4 条引物（2 条内引物、2 条外引物），同时利用具有链置换活性的 Bst DNA 聚合酶实现核酸链的扩增。LAMP 通常在 60～65℃恒温下进行，因其循环特性具有很高的扩增效率，可以在约 40 min 内产生大量的扩增产物，与普通 PCR 相比具有恒温条件、不需要复杂昂贵的热循环设备、反应时间短、效率高等特点。在与功能核酸侧流层析传感器联用时，通常将 2 条内引物做半抗原标记，通过 LAMP 获得两端有不同半抗原标记的双链 DNA 产物；或 1 条内引物做半抗原标记，并添加生物素-dNTP，通过 LAMP 获得一端有半抗原标记、内嵌有生物素的双链 DNA 产物。LAMP 结合核酸侧流层析传感器的报道较多[16, 33, 36, 40, 41, 61, 142-145]。图 6.20（a）为 Chen 等[16]报道的 LAMP 结合核酸侧流层析传感器的典型案例，采用 2 条内引物做半抗原标记，靶标物质的两端通过半抗原标记-抗体识别体系进行检测；图 6.20（b）为 Wang 等[142]报道的 LAMP 结合核酸侧流层析传感器的典型案例，采用 1 条内引物做半抗原标记，并添加生物素-dCTP，靶标物质通过半抗原标记-抗体识别体系进行检测；图 6.20（c）为 Rodriguez 等[143]报道的 LAMP 结合核酸侧流层析传感器的典型案例，该 LAMP 过程在聚醚砜滤纸上发生，很大程度地简化操作、降低成本；图 6.20（d）为 Choi 等[144]报道的 LAMP 结合核酸侧流层析传感器的典型案例，该 LAMP 过程在多层滤纸上进行并置于自主研发的小型装备里，最终采用智能手机进行定量检测，整个体系具有较高的商品化潜质；图 6.20（e）为 Park 等[145]报道的 LAMP 结合核酸侧流层析传感器的典型案例，该 LAMP 过程集成在圆盘微流芯片中，且实现了三重化检测，具有良好的便携性；图 6.20（f）为 Singleton 等[40]报道的 LAMP 结合功能核酸侧流层析传感器的典型案例，该 LAMP 过程发生在 PATH 加热保温杯中，具有体积小、实用方便、价格低廉等优势；与 PATH 加热保温杯异曲同工的是图 6.20（g）中 Jiang 等 [146]报道的太阳能扩增装置，该装置目前暂未与功能核酸侧流层析传感器结合，但是具有完成 LAMP 的能力，希望尽快有这方面的研究工作来丰富与功能核酸侧流层析传感器联用的便携式、低成本 LAMP 装置。

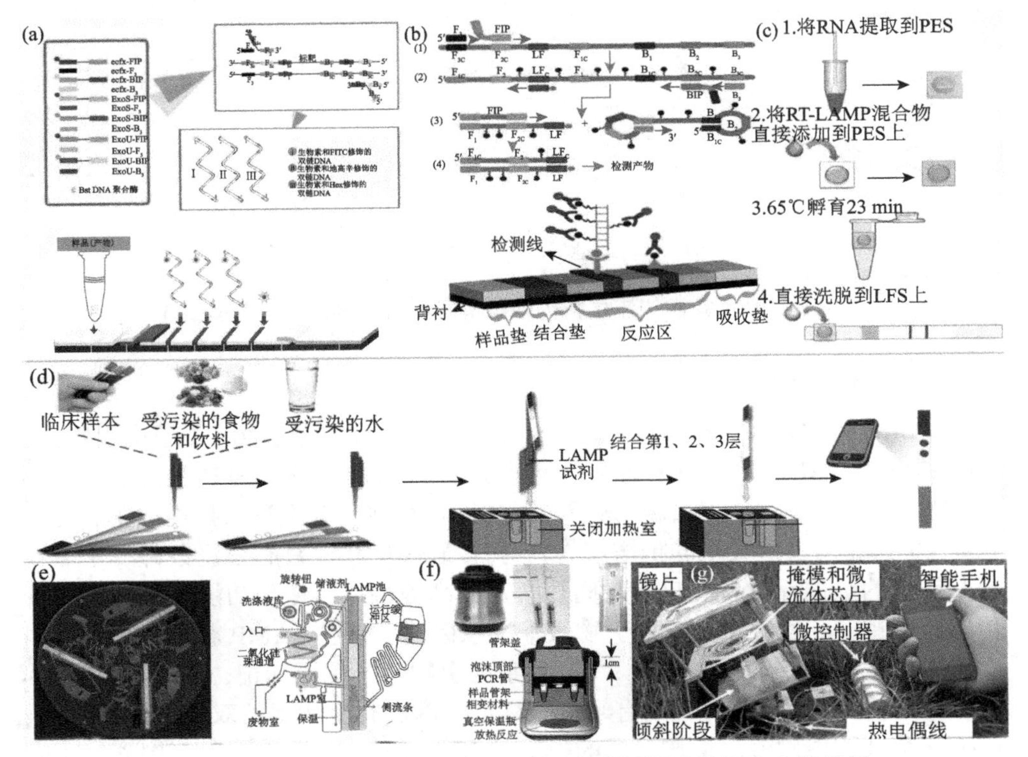

图 6.20 LAMP 技术结合功能核酸侧流层析传感器经典文献举例

2）HDA 技术

HDA 技术依靠解旋酶和辅助结合蛋白的活性使双链 DNA 解旋并稳定存在，此后引物与模板序列结合并在聚合酶的作用下延伸生成新链，新链又会被解旋酶结合蛋白作用并结合从而进入新一轮的解旋扩增循环，如此反复循环，该反应通常在 65℃恒温下进行实现指数扩增。在与功能核酸侧流层析传感器联用时，通常将 HDA 反应体系中的上、下游引物分别做半抗原标记，通过 HDA 获得两端有不同半抗原标记的双链 DNA 产物。HDA 结合核酸侧流层析传感器的报道较少，且均未呈现扩增的详细过程[37, 147, 148]。图 6.21（a）为 Kolm 等[147]报道的 HDA 结合核酸侧流层析传感器的典型案例；图 6.21（b）为 Li 等[148]报道的 HDA 结合一次性核酸检测装置的典型案例；图 6.21（c）为 Tong 等[37]报道的 HDA 中引入限制性内切酶并结合一次性核酸检测装置的典型案例，HDA 中解旋酶使双链 DNA 解旋的过程不具有针对靶标物质检测的特异性，仅依赖于上、下游引物的特异识别成为扩增过程的限速因素，因此该报道结合限制性内切酶来提高检测过程中的特异性、减少扩增反应所需的时间。

图 6.21　HDA 技术结合功能核酸侧流层析传感器经典文献举例

3）RPA 技术

RPA 技术中的三种核心成分：结合单链核酸的重组酶、单链结合蛋白以及具有链置换活性 DNA 聚合酶。重组酶与引物结合形成复合物定向寻找同源序列并锚定，链交换后启动延伸，完成 DNA 模板链的指数型扩增。通过复合物对同源序列的高效寻找显著减少了反应时间，该反应通常在 37℃左右恒温下进行。在与功能核酸侧流层析传感器联用时，常规方法是将 RPA 反应体系中的上、下游引物分别做半抗原标记，通过 RPA 获得两端有不同半抗原标记的双链 DNA 产物，但是最近报道的几例实际应用中有很多创新的设计[63, 149, 150]。图 6.22（a）为 Xu 等[149]报道的 RPA 结合核酸侧流层析传感器的典型案例，在上、下游引物末端添加 C3 space 阻断，通过 RPA 获得两端各有一段游离单链 DNA 的产物；图 6.22（b）为 Powell 等[63]报道的 RPA 结合核酸侧流层析传感器的典型案例，采用 Fpg 探针与靶标序列结合切割无碱基位点后释放 FAM-生物素双半抗原标记，而后被核酸侧流层析传感器捕获；图 6.22（c）为 Gootenberg 等[150]

报道的升级版“夏洛克”(specific high sensitivity enzymatic reporter unLOCKing，SHERLOCK)结合核酸侧流层析传感器，采用 Cas13、Cas12a 和 Csm6 三种酶提高了反应的灵敏度，经过 RPA 释放的 FAM-生物素双半抗原标记被商品化的核酸侧流层析传感器捕获。

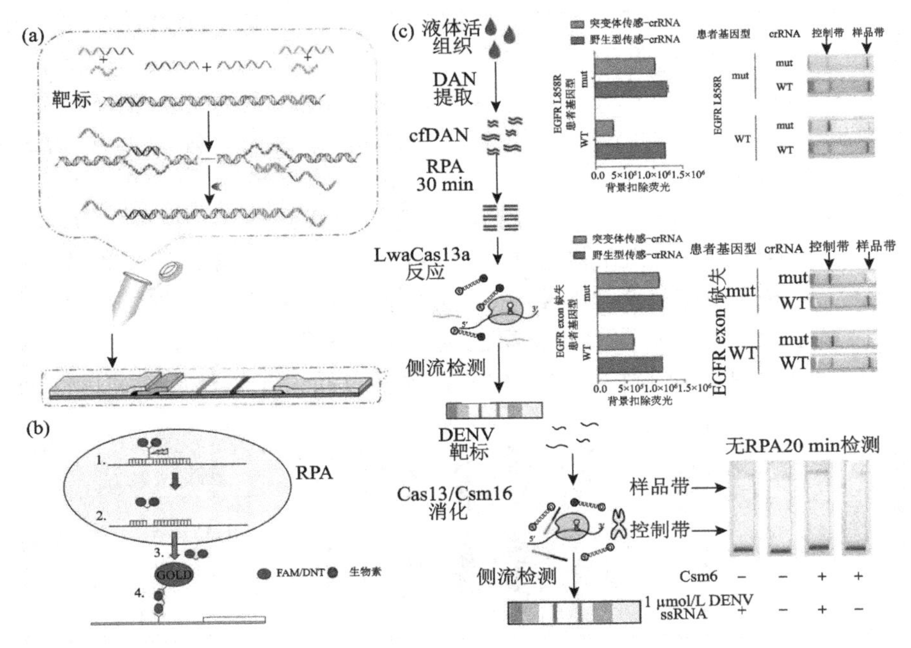

图 6.22　RPA 技术结合功能核酸侧流层析传感器经典文献举例

4）CPA 技术

交叉引物扩增技术是由杭州优思达生物技术有限公司独立研发成功的一种新的核酸恒温扩增技术，也是中国首个具有自主知识产权的核酸扩增技术。CPA 体系中除包含具有链置换功能的 Bst DNA 聚合酶大片段外，还包括多条扩增引物，在 Bst DNA 聚合酶的作用下，不同位置的下游引物发生连续的循环扩增，该反应通常在 65℃恒温下进行，得到双链 DNA 产物。在与功能核酸侧流层析传感器联用时，通常将 CPA 反应体系中的引物做半抗原标记，通过 CPA 获得有不同半抗原标记的双链 DNA 产物。CPA 结合核酸侧流层析传感器的报道数量不多但各有特色[39, 151-156]。Wang 等[155]报道了将 CPA 与核酸侧流层析传感器相结合，采用 2 条引物做半抗原标记，靶标物质的两端通过半抗原标记-抗体识别体系进行检测；还采用 1 条引物做半抗原标记，并添加生物素-dCTP，靶标物质也可通过半抗原标记-抗体识别体系进行检测；此外，Wang 等[156]还报道了多重 CPA 结合多重核酸侧流层析传感器来构建检测体系，通过引物设计和侧流层析传感器检测线数量调整实现了多重检测。

5）ISDPR 技术

ISDPR 技术基于一条发夹模板、一条线性引物和具有链置换活性的 DNA 聚合酶，发夹与单链靶标 DNA 杂交后被打开暴露出单链模板，线性引物进一步与模板 DNA 杂交并在 DNA 聚合酶延伸后替代靶标 DNA，得到双链 DNA 产物，而被替代的靶标 DNA 可以继续打开新的发夹模板实现循环扩增，从而达到大量扩增的目的，该反应通常在 42℃恒温下进行。在与功能核酸侧流层析传感器联用时，通常将 ISDPR 体系中的发夹引物和线性引物分别做半抗原标记，通过 ISDPR 扩增获得两端有不同半抗原标记的双链 DNA 产物。ISDPR 结合核酸侧流层析传感器的报道数量不多但非常经典[59, 157, 158]。图 6.23（a）为 He 等[59]报道的 ISDPR 结合核酸侧流层析传感器的典型案例；图 6.23（b）为 Zhang 等[157]报道的 ISDPR 结合核酸侧流层析传感器的典型案例，与图 6.23（a）不同的是采用两个末端标有核酸的抗体作为识别元件，以邻位效应产生的核酸释放为触发子进行 ISDPR；图 6.23（c）为 Xiao 等[158]报道的 ISDPR 结合核酸侧流层析传感器的典型案例，与之前不同的是采用 T4 连接酶将完全与靶标 DNA 杂交的两段相邻核酸探针共价相连，以第三条引物触发 ISDPR，以此来提高反应对单碱基差异的区分能力。

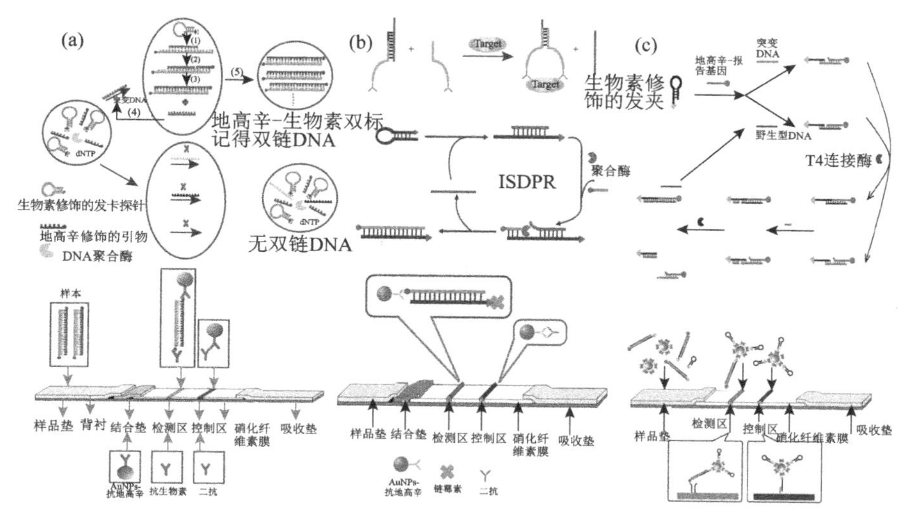

图 6.23　ISDPR 技术结合功能核酸侧流层析传感器经典文献举例

6）HCR

HCR 是一个无酶参与的扩增过程，设计合理的发夹引物（H1 和 H2）和核酸促发因子，基于立足点原理实现相互杂交，得到长双链 DNA 产物。在与功能核酸侧流层析传感器联用时，通常将 HCR 体系中的发夹引物（H1 和 H2）做半抗原标记，通过 HCR 扩增获得内嵌有大量半抗原标记的双链 DNA 产物，该反应通常在室温下进行。HCR 结合核酸侧流层析传感器的报道数量并不多但一脉相承[125, 159, 160]。图 6.24（a）为 Deng 等[125]报道的 HCR 结合核酸侧流层析传感器的典型案例，长双链产物的特点是一端为游离的单链 DNA、内嵌有生物素标记；图 6.24（b）为 Ying 等[159]报道的 HCR 结合核酸侧流层析传感器的典型案例，与图 6.24（a）不同的是其通过补加一条半抗原标记的捕获探针，得到的长双链产物特点是一端有半抗原标记、内嵌有生物素标记。

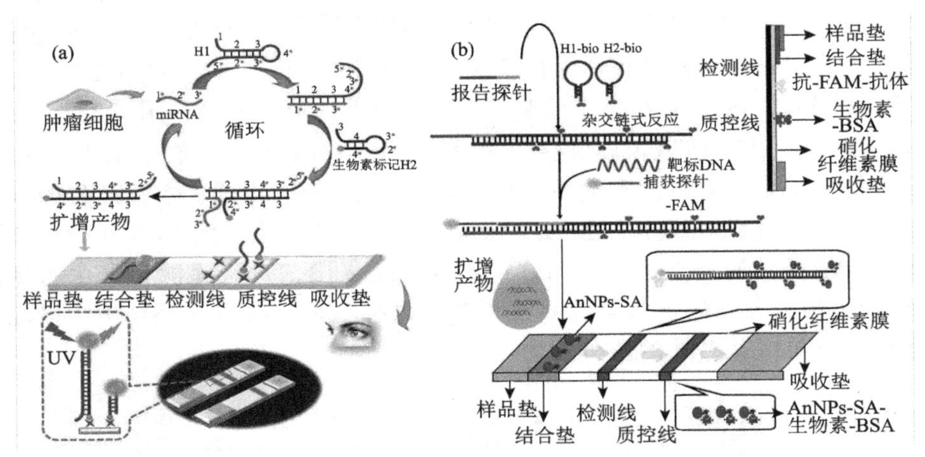

图 6.24　杂交链式扩增技术结合功能核酸侧流层析传感器经典文献举例

7）NEMA 技术

NEMA 技术是利用切口内切酶和 Bst DNA 聚合酶实现的扩增反应。切口内切酶在酶切位点仅切断其中的一条单链，然后在 Bst DNA 聚合酶的作用下实现置换扩增，得到扩增产物的单链 DNA。NEMA 结合核酸侧流层析传感器的报道仅有一篇[107]：图 6.25 为 Toley 等[107]报道的 NEMA 结合核酸侧流层析传感器的典型案例，该反应在 49℃恒温下进行，扩增时间少于 20 min，结合功能核酸侧流层析传感器极大地缩短了扩增产物检测的时间，有利于实现现场、快速检测。

8）NASBA 技术

NASBA 技术是一项连续、恒温、基于酶反应的核酸扩增技术，在 NASBA 反应体系中，加入 AMV 逆转录酶、T_7 RNA 聚合酶、*RNase* H 三种酶和一对引物（下游引物 5′端带有 T_7 RNA 聚合酶启动子序列）。NASBA 技术能够直接

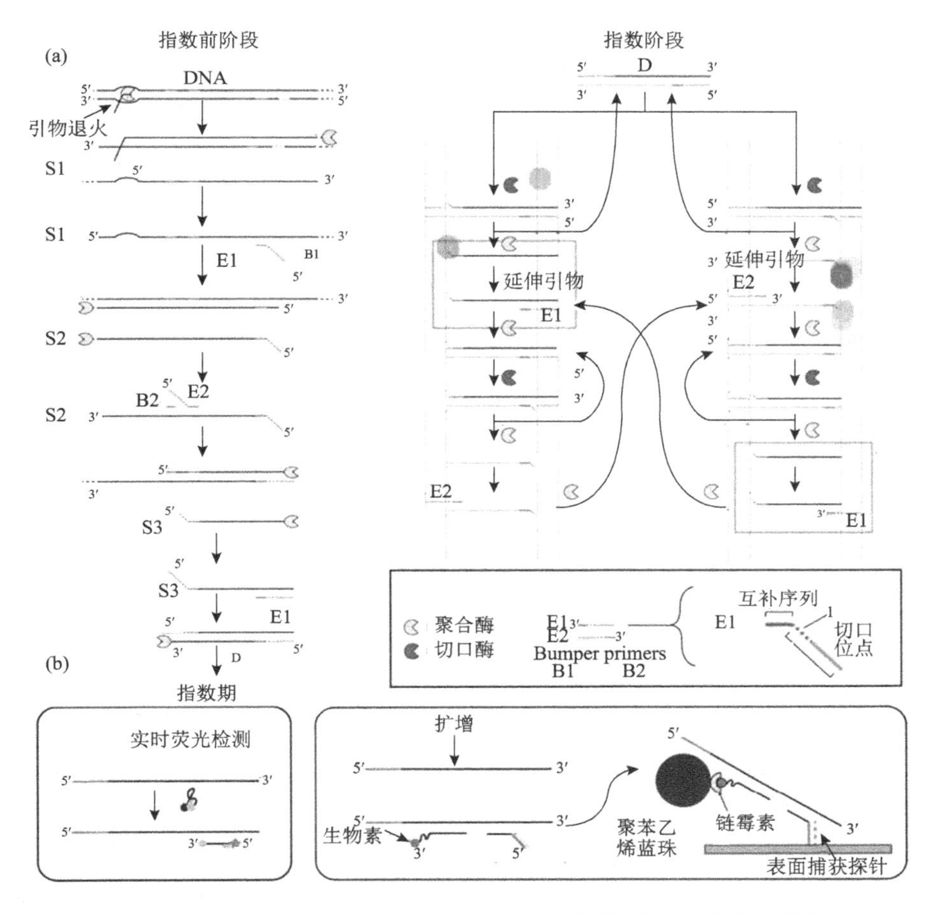

图 6.25　NEMA 技术结合功能核酸侧流层析传感器经典文献举例

使用 RNA 单链作模板，不需要通过反转录合成 cDNA 模板，有效减少核酸污染。该反应通常在 41℃恒温下进行，产物主要为单链 RNA。NASBA 结合核酸侧流层析传感器的报道数量不多[64, 74, 161]。图 6.26（a）为 Lo 和 Baeumner[161] 报道的 NASBA 结合核酸侧流层析传感器的典型案例，详细地呈现了 NASBA 的扩增过程；图 6.26（b）为 Leautaud 等[74]报道的 NASBA 结合核酸侧流层析传感器的典型案例，详细地呈现了功能核酸侧流层析传感器的检测过程。

9）RCA 技术

RCA 技术是参考噬菌体环状 DNA 分子扩增机制发展起来的一种靶核酸扩增的检测方法，以环状 DNA 为模板，通过一个与部分环状模板互补的短单链 DNA 引物，利用 Phi29 DNA 聚合酶的强链置换活性实现边剥离边延伸的循环过程，产生含有大量重复序列的单链 DNA 产物，该反应通常在 37℃恒温下进

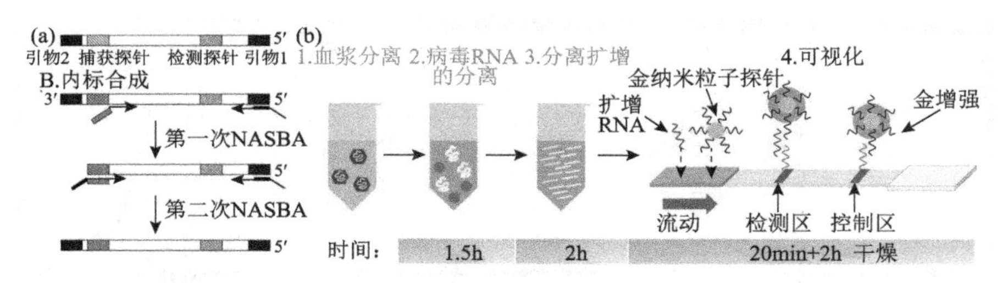

图 6.26　NASBA 技术结合功能核酸侧流层析传感器经典文献举例

行。在与功能核酸侧流层析传感器联用时，通常检测该大量重复序列的单链 DNA 产物。目前，RCA 结合核酸侧流层析传感器的报道仅有一篇[76]。图 6.27 为 Asalapuram 等[76]报道的 RCA 结合核酸侧流层析传感器的典型案例，首先连接酶将完全匹配地杂交相连，经 RCA 的产物在核酸侧流层析传感器上出现特异性条带，使整个反应体系具有对单碱基差异的区分能力。

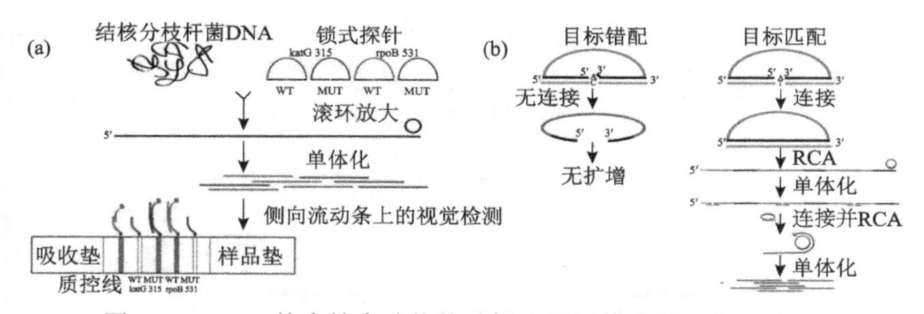

图 6.27　RCA 技术结合功能核酸侧流层析传感器经典文献举例

10）EXPAR 技术

EXPAR 技术以单链靶标为引物，通过基于切口内切酶和 Bst DNA 聚合酶实现的链置换反应。根据靶标自主设计含有酶切位点的单链模板，引物经过 DNA 聚合酶延伸后与模板形成完整的切口内切酶识别位点，单链切割后发生链置换反应，得到扩增产物的单链 DNA，该反应通常在 65℃恒温下进行。在与功能核酸侧流层析传感器联用时，通常检测该单链 DNA 产物。EXPAR 结合核酸侧流层析传感器的报道较多、应用形式也较为丰富[35, 93, 101, 162]。图 6.28（a）为 Cheng 等[35]报道的 EXPAR 结合核酸侧流层析传感器的典型案例，通过对单链模板的对称设计，实现被替代链与引物杂交后又可作为另一个扩增反应的模板 DNA，循环发生的延伸—切割—链置换，结合碱基堆积效应和人工核酸探针以提高检测的特异性；图 6.28（b）为 Liu 等[101]报道的 EXPAR 结合核酸侧流层析传感器的典型案例，该反应被 Hg（II）介导的发夹成环所触发；图 6.28（c）为 Wu 等[93]报道的 EXPAR 结合核酸侧流层析传感器的典型案例，该反应被识别抗体末端的单链 DNA 小尾巴所触发；图 6.28（d）为 Wu 等[162]报道的 EXPAR 结合核酸侧流层析传感器的典型案例，该反应被通过磁分离得到的微生物适配体所触发。

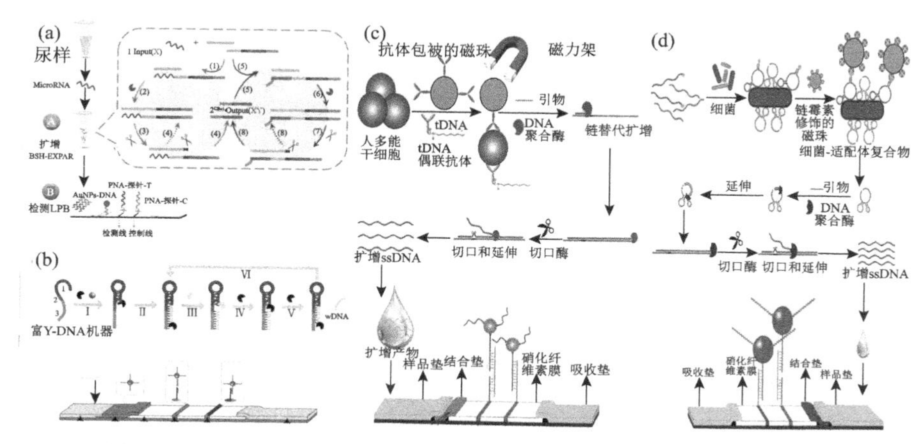

图 6.28　EXPAR 技术结合功能核酸侧流层析传感器经典文献举例

6.2.5　定量分析系统

功能核酸侧流层析传感器除了有定性结果输出，大多数还会配套相应的定量分析系统，主要分为商品化信号读取装备、自主研发信号读取装备、其他仪器结合定量系统、智能电子产品结合定量系统和免仪器依赖/免标曲依赖独立定量系统五大类。

1. 商品化信号读取装备

商品化信号读取装备是为侧流层析传感器量身定制的定量装备，目前报道中，用于核酸侧流层析传感器定量检测的商品化信号读取装备主要集中在上海金标（Kinbio）生物科技有限公司的两款产品（DT1030 和 DT2050）用于比色信号的读取、德国凯杰（Qiagen）公司的一款荧光定量产品（ESEQuant LR3）用于荧光信号的读取。因为侧流层析传感器的信号读取过程与识别原理无关，所以可以认为免疫侧流层析传感器和功能核酸侧流层析传感器的商品化信号读取装备具有通用性。各种信号读取产品核心区别在于不同信号体系（如比色信号、荧光信号或磁信号）下设计不同的信号采集途径，并优化各组件的搭配来确保产品的科学性、灵敏度和稳定性等。从装备市场化的发展趋势来看，市面上依次出现了计算机依赖型台式[图 6.29（a）～（c）]、独立型台式[图 6.29（d）～（g）]和独立型手持式[图 6.29（h）～（l）]三代商品化信号读取装备，体现了更精准、更便携、更小巧、更智能的用户需求。

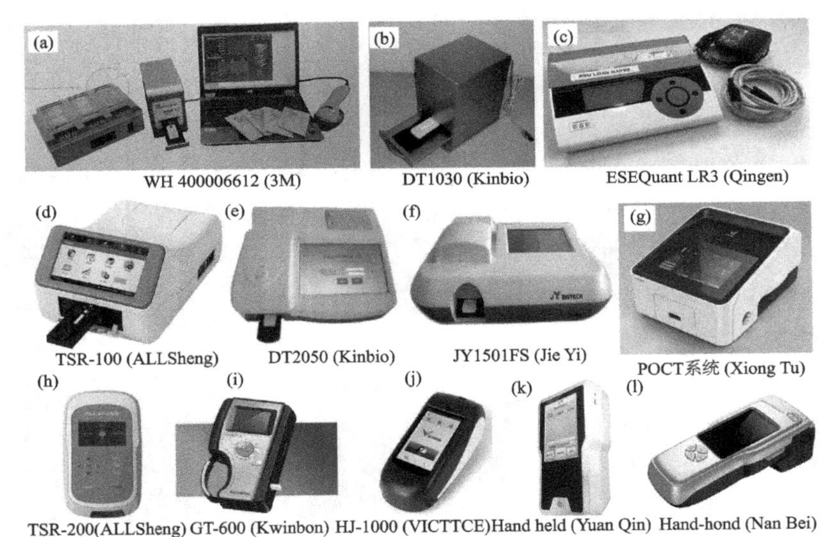

图 6.29　功能核酸侧流层析传感器的商品化信号读取装备

2. 自主研发信号读取装备

自主研发信号读取装备主要针对一些没有商品化信号读取装备的新型信号系统，如磷光信号、电化学信号、化学发光信号、热信号等，设计相应的信号采集途径，搭建自主研发信号读取装备。图 6.30（a）～(c）为磷光信号读取装备的案例[52, 126, 128]，图 6.30（d）为电化学信号读取装备的案例[135]，图 6.30（e）为化学发光信号读取装备的案例[130]，图 6.30（f）为热信号读取装备的案例[163]，这些装备都具有商品化潜质，用于填补新型信号便携化读取装置市场的空白。

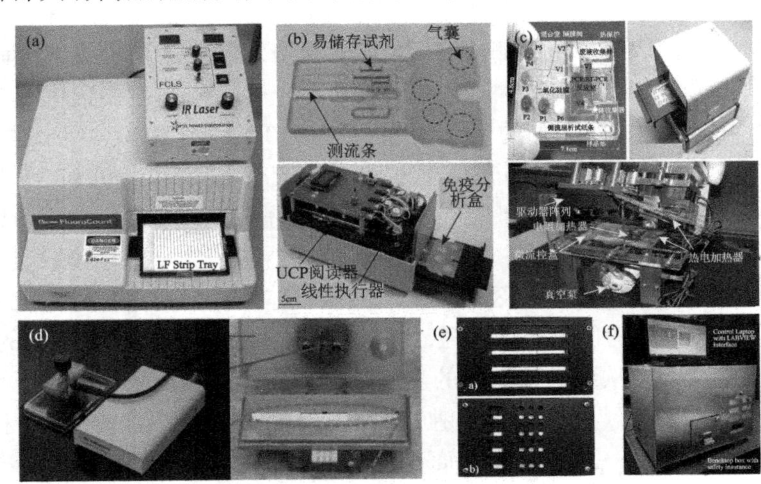

图 6.30　功能核酸侧流层析传感器的自主研发信号读取装备

3. 其他仪器结合定量系统

除上述两种专用仪器外，还可以利用其他仪器结合功能核酸侧流层析传感器构成定量系统，如凝胶成像仪和血糖仪，在没有专门仪器设备的情况下，为功能核酸侧流层析传感器的定量检测提供了更多的选择。图6.31（a）所示的凝胶成像仪用于采集功能核酸侧流层析传感器的光学信号[164]，图6.31（b）血糖仪用于采集功能核酸侧流层析传感器的电化学信号[165]。类似地，图6.31（c）所示的血糖仪也被作为检测其他形式的液体传感器[166]，还有一些将pH计与检测其他形式的传感器联用的报道[167, 168]，可见将成熟的、商品化、小型化设备与传感器联用是推广其应用的较好途径，也是未来高精尖传感器走入寻常百姓生活的发展趋势。

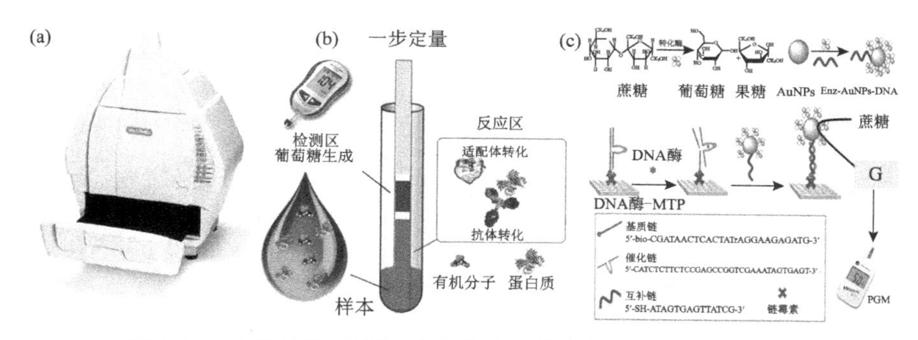

图6.31　功能核酸侧流层析传感器的其他仪器结合定量系统

4. 智能电子产品结合定量系统

智能电子产品的高速发展也为功能核酸侧流层析传感器开辟了全新的定量方式，智能电子产品结合定量系统主要包括影像扫描仪结合定量系统、数码相机结合定量系统和智能手机结合定量系统。图6.32（a）和（b）为两种影像扫描仪，在功能核酸侧流层析传感器的相关报道中用于扫描并将结果连接到计算机上进行定量分析。类似地，图6.32（c）所示的数码相机在功能核酸侧流层析传感器的相关报道中也被用于拍摄检测结果，所采集的信号为荧光信号[67]。近年来，采用智能手机定量系统的研究数量较多，通常采用LED光源和智能手机摄像头CCD/CMOS传感器采集图像，并通过内置的商业化应用程序或自主编程的专用应用程序进行定量分析。图6.32（d）[71]、图6.32（f）[169]、图6.32（g）[170]和图6.32（i）[171]为通过智能手机和3D打印技术构建的比色信号读取装置，图6.32（e）[172]为通过智能手机和3D打印技术构建的荧光信号读取装置，图6.32（h）[131]为通过智能手机和3D打印技术构建的化学发光信号读取装置，图6.32（j）[170]、图6.32（k）[171]和图6.32（l）[173]

为自主编程的专用应用程序用于定量分析。

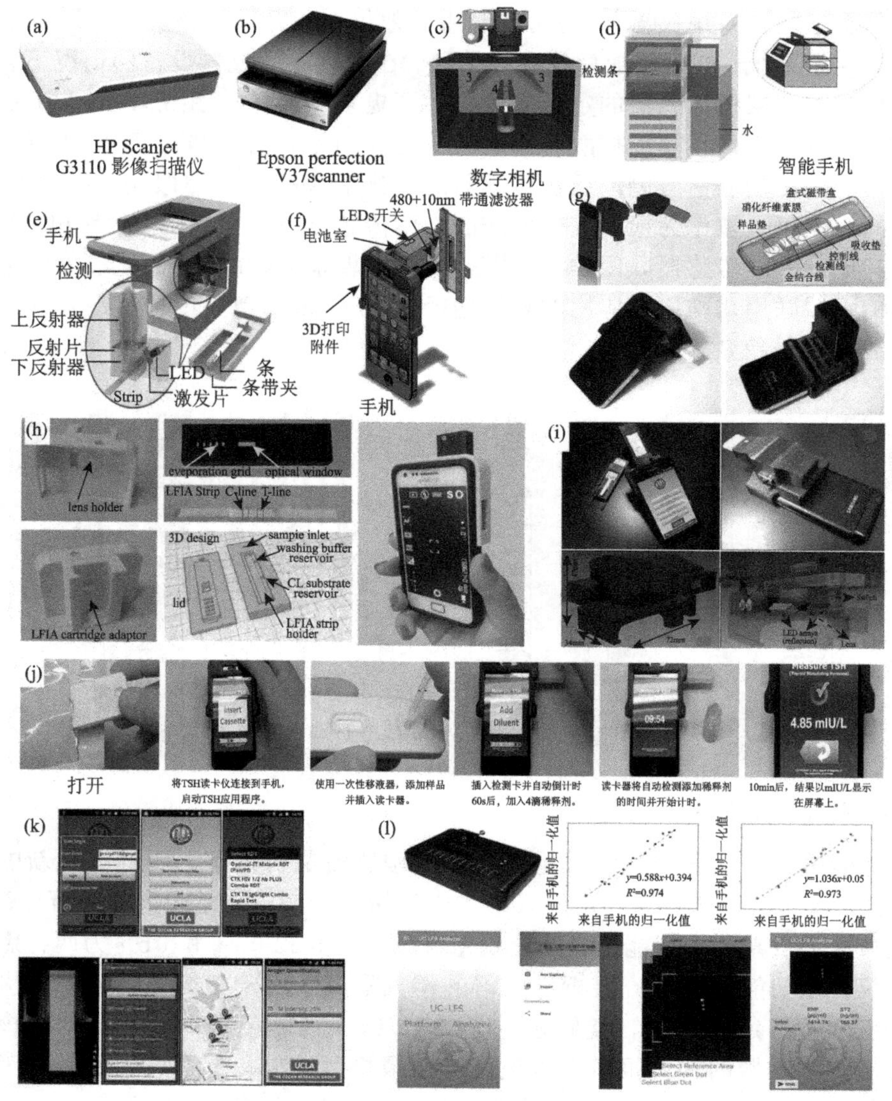

图 6.32 功能核酸侧流层析传感器的智能电子产品结合定量系统

5. 免仪器依赖/免标曲依赖独立定量系统

免仪器依赖/免标曲依赖独立定量系统是指在不需要任何仪器或不需要标准曲线的情况下对功能核酸侧流层析传感器所检测的靶标物质实现定量，这为优化、简化检测过程提供了一种行之有效的途径。图 6.33（a）为一种免仪器依赖独立定量系统[28]，更高浓度的靶标物质会使更多的检测点出现红色，通过检测点的数量与靶标物质浓度之间建立的关系进行免仪器依赖独立定量。图 6.33（b）[35]和图 6.33（c）[100]为免标曲依赖独立定量系统，分别通过靶标基因与内参基因的检测线颜色差异、检测线与甲酚红点颜色差异进行相对定量，实现了免标曲依赖独立定量。

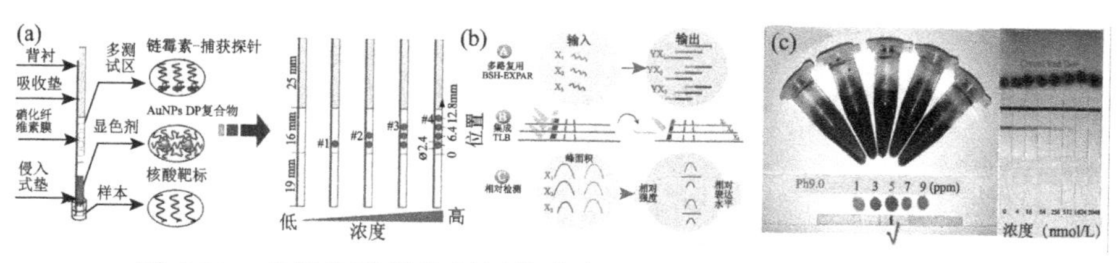

图 6.33　功能核酸侧流层析传感器的免仪器依赖独立定量系统

6.3　食品安全中的应用进展

功能核酸侧流层析传感器在食品安全中的应用十分广泛，检测的靶标物质包括食品安全风险因子及其可能诱导的疾病生物标志物，从靶标物质的本质上来说分为核酸类靶标、蛋白类靶标、细胞类靶标、小分子靶标、重金属靶标五大类。现将功能核酸侧流层析传感器在各类靶标物质检测中的典型应用列举如下，表中所涉及的检测形式、靶标识别技术、信号转导技术、核酸扩增技术、定量分析系统均以与前面一致的标题序号表示，即：检测形式序号为（1）极简型单重检测形式、（2）多线型多重检测形式、（3）多条型多重检测形式、（4）多点型多重检测形式、（5）密闭性集成检测形式；靶标识别技术序号为（1）半抗原标记-抗体识别体系、（2）单链 DNA-双链 DNA 识别体系、（3）茎环 DNA 识别体系、（4）人工核酸-普通核酸识别体系、（5）核酸适配体识别体系、（6）核酸碱基错配识别体系、（7）核酸酶识别体系、（8）点击化学识别体系；信号转导技术序号为（1）比色信号、（2）荧光信号、（3）磷光信号、（4）电化学信号、（5）化学发光信号、（6）表面增强拉曼信号、（7）热信号、（8）磁信号；核酸扩增技术序号为（1）变温扩增技术、（2）恒温扩增技术、（3）未扩增；定量分析系统序号为（1）商品化信号读取装备、（2）自主研发信号读取装备、（3）其他仪器结合定量系统、（4）智能电子产品结合定量系统、（5）免仪器依赖/免标曲依赖独立定量系统。

6.3.1　核酸类靶标的检测

功能核酸侧流层析传感器在核酸类靶标检测中的典型应用见表 6.2。

表 6.2 核酸类靶标的检测

靶标物质	检测形式	靶标识别技术	信号转导技术	核酸扩增技术	定量分析系统	参考文献
dsDNA	（2）	（1）	（1）	（1）	（1）	[9]
dsDNA	（5）	（1）	（1）	（2）	（1）	[174]
dsDNA	（1）	（1）	（3）	（1）	（2）	[128]
dsDNA	（2）	（2）	（1）	（2）	（1）	[76]
dsDNA	（5）	（1）	（1）	（2）	（1）	[39]
ssDNA	（1）	（1）	（2）	（2）	（4）	[125]
ssDNA	（1）	（2）	（2）	（3）	（2）	[67]
ssDNA	（1）	（2）	（6）	（3）	（3）	[136]
ssDNA	（5）	（3）	（1）	（2）	（1）	[84]
SNP	（1）	（3）	（1）	（2）	（1）	[158]
SNP	（1）	（1）	（1）	（2）	（1）	[59]
SNP	（1）	（3）	（1）	（3）	（1）	[79]
SNP	（1）	（3）	（1）	（3）	（1）	[175]
DNA Methylation	（2）	（1）	（1）	（1）	（1）	[9]
RNA	（1）	（2）	（5）	（3）	（2）	[130]
RNA	（1）	（2）	（1）	（2）	（1）	[64]
RNA	（1）	（2）	（1）	（2）	（1）	[74]
RNA	（1）	（2）	（1）	（2）	（1）	[161]
miRNA	（1）	（2）	（1）	（3）	（5）	[164]
miRNA	（1）	（3）	（1）	（3）	（1）	[86]
miRNA	（1）	（3）	（1）	（3）	（1）	[82]
miRNA	（3）	（4）	（1）	（2）	（1）	[35]

6.3.2 蛋白类靶标的检测

功能核酸侧流层析传感器在蛋白类靶标检测中的典型应用见表 6.3。

表 6.3 蛋白类靶标的检测

靶标物质	检测形式	靶标识别技术	信号转导技术	核酸扩增技术	定量分析系统	参考文献
CEA	（1）	（5）	（1）	（3）	（1）	[95]

续表

靶标物质	检测形式	靶标识别技术	信号转导技术	核酸扩增技术	定量分析系统	参考文献
DNase I	(1)	(1)	(1)	(3)	(1)	[58]
凝血酶	(1)	(5)	(1)	(3)	(1)	[90]
凝血酶	(1)	(5)	(1)	(3)	(1)	[176]
Vaspin	(1)	(5)	(1)	(3)	(1)	[177]
β-凝集素	(1)	(5)	(1)	(2)	(1)	[89]

6.3.3　细胞类靶标的检测

功能核酸侧流层析传感器在核酸类靶标检测中的典型应用见表 6.4。

表 6.4　细胞类靶标的检测

靶标物质	检测形式	靶标识别技术	信号转导技术	核酸扩增技术	定量分析系统	参考文献
癌细胞	(5)	(5)	(1)	(3)	(1)	[88]
流感病毒	(5)	(5)	(1)	(3)	(1)	[92]
大肠杆菌	(5)	(5)	(2)	(3)	(1)	[108]
大肠杆菌	(5)	(5)	(1)	(2)	(1)	[93]
大肠杆菌	(5)	(5)	(1 & 2)	(3)	(1)	[91]
沙门氏菌	(5)	(5)	(1)	(2)	(1)	[178]

6.3.4　小分子靶标的检测

功能核酸侧流层析传感器在核酸类靶标检测中的典型应用见表 6.5。

表 6.5　小分子靶标的检测

靶标物质	检测形式	靶标识别技术	信号转导技术	核酸扩增技术	定量分析系统	参考文献
17β-雌二醇	(1)	(5)	(1)	(3)	(1)	[97]
腺苷	(1)	(5)	(1)	(3)	(4)	[179]
可卡因	(1)	(5)	(1)	(3)	(3)	[165]

续表

靶标物质	检测形式	靶标识别技术	信号转导技术	核酸扩增技术	定量分析系统	参考文献
黄曲霉毒素 B_1	(1)	(5)	(1)	(3)	(1)	[24]
黄曲霉毒素 B_1	(1)	(5)	(1)	(3)	(1)	[94]
卡那霉素	(5)	(5)	(1)	(3)	(1)	[180]
赭曲霉毒素 A	(5)	(5)	(1)	(3)	(1)	[181]

6.3.5 重金属靶标的检测

功能核酸侧流层析传感器在核酸类靶标检测中的典型应用见表 6.6。

表 6.6 重金属类靶标的检测

靶标物质	检测形式	靶标识别技术	信号转导技术	核酸扩增技术	定量分析系统	参考文献
Hg(II)	(1)	(6)	(1)	(3)	(5)	[100]
Hg(II)	(1)	(6)	(1)	(2)	(1)	[182]
Hg(II)	(1)	(6)	(1)	(2)	(1)	[101]
Hg(II)	(1)	(6)	(1)	(3)	(1)	[99]
Hg(II)	(1)	(6)	(1)	(3)	(1)	[98]
Pb(II)	(1)	(7)	(1)	(2)	(1)	[183]
Cu(II)	(1)	(7)	(1)	(3)	(1)	[104]
Cu(II)	(1)	(8)	(1)	(3)	(1)	[106]

通过表 6.2～表 6.6 可以进行清晰的对比，判断各个功能核酸侧流层析传感器在构建中的相似之处和差异。不难发现，功能核酸侧流层析传感器在食品安全中的应用，其实质就是根据不同的检测目的和特点将检测形式、靶标识别技术、信号转导技术、核酸扩增技术、定量分析系统这些环节巧妙地组合在一起，构建成一套完整的功能核酸侧流层析传感器体系。

6.4 总结与展望

功能核酸侧流层析传感器的构建是一门妙趣横生的学问，将其应用在食品安全中更是一件利国利民的好事，使其“飞入寻常百姓家”正是该领域所有科研工作者最大的期望。在未来的科学研究中可以从以下几个方面着手进一步提高功能核酸侧流层析传感器的性能，进一步拓展功能核酸侧流层析传感器的应用，并延伸上下游的产业链形成闭环系统，都将是未来的发展趋势。

（1）提高功能核酸侧流层析传感器的性能。可从检测形式、靶标识别技术、信号转导技术、核酸扩增技术、定量分析系统五个角度出发来提高功能核酸侧流层析传感器的性能，采用更科学的多重检测形式、更灵敏的靶标识别元件、更优质的新型纳米材料、更快速的恒温扩增方法、更便携和更智能的定量分析系统，获得通量高、灵敏度好、特异性强、使用方便、成本低廉、易于操作的功能核酸侧流层析传感器，为其“飞入寻常百姓家”做足充分的技术储备。

（2）拓展功能核酸侧流层析传感器的应用。目前的应用集中在核酸类靶标、蛋白类靶标、细胞类靶标、小分子靶标、重金属靶标五大类，涵盖了核酸和非核酸的全部靶标类型。其中，非核酸类靶标物质的检测有赖于核酸适配体识别体系（蛋白类靶标、细胞类靶标、小分子靶标）、核酸碱基错配识别体系（重金属靶标）、核酸酶识别体系（重金属靶标）、点击化学识别体系（重金属靶标），因此现有识别技术的发展或新型识别体系的发现将会进一步拓展功能核酸侧流层析传感器的应用范畴，为其“飞入寻常百姓家”提供更多的输出途径。

（3）延伸上下游的产业链形成闭环系统。功能核酸侧流层析传感器作为一个灵敏、快速、高效、便携的检测平台，仍需具有同样优良特质的上下游技术平台进行对接，包括食品样品或血液样品的预处理和免处理技术平台、核酸快速提取的小型便携式装备或技术平台、核酸恒温扩增的小型便携式装备或技术平台、3D打印技术搭建手持式定量技术平台等，把上下游的产业链串联起来形成闭环系统，为其“飞入寻常百姓家”提供一套完整的解决方案。

参考文献

[1] Parolo C, Merkoçi A. Paper-based nanobiosensors for diagnostics. Chemical Society Reviews, 2013, 42(2): 450-457.

[2] Hu J, Wang S, Wang L, et al. Advances in paper-based point-of-care diagnostics. Biosensors and Bioelectronics, 2014, 54: 585-597.

[3] Free A H, Adams E C, Kercher M L, et al. Simple specific test for urine glucose. Clinical Chemistry, 1957, 2(3): 163-168.

[4] Shah P, Zhu X, Li C. Development of paper-based analytical kit for point-of-care testing. Expert Review of Molecular Diagnostics, 2013, 13(1): 83-91.

[5] Chen A, Yang S. Replacing antibodies with aptamers in lateral flow immunoassay. Biosensors and Bioelectronics, 2015, 71: 230-242.

[6] Zhao X H, Meng H M, Gong L, et al. Recent progress of DNAzyme-nanomaterial based biosensors. Chinese Journal of Analytical Chemistry, 2015, 43(11): 1611-1619.

[7] Seidel C, Peters S, Eschbach E, et al. Development of a nucleic acid lateral flow

immunoassay(NALFIA) for reliable, simple and rapid detection of the methicillin resistance genes *mecA* and *mecC*. Veterinary Microbiology, 2017, 200: 101-106.

[8] Chantratita W, Song K S, Gunho C, et al. 6 HCV genotyping 9G test and its comparison with VERSANT HCV genotype 2.0 assay (LiPA) for the hepatitis C virus genotyping. Journal of Virological Methods, 2016, 239: 1-8.

[9] Xu W, Nan C, Huang K, et al. Accurate and easy-to-use assessment of contiguous DNA methylation sites based on proportion competitive quantitative-PCR and lateral flow nucleic acid biosensor. Biosensors & Bioelectronics, 2016, 80: 654-660.

[10] Ang G Y, Yu C Y, Yean C Y. Ambient temperature detection of PCR amplicons with a novel sequence-specific nucleic acid lateral flow biosensor. Biosensors & Bioelectronics, 2012, 38(1): 151-156.

[11] Park M, Ha H D, Kim Y T, et al. Combination of a sample pretreatment microfluidic device with a photoluminescent graphene oxide quantum dot sensor for trace lead detection. Analytical Chemistry, 2015, 87(21): 10969-10975.

[12] Aissa A B, Jara J J, Sebastián R M, et al. Comparing nucleic acid lateral flow and electrochemical genosensing for the simultaneous detection of foodborne pathogens. Biosensors & Bioelectronics, 2016, 88: 265-272.

[13] Noguera P, Posthuma-Trumpie G A, Tuil M T, et al. Carbon nanoparticles in lateral flow methods to detect genes encoding virulence factors of Shiga toxin-producing *Escherichia coli*. Analytical & Bioanalytical Chemistry, 2011, 399(2): 831-838.

[14] Nihonyanagi S, Kanoh Y, Okada K, et al. Clinical usefulness of multiplex PCR lateral flow in MRSA detection: a novel, rapid genetic testing method. Inflammation, 2012, 35(3): 927-934.

[15] Ang G Y, Yu C Y, Chan K G, et al. Development of a dry-reagent-based nucleic acid-sensing platform by coupling thermostabilised LATE-PCR assay to an oligonucleotide-modified lateral flow biosensor. Journal of Microbiol ogical Methods, 2015, 118: 99-105.

[16] Chen Y, Cheng N, Xu Y, et al. Point-of-care and visual detection of *P. aeruginosa* and its toxin genes by multiple LAMP and lateral flow nucleic acid biosensor. Biosensors & Bioelectronics, 2016, 81: 317-323.

[17] Terao Y, Takeshita K, Nishiyama Y, et al. Promising nucleic acid lateral flow assay plus PCR for *SHIGA* toxin-producing *Escherichia coli*. Journal of Food Protection, 2015, 78(8): 1560-1568.

[18] Crannell Z, Castellanos-Gonzalez A, Nair G, et al. Multiplexed recombinase polymerase amplification assay to detect intestinal protozoa. Analytical Chemistry, 2016, 88(3): 1610-1616.

[19] Xu Y, Liu Y, Wu Y, et al. Fluorescent probe-based lateral flow assay for multiplex nucleic acid detection. Analytical Chemistry, 2014, 86(12): 5611-5614.

[20] Zhang Y, Sun J, Zou Y, et al. Barcoded microchips for biomolecular assays. analytical Chemistry, 2014, 87(2): 900-906.

[21] Li J, Macdonald J. Multiplexed lateral flow biosensors: technological advances for radically improving point-of-care diagnoses. Biosensors and Bioelectronics, 2016, 83:

177-192.

[22] Fenton E M, Mascarenas M R, López G P, et al. Multiplex lateral-flow test strips fabricated by two-dimensional shaping. ACS Applied Materials & Interfaces, 2008, 1(1): 124-129.

[23] Posthuma-Trumpie G A, Wichers J H, Koets M, et al. Amorphous carbon nanoparticles: a versatile label for rapid diagnostic (immuno)assays. Analytical & Bioanalytical Chemistry, 2012, 402(2): 593-600.

[24] Shim W B, Kim M J, Mun H, et al. An aptamer-based dipstick assay for the rapid and simple detection of aflatoxin B1. Biosensors & Bioelectronics, 2014, 62(6): 288-294.

[25] Tang R, Yang H, Gong Y, et al. Improved analytical sensitivity of lateral flow assay using sponge for HBV nucleic acid detection. Scientific Reports, 2017, 7(1): 1360.

[26] Hu J, Wang L, Li F, et al. Oligonucleotide-linked gold nanoparticle aggregates for enhanced sensitivity in lateral flow assays. Lab on A Chip, 2013, 13(22): 4352-4357.

[27] Carter D J, Cary R B. Lateral flow microarrays: a novel platform for rapid nucleic acid detection based on miniaturized lateral flow chromatography. Nucleic Acids Research, 2007, 35(10): e74.

[28] Hu J, Choi J R, Wang S, et al. Multiple test zones for improved detection performance in lateral flow assays. Sensors & Actuators B: Chemical, 2017, 243: 484-488.

[29] Elenis D S, Ioannou P C, Christopoulos T K. A nanoparticle-based sensor for visual detection of multiple mutations. Nanotechnology, 2011, 22(15): 155501.

[30] Li J, Macdonald J. Multiplex lateral flow detection and binary encoding enables a molecular colorimetric 7-segment display. Lab on A Chip, 2015, 16(2): 242-245.

[31] Taranova N A, Berlina A N, Zherdev A V, et al. 'Traffic light' immunochromatographic test based on multicolor quantum dots for the simultaneous detection of several antibiotics in milk. Biosensors & Bioelectronics, 2015, 63(2): 255-261.

[32] Hong W, Huang L, Wang H, et al. Development of an up-converting phosphor technology-based 10-channel lateral flow assay for profiling antibodies against *Yersinia pestis*. Journal of Microbiological Methods, 2010, 83(2): 133-140.

[33] Cheng N, Shang Y, Xu Y, et al. On-site detection of stacked genetically modified soybean based on event-specific TM-LAMP and a DNAzyme-lateral flow biosensor. Biosensors and Bioelectronics, 2017, 91: 408-416.

[34] Natoli M E, Rohrman B A, Santiago C D, et al. Paper-based detection of HIV-1 drug resistance using isothermal amplification and an oligonucleotide ligation assay. Analytical Biochemistry, 2018, 544: 64-71.

[35] Cheng N, Xu Y, Luo Y, et al. Specific and relative detection of urinary microRNA signatures in bladder cancer for point-of-care diagnostics. Chemical Communications, 2017, 53(30): 4222-4225.

[36] Xu Y, Xiang W, Wang Q, et al. A smart sealed nucleic acid biosensor based on endogenous reference gene detection to screen and identify mammals on site. Scientific Reports, 2017, 7: 43453.

[37] Tong Y, Lemieux B, Kong, H. Multiple strategies to improve sensitivity, speed and

robustness of isothermal nucleic acid amplification for rapid pathogen detection. BMC Biotechnology, 2011, 11(1): 50.

[38] Cheng N, Xu Y, Yan X, et al. An advanced visual qualitative and EVA green-based quantitative isothermal amplification method to detect *Listeria* monocytogenes. Journal of Food Safety, 2016, 36(2): 237-246.

[39] Fang R, Li X, Hu L, et al. Cross-priming amplification for rapid detection of *Mycobacterium tuberculosis* in sputum specimens. Journal of Clinical Microbiology, 2009, 47(3): 845-847.

[40] Singleton J, Osborn J L, Lillis L, et al. Electricity-free amplification and detection for molecular point-of-care diagnosis of HIV-1. PloS One, 2014, 9(11): e113693.

[41] Rigano L A, Marano M R, Castagnaro A P, et al. Rapid and sensitive detection of Citrus Bacterial Canker by loop-mediated isothermal amplification combined with simple visual evaluation methods. BMC Microbiology, 2010, 10(1): 176.

[42] Xu C, Wang H, Jin H, et al. Visual detection of Ebola virus using reverse transcription loop-mediated isothermal amplification combined with nucleic acid strip detection. Archives of Virology, 2016, 161(5): 1125-1133.

[43] Rohrman B A, Richards-Kortum R R. A paper and plastic device for performing recombinase polymerase amplification of HIV DNA. Lab on A Chip, 2012, 12(17): 3082-3088.

[44] Cordray M S, Richardskortum R R. A paper and plastic device for the combined isothermal amplification and lateral flow detection of Plasmodium DNA. Malaria Journal, 2015, 14(1): 472.

[45] Tang R, Yang H, Choi J R, et al. Improved sensitivity of lateral flow assay using paper-based sample concentration technique. Talanta, 2016, 152: 269-276.

[46] Chen D, Mauk M, Qiu X, et al. An integrated, self-contained microfluidic cassette for isolation, amplification, and detection of nucleic acids. Biomedical Microdevices, 2010, 12(4): 705-719.

[47] Wang J, Chen Z, Corstjens P L, et al. A disposable microfluidic cassette for DNA amplification and detection. Lab on A Chip, 2006, 6(1): 46-53.

[48] Roskos K, Hickerson A I, Lu H W, et al. Simple system for isothermal DNA amplification coupled to lateral flow detection. PloS One, 2013, 8(7): e69355.

[49] Yong T K, Chen Y, Choi J Y, et al. Integrated microdevice of reverse transcription-polymerase chain reaction with colorimetric immunochromatographic detection for rapid gene expression analysis of influenza A H1N1 virus. Biosensors & Bioelectronics, 2012, 33(1): 88-94.

[50] Wang J, Wang X, Li Y, et al. A novel, universal and sensitive lateral-flow based method for the detection of multiple bacterial contamination in platelet concentrations. Analytical Sciences the International Journal of the Japan Society for Analytical Chemistry, 2012, 28(3): 237.

[51] Liu W, Zhang M, Liu X, et al. A point-of-need infrared mediated PCR platform with compatible lateral flow strip for HPV detection. Biosensors & Bioelectronics, 2017, 96:

213-219.

[52] Qiu X, Liu C, Mauk M G, et al. A portable analyzer for pouch-actuated, immunoassay cassettes. Sensors & Actuators B Chemica, 2011, 160(1): 1529-1535.

[53] Nagatani N, Yamanaka K, Ushijima H, et al. Detection of influenza virus using a lateral flow immunoassay for amplified DNA by a microfluidic RT-PCR chip. Analyst, 2012, 137(15): 3422-3426.

[54] Corstjens P, Zuiderwijk M, Brink A, et al. Use of up-converting phosphor reporters in lateral-flow assays to detect specific nucleic acid sequences: a rapid, sensitive DNA test to identify human papillomavirus type 16 infection. Clinical Chemistry, 2001, 47(10): 1885-1893.

[55] Zhang H, Ma L, Ma L, et al. Rapid detection of methicillin-resistant *Staphylococcus aureus* in pork using a nucleic acid-based lateral flow immunoassay. International Journal of Food Microbiology, 2017, 243: 64-69.

[56] Soo P C, Horng Y T, Hsueh P R, et al. Direct and simultaneous identification of *Mycobacterium tuberculosis* complex (MTBC) and *Mycobacterium tuberculosis* (MTB) by rapid multiplex nested PCR-ICT assay. Journal of Microbiological Methods, 2006, 66(3): 440-448.

[57] Chua A, Yean C Y, Ravichandran M, et al. A rapid DNA biosensor for the molecular diagnosis of infectious disease. Biosensors & Bioelectronics, 2011, 26(9): 3825-3831.

[58] Zhang Y, Ying J Y. Homogeneous immunochemical assay on the lateral flow strip for measurement of *DNase* I activity. Analytical Chemistry, 2015, 87(20): 10193-10198.

[59] He Y, Zeng K, Zhang S, et al. Visual detection of gene mutations based on isothermal strand-displacement polymerase reaction and lateral flow strip. Biosensors & Bioelectronics, 2012, 31(1): 310-315.

[60] Kim Y T, Jung J H, Choi Y K, et al. A packaged paper fluidic-based microdevice for detecting gene expression of influenza A virus. Biosensors & Bioelectronics, 2014, 61(20): 485-490.

[61] Njiru Z K. Rapid and sensitive detection of human African trypanosomiasis by loop-mediated isothermal amplification combined with a lateral-flow dipstick. Diagnostic Microbiology & Infectious Disease, 2011, 69(2): 205-209.

[62] Jung J H, Oh S J, Yong T K, et al. Combination of multiplex reverse-transcription loop-mediated isothermal amplification with an immunochromatographic strip for subtyping influenza A virus. Analytica Chimica Acta, 2015, 853(1): 541-547.

[63] Powell M L, Bowler F R, Martinez A J, et al. New Fpg probe chemistry for direct detection of recombinase polymerase amplification on lateral flow strips. Analytical Biochemistry, 2018, 543: 108-115.

[64] Rohrman B A, Leautaud V, Molyneux E, et al. A lateral flow assay for quantitative detection of amplified HIV-1 RNA. PloS One, 2012, 7(9): e45611.

[65] Gao X, Xu L P, Wu T, et al. An enzyme-amplified lateral flow strip biosensor for visual detection of MicroRNA-224. Talanta, 2016, 146: 648-654.

[66] Qiu W, Xu H, Takalkar S, et al. Carbon nanotube-based lateral flow biosensor for sensitive

and rapid detection of DNA sequence. Biosensors & Bioelectronics, 2015, 64: 367-372.

[67] Sapountzi E A, Tragoulias S S, Kalogianni D P, et al. Lateral flow devices for nucleic acid analysis exploiting quantum dots as reporters. Analytica Chimica Acta, 2015, 864: 48-54.

[68] Glynou K, Ioannou P C, Christopoulos T K, et al. Oligonucleotide-functionalized gold nanoparticles as probes in a dry-reagent strip biosensor for DNA analysis by hybridization. Analytical Chemistry, 2003, 75(16): 4155-4160.

[69] Aveyard J, Mehrabi M, Cossins A, et al. One step visual detection of PCR products with gold nanoparticles and a nucleic acid lateral flow (NALF) device. Chemical Communications, 2007, (41): 4251-4253.

[70] Liu C C, Yeung C Y, Chen P H, et al. *Salmonella* detection using 16S ribosomal DNA/RNA probe-gold nanoparticles and lateral flow immunoassay. Food Chemistry, 2013, 141(3): 2526-2532.

[71] Choi J R, Hu J, Feng S, et al. Sensitive biomolecule detection in lateral flow assay with a portable temperature-humidity control device. Biosensors & Bioelectronics, 2016, 79: 98-107.

[72] Gao X, Xu H, Baloda M, et al. Visual detection of microRNA with lateral flow nucleic acid biosensor. Biosensors & Bioelectronics, 2014, 54(12): 578-584.

[73] Mao X, Ma Y, Zhang A, et al. Disposable nucleic acid biosensors based on gold nanoparticle probes and lateral flow strip. Analytical Chemistry, 2009, 81(4): 1660-1668.

[74] Leautaud V, Rohrman B A, Chiume M, et al. Evaluation of a qualitative human immunodeficiency virus-1 diagnostic assay based on nucleic acid sequence based amplification and lateral flow readout. Healthcare Innovation Conference, 2015.

[75] He Y, Zhang S, Zhang X, et al. Ultrasensitive nucleic acid biosensor based on enzyme-gold nanoparticle dual label and lateral flow strip biosensor. Biosensors & Bioelectronics, 2011, 26(5): 2018-2024.

[76] Asalapuram P R, Engström A, Liu J, et al. Proficient detection of multidrug-resistant *Mycobacterium tuberculosis* by padlock probes and lateral flow nucleic acid biosensors. Analytical Chemistry, 2016, 88(8): 4277-4284.

[77] Javani A, Javadi-Zarnaghi F, Rasaee M J. Development of a colorimetric nucleic acid-based lateral flow assay with non-biotinylated capture DNA. Applied Biological Chemistry, 2017, 60(6): 637-645.

[78] Pöhlmann C, Dieser I, Sprinzl M. A lateral flow assay for identification of *Escherichia coli* by ribosomal RNA hybridisation. Analyst, 2014, 139(5): 1063-1071.

[79] He Y, Zeng K, Gurung A S, et al. Visual detection of single-nucleotide polymorphism with hairpin oligonucleotide-functionalized gold nanoparticles. Analytical Chemistry, 2010, 82(17): 7169-7177.

[80] Du T E, Wang Y, Zhang Y, et al. A novel adenosine-based molecular beacon probe for room temperature nucleic acid rapid detection in cotton thread device. Analytica Chimica Acta, 2015, 861: 69-73.

[81] Mao X, Du T E, Wang Y, et al. Disposable dry-reagent cotton thread-based point-of-care diagnosis devices for protein and nucleic acid test. Biosensors & Bioelectronics, 2014, 65: 390-396.

[82] Kor K, Turner A P, Zarei K, et al. Structurally responsive oligonucleotide-based single-probe lateral-flow test for detection of miRNA-21 mimics. Analytical & Bioanalytical Chemistry, 2016, 408(5): 1475-1485.
[83] Mao X, Xu H, Zeng Q, et al. Molecular beacon-functionalized gold nanoparticles as probes in dry-reagent strip biosensor for DNA analysis. Chemical Communications, 2009, (21): 3065-3067.
[84] Lie P, Liu J, Fang Z, et al. A lateral flow biosensor for detection of nucleic acids with high sensitivity and selectivity. Chemical Communications, 2012, 48(2): 236-238.
[85] Huang Y, Wen W, Du D, et al. A universal lateral flow biosensor for proteins and DNAs based on the conformational change of hairpin oligonucleotide and its use for logic gate operations. Biosensors & Bioelectronics, 2014, 61(1): 598-604.
[86] Javani A, Javadizarnaghi F, Rasaee M J. A multiplex protein-free lateral flow assay for detection of microRNAs based on unmodified molecular beacons. Analytical Biochemistry, 2017, 537: 99-105.
[87] Sayers J, Payne R J, Winssinger N. Peptide nucleic acid-templated selenocystine-selenoester ligation enables rapid miRNA detection. Chemical Science, 2018, 9(4): 896-903.
[88] Liu G, Mao X, Phillips J A, et al. Aptamer-nanoparticle strip biosensor for sensitive detection of cancer cells. Analytical Chemistry, 2009, 81(24): 10013-10018.
[89] Jausetrubio M, Svobodová M, Mairal T, et al. Aptamer lateral flow assays for ultrasensitive detection of β-conglutin combining recombinase polymerase amplification and tailed primers. Analytical Chemistry, 2016, 88(21): 10701-10709.
[90] Xu H, Mao X, Zeng Q, et al. Aptamer-functionalized gold nanoparticles as probes in a dry-reagent strip biosensor for protein analysis. Analytical Chemistry, 2009, 81(2): 669-675.
[91] Bruno J G. Application of DNA aptamers and quantum dots to lateral flow test strips for detection of foodborne pathogens with improved sensitivity versus colloidal gold. Pathogens, 2014, 3(2): 341-355.
[92] Le T T, Chang P, Benton D, et al. Dual recognition element lateral flow assay (DRELFA)-towards multiplex strain specific influenza virus detection. Analytical Chemistry, 2017, 89(12): 6781-6786.
[93] Wu W, Zhao S, Mao Y, et al. A sensitive lateral flow biosensor for *Escherichia coli* O157: H7 detection based on aptamer mediated strand displacement amplification. Analytica Chimica Acta, 2015, 861(3): 62-68.
[94] Zhu C, Zhang G, Huang Y, et al. Dual-competitive lateral flow aptasensor for detection of aflatoxin B1 in food and feedstuffs. Journal of Hazardous Materials, 2017, 344: 249-257.
[95] Qin C, Wen W, Zhang X, et al. A double-enhanced strip biosensor for the rapid and ultrasensitive detection of protein biomarkers. Chemical Communications, 2015, 51(39): 8273-8275.
[96] Chen J, Fang Z, Lie P, et al. Computational lateral flow biosensor for proteins and small molecules: a new class of strip logic gates. Analytical Chemistry, 2012, 84(15): 6321-6325.

[97] Alsager O A, Kumar S, Hodgkiss J M. A lateral flow aptasensor for small molecule targets exploiting adsorption and desorption interactions on gold nanoparticles. Analytical Chemistry, 2017, 89(14): 7416-7424.

[98] Guo Z, Duan J, Yang F, et al. A test strip platform based on DNA-functionalized gold nanoparticles for on-site detection of mercury (II) ions. Talanta, 2012, 93(2): 49-54.

[99] Yao L, Teng J, Zhu M, et al. MWCNTs based high sensitive lateral flow strip biosensor for rapid determination of aqueous mercury ions. Biosensors & Bioelectronics, 2016, 85: 331-336.

[100]Cheng N, Xu Y, Huang K, et al. One-step competitive lateral flow biosensor running on an independent quantification system for smart phones based in-situ detection of trace Hg(II) in tap water. Food Chemistry, 2017, 214: 169-175.

[101]Liu J, Chen L, Chen J, et al. An autonomous T-rich DNA machine based lateral flow biosensor for amplified visual detection of mercury ions. Analytical Methods, 2014, 6(7): 2024-2027.

[102]Chen J, Zhou S, Wen J. Disposable strip biosensor for visual detection of Hg(2+) based on Hg(2+)-triggered toehold binding and exonuclease III-assisted signal amplification. Analytical Chemistry, 2014, 86(6): 3108-3114.

[103]Chen J, Zhou X, Zeng L. Enzyme-free strip biosensor for amplified detection of Pb^{2+} based on a catalytic DNA circuit. Chemical Communications, 2013, 49(10): 984-986.

[104]Fang Z, Huang J, Lie P, et al. Lateral flow nucleic acid biosensor for Cu^{2+} detection in aqueous solution with high sensitivity and selectivity. Chemical Communications, 2010, 46(47): 9043-9045.

[105]Mazumdar D, Lan T, Lu Y. “Dipstick” colorimetric detection of metal ions based on immobilization of DNAzyme and gold nanoparticles onto a lateral flow device. Biosensors and Biodetection, 2017, 1571: 389-406.

[106]Wang D, Ge C, Wang L, et al. A simple lateral flow biosensor for the rapid detection of copper(II) ions based on click chemistry. RSC Advances, 2015, 5(92): 75722-75727.

[107]Toley B J, Covelli I, Belousov Y, et al. Isothermal strand displacement amplification (ISDA): a rapid and sensitive method of nucleic acid amplification for point-of-care diagnosis. Analyst, 2015, 140(22): 7540-7549.

[108]Richarte A, Bruno J G. Aptamer-quantum dot lateral flow test strip development for rapid and sensitive detection of pathogenic *Escherichia coli* via intimin, O157- specific LPS and Shiga toxin 1 aptamers. Current Bionanotechnology, 2015, 1(2): 80-86.

[109]Mao X, Wang W, Du T E. Dry-reagent nucleic acid biosensor based on blue dye doped latex beads and lateral flow strip. Talanta, 2013, 114(10): 248-253.

[110]Patel J S, Brennan M S, Khan A, et al. Implementation of loop-mediated isothermal amplification methods in lateral flow devices for the detection of *Rhizoctonia solani*. Canadian Journal of Plant Pathology, 2015, 37(1): 118-129.

[111]Murray L, Edwards L, Tuppurainen E S, et al. Detection of capripoxvirus DNA using a novel loop-mediated isothermal amplification assay. BMC Veterinary Research, 2013, 9(1): 90.

[112]Kalogianni D P, Boutsika L M, Kouremenou P G, et al. Carbon nano-strings as reporters

in lateral flow devices for DNA sensing by hybridization. Analytical & Bioanalytical Chemistry, 2011, 400(4): 1145-1152.

[113]Mens P F, van Amerongen A, Sawa P, et al. Molecular diagnosis of malaria in the field: development of a novel 1-step nucleic acid lateral flow immunoassay for the detection of all 4 human *Plasmodium* spp. and its evaluation in Mbita, Kenya. Diagnostic Microbiology & Infectious Disease, 2008, 61(4): 421-427.

[114]Blažková M, Javůrková B, Fukal L, et al. Immunochromatographic strip test for detection of genus *Cronobacter*. Biosensors & Bioelectronics, 2011, 26(6): 2828-2834.

[115]Mens P F, Moers A, De Bes L M, et al. Development, validation and evaluation of a rapid PCR-nucleic acid lateral flow immuno-assay for the detection of *Plasmodium* and the differentiation between *Plasmodium falciparum* and *Plasmodium vivax*. Malaria Journal, 2012, 11(1): 279.

[116]Zhang L, Chen Y, Cheng N, et al. Rapid and ultra-sensitive detection of viable *Enterobacter sakazakii* by a continual cascade nanozyme biosensor. Analytical Chemistry, 2017, 89(19): 10194-10200.

[117]Duan D, Fan K, Zhang D, et al. Nanozyme-strip for rapid local diagnosis of Ebola. Biosensors & Bioelectronics, 2015, 74: 134-141.

[118]Shyu R H, Tang S S, Chiao D J, et al. Gold nanoparticle-based lateral flow assay for detection of staphylococcal enterotoxin B. Food Chemistry, 2010, 118(2): 462-466.

[119]Gao Y, Deng X, Wen W, et al. Ultrasensitive paper based nucleic acid detection realized by three-dimensional DNA-AuNPs network amplification. Biosensors & Bioelectronics, 2017, 92: 529-535.

[120]Takalkar S, Xu H, Chen J, et al. Gold nanoparticle coated silica nanorods for sensitive visual detection of microRNA on a lateral flow strip biosensor. Analytical Sciences, 2016, 32(6): 617-622.

[121]Pongsuchart M, Sereemaspun A, Ruxrungtham K. Sensitivity enhancement of nucleic acid detection by lateral flow strip test using UV crosslink method. Asian Biomedicine, 2012, 6(3): 459-463.

[122]Koo C K, He F, Nugen S R. An inkjet-printed electrowetting valve for paper-fluidic sensors. Analyst, 2013, 138(17): 4998-5004.

[123]Baeumner A J, Jennifer Pretz A, Fang S. A universal nucleic acid sequence biosensor with nanomolar detection limits. Analytical Chemistry, 2004, 76(4): 888-894.

[124]Nugen S R, Leonard B, Baeumner A J. Application of a unique server-based oligonucleotide probe selection tool toward a novel biosensor for the detection of *Streptococcus pyogenes*. Biosensors & Bioelectronics, 2007, 22(11): 2442-2448.

[125]Deng H, Liu Q, Wang X, et al. Quantum dots-labeled strip biosensor for rapid and sensitive detection of microRNA based on target-recycled nonenzymatic amplification strategy. Biosensors & Bioelectronics, 2017, 87: 931-940.

[126]Qiu X, Chen D, Liu C, et al. A portable, integrated analyzer for microfluidic-based molecular analysis. Biomedical Microdevices, 2011, 13(5): 809-817.

[127]Abrams W R, Barber C A, Mccann K, et al. Development of a microfluidic device for

detection of pathogens in oral samples using upconverting phosphor technology (UPT). Annals of the New York Academy of Sciences, 2007, 1098(1): 375-388.

[128]Corstjens P L A M, Claudia J, Priest J W, et al.Feasibility of a lateral flow test for neurocysticercosis using novel up-converting nanomaterials and a lightweight strip analyzer. PLoS Neglected Tropical Diseases, 2014, 8(7): e2944.

[129]Ongagna-Yhombi S Y, Corstjens P, Geva E, et al. Improved assay to detect *Plasmodium falciparum* using an uninterrupted, semi-nested PCR and quantitative lateral flow analysis. Malaria Journal, 2013, 12(1): 74.

[130]Wang Y, Fill C, Nugen S R. Development of chemiluminescent lateral flow assay for the detection of nucleic acids. Biosensors, 2012, 2(1): 32-42.

[131]Zangheri M, Cevenini L, Anfossi L, et al. A simple and compact smartphone accessory for quantitative chemiluminescence-based lateral flow immunoassay for salivary cortisol detection. Biosensors & Bioelectronics, 2015, 64: 63-68.

[132]Zhu X, Shah P, Stoff S, et al. A paper electrode integrated lateral flow immunosensor for quantitative analysis of oxidative stress induced DNA damage. Analyst, 2014, 139(11): 2850-2857.

[133]Sinawang P D, Rai V, Ionescu R E, et al. Electrochemical lateral flow immunosensor for detection and quantification of dengue NS1 protein. Biosensors & Bioelectronics, 2016, 77: 400-408.

[134]Nian H, Wang J, Wu H, et al. Electrochemical immunoassay of cotinine in serum based on nanoparticle probe and immunochromatographic strip. Analytica Chimica Acta, 2012, 713(3): 50-55.

[135]Du D, Wang J, Wang L, et al. Integrated lateral flow test strip with electrochemical sensor for quantification of phosphorylated cholinesterase: biomarker of exposure to organophosphorus agents. Analytical Chemistry, 2012, 84(3): 1380-1385.

[136]Fu X, Cheng Z, Yu J, et al. A SERS-based lateral flow assay biosensor for highly sensitive detection of HIV-1 DNA. Biosensors & Bioelectronics, 2016, 78: 530-537.

[137]Qin Z, Chan W C W, Boulware D R, et al. Significantly improved analytical sensitivity of lateral flow immunoassays by thermal contrast. Angewandte Chemie International Edition, 2012, 51(18): 4358-4361.

[138]Wang D B, Tian B, Zhang Z P, et al. Detection of *Bacillus anthracis* spores by super-paramagnetic lateral-flow immunoassays based on "Road Closure". Biosensors & Bioelectronics, 2015, 67: 608-614.

[139]Toubanaki D K, Athanasiou E, Karagouni E. Gold nanoparticle-based lateral flow biosensor for rapid visual detection of Leishmania-specific DNA amplification products. Journal of Microbiological Methods, 2016, 127: 51-58.

[140]Toubanaki D K, Margaroni M, Karagouni E. Nanoparticle-based lateral flow biosensor for visual detection of fish nervous necrosis virus amplification products. Molecular & Cellular Probes, 2015, 29(3): 158-166.

[141]Horng Y T, Soo P C, Shen B J, et al. Development of an improved PCR-ICT hybrid assay for direct detection of *Legionellae* and *Legionella pneumophila* from cooling tower water

specimens. Water Research, 2006, 40(11): 2221-2229.

[142]Wang Y, Liu D, Den J, et al. Loop-mediated isothermal amplification using self-avoiding molecular recognition systems and antarctic thermal sensitive uracil-DNA-glycosylase for detection of nucleic acid with prevention of carryover contamination. Analytica Chimica Acta, 2017, 996: 74-87.

[143]Rodriguez N M, Linnes J C, Fan A, et al. Paper-based RNA extraction, *in situ* isothermal amplification, and lateral flow detection for low-cost, rapid diagnosis of influenza A (H1N1) from clinical specimens. Analytical Chemistry, 2015, 87(15): 7872-7879.

[144]Choi J R, Hu J, Tang R, et al. An integrated paper-based sample-to-answer biosensor for nucleic acid testing at the point of care. Lab on A Chip, 2016, 16(3): 611-621.

[145]Park B H, Oh S J, Jung J H, et al. An integrated rotary microfluidic system with DNA extraction, loop-mediated isothermal amplification, and lateral flow strip based detection for point-of-care pathogen diagnostics. Biosensors & Bioelectronics, 2017, 91: 334-340.

[146]Jiang J, Mancuso M, Lu Z, et al. Solar thermal polymerase chain reaction for smartphone-assisted molecular diagnostics. Scientific Reports, 2014, 4(7): 4137.

[147]Kolm C, Mach R L, Krska R, et al. A rapid DNA lateral flow test for the detection of transgenic maize by isothermal amplification of the 35S promoter. Analytical Methods, 2014, 7(1): 129-134.

[148]Li Y, Kumar N, Gopalakrishnan A, et al. Detection and species identification of malaria parasites by isothermal tHDA amplification directly from human blood without sample preparation. Journal of Molecular Diagnostics, 2013, 15(5): 634-641.

[149]Xu Y, Wei Y, Cheng N, et al. Nucleic acid biosensor synthesis of an all-in-one universal blocking linker recombinase polymerase amplification with a peptide nucleic acid-based lateral flow device for ultrasensitive detection of food pathogens. Analytical Chemistry, 2017, 90(1): 708-715.

[150]Gootenberg J S, Abudayyeh O O, Kellner M J, et al. Multiplexed and portable nucleic acid detection platform with Cas13, Cas12a, and Csm6. Science, 2018, 360(6387): 439-444.

[151]Feng T, Li S, Wang S, et al. Cross priming amplification with nucleic acid test strip analysis of mutton in meat mixtures. Food Chemistry, 2018, 245: 641-645.

[152]Zhang X, Du X J, Guan C, et al. Detection of *Vibrio cholerae* by isothermal cross-priming amplification combined with nucleic acid detection strip analysis. Molecular & Cellular Probes, 2015, 29(4): 208-214.

[153]Su Z D, Shi C Y, Huang J, et al. Establishment and application of cross-priming isothermal amplification coupled with lateral flow dipstick (CPA-LFD) for rapid and specific detection of red-spotted grouper nervous necrosis virus. Virology Journal, 2015, 12(1): 149.

[154]Huo Y Y, Li G F, Qiu Y H, et al. Rapid detection of Prunus Necrotic Ringspot Virus by reverse transcription-cross-priming amplification coupled with nucleic acid test strip cassette. Scientific Reports, 2017, 7(1): 16175.

[155]Wang Y, Wang Y, Xu J, et al. Development of multiple cross displacement amplification label-based gold nanoparticles lateral flow biosensor for detection of *Listeria monocytogenes*. International Journal of Nanomedicine, 2017, 12: 473.

[156]Wang Y, Wang Y, Zhang L, et al. Visual and multiplex detection of nucleic acid sequence by multiple cross displacement amplification coupled with gold nanoparticle-based lateral flow biosensor. Sensors & Actuators B: Chemical, 2016, 241: 1283-1293.

[157]Zhang L Y, Xing T, Du L X, et al. Visual detection of glial cell line-derived neurotrophic factor based on a molecular translator and isothermal strand-displacement polymerization reaction. Drug Design Development & Therapy, 2015, 9: 1889.

[158]Xiao Z, Lie P, Fang Z, et al. A lateral flow biosensor for detection of single nucleotide polymorphism by circular strand displacement reaction. Chemical Communications, 2012, 48(68): 8547-8549.

[159]Ying N, Ju C, Li Z, et al. Visual detection of nucleic acids based on lateral flow biosensor and hybridization chain reaction amplification. Talanta, 2017, 164: 432-438.

[160]Ying N, Ju C, Sun X, et al. Lateral flow nucleic acid biosensor for sensitive detection of microRNAs based on the dual amplification strategy of duplex-specific nuclease and hybridization chain reaction. PloS One, 2017, 12(9): e0185091.

[161]Lo W Y, Baeumner A J.RNA internal standard synthesis by nucleic acid sequence-based amplification for competitive quantitative amplification reactions. Analytical Chemistry, 2007, 79(4): 1548-1554.

[162]Wu W, Mao Y, Zhao S, et al. Strand displacement amplification for ultrasensitive detection of human pluripotent stem cells. Analytica Chimica Acta, 2015, 881: 124-130.

[163]Wang Y, Qin Z, Boulware D R, et al. Thermal contrast amplification reader yielding 8-fold analytical improvement for disease detection with lateral flow assays. Analytical chemistry, 2016, 88(23): 11774-11782.

[164]Hou S Y, Hsiao Y L, Lin M S, et al. MicroRNA detection using lateral flow nucleic acid strips with gold nanoparticles. Talanta, 2012, 99(99): 375-379.

[165]Zhang J J, Shen Z, Xiang Y, et al. Integration of solution-based assays onto lateral flow device for one-step quantitative point-of-care diagnostics using personal glucose meter. ACS Sensors, 2016, 1(9): 1091-1096.

[166]Zhang J, Tang Y, Teng L, et al. Low-cost and highly efficient DNA biosensor for heavy metal ion using specific DNAzyme-modified microplate and portable glucometer-based detection mode. Biosensors & Bioelectronics, 2015, 68(68): 232-238.

[167]Ye R, Zhu C, Song Y, et al. Bioinspired synthesis of all-in-one organic-inorganic hybrid nanoflowers combined with a handheld pH meter for on-site detection of food pathogen. Small, 2016, 12(23): 3094-3100.

[168]Kwon D, Joo J, Lee S, et al. Facile and sensitive method for detecting cardiac markers using ubiquitous pH meters. Analytical Chemistry, 2013, 85(24): 12134-12137.

[169]Cho S, Islas-Robles A, Nicolini A M, et al. *In situ*, dual-mode monitoring of organ-on-a-chip with smartphone-based fluorescence microscope. Biosensors & Bioelectronics, 2016, 86: 697-705.

[170]You D J, Tu S P, Yoon J Y. Cell-phone-based measurement of TSH using Mie scatter optimized lateral flow assays. Biosensors & Bioelectronics, 2013, 40(1): 180-185.

[171]Mudanyali O, Dimitrov S, Sikora U, et al. Integrated rapid-diagnostic-test reader platform

on a cellphone. Lab on A Chip, 2012, 12(15): 2678-2686.

[172]Yeo S J, Choi K, Cuc B T, et al. Smartphone-based fluorescent diagnostic system for highly Pathogenic H5N1 viruses. Theranostics, 2016, 6(2): 231.

[173]You M, Lin M, Gong Y, et al. Household fluorescent lateral flow strip platform for sensitive and quantitative prognosis of heart failure using dual-color upconversion nanoparticles. ACS Nano, 2017, 11(6): 6261-6270.

[174]Tomlinson J A, Dickinson M J, Boonham N. Rapid detection of *Phytophthora ramorum* and *P. kernoviae* by two-minute DNA extraction followed by isothermal amplification and amplicon detection by generic lateral flow device. Phytopathology, 2010, 100(2): 143-149.

[175]He Y, Zhang X, Zhang S, et al. Visual detection of single-base mismatches in DNA using hairpin oligonucleotide with double-target DNA binding sequences and gold nanoparticles. Biosensors & Bioelectronics, 2012, 34(1): 37-43.

[176]Shen G, Zhang S, Hu X. Signal enhancement in a lateral flow immunoassay based on dual gold nanoparticle conjugates. Clinical Biochemistry, 2013, 46(16-17): 1734-1738.

[177]Ahmad Raston N H, Nguyen V T, Gu M B. A new lateral flow strip assay (LFSA) using a pair of aptamers for the detection of vaspin. Biosensors & Bioelectronics, 2016, 93: 21-25.

[178]Fang Z, Wu W, Lu X, et al. Lateral flow biosensor for DNA extraction-free detection of salmonella based on aptamer mediated strand displacement amplification. Biosensors & Bioelectronics, 2014, 56(18): 192-197.

[179]Liu J, Mazumdar D, Lu Y. A simple and sensitive "Dipstick" test in serum based on lateral flow separation of aptamer-linked nanostructures. Angewandte Chemie International Edition, 2006, 45(47): 7955-7959.

[180]Liu J, Zeng J, Tian Y, et al. An aptamer and functionalized nanoparticle-based strip biosensor for on-site detection of *Kanamycin* in food samples. Analyst, 2018, 143(1): 182-189.

[181]Zhou W, Kong W, Dou X, et al. An aptamer based lateral flow strip for on-site rapid detection of Ochratoxin A in astragalus membranaceus. Journal of Chromatography B, 2016, 1022: 102-108.

[182]Chen J, Zhou S, Wen J. Disposable strip biosensor for visual detection of Hg^{2+} based on Hg^{2+}-triggered toehold binding and exonuclease III-assisted signal amplification. Analytical Chemistry, 2014, 86(6): 3108-3114.

[183]Chen J, Zhou X, Zeng L. Enzyme-free strip biosensor for amplified detection of Pb^{2+} based on a catalytic DNA circuit. Chemical Communications, 2013, 49(10): 984-986.

第 7 章 “阜呐核酸情报站”微信公众号

7.1 创建的初衷与发展

科研无文献不立。充足的文献阅读量，既是步入科研之路的第一道关卡，又是走在科研之路上成功的基石，更是回首科研之路时的一种情怀。从事功能核酸相关研究工作十几年以来，每当新的同学第一次步入实验室，我送给他们的第一份“礼物”总是一个大大的文献压缩包。优质文献的筛选、分类和整理其实是一件十分烦琐的工作，而每当同学们第一次打开这个文献压缩包时，对未经解读过的英文文献进行不断的钻研，也耗费了他们大量的精力。当他们和我汇报文献时，我听到的往往没有理解科研创意的惊喜，而是对于文献的畏惧，感受到他们对于自己能力和人生的一丝丝怀疑，我也不可能给每一位新同学讲解每天我读起来特别有感觉的重要文献。创建微信公众号的想法就是在对这种情况的反思与探寻解决办法的过程中出现的。通过同学们的共同努力，筛选并解读优质的英文文献，以公众号推送的方式进行记录、保存与分类，是对我与同学们时间的一种极大的节约，也是给后入门同学的一份大礼，同时也在其中注入了我们为功能核酸研究领域同行们服务的科研情怀。

可以说，“阜呐核酸情报站”微信公众号是基于本实验室团队多年来在功能核酸研究领域的认识、成果与突破，建立的以推送和解读功能核酸研究领域优质科研文献为主要目的的微信公众平台。“阜呐核酸情报站”致力于收集、筛选、整理、发布、传送、传承与功能核酸相关的最前沿“情报”，探索其裁剪、折叠、组装背后的人生物语！

该公众号最早起名为功能核酸情报站，后来我将它改为阜呐核酸情报站，就像给自己的孩子起名字一样，也思考了许久。功能核酸的英文“functional nucleic acids”缩写为 FNA，中文发音就是 FU-NA，并且中文同音字太多，最终我认为阜呐两字最合适。阜呐一词为功能核酸英文缩写 FNA 的中文发音，阜体现了功能核酸千变万化的特点，也将使未来生活物阜民丰，我的家乡阜阳的阜也取的是此义；呐体现了功能核酸本身作为一种物语的表达方式，桃李不言、下自成蹊。图 7.1（b）“阜呐核酸情报站”

的图标也是由功能核酸英文缩写 FNA 三个字母的变体组合而来，同时又像明汪汪的大眼睛凝视着远方。

（a） （b）

图 7.1 （a）“阜呐核酸情报站”微信公众号二维码；（b）公众号图标

自 2018 年 1 月创号以来，“阜呐核酸情报站”微信公众号累计推送原创消息 500 多条，该公众号在纯专业同行之间相互传播，累计关注人数持续上升。这说明大家对此公众号的形式及公众号中专业内容的介绍与点评表示认可；同时也说明了关注与研究各种功能核酸的科学家越来越多，大家也从中获得了科研的灵感。大家关注得越多，我们办好此公众号为自己实验室及大家服务的决心更大，社会责任感使然。至 2018 年 5 月 7 日，“阜呐核酸情报站”微信公众号关注人数突破 500 人；至 2018 年 11 月 20 日，关注人数接近 1000 人；到目前为止，关注人数已超过 2600 人（图 7.2）。

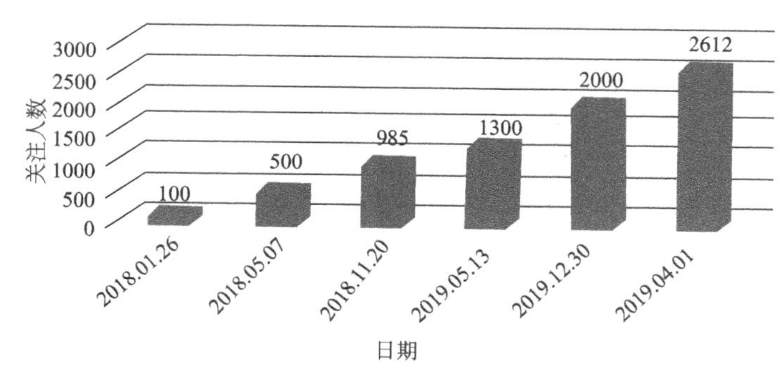

图 7.2 “阜呐核酸情报站”微信公众号关注人数

除了日常推送科研文献原创解读消息外，本公众号还根据所推送原创消息的内容对其进行分类，便于查找与管理。如图 7.3 所示，根据文献内容，我们将其分为功能核酸、核酸组装、生物传感、核酸功能和人生物语五个板块并进行实时更新。

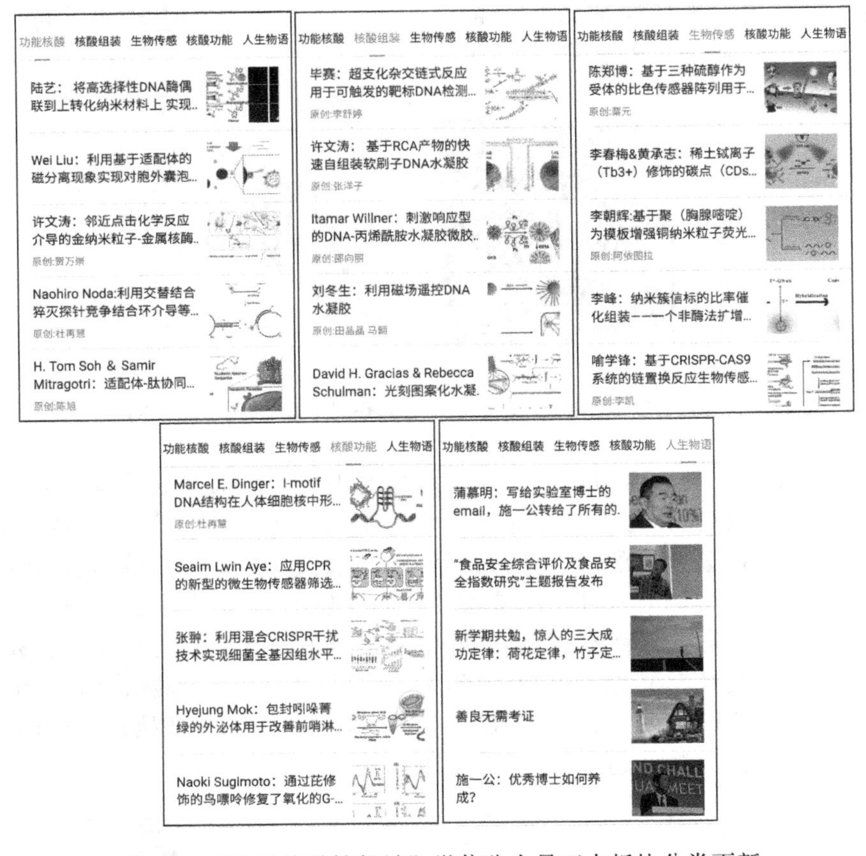

图 7.3　“阜呐核酸情报站”微信公众号五大板块分类更新

为了便于公众号用户快速获得自己所需的文献解读文章，我们还推送了公众号文章的检索方法介绍，并在主页中置顶。用户可以通过一些同功能核酸相关的关键词如适配体、金属核酶等对公众号文章进行检索，本实验室内部用户还可以通过对文章作者进行检索获得自己需要的文献。

文献是科研小径上的铺路石、科研工作者的良师益友。不读文献就是闭门造车、少读文献极易一叶障目；与文献交友、与大家交心，科研之路会变得顺畅。和大家一起慢慢养成良好的文献阅读习惯，探讨、交流、享受科研情怀是我们创建“阜呐核酸情报站”微信公众号的初衷与目的。“阜呐核酸情报站”微信公众号愿做一块魔毯，助更多的科研萌新们早日到达科研之路的殿堂与彼岸。

7.2 微信公众号文章检索

工欲善其事，必先利其器。对于文献合理的索引与分类在我们日常的科研生活中具有十分重要的意义与价值。到目前为止，阜呐核酸情报站公众号已经累计推送科研主题公众号文章 300 余篇，那么关注我们公众号的小伙伴们应该如何快速高效地搜索到自己需要的公众号文章呢？今天小编就给大家做一个简要的介绍（图 7.4 和图 7.5）：

工具：智能手机一部

前提：关注“阜呐核酸情报站”公众号

第一步：点击“公众号”；

第二步：点击“阜呐核酸情报站”；

第三步：点击右上角“…”；

第四步：点击左下角“全部消息”；

第五步：点击上方“搜索”，输入关键词；

第六步：如搜索适配体、DNAzyme 等关键词，得到本公众号中与其相关的所有推送文章列表；

第七步：我们实验室内部的同学，还可以通过搜索公众号文章的作者进行检索。

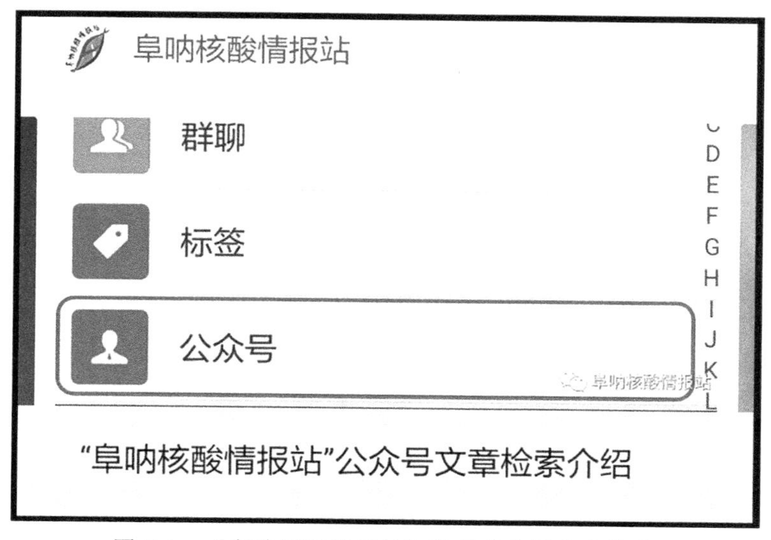

图 7.4 “阜呐核酸情报站”微信公众号文章检索

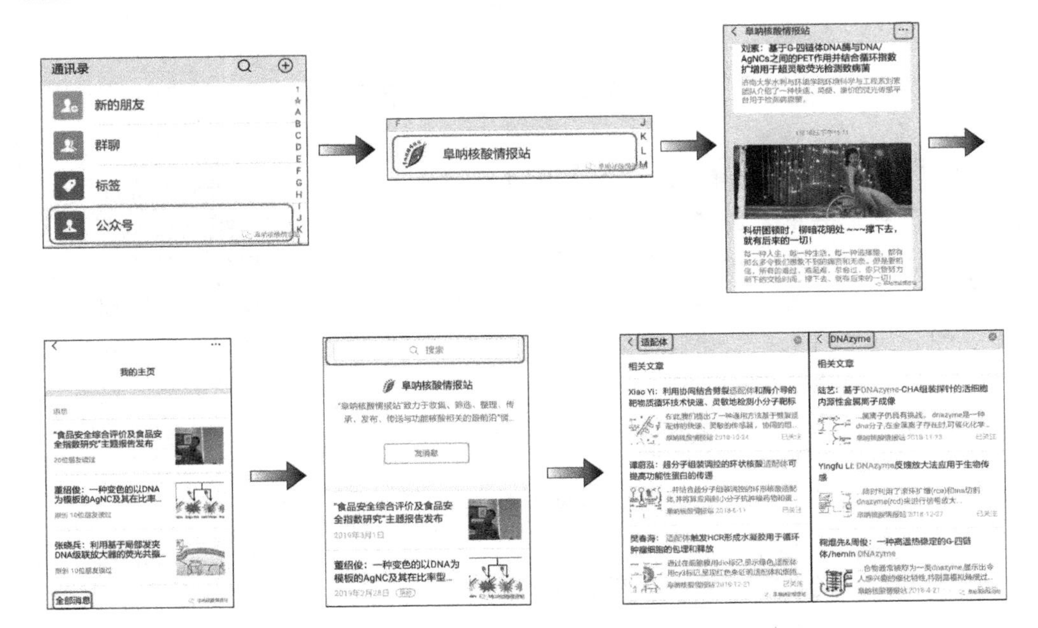

图 7.5　“阜呐核酸情报站”微信公众号文章检索步骤示意图

索　引